2

ESO

MATEMÁTICAS

J. COLERA JIMÉNEZ, I. GAZTELU ALBERO,
R. COLERA CAÑAS

Usa este código para:

Acceder al **BANCO DE RECURSOS** y descargar el **LIBRO DIGITAL** disponibles en www.anayaeducacion.es

ANAYA

ASÍ ES TU LIBRO

APERTURA DE UNIDAD

Cada unidad comienza con una breve introducción histórica de los contenidos que vas a estudiar.

Se ofrecen una serie de actividades motivadoras con el fin de poner en funcionamiento los conocimientos previos que ya posees.

DESARROLLO DE LOS CONTENIDOS Y ACTIVIDADES

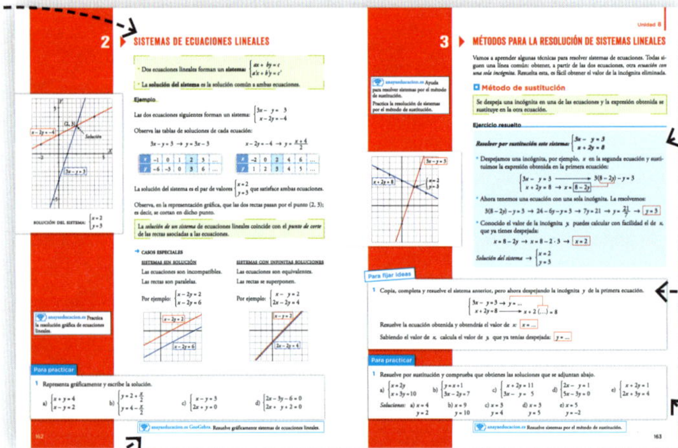

La unidad se divide en epígrafes, y estos en subepígrafes. Los contenidos más importantes están resaltados.

Ejemplos y ejercicios resueltos. Para practicar los procedimientos más importantes.

Para fijar ideas. Son ejercicios para completar y afianzar así la teoría que se acaba de explicar.

Los **iconos** incluidos en algunas actividades sugieren la clave del proyecto que puede aplicarse en cada caso.

Piensa y practica. Son ejercicios de aplicación directa de la teoría que se acaba de explicar.

LAS CLAVES DEL PROYECTO

Compromiso ODS

Descubre los Objetivos de Desarrollo Sostenible y forma parte activa de nuestro compromiso para lograr un mundo más igualitario y habitable.

Plan Lingüístico

Pon en práctica tus destrezas comunicativas en los diferentes tipos de texto que te proponemos. El lenguaje siempre está presente, ¡comunícate!

Desarrollo del pensamiento

Trabaja estrategias de pensamiento: reflexiona sobre los contenidos que estás aprendiendo, genera ideas, organízalas, priorízalas, arguméntalas, exponlas…

Aprendizaje cooperativo

Implícate en tu aprendizaje y participa en el de todo el grupo; comprobarás que cooperar mejora el rendimiento y la convivencia en clase.

EJERCICIOS Y PROBLEMAS

Ejercicios y problemas. Contemplan la aplicación de todos los contenidos que se han ofrecido a lo largo de la unidad.

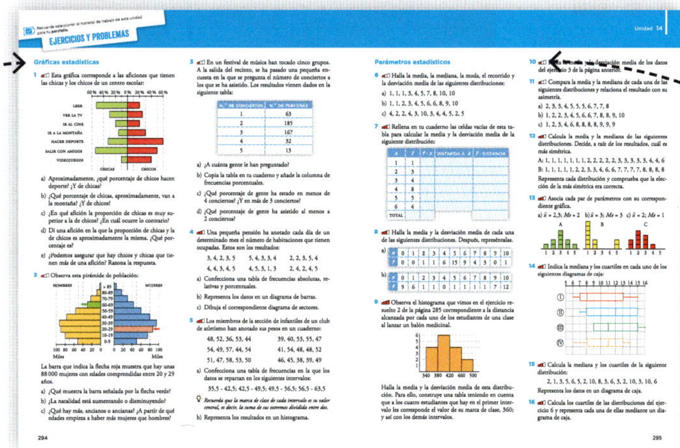

Están convenientemente clasificados y para cada uno de ellos se especifica su grado de dificultad, de uno a tres.

TALLER DE MATEMÁTICAS

Aquí puedes encontrar lecturas, actividades, consejos, informaciones, etc.

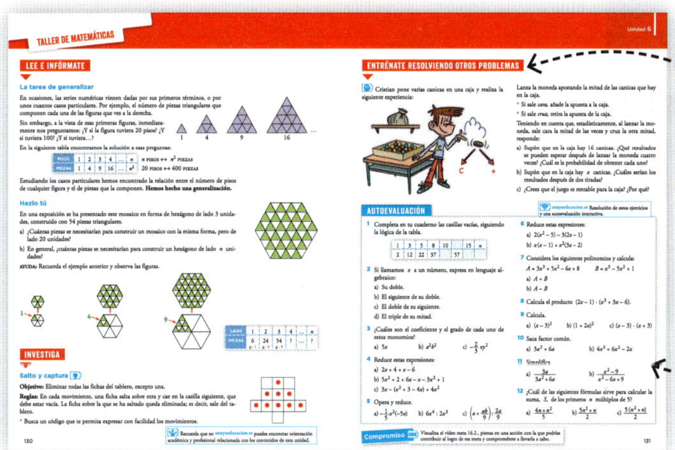

Entrénate resolviendo otros problemas. Aquí tendrás que enfrentarte a situaciones problemáticas en un sentido amplio.

Autoevaluación. Podrás comprobar, intentando resolver las actividades que se te proponen, si tu aprendizaje está siendo el deseado.

Educación emocional

Aprende a conocerte; identifica las situaciones que te generan emociones bloqueantes y gestiónalas con experiencias de autoafirmación constructiva.

Cultura emprendedora

Confía en tus aptitudes y conocimientos, desarrolla la creatividad, adáptate a las situaciones cambiantes y ten una actitud proactiva y responsable.

TIC

Aprende a obtener información, seleccionarla y aplicarla; a planificar, gestionar y elaborar trabajos; a colaborar en Red de forma ética y segura.

Orientación académica y profesional

Valora tus capacidades personales, descubre y despierta tu vocación, entrénate en la toma de decisiones y aprende a orientarte entre distintas opciones.

Evaluación

Descubre diversas estrategias para analizar qué has aprendido y cómo lo has aprendido; entrénate para asumir compromisos o superar dificultades.

ASÍ ES EL PROYECTO DIGITAL

www.anayaeducacion.es

Regístrate en **www.anayaeducacion.es**. Solo necesitas tener un correo electrónico, el código que se indica en la primera página de este libro y el permiso de tu padre, madre, tutor o tutora legales. Así podrás acceder al banco de recursos y descargar el libro digital.

LIBRO DIGITAL

Una versión digital de tu libro, que podrás usar en condiciones offline y online, con acceso a los recursos digitales tanto agrupados por tipologías como asociados a los contenidos de cada unidad.

BANCO DE RECURSOS

Un espacio con recursos, técnicas y actividades, diseñado para afianzar tus conocimientos.

RECURSOS RELACIONADOS CON LAS CLAVES DEL PROYECTO

Más sobre las claves

Compromiso ODS, con microvídeos que te ayudarán a conocer cuáles son las metas para alcanzar los Objetivos de Desarrollo Sostenible trabajadas en el proyecto.

Plan Lingüístico, con infografías que te darán las pautas para abordar el trabajo por medio de distintos tipos de textos (descriptivo, narrativo, expositivo, etc.).

Desarrollo del pensamiento, donde se incorporan explicaciones sobre cómo aplicar las distintas estrategias de pensamiento planteadas en el proyecto.

Aprendizaje cooperativo, que incluye la descripción de las técnicas de aprendizaje cooperativo propuestas en el proyecto.

Educación emocional, con orientaciones para superar la inquietud generada en diferentes situaciones de tu proceso de aprendizaje (inicio del curso, enfrentarte a un examen, etc.).

TIC, mediante fichas que reforzarán tu uso saludable, correcto y seguro de las tecnologías de la información y la comunicación.

Orientación académica y profesional, con información sobre diferentes profesiones vinculadas a los contenidos tratados en la asignatura.

Evaluación, se presentan orientaciones para hacer tu portfolio, así como rúbricas y dianas que facilitan tu autoevaluación.

RECURSOS DESTACADOS DE LA MATERIA

- Tutoriales
- Recursos teóricos
- Actividades con GeoGebra
- Aprende jugando
- Refuerza la resolución de problemas
- Glosario
- Autoevaluaciones

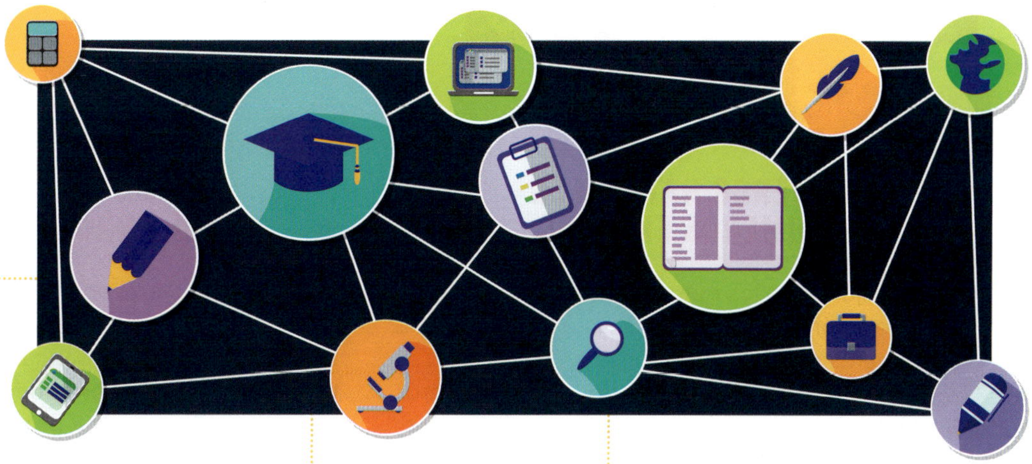

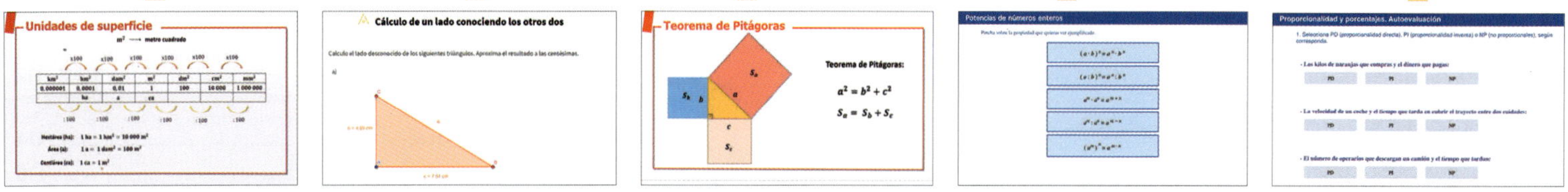

RECURSOS CLASIFICADOS POR UNIDADES

Todos los recursos clasificados para que puedas localizar fácilmente los relacionados con cada apartado de tu unidad.

ASÍ SON LOS CONTENIDOS DEL CURSO

1 LOS NÚMEROS NATURALES Y LOS NÚMEROS ENTEROS Pág. 8

2 LOS NÚMEROS DECIMALES Y LAS FRACCIONES Pág. 32

3 OPERACIONES CON FRACCIONES Pág. 56

4 PROPORCIONALIDAD Pág. 76

5 PORCENTAJES Pág. 94

6 ÁLGEBRA Pág. 112

7 ECUACIONES Pág. 132

8 SISTEMAS DE ECUACIONES Pág. 158

9 TEOREMA DE PITÁGORAS

10 SEMEJANZA

11 CUERPOS GEOMÉTRICOS

12 MEDIDA DEL VOLUMEN

13 FUNCIONES

14 ESTADÍSTICA

1

LOS NÚMEROS NATURALES Y LOS NÚMEROS ENTEROS

Los objetos existen, pero los números son un invento humano.

Los números naturales se han utilizado en todas las civilizaciones desde la Antigüedad. Las más antiguas los usaron para contar objetos, y los griegos, además, teorizaron sobre ellos por el puro placer de saber.

Pitágoras (siglo VI a. C.) y sus discípulos, rindieron un culto muy especial a los números. Según ellos, los números lo regían todo: la música, el movimiento de los planetas, la geometría…

Indagaron en sus propiedades y relaciones y realizaron clasificaciones, recogidas más adelante en el libro VII de los *Elementos* de **Euclides.**

Los pitagóricos: números y geometría

Los pitagóricos estudiaron los números desde el punto de vista teórico, sacando a la luz curiosas propiedades y clasificaciones.

Por ejemplo, a estos números los llamaban triangulares.

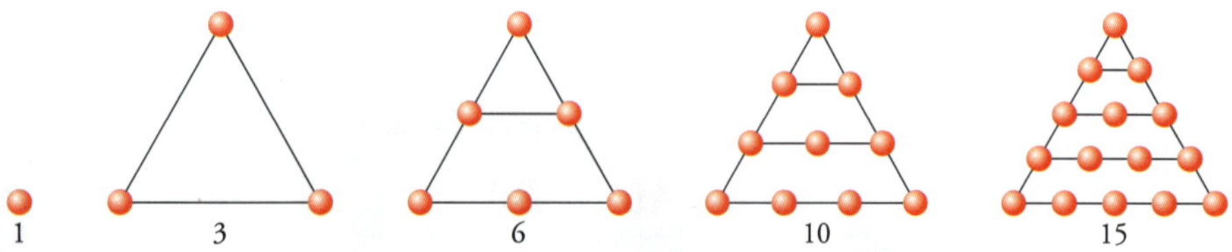

1 ¿Serías capaz de dibujar el siguiente? ¿Y el décimo?

2 Teniendo en cuenta lo anterior, dibuja los cuatro primeros números cuadrados y los cuatro primeros pentagonales.

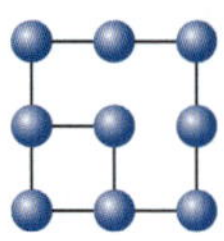

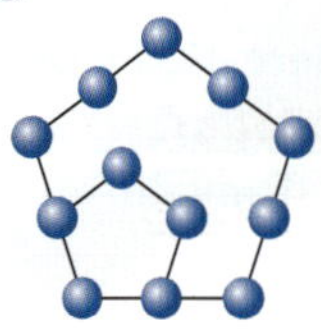

Los números negativos surgen mucho después de los naturales, respondiendo a las necesidades del comercio y tras aparecer los sistemas de numeración dotados del cero, elemento imprescindible para su construcción.

No aparecen sistematizados hasta el siglo VII, en escritos hindúes, ligados a cuestiones y actividades cotidianas como *tener* en contraste con *deber.*

«Una deuda restada de la nada se convierte en un bien.»

«Un bien restado de la nada se convierte en una deuda.»

En este tipo de enunciados observamos que manejaban el cero y la regla de los signos.

Tener y deber

Una actualización concreta de las dos frases del escrito hindú podría redactarse así:

a) Si te perdonan una deuda de cinco euros, tienes cinco euros más.

b) Si compras a crédito algo que cuesta de cinco euros, tienes cinco euros menos...

3 ¿Cuál de las siguientes expresiones asignas a cada una de las frases anteriores?

$+(+5) = +5$ $+(-5) = -5$ $-(+5) = -5$ $-(-5) = +5$

La introducción en Europa, a través de los árabes, fue lenta y desigual. Fue a finales del siglo XIX cuando el conjunto de los números enteros negativos es aceptado y reconocido como objeto matemático de pleno derecho.

Y tú, ya los usas

Observa las temperaturas que marcan los termómetros analógicos y digitales.

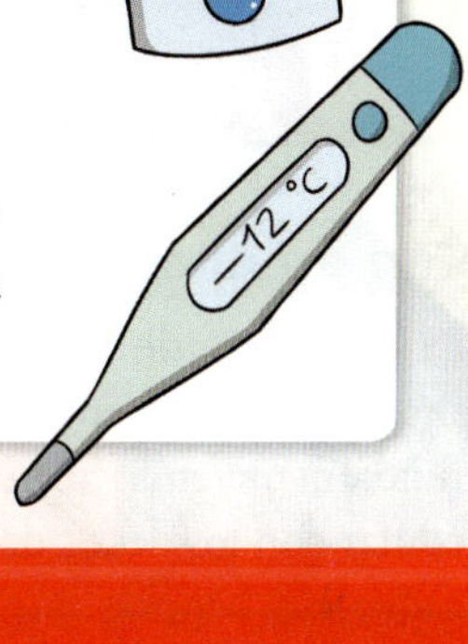

4 ¿Qué lectura haces de cada uno?

5 Dibuja, en termómetros analógicos y en digitales, las siguientes temperaturas:

a) Quince grados centígrados.

b) Once grados bajo cero.

6 El número negativo –2 se considera mayor que el número negativo –5. ¿Por qué crees que es así? Encuentra una razón para ello.

1 EL CONJUNTO DE LOS NÚMEROS NATURALES

Los números que usamos para contar objetos, uno a uno, se llaman **números naturales.**

El conjunto de los números naturales se designa con la letra $\mathbb{N}$, está ordenado y tiene principio, pero no tiene fin.

$$\mathbb{N} = \{0, 1, 2, 3, 4, \ldots\}$$

Los números naturales se representan, ordenados, en la recta numérica.

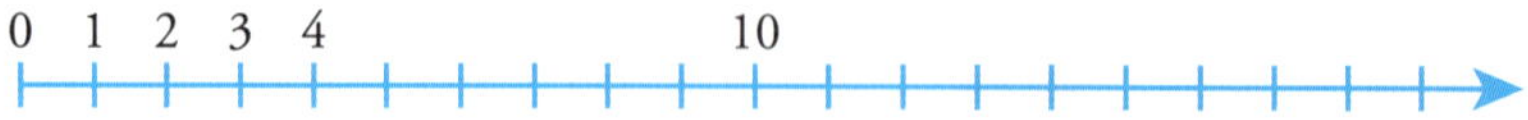

El sistema de numeración decimal

Desde los albores de la civilización, las distintas culturas han ideado formas diversas de expresar los números naturales: son los sistemas de numeración.

Numeración EGIPCIA

Numeración ROMANA

Numeración DECIMAL

Nosotros utilizamos habitualmente el sistema de numeración decimal (SND) que fue inventado en la India y extendido hacia el Mediterráneo por los árabes, durante la expansión del mundo islámico, a partir del siglo VIII.

El SND es **posicional,** ya que el valor de una cifra depende de la posición que ocupa.

DMM	UMM	CM	DM	UM	C	D	U
10^7	10^6	10^5	10^4	10^3	10^2	10	1
1	6	5	3	5	2	0	8

→ 5 000 unidades

→ 500 000 unidades

Y es **decimal,** porque 10 unidades de cualquier orden hacen una unidad del orden inmediato superior.

$$1 \text{ CM} = 10 \text{ DM} = 100 \text{ UM} = 1\,000 \text{ C} = 10\,000 \text{ D} = 100\,000 \text{ U}$$

Como consecuencia, un número se puede descomponer como muestra el siguiente ejemplo (descomposición polinómica):

$$16\,535\,208 = 1 \cdot 10^7 + 6 \cdot 10^6 + 5 \cdot 10^5 + 3 \cdot 10^4 + 5 \cdot 10^3 + 2 \cdot 10^2 + 0 \cdot 10 + 8$$

Numeración maya

Investiga las reglas y características del sistema de numeración maya.

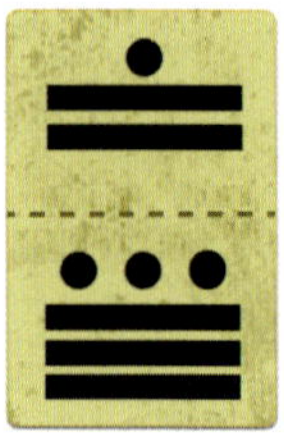

→ 238

Numeración MAYA

$$20 \cdot (2 \cdot 5 + 1) + 1 \cdot (3 \cdot 5 + 3) =$$
$$= 220 + 18 = 238$$

Ten en cuenta

La adopción de 10 como base del sistema de numeración decimal se fundamenta en la forma primitiva de contar con los dedos de las manos.

El sistema sexagesimal

De la misma forma que nosotros contamos de 10 en 10 (sistema decimal), otras culturas a lo largo de la historia han contado de 60 en 60 (sistema sexagesimal).

La adopción del 60 se basa, probablemente, en la forma de contar que utiliza las 12 falanges de los dedos índice, corazón, anular y meñique de una mano recorridos con el pulgar como guía, mientras la cuenta del número de recorridos se llevaba con los dedos de la otra mano.

MEDIDA DEL TIEMPO Y DE LA AMPLITUD ANGULAR

En la actualidad, el sistema sexagesimal se utiliza en la medida del *tiempo* y en la medida de la *amplitud angular*. En estas magnitudes, cada unidad se divide en 60 unidades del orden inferior.

TIEMPO (× 60 de HORA a MINUTO; × 60 de MINUTO a SEGUNDO)

HORA	MINUTO	SEGUNDO
h	min	s

AMPLITUD ANGULAR (× 60 de GRADO a MINUTO; × 60 de MINUTO a SEGUNDO)

GRADO	MINUTO	SEGUNDO
°	'	"

$\left.\begin{array}{l}1\text{ h} = 60\text{ min}\\ 1\text{ min} = 60\text{ s}\end{array}\right\}\ 1\text{ h} = 60 \cdot 60 = 3\,600\text{ s}$ $\left.\begin{array}{l}1° = 60'\\ 1' = 60''\end{array}\right\}\ 1° = 60 \cdot 60 = 3\,600''$

Observa que las notaciones de los minutos y los segundos difieren de una magnitud a la otra.

EXPRESIONES COMPLEJAS E INCOMPLEJAS

Recuerda que la medida de las cantidades relativas a una magnitud se puede expresar utilizando simultáneamente varias unidades (forma compleja) o una unidad única (forma incompleja).

FORMA COMPLEJA		FORMA INCOMPLEJA
1 h 15 min	⟶	75 min → 4 500 s
13° 12'	⟶	792' → 47 520"

anayaeducacion.es Pasa a forma compleja o incompleja.

Para fijar ideas

Copia y completa en tu cuaderno.

1 Pasa a forma compleja.

a) 257'

257' | 60
17' 4°

257' = …° …'

b) 873 s

873 s | 60
☐ s ☐ min

873 s = … min … s

c) 8 534 s

8 534 s | 60
☐ s 142 min | 60
☐ min ☐ h

8 534 s = … h … min … s

2 Pasa 2 horas y 24 minutos a forma incompleja (primero a minutos y después a segundos).

a) Paso a minutos: 2 h 24 min ⟶ (2 · 60 + 24) min = (… + …) min = … min

b) Paso a segundos: 2 h 24 min ⟶ (2 · 3 600 + 24 · …) s = … s

2 ▸ LA RELACIÓN DE DIVISIBILIDAD

Divisibilidad

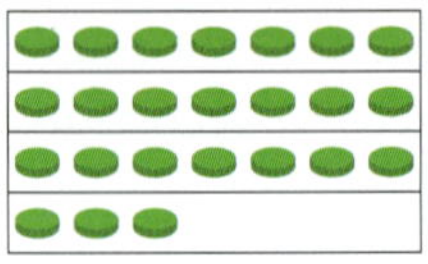

$$\begin{array}{r|l} 24 & 7 \\ \hline 3 & 3 \end{array}$$

(NO EXACTA)

24 **no es divisible** por 7

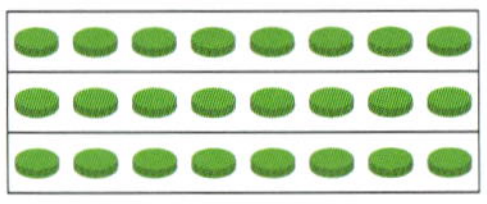

$$\begin{array}{r|l} 24 & 8 \\ \hline 0 & 3 \end{array}$$

(EXACTA)

24 **es divisible** por 8

anayaeducacion.es Refuerza los conceptos de múltiplo y divisor.

Múltiplos de 12

$12 \cdot 1 = 12$

$12 \cdot 2 = 24$

$12 \cdot 3 = 36$

$12 \cdot 4 = 48$

Ten en cuenta

$n \cdot 0 = 0$

- Podemos considerar que el cero es múltiplo de cualquier número.
- El cero solo tiene un múltiplo: él mismo.

anayaeducacion.es Encuentra los múltiplos y los divisores de un número.

Múltiplos y divisores

Dos números están emparentados por la relación de divisibilidad cuando su cociente es exacto.

Ejemplo

$$\begin{array}{r|l} 60 & 20 \\ \hline 0 & 3 \end{array} \to 60 \text{ es divisible por } 20. \begin{cases} 60 \text{ es múltiplo de } 20. \\ 20 \text{ es divisor de } 60. \end{cases}$$

Si la división $a : b$ es exacta → a es **múltiplo** de b. → b es **divisor** de a.

Los múltiplos y los divisores de un número

- Los múltiplos de un número lo contienen una cantidad exacta de veces y se obtienen multiplicándolo por cualquier otro número natural.

Ejemplo

Calculamos los primeros múltiplos de 12:

$1 \cdot 12$	$2 \cdot 12$	$3 \cdot 12$	$4 \cdot 12$	$5 \cdot 12$	$6 \cdot 12$	$7 \cdot 12$	…
↓	↓	↓	↓	↓	↓	↓	
12	24	36	48	60	72	84	…

- Un número tiene infinitos múltiplos.
- Todo número es múltiplo de sí mismo y de la unidad. $\to a \cdot 1 = a$ → a es múltiplo de 1. → a es múltiplo de a.

- Los divisores de un número están contenidos en él una cantidad exacta de veces y, por tanto, lo dividen con cociente exacto.

Ejemplo

Calculamos los divisores de 12:

$$\begin{array}{r|l} 12 & 1 \\ \hline 00 & 12 \end{array} \Updownarrow \begin{array}{r|l} 12 & 12 \\ \hline 00 & 1 \end{array} \qquad \begin{array}{r|l} 12 & 2 \\ \hline 0 & 6 \end{array} \Updownarrow \begin{array}{r|l} 12 & 6 \\ \hline 0 & 2 \end{array} \qquad \begin{array}{r|l} 12 & 3 \\ \hline 0 & 4 \end{array} \Updownarrow \begin{array}{r|l} 12 & 4 \\ \hline 0 & 3 \end{array}$$

Los divisores de 12 son: 1 - 2 - 3 - 4 - 6 - 12

Observa que van emparejados.

- Un número tiene una cantidad finita de divisores.
- Un número tiene al menos dos divisores: él mismo y la unidad.

Una propiedad de los múltiplos de un número

Observa que al sumar dos múltiplos de 12 se obtiene otro múltiplo de 12.

$$36 + 60 = 12 \cdot 3 + 12 \cdot 5 = 12 \cdot (3 + 5) = 12 \cdot 8 = 96$$

La suma de dos múltiplos de un número a es otro múltiplo de a.

$$m \cdot a + n \cdot a = (m + n) \cdot a$$

Criterios de divisibilidad

Los criterios de divisibilidad son una serie de reglas, muy simples, que permiten descubrir con rapidez si un número es múltiplo de 2, 3, 5, 11…

→ DIVISIBILIDAD POR 2, POR 5 Y POR 10

Ya sabes que:

- Un número es **múltiplo de 2** si termina en 0, 2, 4, 6 u 8.
- Un número es **múltiplo de 5** si termina en 0 o en 5.
- Un número es **múltiplo de 10** si termina en 0.

→ DIVISIBILIDAD POR 3 Y POR 9

Un número de varias cifras siempre se puede descomponer en un múltiplo de 3 más la suma de sus cifras:

$$342 = \begin{cases} 300 = \boxed{99 + 99 + 99} + 3 \\ 40 = \boxed{9 + 9 + 9 + 9} + 4 \\ 2 = 2 \end{cases} = (3 \cdot 99 + 4 \cdot 9) + (3 + 4 + 2)$$

(3 · 99 + 4 · 9) → MÚLTIPLO DE 3 (3 + 4 + 2) → SUMA DE LAS CIFRAS

El primer sumando es múltiplo de 3. Según la propiedad vista arriba, para que el número sea múltiplo de 3, también ha de serlo el segundo sumando.

Y el mismo razonamiento sirve para los múltiplos de 9.

- Un número es **múltiplo de 3** si la suma de sus cifras es múltiplo de 3.
- Un número es **múltiplo de 9** si la suma de sus cifras es múltiplo de 9.

→ DIVISIBILIDAD POR 11

Un número de varias cifras siempre se puede descomponer en un múltiplo de 11 más el resultado de sumar y restar, alternativamente, sus cifras.

$$649 = \begin{cases} 600 = \boxed{594} + 6 \\ 40 = \boxed{44} - 4 \\ 9 = 9 \end{cases} = (594 + 44) + (6 - 4 + 9)$$

(594 + 44) → MÚLTIPLO DE 11 (6 – 4 + 9) → SUMA Y RESTA ALTERNADA DE LAS CIFRAS

El primer sumando es múltiplo de 11. Para que el número sea múltiplo de 11, también ha de serlo el segundo sumando.

Un número es **múltiplo de 11** si la suma de las cifras de lugar impar, menos la suma de las cifras de lugar par (o viceversa), es múltiplo de 11.

Ten en cuenta

Un número de varias cifras siempre se puede descomponer en un múltiplo de 2 más la cifra de las unidades:

$$128 = \boxed{120} + 8$$

120 → MÚLTIPLO DE 2 8 → CIFRA UNIDADES

Ten en cuenta

Un número formado por nueves es múltiplo de 3 y de 9.

$$9 = 9 \cdot 1 = 3 \cdot 3$$
$$99 = 9 \cdot 11 = 3 \cdot 33$$
$$999 = 9 \cdot 111 = 3 \cdot 333$$

Ten en cuenta

$$1\,000 = \boxed{1\,001} - 1$$
$$2\,000 = \boxed{2\,002} - 2$$
$$3\,000 = \boxed{3\,003} - 3$$
… = … …

$$100 = \boxed{99} + 1$$
$$200 = \boxed{198} + 2$$
$$300 = \boxed{297} + 3$$
… = … …

$$10 = \boxed{11} - 1$$
$$20 = \boxed{22} - 2$$
$$30 = \boxed{33} - 3$$
… = … …

Todos los números de los recuadros son múltiplos de 11. Compruébalo.

anayaeducacion.es Practica los criterios de divisibilidad.

Para fijar ideas

Copia y completa en tu cuaderno.

1 Divide, observa y contesta.

173 | 19	228 | 19	516 | 43	743 | 43
02 9	… …	… …	… …

a) ¿Es 173 múltiplo de 19? ¿Y 228?

b) ¿Es 43 divisor de 516? ¿Y de 743?

2 Escribe los ocho primeros múltiplos de 13.

13 - … - … - … - … - … - … - …

3 Observa y escribe todos los divisores de 42.

42 | 1 00 42	42 | 2 02 21 0	42 | 3 12 14 0	~~42 | 4~~ ~~02 10~~ 2	~~42 | 5~~ ~~2 8~~	42 | 6 0 7
↕	↕	↕	↕	↕	↕
42 | 42 00 1	42 | 21 00 2	42 | 14 00 3			42 | 7 0 6

Divisores de 42:

1	…	…	…
↕	↕	↕	↕
42	…	…	…

4 Busca todos los múltiplos de 14 comprendidos entre 250 y 300.

250 | 14
110   17
12

→ { $14 \cdot 17 = 238$; $14 \cdot 18 = …$; $14 \cdot 19 = …$; $14 \cdot … = …$; $14 \cdot … = …$ } → Los múltiplos de 14 comprendidos entre 250 y 300 son: …

Para practicar

1 Escribe:

a) Los cinco primeros múltiplos de 20.

b) Todos los divisores de 20.

2 Dibuja todas las formas de representar 36 como número rectangular.

$36 = 3 \cdot 12$

¿Qué relación tienen con los divisores de 36?

3 Escribe todas las parejas de números cuyo producto es 60.

4 Busca:

a) Los múltiplos de 7 comprendidos entre 100 y 150.

b) El primer múltiplo de 13 después de 1 000.

5 Copia, rodea los pares y tacha los múltiplos de 3.

45 - 67 - 74 - 96 - 143 - 138 - 251 - 309 - 488

6 Qué valores debe tomar la cifra *a* para que el número:

5	6	*a*

a) Sea múltiplo de 2.   b) Sea múltiplo de 3.

c) Sea múltiplo de 5.   d) Sea múltiplo de 9.

7 Selecciona, entre estos números, los múltiplos de 11.

286   611   913   1 804   2 444   3 333

8 Observa, copia y completa en tu cuaderno.

a) $n = 2 \cdot 3 \cdot k = 6 \cdot k \rightarrow$ Si un número, *n*, es múltiplo de 2 y de 3, también es múltiplo de 6.

b) $m = 2 \cdot 5 \cdot k = 10 \cdot k \rightarrow$ Si un número, *m*, es múltiplo de 2 y de 5, también es múltiplo de…

c) $p = 15 \cdot k = 3 \cdot 5 \cdot k \rightarrow$ Si un número, *p*, es múltiplo de 15, también lo es de … y de…

anayaeducacion.es Criterios de divisibilidad.

3 ▸ NÚMEROS PRIMOS Y COMPUESTOS

- Algunos números se pueden descomponer en forma de producto:

$$40 = 8 \cdot 5 = 2 \cdot 2 \cdot 2 \cdot 5$$

Diremos que 40 es un *número compuesto.*

- Otros números, como el 13, solo tienen dos divisores, 13 y 1, y, por tanto, no se pueden descomponer en forma de producto:

$$13 = 13 \cdot 1 \rightarrow \text{no se puede descomponer}$$

Diremos que 13 es un *número primo.*

> - Un número que no se puede descomponer en factores es un **número primo.**
> - Un número primo solo tiene dos divisores: él mismo y la unidad.
> - Los números que no son primos se llaman **compuestos.**

Recuerda

Estos son los números primos menores que 100:

2	3	5	7	11
13	17	19	23	29
31	37	41	43	47
53	59	61	67	71
73	79	83	89	97

anayaeducacion.es Clasifica en primos y compuestos.

Descomposición de un número en factores primos

El mayor nivel de descomposición factorial de un número se alcanza cuando todos los factores son primos.

Para descomponer un número en factores primos, conviene actuar ordenadamente. Observa cómo descomponemos el número 594:

División		Descomposición	
594 : 2 = 297	→	594	2
297 : 3 = 99	→	297	3
99 : 3 = 33	→	99	3
33 : 3 = 11	→	33	3
11 : 11 = 1	→	11	11
	→	1	

$$594 = 2 \cdot 3 \cdot 3 \cdot 3 \cdot 11 =$$
$$= 2 \cdot 3^3 \cdot 11$$

Recuerda

Para descomponer un número en factores primos, actúa ordenadamente, teniendo en cuenta los criterios de divisibilidad.

Divisible por 2 →	594	2
Divisibles por 3 →	297	3
	99	3
	33	3
Divisible por 11 →	11	11
	1	

anayaeducacion.es Recuerda cómo hay que descomponer un número en sus factores primos.

Para practicar

1 Separa, entre los siguientes números, los primos de los compuestos.

29 39 57 83 91

101 111 113 243 341

2 Copia y completa los procesos de descomposición factorial.

2 9 4	2
□□□	3
□□	7
□	7
□	

495	□
165	□
55	□
11	□□
1	

$294 = \square \cdot \square \cdot \square^2$

$495 = \square^2 \cdot \square \cdot \square\square$

3 Descompón estos números en factores primos.

a) 84 b) 130 c) 160 d) 594

e) 720 f) 975 g) 2 340 h) 5 220

4 Escribe factorizados sin hacer ninguna operación:

a) Tres múltiplos de $12 = 2^2 \cdot 3$.

b) Todos los divisores de $75 = 3 \cdot 5 \cdot 5$.

5 Teniendo en cuenta que $m = 2^2 \cdot 3 \cdot 5$ y $n = 2^3 \cdot 3$, escribe:

a) Tres múltiplos comunes de m y n.

b) Tres divisores comunes de m y n.

anayaeducacion.es Encuentra múltiplos y divisores de un número.

4 MÍNIMO COMÚN MÚLTIPLO DE DOS O MÁS NÚMEROS

El mínimo común múltiplo de varios números, a, b, c, ... es el menor de sus múltiplos comunes, y se escribe así:

$$\text{mín. c. m.}\ (a, b, c, \ldots)$$

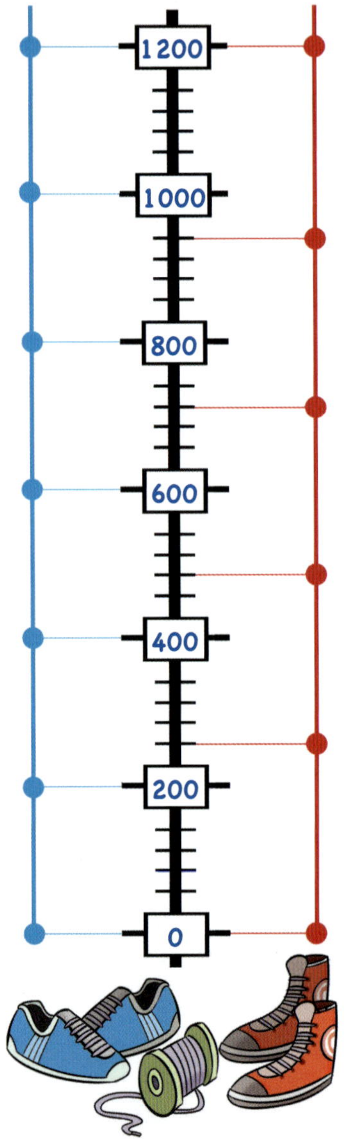

Cálculo del mínimo común múltiplo

Construiremos el mín. c. m. $(a, b, c, \ldots)$ con todos los factores primos de a, todos los de b, todos los de c..., pero solamente los imprescindibles.

Ejemplo

Vamos a calcular el mínimo común múltiplo de 200 y 240.

- Primero, descomponemos los números en factores primos:

$$200 = 2^3 \cdot 5^2 \qquad 240 = 2^4 \cdot 3 \cdot 5$$

- Después, seleccionamos los factores adecuados: todos los de 200, todos los de 240, pero solo los imprescindibles:

$$\text{mín. c. m.}\ (200, 240) = \overbrace{2 \cdot 2 \cdot 2 \cdot 2 \cdot 3 \cdot 5 \cdot 5}^{200} = 2^4 \cdot 3 \cdot 5^2 = 1\,200$$

(los factores $2 \cdot 2 \cdot 2 \cdot 2 \cdot 3 \cdot 5$ corresponden a 240)

> Para calcular el mínimo común múltiplo de varios números:
> - Se descomponen los números en factores primos.
> - Se toman todos los factores primos, comunes y no comunes, elevado cada uno al mayor de los exponentes con el que aparece.

Problema resuelto

Una fábrica de calzado deportivo confecciona zapatillas que llevan cordones de 100 cm (200 cm el par) y botas con cordones de 120 cm (240 cm el par).

¿Qué longitud debe tener un carrete de cordón que sirva para encordar un número exacto de pares de zapatillas o un número exacto de pares de botas?

$$\text{mín. c. m.}\ (200, 240) = 1\,200$$

Solución: El carrete debe tener una longitud de 1 200 cm (12 m), o múltiplo de esa cantidad: 12 - 24 - 36... metros.

Para practicar

1 Calcula mentalmente.

a) mín. c. m. (3, 5) b) mín. c. m. (6, 11)
c) mín. c. m. (10, 15) d) mín. c. m. (10, 25)
e) mín. c. m. (30, 40) f) mín. c. m. (50, 100)

2 Calcula.

a) mín. c. m. (18, 24) b) mín. c. m. (21, 35)
c) mín. c. m. (72, 90) d) mín. c. m. (90, 120)
e) mín. c. m. (60, 72, 90) f) mín. c. m. (50, 75, 100)

3 Cierto supermercado hace inventario cada 36 días y recoloca los expositores cada 24 días. ¿Cada cuánto tiempo coinciden ambos trabajos en el mismo día?

4 Dos ruedas, una de 24 dientes y la otra de 32, giran acopladas al poner en marcha un engranaje. ¿Cuántas vueltas dará cada una hasta quedar enfrentadas en la posición inicial?

5 ▶ MÁXIMO COMÚN DIVISOR DE DOS O MÁS NÚMEROS

El máximo común divisor de varios números, a, b, c, … es el mayor de sus divisores comunes, y se escribe así:

$$\text{máx. c. d.}\ (a, b, c, \dots)$$

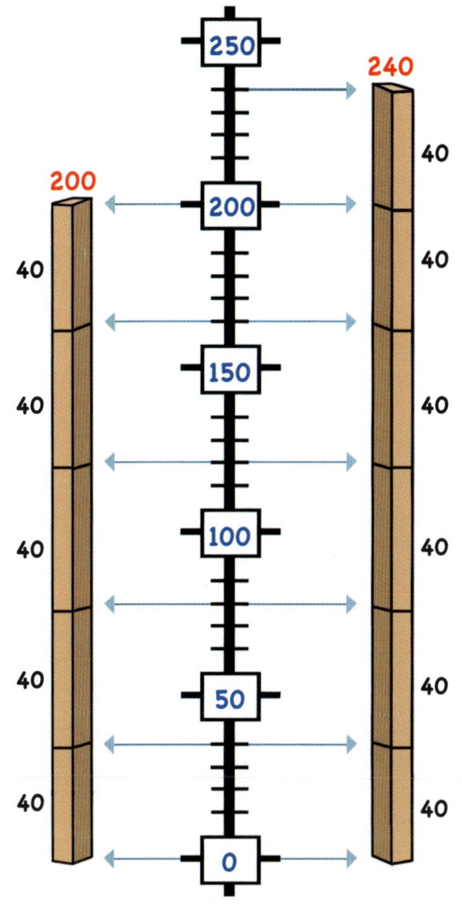

Cálculo del máximo común divisor

Construiremos el máx. c. d. (a, b, c, …) con todos los factores primos que tengan en común a, b, c, …

Ejemplo

Vamos a calcular el máximo común divisor de 200 y 240.

- Primero, descomponemos los números en factores primos:

$$200 = 2^3 \cdot 5^2 \qquad 240 = 2^4 \cdot 3 \cdot 5$$

- Después, seleccionamos los factores comunes:

$$\begin{aligned} 200 &= \boxed{2 \cdot 2 \cdot 2} \cdot 5 \cdot 5 \\ 240 &= \boxed{2 \cdot 2 \cdot 2} \cdot 2 \cdot 3 \cdot 5 \end{aligned} \;\rightarrow\; \text{máx. c. d.}\ (200, 240) = 2^3 \cdot 5 = 40$$

> Para calcular el máximo común divisor de varios números:
> - Se descomponen los números en factores primos.
> - Se toman solamente los factores primos comunes, elevado cada uno al menor de los exponentes con el que aparece.

Problema resuelto

Un carpintero desea partir dos listones, uno de 200 cm y otro de 240 cm, en trozos iguales, lo más grandes que sea posible y sin dejar ningún resto. ¿Qué longitud deben tener los trozos?

$$\text{máx. c. d.}\ (200, 240) = 40$$

Solución: Los trozos deben tener una longitud de 40 cm.

Para practicar

1 Calcula mentalmente.

a) máx. c. d. (4, 6) b) máx. c. d. (6, 8)

c) máx. c. d. (5, 10) d) máx. c. d. (15, 20)

e) máx. c. d. (18, 24) f) máx. c. d. (50, 75)

2 Una hortelana destina a semillero una parcela rectangular de 248 cm × 250 cm. La quiere dividir en cuadrados, todos iguales y lo más grandes posible.

¿Cuáles serán las dimensiones de cada semillero?

3 Calcula.

a) máx. c. d. (24, 36) b) máx. c. d. (28, 42)

c) máx. c. d. (63, 99) d) máx. c. d. (90, 126)

e) máx. c. d. (165, 275) f) máx. c. d. (360, 450)

4 Un almacenista desea envasar 885 litros de aceite de oliva y 705 litros de aceite de girasol, en garrafas iguales y lo más grandes posible. ¿Cuál debe ser la capacidad de las garrafas para que todas queden llenas y sin que sobre aceite?

anayaeducacion.es Practica el cálculo del mín. c. m. y del máx. c. d.

6 EL CONJUNTO ℤ DE LOS NÚMEROS ENTEROS

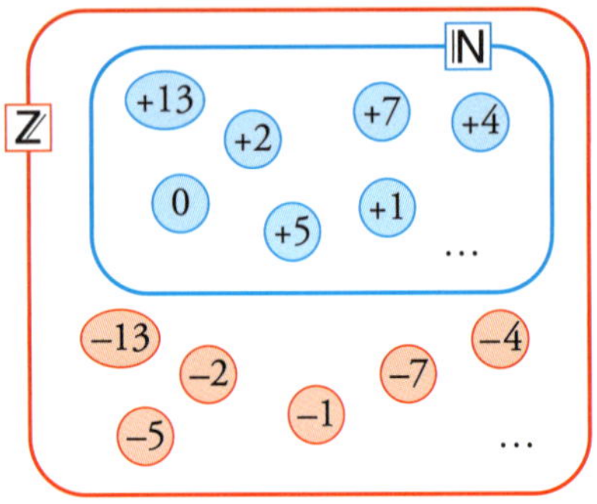

Si tomamos el conjunto ℕ de los números naturales y, por cada elemento distinto de cero, $+a$, añadimos otro con el signo negativo, $-a$, habremos obtenido un nuevo conjunto que se conoce en matemáticas como el conjunto de los números enteros y se designa con la letra ℤ.

$$\mathbb{Z} = \begin{cases} \text{POSITIVOS} \rightarrow +1, +2, +3, +4, +5, \dots \\ \text{CERO} \rightarrow 0 \\ \text{NEGATIVOS} \rightarrow -1, -2, -3, -4, -5, \dots \end{cases}$$

Valor absoluto y opuesto de un número entero

- El **valor absoluto** de un número entero es el número natural que resulta de quitarle el signo y se expresa escribiéndolo entre barras.

$$|a| \rightarrow \text{valor absoluto de } a$$

Ejemplos

$|+7| = 7 \qquad |-7| = 7$

- El **opuesto** de un número entero es otro entero con el mismo valor absoluto, pero de signo contrario.

Ejemplos

Opuesto de (+7) → (–7) Opuesto de (–7) → (+7)

Ten en cuenta

El valor absoluto de un número es su distancia al cero en la recta numérica.

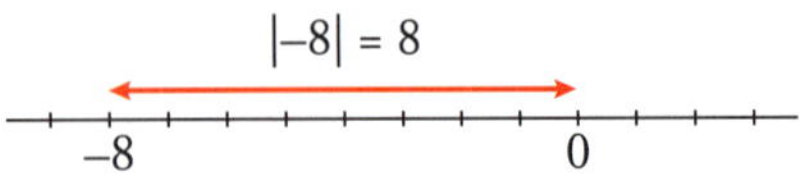

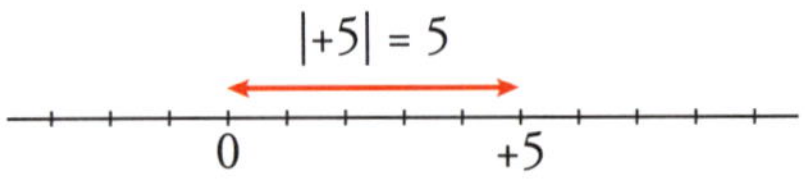

anayaeducacion.es Ordena de mayor a menor.

Orden en el conjunto ℤ

El conjunto de los números enteros se representa, ordenado, en la recta numérica:

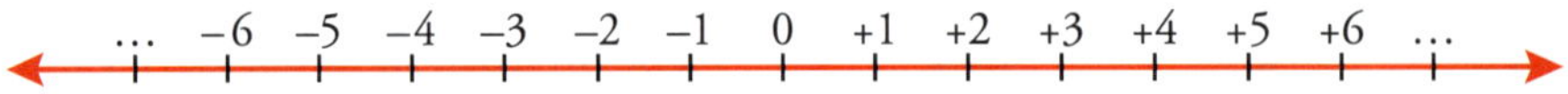

Así, vemos que un número es mayor que cualquier otro que esté a su izquierda y menor que cualquier otro que esté a su derecha.

- Cualquier número positivo es mayor que el cero, y este, mayor que cualquier número negativo.
- Los números negativos se ordenan *al revés* que los positivos. Es mayor el que tenga menor valor absoluto.

Ejemplos

$(-7) < 0 < (+1)$

$(-12) < (-9) < (-2)$

Para practicar

1 Escribe el valor absoluto y el opuesto de cada número.

a) –3 b) +8 c) –11

d) +23 e) –37 f) +60

2 Ordena de menor a mayor.

–7, –13, +8, –1, +1, +5, 0, +10, –24

3 ¿Verdadero o falso?

a) Cualquier número entero es también natural.

b) Cualquier número natural es entero.

c) Solo los negativos tienen opuesto.

d) Dos números enteros opuestos tienen el mismo valor absoluto.

7 OPERACIONES CON NÚMEROS ENTEROS

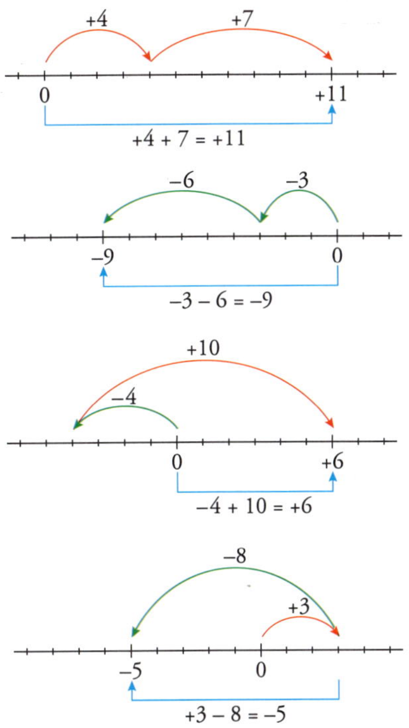

Suma y resta de números enteros

Recuerda algunas reglas básicas para resolver expresiones con números enteros:

Para sumar (restar) dos números:

- Si tienen el **mismo signo,** se suman sus valores absolutos y se pone el signo que tenían los sumandos.

$$+4 + 7 = +11 \qquad -6 - 3 = -9$$

- Si tienen **distinto signo,** se restan los valores absolutos y se pone el signo del que tiene mayor valor absoluto.

$$-4 + 10 = +6 \qquad +3 - 8 = -5$$

Para operar más de dos números positivos y negativos, podemos seguir dos caminos:

- Ir operando paso a paso, según aparecen.

$$8 - 10 + 6 - 5 - 3 = -2 + 6 - 5 - 3 = +4 - 5 - 3 = -1 - 3 = -4$$

- Agrupar los positivos por un lado y los negativos por otro. Después, operar.

$$8 - 10 + 6 - 5 - 3 = 8 + 6 - 10 - 5 - 3 = +14 - 18 = -4$$

anayaeducacion.es
Actividades guiadas para practicar sumas y restas.

Para fijar ideas

1 Lee, reflexiona y completa en tu cuaderno.

a) Si me dan 5 € y después me dan 3 €, tendré 8 € **más.**
$+5 + 3 = \ldots$

b) Si gasto 4 € y después gasto 2 €, tendré … € **menos.**
$-4 - 2 = \ldots$

c) Si me dan 10 € y me quitan 3 €, tendré … € …
$+10 - 3 = \ldots$

d) Si me dan 3 € y gasto 7 €, tendré … € …
$+3 - 7 = \ldots$

2 Copia y completa para resolver la misma expresión de dos formas diferentes.

$3 - 7 - 5 + 8 = \square - 5 + 8 = \square + 8 = \ldots \qquad 3 - 7 - 5 + 8 = 3 + 8 - 7 - 5 = +11 - \square = \ldots$

Para practicar

1 Calcula mentalmente.

a) $5 - 7$ b) $2 - 9$ c) $-1 - 9$
d) $-12 + 17$ e) $-22 + 10$ f) $-12 - 13$

2 Resuelve.

a) $10 - 3 + 5$ b) $2 - 9 + 1$ c) $16 - 4 - 6$
d) $7 - 10 - 3$ e) $-7 - 8 + 5$ f) $-5 + 8 + 4$
g) $-8 + 2 + 3$ h) $-1 - 2 - 3$ i) $-7 - 3 - 4$

3 Calcula.

a) $3 - 7 + 2 - 5$
b) $2 - 6 + 9 - 3 + 4$
c) $7 - 10 - 5 + 4 + 6 - 1$
d) $-6 + 4 - 3 - 2 - 8 + 5$
e) $12 + 5 - 17 - 11 + 20 - 13$
f) $16 - 22 + 24 - 31 + 12 - 15$

Sumas, restas y paréntesis

Reflexiona sobre los siguientes enunciados relativos a una cuenta bancaria:

- Si ingreso un talón de 25 €, habrá 25 € **más.** → $+(+25) = +25$
- Si pago una factura de 18 €, habrá 18 € **menos.** → $+(-18) = -18$
- Si retiro un talón de 55 €, habrá 55 € **menos.** → $-(+55) = -55$
- Si anulo una factura de 60 €, habrá 60 € **más.** → $-(-60) = +60$

anayaeducacion.es Operaciones con números enteros.

- Al suprimir un paréntesis precedido del signo más, los signos interiores no varían.
- Al suprimir un paréntesis precedido del signo menos, se cambian los signos interiores: más por menos y menos por más.

Ejemplos

$+(-3 + 8 - 2) = -3 + 8 - 2$ $\qquad$ $-(-3 + 8 - 2) = +3 - 8 + 2$

Para fijar ideas

3 Copia y completa para resolver la misma expresión de dos formas diferentes.

a) Quitando primero los paréntesis.

$(7 - 10) - (2 - 5 + 4 - 9) = 7 - \square - 2 + \square - \square + \square = 7 + 5 + 9 - \square - \square - \square = 21 - \square = \ldots$

b) Operando primero dentro de los paréntesis.

$(7 - 10) - (2 - 5 + 4 - 9) = (-3) - (\square - \square) = (-3) - (-\square) = \ldots$

Para practicar

4 Quita paréntesis y calcula.

a) $(-3) - (+4) - (-8)$

b) $-(-5) + (-6) - (-3)$

c) $(+8) - (+6) + (-7) - (-4)$

d) $-(-3) - (+2) + (-9) + (+7)$

5 Resuelve quitando los paréntesis.

a) $(4 - 9) - (5 - 8)$

b) $-(1 - 6) + (4 - 7)$

c) $4 - (8 + 2) - (3 - 13)$

d) $12 + (8 - 15) - (5 + 8)$

e) $22 - (7 - 11 - 3) - 13$

6 Resuelve operando primero dentro de los paréntesis.

a) $(2 - 6) + (4 - 8)$

b) $(8 - 10) - (12 - 7)$

c) $15 - (2 - 5 + 8) + (6 - 9)$

d) $(8 - 6) - (3 - 7 - 2) + (1 - 8 + 2)$

e) $(5 - 16) - (7 - 3 - 6) - (9 - 13 - 5)$

7 Resuelve de dos formas, como en el ejemplo.

- **$10 - (13 - 7) = 10 - (+6) = 10 - 6 = 4$**

  $10 - (13 - 7) = 10 - 13 + 7 = 17 - 13 = 4$

a) $15 - (12 - 8)$ b) $9 - (20 - 6)$

c) $8 - (15 - 12)$ d) $6 - (13 - 2)$

e) $15 - (6 - 9 + 5)$ f) $21 - (3 - 10 + 11 + 6)$

8 Calcula.

a) $7 - [1 + (9 - 13)]$ b) $-9 + [8 - (13 - 4)]$

c) $12 - [6 - (15 - 8)]$ d) $-17 + [9 - (3 - 10)]$

e) $2 + [6 - (4 - 2 + 9)]$ f) $15 - [9 - (5 - 11 + 7)]$

9 Resuelve.

a) $(2 - 9) - [5 + (8 - 12) - 7]$

b) $13 - [15 - (6 - 8) + (5 - 9)]$

c) $8 - [(6 - 11) + (2 - 5) - (7 - 10)]$

d) $(13 - 21) - [12 + (6 - 9 + 2) - 15]$

e) $[4 + (6 - 9 - 13)] - [5 - (8 + 2 - 18)]$

f) $[10 - (21 - 14)] - [5 + (17 - 11 + 6)]$

Multiplicación de números enteros

Podemos calcular el producto de dos números enteros teniendo en cuenta que una multiplicación es una suma de sumandos iguales:

$(+3) \cdot (-6) =$ → Sumamos tres veces (-6): $+(-6) + (-6) + (-6) = -6 - 6 - 6 = -18$

$(-3) \cdot (-6) =$ → Restamos tres veces (-6): $-(-6) - (-6) - (-6) = +6 + 6 + 6 = +18$

Sin embargo, para multiplicar con rapidez, aplicamos la siguiente regla:

REGLA DE LOS SIGNOS

El producto de dos números enteros es:

- **Positivo,** si los dos factores tienen **signos iguales.** $(+) \cdot (+) = +$; $(-) \cdot (-) = +$
- **Negativo,** si los dos factores tienen **signos diferentes.** $(+) \cdot (-) = -$; $(-) \cdot (+) = -$

anayaeducacion.es Practica la multiplicación y división de números enteros.

Ejemplos

$(+4) \cdot (+3) = +12$ $(-5) \cdot (-4) = +20$ $(+6) \cdot (-4) = -24$ $(-4) \cdot (+8) = -32$

División de números enteros

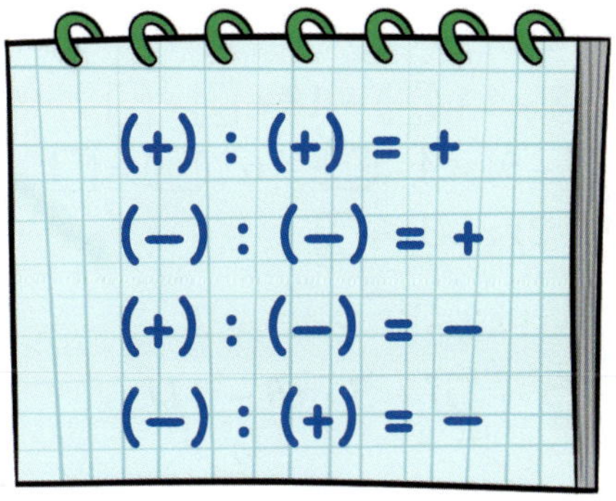

La división de números enteros guarda con la multiplicación las mismas relaciones que en los números naturales:

$(+4) \cdot (+6) = +24$ → $(+24) : (+4) = +6$

$(-4) \cdot (-6) = +24$ → $(+24) : (-4) = -6$

$(+4) \cdot (-6) = -24$ → $(-24) : (+4) = -6$; $(-24) : (-6) = +4$

En la división se aplica la misma regla de los signos que en la multiplicación.

Para practicar

10 Multiplica.

a) $(+10) \cdot (-2)$ b) $(-4) \cdot (-9)$
c) $(-7) \cdot (+5)$ d) $(+11) \cdot (+7)$

11 Observa los ejemplos y multiplica de las dos formas que se indican.

- $(-3) \cdot (+2) \cdot (-5) = (-6) \cdot (-5) = +30$

  $(-3) \cdot (+2) \cdot (-5) = (-3) \cdot (-10) = +30$

a) $(-2) \cdot (-3) \cdot (+4)$ b) $(-1) \cdot (+2) \cdot (-5)$
c) $(+4) \cdot (-3) \cdot (+2)$ d) $(-6) \cdot (-2) \cdot (-5)$

12 Divide.

a) $(-18) : (+3)$ b) $(-15) : (-5)$
c) $(+36) : (-9)$ d) $(-30) : (-10)$
e) $(-52) : (+13)$ f) $(+22) : (+11)$

13 Copia, completa y compara. ¿Qué observas?

$(+60) : [(-30) : (-2)] = (+60) : [+15] = \square$

$[(+60) : (-30)] : (-2) = [\square] : (-2) = \square$

14 Calcula el valor de x en cada caso.

a) $(-18) : x = +6$ b) $(+4) \cdot x = -36$
c) $x \cdot (-13) = +91$ d) $x : (-11) = +5$

Operaciones combinadas

Observa el orden en el que realizamos las operaciones para calcular el valor de la siguiente expresión combinada:

$$(-18) : (11 - 9 - 5) + 5 \cdot (6 - 8)$$

- Primero, las operaciones que están dentro de los paréntesis. ⟶ $(-18) : (-3) + 5 \cdot (-2)$
- Después, las multiplicaciones y las divisiones. ⟶ $(+6) + (-10)$
- Por último, las sumas y las restas. ⟶ $6 - 10 = -4$

anayaeducacion.es Actividades para practicar operaciones combinadas.

Para fijar ideas

4 Copia y completa para obtener el valor de la siguiente expresión:

$(6 - 9 + 2) \cdot (-5) + 3 \cdot (2 - 6) + 4 =$

$= (\square) \cdot (-5) + 3 \cdot (\square) + 4 =$

$= (\square) + (\square) + 4 = \square - \square + 4 = \square$

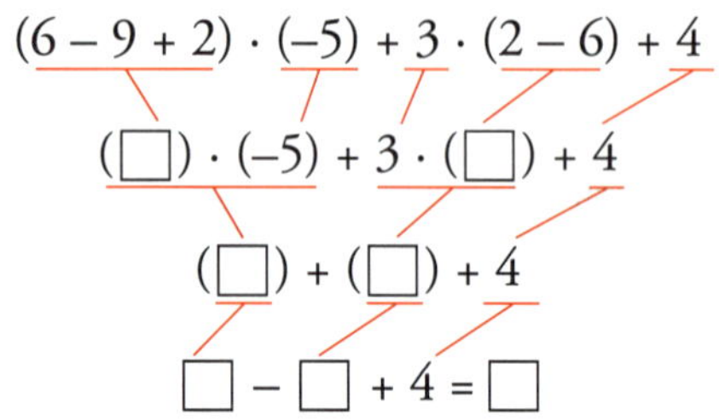

Para practicar

15 Calcula como en los ejemplos.

- **15 – 8 · 3 = 15 – 24 = –9**
- **18 : 6 – 5 = 3 – 5 = –2**

a) $18 - 5 \cdot 3$ b) $6 - 4 \cdot 2$

c) $7 \cdot 2 - 16$ d) $18 - 15 : 3$

e) $5 - 30 : 6$ f) $20 : 2 - 11$

16 Calcula como en el ejemplo.

- **21 – 4 · 6 + 12 : 3 = 21 – 24 + 4 = 25 – 24 = 1**

a) $20 - 4 \cdot 7 + 11$ b) $12 - 6 \cdot 5 + 4 \cdot 2$

c) $15 - 20 : 5 - 3$ d) $6 - 10 : 2 - 14 : 7$

e) $5 \cdot 3 - 4 \cdot 4 + 2 \cdot 6$ f) $7 \cdot 3 - 5 \cdot 4 + 18 : 6$

17 Observa el ejemplo y calcula.

- **(–3) · (–4) + (–6) · 3 = (+12) + (–18) = 12 – 18 = –6**

a) $5 \cdot (-8) - (+9) \cdot 4$

b) $32 : (-8) - (-20) : 5$

c) $(-2) \cdot (-9) + (-5) \cdot (+4)$

d) $(+25) : (-5) + (-16) : (+4)$

e) $(+6) \cdot (-7) + (-50) : (-2)$

f) $(+56) : (-8) - (-12) \cdot (+3)$

18 Copia, calcula y completa.

a) $18 - 5 \cdot (3 - 8) = 18 - 5 \cdot (\square) = 18 + \square = \square$

b) $4 \cdot (8 - 11) - 6 \cdot (7 - 9) = 4 \cdot (\square) - 6 \cdot (\square) = \square$

c) $(4 - 5) \cdot (-3) - (8 - 2) : (-3) = \square$

19 Ejercicio resuelto

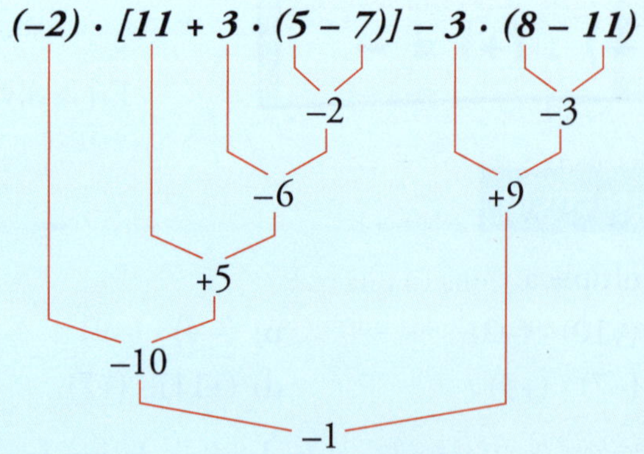

$(-2) \cdot [11 + 3 \cdot (5 - 7)] - 3 \cdot (8 - 11) =$

$= (-2) \cdot [11 + 3 \cdot (-2)] - 3 \cdot (-3) =$

$= (-2) \cdot [11 - 6] + 9 = (-2) \cdot [+5] + 9 = -10 + 9 = -1$

20 Calcula.

a) $28 : (-7) - (-6) \cdot [23 - 5 \cdot (9 - 4)]$

b) $(-2) \cdot (7 - 11) - [12 - (6 - 8)] : (-7)$

8 POTENCIAS DE NÚMEROS ENTEROS

Recuerda que una **potencia** es una multiplicación de factores iguales:

EXPONENTE → n

BASE → a

$$a^n = \underbrace{a \cdot a \cdot a = \ldots \cdot a}_{n \text{ veces}}$$

Ejemplos

- $(+4)^2 = (+4) \cdot (+4) = +16$
- $(-3)^4 = (-3) \cdot (-3) \cdot (-3) \cdot (-3) = +81$
- $(-3)^5 = (-3) \cdot (-3) \cdot (-3) \cdot (-3) \cdot (-3) = -243$

Ten en cuenta

$$10^n = \underbrace{10 \cdot 10 \cdot \ldots \cdot 10}_{n \text{ factores}}$$

↓

$$10^n = \underbrace{100 \ldots 0}_{n \text{ ceros}}$$

Potencias de números negativos

En las sucesivas potencias de un número negativo obtenemos, alternativamente, resultados positivos y negativos:

$(-3)^1 = -3$ $\quad (-3)^2 = +9$ $\quad (-3)^3 = -27$ $\quad (-3)^4 = +81$

Al elevar un número negativo a una potencia:

- Si el exponente es par, el resultado es positivo.

  $(-a)^{n\,(\text{par})} \rightarrow$ positivo
- Si el exponente es impar, el resultado es negativo.

  $(-a)^{n\,(\text{impar})} \rightarrow$ negativo

Propiedades de las potencias

Las siguientes propiedades son básicas para el cálculo con potencias.

Memorízalas y analiza detenidamente cada ejemplo.

Ten en cuenta

$$[(-2) + (-3)]^2 = [-5]^2 = +25$$

$$(-2)^2 + (-3)^2 = 4 + 9 = +13$$

La potencia de una suma (o una resta) ***no es igual*** a la suma de las potencias de los sumandos.

→ **POTENCIA DE UN PRODUCTO**

La potencia de un producto es igual al producto de las potencias de los factores.

$$[(-2) \cdot (+5)]^3 = (-2)^3 \cdot (+5)^3$$

$$[-10]^3 \qquad (-8) \cdot (+125)$$

$$-1\,000 \qquad -1\,000$$

$$(a \cdot b)^n = a^n \cdot b^n$$

→ **POTENCIA DE UN COCIENTE**

La potencia de un cociente es igual al cociente de las potencias del dividendo y del divisor.

$$[(-10) : (+5)]^3 = (-10)^3 : (+5)^3$$

$$(-2)^3 \qquad (-1\,000) : (+125)$$

$$-8 \qquad -8$$

$$(a : b)^n = a^n : b^n$$

8 POTENCIAS DE NÚMEROS ENTEROS

Observa

$a^2 \cdot a^4 = \overline{a \cdot a} \cdot \overline{a \cdot a \cdot a \cdot a} = a^6$

$a^2 \cdot a^4 = a^{2+4} = a^6$

$a^6 : a^4 = \dfrac{\cancel{a} \cdot \cancel{a} \cdot \cancel{a} \cdot \cancel{a} \cdot a \cdot a}{\cancel{a} \cdot \cancel{a} \cdot \cancel{a} \cdot \cancel{a}} = a^2$

$a^6 : a^4 = a^{6-4} = a^2$

Otros ejemplos

- $(a \cdot x)^4 = a^4 \cdot x^4$
- $(p : y)^5 = p^5 : y^5$
- $b^3 \cdot b^6 = b^9$
- $x^7 : x^4 = x^3$
- $(y^5)^3 = y^{15}$

→ PRODUCTO DE POTENCIAS DE LA MISMA BASE

Para multiplicar dos potencias de igual base, se suman los exponentes.

$(-10)^2 \cdot (-10)^3 = (-10)^{2+3} = (-10)^5$

$(+100) \cdot (-1\,000)$

$-100\,000$ $\qquad$ $-100\,000$

$$a^m \cdot a^n = a^{m+n}$$

→ COCIENTE DE POTENCIAS DE LA MISMA BASE

Para dividir dos potencias de igual base, se restan los exponentes.

$(-10)^5 : (-10)^3 = (-10)^{5-3} = (-10)^2$

$(-100\,000) : (-1\,000)$

$+100$ $\qquad$ $+100$

$$a^m : a^n = a^{m-n}$$

→ POTENCIA DE OTRA POTENCIA

Para elevar una potencia a otra potencia, se multiplican los exponentes.

$[(-10)^3]^2 = (-10)^{3 \cdot 2} = (-10)^6$

$[-1\,000]^2$

$+1\,000\,000$ $\qquad$ $+1\,000\,000$

$$(a^m)^n = a^{m \cdot n}$$

Para practicar

1 Escribe en forma de producto y calcula.

a) $(-5)^2$ b) $(-10)^5$ c) $(-8)^3$

2 Calcula con ayuda de la calculadora de cuatro operaciones como en el ejemplo.

- $\mathbf{12^5}$ → 1 2 × × = = = = → 248832

a) $(-11)^3$ b) 17^5 c) $(-27)^4$

3 Reduce a una sola potencia como en los ejemplos.

- $\mathbf{2^5 \cdot (-3)^5 = [2 \cdot (-3)]^5 = (-6)^5}$
- $\mathbf{(-15)^4 : (+3)^4 = [(-15) : (+3)]^4 = (-5)^4 = 5^4}$

a) $3^2 \cdot 4^2$ b) $(-2)^3 \cdot 4^3$

c) $(-5)^2 \cdot (+3)^2$ d) $(+15)^3 : (-5)^3$

e) $(-20)^2 : (-4)^2$ f) $(-18)^4 : (+6)^4$

4 Reduce aplicando la propiedad $a^m \cdot a^n = a^{m+n}$.

a) $x^2 \cdot x^3$ b) $a^4 \cdot a^4$ c) $z^5 \cdot z$

5 Reduce a una sola potencia.

a) $(-2)^5 \cdot 2^7$ b) $(-2)^3 \cdot (+2)^6$

c) $(-12)^2 \cdot (+12)^2$ d) $(+9)^4 \cdot (-9)^2$

6 Reduce aplicando la propiedad $a^m : a^n = a^{m-n}$.

a) $x^7 : x^4$ b) $a^7 : a^2$ c) $z^8 : z^3$

7 Reduce a una potencia única.

a) $(-7)^8 : (-7)^5$ b) $10^9 : (-10)^4$

c) $12^4 : (-12)$ d) $(-4)^{10} : (+4)^6$

8 Aplica la propiedad $(a^m)^n = a^{m \cdot n}$, y reduce.

a) $(x^3)^2$ b) $(a^3)^3$ c) $(z^6)^3$

9 Copia y completa en tu cuaderno.

a) $(3^2)^4 = 3^{\square}$ b) $[(-2)^4]^3 = (-2)^{\square}$

c) $[(+5)^2]^2 = (+5)^{\square}$ d) $[(-6)^3]^5 = (-6)^{\square}$

10 Reduce como en el ejemplo.

- $\mathbf{(a^6 \cdot a^4) : a^7 = a^{10} : a^7 = a^3}$

a) $(x^5 \cdot x^2) : x^4$ b) $m^7 : (m^2 \cdot m^3)$

c) $(a \cdot a^6) : (a^2 \cdot a^4)$ d) $(z^5 \cdot z^3) : (z^4 \cdot z^2)$

11 Opera y calcula.

a) $10^6 : (5^4 \cdot 2^4)$ b) $(-12)^7 : [(-3)^5 \cdot 4^5]$

c) $[(-9)^5 \cdot (-2)^5] : 18^4$ d) $[5^7 \cdot (-4)^7] : 20^4$

anayaeducacion.es Practica las potencias de números enteros.

9 RAÍZ CUADRADA DE UN NÚMERO ENTERO

- La **raíz cuadrada** es la operación inversa de elevar al cuadrado.

$$\sqrt{a} = b \Leftrightarrow b^2 = a$$

- Los números cuya raíz cuadrada es entera se llaman **cuadrados perfectos.**

Ejemplos

$$\left.\begin{array}{r} \sqrt{49} = 7 \Leftrightarrow 7^2 = 49 \\ \sqrt{400} = 20 \Leftrightarrow 20^2 = 400 \end{array}\right\} \text{ 49 y 400 son cuadrados perfectos}$$

Un número positivo tiene dos raíces cuadradas, una positiva y otra negativa.

Las raíces cuadradas de 16 son 4 y –4.
- $4 \rightarrow$ porque $4^2 = +16$
- $-4 \rightarrow$ porque $(-4)^2 = +16$

Pero ten en cuenta que, por convenio, cuando ponemos $\sqrt{16}$, nos referimos a la solución positiva. Para tomar la negativa hemos de poner el signo menos delante.

$$\sqrt{16} = +4 \qquad -\sqrt{16} = -4$$

Un número negativo no tiene raíz cuadrada.

$\sqrt{(-16)} = x \Leftrightarrow x^2 = -16 \rightarrow$ Imposible

$\sqrt{(-16)} \rightarrow$ No existe, porque no hay ningún número cuyo cuadrado sea un resultado negativo.

anayaeducacion.es Practica la raíz cuadrada de un número entero.

Otras raíces

Además de la raíz cuadrada, podemos obtener raíces de índice superior a dos.

En general:

$$\sqrt[n]{a} = b \Leftrightarrow b^n = a$$

ÍNDICE → n; RADICANDO → a

Ejemplos

- $\sqrt[3]{(+8)} = +2 \Leftrightarrow (+2)^3 = +8$
- $\sqrt[3]{(-8)} = -2 \Leftrightarrow (-2)^3 = -8$
- $\sqrt[4]{(+81)} =$
  - $+3 \Leftrightarrow (+3)^4 = +81$
  - $-3 \Leftrightarrow (-3)^4 = +81$
- $\sqrt[4]{(-81)} \rightarrow$ No existe.

Para practicar

1 Calcula, si existen, estas raíces.

a) $\sqrt{(+1)}$ b) $\sqrt{(-1)}$ c) $\sqrt{(+25)}$

d) $\sqrt{(-36)}$ e) $\sqrt{(+100)}$ f) $\sqrt{(-100)}$

g) $\sqrt{(-169)}$ h) $\sqrt{(+400)}$ i) $\sqrt{(-900)}$

2 Reflexiona y calcula, si existen.

a) $\sqrt[3]{27}$ b) $\sqrt[3]{-27}$ c) $\sqrt[4]{16}$

d) $\sqrt[4]{-16}$ e) $\sqrt[5]{32}$ f) $\sqrt[4]{-32}$

g) $\sqrt[7]{-1}$ h) $\sqrt[8]{-1}$ i) $\sqrt[6]{+64}$

En el **«Portfolio»** del banco de recursos de anayaeducacion.es, encontrarás orientaciones sobre cómo elaborar tu portfolio.

EJERCICIOS Y PROBLEMAS

Sistemas de numeración

1 Observa un número escrito en dos sistemas de numeración diferente:

Sistema de numeración egipcio.

Sistema de numeración maya.

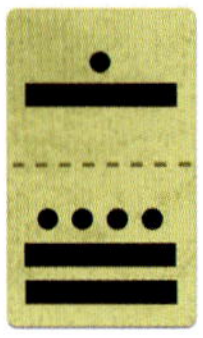

a) Explica el significado de los signos en cada caso.

b) Escribe en ambos sistemas el número anterior y el posterior.

2 En la siguiente serie puedes ver los diez primeros números naturales, escritos en el sistema binario (solo utiliza los signos 1 y 0):

0 - 1 - 10 - 11 - 100 - 101 - 110 - 111 - 1000 - 1001

Escribe los diez siguientes.

3 Copia, calcula y completa.

a) 23 min 45 s → … s

b) 1 h 13 min 27 s → … s

c) 587 min → … h … min

d) 6 542 s → … h … min … s

Múltiplos y divisores

4 Responde y justifica tu respuesta.

a) ¿Es 132 múltiplo de 11?

b) ¿Es 11 divisor de 132?

c) ¿Es 574 múltiplo de 14?

d) ¿Es 27 divisor de 1 542?

5 Calcula.

a) Los cinco primeros múltiplos de 10.

b) Los cinco primeros múltiplos de 31.

c) Todos los divisores de 23.

d) Todos los divisores de 32.

6 Copia estos números y selecciona:

66	71	90	103	105
156	220	315	421	825
1 000	2 007	4 829	5 511	6 005

a) Los múltiplos de 2.

b) Los múltiplos de 3.

c) Los múltiplos de 5.

d) Los múltiplos de 11.

Números primos y compuestos

7 Escribe.

a) Los diez primeros números primos.

b) Los números primos comprendidos entre 50 y 60.

c) Los números primos comprendidos entre 80 y 100.

d) Los tres primeros primos mayores que 100.

8 Copia y completa para descomponer los siguientes números en factores primos.

1 4 0 0	2
7 0 0	2
□ □ □	2
□ □ □	□
□ □	□
□	□
1	

1 4 8 5	□
□ □ □	□
□ □ □	□
□ □	□
□ □	11
□	

$1\,400 = 2^{\square} \cdot \square^{\square} \cdot \square$

$1\,485 = \square^{\square} \cdot \square \cdot 11$

9 Descompón en el máximo número de factores.

a) 378

b) 1 144

c) 1 872

Mínimo común múltiplo y máximo común divisor

10 Calcula mentalmente.

a) mín. c. m. (2, 3)

b) mín. c. m. (6, 9)

c) mín. c. m. (4, 10)

d) mín. c. m. (6, 10)

e) mín. c. m. (6, 12)

f) mín. c. m. (12, 18)

11 Calcula.

a) mín. c. m. (12, 15)

b) mín. c. m. (24, 60)

c) mín. c. m. (48, 54)

d) mín. c. m. (90, 150)

e) mín. c. m. (6, 10, 15)

f) mín. c. m. (8, 12, 18)

12 Calcula mentalmente.

a) máx. c. d. (4, 8)

b) máx. c. d. (6, 9)

c) máx. c. d. (10, 15)

d) máx. c. d. (12, 16)

e) máx. c. d. (16, 24)

f) máx. c. d. (18, 24)

13 Calcula.

a) máx. c. d. (36, 45)

b) máx. c. d. (48, 72)

c) máx. c. d. (105, 120)

d) máx. c. d. (135, 180)

e) máx. c. d. (8, 12, 16)

f) máx. c. d. (45, 60, 105)

Los números enteros

14 Ordena de menor a mayor.

$-6, +8, -16, -3, +12, -7, +4, +15, -11$

15 Escribe las coordenadas de los vértices de este rectángulo.

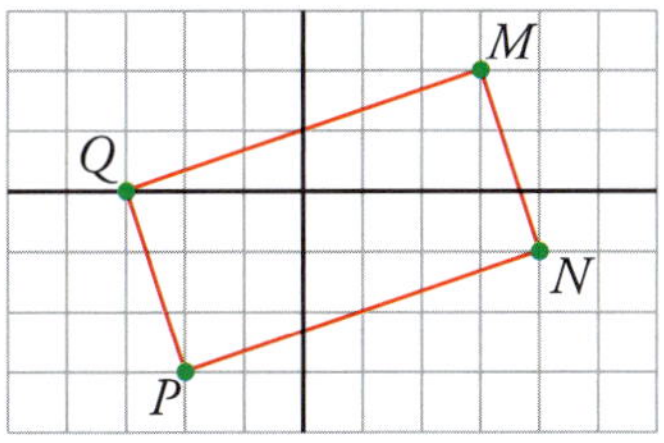

16 Dibuja un rectángulo igual que el anterior, con el vértice M en el punto $(-1, 0)$, y escribe las coordenadas de los otros tres.

Suma y resta de números enteros

17 Calcula.

a) $5 - 8 - 4 + 3 - 6 + 9$

b) $10 - 11 + 7 - 13 + 15 - 6$

c) $9 - 2 - 7 - 11 + 3 + 18 - 10$

d) $-7 - 15 + 8 + 10 - 9 - 6 + 11$

18 Opera.

a) $8 - [(6 - 9) - (7 - 13)]$

b) $(6 - 15) - [1 - (1 - 5 - 4)]$

c) $(2 - 12 + 7) - [(4 - 10) - (5 - 15)]$

d) $[9 - (5 - 17)] - [11 - (6 - 13)]$

Multiplicación y división de números enteros

19 Opera aplicando la regla de los signos.

a) $(-4) \cdot (+7)$
b) $(-21) : (+3)$
c) $(-6) \cdot (-8)$
d) $(+30) : (+5)$
e) $(+10) \cdot (+5)$
f) $(-63) : (-9)$
g) $(-9) \cdot (-5)$
h) $(+112) : (-14)$

20 Calcula.

a) $(-2) \cdot [(+3) \cdot (-2)]$
b) $[(+5) \cdot (-3)] \cdot (+2)$
c) $(+6) : [(-30) : (-15)]$
d) $[(+40) : (-4)] : (-5)$
e) $(-5) \cdot [(-18) : (-6)]$
f) $[(-8) \cdot (+3)] : (-4)$
g) $[(-21) : 7] \cdot [8 : (-4)]$
h) $[6 \cdot (-10)] : [(-5) \cdot 6]$

Operaciones combinadas con números enteros

21 Calcula.

a) $5 - 4 \cdot 3$
b) $2 \cdot 9 - 7$
c) $4 \cdot 5 - 6 \cdot 3$
d) $2 \cdot 8 - 4 \cdot 5$
e) $16 - 4 \cdot 7 + 2 \cdot 5 - 19$
f) $5 \cdot 6 - 21 - 3 \cdot 7 + 12$

22 Calcula y observa que el resultado varía según la posición de los paréntesis.

a) $17 - 6 \cdot 2$
b) $(17 - 6) \cdot 2$
c) $(-10) - 2 \cdot (-3)$
d) $[(-10) - 2] \cdot (-3)$
e) $(-3) \cdot (+5) + (-2)$
f) $(-3) \cdot [(+5) + (-2)]$

23 Opera.

a) $5 \cdot [11 - 4 \cdot (11 - 7)]$

b) $(-4) \cdot [12 + 3 \cdot (5 - 8)]$

c) $6 \cdot [18 + (-4) \cdot (9 - 4)] - 13$

d) $4 - (-2) \cdot [-8 - 3 \cdot (5 - 7)]$

e) $24 - (-3) \cdot [13 - 4 - (10 - 5)]$

f) $6 \cdot (7 - 11) + (-5) \cdot [5 \cdot (8 - 2) - 4 \cdot (9 - 4)]$

Potencias de números enteros

24 Calcula.

a) $(-5)^4$
b) $(+4)^5$
c) $(-6)^3$
d) $(+7)^3$
e) $(-8)^2$
f) $(-10)^7$

25 Expresa como potencia de un único número.

a) $10^4 : 5^4$
b) $12^7 : (-4)^7$
c) $(-9)^6 : 3^6$
d) $2^6 \cdot 2^6$
e) $(-4)^5 \cdot (-2)^5$
f) $2^4 \cdot (-5)^4$

26 Reduce a una sola potencia.

a) $(x^2)^5$
b) $(m^4)^3$
c) $[a^{10} : a^6]^2$
d) $(a \cdot a^3)^3$
e) $(x^5 : x^2) \cdot x^4$
f) $(x^6 \cdot x^4) : x^7$

Raíz cuadrada de números enteros

27 Calcula.

a) $\sqrt{49}$
b) $\sqrt{7^2}$
c) $\sqrt{-49}$
d) $\sqrt{15^2}$
e) $\sqrt{225}$
f) $\sqrt{-225}$
g) $\sqrt{2\,500}$
h) $\sqrt{50^2}$
i) $\sqrt{-2\,500}$

28 Observa el ejemplo y reduce.

- $\sqrt{x^6} = \sqrt{x^{3 \cdot 2}} = \sqrt{(x^3)^2} = x^3$

a) $\sqrt{(x^2)^2}$
b) $\sqrt{(m^3)^2}$
c) $\sqrt{(a^4)^2}$
d) $\sqrt{x^4}$
e) $\sqrt{m^6}$
f) $\sqrt{a^8}$

Raíces de índice superior a dos

29 Observa el ejemplo y calcula.

- **$\sqrt[3]{-125} = -5 \rightarrow$ porque $(-5^3) = -125$**

a) $\sqrt[3]{1}$ b) $\sqrt[3]{-1}$ c) $\sqrt[3]{27}$

d) $\sqrt[3]{-27}$ e) $\sqrt[3]{216}$ f) $\sqrt[3]{-216}$

Reflexiona, decide, aplica

30 Marta ha comprado varios balones por 69 €. El precio de un balón era un número exacto de euros, sin decimales. ¿Cuántos balones ha comprado y cuánto costaba cada balón?

31 Una tienda de ropa pone a la venta una partida de camisetas, todas del mismo precio. El primer día vende unas cuantas por valor de 221 € y el segundo día unas pocas más por valor de 272 €. ¿Cuál crees que es el precio de una camiseta?

32 Un grupo de 20 personas se pueden organizar en un número exacto de filas y columnas.

Por ejemplo, cuatro filas y cinco columnas.

Sin embargo, no se puede hacer lo mismo con un grupo de 13 personas, que solo se pueden poner en una única fila.

Busca todos los números comprendidos entre 150 y 170 que solo se puedan organizar en una única fila.

Interpreta, describe, exprésate

33 Piensa en dos cubos, uno de arista 10, y otro de arista 4, construidos con cubitos unitarios de arista 1.

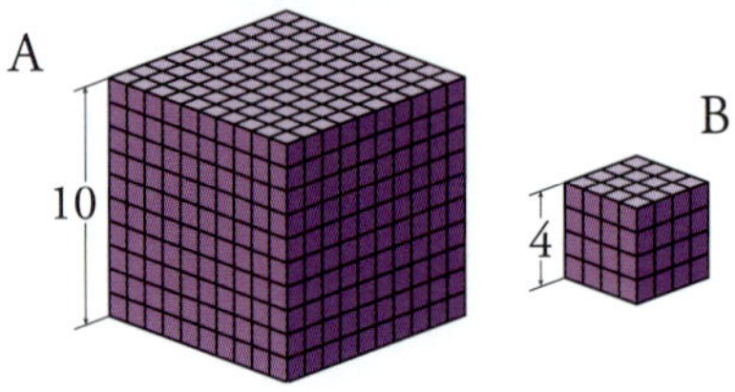

Indica cuál o cuáles de las siguientes expresiones responde a la pregunta: ¿Cuántos cubos como el B se podrían formar con los cubitos del A?

a) $10^4 : 4^4$ b) $10^3 : 4^3$ c) $(10 : 4)^4$ d) $(10 : 4)^3$

34 En el siguiente paralelogramo definimos, con dos números enteros, el desplazamiento que nos lleva desde el punto *A* al punto *B*.

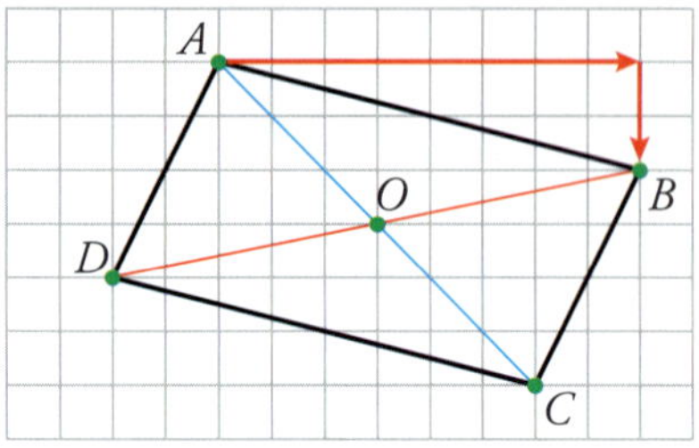

Desplazamiento desde *A* hasta *B*
↓
[+8, –2]

a) ¿Cómo definiríamos, con el mismo código, el desplazamiento desde *B* hasta *A*?

b) ¿De qué vértice a qué vértice irías con el desplazamiento [–2, –4]?

c) Expresa, con el mismo código, los desplazamientos que llevan desde el centro *O* a cada uno de los vértices.

Resuelve problemas con números naturales

35 Una compañía de danza de 156 bailarines y bailarinas hace una coreografía formando filas y columnas. Si en una fila hay 20 más que en una columna, ¿cuántas filas y cuántas columnas son?

36 Los miembros de un equipo de atletismo acuerdan regalar a su entrenadora un cronómetro que cuesta 130 €. ¡Lástima que no participen los lanzadores de peso, disco y jabalina! –comenta la capitana–, siendo tres más, nos habría tocado poner 3 € menos a cada uno. ¿Cuántos son para el regalo, sabiendo que a cada uno le toca poner una cantidad entera de euros, sin céntimos?

37 Se apilan, en una torre, cubos de 30 cm de arista y, al lado, en otra torre, cubos de 36 cm de arista. ¿A qué altura coinciden las cimas de ambas torres?

38 Se desea dividir un terreno rectangular, de 100 m de ancho por 120 m de largo, en parcelas cuadradas lo más grandes posible. ¿Cuánto debe medir el lado de cada parcela?

39 Un rollo de cable mide más de 150 m y menos de 200 m. ¿Cuál es su longitud exacta, sabiendo que se puede dividir en trozos de 15 m y también en trozos de 18 m sin desperdiciar nada?

40 Julia ha formado el cuadrado más pequeño posible uniendo piezas rectangulares de cartulina, de 12 cm por 18 cm. ¿Cuánto mide el lado del cuadrado? ¿Cuántas piezas ha empleado?

41 En un horno se han fabricado 2400 magdalenas y 2640 mantecados, que se desean comercializar en bolsas con el mismo número de unidades y sin mezclar ambos productos. ¿Cuántas magdalenas o cuántos mantecados se pueden poner en cada bolsa, teniendo en cuenta que el número debe ser superior a 15 e inferior a 30?

42 Se han apilado tablones de un grosor de 50 mm y al lado otros tablones de 65 mm. ¿Cuántas tablas van en cada pila si la segunda, con una tabla menos, es un poco más alta?

Resuelve problemas con números enteros

43 Problema resuelto

La suma de dos números enteros es menos cinco (–5) y su diferencia diecinueve (+19).

¿Cuáles son esos números?

Ensayamos con un ejemplo muy sencillo

Tomamos los números 6 y 4:

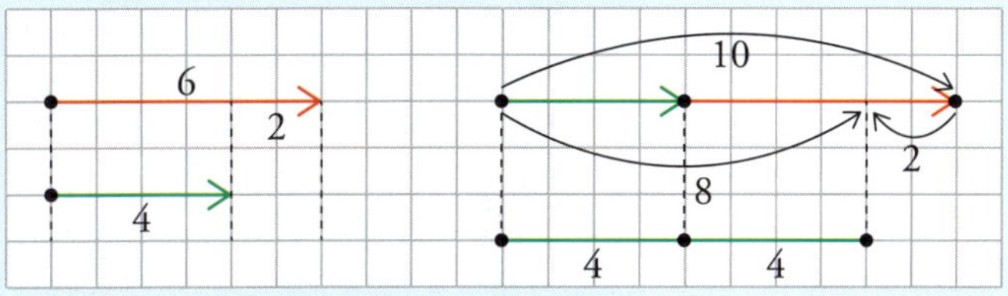

$$\left.\begin{aligned}6+4&=10\\6-4&=2\end{aligned}\right\}\rightarrow 10-2=8\rightarrow 8:2=4\leftarrow \text{(el menor)}$$

Si a la suma de los dos, le restamos la diferencia, obtenemos el doble del menor.

Resolvemos el problema original

– La suma es (–5) y la diferencia (+19).

– La suma menos la diferencia es el doble del menor:

$(-5)-(+19)=-5-19=-24$ (doble del menor)

El menor es: $(-24):2=-12$

El mayor es: $-12+19=7$

Compruébalo.

44 La suma de dos números enteros es –22, y la suma de sus valores absolutos, 70. ¿Cuáles son esos números?

45 Si escribes todos los números enteros desde –50 hasta +50, ¿cuántas veces habrás utilizado la cifra 7? ¿Y la cifra 5? ¿Y la cifra 3?

Problemas «+»

46 En el obrador de bollería han horneado magdalenas. Las empaquetan en bolsas de media docena y sobran dos.

Si las hubieran empaquetado en bolsas de 5, habrían sobrado tres, y si las bolsas hubieran sido de 8, habrían quedado justas.

Sabiendo que han llenado poco más de 40 bolsas, ¿cuántas magdalenas han salido del horno?

47 Un museo decide editar un vídeo para pasarlo de forma ininterrumpida en los tramos horarios de mayor afluencia de visitantes.

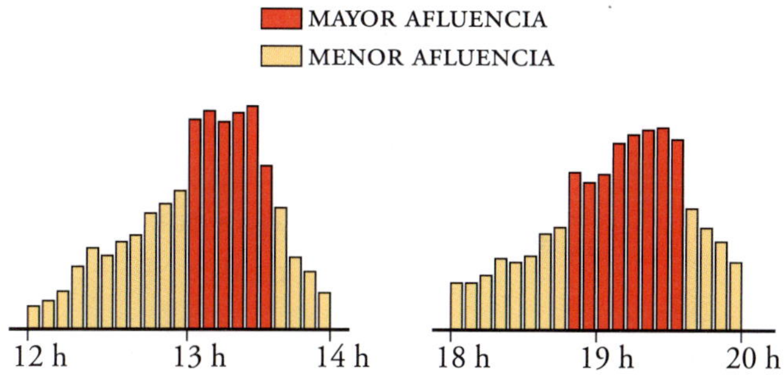

¿Cuál es la máxima duración que puede tener cada pase, para que las sucesivas repeticiones ocupen exactamente los tramos de mayor afluencia, tanto en el horario de la mañana como en el de la tarde?

48 Tengo dos cuentas en el mismo banco. En la primera hay 200 € más que en la segunda, pero si pasara dinero de una a la otra, dejándolas igualadas, cada una quedaría con 20 €. ¿Cuánto hay en cada cuenta?

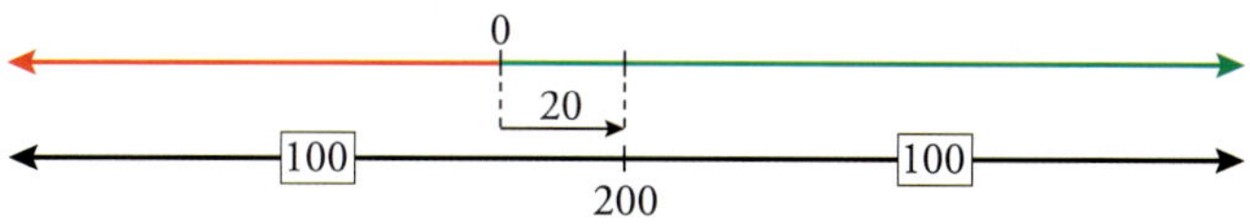

49 Dibuja unos ejes de coordenadas y los puntos $A(-2, 0)$ y $B(4, 2)$.

Traza todos los cuadrados que tienen dos vértices en esos puntos (son tres distintos).

Por último, escribe las coordenadas de los vértices de cada uno de esos cuadrados.

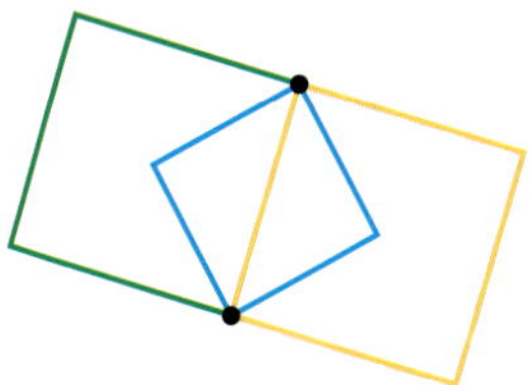

LEE E INFÓRMATE

Primos y antiguos

Los números primos ya despertaban la curiosidad de los antiguos. Una prueba está en los trabajos de Eratóstenes, que nació casi trescientos años antes de Cristo.

¡Pues eso no es nada! Resulta que en una época todavía más antigua, hace 20 000 años, en el Zaire, algún hombre primitivo marcó en un hueso ciertos números.

No sabemos qué significan, pero los de arriba ¡son los primos entre 10 y 20! ¿Qué te parece?

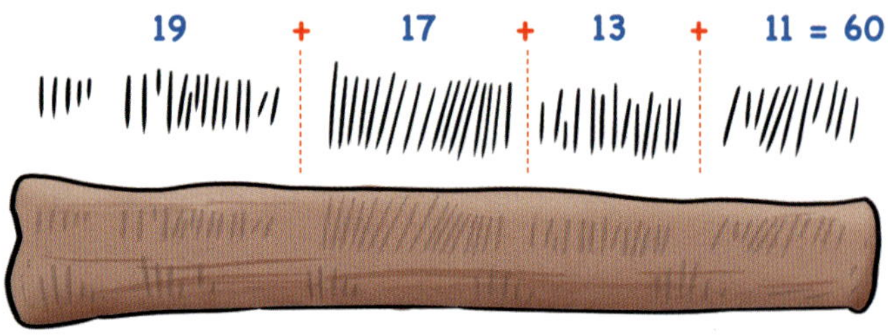

La ilustración muestra una vista del hueso de Ishango, que se conserva en el Museo de Historia Natural de Bruselas.

Lee y comprende

En 1742, el matemático ruso Goldbach propuso el siguiente enunciado:

TODO NÚMERO PAR MAYOR QUE 2 SE PUEDE EXPRESAR COMO LA SUMA DE DOS NÚMEROS PRIMOS.

Este enunciado parece que es verdadero, pero no se sabe con seguridad, ¡porque nadie ha sido capaz de demostrarlo!

Por eso, de momento es solo una CONJETURA (una suposición) conocida como *la conjetura de Goldbach*.

NOTA: Aunque en la unidad hemos dicho que el 1 no se considera primo, en la afirmación anterior se acepta como tal. En caso contrario, no tendría sentido. Por ejemplo: 4 = 1 + 3

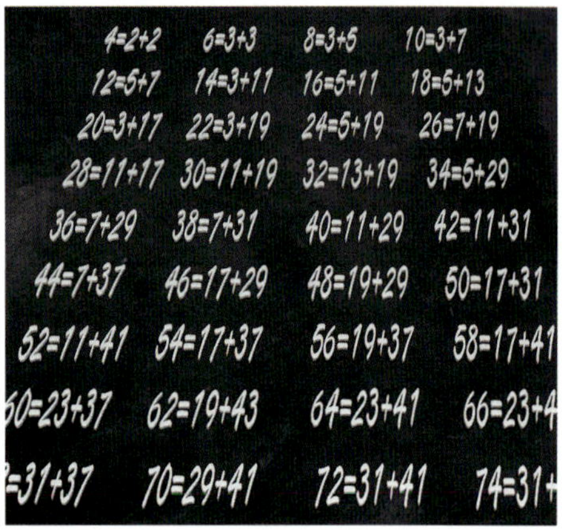

Conjetura de Goldbach.

INVESTIGA

Números perfectos

Según los pitagóricos, un número es **perfecto** si coincide con la suma de sus divisores propios. Por ejemplo, el 6:

Los divisores propios de 6 son 1, 2 y 3 (el 6 es divisor de 6, pero no es divisor propio).

$$1 + 2 + 3 = 6$$

- Entre 25 y 30 hay otro número perfecto. ¿Serás capaz de encontrarlo?

Números amigos

Los pitagóricos llamaban **amigos** a dos números cuando la suma de los divisores propios de cada uno de ellos es igual al otro.

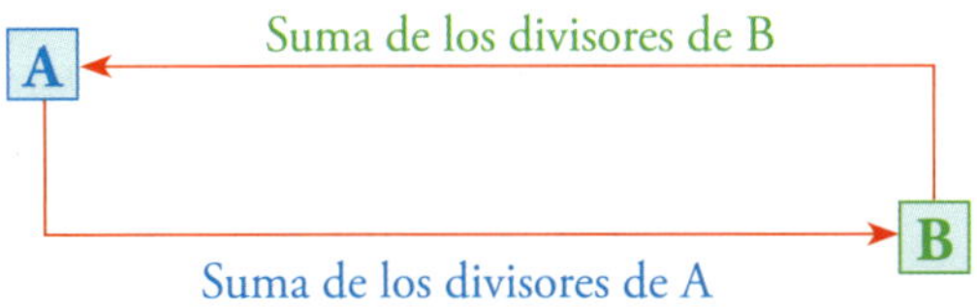

- El número 220 tiene un amigo. ¿Serás capaz de encontrarlo?

Recuerda que en anayaeducacion.es puedes encontrar orientación académica y profesional relacionada con los contenidos de esta unidad.

ENTRÉNATE RESOLVIENDO OTROS PROBLEMAS

No es como parece

Tres peregrinos se encuentran en un cruce de caminos y se sientan a comer. Uno aporta 5 tortas; otro, 4 tortas, y el tercero, que no tiene tortas, paga a sus compañeros con 9 monedas. ¿Cómo deben distribuirse las monedas?

Haz un gráfico

- El yate que estoy viendo entrar en el puerto mide 30 metros más la mitad de su propia longitud. ¿Cuánto mide el yate?
- Voy con mi hermano a comprar el regalo que hemos elegido para nuestra madre. Mi hermano dice que después de poner su parte, aún le sobrarán 10 €. Yo le pido un préstamo, porque me faltan 5 € para poner la mía. ¿Cuánto cuesta el regalo, sabiendo que entre los dos tenemos 85 €?

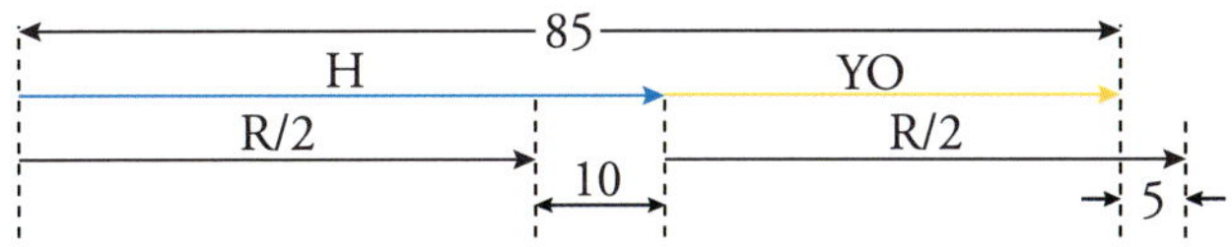

AUTOEVALUACIÓN

anayaeducacion.es Resolución de estos ejercicios y una autoevaluación interactiva.

1 Escribe.

a) Los cuatro primeros múltiplos de 17.

b) Todos los divisores de 72.

2 Busca el primer múltiplo de 17 después de 1 000.

3 Escribe los números primos comprendidos entre 20 y 40.

4 Razona si el número 143 es primo o compuesto.

5 Indica cuáles de estos números son múltiplos de 2, cuáles de 3, cuáles de 5 y cuáles de 10:

897 - 765 - 990 - 2 713 - 6 077 - 6 324 - 7 005

6 Descompón en factores primos los números 150 y 225.

7 Calcula.

a) máx. c. d. (150, 225)

b) mín. c. m. (150, 225)

8 Calcula.

a) $6 - 11 + (9 - 13)$ b) $2 - (5 - 8)$

c) $(7 - 15) - (6 - 2)$ d) $5 - [2 - (3 - 2)]$

9 Calcula.

a) $4 \cdot 5 - 3 \cdot (-2) + 5 \cdot (-8) - 4 \cdot (-3)$

b) $(10 - 3 \cdot 6) - 2 \cdot [5 + 3 \cdot (4 - 7)]$

c) $10 - 10 \cdot [-6 + 5 \cdot (-4 + 7 - 3)]$

10 Reduce a una sola potencia.

a) $a^3 : b^3$ b) $a^5 : b^5$ c) $a^4 \cdot a^2$

d) $x^6 \cdot x^4$ e) $(x^3)^3$ f) $(-5)^7 : (-5)^5$

11 Opera y calcula.

a) $10^4 : (5^3 \cdot 2^3)$ b) $(-15)^6 : [(-5)^4 \cdot 3^4]$

c) $[(-9)^5 \cdot (-2)^5] : 6^5$ d) $[(-5)^9 \cdot 4^9] : 20^6$

12 Calcula, si existen, estas raíces:

a) $\sqrt{(+9)}$ b) $\sqrt{(-100)}$ c) $\sqrt{(-2)^2}$

d) $\sqrt[3]{-8}$ e) $\sqrt[4]{-16}$ f) $\sqrt[3]{(+5)^3}$

13 Se desea poner un rodapié en dos de las paredes de una habitación rectangular de 420 cm × 540 cm. Para no tener que cortar, se van a encargar en la carpintería tramos de listón, todos iguales y lo más largos posible, que encajen en número exacto en ambas paredes. ¿Cuánto debe medir cada uno de los trozos a encargar en la carpintería?

14 En una fábrica se oye el escape de una válvula de gas cada 45 segundos, y el golpe de un martillo pilón cada 60 segundos. Si se acaban de oír ambos sonidos simultáneamente, ¿cuánto tardarán en coincidir de nuevo?

15 La suma de dos números enteros es 4, y la suma de sus valores absolutos, 16. ¿Qué números son?

Compromiso ODS Visualiza el vídeo meta 1.b., piensa en una acción con la que podrías contribuir al logro de esa meta y comprométete a llevarla a cabo.

2

LOS NÚMEROS DECIMALES Y LAS FRACCIONES

Al evolucionar culturalmente, en el comercio, la ciencia, la vida cotidiana… la humanidad necesitó idear recursos matemáticos capaces de responder a nuevos retos. Así, ya en las civilizaciones antiguas, pronto surgió la necesidad de tener números capaces de manejar partes de la unidad.

En la antigua Mesopotamia se usaba un sistema de numeración sexagesimal y posicional que permitía escribir números enteros y fraccionarios usando unos pocos signos:

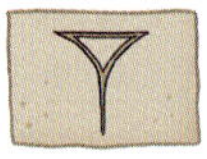 = 1  = 10  = 0

Números en Mesopotamia

Observa los números grabados en estas tablillas mesopotámicas.

$1 + \frac{15}{60}$ $13 + \frac{30}{60}$

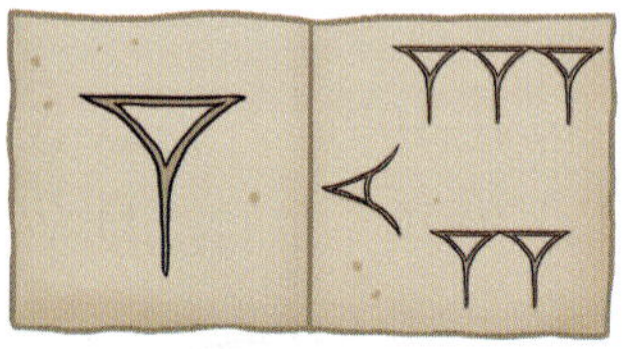

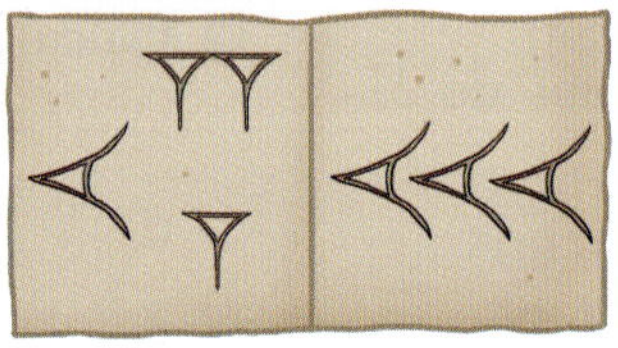

1 ¿Sabrías expresar esas cantidades con nuestros números decimales?

Ten en cuenta que $\frac{15}{60} = 15 : 60 = 0{,}25$ *y* $\frac{30}{60} = 30 : 60 = 0{,}5$.

En Europa, durante varios siglos, los números enteros se expresaban en el sistema decimal y, las partes fraccionarias, en el sistema sexagesimal. Por ejemplo, para expresar el número 12,84 se ponía: 12; 50; 24 que significa:

$$12{,}84 \rightarrow 12 + \frac{48}{60} + \frac{144}{60^2}$$

¡Qué complicación! Pero no se sabía hacer de otra forma.

Los decimales en la Europa del siglo XV

2 ¿Sabrías justificar por qué los números decimales 0,8 y 0,04 tienen respectivamente el mismo valor que las fracciones $\frac{48}{60}$ y $\frac{144}{60^2}$?

3 ¿Cómo escribimos ahora el número $1 + \frac{45}{60}$ del siglo XV?

Eso que ahora nos parece tan engorroso, se debe a la inercia en el uso del sistema sexagesimal, heredado de la antigua Babilonia, y a la lenta aceptación del sistema decimal, traído por los árabes, desde la India y hacia el siglo VIII.

A mediados del siglo XVI, algunos matemáticos europeos, como el flamenco **Simon Stevin** (siglo XVI), empezaron a sustituir las fracciones sexagesimales por las decimales, al constatar que con ellas se agilizaba el cálculo.

Con el uso, las fracciones decimales terminaron sustituyendo a las sexagesimales para expresar unidades incompletas. Y la notación basada en el sistema decimal fue evolucionando y simplificando su escritura para fijarse, a principios del siglo XVII, en la que usamos en la actualidad.

$$12 + \frac{8}{10} + \frac{4}{10^2} \rightarrow 12 + \frac{84}{100} \rightarrow 12{,}84$$

Los decimales en la actualidad

4 Escribe en forma decimal.

a) $3 + \frac{1}{10} + \frac{7}{10^2}$

b) $\frac{3}{10} + \frac{8}{10^2} + \frac{5}{10^3}$

5 Expresa como suma de fracciones decimales.

a) 2,73

b) 3,04

c) 9,165

A pesar de la implantación y el predominio del sistema decimal, el sistema sexagesimal ha llegado hasta nuestros días en la medida y expresión de dos magnitudes: el tiempo y la amplitud angular.

Horas, minutos y segundos

6 ¿Sabrías explicar la siguiente transformación?

$$15 \text{ min } 36 \text{ s} = \left(\frac{15}{60} + \frac{36}{60^2}\right)\text{h} = (0{,}25 + 0{,}01) = 0{,}26 \text{ h}$$

1 LOS NÚMEROS DECIMALES

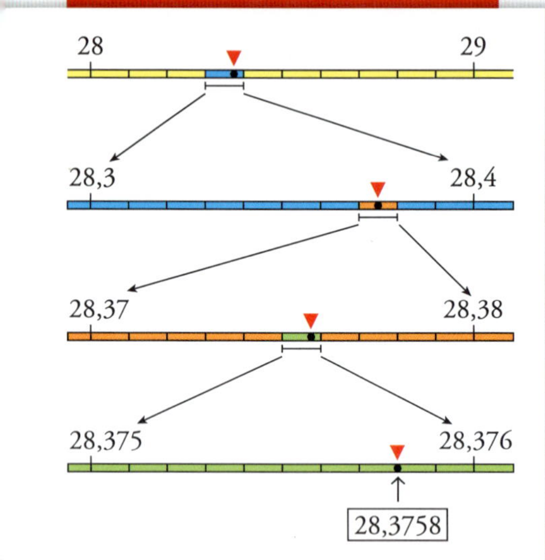

Para expresar cantidades comprendidas entre dos números enteros, utilizamos los números decimales.

28,3758 → { 28 → PARTE ENTERA; 0,3758 → PARTE DECIMAL }

La parte decimal representa una cantidad menor que la unidad y sus órdenes de unidades tienen la misma estructura que los de la parte entera:

> Una unidad de cualquier orden se divide en diez unidades del orden inmediato inferior.

1 unidad = 10 décimas ⟶ $1 = 10 \cdot \frac{1}{10} = 10 \cdot 0{,}1$

1 décima = 10 centésimas ⟶ $0{,}1 = 10 \cdot \frac{1}{100} = 10 \cdot 0{,}01$

1 centésima = 10 milésimas ⟶ $0{,}01 = 10 \cdot \frac{1}{1\,000} = 10 \cdot 0{,}001$

	MILLARES	CENTENAS	DECENAS	UNIDADES	DÉCIMAS	CENTÉSIMAS	MILÉSIMAS	DIEZMILÉSIMAS	CIENMILÉSIMAS	MILLONÉSIMAS	
...	UM	C	D	U,	d	c	m	dm	cm	mm	...
			2	8,	3	7	5	8			

→ Veintiocho unidades y tres mil setecientas cincuenta y ocho diezmilésimas

$$28{,}3758 = 20 + 8 + \frac{3}{10} + \frac{7}{100} + \frac{5}{1\,000} + \frac{8}{10\,000} = 28 + \frac{3\,758}{10\,000}$$

anayaeducacion.es Recuerda la lectura y la escritura de números decimales.

Clases de números decimales

Conviene que sepas diferenciar los distintos tipos de números decimales que te encontrarás en mediciones, resultados de operaciones y problemas.

- **Decimales exactos:** tienen un número limitado de cifras decimales.

  4,75 — DOS CIFRAS DECIMALES (75)

- **Decimales periódicos:** tienen infinitas cifras decimales que se repiten periódicamente. Pueden ser de dos tipos:

  Periódico puro:

  $7{,}151515... = 7{,}\widehat{15}$ — PERIODO (15)

  Periódico mixto:

  $8{,}24666... = 8{,}24\widehat{6}$ — PARTE DECIMAL NO PERIÓDICA (24), PERIODO (6)

- **Decimales no exactos y no periódicos:** tienen infinitas cifras decimales que no se repiten periódicamente.

  $\sqrt{2} = 1{,}4142135...$

Regla práctica

Para comparar dos números decimales, contrastamos cifra a cifra los órdenes de unidades correspondientes, empezando por la izquierda.

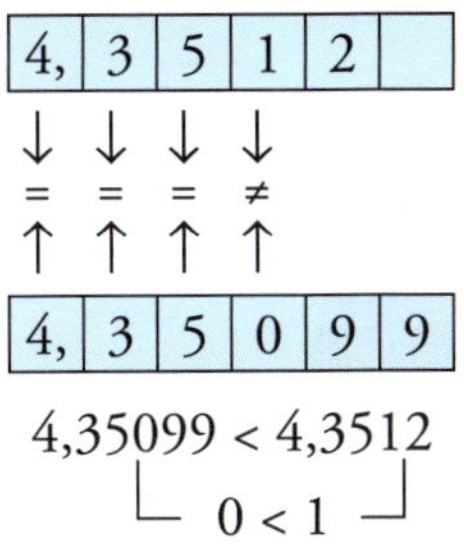

Representación y ordenación de números decimales

Cada número decimal se representa con un punto de la recta numérica.

Cada punto de la recta se localiza mediante un número decimal.

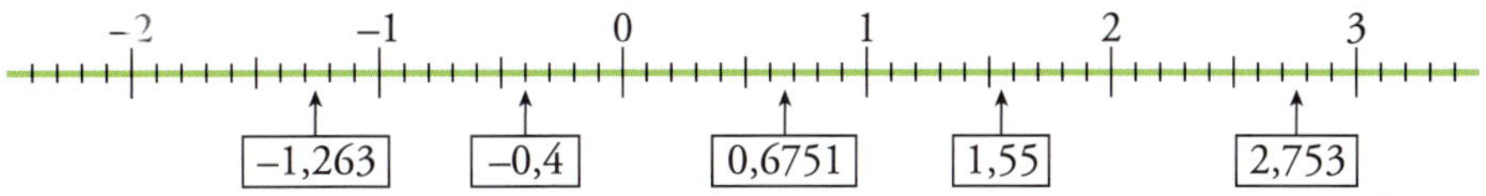

$$-1{,}263 < -0{,}4 < 0{,}6751 < 1{,}55 < 2{,}753$$

Los números decimales quedan ordenados en la recta numérica.

Si elegimos dos números cualesquiera, el menor queda a la izquierda, y el mayor, a la derecha.

Para practicar

1 Escribe cómo se leen las cantidades de la tabla.

UM	C	D	U,	d	c	m	dm	cm	mm
			0,	0	3	7			
		1	5,	4	6	8			
			0,	0	0	2	4		
4	3	5	8,	6					
			0,	0	0	0	1	4	8

2 Escribe cómo se leen las siguientes cantidades:

a) 1,37 b) 5,048 c) 2,0024

d) 0,00538 e) 0,000468 f) 0,0000007

3 Escribe con cifras.

a) Tres unidades y cinco centésimas.

b) Cuarenta y tres milésimas.

c) Ocho milésimas.

d) Doscientas diecinueve millonésimas.

e) Veintitrés millonésimas.

f) Catorce diezmillonésimas.

4 Observa los siguientes números decimales:

1,292929… $4{,}76\hat{2}$ $\pi = 3{,}14159265…$ 3,7

$13{,}\hat{8}$ $\sqrt{3} = 1{,}7320508…$ 12,854 5,3888…

a) ¿Cuáles son decimales exactos?

b) ¿Cuáles son periódicos puros?

c) ¿Cuáles son periódicos mixtos?

d) ¿Cuáles no son ni exactos ni periódicos?

5 Escribe el número asociado a cada letra.

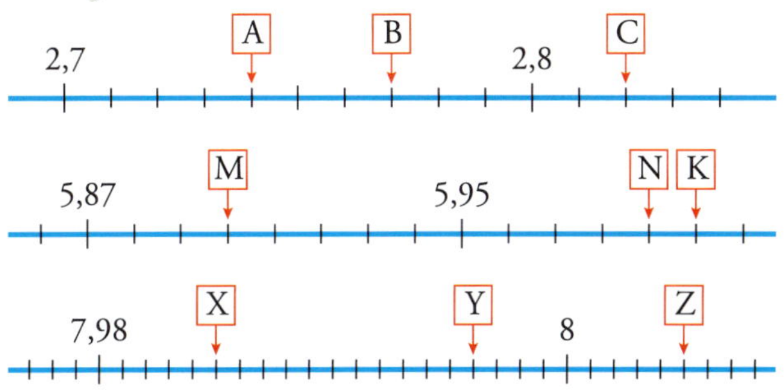

6 Dibuja una recta numérica y representa en ella los siguientes números:

A = 8,7 B = 9 C = 9,4 D = 10

7 Dibuja una recta numérica y representa los números siguientes sobre ella:

M = –0,2 N = 0,02 O = –0,07

P = 0,08 K = 0,15 R = –0,12

8 Ordena de menor a mayor en cada caso.

a) 7,4; 6,9; 7,09; 7,11; 5,88

b) 3,9; 4,04; 3,941; 3,906; 4,001

c) 0,039; 0,01; 0,06; 0,009; 0,075

d) 11,99; 11,909; 11,009; 12,01; 11,91

9 Copia y completa en tu cuaderno con los signos <, > o =, según corresponda.

a) 2,5 ☐ 2,50 b) 6,1 ☐ 6,987

c) 3,009 ☐ 3,01 d) 4,13 ☐ 4,1300

anayaeducacion.es GeoGebra. Representa en una recta numérica los números decimales.

Aproximación de un número decimal a un determinado orden de unidades

En ocasiones, como resultado del cálculo, obtenemos números con excesivas cifras decimales que resultan de manejo engorroso y aportan información poco significativa. En estos casos, sustituimos los resultados por otros más manejables de *valor aproximado.*

anayaeducacion.es Practica la aproximación de números decimales.

Ejemplo

Cada bote de mermelada sale por:

5,5 : 3 = 1,8333… € ←

→ Cada paquete de café sale por:

7,35 : 4 = 1,8375 €

El resultado 1,8333… está más cerca de 1,83 que de 1,84.

Redondeo: Cada bote de mermelada sale por 1,83 €.

El resultado 1,8375 está más cerca de 1,84 que de 1,83.

Redondeo: Cada paquete de café sale por 1,84 €.

Ten en cuenta

En el redondeo, cuando la primera cifra suprimida es 5, la aproximación se realiza al alza (hacia arriba).

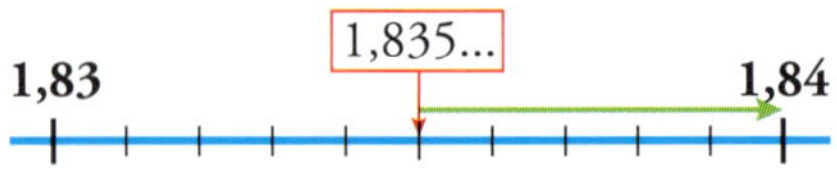

Redondeo: 1,835… → 1,84

El **redondeo** consiste en suprimir las cifras decimales a partir de un determinado orden de unidades, sumando uno a la última cifra resultante cuando la primera cifra suprimida es 5 o mayor que 5.

Error cometido en el redondeo

En el redondeo damos un valor aproximado; por tanto, cometemos voluntariamente un error.

	VALOR REAL	REDONDEO	ERROR	COTA DEL ERROR
BOTE DE MERMELADA	1,8333…	1,83	1,8333… – 1,83 = 0,00333…	< 0,005
PAQUETE DE CAFÉ	1,8375	1,84	1,8375 – 1,84 = 0,0025	< 0,005

En ambos casos hemos redondeado a las centésimas y el error cometido es menor de cinco milésimas, es decir, **no supera media centésima.**

Decimos que media centésima es una **cota del error** cometido.

Ten en cuenta

Redondeo a las décimas $\begin{cases} 6,22 \to 6,2 \\ 6,27 \to 6,3 \end{cases}$

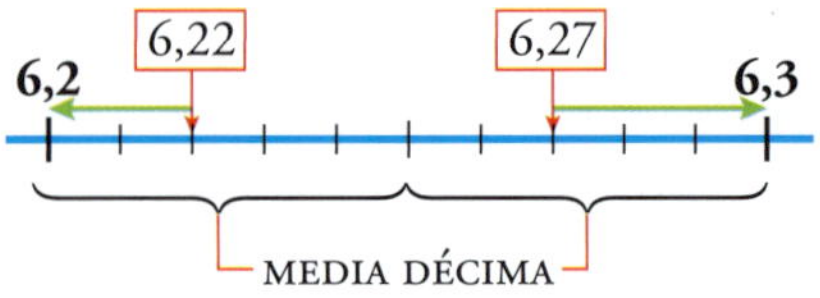

El error cometido en el redondeo es inferior a media unidad del orden al que se aproxima.

Entre dos números decimales siempre hay otros decimales

- Tomemos dos decimales cualesquiera; por ejemplo, 5,5 y 5,9.

  Es evidente que entre ambos hay otros números.

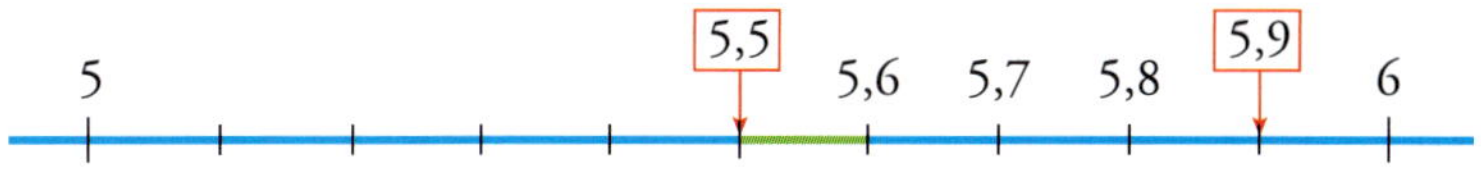

- Tomemos, ahora, dos de los anteriores consecutivos; por ejemplo, 5,5 y 5,6.

  Ambos números se diferencian en una décima, que se divide en diez centésimas.

El razonamiento puede continuar indefinidamente, y repetirse para cualquier otro par de números.

> Entre dos números decimales cualesquiera hay infinitos decimales.

$$\left.\begin{array}{l} 2{,}58 = 2{,}580 \\ 2{,}59 = 2{,}590 \end{array}\right\} \Rightarrow 2{,}580 < 2{,}581 < \dots < 2{,}589 < 2{,}590$$

Regla práctica

Para intercalar números decimales entre otros dos dados, aumentamos el número de cifras decimales añadiendo ceros a la derecha.

5,09 < ... < 5,1

↓ ↓

5,090 < 5,095 < 5,100

Para fijar ideas

1 Redondea, en tu cuaderno, el número 2,83516:

a) A las unidades. → …

b) A las décimas. → …

c) A las centésimas. → …

d) A las milésimas. → …

2 Copia y completa.

a) Intercala tres números entre 2,58 y 2,59.

2,580 < … < … < … < 2,590

b) Intercala tres números entre 3,4 y 3,41.

3,400 < … < … < … < 3,…

c) Intercala tres números entre 0,59 y 0,6.

0,59… < … < … < … < 0,6…

Ayudas

1 Redondeo de 6,0771:

A las unidades → 6

A las décimas → 6,1

A las centésimas → 6,08

A las milésimas → 6,077

2 Intercala un número decimal entre 4,09 y 4,1:

4,09 4,1

↓ ↓

4,090 < 4,095 < 4,100

Para practicar

10 Aproxima el número $6,\widehat{82}$:

a) A las unidades.

b) A las décimas.

c) A las centésimas.

d) A las milésimas.

11 Redondea a las décimas.

a) 5,48 b) 2,8346 c) 3,057

12 Redondea a las centésimas.

a) 6,284 b) 1,53369 c) 0,79462

13 Intercala un número decimal entre:

a) 2,2 y 2,3

b) 4,01 y 4,02

c) 1,59 y 1,6

d) 8 y 8,1

2 OPERACIONES CON NÚMEROS DECIMALES

Ya sabes sumar, restar y multiplicar con decimales. Como repaso, comprueba las operaciones de este recibo de agua, así como los redondeos de los resultados.

AQUAX (SUMINISTRO MUNICIPAL DE AGUA)
FACTURA TRIMESTRAL

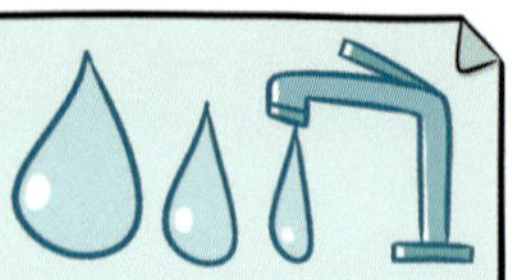

	CONSUMO AGUA	Cantidad	Precio unitario	Importe (€)	IVA (%)
A	Hasta 10 m^3	10	0,03	0,30	10
	De 11 a 30 m^3	19	0,65	12,35	10
	De 31 a 60 m^3	4	1,93	7,72	10
	Más de 60 m^3	0	2,50	0,00	21
B	CONTADOR (alquiler)			1,85	
C	IVA al 10% Base imponible 20,37			2,04	
	IVA al 21% Base imponible 0,00			0,00	
	CANON SANEAMIENTO				
D	Cuota fija			12,33	
	Consumo	33	0,418	13,79	
E	SUBTOTAL			50,38	
	DESCUENTOS				
F	☒ Familia numerosa E x 0,15			7,56	
	☐ Ayudas sociales E x 0,3			0,00	
T	TOTAL A PAGAR (E − F)			42,82	

Las operaciones se realizan al margen y se recogen en las siguientes expresiones:

A $\begin{cases} \text{Cantidad (metros cúbicos)} \rightarrow 10 + 19 + 4 = 33 \text{ m}^3 \\ \text{Importe} \rightarrow 10 \cdot 0{,}03 + 19 \cdot 0{,}65 + 4 \cdot 1{,}93 = 0{,}3 + 12{,}35 + 7{,}72 = 20{,}37 \end{cases}$

B - Contador (alquiler) → 1,85

C - IVA al 10 % de 20,37 → 2,037 → Redondeo: 2,04

D $\begin{cases} \text{Cuota fija} \rightarrow 12{,}33 \\ \text{Consumo} \rightarrow (10 + 19 + 4) \cdot 0{,}418 = 33 \cdot 0{,}418 = 13{,}794 \rightarrow \text{Redondeo: } 13{,}79 \end{cases}$

E - Subtotal: A + B + C + D = 20,37 + 1,85 + 2,04 + (12,33 + 13,79) = 50,38

F - Descuento familia numerosa → 50,38 · 0,15 = 7,557 → Redondeo: 7,56

T - Total a pagar: E – F → 50,38 – 7,56 = 45,82 €

- Para **sumar** o **restar** números decimales, se colocan en columna haciendo coincidir los órdenes de unidades correspondientes.
- Para **multiplicar** números decimales, se opera como si fueran enteros y, después, se separan en el producto tantas cifras decimales como las que reúnen entre los dos factores.

CONSUMO DE AGUA

$10 + 19 + 4 = 33 \text{ m}^3$

```
0,03 · 10     0,65      1,93
            ×   19    ×    4
             5 85       7,72
           + 6 5
            12,35
   0,3
  12,35
+  7,72
  20,37€
```

IVA al 10 %

$20{,}37 \cdot 0{,}1 = 2{,}037 \rightarrow 2{,}04$

CANON DE SANEAMIENTO

```
   0,418
 ×    33
   1 254
 +12 54
  13,794 → 13,79
```

SUBTOTAL

```
  20,37
   1,85
   2,04
  12,33
+ 13,79
  50,38
```

DESCUENTOS

```
  50,38
×  0,15
  25190
+ 5038
  7,5570 → 7,56
```

A PAGAR

```
  50,38
−  7,56
  42,82
```

anayaeducacion.es Practica el cálculo mental de operaciones con números decimales.

anayaeducacion.es Practica el algoritmo de la división con números decimales.

División de números decimales

Vamos a repasar ahora los distintos casos de división con números decimales. Para cada uno, partiremos de un problema que da sentido a la operación.

DIVISIONES CON EL DIVISOR ENTERO

Problema 1

Con un bidón de 70 litros de aceite se han llenado 16 garrafas iguales.

¿Cuánto aceite lleva cada garrafa?

```
7 0, 0 0 0 |16
  6 0       4,375
  1 2 0
      8 0
        0
```

Solución:
Cada garrafa lleva 4,375 litros de aceite.

Problema 2

Una bolsa de naranjas de 3 kilos cuesta 3,59 €.

¿A cómo sale el kilo?

```
3, 5 9 0 0 |3
0 5         1,1966...
  2 9
    2 0
      2 0
        2
        ...
```

Solución:
El kilo sale a $1,19\widehat{6}$. → Redondeo: 1,20 €

Recuerda

En el redondeo, cuando la primera cifra suprimida es 5 o mayor, se suma uno a la anterior.

1,19666... —REDONDEO→ 1,20

```
  1, 1 9
+ 0, 0 1
--------
  1, 2 0
```

Para obtener cifras decimales en el cociente:

- Al *bajar* la cifra de las décimas del dividendo, se pone la coma decimal en el cociente y se continúa la división.
- Si no hay suficientes cifras decimales en el dividendo, se añaden los ceros necesarios para alcanzar la aproximación deseada.

DIVISIONES CON EL DIVISOR DECIMAL

Problema 3

ODS Meta 5.2. *Hemos pagado 6 € por 2,5 m de tela para hacer una pancarta reivindicativa de la igualdad de género.*
¿Cuánto cuesta un metro de tela?

```
×10   6 : 2,5   ×10
         ⇓
  6 0, 0 |25
  1 0 0   2,4
    0 0
```

Solución: Un metro de tela cuesta 2,40 €.

Problema 4

Una plancha de aglomerado de madera, de 1,25 m², pesa 8 kilos y 100 gramos.
¿Cuánto pesa un metro cuadrado de ese aglomerado?

```
×100   8,1 : 1,25   ×100
           ⇓
8 1 0, 0 0 |125
  6 0 0     6,48
  1 0 0 0
    0 0 0
```

Solución: Un metro cuadrado pesa 6,48 kg.

Recuerda

Si se multiplican el dividendo y el divisor por el mismo número, el cociente no varía.

```
      6 :  2 = 3  ←┐
×10   ↓    ↓ ×10   │ COCIENTES
     60 : 20 = 3  ←┘ IGUALES
```

Cuando hay **decimales en el divisor:**

- Se multiplican el dividendo y el divisor por la unidad seguida de tantos ceros como cifras decimales haya en el divisor.
- La nueva división tiene el mismo cociente y el divisor entero.

Ejemplo

1,5 – 0,5 · (4,32 – 6)

1,5 – 0,5 · (–1,68)

1,5 + 0,84

2,34

Operaciones combinadas

En las expresiones de números decimales con paréntesis y operaciones combinadas seguiremos las mismas normas que con los enteros en cuanto a la prioridad de las operaciones, la regla de los signos, etc.

Prioridad de las operaciones:

- Primero, los paréntesis.
- Después, las multiplicaciones y las divisiones.
- Por último, las sumas y las restas.

Ejemplo

1,5 – 0,5 · (4,32 – 6) = 1,5 – 0,5 · (–1,68) = 1,5 + 0,84 = 2,34

Para fijar ideas

1 Copia y completa para obtener una división equivalente, pero sin decimales en el divisor. Después, completa la operación.

- 0,15 : 0,3 (×□, ×10) ⇓ … ⌊3 ; … …
- 3 : 0,05 (×□, ×□) ⇓ 3 0 0 ⌊5 ; … …
- 4,5 : 1,125 (×□, ×□) ⇓ … ⌊1125 ; … …

2 Observa el resultado que da la calculadora al dividir 2,5 : 6 y después copia y completa los enunciados, redondeando en cada caso con la precisión adecuada.

2,5 ⊕ 6 ⊜ → 0.4166666

a) Se han empleado 2,5 kg de plata en la fabricación de seis trofeos.

Cada trofeo contiene … kilos de plata. → Redondeo: … gramos

b) Se han empleado 2,5 kg de patatas para hacer seis tortillas.

Cada tortilla contiene … kilos de patatas. → Redondeo: … gramos

3 Observa el esquema, copia y completa.

3 – (1,5 + 1,54) : (4,23 – 2,33)

3 – □ : □

3 – □

□

3 – (1,5 + 1,54) : (4,23 – 2,33) =
= 3 – □ : □ = 3 – □ =
= □

4 Vuelve a la factura del agua de la página 38. Copia y completa.

a) El importe del apartado A, para un gasto de 40 m^3, sería:

10 · 0,03 + … · 0,65 + … · 1,93 = …. + … + … = …

b) Calcula el «total a pagar» de la factura anterior para una familia que ha consumido 40 m^3 y no goza de ningún descuento.

c) ¿Tiene el mismo precio toda el agua gastada? ¿A qué crees que se debe eso?

Ayudas

1 Ejemplo:

3,5 : 1,75 (×100, ×100) ⇓

3 5 0 ⌊175
0 0 0 2

2 Ejemplo:

- 4,75 kg de harina para 16 tartas
- 4,75 kg de oro en 16 lingotes

Resolvemos con la calculadora:

4,75 ⊕ 16 ⊜ → 0.296875

- Cada tarta lleva 0,3 kg de harina.
- Cada lingote lleva 0,297 kg de oro.

3 Ejemplo:

(3 – 1,9) · (1,43 + 1,07) – 1,15

1,1 · 2,5 – 1,15

2,75 – 1,15

1,6

4 Un gasto de 55 m^3 de agua se fracciona así:

Hasta 10 m^3	→ 10 m^3
De 11 a 30 m^3	→ 19 m^3
De 31 a 60 m^3	→ 26 m^3
Total	→ 55m^3

anayaeducacion.es Practica operaciones combinadas con números decimales.

Para practicar

1 Responde mentalmente.

a) 0,75 + 0,25 b) 0,75 – 0,25
c) 1,80 + 1,20 d) 1,80 – 1,20
e) 2,30 + 1,80 f) 2,30 – 1,80
g) 3,50 + 1,75 h) 3,50 – 1,75

2 Calcula.

a) 2,37 + 0,356 b) 5,86 – 1,749
c) 13,2 + 4,08 + 2,635 d) 15,4 – 6,843
e) 7,04 + 12,283 + 0,05 f) 0,35 – 0,0648

3 Recuerda el producto y el cociente por la unidad seguida de ceros y calcula.

a) 2,6 · 100 b) 5,4 : 10
c) 0,83 · 10 d) 12 : 100
e) 0,0048 · 1 000 f) 350 : 1 000

4 Calcula.

a) 6,3 · 1,24 b) 0,44 · 2,375
c) 0,016 · 0,0025 d) 143 · 0,068
e) 5,48 · 2,63 f) 0,15 · 1,01

5 Copia y completa para que sea cierta cada igualdad.

a) 5,2 : 0,8 = 52 : … b) 3 : 0,004 = … : 4
c) 6,31 : 2,5 = … : 25 d) 2,4 : 1,638 = 2 400 : …
e) 0,005 : 0,02 = 5 : … f) 0,12 : 0,0012 = 1 200 : …

6 Calcula el cociente exacto o, como máximo, con tres cifras decimales.

a) 8 : 6 b) 218 : 16 c) 3 : 4
d) 12 : 536 e) 149,04 : 23 f) 2,58 : 15

7 Sustituye cada división por otra equivalente con el divisor entero. Después, calcula el cociente exacto o con tres cifras decimales.

a) 6 : 0,2 b) 13 : 0,75
c) 53 : 4,11 d) 4 : 0,009
e) 45,6 : 3,8 f) 23,587 : 5,1
g) 2,549 : 8,5 h) 6,23 : 0,011

8 Aproxima a las centésimas cada cociente.

a) 5 : 6 b) 7 : 9 c) 6 : 3,5 d) 2,7 : 5,9

9 Resuelve.

a) 2,37 – 1,26 + 0,8 – 0,35
b) 2,50 – 1,25 – 1,75 – 0,20
c) 13,48 – 10,7 + 5,328 – 6,726
d) 5,6 – 8,42 – 4,725 + 1,48

10 Calcula.

a) 6,2 – (7,2 – 4,63)
b) (12,85 – 7,9) – (6,2 + 3,28)
c) 5,6 – [4,23 – (5,2 + 1,75)]

11 Opera y resuelve.

a) 3,6 – 1,2 · 0,6 – 4,5 : 1,8
b) 3,6 – 0,5 · (4 – 2,26)
c) 0,75 : (2,65 – 1,15) – 1,1
d) (0,5 + 0,1) · (0,5 – 0,1) – (0,6 – 0,4) · (0,6 + 0,4)
e) 5,4 – 1,5 · [3,2 + 10 · (0,63 – 1,25)]

12 Experimenta, pon ejemplos y, después, completa en tu cuaderno.

a) Multiplicar por 0,1 es lo mismo que dividir…
b) Dividir entre 0,1 es lo mismo que multiplicar…
c) Multiplicar por 0,5 es lo mismo que…
d) Dividir entre 0,5 es lo mismo que…
e) Multiplicar por 0,25 es lo mismo que…
f) Dividir entre 0,25 es lo mismo que…

13 Calcula mentalmente.

a) 12 · 0,5 b) 28 · 0,5 c) 8 · 0,25
d) 0,24 · 0,25 e) 17 · 0,1 f) 0,6 · 0,1
g) 7 : 0,5 h) 2,3 : 0,5 i) 2 : 0,25
j) 0,6 : 0,25 k) 8 : 0,1 l) 4,8 : 0,1

14 Estima mentalmente, sin decimales, y después comprueba con la calculadora.

a) 25,197 · 9,86 b) 142,36 · 0,49
c) 181,046 : 6,16 d) 33,44 : 0,511

Deberás desviarte en menos de dos unidades.

15 Resuelve con la calculadora y aproxima al orden de unidades que consideres adecuado.

a) Un paquete de 500 folios ha pesado 652 gramos. ¿Cuánto pesa un folio?
b) El pollo cuesta 3,49 €/kg. ¿Cuánto costará un pollo que ha pesado un kilo y 850 gramos?
c) Se va a partir un listón de 2 metros en siete trozos iguales. ¿Cuál será la longitud de cada trozo?
d) Un coche ha consumido 50 litros de gasolina en 837 km. ¿Cuánto consume a los 100 kilómetros?

3 NÚMEROS DECIMALES Y NÚMEROS SEXAGESIMALES

Ya sabes que el sistema de numeración sexagesimal se usa en la medición del tiempo y de las amplitudes angulares.

Recordamos aquí algunos procesos a tener en cuenta al manejar cantidades de esas magnitudes.

A la hora de presentar resultados

Para resolver un problema cuya solución es una cantidad de tiempo, operamos en el sistema decimal, pero la solución se ha de entregar según el uso tradicional de las unidades de tiempo, es decir, en el sistema sexagesimal.

Ejemplo

Una ciclista ha cubierto los 49 kilómetros de una etapa contrarreloj a una velocidad media de 35 km/h. ¿Cuánto tiempo ha invertido en la etapa?

Espacio (km) : Velocidad (km/h) = Tiempo (h)

49 : 35 = 1,4 horas

$$\begin{array}{r|l} 49 & 35 \\ \hline 140 & 1{,}4 \\ 00 & \end{array}$$

La solución, **una hora y cuatro décimas de hora,** se ha de expresar en el sistema sexagesimal (horas y minutos).

Pasamos 0,4 horas a minutos multiplicando por 60:

$$1{,}4\ \text{h} \begin{cases} 1\ \text{h} \\ 0{,}4\ \text{h} \to 0{,}4 \cdot 60 = 24\ \text{min} \end{cases} \quad \textit{Solución: } 1\ \text{h}\ 24\ \text{min}$$

Y también...

Para obtener directamente el resultado sexagesimal:

$$\begin{array}{r|l} 49 & 35 \\ \hline 14 & 1\ \text{h} \\ \times 60 & \\ \hline 840 & 35 \\ \hline 140 & 24\ \text{min} \\ 00 & \end{array}$$

El resto de las horas (14) se multiplica por 60, se sigue dividiendo y se obtienen los minutos.

A la hora de introducir los datos en un problema

En el proceso de resolución de un problema, los datos han de ser compatibles, expresándose en la misma unidad de medida. Eso nos obligará, a veces, a pasar del sistema sexagesimal al decimal.

Ejemplo

Una ciclista ha cubierto los 49 kilómetros de una etapa contrarreloj en una hora y veinticuatro minutos. ¿Cuál ha sido su velocidad media en km/h?

Espacio (km) : Tiempo (h) = Velocidad (km/h)

Para que los datos sean compatibles **hemos de expresar el tiempo en horas.**

Pasamos los 24 minutos a horas dividiendo entre 60:

1 h 24 min = (1 + 24 : 60) h = (1 + 0,4) h = 1,4 h

Calculamos la velocidad:

$$49 : 1{,}4 \to \begin{array}{r|l} 490 & 14 \\ \hline 70 & 35 \\ 00 & \end{array}$$

Solución: Su velocidad media ha sido de 35 km/h.

Y también...

24 minutos son $\frac{24}{60}$ de hora:

$$\frac{24}{60}\ \text{h} = 24 : 60 = 0{,}4\ \text{h}$$

anayaeducacion.es Recuerda las conversiones con unidades de tiempo.

Para practicar

1 Un grifo llena un depósito de 80 litros en 3 minutos y 12 segundos. ¿Cuántos litros arroja por segundo?

2 Un grifo arroja 25 litros por minuto. ¿Cuánto tarda en llenar un depósito de 80 litros?

3 Un centro comercial emite cíclicamente, durante 7 horas, una grabación musical que dura 5 minutos y 15 segundos. ¿Cuántas veces pasa la grabación en ese tiempo?

Pasa todos los datos a minutos.

4 RAÍZ CUADRADA DE UN NÚMERO DECIMAL

Ya sabes que la raíz cuadrada es la operación inversa de elevar al cuadrado.

$$\sqrt{a} = b \Leftrightarrow b^2 = a$$

Ejemplos

$\sqrt{0,25} = 0,5 \Leftrightarrow 0,5^2 = 0,25$ $\qquad$ $\sqrt{1,44} = 1,2 \Leftrightarrow 1,2^2 = 1,44$

También sabes que hay muchos números cuya raíz no es exacta. En esos casos, podemos tantear aproximaciones con tantas cifras decimales como queramos.

Como ejemplo, vamos a calcular sucesivas aproximaciones de $\sqrt{7,2}$.

$2^2 = 4 \longrightarrow$ no llega
$3^2 = 9 \longrightarrow$ se pasa
$\Big\}\; 2 < \sqrt{7,2} < 3$

$2,6^2 = 6,76 \longrightarrow$ no llega
$2,7^2 = 7,29 \longrightarrow$ se pasa
$\Big\}\; 2,6 < \sqrt{7,2} < 2,7$

$2,68^2 = 7,1824 \longrightarrow$ no llega
$2,69^2 = 7,2361 \longrightarrow$ se pasa
$\Big\}\; 2,68 < \sqrt{7,2} < 2,69$

Algoritmo para el cálculo de la raíz cuadrada

Para calcular la raíz cuadrada de un número decimal, actuaremos igual que con los números naturales y, a partir de la coma, bajaremos las cifras decimales de dos en dos, añadiendo los ceros necesarios para llegar a la aproximación deseada.

Ejemplo

$$\begin{array}{r|l} \sqrt{7,2} & 2 \\ -4 & \\ 3 & \end{array} \qquad \begin{array}{r|l} \sqrt{7,20} & 2,6 \\ -4 & 46 \cdot 6 \\ 3\,20 & \\ -2\,76 & \\ 44 & \end{array} \qquad \begin{array}{r|l} \sqrt{7,2000} & 2,68 \\ -4 & 46 \cdot 6 \\ 3\,20 & 528 \cdot 8 \\ -2\,76 & \\ 44\,00 & \\ -42\,24 & \\ 176 & \end{array}$$

La raíz cuadrada en la calculadora

Normalmente, para calcular la raíz cuadrada usamos la calculadora (tecla $\sqrt{\ }$), que nos ofrece la solución con muchas cifras decimales.

De esa solución, tomaremos la aproximación deseada.

Aplicación

Calcular el lado de un cuadrado conociendo su superficie.

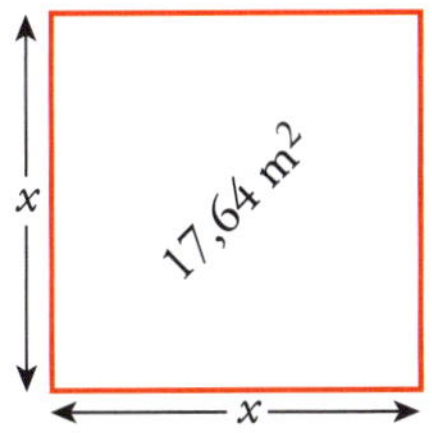

$x \cdot x = x^2 = 17,64$

$x = \sqrt{17,64} = 4,2$ m

Comprueba el algoritmo

$$\begin{array}{r|l} \sqrt{5\,48,73} & 23,4 \\ -4 & 43 \cdot 3 \\ 1\,48 & 464 \cdot 4 \\ -1\,29 & \\ 19\,73 & \\ -18\,56 & \\ 177 & \end{array}$$

$\sqrt{7,2} \rightarrow$ 2.6832815

Para practicar

1 Calcula las siguientes raíces exactas:

a) $\sqrt{0,04}$ b) $\sqrt{0,49}$ c) $\sqrt{0,81}$
d) $\sqrt{0,0001}$ e) $\sqrt{0,0121}$ f) $\sqrt{0,1225}$

2 Obtén por tanteo, con una cifra decimal.

a) $\sqrt{8}$ b) $\sqrt{11,5}$ c) $\sqrt{150}$

3 Calcula con lápiz y papel, utilizando el algoritmo. Si el resultado no es exacto, obtén dos cifras decimales.

a) $\sqrt{7,84}$ b) $\sqrt{56}$ c) $\sqrt{39,0625}$

4 Usa la calculadora y redondea a las milésimas.

a) $\sqrt{10}$ b) $\sqrt{2,54}$ c) $\sqrt{76,38}$

anayaeducacion.es Calcula y redondea raíces de números decimales.

5 LAS FRACCIONES

Ya conoces las fracciones. Vamos a recordar ahora algunos aspectos importantes para avanzar en la unidad.

Fracciones equivalentes

anayaeducacion.es Repasa el concepto de fracciones equivalentes.

Dos **fracciones** son **equivalentes** cuando expresan la misma porción de unidad.

$\frac{2}{5}$ 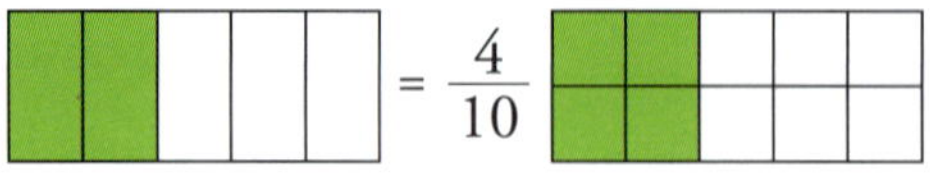 $= \frac{4}{10}$

Dos fracciones equivalentes tienen el mismo valor numérico.

$\frac{2}{5} = 2 : 5 = 0{,}4$

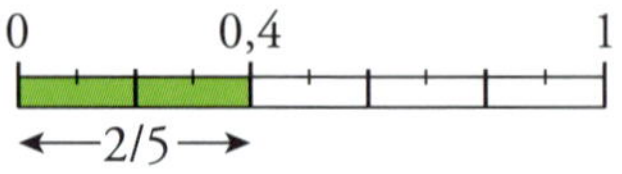

$\frac{4}{10} = 4 : 10 = 0{,}4$

Recuerda

¿Cómo reconocer fracciones equivalentes?

$$\frac{a}{b} = \frac{c}{d} \leftrightarrow a \cdot d = b \cdot c$$

En las fracciones equivalentes, los productos de los términos cruzados son iguales.

$$\frac{2}{5} = \frac{6}{15} \leftrightarrow \underbrace{2 \cdot 15}_{30} = \underbrace{5 \cdot 6}_{30}$$

→ PROPIEDAD FUNDAMENTAL DE LAS FRACCIONES

Si se multiplican los dos miembros de una fracción por el mismo número, se obtiene una fracción equivalente:

$$\frac{a}{b} = \frac{a \cdot n}{b \cdot n}$$

$$\frac{2}{5} = \frac{2 \cdot \boxed{2}}{5 \cdot \boxed{2}} = \frac{4}{10} \qquad \frac{2}{5} = \frac{2 \cdot \boxed{3}}{5 \cdot \boxed{3}} = \frac{6}{15}$$

→ SIMPLIFICACIÓN DE FRACCIONES

Como consecuencia de la propiedad anterior, podemos afirmar:

Si se dividen los dos términos de una fracción por el mismo número, se obtiene una fracción equivalente:

$$\frac{a}{b} = \frac{a : n}{b : n}$$

Esta transformación recibe el nombre de **simplificación de fracciones.**

Una fracción que no se puede simplificar se llama **irreducible.**

anayaeducacion.es Practica la simplificación de fracciones.

$$\frac{12}{30} = \frac{12 : \boxed{2}}{30 : \boxed{2}} = \frac{6}{15} = \frac{6 : \boxed{3}}{15 : \boxed{3}} = \frac{2}{5} \rightarrow \text{FRACCIÓN IRREDUCIBLE}$$

Para practicar

1 Escribe tres fracciones equivalentes a:

a) $\frac{2}{3}$ b) $\frac{6}{8}$ c) $\frac{5}{50}$

2 Divide, expresa en forma decimal y comprueba que las fracciones $\frac{1}{4}$, $\frac{2}{8}$ y $\frac{3}{12}$ son equivalentes.

3 Obtén en cada caso la fracción irreducible.

a) $\frac{15}{18}$ b) $\frac{30}{54}$ c) $\frac{25}{75}$

4 Calcula, en cada igualdad, el término desconocido.

a) $\frac{8}{20} = \frac{10}{x}$ b) $\frac{25}{x} = \frac{15}{9}$ c) $\frac{x}{21} = \frac{12}{28}$

Reducción de fracciones a común denominador

Comparar, sumar y restar fracciones es muy sencillo cuando todas tienen el mismo denominador. Cuando no lo tienen, las sustituimos por otras equivalentes con igual denominador.

Analiza el proceso que se ha de seguir en el ejemplo que viene a continuación.

Ejemplo

Queremos ordenar de menor a mayor las fracciones $\frac{7}{12}, \frac{9}{14}$ *y* $\frac{11}{21}$*; para ello, las reducimos, primero, a común denominador.*

- Elegimos como denominador común el mínimo común múltiplo de los denominadores:

$$\left.\begin{array}{l} 12 = 2^2 \cdot 3 \\ 14 = 2 \cdot 7 \\ 21 = 3 \cdot 7 \end{array}\right\} \to \text{mín. c. m. } (12, 14, 21) = 2^2 \cdot 3 \cdot 7 = 84$$

- En cada fracción, multiplicamos arriba y abajo por el mismo número, el adecuado para obtener 84 en el denominador:

$$\left.\begin{array}{l} 84 : 12 = 7 \to \frac{7}{12} = \frac{7 \cdot 7}{12 \cdot 7} = \frac{49}{84} \\ 84 : 14 = 6 \to \frac{9}{14} = \frac{9 \cdot 6}{14 \cdot 6} = \frac{54}{84} \\ 84 : 21 = 4 \to \frac{11}{21} = \frac{11 \cdot 4}{21 \cdot 4} = \frac{44}{84} \end{array}\right\} \frac{44}{84} < \frac{49}{84} < \frac{54}{84}$$

Ahora, ya podemos ordenar las fracciones: $\frac{11}{21} < \frac{7}{12} < \frac{9}{14}$

Recuerda

Para obtener el mínimo común múltiplo de varios números:

- Se descomponen en factores primos.
- Se toman los factores primos comunes y los no comunes, con el mayor exponente.

Para reducir fracciones a común denominador:

- Se calcula el mínimo común múltiplo de los denominadores.
- Se multiplican los dos miembros de cada fracción por el número que resulta de dividir el mínimo común múltiplo entre el denominador correspondiente.

anayaeducacion.es Reduce a común denominador y compara.

Para practicar

5 Copia y completa para conseguir fracciones equivalentes de igual denominador.

$$2, \frac{3}{4}, \frac{7}{10} \to \frac{2 \cdot 20}{20}, \frac{3 \cdot \square}{20}, \frac{7 \cdot \square}{20}$$

6 Reduce al común denominador que se indica.

a) $\frac{1}{2}, \frac{1}{4}, \frac{1}{8}$ → Denominador común: 8

b) $\frac{2}{3}, \frac{1}{6}, \frac{5}{9}$ → Denominador común: 18

c) $\frac{3}{4}, \frac{5}{6}, \frac{2}{9}$ → Denominador común: 36

d) $\frac{1}{4}, \frac{3}{5}, \frac{3}{10}$ → Denominador común: 20

7 Reduce a común denominador.

a) $\frac{1}{4}, \frac{2}{5}$ b) $\frac{2}{3}, \frac{5}{9}$

c) $\frac{1}{4}, \frac{1}{6}, \frac{1}{12}$ d) $\frac{2}{3}, \frac{5}{6}, \frac{11}{18}$

e) $\frac{2}{5}, \frac{5}{6}, \frac{8}{15}$ f) $\frac{3}{4}, \frac{5}{8}, \frac{7}{16}$

g) $\frac{1}{15}, \frac{1}{20}, \frac{1}{30}$ h) $\frac{2}{5}, \frac{5}{9}, \frac{11}{15}, \frac{22}{45}$

8 Reduce a común denominador y ordena de mayor a menor.

a) $\frac{7}{12}, \frac{13}{30}, \frac{11}{20}$ b) $\frac{1}{6}, \frac{3}{10}, \frac{4}{15}, \frac{8}{25}, \frac{7}{30}$

6 FRACCIONES Y NÚMEROS DECIMALES

Las notaciones fraccionaria y decimal son formas numéricas y, como verás ahora, muchas cantidades se pueden expresar tanto en la una como en la otra.

Paso de fracción a decimal

Ya sabes que una fracción es una división indicada cuyo resultado es un decimal exacto o un decimal periódico.

Ejemplos

$\frac{6}{5} = 6 : 5 = 1{,}2$ — DECIMAL EXACTO

$\frac{11}{9} = 11 : 9 = 1{,}\overset{\frown}{2}$ — DECIMAL PERIÓDICO PURO

$\frac{13}{18} = 13 : 18 = 0{,}7\overset{\frown}{2}$ — DECIMAL PERIÓDICO MIXTO

Toda fracción se puede pasar a forma decimal. Para ello, se divide el numerador entre el denominador.

Sin embargo, lo contrario no es cierto: solo se pueden pasar a fracción los decimales exactos y los periódicos.

Decimal exacto. Paso a fracción

Un decimal exacto se transforma en fracción quitándole la coma y dividiéndolo por la unidad seguida de tantos ceros como cifras decimales tenía.

Ejemplos

$0{,}4 = \frac{4}{10} = \frac{2}{5}$ $\quad 1{,}75 = \frac{175}{100} = \frac{7}{4}$ $\quad 0{,}125 = \frac{125}{1000} = \frac{1}{8}$

Decimal periódico. Paso a fracción

Observa en los ejemplos el proceso seguido para buscar la fracción generatriz de un decimal periódico puro y de un decimal periódico mixto.

Ejemplos

- *Queremos pasar a forma fraccionaria el número* $1{,}\overset{\frown}{2}$.

  Empezamos llamando A al número: $A = 1{,}222\dots$

  Lo multiplicamos por 10 y le restamos el propio número:

$$\left.\begin{array}{r} 10A = 12{,}222\dots \\ -\quad A = \ \ 1{,}222\dots \\ \hline 9A = 11{,}000\dots \end{array}\right\} 9A = 11 \rightarrow A = \frac{11}{9} \rightarrow 1{,}\overset{\frown}{2} = \frac{11}{9}$$

- *Queremos pasar a forma fraccionaria el número* $0{,}7\overset{\frown}{2}$.

  Empezamos llamando B al número: $B = 0{,}7222\dots$

  Lo multiplicamos, primero por 100, después por 10 y restamos:

$$\left.\begin{array}{r} 100B = 72{,}222\dots \\ -\quad 10B = \ \ 7{,}222\dots \\ \hline 90B = 65{,}000\dots \end{array}\right\} 90B = 65 \rightarrow B = \frac{65}{90} = \frac{13}{18} \rightarrow 0{,}7\overset{\frown}{2} = \frac{13}{18}$$

Fracción generatriz

A la fracción irreducible que da lugar a un decimal se la llama fracción generatriz de dicho número.

EJEMPLO

La fracción generatriz de $1{,}\overset{\frown}{2}$ es $\frac{11}{9}$:

$$\frac{11}{9} = 11 : 9 = 1{,}\overset{\frown}{2}$$

Los números racionales

- Se dice que un **número** es **racional** cuando se puede expresar en *forma de fracción.*

$$\text{NÚMERO RACIONAL} = \frac{\text{Número entero}}{\text{Número entero}}$$

- El conjunto de los números racionales se designa con la letra $\mathbb{Q}$.

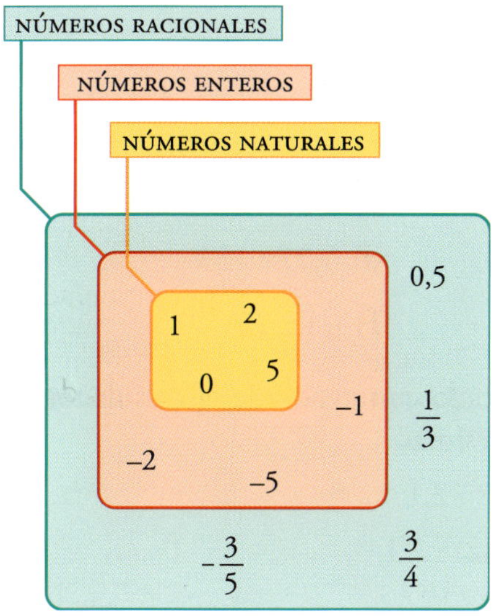

- Un número racional se puede expresar de muchas formas diferentes.

  Por ejemplo: $0,2 = \frac{2}{10} = \frac{1}{5} = \frac{3}{15} = \frac{4}{20} = \ldots = \frac{50}{250} = \ldots$

- *Todos los números enteros y, por tanto, también los naturales son racionales.*

  Efectivamente, cualquier número entero se puede presentar como una fracción:

  $3 = \frac{3}{1} = \frac{6}{2} = \ldots$ $\qquad -3 = \frac{-3}{1} = \frac{-6}{2}$

- Los decimales exactos y los decimales periódicos también son racionales.

  Como ya hemos visto, estos números siempre se pueden presentar en forma fraccionaria:

  $0,35 = \frac{7}{20}$ $\qquad 1,\overset{\frown}{4} = \frac{13}{9}$ $\qquad 0,2\overset{\frown}{15} = \frac{71}{330}$

- Los decimales con infinitas cifras no periódicas no son racionales.

  Por ejemplo: $\sqrt{2} = 1,414213\ldots$ $\qquad \pi = 3,141592\ldots$ $\qquad \sqrt{5} = 2,236067\ldots$

  Estos números no se pueden expresar en forma de fracción.

Todo lo anterior puede resumirse en el siguiente esquema:

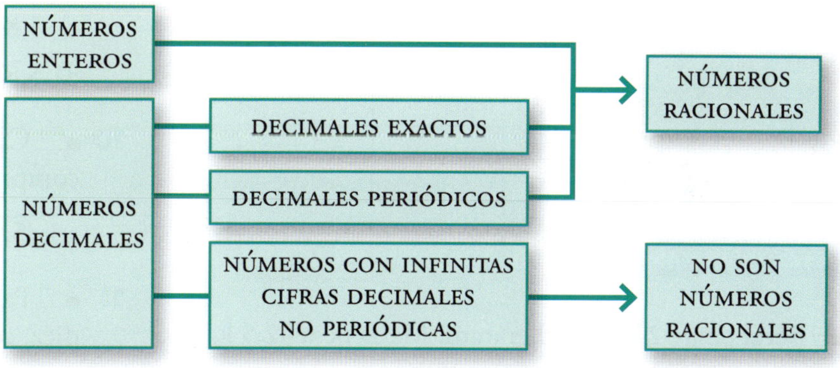

anayaeducacion.es Expresa en forma de fracción.

Para practicar

1 Expresa en forma decimal.

a) $\frac{1}{2}$ b) $\frac{2}{3}$ c) $\frac{2}{5}$

d) $\frac{7}{10}$ e) $\frac{2}{9}$ f) $\frac{17}{110}$

2 Asocia cada fracción con su forma decimal.

$\frac{3}{4}$ $\quad \frac{1}{25}$ $\quad \frac{1}{6}$ $\quad \frac{2}{5}$ $\quad \frac{13}{10}$ $\quad \frac{5}{11}$

$0,04$ $\quad 1,3$ $\quad 0,75$ $\quad 0,1\overset{\frown}{6}$ $\quad 0,\overset{\frown}{45}$ $\quad 0,4$

3 Expresa en forma de fracción.

a) 0,8 b) 1,6 c) 1,35

d) $0,\overset{\frown}{3}$ e) $2,1\overset{\frown}{3}$ f) $1,\overset{\frown}{25}$

4 Separa los números racionales de los que no lo son.

$\frac{3}{4}$ $\quad 0,\overset{\frown}{37}$ $\quad \frac{3}{7}$ $\quad -125$ $\quad 0,00009$

$\sqrt{3}$ $\quad 13,6$ $\quad 2$ $\quad 0,12345678910\ldots$ $\quad 7,4\overset{\frown}{8}$

Recuerda seleccionar el material de trabajo de esta unidad para tu **portfolio.**

EJERCICIOS Y PROBLEMAS

Sistema de numeración decimal

1 Copia y completa.

a) 5 décimas = … milésimas

b) 2 milésimas = … millonésimas

c) 6 cienmilésimas = … centésimas

d) 8 millonésimas = … milésimas

2 Ordena de menor a mayor en cada caso.

a) 5,1 - 5,099 - 4,83 - 4,9 - 4,99

b) 0,21 - 0,03 - 0,15 - 0,209 - 0,101 - 0,121

3 Escribe el número asociado a cada letra.

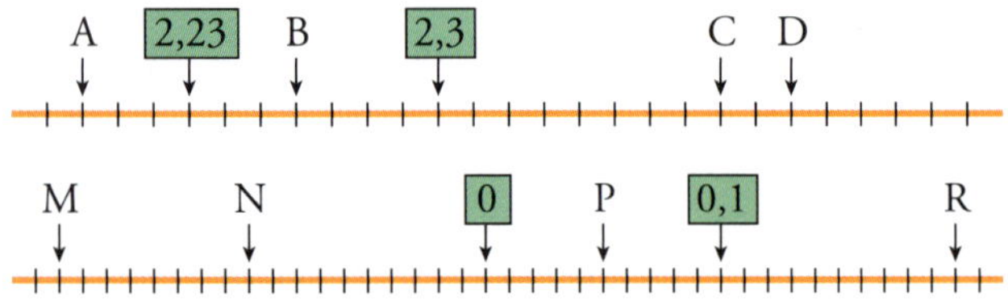

4 Copia y completa la tabla en tu cuaderno.

NÚMERO	$2,\widehat{7}$	$5,\widehat{29}$	$4,6\widehat{51}$
APROXIMACIÓN A LAS UNIDADES			
APROXIMACIÓN A LAS DÉCIMAS			
APROXIMACIÓN A LAS CENTÉSIMAS			
APROXIMACIÓN A LAS MILÉSIMAS			

5 Berta pesa 52 kg y 450 gramos. María pesa 52,5 kg. Jacinto pesa más que Berta, pero menos que María.

a) ¿Qué puedes decir del error cometido al estimar el peso de Jacinto en 52 kilos?

b) ¿Y al estimarlo en cincuenta y dos kilos y medio?

Operaciones con números decimales

6 Calcula.

a) 3,2 – 1,63 – 0,528

b) 0,85 + 1,23 – 0,638 – 0,4

c) 3,458 – (6,7 – 4,284)

d) 5,2 – (2,798 + 1,36)

7 Opera con la calculadora y aproxima el resultado a las centésimas.

a) 2,63 · 0,84
b) 0,27 · 0,086
c) 62,35 : 12
d) 5,27 : 153
e) $\sqrt{851}$
f) $\sqrt{13,29}$

8 Obtén el resultado con ayuda de la calculadora y redondea a las centésimas.

a) 8,73 : 1,7 – 3,42 : 2,1

b) (8,73 : 1,7 – 3,42) : 2,1

9 Opera.

a) 5,8 – 3,2 · 1,6 – 0,29

b) (5,8 – 3,2) · 1,6 – 0,29

c) 5,8 – 3,2 · (1,6 – 0,29)

d) 5,8 – (3,2 · 1,6 – 0,29)

10 Calcula con lápiz y papel utilizando el algoritmo y comprueba con la calculadora.

a) $\sqrt{5,24}$
b) $\sqrt{12}$
c) $\sqrt{73,96}$

11 Para multiplicar por 0,1 podemos dividir entre diez, como ves en el ejemplo.

- **80 · 0,1 = 80 : 10 = 8**

Por qué número hay que dividir para:

a) Multiplicar por 0,01.

b) Multiplicar por 0,001.

12 Para dividir entre 0,2 podemos multiplicar por diez y dividir entre dos.

- **8 : 0,2 = 8 · 10 = 80 : 2 = 40**

Calcula mentalmente.

a) 6 : 0,2
b) 15 : 0,2
c) 45 : 0,2
d) 9 : 0,3
e) 12 : 0,3
f) 33 : 0,3
g) 6 : 0,6
h) 18 : 0,6
i) 45 : 0,6

13 Copia y completa en tu cuaderno este cuadrado mágico.

La suma de cada fila, de cada columna y de cada diagonal ha de ser la misma.

	1,23	
1,08	0,03	0,78

14 Continúa en tres términos cada serie.

a) 2,37 - 2,16 - 1,95 - 1,74 - …

b) 5 - 1 - 0,2 - 0,04 - …

c) 0,24 - 1,2 - 6 - 30 - …

15 Calcula cada resultado con un error menor que media centésima.

a) $4,\widehat{6} + 6,4\widehat{8}$ b) $6 - 2,\widehat{29}$

c) $4,2864 \cdot 0,03$ d) $6,28 : 9$

16 Busca, y completa en tu cuaderno, el número decimal que debe ocupar cada casilla.

a) $\square \cdot 4,8 = 9$ b) $0,2 \cdot \square = 0,002$

c) $7 : \square = 5$ d) $\square : 0,25 = 1,2$

17 Calcula, con dos cifras decimales, la nota media de Julián en cada asignatura.

a) Lengua: 8 - 6 - 7 - 7 - 6 - 7

b) Matemáticas: 5,2 - 6 - 5,8 - 4,5 - 7,1 - 5,7

18 Investiga.

a) ¿Por qué número decimal tengo que multiplicar una cantidad para reducirla a la quinta parte?

b) ¿Y para reducirla en un 20 %?

c) ¿Y para aumentarla en un 20 %?

19 ¿Verdadero o falso?

a) El producto de un decimal por un entero es siempre decimal.

b) El producto de dos números decimales puede ser entero.

c) Al dividir dos números decimales nunca se obtiene un entero.

d) La raíz cuadrada de un número decimal siempre es menor que el número.

e) La raíz cuadrada de un número decimal nunca es un decimal exacto.

20 Reflexiona y calcula.

a) Si multiplicas un número *n* por 0,1 y después por *a*, obtienes como resultado final *n*.
¿Cuánto vale *a*?

b) Si multiplicas un número *n* por 0,2 y después por *b*, obtienes como resultado final *n*.
¿Cuánto vale *b*?

21 Reflexiona, busca ejemplos y responde.

a) Un número aumenta si lo multiplicas por *a*.
¿Qué puedes decir de *a*?

b) Un número disminuye si lo multiplicas por *b*.
¿Qué puedes decir de *b*?

Operaciones en el sistema sexagesimal

22 Expresa en horas como número decimal y fracción.

a) 48 min b) 66 min c) 6 120 s

23 Pasa a forma compleja.

a) 12 639'' b) 756,25' c) 45,15°

24 Pasa a horas, minutos y segundos.

a) 8,42 h b) 123,45 min c) 12 746 s

25 Ejercicio resuelto

a) Sumar → 14° 27' 54" + 16° 42' 18"

14° 27' 54"
\+ 16° 42' 18"
30° 69' 72" → 31° 10' 12"
(+1 −60 +1 −60)

b) Restar → 31° 10' 12" – 14° 27' 54"

(−1 +60 −1 +60)
31° 10' 12" → 30° 69' 72"
– 14° 27' 54" → – 14° 27' 54"
16° 42' 18"

26 Calcula.

a) 37° 50' 18'' + 25° 39'

b) 53° 27' 46'' + 39° 43' 32''

c) (3 h 13 min) – (1 h 52 min 28 s)

d) (4 h 16 min 24 s) – (2 h 39 min 51 s)

27 Calcula.

a) (14 min 16 s) · 8 b) (26° 52' 10") · 5

c) (59° 46' 18") : 6 d) (2 h 25 min 36 s) : 12

28 Las coordenadas geográficas de Almería, expresadas en grados, son:

Latitud → 36,84016 Norte

Longitud → 2,46792 Este

Exprésalas en grados, minutos y segundos.

Fracciones. Aplicación de conceptos

29 Calcula mentalmente.

a) $\frac{2}{3}$ de 60 b) $\frac{1}{10}$ de 90 c) $\frac{3}{4}$ de 120

30 El cubo pequeño está construido con dados amarillos. Para formar el cubo grande, recubrimos el anterior de dados rojos.

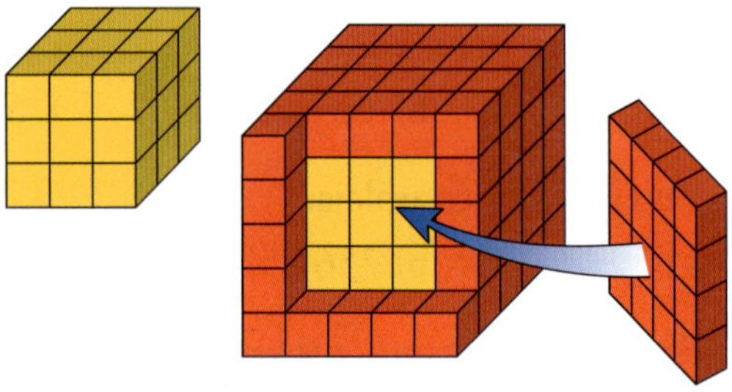

¿Qué fracción de los dados del cubo grande son amarillos? ¿Y rojos?

31 La gráfica informa sobre los deportes preferidos en una clase de 30 estudiantes de segundo de ESO.

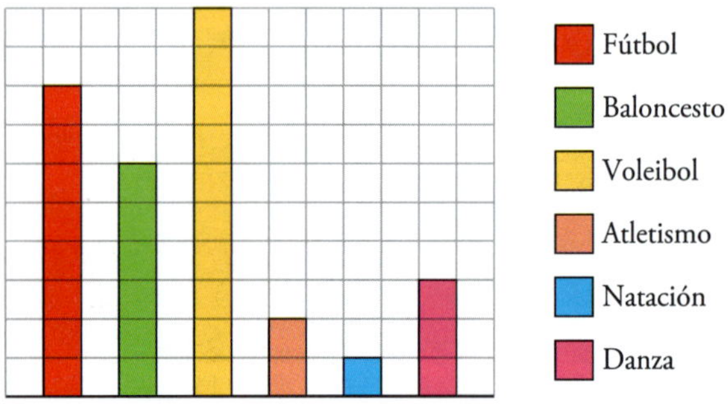

¿Qué fracción de la clase…

a) … practica fútbol?

b) … practica baloncesto?

c) … no practica baloncesto?

d) … no practica ni fútbol ni baloncesto?

32 ¿Cuántos gramos son?

a) $\frac{3}{4}$ de kilo b) $\frac{3}{5}$ de kilo c) $\frac{7}{20}$ de kilo

33 ¿Cuántos minutos son?

a) $\frac{5}{6}$ de hora b) $\frac{3}{12}$ de hora c) $\frac{4}{5}$ de hora

34 ¿Qué fracción de hora son?

a) 5 minutos b) 24 minutos c) 360 segundos

Equivalencia de fracciones

35 Escribe:

a) Una fracción equivalente a 4/10 que tenga por numerador 6.

b) Una fracción equivalente a 15/45 que tenga por denominador 12.

c) Una fracción equivalente a 35/45 que tenga por numerador 91.

36 Simplifica:

a) $\frac{12}{16}$ b) $\frac{21}{28}$ c) $\frac{30}{48}$ d) $\frac{33}{55}$ e) $\frac{42}{99}$ f) $\frac{63}{180}$

37 Reduce a común denominador.

a) $\frac{5}{6}, \frac{1}{9}$ b) $1, \frac{3}{12}, \frac{5}{8}$

c) $\frac{2}{3}, \frac{1}{2}, \frac{1}{7}$ d) $\frac{4}{9}, \frac{17}{33}, \frac{52}{99}$

38 Estos dos trozos de tela son igual de grandes:

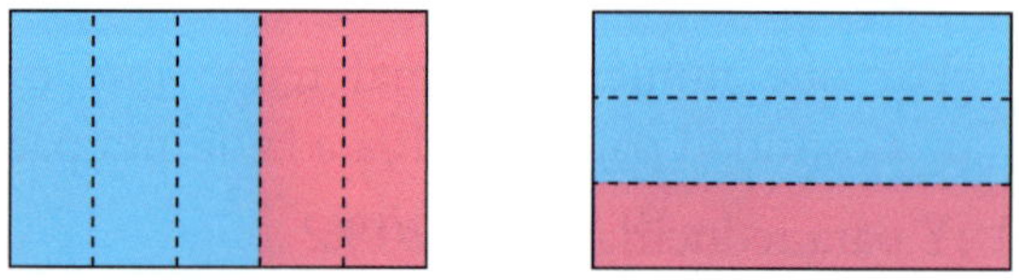

¿Cuál de los dos tiene una porción mayor de azul? Explica la transformación que propone este gráfico para resolver la pregunta:

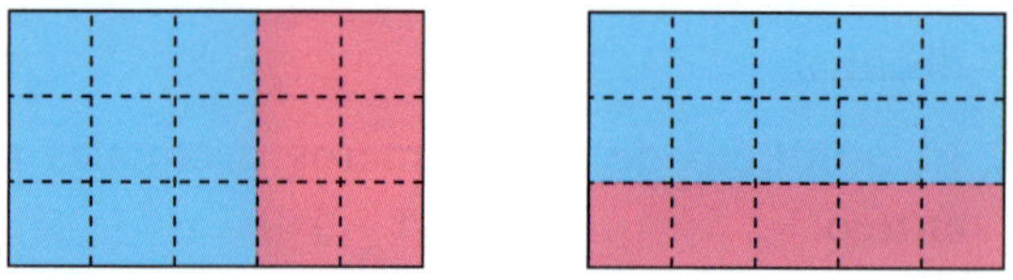

39 Calcula x en cada caso.

a) $\frac{6}{22} = \frac{15}{x}$ b) $\frac{21}{49} = \frac{x}{35}$

c) $\frac{13}{x} = \frac{11}{99}$ d) $\frac{x}{78} = \frac{91}{169}$

Fracciones y decimales

40 Expresa en forma decimal:

a) $\frac{7}{2}$ b) $\frac{27}{50}$ c) $\frac{13}{125}$ d) $\frac{7}{6}$ e) $\frac{4}{9}$ f) $\frac{5}{11}$

41 Copia y completa con fracciones irreducibles.

0,1	0,2	1,5	0,05	0,16	0,55	1,25	2,5
1/10							

42 Pasa a forma fraccionaria.

a) 1,1 b) 0,13 c) 0,008 d) $0,\widehat{8}$

e) $1,\widehat{8}$ f) $0,2\widehat{8}$ g) $0,\widehat{24}$ h) $0,0\widehat{2}$

Resuelve problemas con números decimales

43 ¿Cuánto cuestan dos kilos y ochocientos gramos de manzanas a 1,65 € el kilo?

44 ¿Cuánto pagaré si compro 1,083 kg de salmón a 9,75 €/kg?

Atención al redondeo.

45 Para fabricar 3 500 dosis de cierto medicamento, se necesitan 1,96 kg de principio activo. ¿Cuántos gramos de este principio lleva cada dosis?

46 Hemos gastado 6,08 € en la compra de un trozo de queso que se vende a 12,80 €/kg. ¿Cuánto pesa la porción adquirida?

47 Una sandía de 2 kilos y 625 gramos ha costado 4,20 €. ¿A cómo sale el kilo?

48 Marcelo compra un melón que pesa dos kilos y cuatrocientos gramos.

Si el melón se vende a 1,99 €/kg, ¿cuál de estas cantidades debe pagar por la compra?

4,80 € 4,90 € 4,78 € 4,88 €

49 Karla ha comprado 340 gramos de jamón, ha pagado con un billete de 10 € y le han devuelto 3,88 €. ¿A cómo está el kilo de jamón?

50 Una cadena de radio inicia a las 18 h 45 min 13 s la emisión de un programa de música, pregrabado, que tiene una duración de 1 h 16 min 52 s. ¿A qué hora terminará el programa?

51 He visto una película en la tele que tenía una duración de 1 h 53 min 23 s, pero con las cuñas publicitarias la emisión ha durado 2 h 12 min 15 s. ¿Cuánto tiempo se ha dedicado a publicidad?

52 Una ruleta está dividida en 27 zonas iguales sobre las que se puede parar la aguja.

¿Qué ángulo abarca cada zona?

53 El cañón de un telescopio ha girado desde la posición inicial (Norte), un ángulo de 158° 53' 20", en el sentido de las agujas del reloj.

¿Qué ángulo debería haber girado en el sentido contrario para llegar a la misma posición?

54 Para celebrar una fiesta, trece amigos adquieren:

FIESTA

- ✓ 6 botellas de refresco a 1,65 € la botella.
- ✓ 1,120 kg de jamón a 27,75 €/kg.
- ✓ 5 barras de pan a 0,85 € la barra.
- ✓ 350 g de cacahuetes a 9,60 €/kg.
- ✓ 0,8 kg de patatas fritas a 5,80 €/kg.

¿Cuánto debe poner cada uno?

55 Una empresa inmobiliaria adquiere un terreno rectangular de 125,40 m de largo y 74,60 m de ancho por 350 000 €. Después, lo urbaniza, con un coste de 62 528,43 €. Y, por último, lo divide en parcelas y lo pone a la venta a 52,75 € el metro cuadrado.

¿Qué beneficio espera obtener?

56 Una furgoneta transporta 250 docenas de huevos que cuestan 0,98 € la docena. En una curva se vuelca una caja y se rompen 60 huevos. ¿Cuánto hay que aumentar el precio de la docena para que la mercancía siga valiendo lo mismo?

57 **Problema resuelto**

Un ciclista ha cubierto los 52 kilómetros de una etapa contrarreloj en una hora y treinta seis minutos. ¿Cuál ha sido su velocidad media en km/h?

Resolvemos el problema con una división:

Velocidad (km/h) = Espacio (km) : Tiempo (h)

Para que los datos sean compatibles, hemos de expresar el tiempo en horas:

1 h 36 min = (1 + 36 : 60) h = (1 + 0,6) h = 1,6 h

Solución: 52 : 1,6 = 32,5 km/h

58 Un camión ha realizado un viaje de 169,29 km en 2 h 42 min. ¿Cuál ha sido su velocidad media?

59 Un autobús interurbano da una vuelta a su recorrido cada hora y doce minutos. ¿Cuántas vueltas dará en las 12 horas que dura su servicio?

60 **Problema resuelto**

Un ciclista ha cubierto los 52 kilómetros de una etapa contrarreloj a una velocidad de 32,5 km/h. ¿Cuánto tiempo ha invertido en la etapa?

Resolvemos el problema con una división:

Tiempo (h) = Espacio (km) : Velocidad (km/h)

52 : 32,5 = 1,6 h

Pero la solución, una cantidad de tiempo, se tiene que expresar en el sistema sexagesimal. Para eso, calculamos el cociente entero (horas), multiplicamos el resto por 60 y seguimos dividiendo para obtener los minutos.

```
520          |32,5
195 →  195   1 h 36 min
      × 60
     11700
      1950
       000
```

Solución: 52 : 32,5 = 1 hora y 36 minutos

61 Una furgoneta ha viajado durante 4 horas y 36 minutos a una velocidad media de 65 kilómetros por hora. ¿Qué distancia ha recorrido?

62 Un tren de mercancías ha recorrido 187 km a 55 km/h. ¿Cuánto tiempo ha invertido en el trayecto?

63 Un autobús de línea ha invertido siete horas y doce minutos en el trayecto entre Barcelona y Bilbao. ¿Cuál ha sido la velocidad media del viaje?

Si te falta algún dato, debes buscarlo.

64 Un buque petrolero, a una velocidad media de 18 nudos, ha cubierto la distancia entre la plataforma de extracción y el puerto de la refinería en 12 horas y tres cuartos. ¿Qué distancia ha recorrido durante la travesía?

¿Qué significa que la velocidad es 18 nudos?

65 Un barco velero, a una velocidad media de 5 nudos, recorre la distancia entre dos islas en una hora y 24 minutos. ¿Qué distancia ha cubierto en la travesía?

66 **Problema resuelto**

Unos científicos han detectado un nuevo planeta a una distancia de 4,3 parsec de nuestro sistema solar.

¿Cuánto tardaría una nave terrícola del futuro, a la velocidad de la luz, en llegar a dicho planeta?

Aclara los datos con los que tengas dudas

¿Qué distancia es un parsec?

Consultamos en Internet:

1 parsec = 3,26 años luz

Es decir, es la distancia que recorre la luz en 3,26 años.

Resuelve

Calculamos la distancia en años luz:

4,3 · 3,26 ≈ 14 años luz

Solución: Una nave, a la velocidad de la luz, tardaría 14 años en llegar al planeta.

67 ¿Cuánto tardaría una sonda espacial, a una velocidad de 100 kilómetros por segundo, en llegar al planeta Marte si se calcula que en la trayectoria recorrería una distancia de 2,4 U. A. (unidades astronómicas)?

¿Recuerdas qué es una U. A.?

Analiza y exprésate

68 Describe las distintas formas en que se ha resuelto el problema y di si aprecias errores en algunas de ellas.

Un camión circula por una autopista a 90 kilómetros por hora. ¿Cuánto tiempo tarda en recorrer 300 km?

Resolución 1

```
300        |90
 30→30  3 h 20 min
 ×  60
  1800
   000
```

El camión tarda 3 h 20 min.

Resolución 2

```
300,00 |90
 300    3,33
  300
    30
```

El camión tarda 3 h 33 min.

Resolución 3

$$300 = \underset{1\ h}{\underset{\downarrow}{90}} + \underset{1\ h}{\underset{\downarrow}{90}} + \underset{1\ h}{\underset{\downarrow}{90}} + \underset{20\ min}{\underset{\downarrow}{30}}$$

Resolución 4

90 km/h = (90 000 : 60) m/min = 1 500 m/min

300 km = 300 000 m

300 000 m : 1 500 m/min = 200 min =

= 180 min + 20 min = 3 h 20 min

El camión tarda 3 h 20 min.

Resolución 5

```
300     |90
 300    3,33 h = 3 h + 0,33 h
  300
    30
```

0,33 h → 0,33 · 60 = 19,8 min = (19 + 0,8) min

0,8 min → 0,8 · 60 = 48 s

El camión tarda 3,33 h = 3 h 19 min 48 s.

69 ¿Qué expresiones resuelven este problema?

La familia López ha comprado un frigorífico que costaba 540 €, pagando una entrada de 120 € y el resto en seis plazos, con un recargo del 8 %. ¿Cuál es el importe de cada plazo?

a) (540 – 120 · 1,08) : 6 b) [(540 – 120) : 6] + 0,08

c) $\frac{540-120}{6} \cdot \frac{100+8}{100}$ d) $\frac{540-120}{6} \cdot 0,8$

Problemas «+»

70 El gerente de una fábrica de pantalones vaqueros maneja los siguientes datos:

- Los depósitos de agua del taller de lavado a la piedra deben suministrar, durante toda la jornada laboral (6:00 h-20:00 h), un caudal de agua fijo de 15 litros por minuto, a 85 °C.
- Para subir un grado la temperatura de un metro cúbico de agua, se necesitan 0,65 litros de combustible, que tiene un coste de 1,08 € por litro.
- Durante el mes de marzo se han hecho diez mediciones de la temperatura del agua que suministra la red, y otras diez mediciones en julio:

	TEMPERATURA (°C)									
MARZO	6	8	10	12	11	9	6	10	9	7
JULIO	25	27	30	29	26	25	28	30	32	35

Con estos datos, estima el ahorro en combustible durante el mes de julio, con respecto al mes de marzo, y su montante en euros.

71 Ejercicio resuelto

¿Qué ángulo forman las dos agujas de un reloj a las 3 h 12 min?

3 h 12 min = 3 h + (12 : 60) h = 3,2 h

- La aguja minutero, en una hora, recorre un ángulo de 360 : 12 = 30°. Tomando como origen las doce, a las 3 h 12 min la aguja horaria habrá avanzado un ángulo α = 3,2 · 30° = 96°.
- La aguja horaria, en un minuto, recorre un ángulo de 360 : 60 = 6°. En doce minutos, la aguja minutero habrá avanzado un ángulo β = 12 · 6 = 72°.
- El ángulo que forman ambas agujas a las 3 h 12 min es:

  96° – 72° = 24°

72 Calcula el ángulo que forman las agujas de un reloj a las siguientes horas:

a) 2 h 24 min b) 7 h 42 min c) 13 h 18 min

73 Las agujas de un reloj marcan las 10 h 36 min. ¿Qué ángulo girará cada una hasta llegar a las doce en punto?

74 ¿Qué velocidad, en nudos, lleva un ferri que hace la travesía entre Valencia e Ibiza en 3 horas y 45 minutos?

Si te falta algún dato, debes buscarlo.

LEE E INFÓRMATE

Un poco de historia

- El primero que utilizó una notación para escribir los números decimales fue el matemático holandés Simon Stevin en el siglo XVI.

$$12\overset{\boxed{1}}{5}\overset{\boxed{2}}{4} \text{ significaba } 12{,}54$$

$$8\overset{\boxed{2}}{6} \text{ significaba } 8{,}06$$

  Este método no tuvo mucho éxito.

- En el siglo XVII, el escocés Napier, tras sucesivas aproximaciones, propuso la notación actual, separando con una coma o un punto la parte entera de la decimal, y utilizando ceros para llevar cada cifra al orden de unidades deseado.

$$3 + \frac{47}{100} \rightarrow 3^{\underline{47}} \rightarrow 3|47 \rightarrow 3{,}47$$

- En España, y en otros países europeos, se adoptó la coma para escribir los números decimales.
- Sin embargo, en el mundo anglosajón se utiliza un punto.

$$8{,}5 \leftrightarrow \boxed{8.5}$$

  Esta es la causa de que lo hagan también las calculadoras y los ordenadores.

Cosas de números

Comprueba con la calculadora estas divisiones que tienen como resultado números con infinitas cifras decimales:

$1 : 9 = 0{,}111...$ $\quad$ $3 : 9 = 0{,}333...$

$2 : 9 = 0{,}222...$ $\quad$ $4 : 9 = 0{,}444...$

Según esos resultados, $9 : 9$ debería ser $0{,}99999... = 0{,}\widehat{9}$.

Sin embargo, sabemos que $9 : 9 = 1$.

$$0{,}999... \leftrightarrow \boxed{1}$$

- ¿Son distintos esos resultados? ¿Serías capaz de calcular su diferencia?

INVESTIGA

Una cifra en cada casilla

Copia en tu cuaderno y coloca las cifras del 1 al 8, una en cada casilla, de forma que resulten dos fracciones equivalentes.

Recuerda que en anayaeducacion.es puedes encontrar orientación académica y profesional relacionada con los contenidos de esta unidad.

ENTRÉNATE RESOLVIENDO OTROS PROBLEMAS

Lógica de trenes

Teniendo en cuenta que la locomotora puede avanzar hacia adelante y hacia atrás, arrastrar y empujar, ¿cómo intercambiar la posición de los vagones entre sí, dejando la locomotora en su posición actual?

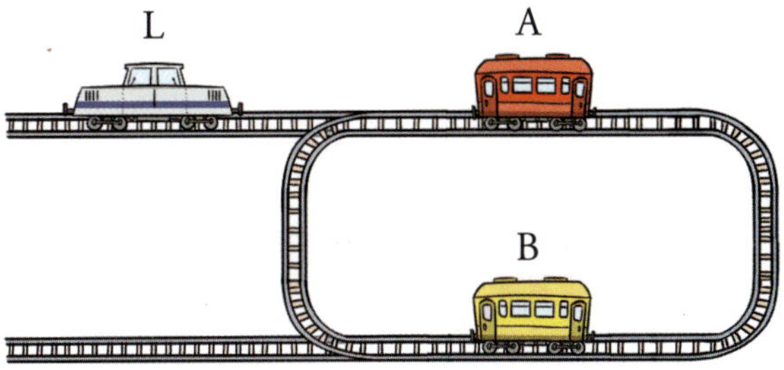

Bailando

En la fiesta, al sonar el tango, dos tercios de los hombres bailaban con cuatro quintos de las mujeres.

Seis mujeres no bailaban.

a) ¿Cuántos hombres no bailaban?

b) ¿Cuántas personas asistían a la fiesta?

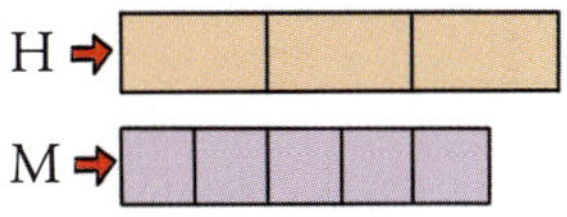

El tango se baila por parejas.

AUTOEVALUACIÓN

anayaeducacion.es Resolución de estos ejercicios y una autoevaluación interactiva.

1 Escribe cómo se leen:

a) 1,07 b) 0,0023 c) 0,000234

2 Escribe con cifras.

a) Dieciocho centésimas.

b) Trece cienmilésimas.

c) Doscientas treinta y cinco millonésimas.

3 Redondea a las centésimas.

a) 5,052 b) 0,55555 c) 0,7481

4 Calcula.

a) $0{,}25 \cdot 11{,}48$ b) $23 : 4{,}5$

c) $0{,}08 : 1{,}6$ d) $10{,}2 : 0{,}034$

5 Calcula.

a) $1{,}4 - 1{,}8 \cdot 0{,}2 - 0{,}4 : 1{,}6$

b) $2{,}024 - 0{,}3 \cdot (7{,}1 - 4{,}02)$

c) $0{,}5 - 2{,}7 : [1{,}2 - 0{,}1 \cdot (0{,}25 - 1{,}75)]$

6 Expresa en forma decimal.

a) $\frac{2}{5}$ b) $\frac{26}{13}$ c) $\frac{15}{12}$

7 Expresa cada decimal con una fracción irreducible.

a) 0,05 b) $0,\widehat{7}$ c) $0,3\widehat{6}$

8 Simplifica.

a) $\frac{50}{75}$ b) $\frac{27}{45}$ c) $\frac{210}{180}$

9 Reduce a común denominador las fracciones.

a) $\frac{2}{3}, \frac{1}{6}, \frac{1}{9}$ b) $\frac{5}{9}, \frac{7}{12}, \frac{11}{18}$

c) $\frac{2}{5}, \frac{4}{15}, \frac{7}{10}$ d) $\frac{2}{21}, \frac{5}{12}, \frac{13}{18}$

10 Un automóvil realiza un viaje de ida y vuelta. En la ida gasta 13/15 de la capacidad total del depósito de combustible. A la vuelta, reposta, y consume 17/20 de este. ¿En cuál de los dos trayectos ha gastado más combustible?

11 Un mayorista compra en una almazara 12 400 litros de aceite, a 1,60 €/litro, para envasarlo en botellas de 0,75 litros destinadas a una cadena de supermercados. Pero deja sin embotellar la última décima parte para no arrastrar posos. ¿Cuál será la ganancia si recibe 2,10 € por cada botella, vende el resto a una industria de jabones a 0,45 €/litro y estima sus gastos de almacén en 2 350 €?

12 Una furgoneta realiza un viaje de 76 km circulando por una autovía a una velocidad constante de 95 km/h. ¿Cuánto dura el viaje?

Compromiso ODS Visualiza el vídeo meta 2.a., piensa en una acción con la que podrías contribuir al logro de esa meta y comprométete a llevarla a cabo.

3

OPERACIONES CON FRACCIONES

El origen de las fracciones es muy antiguo: babilonios, egipcios, griegos, chinos e indios las manejaban hace miles de años.

Los egipcios usaban, exclusivamente, fracciones unitarias (con numerador uno). Por ejemplo, para escribir $\frac{3}{5}$ ponían $\frac{1}{2} + \frac{1}{10}$.

Una explicación de esa costumbre podría estar en la forma en que hacían los repartos. Fíjate, por ejemplo, en esta forma de repartir tres entre cinco:

- Dividían cada unidad en dos y cada uno se llevaba una mitad $\left(\frac{1}{2}\right)$.
- Partían la que quedaba en cinco partes y cada uno se llevaba una $\left(\frac{1}{10}\right)$.

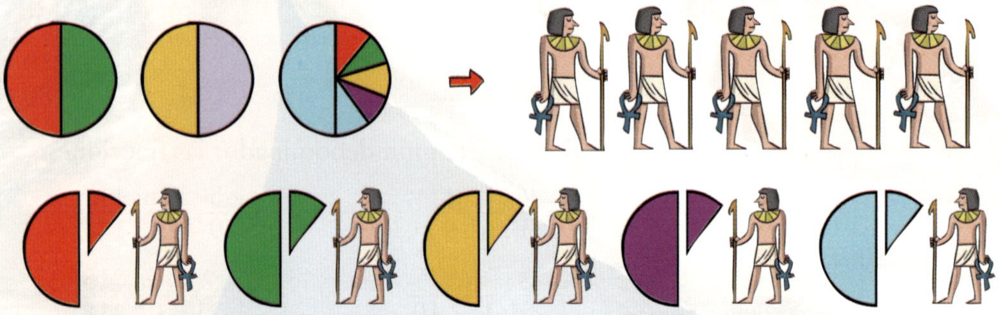

$$3:5 = \frac{3}{5} = \frac{1}{2} + \frac{1}{10}$$

Repartos con fracciones unitarias

1 Observa el gráfico y reparte al estilo egipcio dos panes entre tres.

 $\rightarrow \frac{2}{3} = \frac{1}{\square} + \frac{1}{\square}$

2 ¿Qué fracción ordinaria sustituye a esta suma de fracciones unitarias?

$\frac{1}{3} + \frac{1}{4} \rightarrow$ 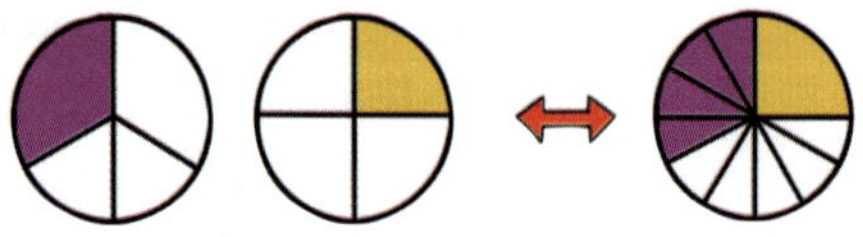

Las fracciones de los babilonios eran sexagesimales: solo utilizaban como denominadores el número 60 y sus potencias. Por ejemplo, para $\frac{3}{4}$ ponían $\frac{45}{60}$. Eso hacía los cálculos sumamente engorrosos y les obligaba a valerse de complicadas tablas para efectuar operaciones.

Fracciones en Mesopotamia

3 ¿Qué fracción utilizaría un matemático de Mesopotamia para escribir $\frac{1}{2}$?

4 En la tablilla de la derecha se ha grabado la fracción $\frac{40}{60}$. ¿Sabrías expresar ese mismo valor con otra fracción más sencilla?

$0 + \frac{40}{60} \rightarrow$ 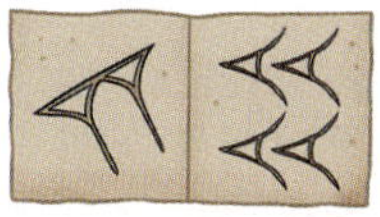

Los antiguos griegos, inicialmente, continuaron la tradición egipcia, aunque más adelante pasaron a utilizar las fracciones ordinarias, que llegaron a manejar con gran soltura. Pero se empeñaban en dar el resultado de los problemas como suma de fracciones unitarias. Y este extraño tratamiento mixto se extendió hasta la Europa del siglo XIII.

Los chinos, sin embargo, ya en el siglo IV manejaban con toda destreza las fracciones ordinarias. Como curiosidad, diremos que llamaban *hijo* al numerador y *madre* al denominador.

Pero no dividían las fracciones como nosotros, es decir, multiplicando los términos cruzados. Ellos las reducían a común denominador y tomaban los numeradores:

$$\frac{2}{5} : \frac{3}{4} = \frac{8}{20} : \frac{15}{20} = \frac{8}{15}$$

Divisiones al estilo de la antigua China

5 Divide por el método chino y por el nuestro, y después, compara los resultados.

a) $\frac{1}{8} : \frac{1}{4}$

b) $\frac{4}{7} : \frac{3}{5}$

Los árabes, en su época de expansión y esplendor, también tuvieron grandes matemáticos en cuyos tratados aparecen las fracciones. Así, el nombre de fracción viene de la traducción (siglo XII) de la *Aritmética* de Al-Jwarizmi. La palabra árabe *al-kasr,* que significa *quebrar, romper* (se refería al quebrado o fracción de la unidad), se tradujo al latín por *fractio.*

1 ▶ SUMA Y RESTA DE FRACCIONES

- Para sumar o restar fracciones, las reducimos previamente a común denominador.
- Si alguno de los sumandos es un número entero, *a*, lo transformamos en una fracción con denominador la unidad $\left(a = \frac{a}{1}\right)$.

Ejemplo

$$1 - \frac{5}{6} + \frac{3}{8} - \frac{5}{12} \rightarrow \text{mín. c. m. } (6, 8, 12) = 24$$

24 : 1 = 24 | 24 : 6 = 4 | 24 : 8 = 3 | 24 : 12 = 2

$$\frac{1}{1} - \frac{5}{6} + \frac{3}{8} - \frac{5}{12} = \frac{1 \cdot 24}{24} - \frac{5 \cdot 4}{24} + \frac{3 \cdot 3}{24} - \frac{5 \cdot 2}{24} =$$

$$= \frac{24 - 20 + 9 - 10}{24} = \frac{33 - 30}{24} = \frac{3}{24} = \frac{1}{8}$$

Recuerda

$$\left.\begin{array}{l} 6 = 2 \cdot 3 \\ 8 = 2^3 \\ 12 = 2^2 \cdot 3 \end{array}\right\}$$

$$\text{mín. c. m. } (6, 8, 12) = 2^3 \cdot 3 = 24$$

anayaeducacion.es Practica la suma y la resta de fracciones.

Sumas, restas y paréntesis

El manejo de los paréntesis en las sumas y las restas de fracciones sigue las mismas reglas que en los números enteros.

- Si se suprime un paréntesis precedido del signo más, los signos interiores no varían:

$$+\left(\frac{a}{b} + \frac{c}{d} - \frac{m}{n}\right) = \frac{a}{b} + \frac{c}{d} - \frac{m}{n}$$

- Si se suprime un paréntesis precedido del signo menos, los signos interiores se transforman; más en menos y menos en más:

$$-\left(\frac{a}{b} + \frac{c}{d} - \frac{m}{n}\right) = -\frac{a}{b} - \frac{c}{d} + \frac{m}{n}$$

Ejemplos

- Resolución suprimiendo previamente los paréntesis:

$$\left(2 - \frac{4}{3}\right) - \left(\frac{13}{12} - \frac{3}{4} + \frac{1}{6}\right) = \frac{2}{1} - \frac{4}{3} - \frac{13}{12} + \frac{3}{4} - \frac{1}{6} =$$

$$= \frac{24}{12} - \frac{16}{12} - \frac{13}{12} + \frac{9}{12} - \frac{2}{12} = \frac{33 - 31}{12} = \frac{2}{12} = \frac{1}{6}$$

- Resolución operando dentro de los paréntesis:

$$\left(2 - \frac{4}{3}\right) - \left(\frac{13}{12} - \frac{3}{4} + \frac{1}{6}\right) = \left(\frac{6}{3} - \frac{4}{3}\right) - \left(\frac{13}{12} - \frac{9}{12} + \frac{2}{12}\right) =$$

$$= \frac{2}{3} - \frac{15 - 9}{12} = \frac{2}{3} - \frac{6}{12} = \frac{8}{12} - \frac{6}{12} = \frac{2}{12} = \frac{1}{6}$$

Fracciones opuestas

- Dos **fracciones** son **opuestas** cuando su suma es cero.
- Toda fracción $\frac{a}{b}$ tiene una opuesta, $\frac{-a}{b}$ $\left(\text{o bien } \frac{a}{-b}\right)$:

$$\frac{a}{b} + \frac{-a}{b} = 0$$

EJEMPLO

$$\frac{3}{5} \rightarrow \text{Formas de la opuesta} \begin{cases} -\frac{3}{5} \\ \frac{-3}{5} \\ \frac{3}{-5} \end{cases}$$

anayaeducacion.es Practica la suma y la resta de fracciones con paréntesis.

Para fijar ideas

1 Observa, calcula mentalmente y contesta con una fracción.

a) $1-\frac{1}{3}$ b) $1+\frac{1}{2}$ c) $\frac{3}{4}-\frac{1}{8}$ d) $2-\frac{2}{3}$

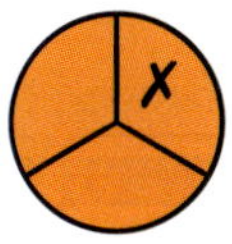
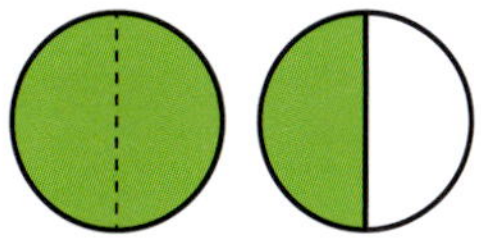
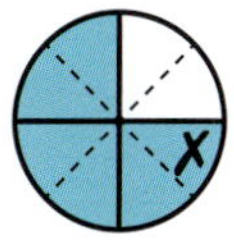

2 Copia y completa reduciendo a denominador común 30.

a) $\frac{3}{10}+\frac{7}{15}=\frac{3\cdot\square}{10\cdot 3}+\frac{7\cdot\square}{15\cdot 2}=\frac{\square}{30}+\frac{\square}{30}=\frac{\square}{30}$

b) $\frac{5}{6}-\frac{4}{5}=\frac{5\cdot\square}{6\cdot 5}-\frac{4\cdot\square}{5\cdot\square}=\frac{\square}{30}-\frac{\square}{30}=\frac{\square}{30}$

c) $\frac{1}{2}-\frac{2}{3}+\frac{3}{5}=\frac{1\cdot\square}{2\cdot\square}-\frac{2\cdot\square}{3\cdot\square}+\frac{3\cdot\square}{5\cdot\square}=\frac{\square}{30}-\frac{\square}{30}+\frac{\square}{30}=\frac{\square}{30}$

3 Asocia cada pregunta con las expresiones de la derecha y calcula el resultado correspondiente.

Según las estadísticas, en el barrio de Marta los tres quintos de la población escolar está en Infantil o Primaria, un tercio en Secundaria y el resto en Bachillerato.

a) ¿Qué fracción representa las etapas de Infantil, Primaria y Secundaria?

b) ¿Qué fracción representan Secundaria y Bachillerato?

c) ¿Qué fracción cursa Bachillerato?

d) Sabiendo que los de Infantil suponen el 15 %, ¿qué fracción supone Primaria?

I $1-\frac{3}{5}$ II $\frac{3}{5}+\frac{1}{3}$

III $\frac{3}{5}-\frac{15}{100}$ IV $1-\left[\frac{3}{5}+\frac{1}{3}\right]$

Para practicar

1 Copia y completa en tu cuaderno.

a) $\frac{2}{7}-\frac{2}{\square}=0$ b) $\frac{3}{4}+\frac{\square}{4}=0$

c) $\frac{1}{6}+\frac{1}{\square}=0$ d) $\frac{5}{8}-\frac{-5}{\square}=0$

2 Opera y simplifica.

a) $\frac{7}{6}+\frac{7}{12}$ b) $\frac{1}{5}+\frac{3}{10}$ c) $\frac{2}{7}-\frac{11}{14}$

d) $\frac{1}{6}-\frac{1}{14}$ e) $\frac{7}{15}-\frac{3}{10}$ f) $\frac{7}{20}-\frac{4}{15}$

3 Calcula, reduciendo al común denominador que se indica.

a) $\frac{1}{2}-\frac{1}{4}+\frac{1}{8}$ → Denominador común: 8

b) $1+\frac{1}{2}-\frac{1}{3}$ → Denominador común: 6

c) $\frac{7}{9}-\frac{4}{15}-\frac{1}{5}$ → Denominador común: 45

4 Calcula y simplifica los resultados.

a) $\frac{4}{9}+\frac{5}{6}-\frac{7}{18}$ b) $\frac{3}{7}-\frac{2}{5}+\frac{27}{35}$

c) $\frac{5}{6}-\frac{1}{10}-\frac{1}{5}$ d) $\frac{13}{12}-\frac{5}{8}-\frac{5}{6}$

5 Quita paréntesis y calcula.

a) $1-\left(\frac{1}{4}+\frac{2}{3}\right)$ b) $\frac{3}{5}+\left(\frac{1}{6}-\frac{2}{3}\right)$

c) $\left(\frac{1}{2}+\frac{1}{3}\right)-\left(\frac{1}{5}+\frac{1}{6}\right)$ d) $\left(1-\frac{1}{7}\right)-\left(\frac{9}{14}-\frac{1}{2}\right)$

6 Resuelve de dos formas:

- Quitando, primero, los paréntesis.
- Operando, primero, dentro de cada paréntesis.

a) $\left(1-\frac{1}{4}\right)-\left(1-\frac{5}{9}\right)-\left(1-\frac{5}{6}\right)$

b) $\left(1-\frac{2}{3}\right)-\left(\frac{4}{5}-\frac{1}{3}\right)+\left(\frac{1}{5}-\frac{7}{15}\right)$

7 Calcula.

a) $\frac{7}{12}-\left[1-\left(\frac{2}{3}-\frac{3}{4}\right)\right]$

b) $\left(\frac{2}{3}-\frac{1}{5}\right)-\left[\frac{7}{12}-\left(\frac{1}{3}+\frac{1}{5}\right)\right]$

c) $\left[1-\left(\frac{2}{3}+\frac{3}{4}\right)\right]-\left[\frac{5}{12}-\left(\frac{1}{3}-\frac{1}{8}\right)\right]$

anayaeducacion.es Suma y resta de fracciones.

2 MULTIPLICACIÓN Y DIVISIÓN DE FRACCIONES

Multiplicación

Observa e interpreta los siguientes gráficos:

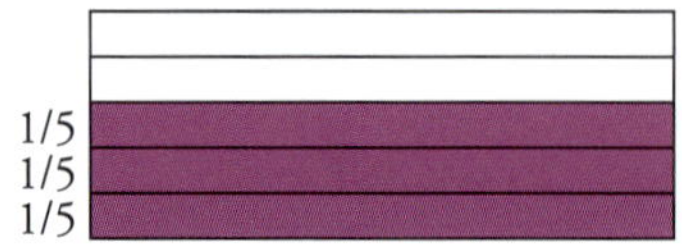

$$3 \cdot \frac{1}{5} = \frac{3}{5}$$

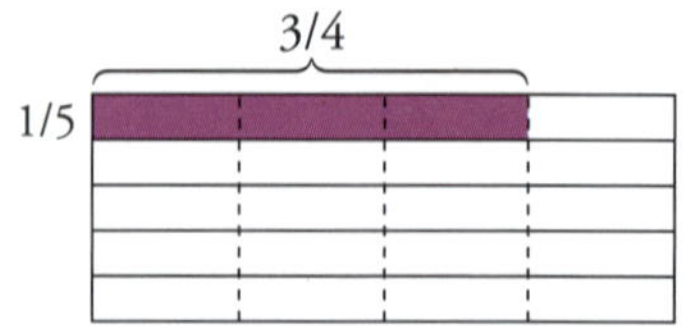

$$\frac{3}{4} \cdot \frac{1}{5} = \frac{3}{20}$$

La forma de llegar a los mismos resultados, sin ayuda de los gráficos, sería:

$$3 \cdot \frac{1}{5} = \frac{3}{1} \cdot \frac{1}{5} = \frac{3 \cdot 1}{1 \cdot 5} = \frac{3}{5} \qquad \frac{3}{4} \cdot \frac{1}{5} = \frac{3 \cdot 1}{4 \cdot 5} = \frac{3}{20}$$

Para multiplicar fracciones:

$$\frac{a}{b} \cdot \frac{c}{d} = \frac{a \cdot c}{b \cdot d}$$

→ Se multiplican los numeradores.
→ Se multiplican los denominadores.

Fracciones inversas

- Dos **fracciones** son **inversas** cuando su producto es la unidad.
- Toda fracción distinta de cero tiene inversa:

Inversa de $\frac{a}{b} \rightarrow \frac{b}{a}$

$$\frac{a}{b} \cdot \frac{b}{a} = \frac{a \cdot b}{b \cdot a} = 1$$

anayaeducacion.es Practica la multiplicación y la división de fracciones.

División

Recuerda las relaciones entre la multiplicación y la división de enteros.

$$8 \cdot 5 = 40 \rightarrow \begin{cases} 40 : 8 = 5 \\ 40 : 5 = 8 \end{cases}$$

Estas relaciones se han de mantener con las fracciones.

$$\frac{4}{5} \cdot \frac{2}{3} = \frac{8}{15} \rightarrow \begin{cases} \frac{8}{15} : \frac{4}{5} = \frac{2}{3} \\ \frac{8}{15} : \frac{2}{3} = \frac{4}{5} \end{cases}$$

En la práctica, para obtener estos resultados al dividir dos fracciones, **se multiplica la primera por la inversa de la segunda** o, lo que es lo mismo, se multiplican los términos cruzados.

$$\frac{8}{15} : \frac{4}{5} = \frac{8}{15} \cdot \frac{5}{4} = \frac{40}{60} = \frac{2}{3} \qquad \frac{8}{15} : \frac{2}{3} = \frac{8}{15} \cdot \frac{3}{2} = \frac{24}{30} = \frac{4}{5}$$

Para dividir dos fracciones:

$$\frac{a}{b} : \frac{c}{d} = \frac{a \cdot d}{b \cdot c}$$

→ Se multiplican los términos cruzados.

Recuerda

PRIORIDAD DE LAS OPERACIONES

- Primero, los paréntesis.
- Después, las multiplicaciones y las divisiones.
- Por último, las sumas y las restas.

$$\frac{7}{8} - \frac{3}{8} \cdot \left(\frac{1}{2} + \frac{1}{3}\right)$$

$$\frac{7}{8} - \frac{3}{8} \cdot \frac{5}{6}$$

$$\frac{7}{8} - \frac{15}{48} = \frac{9}{16}$$

Ejemplos

- $\frac{3}{10} : \frac{6}{5} = \frac{3 \cdot 5}{10 \cdot 6} = \frac{15}{60} = \frac{1}{4}$
- $\frac{6}{5} : \frac{3}{10} = \frac{6 \cdot 10}{5 \cdot 3} = \frac{60}{15} = 4$

anayaeducacion.es Multiplicación y división de fracciones.

Para fijar ideas

1 Copia y completa.

a) $\frac{1}{5} \cdot \frac{2}{3} = \frac{1 \cdot 2}{5 \cdot \square} = \frac{2}{\square}$ b) $\frac{4}{5} \cdot \frac{7}{6} = \frac{4 \cdot 7}{\square \cdot \square} = \frac{\square}{\square}$ c) $3 \cdot \frac{2}{7} = \frac{3}{\square} \cdot \frac{2}{7} = \frac{3 \cdot \square}{7} = \frac{\square}{7}$

d) $\frac{2}{3} : \frac{5}{7} = \frac{2 \cdot 7}{3 \cdot \square} = \frac{14}{\square}$ e) $\frac{5}{4} : \frac{3}{2} = \frac{5 \cdot \square}{\square \cdot \square} = \frac{\square}{\square}$ f) $\frac{11}{2} : 5 = \frac{11}{2} : \frac{5}{\square} = \frac{11}{2 \cdot \square} = \frac{\square}{\square}$

2 Copia, completa y compara los resultados en cada apartado.

a) $\left(\frac{1}{2} \cdot \frac{1}{3}\right) \cdot \frac{1}{5} = \frac{1}{6} \cdot \frac{1}{5} = \frac{\square}{\square}$

$\frac{1}{2} \cdot \left(\frac{1}{3} \cdot \frac{1}{5}\right) = \frac{1}{2} \cdot \frac{1}{15} = \frac{\square}{\square}$

b) $\left(\frac{1}{2} : \frac{1}{3}\right) : \frac{1}{5} = \frac{3}{2} : \frac{1}{5} = \frac{\square}{\square}$

$\frac{1}{2} : \left(\frac{1}{3} : \frac{1}{5}\right) = \frac{1}{2} : \frac{5}{3} = \frac{\square}{\square}$

- ¿Qué observas?
- ¿Tiene la multiplicación de fracciones la propiedad asociativa? ¿Y la división?

3 Asocia cada pregunta con dos expresiones de la derecha y calcula el resultado correspondiente.

a) ¿Cuántas bolsas de cuarto de kilo se llenan con siete kilos y medio de café?

b) Marta compró la tercera parte de un queso y ha consumido la quinta parte de lo que compró. ¿Qué fracción de queso ha consumido?

c) En la fiesta de cumpleaños se partió la tarta en 15 trozos y cada uno de los cinco invitados comió dos trozos. ¿Qué fracción de tarta comieron entre todos?

I $\left(7 + \frac{1}{2}\right) : \frac{1}{4}$ II $2 \cdot \frac{1}{15} \cdot 5$

III $\frac{2}{15} \cdot 5$ IV $\frac{1}{3} : 5$

V $\frac{1}{3} \cdot \frac{1}{5}$ VI $\left(7 + \frac{1}{2}\right) \cdot 4$

Para practicar

1 Multiplica y, si es posible, simplifica el resultado.

a) $\frac{3}{4} \cdot 8$ b) $\frac{5}{3} \cdot (-12)$ c) $\left(-\frac{1}{6}\right) \cdot (-18)$

d) $\frac{2}{9} \cdot \frac{9}{2}$ e) $\frac{(-3)}{5} \cdot \frac{(-5)}{3}$ f) $\frac{13}{21} \cdot \frac{7}{13}$

g) $\frac{4}{5} \cdot \frac{15}{2}$ h) $\frac{4}{5} \cdot \left(-\frac{10}{3}\right)$ i) $\left(-\frac{7}{9}\right) \cdot \left(-\frac{18}{35}\right)$

2 Divide.

a) $4 : \frac{1}{3}$ b) $\frac{3}{5} : 2$ c) $\frac{3}{5} : \frac{8}{7}$

d) $\frac{1}{7} : \frac{1}{2}$ e) $\frac{2}{3} : \left(-\frac{1}{7}\right)$ f) $\left(-\frac{1}{5}\right) : \left(-\frac{3}{4}\right)$

g) $\frac{2}{7} : \frac{3}{4}$ h) $\frac{2}{11} : \left(-\frac{3}{7}\right)$ i) $\frac{(-3)}{5} : \frac{2}{(-3)}$

3 Divide y simplifica los resultados.

a) $6 : \frac{3}{5}$ b) $\frac{4}{7} : (-2)$ c) $(-10) : \frac{(-5)}{6}$

d) $\frac{1}{3} : \frac{1}{3}$ e) $\frac{3}{4} : \frac{(-3)}{4}$ f) $\frac{5}{9} : \frac{2}{(-3)}$

g) $\frac{4}{21} : \frac{6}{7}$ h) $\left(-\frac{6}{35}\right) : \frac{3}{5}$ i) $\left(-\frac{1}{10}\right) : \frac{3}{(-8)}$

4 Ejercicio resuelto

a) $\frac{2}{5} \cdot \left(\frac{3}{4} - \frac{1}{3}\right) = \frac{2}{5} \cdot \frac{9-4}{12} = \frac{2}{5} \cdot \frac{5}{12} = \frac{10}{60} = \frac{1}{6}$

b) $\frac{2}{5} \cdot \frac{3}{4} - \frac{1}{3} = \frac{6}{20} - \frac{1}{3} = \frac{3}{10} - \frac{1}{3} = \frac{9-10}{30} = \frac{-1}{30}$

5 Calcula y compara los resultados de cada apartado.

a) $\frac{5}{2} \cdot \frac{2}{5} - \frac{3}{10}$

$\frac{5}{2} \cdot \left(\frac{2}{5} - \frac{3}{10}\right)$

b) $\frac{15}{4} \cdot \frac{1}{3} - \frac{2}{5}$

$\frac{15}{4} \cdot \left(\frac{1}{3} - \frac{2}{5}\right)$

6 Opera.

a) $\left(\frac{3}{4} - \frac{1}{5}\right) \cdot 20$ b) $\left(\frac{3}{5} - \frac{1}{4}\right) : 7$

c) $\frac{2}{7} \cdot \left(\frac{2}{3} - \frac{1}{6}\right)$ d) $\frac{3}{21} : \left(\frac{4}{7} - \frac{1}{3}\right)$

7 Calcula.

a) $\frac{2}{5} - \frac{3}{4} \cdot \left(\frac{7}{10} - \frac{1}{2}\right)$

b) $\frac{4}{3} \cdot \left(\frac{2}{5} + \frac{1}{4}\right) - \left(\frac{2}{3} - \frac{4}{7}\right) : \frac{5}{28}$

c) $\left(\frac{3}{4} - \frac{7}{8}\right) \cdot \left[\frac{5}{3} : \left(\frac{2}{3} - \frac{1}{4}\right)\right]$

anayaeducacion.es Multiplicación y división de fracciones.

3 PROBLEMAS CON FRACCIONES

Se presenta una serie de problemas tipo, resueltos, cuya comprensión te facilitará el camino para resolver, por analogía, muchas situaciones con fracciones.

anayaeducacion.es Fracción de una cantidad.

Fracción de una cantidad

PROBLEMA 1: CÁLCULO DE LA FRACCIÓN

La empresa municipal de alquiler de bicicletas dispone de un total de 1 155 unidades, de las que 330 están en reparación o reserva, y el resto, en funcionamiento. ¿Qué fracción de las bicicletas está en funcionamiento?

Fuera de servicio $\longrightarrow \dfrac{330}{1155} \xrightarrow[:3]{:3} \dfrac{110}{385} \xrightarrow[:5]{:5} \dfrac{22}{77} \xrightarrow[:11]{:11} \dfrac{2}{7}$

En funcionamiento $\longrightarrow \dfrac{7}{7} - \dfrac{2}{7} = \dfrac{5}{7}$

Solución: Están en funcionamiento $\dfrac{5}{7}$ de las bicicletas.

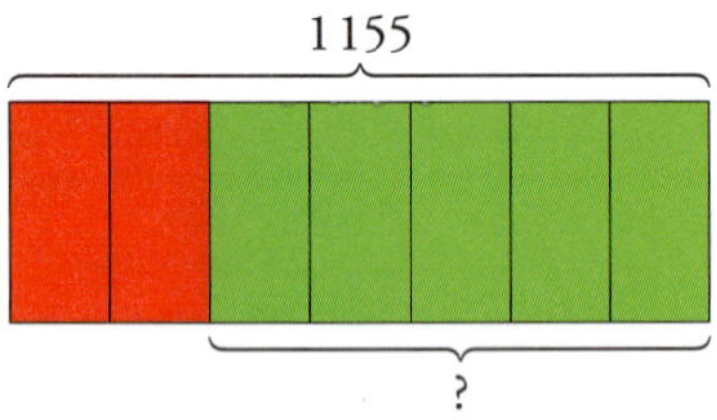

PROBLEMA 2: CÁLCULO DE LA PARTE (PROBLEMA DIRECTO)

La empresa municipal de alquiler de bicicletas dispone de un total de 1 155 unidades, de las que 2/7 están, en reparación o reserva, fuera de servicio. ¿Cuántas bicicletas hay en funcionamiento?

Fuera de servicio $\longrightarrow \dfrac{2}{7}$ de $1\,155 = \dfrac{1155 \cdot 2}{7} = 330$

En funcionamiento $\longrightarrow 1\,155 - 330 = 825$

Solución: Hay 825 bicicletas en funcionamiento.

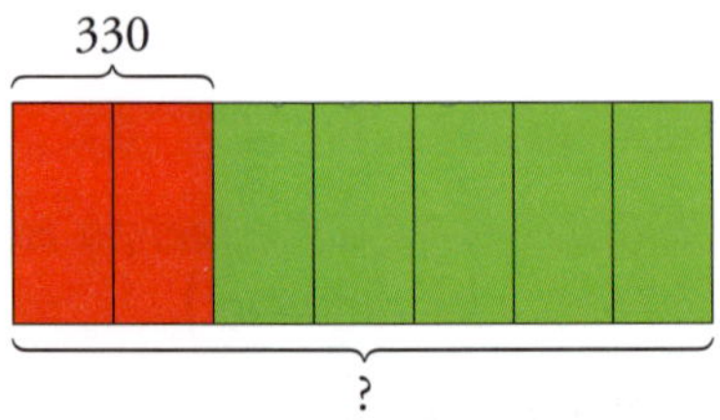

PROBLEMA 3: CÁLCULO DEL TOTAL (PROBLEMA INVERSO)

La empresa municipal de alquiler de bicicletas tiene 330 unidades fuera de servicio, en reparación o reserva, lo que supone 2/7 del total. ¿De cuántas bicicletas dispone la empresa?

$\dfrac{2}{7}$ del total $\longrightarrow 330$

$\dfrac{1}{7}$ del total $\longrightarrow 330 : 2 = 165$

$\dfrac{7}{7}$, es decir, el total $\longrightarrow 165 \cdot 7 = 1\,155$

Solución: La empresa dispone de 1 155 bicicletas.

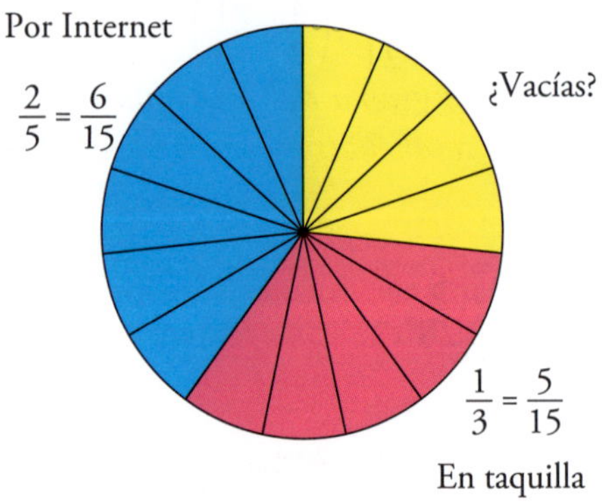

Suma y resta de fracciones

PROBLEMA 4: CÁLCULO DE LA FRACCIÓN

Para una sesión de teatro se han vendido dos quintos de las entradas por Internet y un tercio directamente en taquilla, quedando el resto sin vender. ¿Qué fracción de las butacas han quedado vacías?

Vendidas $\longrightarrow \dfrac{2}{5} + \dfrac{1}{3} = \dfrac{6}{15} + \dfrac{5}{15} = \dfrac{11}{15}$ Quedan $\longrightarrow \dfrac{15}{15} - \dfrac{11}{15} = \dfrac{4}{15}$

Solución: Han quedado vacías $\dfrac{4}{15}$ de las butacas.

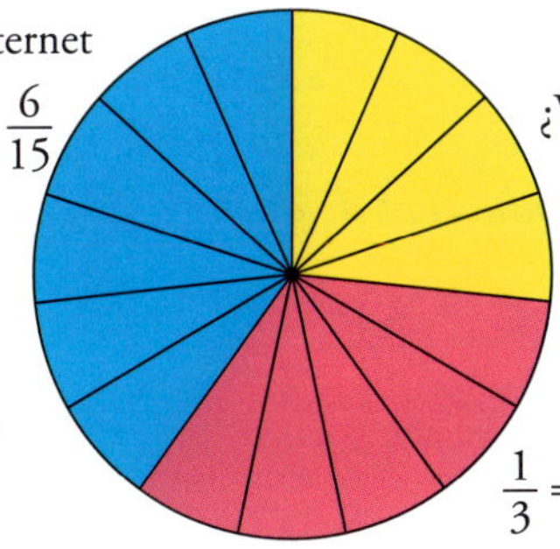

PROBLEMA 5: CÁLCULO DE LA PARTE (PROBLEMA DIRECTO)

Para una sesión de teatro, en una sala con 300 butacas, se han vendido dos quintos de las entradas por Internet y un tercio en taquilla, quedando el resto sin vender. ¿Cuántas butacas han quedado vacías?

Vendidas $\longrightarrow \frac{2}{5} + \frac{1}{3} = \frac{6}{15} + \frac{5}{15} = \frac{11}{15}$

Vacías $\longrightarrow \frac{15}{15} - \frac{11}{15} = \frac{4}{15}$

N.º de butacas vacías $\longrightarrow \frac{4}{15}$ de $300 = \frac{4 \cdot 300}{15} = 80$

Solución: Han quedado 80 butacas vacías.

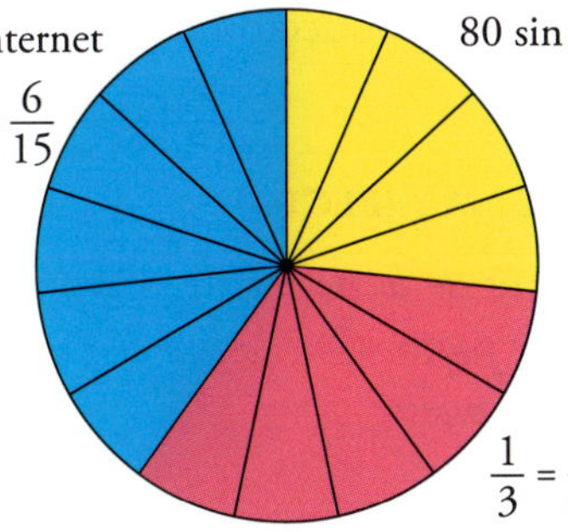

PROBLEMA 6: CÁLCULO DEL TOTAL (PROBLEMA INVERSO)

Para una sesión de teatro se han vendido dos quintos de las entradas por Internet y un tercio en taquilla, quedando las 80 restantes sin vender. ¿Cuántas butacas tiene en total la sala?

Vendidas $\longrightarrow \frac{2}{5} + \frac{1}{3} = \frac{6}{15} + \frac{5}{15} = \frac{11}{15}$

Sin vender $\longrightarrow \frac{15}{15} - \frac{11}{15} = \frac{4}{15}$

$\frac{4}{15}$ del total $\longrightarrow$ 80 butacas

$\frac{1}{15}$ del total $\longrightarrow$ 80 : 4 = 20 butacas

$\frac{15}{15}$, es decir, el total $\longrightarrow$ 20 · 15 = 300 butacas

Solución: La sala tiene 300 butacas en total.

Multiplicación y división de fracciones

PROBLEMA 7: PRODUCTO

Cada cápsula de cierto medicamento lleva 3/20 de gramo del principio activo. ¿Cuántos gramos de principio activo hay en un bote de 30 cápsulas?

$$\frac{3}{20} \cdot 30 = \frac{3 \cdot 30}{20} = \frac{90}{20} = \frac{9}{2} = \frac{8}{2} + \frac{1}{2} = 4 + \frac{1}{2}$$

Solución: En un bote de 30 cápsulas hay cuatro gramos y medio de principio activo.

PROBLEMA 8: COCIENTE

Cada cápsula de cierto medicamento lleva 3/20 de gramo del principio activo. ¿Cuántas cápsulas hay en un bote que contiene en total cuatro gramos y medio de principio activo?

Cuatro gramos y medio $\longrightarrow 4 + \frac{1}{2} = \frac{8}{2} + \frac{1}{2} = \frac{9}{2}$

Número de cápsulas $\longrightarrow \frac{9}{2} : \frac{3}{20} = \frac{9 \cdot 20}{2 \cdot 3} = \frac{180}{6} = 30$

Solución: En un bote con cuatro gramos y medio de principio activo hay 30 cápsulas.

anayaeducacion.es Problemas con fracciones.

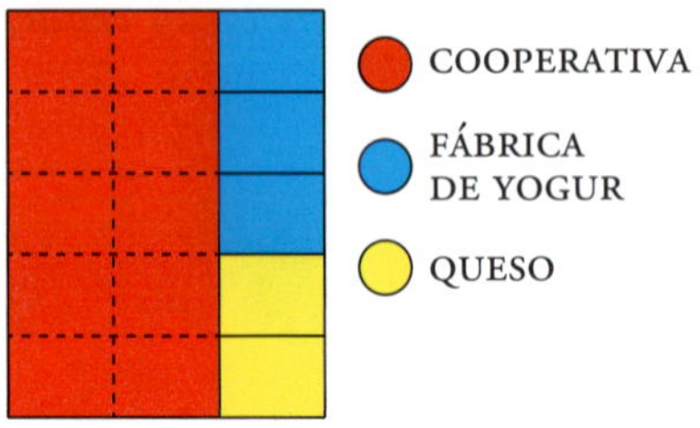

Ten en cuenta

La fracción de otra fracción es igual al producto de ambas fracciones.

$$\frac{2}{5} \text{ de } \frac{1}{3} \rightarrow \frac{2}{5} \cdot \frac{1}{3} = \frac{2}{15}$$

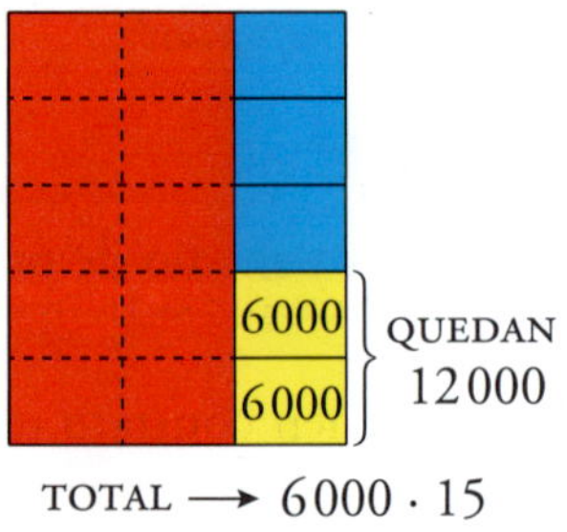

anayaeducacion.es Fracción de otra fracción.

Fracción de otra fracción

PROBLEMA 9: CÁLCULO DE LA FRACCIÓN

Un granjero entregó el mes pasado 2/3 de su producción de leche a la cooperativa ganadera y vendió 3/5 del resto a la fábrica de yogur. Con lo que le quedó, hizo queso. ¿Qué fracción de la leche destinó a la producción de queso?

En la cooperativa $\begin{cases} \text{Entrega } \frac{2}{3} \\ \text{Queda } \frac{1}{3} \end{cases}$

En la fábrica de yogur $\begin{cases} \text{Entrega } \frac{3}{5} \text{ de } \frac{1}{3} \\ \text{Queda } \frac{2}{5} \text{ de } \frac{1}{3} \rightarrow \frac{2}{5} \cdot \frac{1}{3} = \frac{2}{15} \end{cases}$

Solución: El granjero destinó $\frac{2}{15}$ de la leche a la producción de queso.

PROBLEMA 10: CÁLCULO DE LA PARTE (PROBLEMA DIRECTO)

Un ganadero obtuvo el mes pasado 90 000 litros de leche. Entregó 2/3 a la cooperativa ganadera y 3/5 del resto a la fábrica de yogur. Con lo que le quedó, hizo queso. ¿Cuántos litros destinó a la producción de queso?

	ENTREGA	QUEDA
A LA COOPERATIVA	$\frac{2}{3}$	$\frac{1}{3}$
A LA FÁBRICA DE YOGUR	$\frac{3}{5}$ de $\frac{1}{3}$	$\frac{2}{5}$ de $\frac{1}{3} = \frac{2}{15}$

Quedan $\frac{2}{15}$ de 90 000 litros $= \frac{2 \cdot 90\,000}{15} = 12\,000$ litros

Solución: El granjero destinó 12 000 litros de leche a la producción de queso.

PROBLEMA 11: CÁLCULO DEL TOTAL (PROBLEMA INVERSO)

Un ganadero entregó el mes pasado 2/3 de su producción de leche a la cooperativa ganadera y vendió 3/5 del resto a la fábrica de yogur. Con los 12 000 litros que le quedaron, hizo queso. ¿Cuántos litros produjo en total?

	ENTREGA	QUEDA
A LA COOPERATIVA	$\frac{2}{3}$	$\frac{1}{3}$
A LA FÁBRICA DE YOGUR	$\frac{3}{5}$ de $\frac{1}{3}$	$\frac{2}{5}$ de $\frac{1}{3} = \frac{2}{15}$

Quedan $\frac{2}{15}$ del total, que son 12 000 litros.

$\frac{2}{15}$ del total ⟶ 12 000 litros

$\frac{1}{15}$ del total ⟶ 12 000 : 2 = 6 000 litros

$\frac{15}{15}$, es decir, el total ⟶ 6 000 · 15 = 90 000 litros

Solución: El granjero obtuvo en total una producción de 90 000 litros de leche.

Para practicar

1 Calcula y contesta.

a) Roberto ha necesitado 100 pasos para avanzar 80 metros. ¿Qué fracción de metro recorre en cada paso?

b) Una liebre ha recorrido 40 metros en 25 saltos. ¿Qué fracción de metro avanza en cada salto?

2 Un colegio tiene matriculados 837 estudiantes, de los cuales $\frac{2}{9}$ están en primer ciclo de ESO. ¿Cuántos estudiantes hay en primer ciclo de ESO?

3 Un colegio tiene matriculados 186 estudiantes en primer ciclo de ESO, lo que supone los $\frac{2}{9}$ del total. ¿Cuántos estudiantes son en total?

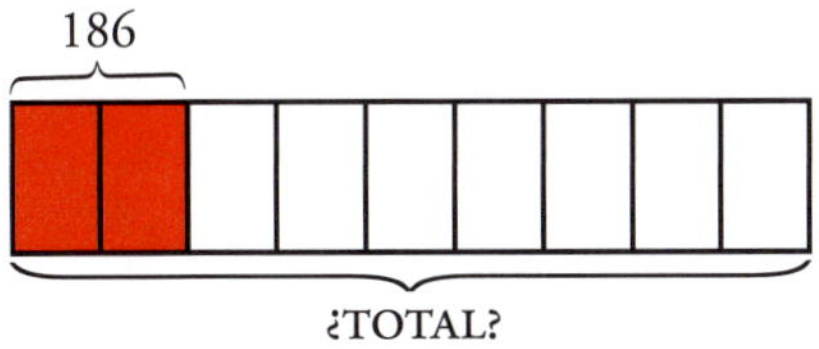

4 Una tienda de confección puso a la venta, la semana pasada, una partida de vestidos de señora. Ha vendido ya las dos quintas partes y aún le quedan 60 unidades. ¿Cuántos vestidos ha vendido?

5 En un hotel, la mitad de las habitaciones están en el primer piso; la tercera parte, en el segundo piso, y el resto, en el ático, que tiene diez habitaciones.

a) ¿Qué fracción del total de las habitaciones está en el ático?

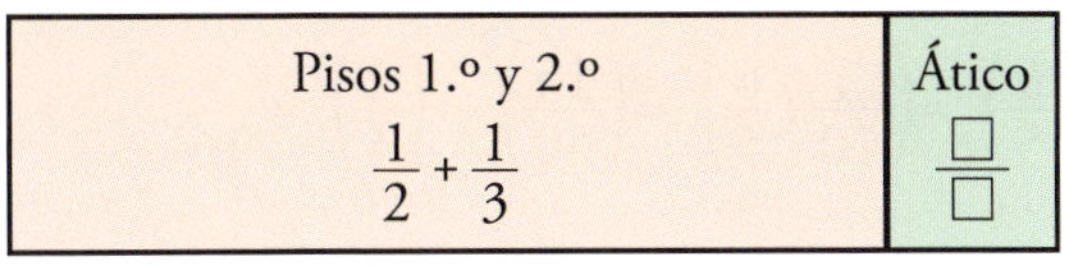

b) ¿Cuántas habitaciones hay en total?

c) ¿Y en cada piso?

6 En unas instalaciones deportivas, $\frac{3}{8}$ de los presentes están practicando atletismo; $\frac{2}{5}$ juegan al tenis; una décima parte, al fútbol, y los 16 restantes efectúan tareas no deportivas. ¿Cuántas personas hay en las instalaciones?

7 Lee, observa y contesta.

Un bote de suavizante contiene 30 dosis que se administran con su propio tapón.

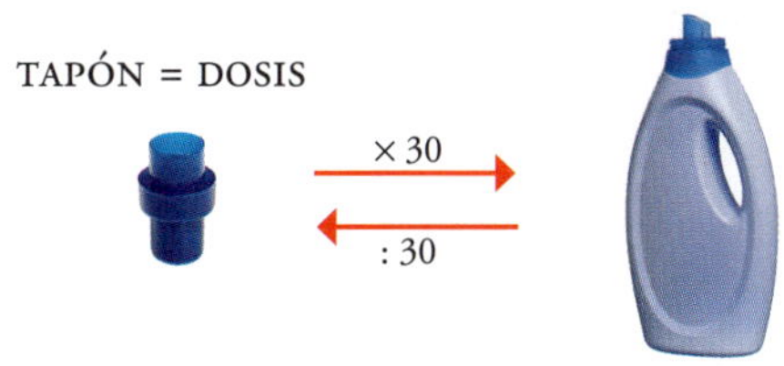

a) ¿Cuál es la capacidad del bote si la del tapón es de $\frac{3}{40}$ de litro?

b) ¿Cuál es la capacidad del tapón si la del bote es de dos litros y un cuarto?

8 Un bote de suavizante de dos litros y un cuarto lleva un tapón dosificador con una capacidad de $\frac{3}{40}$ de litro. ¿Cuántas dosis contiene el bote?

9 ¿Cuántos litros de aceite son necesarios para llenar 300 botellas de tres cuartos de litro?

10 ¿Cuántas botellas de vino de tres cuartos de litro se llenan con un tonel de 1 800 litros?

11 Un embalse está lleno a principios de verano. En julio pierde $\frac{3}{7}$ de su contenido, y en agosto, $\frac{3}{4}$ de lo que le quedaba. ¿Qué fracción conserva aún a principios de septiembre?

12 Los $\frac{3}{4}$ de los empleados de una empresa tienen contrato indefinido; $\frac{2}{3}$ del resto tienen contrato temporal, y los demás son eventuales.

a) ¿Qué fracción suponen los eventuales?

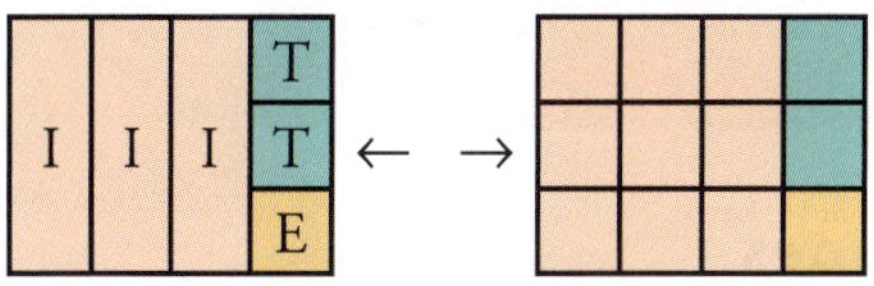

b) Sabiendo que hay 45 fijos, ¿cuántos son eventuales y cuántos tienen contrato temporal?

4 POTENCIAS Y FRACCIONES

Las propiedades que estudiaste para las potencias de números enteros se conservan con los números fraccionarios. Estas propiedades se traducen en reglas de uso práctico; pero no te limites a memorizarlas, si comprendes su justificación, las usarás con mayor seguridad y eficacia.

Potencia de una fracción

$$\left(\frac{a}{b}\right)^3 = \frac{a}{b} \cdot \frac{a}{b} \cdot \frac{a}{b} = \frac{a^3}{b^3}$$

Para elevar una fracción a una potencia, se elevan el numerador y el denominador a dicha potencia.

No olvides

$$\left(\frac{a}{b}\right)^n = \frac{a^n}{b^n}$$

Potencia de un producto de fracciones

$$\left(\frac{a}{b} \cdot \frac{c}{d}\right)^2 = \left(\frac{a}{b} \cdot \frac{c}{d}\right) \cdot \left(\frac{a}{b} \cdot \frac{c}{d}\right) = \frac{a^2}{b^2} \cdot \frac{c^2}{d^2} = \left(\frac{a}{b}\right)^2 \cdot \left(\frac{c}{d}\right)^2$$

La potencia de un producto es igual al producto de las potencias de los factores.

Ejemplo - aplicación

$$\left(\frac{5}{6}\right)^3 \cdot \left(\frac{3}{5}\right)^3 = \left(\frac{5}{6} \cdot \frac{3}{5}\right)^3 = \left(\frac{15}{30}\right)^3 = \left(\frac{1}{2}\right)^3 = \frac{1}{8}$$

No olvides

$$\left(\frac{a}{b} \cdot \frac{c}{d}\right)^n = \left(\frac{a}{b}\right)^n \cdot \left(\frac{c}{d}\right)^n$$

Potencia de un cociente de fracciones

$$\left(\frac{a}{b} : \frac{c}{d}\right)^3 = \left(\frac{a \cdot d}{b \cdot c}\right)^3 = \frac{a^3 \cdot d^3}{b^3 \cdot c^3} = \frac{a^3}{b^3} : \frac{c^3}{d^3} = \left(\frac{a}{b}\right)^3 : \left(\frac{c}{d}\right)^3$$

La potencia de un cociente es igual al cociente de las potencias del dividendo y del divisor.

Ejemplo - aplicación

$$\left(\frac{3}{10}\right)^2 : \left(\frac{6}{5}\right)^2 = \left(\frac{3}{10} : \frac{6}{5}\right)^2 = \left(\frac{15}{60}\right)^2 = \left(\frac{1}{4}\right)^2 = \frac{1}{16}$$

No olvides

$$\left(\frac{a}{b} : \frac{c}{d}\right)^n = \left(\frac{a}{b}\right)^n : \left(\frac{c}{d}\right)^n$$

Producto de potencias de la misma base

$$\left(\frac{a}{b}\right)^3 \cdot \left(\frac{a}{b}\right)^2 = \frac{a^3}{b^3} \cdot \frac{a^2}{b^2} = \frac{a^5}{b^5} = \left(\frac{a}{b}\right)^5 \leftarrow (5 = 3 + 2)$$

Para multiplicar dos potencias de la misma base, se suman los exponentes.

Ejemplo - aplicación

$$\left(\frac{2}{5}\right)^3 \cdot \left(\frac{2}{5}\right)^4 = \left(\frac{2}{5}\right)^{3+4} = \left(\frac{2}{5}\right)^7$$

No olvides

$$\left(\frac{a}{b}\right)^n \cdot \left(\frac{a}{b}\right)^m = \left(\frac{a}{b}\right)^{n+m}$$

Cociente de potencias de la misma base

$$\left(\frac{a}{b}\right)^7 : \left(\frac{a}{b}\right)^4 = \frac{a^7}{b^7} : \frac{a^4}{b^4} = \frac{a^7 \cdot b^4}{b^7 \cdot a^4} = \frac{a^3}{b^3} = \left(\frac{a}{b}\right)^3 \leftarrow (3 = 7 - 4)$$

Para dividir dos potencias de la misma base, se restan los exponentes.

No olvides

$$\left(\frac{a}{b}\right)^n : \left(\frac{a}{b}\right)^m = \left(\frac{a}{b}\right)^{n-m}$$

Ejemplo - aplicación

$$\left(\frac{3}{5}\right)^8 : \left(\frac{3}{5}\right)^6 = \left(\frac{3}{5}\right)^{8-6} = \left(\frac{3}{5}\right)^2$$

Potencia de otra potencia

$$\left[\left(\frac{a}{b}\right)^2\right]^3 = \left[\frac{a^2}{b^2}\right]^3 = \frac{a^2}{b^2} \cdot \frac{a^2}{b^2} \cdot \frac{a^2}{b^2} = \frac{a^6}{b^6} = \left(\frac{a}{b}\right)^6 \leftarrow (6 = 2 \cdot 3)$$

Para elevar una potencia a otra potencia, se multiplican los exponentes.

No olvides

$$\left[\left(\frac{a}{b}\right)^n\right]^m = \left(\frac{a}{b}\right)^{n \cdot m}$$

Ejemplo - aplicación

$$\left[\left(\frac{1}{2}\right)^3\right]^3 = \left(\frac{1}{2}\right)^9 = \frac{1}{2^9}$$

Para fijar ideas

1 Copia, reduce y calcula.

a) $\left(\frac{1}{2}\right)^4 = \frac{1^4}{\square^4} = \frac{\square}{\square}$

b) $\left(\frac{2}{3}\right)^2 = \frac{2^\square}{3^\square} = \frac{\square}{\square}$

c) $\left(\frac{1}{10}\right)^3 = \frac{1^3}{\square^\square} = \frac{\square}{\square}$

d) $\frac{15^3}{5^3} = \left(\frac{15}{\square}\right)^3 = \square^3 = \square$

e) $\frac{8^4}{16^4} = \left(\frac{\square}{\square}\right)^4 = \left(\frac{1}{\square}\right)^4 = \frac{1}{\square}$

f) $\frac{10^2}{15^2} = \left(\frac{\square}{\square}\right)^2 = \left(\frac{\square}{3}\right)^2 = \frac{\square}{\square}$

2 Copia, reduce y calcula.

a) $\left(\frac{1}{4}\right)^3 \cdot 8^3 = \left(\frac{1}{4} \cdot \square\right)^3 = \left(\frac{\square}{4}\right)^3 = \square^3 = \square$

b) $\left(\frac{5}{3}\right)^3 \cdot \left(\frac{3}{10}\right)^3 = \left(\frac{5}{\square} \cdot \frac{3}{\square}\right)^3 = \left(\frac{15}{\square}\right)^3 = \left(\frac{\square}{2}\right)^3 = \frac{\square}{\square}$

c) $5^3 : \left(\frac{5}{4}\right)^3 = \left(5 : \frac{5}{4}\right)^3 = \left(\frac{\square}{5}\right)^3 = \square^3 = \square$

d) $\left(\frac{1}{6}\right)^2 : \left(\frac{1}{3}\right)^2 = \left(\frac{1}{\square} : \frac{1}{\square}\right)^2 = \left(\frac{3}{\square}\right)^2 = \left(\frac{\square}{2}\right)^2 = \frac{\square}{\square}$

3 Copia y completa, reduciendo a una sola potencia.

a) $x^3 \cdot x^2 = x^{\square + \square} = x^\square$

b) $\left(\frac{1}{a}\right)^4 \cdot \left(\frac{1}{a}\right)^3 = \left(\frac{1}{a}\right)^{\square + \square} = \left(\frac{\square}{\square}\right)^7$

c) $\left(\frac{x}{y}\right)^2 \cdot \left(\frac{x}{y}\right)^4 = \left(\frac{x}{y}\right)^{\square + \square} = \left(\frac{\square}{\square}\right)^\square$

d) $x^5 : x^2 = x^{\square - \square} = x^\square$

e) $\left(\frac{1}{a}\right)^7 : \left(\frac{1}{a}\right)^4 = \left(\frac{1}{a}\right)^{\square - \square} = \left(\frac{\square}{\square}\right)^3$

f) $\left(\frac{x}{y}\right)^6 : \left(\frac{x}{y}\right)^4 = \left(\frac{x}{y}\right)^{\square - \square} = \left(\frac{\square}{\square}\right)^\square$

g) $\left(x^3\right)^2 = x^{\square \cdot \square} = x^\square$

h) $\left[\left(\frac{1}{a}\right)^4\right]^3 = \left(\frac{1}{a}\right)^{\square \cdot \square} = \left(\frac{1}{a}\right)^\square$

i) $\left[\left(\frac{x}{y}\right)^2\right]^2 = \left(\frac{x}{y}\right)^{\square \cdot \square} = \left(\frac{x}{y}\right)^\square$

Potencias de exponente cero (a^0)

En principio, la expresión a^0 no tendría sentido; pero a esa combinación de signos le vamos a dar un significado dentro del lenguaje matemático:

- El cociente de dos números iguales es igual a la unidad. $\rightarrow \frac{5^3}{5^3} = 1$
- Para dividir dos potencias de igual base, restamos los exponentes. $\rightarrow \frac{5^3}{5^3} = 5^{3-3} = 5^0$

$$\left.\begin{array}{l} \frac{5^3}{5^3} = 1 \\ \frac{5^3}{5^3} = 5^{3-3} = 5^0 \end{array}\right\} 5^0 = 1$$

Y de la misma forma:

$$\left.\begin{array}{l} \left(\frac{a}{b}\right)^3 : \left(\frac{a}{b}\right)^3 = 1 \\ \left(\frac{a}{b}\right)^3 : \left(\frac{a}{b}\right)^3 = \left(\frac{a}{b}\right)^{3-3} = \left(\frac{a}{b}\right)^0 \end{array}\right\} \left(\frac{a}{b}\right)^0 = 1$$

La potencia de exponente cero vale siempre uno (para cualquier base distinta de cero).

No olvides

$a^0 = 1 \qquad \left(\frac{a}{b}\right)^0 = 1$

Potencias de exponente negativo

Siguiendo un razonamiento similar al del apartado anterior:

$$\left.\begin{array}{l} \frac{a^3}{a^5} = \frac{a \cdot a \cdot a}{a \cdot a \cdot a \cdot a \cdot a} = \frac{1}{a^2} \\ \frac{a^3}{a^5} = a^{3-5} = a^{-2} \end{array}\right\} a^{-2} = \frac{1}{a^2}$$

Y de la misma forma:

$$\left.\begin{array}{l} \left(\frac{a}{b}\right)^3 : \left(\frac{a}{b}\right)^5 = \frac{a^3}{b^3} : \frac{a^5}{b^5} = \frac{a^3 \cdot b^5}{b^3 \cdot a^5} = \frac{b^2}{a^2} = \left(\frac{b}{a}\right)^2 \\ \left(\frac{a}{b}\right)^3 : \left(\frac{a}{b}\right)^5 = \left(\frac{a}{b}\right)^{3-5} = \left(\frac{a}{b}\right)^{-2} \end{array}\right\} \left(\frac{a}{b}\right)^{-2} = \left(\frac{b}{a}\right)^2$$

Una potencia de exponente negativo es la inversa de la misma potencia de exponente positivo.

No olvides

$a^{-n} = \frac{1}{a^n} \qquad \left(\frac{a}{b}\right)^{-n} = \left(\frac{b}{a}\right)^n$

Para fijar ideas

4 Calcula en tu cuaderno.

a) $8^0 = \square$ b) $(-8)^0 = \square$ c) $\left(\frac{1}{3}\right)^0 = \square$ d) $\left(-\frac{1}{3}\right)^0 = \square$ e) $\left(\frac{3}{4}\right)^0 = \square$

5 Expresa en forma de fracción.

a) $(2)^{-1} = \frac{1}{\square}$ b) $(3)^{-1} = \frac{\square}{\square}$ c) $(-2)^{-1} = \frac{\square}{-2}$ d) $(4)^{-1} = \frac{\square}{\square}$ e) $(10)^{-1} = \frac{\square}{\square}$

6 Expresa en forma de potencia de exponente positivo.

a) $(5)^{-2} = \left(\frac{1}{\square}\right)^2$ b) $\left(\frac{1}{2}\right)^{-3} = \square^3$ c) $\left(\frac{2}{3}\right)^{-1} = \frac{\square}{2}$ d) $\left(\frac{3}{5}\right)^{-2} = \left(\frac{5}{\square}\right)^2$ e) $\left(\frac{3}{4}\right)^{-4} = \left(\frac{\square}{\square}\right)^{\square}$

anayaeducacion.es Practica las propiedades de las potencias.

Recuerda

$10^{-1} = \frac{1}{10} = 0{,}1$

$10^{-2} = \frac{1}{10^2} = \frac{1}{100} = 0{,}01$

$10^{-3} = \frac{1}{10^3} = \frac{1}{1000} = 0{,}001$

…

Números y potencias de base 10

Ya conoces la descomposición polinómica de un número entero según las sucesivas potencias de base 10:

$$3\,857 = 3 \cdot 10^3 + 8 \cdot 10^2 + 5 \cdot 10^1 + 7 \cdot 10^0$$

Fijémonos, ahora, en el valor de las potencias negativas de base 10:

$$10^{-1} = 0{,}1 \qquad 10^{-2} = 0{,}01 \qquad 10^{-3} = 0{,}001 \qquad \ldots$$

Esto nos permite extender la descomposición polinómica a los números decimales.

Ejemplo

$$25{,}48 = \begin{cases} 2 \cdot 10 + 5 \cdot 1 + 4 \cdot 0{,}1 + 8 \cdot 0{,}01 \\ 2 \cdot 10^1 + 5 \cdot 10^0 + 4 \cdot 10^{-1} + 8 \cdot 10^{-2} \end{cases}$$

Expresión abreviada de cantidades muy grandes o muy pequeñas. Notación científica

Todo lo anterior nos proporciona un método para expresar con comodidad números de muchas cifras.

Ejemplos

- La distancia media de la Tierra al Sol es 149 598 000 km.

  $$149\,598\,000 \approx 150\,000\,000 = 1{,}50 \cdot 100\,000\,000$$

  Distancia media de la Tierra al Sol $\approx 1{,}50 \cdot 10^8$ km

- Un virus mide, aproximadamente, 0,000225 mm de longitud.

  $$0{,}000225 = 2{,}25 \cdot 0{,}0001 = 2{,}25 \cdot 10^{-4} \text{ mm}$$

Esta forma estandarizada de expresar números muy grandes o muy pequeños recibe el nombre de **notación científica.**

$$a,bcd\ldots \cdot 10^n$$

PARTE ENTERA (una sola cifra) — POTENCIA DE 10 (con exponente entero)

Reflexiona

$0{,}0000000000001 = 10^{-13}$

¿Cuál de las dos formas te parece más efectiva?

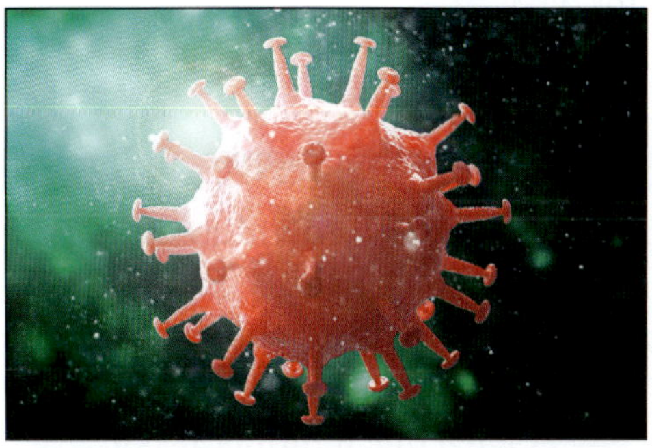

Para practicar

1 Escribe la descomposición polinómica de:

a) 72,605 b) 0,63842
c) 658,32 d) 18,0486

2 Escribe con todas sus cifras el siguiente dato:

La masa de un átomo de plata es $1{,}79 \cdot 10^{-22}$ gramos.

¿Qué forma es más práctica, la abreviada o la extendida?

3 Expresa con todas sus cifras.

a) $0{,}5 \cdot 10^6$ b) $1{,}34 \cdot 10^7$
c) $3{,}08 \cdot 10^{-5}$ d) $1{,}26 \cdot 10^{-8}$

4 Expresa en notación científica.

a) Un año luz equivale a 9 460 800 000 000 km.

b) El radio de un átomo de oxígeno mide 0,000000066 mm.

anayaeducacion.es Expresa en notación científica.

Recuerda seleccionar el material de trabajo de esta unidad para tu **portfolio.**

EJERCICIOS Y PROBLEMAS

Suma y resta de fracciones

1 Calcula mentalmente.

a) $1-\frac{1}{10}$ b) $\frac{1}{5}-\frac{1}{10}$

c) $1+\frac{1}{3}$ d) $\frac{1}{3}-\frac{1}{6}$

e) $\frac{1}{4}-\frac{1}{8}$ f) $\frac{1}{4}+\frac{1}{8}$

2 Calcula y simplifica.

a) $\frac{1}{2}-\frac{1}{5}+\frac{1}{10}$ b) $\frac{1}{3}+\frac{1}{5}-\frac{2}{15}$

c) $\frac{1}{6}-\frac{5}{9}+\frac{1}{2}$ d) $\frac{4}{3}-2+\frac{3}{2}-\frac{5}{6}$

3 Calcula y simplifica.

a) $\frac{11}{36}-\frac{5}{12}+\frac{4}{9}-\frac{7}{24}$ b) $\frac{13}{32}-\frac{5}{24}+\frac{17}{48}-\frac{7}{12}$

c) $\frac{17}{40}-\frac{11}{30}+\frac{13}{20}-\frac{9}{8}$ d) $\frac{21}{44}-\frac{31}{66}-\frac{13}{22}+\frac{11}{12}$

e) $\frac{2}{3}-\frac{1}{5}-\frac{4}{27}-\frac{2}{15}$ f) $\frac{23}{78}-\frac{5}{26}+\frac{23}{78}-\frac{25}{117}$

4 Opera y simplifica los resultados. ¿Qué observas?

a) $2-\frac{2}{3}+\frac{1}{2}$ b) $2-\left(\frac{2}{3}+\frac{1}{2}\right)$

c) $\frac{3}{5}-\frac{1}{4}-\frac{1}{10}$ d) $\frac{3}{5}-\left(\frac{1}{4}-\frac{1}{10}\right)$

e) $\frac{3}{4}-\frac{2}{5}-\frac{3}{10}$ f) $\frac{3}{4}-\left(\frac{2}{5}-\frac{3}{10}\right)$

5 Opera.

a) $\left(1-\frac{3}{4}\right)-\left(2-\frac{5}{4}\right)$

b) $\left(\frac{5}{7}-\frac{1}{3}\right)-\left(\frac{3}{7}-\frac{2}{3}\right)$

c) $\left(3-\frac{1}{3}\right)-\left(\frac{3}{4}-\frac{3}{5}\right)+\left(\frac{1}{10}-\frac{7}{20}\right)$

d) $\frac{7}{6}-\left[2-\left(\frac{3}{2}-\frac{1}{3}\right)\right]$

e) $\left[3-\left(\frac{3}{4}-\frac{1}{6}\right)\right]-\left[2-\left(\frac{1}{6}+\frac{1}{8}\right)\right]$

f) $\left[\frac{4}{3}-\left(\frac{3}{8}-\frac{1}{6}\right)\right]-\left[\frac{2}{5}-\left(\frac{7}{8}-\frac{5}{6}\right)\right]$

g) $\frac{7}{12}-\left[\frac{13}{20}-\left(\frac{1}{5}+\frac{8}{15}\right)\right]-\left[\frac{17}{30}+\left(\frac{1}{2}-\frac{23}{30}\right)\right]$

6 Completa con fracciones irreducibles.

a) $\frac{\square}{\square}-\frac{7}{15}-\frac{1}{5}=\frac{1}{6}$ b) $\frac{6}{7}-\frac{11}{21}+\frac{\square}{\square}=1$

c) $\frac{5}{9}-\frac{\square}{\square}+\frac{5}{12}=\frac{3}{4}$ d) $2-\frac{7}{24}=\frac{3}{8}+\frac{\square}{\square}$

Multiplicación y división de fracciones

7 ¿Verdadero o falso?

a) Las fracciones negativas tienen opuesta pero no inversa.

b) Para una fracción, la opuesta de la inversa es igual que la inversa de la opuesta.

c) Todos los números racionales tienen opuesto y también inverso.

d) Si a es un número positivo, su opuesto es menor que su inverso.

e) Si a es un número negativo, su opuesto es mayor que su inverso.

8 Calcula mentalmente y por escrito.

a) El triple de un tercio.

b) La mitad de un cuarto.

c) Los tres quintos de 5.

d) La cuarta parte de un tercio.

9 Copia y completa como en el ejemplo.

- **Multiplicar por $\frac{1}{2}$ es igual que dividir entre 2.**

a) Multiplicar por $\frac{1}{10}$ es igual que dividir entre…

b) Dividir entre $\frac{1}{10}$ es igual que multiplicar por…

c) Multiplicar por $\frac{2}{3}$ es igual que dividir entre…

d) Multiplicar por $\frac{1}{3}$ y dividir entre 5 es igual que dividir entre 3 y multiplicar por…

10 Calcula y simplifica.

a) $\frac{3}{7}\cdot 14$ b) $\frac{2}{5}:4$ c) $\frac{7}{2}\cdot\frac{4}{(-7)}$

d) $\frac{3}{11}:\frac{(-5)}{11}$ e) $\frac{2}{3}\cdot\frac{9}{20}$ f) $\frac{4}{15}:\frac{2}{5}$

g) $\frac{6}{35}\cdot\frac{(-77)}{36}$ h) $\frac{(-48)}{55}:\frac{12}{11}$ i) $\frac{-3}{8}:\frac{28}{(-9)}$

11 Ejercicio resuelto

$$\frac{\frac{4}{9}}{\frac{2}{3}} = \frac{4}{9} : \frac{2}{3} = \frac{4 \cdot 3}{9 \cdot 2} = \frac{12}{18} = \frac{2}{3}$$

12 Calcula y reduce.

a) $\frac{1}{\frac{1}{6}}$ b) $\frac{6}{\frac{1}{5}}$ c) $\frac{\frac{1}{10}}{\frac{1}{5}}$ d) $\frac{\frac{2}{5}}{\frac{4}{3}}$

13 Opera y reduce.

a) $\frac{5}{11} \cdot \left(3 \cdot \frac{22}{15}\right)$ b) $\frac{7}{2} : \left(5 : \frac{10}{21}\right)$

c) $\frac{8}{9} \cdot \left(\frac{15}{26} : \frac{20}{30}\right)$ d) $\left(\frac{7}{20} : \frac{14}{15}\right) \cdot \frac{4}{9}$

Potencias y fracciones

14 Calcula.

a) $\left(\frac{1}{2}\right)^3$ b) $\left(\frac{1}{3}\right)^2$ c) $\left(\frac{1}{5}\right)^4$ d) $\left(\frac{1}{10}\right)^6$

15 Calcula, como en el ejemplo, por el camino más corto.

- $\mathbf{\frac{15^4}{5^4} = \left(\frac{15}{5}\right)^4 = 3^4 = 81}$

a) $\frac{12^3}{4^3}$ b) $\frac{8^5}{4^5}$ c) $\frac{5^4}{10^4}$

d) $5^2 \cdot \left(\frac{1}{15}\right)^2$ e) $(-4)^3 \cdot \left(\frac{3}{4}\right)^3$ f) $10^2 \cdot \left(-\frac{1}{15}\right)^2$

16 Reduce y calcula.

a) $\frac{6^4 \cdot 3^4}{9^4}$ b) $\frac{2^5 \cdot 3^5}{6^5}$ c) $\frac{3^3 \cdot 3^3}{12^3}$

d) $\frac{5^7 \cdot 4^7}{(-20)^7}$ e) $\frac{4^2 \cdot (-3)^2}{18^2}$ f) $\frac{(-6)^5 \cdot (-3)^5}{36^5}$

17 Calcula.

a) 2^0 b) 10^0 c) $\left(\frac{1}{5}\right)^0$ d) $\left(\frac{3}{7}\right)^0$

18 Calcula.

a) 2^{-2} b) $(-2)^{-2}$ c) $\left(\frac{1}{2}\right)^{-2}$ d) $\left(-\frac{1}{2}\right)^{-2}$

e) 2^{-3} f) $(-2)^{-3}$ g) $\left(\frac{1}{2}\right)^{-3}$ h) $\left(-\frac{1}{2}\right)^{-3}$

19 Simplifica.

a) $x^3 \cdot \left(\frac{1}{x}\right)^5$ b) $x^3 : \left(\frac{1}{x}\right)^5$

c) $\left(\frac{a}{b}\right)^4 \cdot b^4$ d) $\left(\frac{a}{b}\right)^3 : a^3$

e) $(a^2)^3 \cdot \left(\frac{1}{a}\right)^7$ f) $\left(\frac{1}{a^2}\right)^3 : \left(\frac{1}{a^3}\right)^3$

20 Expresa sin usar potencias negativas.

a) x^{-2} b) x^{-3} c) x^{-4}

d) $\frac{1}{x^{-2}}$ e) $\frac{1}{x^{-3}}$ f) $\frac{1}{x^{-4}}$

21 Reduce a una potencia única.

a) $a^5 \cdot a^2$ b) $a \cdot a^2 \cdot a^3$

c) $x^5 \cdot x^{-3}$ d) $x^{-2} \cdot x^5$

e) $a^2 \cdot \frac{1}{a^{-2}}$ f) $\frac{1}{a^{-2}} \cdot a^{-3}$

g) $x^3 \cdot x^{-2} \cdot x$ h) $x^{-2} \cdot x^{-2} \cdot x^{-2}$

i) $\frac{a^3 \cdot a^4}{a^5}$ j) $\frac{a \cdot a^4}{a^3 \cdot a^5}$

k) $\frac{x^2 \cdot x^{-4}}{x^{-3}}$ l) $\frac{x^{-1}}{x^2 \cdot x^{-4}}$

22 Reduce.

a) $x^3 \cdot x^{-2}$ b) $\frac{1}{x^2} \cdot \frac{1}{x^4}$ c) $\left(\frac{1}{x}\right)^{-3} \cdot x^{-3}$

d) $\left(\frac{x}{y}\right)^{-1} : x^{-1}$ e) $\left(\frac{z}{m}\right)^{-2} : m^3$ f) $a^5 : \left(\frac{a}{b}\right)^{-4}$

23 Escribe con todas sus cifras estas cantidades:

a) $261 \cdot 10^9$ b) $15{,}4 \cdot 10^8$ c) $3{,}28 \cdot 10^{11}$

d) $124 \cdot 10^{-7}$ e) $37{,}8 \cdot 10^{-7}$ f) $1{,}78 \cdot 10^{-10}$

24 Expresa en notación científica, igual que en los ejemplos.

- **5 360 000 000 = $\mathbf{5{,}36 \cdot 10^9}$**
- **0,0000004384 = $\mathbf{4{,}384 \cdot 10^{-7}}$**

a) 8 420 000 b) 61 500 000 000

c) 0,0000074 d) 0,000000128

Interpreta, describe, exprésate

25 Observa las resoluciones de David y Olga.

Una empresa de vehículos usados recibe un lote de 180 coches. El primer mes vende las tres cuartas partes y el siguiente mes, la quinta parte del lote. ¿Cuántos coches le quedan aún por vender?

Solución de David

- 3/4 de 180 = (180 : 4) · 3 = 135
- 1/5 de 180 = 180 : 5 = 36
- 135 + 36 = 171
- 180 – 171 = 9

Solución de Olga

- $\frac{3}{4} + \frac{1}{5} = \frac{15+4}{20} = \frac{19}{20}$
- $\frac{20}{20} - \frac{19}{20} = \frac{1}{20}$
- 1/20 de 180 = 180 : 20 = 9

Indica el significado de cada operación y el resultado obtenido en cada caso.

26 Observa estos problemas que pueden parecer similares por su enunciado pero que son muy diferentes.

Problema 1

Un granjero esquila, un lunes, la mitad de sus ovejas, y el martes, la tercera parte de ellas. El miércoles esquila las 16 últimas y termina la faena. ¿Cuántas ovejas tiene en total?

Resolución

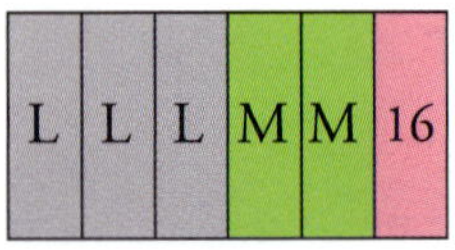

16 · 6 = 93 ovejas

Problema 2

Un granjero esquila, un lunes, la mitad de sus ovejas, y el martes, la tercera parte de las que quedaban. El miércoles esquila las 16 últimas y termina la faena. ¿Cuántas ovejas tiene en total?

Resolución

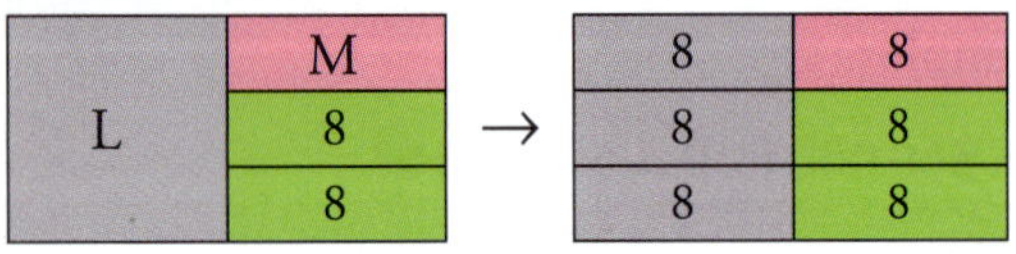

8 · 6 = 48 ovejas

Explica la diferencia entre ambos y el proceso seguido en la resolución de cada uno.

Resuelve problemas

27 Un pilón de riego con una capacidad de 2 800 m^3 guarda en este momento 1 600 m^3 de agua. ¿Qué fracción del pilón falta por completar?

28 Una furgoneta de reparto llevaba 36 cajas con 30 botellas de refrescos en cada una. Si en el trayecto se han roto 162 botellas por un frenazo, ¿qué fracción de las botellas se ha roto?

29 Un incendio ha arrasado las tres décimas partes de un monte de 1 700 hectáreas. ¿Cuántas hectáreas se han salvado de la quema?

30 Se ha volcado un palé que tenía 5 cajas con 30 docenas de huevos en cada una y se han estropeado dos quintas partes. ¿Cuántos huevos se han salvado?

31 Por tres cuartos de kilo de cerezas hemos pagado 1,80 €. ¿A cómo sale el kilo?

32 El muelle de un resorte alcanza, estirado, 5/3 de su longitud inicial. Si estirado mide 4,5 cm, ¿cuánto mide en reposo?

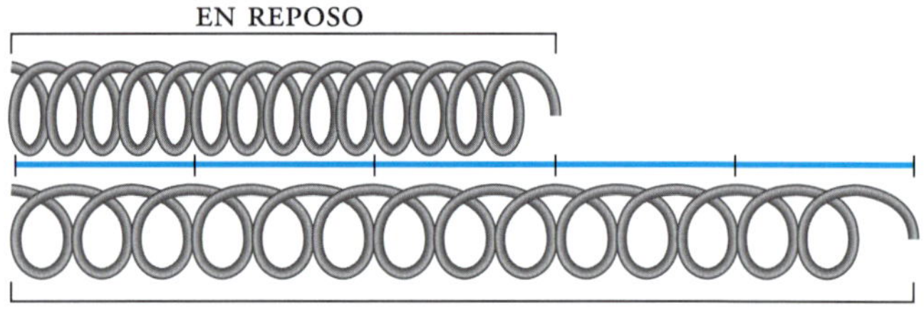

33 Un pilón de riego está lleno en sus cuatro séptimas partes y contiene 1 600 m^3 de agua. ¿Cuántos metros cúbicos caben en el pilón?

34 Amelia ha gastado 3/8 de sus ahorros en la compra de un teléfono móvil que le ha costado 90 €. ¿Cuánto dinero le queda todavía?

35 Un decorador ha hecho una mezcla de 20 kilos de pintura que lleva dos quintas partes de rojo, tres décimas partes de azul y el resto de naranja. ¿Cuántos kilos de pintura amarilla llevará la mezcla?

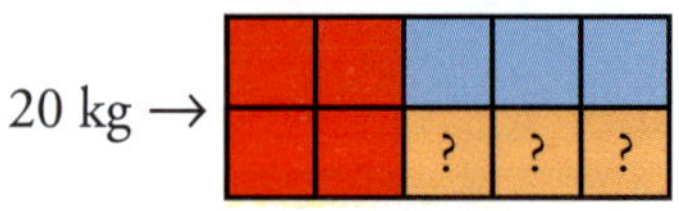

36 La tercera parte de los 240 viajeros que ocupan un avión son europeos y 2/5 africanos. El resto son americanos. ¿Cuántos americanos viajan en el avión?

37 Begoña gasta 3/8 de sus ahorros en arreglar la moto y 3/10 del resto en un concierto. ¿Qué fracción de lo que tenía ahorrado le queda?

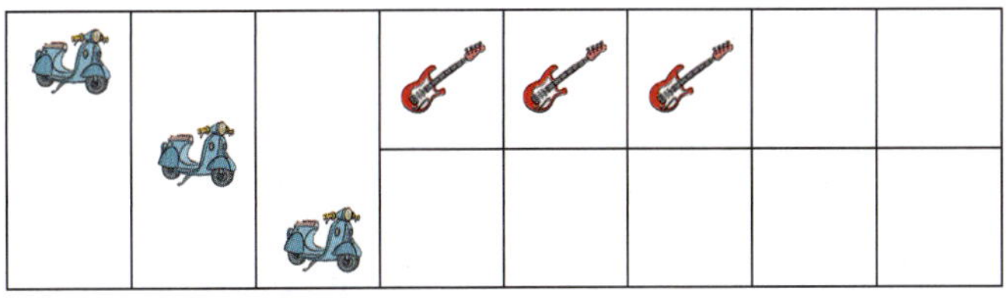

Aunque puedas resolverlo observando el gráfico, escribe y explica las operaciones que llevan a la solución.

38 Javier ha gastado 3/5 de sus ahorros en un viaje y 3/4 del resto en reponer el vestuario. Si aún le quedan 140 euros, ¿cuánto tenía ahorrado?

39 Una confitería ha recibido un pedido de varias bolsas de caramelos. Dos quintas partes de las bolsas son de naranja, tres décimas partes de limón y el resto de fresa. Si había 6 bolsas de fresa, ¿cuántas bolsas formaban el pedido?

40 Sara avanza 4 metros en 5 pasos. ¿Qué fracción de metro avanza en cada paso? ¿Y en 100 pasos?

41 Un frasco de perfume tiene una capacidad de 1/20 de litro. ¿Cuántos frascos se pueden llenar con un bidón que contiene tres litros y medio?

42 ¿Cuántos litros de zumo se necesitan para llenar 200 botellas de 3/8 de litro cada una?

43 Dos problemas similares.

a) De un detergente de 5 kg se han consumido 3 kg. ¿Qué fracción queda del contenido original?

b) De un detergente de 5 kg se han consumido dos kilos y tres cuartos. ¿Qué fracción queda del contenido original?

44 ODS Meta 6.3. Una planta potabilizadora trata tres metros cúbicos de agua en cinco horas. ¿Cuántos metros cúbicos de agua trata en hora y cuarto?

45 Un manantial arroja nueve décimas partes de un metro cúbico de agua cada hora. ¿Cuánto tardará en llenar un depósito de 30 metros cúbicos?

46 Un granjero tiene a finales de mayo unas reservas de 2 800 kg de pienso para alimentar a su ganado. En junio gasta 3/7 de sus existencias, y en julio, 3/4 de lo que le quedaba. ¿Cuántos kilos de pienso tiene a primeros de agosto?

47 Un jardinero poda el lunes 2/7 de sus rosales, el martes 3/5 del resto y el miércoles finaliza el trabajo podando los 20 que faltaban. ¿Cuántos rosales tiene en total en el jardín?

48 En una bolsa hay bolas rojas, verdes y azules. La mitad son rojas, las verdes igualan a los tres quintos de las rojas y las azules son 14. ¿Cuántas hay en total?

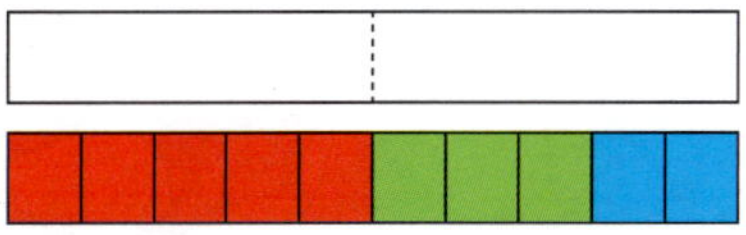

49 Las tres octavas partes de las personas residentes en cierta población tienen más de 50 años y de ellos, uno de cada veinte es una persona de más de ochenta años. ¿Cuántos residentes tiene esa población sabiendo que los mayores de ochenta son 48?

50 Una empresa de transportes trabaja con camiones de largo recorrido, furgonetas de reparto y motos de mensajería. De cada doce vehículos, siete son furgonetas y tres motos. Si los camiones son ocho, ¿cuántos vehículos tiene la empresa en total?

Problemas «+»

51 Un autobús cubre el recorrido entre dos ciudades, entre las que hace dos paradas intermedias. Hoy, en la primera parada, ha dejado dos quintas partes de los viajeros y han subido 12. En la segunda parada, ha dejado la tercera parte de los que llevaba en ese momento, y han subido 14. Finalmente, llega a su destino con 40 ocupantes. ¿Con cuántos viajeros salió del origen?

Apóyate en un esquema.

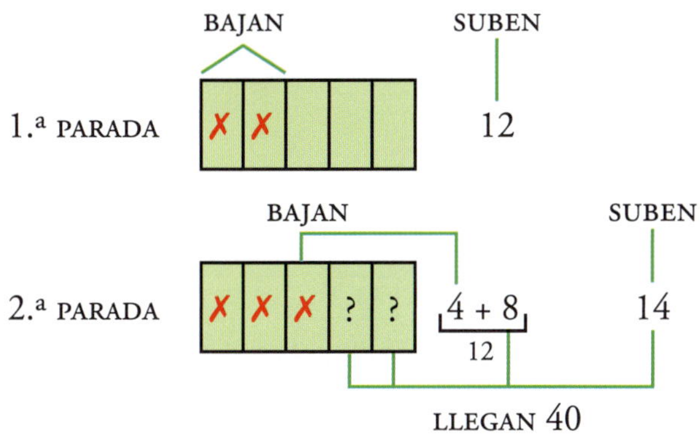

52 En un hotel, el lunes se marcharon dos terceras partes de los clientes y se registraron 20 nuevos ingresos. Y el martes se marcharon las tres cuartas partes, registrándose 7 ingresos. Así, el martes durmieron en el hotel 48 clientes. ¿Cuántos pernoctaron el domingo?

LEE E INFÓRMATE

La utilidad de hacer esquemas

En la resolución de algunos problemas es de gran utilidad la elaboración de esquemas para:

— Ordenar y visualizar globalmente los datos.

— Organizar las ideas.

— Facilitar la exposición del proceso y de la solución.

- Analiza e interpreta el esquema que explica este problema:

Problema

Una vela alumbra mientras se consumen tres cuartas partes de su longitud. Pero el cabo sobrante no se desaprovecha: con cuatro cabos, hacemos una vela nueva.

Si cada vela dura «una velada», ¿cuántas veladas podemos alumbrar con un paquete de 25 velas?

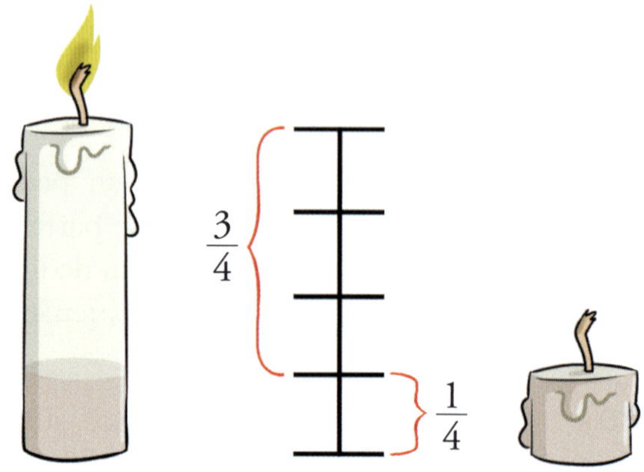

Esquema

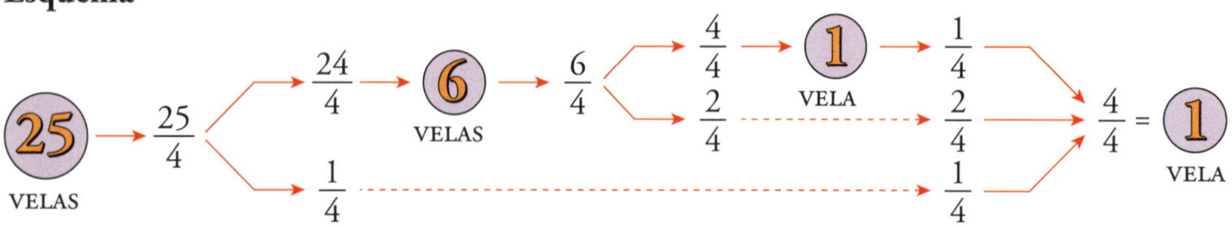

Solución: 25 + 6 + 1 + 1 = 33 velas → Podemos alumbrar 33 veladas.

- Construye un esquema similar para el problema anterior, suponiendo que de cada vela se consumen solamente sus $\frac{2}{3}$.

INVESTIGA

Un juego solitario

Intercambia la ficha amarilla y la ficha roja con el mínimo número de movimientos.

Explica cómo hacerlo.

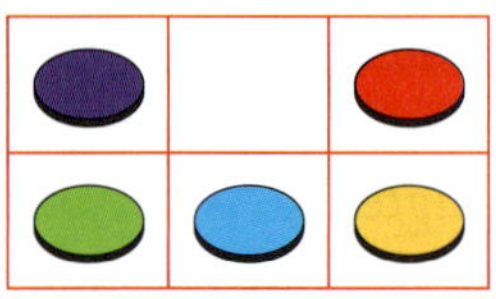

Para explicar la solución, inventa un código. Por ejemplo, numerando las casillas:

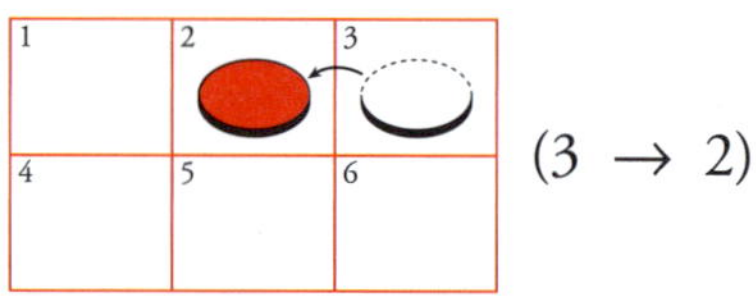

(3 → 2): Significa que la ficha que ocupa la casilla n.º 3, pasa a la n.º 2.

Recuerda que en anayaeducacion.es puedes encontrar orientación académica y profesional relacionada con los contenidos de esta unidad.

ENTRÉNATE RESOLVIENDO OTROS PROBLEMAS

Apóyate en un gráfico

En un rebaño hay ovejas y cabras. El pastor vende la mitad de las ovejas y la tercera parte de las cabras y, aun así, las primeras doblan a las segundas. ¿Cuántas cabezas le quedan sabiendo que ha vendido 25?

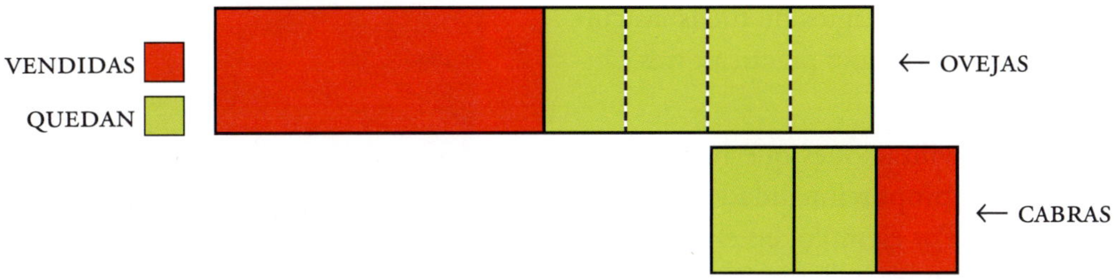

¡Echa cuentas!

Hoy es el último día de acampada y tenemos para merendar perritos calientes. El caso es que somos 18, todos con buen apetito, y solo nos quedan 30 perritos. A mí me ha tocado repartir. ¿Cuál es el mínimo número de cortes que necesito hacer para dar a todos lo mismo?

AUTOEVALUACIÓN

anayaeducacion.es Resolución de estos ejercicios y una autoevaluación interactiva.

1 Calcula.

a) $\frac{2}{3}+\frac{1}{6}-\frac{1}{9}$ b) $\frac{5}{9}-\frac{7}{12}+\frac{11}{18}$

2 Opera.

a) $\frac{2}{3}\cdot\frac{1}{6}$ b) $\frac{2}{3}:\frac{1}{6}$ c) $\frac{2}{3}\cdot 6$ d) $\frac{2}{3}:4$

3 Resuelve.

a) $\dfrac{2}{\frac{1}{3}}$ b) $\dfrac{\frac{10}{3}}{6}$ c) $\dfrac{\frac{2}{5}}{\frac{2}{4}}$ d) $\dfrac{\frac{1}{3}\cdot 5}{\frac{1}{6}\cdot 10}$

4 Resuelve.

a) $\frac{11}{12}-\left[1-\left(\frac{1}{6}-\frac{3}{4}\right)\right]$ b) $\left(\frac{1}{2}+\frac{1}{3}\right)\cdot\left(2-\frac{2}{5}\right)$

5 Reduce.

a) $\left(\frac{a}{b}\right)^{-2}\cdot\left(\frac{a}{b}\right)^{3}$ b) $\left(\frac{2}{x}\right)^{2}:\left(\frac{x}{2}\right)^{2}$ c) $\left[\left(\frac{1}{y}\right)^{2}\right]^{3}$

6 Calcula.

a) $\left(\frac{2}{3}\right)^{3}\cdot 6^{3}$ b) $\left(\frac{3}{5}\right)^{2}:\left(\frac{3}{5}\right)^{3}$

7 Escribe la descomposición polinómica de estos números:

a) 1 238 600 b) 0,07586 c) 340,578

8 Escribe con todas sus cifras.

a) $1{,}38\cdot 10^{6}$ b) $8{,}451\cdot 10^{-7}$

9 Expresa en notación científica.

a) 24700 000 000 b) 0,0000000238

10 Un quiosco vendió por la mañana $\frac{1}{3}$ del total de diarios recibidos y por la tarde $\frac{2}{5}$ también del total. Si le quedan sin vender 20 periódicos, ¿cuántos había recibido?

11 Un señor sale de compras y gasta $\frac{1}{3}$ de su dinero en una americana y $\frac{2}{5}$ de lo que le quedaba en el mercado. Si aún tiene 30 euros, ¿con cuánto dinero salió de casa?

12 En una bolsa hay bolas blancas, negras y rojas. Las blancas suponen tres quintos del total y las rojas igualan a los dos tercios de las negras. ¿Qué fracción del total suponen las negras?

Compromiso ODS Visualiza el vídeo meta 3.9., piensa en una acción con la que podrías contribuir al logro de esa meta y comprométete a llevarla a cabo.

4

PROPORCIONALIDAD

El concepto de proporcionalidad aparece en los vestigios de todas las culturas, asociado inicialmente a problemas y a situaciones prácticas: tres cántaros llenan dos odres; seis cántaros llenan cuatro...

Algunas tablillas o papiros de las primeras civilizaciones que han llegado hasta nuestros días incluyen problemas sobre proporcionalidad: intercambio de mercancías, repartos proporcionales... Por ejemplo, en el Papiro del Rhind (1650 a. C.), documento egipcio en el que se hallaron 87 problemas matemáticos sobre diferentes temas, encontramos el siguiente problema:

Si 10 litros de grasa deben durar un año, ¿cuánta grasa puede usarse en un día?

Proporcionalidad en la Antigüedad

1 Responde tú al problema egipcio anterior:

a) Dando el resultado en forma de fracción.

b) Dando el resultado en forma decimal, en litros.

c) Dando el resultado en centilitros.

En la antigua Grecia, los matemáticos reflexionaron sobre la proporcionalidad analizando sus leyes y relaciones. Es decir, empezaron a formalizar y a construir un cuerpo teórico, independiente de situaciones concretas.

Bastante más tarde, en el Renacimiento, el desarrollo del comercio da un nuevo impulso a la proporcionalidad, concretándose en el avance de la matemática comercial: descuentos, deudas, plazos…

Si te presto 100 doblones durante un mes, me devolverás 106.

Si me pides 200 doblones durante un año, me devolverás…

Proporcionalidad en la contabilidad y el comercio

2 Resolviendo el problema anterior, contesta paso a paso:

a) Si te presto 200 doblones durante un mes, me devolverás…

b) Si te presto 200 doblones durante dos meses, me devolverás…

c) Si te presto 200 doblones durante doce meses, me devolverás…

En la actualidad, la proporcionalidad resulta imprescindible en el desarrollo de cualquier ciencia aplicada (física, química, biología, estadística, etcétera.). Y, si te fijas, verás que tú la utilizas, junto con el cálculo mental, en multitud de situaciones cotidianas: comprar, distribuir, predecir, especular, hacer recuentos...

Proporcionalidad práctica

A continuación, se presentan algunas situaciones que reconocerás como cotidianas y te servirán para posicionarte en los contenidos de la unidad. Resuélvelas, mediante el cálculo mental, como hacemos en el día a día.

3 Hay tres pesas iguales en la báscula que marca 600 gramos.

a) ¿Cuánto marcaría la báscula si hubiera solo dos pesas?

b) ¿Cuántas de esas mismas pesas habría si la báscula marcara un kilo?

4 Vamos en coche por la autovía a velocidad constante, y desde un poste kilométrico al siguiente, cuento 30 segundos.

a) ¿Qué distancia recorremos en 10 minutos?

b) ¿A qué velocidad vamos?

5 He estado anotando, desde mi ventana, los colores de los últimos 100 coches que han pasado por la calle y 20 eran grises. Completa la frase: *Uno de cada ... coches era gris.*

6 Durante la fase de ensayo de una vacuna, se ha administrado a diez mil personas resultando eficaz para 9792 de ellas. ¿Cuál de las siguientes valoraciones, respecto a su eficacia, consideras más exacta?

A → Una de cada diez

B → Nueve de cada diez

C → 99 de cada 100

D → 98 de cada 100

1 ▸ RAZONES Y PROPORCIONES

14 años | 42 años | 77 años

Recuerda ahora algunos términos que pertenecen al lenguaje matemático, pero que te servirán también para enriquecer en precisión el lenguaje cotidiano.

> La **razón** de los números a y b es la fracción $\frac{a}{b}$ (o su irreducible).

Ejemplo

La razón de las edades de Marcos y su madre es un tercio.

$$\frac{\text{EDAD DE MARCOS}}{\text{EDAD DE LA MADRE}} = \frac{14}{42} = \frac{1}{3}$$

> Una **proporción** es la igualdad de dos razones.
>
> $\frac{a}{b} = \frac{c}{d} \rightarrow$ Se lee: a es a b como c es a d.

Ejemplo

Proporción: $\frac{14}{77} = \frac{2}{11} \rightarrow$ La edad de Marcos es a la de su abuelo, como 2 es a 11.

anayaeducacion.es Practica la identificación de relaciones de proporcionalidad.

Cálculo del término desconocido en una proporción

Una proporción está formada por una pareja de fracciones equivalentes:

$$\frac{a}{b} = \frac{c}{d} \rightarrow a \cdot d = b \cdot c \qquad \frac{14}{77} = \frac{2}{11} \rightarrow \underbrace{14 \cdot 11}_{154} = \underbrace{77 \cdot 2}_{154}$$

Esto nos permite calcular el término desconocido en una proporción:

$$\frac{6}{x} = \frac{15}{25} \rightarrow 6 \cdot 25 = x \cdot 15 \rightarrow 150 = x \cdot 15 \rightarrow x = \frac{150}{15} = 10$$

> Para calcular el término desconocido en una proporción, se aplica esta propiedad de las fracciones equivalentes:
>
> **El producto de los extremos, a y x, es igual al de los medios, b y c.**
>
> $$\frac{a}{b} = \frac{c}{x} \rightarrow a \cdot x = b \cdot c \rightarrow x = \frac{b \cdot c}{a}$$

Para automatizar el cálculo

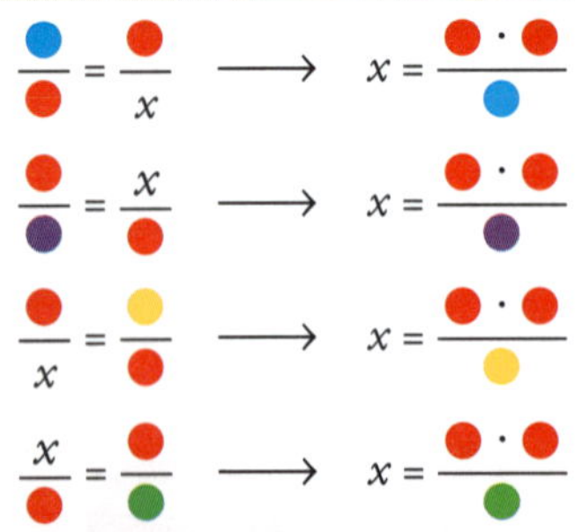

Para practicar

1 Elige la respuesta correcta en cada caso.

a) La razón de 5 y 15 es: $\frac{1}{2}, \frac{1}{3}, \frac{2}{3}$.

b) La razón de 24 y 36 es: $\frac{2}{3}, \frac{3}{4}, \frac{2}{5}$.

2 Escribe en tu cuaderno tres parejas de números cuya razón sea 2/5.

3 Calcula el término desconocido en cada proporción.

a) $\frac{1}{3} = \frac{5}{x}$ b) $\frac{6}{9} = \frac{10}{x}$ c) $\frac{x}{3} = \frac{35}{7}$

d) $\frac{15}{6} = \frac{x}{14}$ e) $\frac{14}{x} = \frac{21}{33}$ f) $\frac{91}{42} = \frac{x}{9}$

4 La razón de los pesos de Marcos y su padre es de 3/5. Si Marcos pesa 45 kilos, ¿cuánto pesa su padre?

anayaeducacion.es Calcula el término desconocido en una proporción.

2 ▶ MAGNITUDES DIRECTAMENTE PROPORCIONALES

Recuerda que en las magnitudes directamente proporcionales, multiplicando (dividiendo) por el mismo número dos valores correspondientes, se obtiene otro par de valores correspondientes.

MAGNITUD A	a	$2 \cdot a$	$3 \cdot a$	…	ka
MAGNITUD B	b	$2 \cdot b$	$3 \cdot b$	…	kb

Ejemplo

Un corredor de fondo avanza a la velocidad de 3 metros por segundo. La distancia recorrida según pasa el tiempo es:

TIEMPO (s)	1	2	3	…	6	…	24	…
DISTANCIA (m)	3	6	9	…	18	…	72	…

(×2, ×3, ×8, :4)

La constante de proporcionalidad

Observa la tabla del ejemplo:

T	1	2	3	6	24
D	3	6	9	18	72

$$3 : 1 = 6 : 2 = 9 : 3 = 18 : 6 =$$
$$= 72 : 24 = 3$$

- En una tabla de proporcionalidad directa, el cociente de dos valores correspondientes es siempre el mismo y recibe el nombre de **constante de proporcionalidad.**
- La constante de proporcionalidad coincide con *el valor asociado a la unidad.*

anayaeducacion.es Ayuda para la construcción razonada de tablas de valores directamente proporcionales.

Resolución de problemas: reducción a la unidad

La propiedad anterior permite completar cualquier par de valores de la tabla a partir de un par conocido *(método de reducción a la unidad).*

Ejemplo

Un corredor de medio fondo ha avanzado 18 metros en 6 segundos. Si va a velocidad constante, ¿qué distancia recorrerá en 20 segundos?

TIEMPO (s)	1	6	20
DISTANCIA (m)	?	18	?

(:6, ×20)

TIEMPO (s)		DISTANCIA (m)
6	⟶	18
1	⟶	18 : 6 = 3
20	⟶	3 · 20 = 60

Solución: Recorrerá 60 metros en 20 segundos.

Reducción a la unidad

- Consiste en calcular, primero, el valor asociado a la unidad en la tabla de valores correspondientes.
- Conociendo ese dato, no hay dificultad en completar cualquier otro par de valores correspondientes.

1	a	c
?	b	?

($:a$, $\times c$)

Para fijar ideas

1 Copia, resuelve mentalmente y completa.

a) Un grifo arroja 12 litros de agua en 3 minutos.
— En un minuto arroja … litros.
— En 5 minutos arroja … litros.

b) Tres cajas de chinchetas pesan 150 gramos.
— Una caja pesa … gramos.
— 10 cajas pesan … gramos.

2 ¿A cómo sale el litro de champú?

1 litro = 100 cL

CAPACIDAD (cL)		PRECIO (€)
30	→	2,70
10	→	2,70 : 3 = 0,90
100	→	0,90 · 10 = 9

anayaeducacion.es Completa tablas de proporcionalidad directa.

Otras relaciones en las tablas de proporcionalidad directa

En una tabla de proporcionalidad directa, con dos pares cualesquiera de valores correspondientes se construyen dos fracciones equivalentes; es decir, una proporción.

Ejemplo

Una viña produce, por término medio, 3,5 kilos de uva de cada cepa.

N.º DE CEPAS	1	2	3	4	5	…
CANTIDAD (kg)	3,5	7	10,5	14	17,5	…

Elegimos dos pares cualesquiera:

N.º DE CEPAS	…	3	…	5
CANTIDAD (kg)	…	10,5	…	17,5

$$\rightarrow \frac{3}{10,5} = \frac{5}{17,5} \rightarrow \underbrace{3 \cdot 17,5}_{52,5} = \underbrace{10,5 \cdot 5}_{52,5}$$

La proporción anterior también se puede escribir así: $\frac{3}{5} = \frac{10,5}{17,5}$

Comprueba que ocurre lo mismo para cualquier par de columnas de la tabla.

En una tabla de proporcionalidad directa, dos pares de valores correspondientes forman una proporción.

Resolución de problemas: regla de tres

Basándonos en lo anterior y en el cálculo del término desconocido en una proporción, obtenemos un método cómodo para resolver problemas de proporcionalidad: *regla de tres*.

Ejemplo

Una vendimiadora ha recolectado 14 kilos de uva en las 4 primeras cepas de la viña. ¿Cuántos kilos puede esperar de las próximas 10 cepas?

N.º DE CEPAS		CANTIDAD (kg)
4	⟶	14
10	⟶	x

PROPORCIÓN: $\frac{4}{14} = \frac{10}{x} \rightarrow x = \frac{14 \cdot 10}{4} = 35$

Solución: De 10 cepas puede esperar 35 kilos.

Regla de tres

- Se ordenan los datos y la incógnita.

MAGNITUD A		MAGNITUD B
a	⟶	b
c	⟶	d

- Se construye la proporción con los términos en el orden en que aparecen. $\rightarrow \frac{a}{c} = \frac{b}{d}$
- Se calcula el término desconocido en la proporción.

Para fijar ideas

3 Copia y completa cada uno de los esquemas.

a) En un taller de confección se han necesitado siete metros y medio de tela para confeccionar 6 camisas. ¿Cuántos metros de tela se necesitarán para cubrir un pedido de 80 camisas?

TELA (m)		N.º DE CAMISAS
7,5	⟶	6
x	⟶	80

$\Big\} \to \frac{7,5}{x} = \frac{\square}{\square} \to x = \frac{\square}{\square} = \square$

Solución: Para cubrir un pedido de 80 camisas, se necesitan … metros de tela.

b) Un granjero ha gastado 260 € en 325 dosis de vacuna para su ganado. ¿Cuánto debe gastar aún si necesita adquirir 180 dosis más?

N.º DE DOSIS		GASTO (€)
325	⟶	…
180	⟶	x

$\Big\} \to \frac{\square}{180} = \frac{\square}{x} \to x = \frac{\square}{\square} = \square$

c) Una máquina embotelladora llena 750 botellas en un cuarto de hora. ¿Cuánto tardará en llenar 1 800 botellas?

N.º DE BOTELLAS		TIEMPO (min)
…	⟶	…
…	⟶	x

$\Big\} \to \frac{\square}{\square} = \frac{\square}{x} \to x = \frac{\square}{\square} = \square$

Para practicar

1 Resuelve por reducción a la unidad.

a) Tres cajas de galletas pesan 1200 gramos. ¿Cuánto pesan dos cajas?

b) Un grifo tarda 40 segundos en llenar una garrafa de 5 litros. ¿Cuánto tardará en llenar un bidón de 12 litros?

c) Una máquina excavadora ha movido 25 toneladas de tierra en 5 horas. ¿Cuántas toneladas mueve en 3 horas?

2 Resuelve, primero por reducción a la unidad y, después, mediante la regla de tres.

Un camión avanza por una carretera a 90 km/h. ¿Qué distancia recorrerá en los próximos 5 minutos?

a) Reducción a la unidad:

- En una hora (60 min) recorre → 90 km
- En un minuto recorre → … km
- En 5 minutos recorre → … km

b) Regla de tres:

TIEMPO (min)		DISTANCIA (km)
60	⟶	90
5	⟶	x

3 En una viña, de la vendimia de las 10 primeras parras se han obtenido 125 kilos de uva. ¿Qué cosecha cabe esperar de toda la viña, que tiene 362 parras?

4 ¿Cuánto costará un trozo de queso de 465 gramos si el queso se vende a 13,50 euros el kilo?

5 Por 260 gramos de queso hemos pagado 3,51 €. ¿Cuánto cuesta el kilo de queso?

6 Una botella de 75 centilitros de aceite cuesta 3,80 €. ¿A cómo sale el litro?

7 En un comedor escolar con 45 comensales, se consumieron ayer 2,7 kilos de pan. ¿Cuántos kilos se consumirán hoy con 60 comensales?

8 En un colegio que tiene 480 estudiantes, tres de cada diez han tenido gripe. ¿Cuántos estudiantes han padecido esa enfermedad?

9 Obtén la constante de proporcionalidad y los valores de *a*, *b* y *c* en esta tabla de proporcionalidad directa:

3	4	5	6
a	1,6	*b*	*c*

anayaeducacion.es Resuelve problemas de proporcionalidad directa.

3 MAGNITUDES INVERSAMENTE PROPORCIONALES

MAGNITUD A	a	$a \cdot 3$	$a : 5$
MAGNITUD B	b	$b : 3$	$b \cdot 5$

anayaeducacion.es Ayuda para la construcción razonada de tablas de valores inversamente proporcionales.

Recuerda que en las magnitudes inversamente proporcionales, si se multiplica (divide) un valor de una de las magnitudes por un número, el valor correspondiente de la otra magnitud queda dividido (multiplicado) por dicho número.

Ejemplo

Un embalse tiene reservas de agua para abastecer a una población de 2 000 habitantes durante 6 meses. Veamos cómo variaría el tiempo de abastecimiento si cambiara el número de habitantes.

N.º DE HABITANTES	1 000	2 000	3 000	4 000	6 000	12 000
TIEMPO (meses)	12	6	4	3	2	1

Resolución de problemas: reducción a la unidad

Aplicaremos el método que ya conocemos (buscar el valor asociado a la unidad), teniendo en cuenta lo que hemos visto más arriba.

Ejemplo

Un granjero tiene alfalfa en el almacén para alimentar a sus 3 vacas durante 10 días. ¿Cuánto le duraría el forraje si tuviera 5 vacas?

N.º DE VACAS	1	3	5
TIEMPO (días)	?	10	?

N.º DE VACAS		TIEMPO (días)
3	⟶	10
1	⟶	$10 \cdot 3 = 30$
5	⟶	$30 : 5 = 6$

Solución: Si tuviera 5 vacas, le duraría 6 días.

anayaeducacion.es Completa tablas de proporcionalidad inversa.

Proporciones en las tablas de proporcionalidad inversa

Volviendo al ejemplo anterior, observa que el producto de dos valores correspondientes es siempre el mismo:

N.º DE VACAS	1	2	3	5	10	30
TIEMPO (días)	30	15	10	6	3	1

$\rightarrow 1 \cdot 30 = 2 \cdot 15 = 3 \cdot 10 = 5 \cdot 6 = \ldots$

Esto nos permite construir proporciones a partir de dos pares de valores, pero ordenando los elementos de distinta forma que en la proporcionalidad directa.

N.º DE VACAS	2	5
TIEMPO (días)	15	6

$\rightarrow 2 \cdot 15 = 5 \cdot 6 \rightarrow \frac{2}{6} = \frac{5}{15}$, o bien $\frac{2}{5} = \frac{6}{15}$

Ten en cuenta

MAGNITUD A		MAGNITUD B
a	⟶	b
c	⟶	x

$\frac{a}{c} = \frac{x}{b}$ o bien $\frac{c}{a} = \frac{b}{x}$

Se invierte el orden en los elementos de una de las magnitudes.

anayaeducacion.es Practica el concepto de proporcionalidad inversa.

Resolución de problemas: regla de tres inversa

Aplicaremos la regla de tres, pero para construir la proporción invertiremos la razón de los valores en una de las magnitudes.

Ejemplo

Un ciclista, a 20 km/h, tarda 30 minutos en ir de un pueblo a la aldea vecina. ¿Cuánto tardará un motorista, a 50 km/h?

VELOCIDAD (km/h)		TIEMPO (min)	PROPORCIÓN
20	⟶	30	$\frac{20}{50} = \frac{x}{30}$, o bien $\frac{50}{20} = \frac{30}{x}$
50	⟶	x	

Solución: $x = \frac{20 \cdot 30}{50} = 12$ minutos

Para fijar ideas

1 Copia y completa, resolviendo primero por reducción a la unidad y, después, mediante la regla de tres.

Tres trabajadores descargan un camión en 4 horas. ¿Cuánto tardarían si solo fueran dos?

a) Reducción a la unidad:

- Tres trabajadores tardan ⟶ 4 horas
- Un solo trabajador tardaría ⟶ 4 h · … = …. h
- Dos trabajadores tardarían ⟶ … h

b) Regla de tres (inversa):

PROP. INVERSA

N.º DE TRABAJADORES		TIEMPO (h)
3	⟶	4
2	⟶	x

$\rightarrow \frac{3}{2} = \frac{x}{4} \rightarrow x = \frac{\square \cdot \square}{\square} = \square$

Para practicar

1 Construye tres proporciones diferentes con los valores de esta tabla de proporcionalidad inversa:

MAGNITUD A	1	2	4	5
MAGNITUD B	40	20	10	8

2 Un tractor ara un campo en 15 horas.

a) ¿Cuánto tardarían dos tractores?

b) ¿Y tres tractores?

c) ¿Y cuatro tractores?

3 Tres operarios limpian un parque en 7 horas. ¿Cuánto tardarían en hacer el mismo trabajo 7 operarios?

4 Un conducto de agua, con un caudal de 3 litros por segundo, tarda 20 minutos en llenar un depósito. ¿Cuánto tardaría con un caudal de 2 litros por segundo?

5 Un coche, a 80 km/h, tarda 2 h en llegar a Barcelona.

a) ¿Cuánto tardaría un camión, a 40 km/h?

b) ¿Y un tren de alta velocidad, a 160 km/h?

6 Un autobús, a 90 km/h, tarda 2 h en cierto recorrido. ¿A qué velocidad lo haría en hora y media?

7 Una bomba, que aporta un caudal de 3 litros por segundo, llena un depósito en 20 segundos. ¿Cuál debería de ser el caudal para llenarlo en 15 segundos?

8 Copia y completa estas tablas de proporcionalidad inversa.

MAGNITUD A	1	2	3	4			10
MAGNITUD B	30	15			6	5	

MAGNITUD H	1	2		4	6	8	
MAGNITUD N			16	12			4

anayaeducacion.es Resuelve problemas de proporcionalidad inversa.

4 PROBLEMAS DE PROPORCIONALIDAD COMPUESTA

Llamamos **de proporcionalidad compuesta** a aquellas situaciones en las que intervienen más de dos magnitudes ligadas por la relación de proporcionalidad.

Ejemplo

En un comedor escolar con 60 comensales se han consumido 36 kilos de verdura en tres semanas.

¿Cuántos kilos de verdura se consumirán, en cuatro semanas, con 80 comensales?

a) Primero, analiza el problema:

- Identifica las magnitudes que intervienen.
- Ordena las magnitudes, los datos y la incógnita.
- Identifica el tipo de proporcionalidad (directa-inversa) que liga cada magnitud con la que lleva la incógnita.

PROPORCIONALIDAD DIRECTA (COMENSALES – KILOS)
PROP. DIRECTA (SEMANAS – KILOS)

COMENSALES		SEMANAS		KILOS
60	⟶	3	⟶	36
80	⟶	4	⟶	x

Para facilitar el proceso que viene a continuación, conviene colocar en último lugar la magnitud que lleva la incógnita.

b) A continuación, resuelve:

COMENSALES		SEMANAS		KILOS
60 comensales	⟶	en 3 semanas	⟶	consumen 36 kilos
60 comensales	⟶	en 1 semana	⟶	consumen 36 : 3 = 12 kilos
1 comensal	⟶	en 1 semana	⟶	consume 12 : 60 = 0,2 kilos
80 comensales	⟶	en 1 semana	⟶	consumen 0,2 · 80 = 16 kilos
80 comensales	⟶	en 4 semanas	⟶	consumen 16 · 4 = 64 kilos

c) Automatiza el proceso:

PROPORCIONALIDAD DIRECTA (COMENSALES – KILOS)
PROP. DIRECTA (SEMANAS – KILOS)

COMENSALES		SEMANAS		KILOS	PROPORCIÓN
60	⟶	3	⟶	36	$\to \dfrac{60}{80} \cdot \dfrac{3}{4} = \dfrac{36}{x}$
80	⟶	4	⟶	x	

$$x = \frac{80 \cdot 4 \cdot 36}{60 \cdot 3} = 64$$

Solución:

Con 80 comensales, en 4 semanas, en el comedor se consumirán 64 kilos de verduras.

Para fijar ideas

1 Revisa el proceso que se propone en el siguiente problema. Después, copia y completa.

Un ranchero ha necesitado 400 kilos de cebada para alimentar a sus 15 caballos durante 8 días. ¿Durante cuántos días podría alimentar a 25 caballos con 500 kilos de cebada?

a) Identifica las magnitudes y las relaciones de proporcionalidad. Después, ordena los datos.

- Las magnitudes que intervienen son
  - – Los kilos de…
  - – El número de…
  - – Los días que dura la cebada (lleva la incógnita)
- Las relaciones de proporcionalidad con respecto a la magnitud que lleva la incógnita son:
  - – Cuantos **más kilos** de cebada haya, **más días** dura **(proporcionalidad directa).**
  - – Cuantos **más caballos** haya, **menos días** dura la cebada **(proporcionalidad inversa).**

PROPORCIONALIDAD … (KILOS DE CEBADA – DÍAS)
PROP. … (N.º DE CABALLOS – DÍAS)

KILOS DE CEBADA		N.º DE CABALLOS		DÍAS
400	⟶	…	⟶	8
…	⟶	…	⟶	x

b) Resuelve razonadamente:

KILOS DE CEBADA		N.º DE CABALLOS		DÍAS
Con 400 kilos	⟶	comen 15 caballos	⟶	durante 8 días
Con 400 kilos	⟶	come 1 caballo	⟶	durante 8 · 15 = 120 días
Con 100 kilos	⟶	come 1 caballo	⟶	durante 120 : 4 = 30 días
Con 500 kilos	⟶	come 1 caballo	⟶	durante 30 · 5 = 150 días
Con 500 kilos	⟶	comen 25 caballos	⟶	durante 150 : 25 = 6 días

c) Automatiza el proceso:

PROPORCIONALIDAD DIRECTA (KILOS DE CEBADA – DÍAS)
PROP. INVERSA (N.º DE CABALLOS – DÍAS)

KILOS DE CEBADA		N.º DE CABALLOS		DÍAS
400	⟶	15	⟶	8
500	⟶	25	⟶	x

PROPORCIÓN

$$\rightarrow \frac{400}{500} \cdot \frac{\mathbf{25}}{\mathbf{15}} = \frac{8}{x} \rightarrow x = \frac{500 \cdot 15 \cdot 8}{400 \cdot 25} = 6 \text{ días}$$

Recuerda que el número de caballos es inversamente proporcional a los días que dura la cebada.

Por eso, al formar la proporción, en lugar de la razón $\frac{15}{25}$ tomamos su inversa, $\frac{\mathbf{25}}{\mathbf{15}}$.

Para practicar

1 Una excavadora, trabajando 10 horas al día, abre una zanja de 1 000 metros en 8 días. ¿Cuánto tardaría en abrir una zanja de 600 metros, trabajando 12 horas al día?

Ten en cuenta que:

- *Para abrir **más metros** de zanja, se necesitan **más días.***
- *Trabajando **más horas al día** se tarda **menos días.***

2 Una cuadrilla de albañiles, trabajando 10 horas al día, ha construido 600 m^2 de pared en 18 días. ¿Cuántos metros cuadrados construirá en 15 días, trabajando 8 horas diarias?

Ten en cuenta que:

- *Trabajando **más días** se construyen **más metros** de pared.*
- *Trabajando **más horas al día** se construyen **más metros.***

anayaeducacion.es Resuelve problemas de proporcionalidad compuesta.

5 PROBLEMAS DE REPARTOS PROPORCIONALES

A continuación, se presentan algunos problemas de repartos. Estudia los procedimientos de resolución para poder aplicarlos en situaciones similares.

Repartos directamente proporcionales

Ejemplo

Tres amigos aficionados al bricolaje alquilan un taladro para hacer arreglos en casa. El primero lo utiliza durante dos días y se lo pasa al segundo, que lo tiene cinco días. Después lo recibe el tercero, que lo usa durante tres días y lo devuelve a la tienda. ¿Cuánto debe poner cada uno para pagar los 60 € que cuesta en total el alquiler?

Número total de días → $2 + 5 + 3 = 10$ Coste por día → $60 : 10 = 6$ €

DÍAS	2	5	3	10	1
COSTE (€)	x	y	z	60	6

← PROPORCIONALIDAD DIRECTA

$x = 2 \cdot 6 = 12$ € $y = 5 \cdot 6 = 30$ € $z = 3 \cdot 6 = 18$ €

Solución: El primero debe poner 12 €; el segundo, 30 €, y el tercero, 18 €.

Comprobación

$12 + 30 + 18 = 60$

$$\frac{2}{12} = \frac{5}{30} = \frac{3}{18}$$

Para repartir una cantidad, C, en partes x, y, z, directamente proporcionales a m, n, k:

– Se divide la cantidad a repartir, C, entre la suma $m + n + k$.
Así, calculamos la parte, p, que corresponde a una unidad, $p = \dfrac{C}{m + n + k}$

– Se multiplica cada número m, n, k, por el cociente, p, obtenido.

$$\frac{1}{p} = \frac{m}{x} = \frac{n}{y} = \frac{k}{z} \rightarrow x = m \cdot p \quad y = n \cdot p \quad z = k \cdot p$$

Repartos inversamente proporcionales

Para repartir una cantidad, C, en partes inversamente proporcionales a m, n, k, se reparte en partes directamente proporcionales a los inversos, $\frac{1}{m}$, $\frac{1}{n}$, $\frac{1}{k}$.

Ejemplo

Repartir 190 en partes inversamente proporcionales a 2, 4 y 5.

- Repartiremos 190 en partes *directamente proporcionales* a $\frac{1}{2}$, $\frac{1}{4}$ y $\frac{1}{5}$.
- Sumamos las tres cantidades, calculamos p y repartimos:

$$\frac{1}{2} + \frac{1}{4} + \frac{1}{5} = \frac{10 + 5 + 4}{20} = \frac{19}{20} \rightarrow p = 190 : \frac{19}{20} = 200 \begin{cases} \frac{1}{2} \cdot 200 = 100 \\ \frac{1}{4} \cdot 200 = 50 \\ \frac{1}{5} \cdot 200 = 40 \end{cases}$$

Las partes de 190 inversamente proporcionales a 2, 4 y 5 son, respectivamente, 100, 50 y 40.

Comprobación

$100 + 50 + 40 = 190$

2	4	5	1
100	50	40	200

$2 \cdot 100 = 4 \cdot 50 = 5 \cdot 40 = 1 \cdot 200$

PROPORCIONALIDAD INVERSA

Para fijar ideas

1 Copia y completa.

a) Reparte 180 en partes directamente proporcionales a 2, 5 y 8.

$2+5+8=15$	1	2	5	8
180	p	x	y	z

$\rightarrow p = 180 : 15 = \dots \rightarrow \begin{cases} x = 2 \cdot \dots = \dots \\ y = \dots \cdot \dots = 60 \\ z = 8 \cdot \dots = \dots \end{cases}$

Las partes de 180 directamente proporcionales a 2, 5 y 8 son, respectivamente, … , 60 y…

b) Reparte 325 en partes inversamente proporcionales a 2, 3 y 4.

$\frac{1}{2}+\frac{1}{3}+\frac{1}{4}=\frac{13}{12}$	1	$\frac{1}{2}$	$\frac{1}{3}$	$\frac{1}{4}$
325	p	x	y	z

$\rightarrow p = 325 : \frac{13}{12} = \dots \rightarrow \begin{cases} x = \frac{1}{2} \cdot \dots = 150 \\ y = \dots \cdot \dots = \dots \\ z = \frac{1}{4} \cdot \dots = \dots \end{cases}$

Las partes de 325 inversamente proporcionales a 2, 3 y 4 son, respectivamente, 150, … y…

2 Tres amigas han trabajado esta tarde buzoneando propaganda. Ana ha distribuido cuatro paquetes, Begoña, seis, y Carmen, ocho. ¿Cómo repartirán los 90 € recibidos por el trabajo?

– En total han repartido → 4 + 6 + 8 = … paquetes

– Por cada paquete les han pagado → 90 : … =… € $\begin{cases} \text{Ana recibirá} \rightarrow 4 \cdot \dots = \dots \text{ €} \\ \text{Carmen recibirá} \rightarrow 6 \cdot \dots = \dots \text{ €} \\ \text{Begoña recibirá} \rightarrow 8 \cdot \dots = \dots \text{ €} \end{cases}$

3 Una madre decide repartir entre sus tres hijos una paga extra de 70 € como premio por las buenas notas obtenidas. Pero les dice que cada uno recibirá una cantidad inversamente proporcional al número de días que olvidó hacer su cama:

David → 1 día   Isabel → 2 días   Óscar → 4 días

¿Cuánto le tocará a cada uno?

Debemos repartir 70 en partes inversamente proporcionales a 1, 2 y 4.

Resolveremos el problema repartiendo 70 en partes directamente proporcionales a los **inversos** de esos números: 1, $\frac{1}{2}$ y $\frac{1}{4}$.

$1+\frac{1}{2}+\frac{1}{4}=\frac{7}{4}$	1	$\frac{1}{2}$	$\frac{1}{4}$
70	x	y	z

$\rightarrow p = \dots : \frac{7}{4} = \dots \begin{cases} \text{David} \rightarrow x = 1 \cdot \dots = \dots \\ \text{Isabel} \rightarrow y = \frac{1}{2} \cdot \dots = \dots \\ \text{Óscar} \rightarrow z = \frac{1}{4} \cdot \dots = \dots \end{cases}$

Para practicar

1 Tres familias alquilan conjuntamente un apartamento en la costa por 1 200 euros para 20 días. Los Rodríguez lo disfrutan durante la primera semana; los Riveiro, los 6 días siguientes y, el resto del tiempo, los Ochoa. ¿Cuánto debe pagar cada familia por la estancia?

2 Un concurso de televisión está dotado con un premio de 22 000 € que se repartirá entre los tres primeros clasificados de forma que la cantidad asignada a cada uno sea inversamente proporcional al puesto en el que se ha clasificado: primero, segundo y tercero. ¿Cuánto se lleva cada concursante?

anayaeducacion.es Resuelve problemas de repartos proporcionales.

EJERCICIOS Y PROBLEMAS

Razones y proporciones

1 Escribe:

a) Tres pares de números cuya razón sea $\frac{2}{3}$.

b) Tres parejas de números que estén en relación de cinco a uno.

c) Tres parejas de números que estén en razón de tres a cuatro.

2 Calcula x en las siguientes proporciones:

a) $\frac{6}{9}=\frac{10}{x}$ b) $\frac{6}{4}=\frac{x}{6}$ c) $\frac{8}{x}=\frac{12}{15}$

d) $\frac{x}{21}=\frac{4}{28}$ e) $\frac{x}{39}=\frac{30}{65}$ f) $\frac{14}{x}=\frac{49}{42}$

g) $\frac{15}{24}=\frac{55}{x}$ h) $\frac{42}{54}=\frac{x}{63}$ i) $\frac{16}{x}=\frac{32}{16}$

3 ¿Verdadero o falso?

a) La razón de dos números no puede ser un número entero.

b) Si la razón de a y b es la unidad, entonces $a = b$.

c) La razón de a y b es igual a la razón de b y a.

d) Una proporción es la igualdad de dos fracciones equivalentes.

e) La proporción $\frac{a}{b}=\frac{c}{d}$ da la misma información que la proporción $\frac{d}{b}=\frac{c}{a}$.

f) En la proporción $\frac{a}{b}=\frac{c}{d}$, si $a = d$, entonces $b = c$.

g) En la proporción $\frac{a}{b}=\frac{c}{d}$, si $a = b$, entonces $c = d$.

Relaciones de proporcionalidad

4 Completa en tu cuaderno estas tablas de proporcionalidad directa:

a)

1	2	3	7	
5	10			60

b)

1	2	3	4	
	5		10	25

5 Completa en tu cuaderno estas tablas de proporcionalidad inversa:

a)

1	2	4	5	
20	10			2

b)

1	2	3	4	
	18		9	6

6 Observa las siguientes tablas de proporcionalidad directa y calcula la constante de proporcionalidad relativa a cada una.

A	1	2
B	0,8	1,6

C	3	5
D	4,5	7,5

M	200	350
N	2	3,5

K	28	17
H	420	255

7 Completa en tu cuaderno esta tabla de proporcionalidad directa, sabiendo que la constante de proporcionalidad es 0,35.

A	1	2	3	5	10	15
B						

8 Indica, entre los siguientes pares de magnitudes, los que guardan relación de proporcionalidad directa, los que guardan relación de proporcionalidad inversa y los que no guardan relación de proporcionalidad.

a) El número de kilos vendidos y el dinero recaudado.

b) El número de operarios que hacen un trabajo y el tiempo invertido.

c) La edad de una persona y su altura.

d) La velocidad de un vehículo y la distancia que ha recorrido en media hora.

e) El tiempo que permanece abierto un grifo y la cantidad de agua que arroja.

f) El caudal de un grifo y el tiempo que tarda en llenar un depósito.

g) El número de páginas de un libro y su precio.

9 Escribe tres proporciones diferentes con los valores de esta tabla de proporcionalidad directa:

MAGNITUD A	2	3	5	6
MAGNITUD B	10	15	25	30

10 Escribe tres proporciones diferentes con los valores de esta tabla de proporcionalidad inversa:

MAGNITUD A	2	3	4	6
MAGNITUD B	36	24	18	12

Problemas de proporcionalidad directa e inversa

11 Calcula mentalmente y contesta.

a) Un tren recorre 240 km en 3 horas. ¿Qué distancia recorre en 2 horas?

b) Dos kilos de manzanas cuestan 1,80 €. ¿Cuánto cuestan tres kilos?

c) Cuatro obreros hacen un trabajo en 3 horas. ¿Cuánto tardarían seis obreros?

d) Cinco entradas para un concierto han costado 40 euros. ¿Cuánto cuestan cuatro entradas?

e) Un ciclista, a 20 km/h, recorre cierta distancia en 3 horas. ¿Cuánto tardará una moto a 60 km/h?

f) Dos kilos y medio de tomates cuestan 1,50 €. ¿Cuánto cuestan cinco kilos?

12 Copia los esquemas, decide en cada caso si la proporcionalidad es directa o inversa y completa.

a) Dos poblaciones separadas 5 cm en un mapa están a 35 km de distancia en la realidad. ¿Cuál es la distancia real entre dos poblaciones que en el mapa distan 13 cm?

PROPORC. …

MAPA (cm)		REALIDAD (km)
5	⟶	35
1	⟶	35 : …
13	⟶	13 · …

b) Tres bueyes consumen un saco de pienso en 10 días. ¿Cuánto duraría el saco si fueran cinco bueyes?

PROPORC. …

N.º DE BUEYES		TIEMPO (días)
A 3 les dura el saco	⟶	10
A 1 le duraría (más)	⟶	… · 3
A 5 les duraría (menos)	⟶	… : 5

13 Resuelve como en los ejercicios anteriores.

a) Una piscina tiene tres desagües iguales. Si se abren dos, la piscina se vacía en 45 minutos. ¿Cuánto tardará en vaciarse si se abren los tres?

b) Un senderista camina 3 km en tres cuartos de hora. Si sigue al mismo ritmo, ¿cuánto avanzará en una hora y cuarto?

c) Cuatro operarios tardan 10 horas en limpiar un solar. ¿Cuánto tardarían cinco operarios?

14 Copia cada esquema, complétalo decidiendo si la proporcionalidad es directa o inversa y, después, resuelve.

a) Una bomba, que aporta un caudal de 2,4 litros por minuto, tarda 12 horas en llenar un pilón. ¿Cuánto tardaría en llenarse si se sustituyera por otra bomba con un caudal de 3,2 L/min?

PROPORC. …

CAUDAL (L/min)		TIEMPO (h)
2,4	⟶	12
3,2	⟶	x

b) Dos kilos y medio de patatas cuestan 1,75 €. ¿Cuánto cuestan tres kilos y medio?

PROPORC. …

PESO (kg)		COSTE (€)
2,5	⟶	1,75
3,5	⟶	x

15 Un paquete de 500 folios pesa 1,8 kg. ¿Cuánto pesará una pila de 850 folios?

16 Un tractor, trabajando 8 horas al día, labra un campo en 9 días. ¿Cuántas horas diarias debe trabajar para realizar el trabajo en solo 6 días?

17 Observa y calcula x e y.

Por 700 gramos de café molido he pagado 5,60 €.

a) ¿Cuánto costaría un paquete de 450 gramos?

b) ¿Cuánto pesa un paquete que ha costado 8 €?

PROPORC. …

PESO (g)		COSTE (€)
700	⟶	5,6
450	⟶	x
y	⟶	8

18 Una máquina embotelladora llena 450 botellas en 10 minutos.

a) ¿Cuántas botellas llena en hora y cuarto?

b) ¿Cuánto tardará en llenar 2 700 botellas?

19 Un ganadero tiene forraje para alimentar a sus 65 vacas durante 32 días.

a) ¿Cuánto le durarán las provisiones si compra 15 vacas más?

b) ¿Cuántas vacas debería tener para que durara 40 días?

20 Una merluza de dos kilos y trescientos gramos ha costado 28,75 €.

a) ¿Cuánto pagaré por otra más pequeña de kilo y medio?

b) ¿Cuánto pesaba una merluza que se ha vendido por 22,50 €?

21 Un ciclista ha recorrido 6,3 km en 18 minutos. Expresa su velocidad media en kilómetros por hora.

22 Un coche a 90 km/h tarda 20 minutos en ir de la población A a la población B. ¿Cuánto tardaría un camión a 60 km/h? ¿Y una furgoneta a 80 km/h?

23 **Problema resuelto**

Una motobomba ha vertido 1250 metros cúbicos de agua a un aljibe en 7 horas. ¿Cuánto tardará en aportar los 1000 metros cúbicos que aún faltan para llenarlo?

m^3	HORAS
1250 ⟶	7
1000 ⟶	x

$$\rightarrow \frac{1250}{1000} = \frac{7}{x} \rightarrow x = \frac{700}{125}$$

```
  7 0 0 h  |125
  0 7 5     5 h 36 min
  × 6 0
4 5 0 0 min
0 7 5 0
  0 0 0
```

Solución: Tardará 5 h 36 min.

24 Un tren, a 90 km/h, cubre un recorrido en 6 horas. ¿Cuánto tardaría a 100 km/h?

25 Un manantial que aporta un caudal de 3,5 litros por minuto llena un depósito en una hora y media.

a) ¿Cuánto tardaría si el caudal aumentara a 4,5 litros por minuto?

b) ¿Cuál debería ser el caudal para llenar el depósito en una hora y quince minutos?

26 Un tren de mercancías, a una velocidad media de 72 km/h, realiza el trayecto entre la ciudad A y la ciudad B en 7 horas.

a) ¿Cuál debería ser la velocidad media para hacer el mismo viaje en solo 6 horas?

b) ¿Cuánto tardaría a una velocidad media de 90 km/h?

27 En 2019, la keniana Brigid Kosgei consiguió el record de maratón femenino, recorriendo los 42 km 195 m de la prueba en 2 h 14 min 04 s.

a) ¿Qué tiempo invirtió por término medio en cada kilómetro? (Redondea a los segundos.)

b) ¿Qué distancia recorrió, de media, por minuto? (Redondea a los centímetros.)

Problemas de proporcionalidad compuesta

28 Resuelve mentalmente.

Dos tractores aran un campo de 5 hectáreas en 6 horas.

a) ¿Cuánto tardarían dos tractores en arar un campo de 15 hectáreas?

b) ¿Cuánto tardaría un solo tractor en arar un campo de 15 hectáreas?

c) ¿Cuánto tardarían cuatro tractores en arar 15 hectáreas?

d) ¿Cuántos tractores se necesitarían para arar un campo de 15 hectáreas en 9 horas?

29 Cincuenta terneros consumen 4 200 kilos de alfalfa a la semana.

a) ¿Cuál es el consumo de alfalfa por ternero y día?

b) ¿Cuántos kilos de alfalfa se necesitan para alimentar a 20 terneros durante 15 días?

c) ¿Durante cuántos días podemos alimentar a 10 terneros si disponemos de 600 kilos de alfalfa?

30 En un taller de confección, con 6 máquinas tejedoras, se han fabricado 600 chaquetas en 10 días.

a) ¿Cuántas prendas se fabricarían con 5 máquinas en 15 días?

b) ¿Cuántas máquinas habría que poner en producción para fabricar 750 prendas en 15 días?

c) Si se trabajara solamente con 5 máquinas, ¿cuántos días se tardaría en fabricar 750 prendas?

31 Cinco encuestadores, trabajando 8 horas diarias, completan los datos para un estudio de mercado en 27 días. ¿Cuánto tardarían en hacer el mismo trabajo 9 encuestadores trabajando 10 horas cada día?

Repartos proporcionales

32 Durante el fin de semana el parque de atracciones ha registrado 2 460 visitas, de las cuales por cada cinco del sábado hubo siete el domingo. ¿Cuántas entradas se vendieron cada uno de esos días?

33 Tres socios, A, B y C, abren una tienda de bricolaje con horario ininterrumpido de 9 h a 21 h. El primero atenderá el negocio desde su apertura hasta las dos de la tarde, el segundo, de dos a cinco, y el tercero, desde las cinco hasta el cierre. Y acuerdan repartir gastos y beneficios de forma proporcional a las horas que trabaja cada uno. Si durante el primer trimestre, a C le han correspondido 2 400 € de beneficios, ¿cuánto recibirán A y B por ese mismo periodo?

34 Una emprendedora crea una empresa de paquetería que logra distribuir 2 800 paquetes en el primer trimestre de actividad. Durante el primer mes entregó unos pocos envíos, en el segundo triplicó la actividad y en el tercero multiplicó por cuatro la del mes anterior. ¿Cuántas entregas hizo en cada uno de esos meses?

35 ¿Cómo repartirán tres socios 50 000 € de beneficios, generados por su negocio, si en su constitución el primero invirtió el doble de capital que el segundo y este el triple que el tercero?

36 En un concurso de televisión se reparte el premio entre los tres finalistas que recibirán cantidades inversamente proporcionales al número de preguntas falladas. El tercer clasificado, que falló 4 preguntas, recibió 3 000 euros. ¿Cuánto recibieron el primero y el segundo que tuvieron uno y tres fallos, respectivamente?

37 La dueña de una empresa decide repartir entre sus tres empleados un plus de beneficios de 1 300 €. Cada uno recibirá una cantidad inversamente proporcional a los días que haya faltado al trabajo. El dependiente ha faltado 4 días; la contable, 3, y el repartidor, 2. ¿Qué cantidad asignará a cada uno?

Interpreta, describe, exprésate

38 Analiza los datos y los procesos que aparecen en la ilustración siguiente y encuentra errores. Después, corrige los cálculos.

1,80
1,80
0,90
3,50

PESO (kg)		PRECIO (€)
2,5	⟶	3,50
0,25	⟶	3,5 : 10 = 0,35
2,75	⟶	3,85

39 Analiza y explica las distintas soluciones del siguiente problema. Encuentra un error y corrígelo.

Un ciclista ha recorrido 25 kilómetros en una hora y cuarto. A la misma velocidad, ¿cuánto tardaría en recorrer una etapa de 64 kilómetros?

Resolución 1

P. D.

DISTANCIA (km)		TIEMPO (min)
25	⟶	75
64	⟶	x

$$x = \frac{64 \cdot 75}{25} = 192$$

$$\begin{array}{r|l} 192 & 60 \\ \hline 12 & 3 \end{array}$$

Solución: 3 h 12 min

Resolución 2

$$\left.\begin{array}{l} 25 \text{ km} \rightarrow 1{,}25 \text{ h} \\ 64 \text{ km} \rightarrow x \end{array}\right\} x = \frac{64 \cdot 1{,}25}{25} = 3{,}20$$

Solución: 3 h 20 min

Resolución 3

$$25 \text{ km} \rightarrow \left(1 + \frac{1}{4}\right) \text{h} = 75 \text{ min}$$

$$1 \text{ km} \rightarrow 75 : 25 = 3 \text{ min}$$

$$64 \text{ km} \rightarrow 64 \cdot 3 = 192 \text{ min}$$

Solución: El ciclista tarda 192 minutos en recorrer 64 km.

LEE E INFÓRMATE

Proporciones en el mosaico

Para construir este mosaico, necesitas el mismo número de piezas azules que amarillas.

O lo que es lo mismo, la razón entre el número de rombos y cuadrados es 1:

$$\frac{\text{N.º DE ROMBOS}}{\text{N.º DE CUADRADOS}} = \frac{a}{a} = 1$$

La afirmación anterior se justifica con facilidad observando la siguiente partición del mosaico:

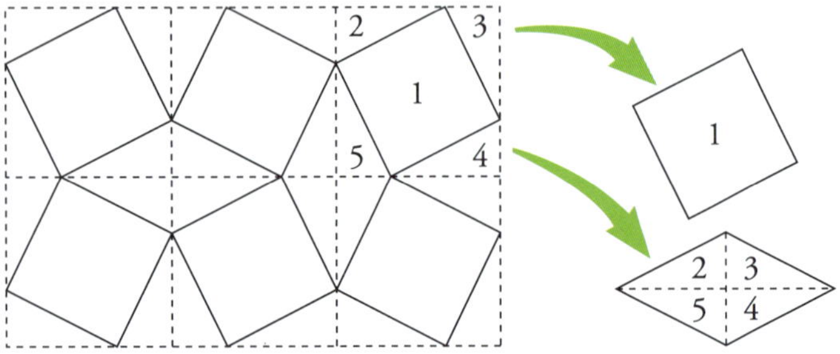

Sin embargo, si quisieras dibujarlo y, después, pintarlo, necesitarías más pintura amarilla que azul.

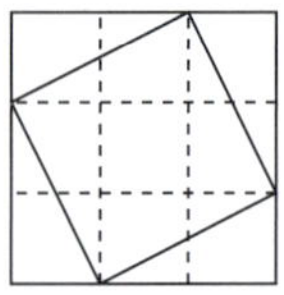

- Calcula la razón entre los botes de pintura azul y amarilla que necesitarías comprar, teniendo en cuenta los datos del gráfico de la derecha.

$$\frac{\text{N.º BOTES AZULES}}{\text{N.º BOTES AMARILLOS}} = \frac{\text{ÁREA PARTE AZUL}}{\text{ÁREA PARTE AMARILLA}} = \frac{\text{ÁREA ROMBO}}{\text{ÁREA CUADRADO}}$$

- Completa en tu cuaderno: por cada … botes de pintura azul, gastaremos … botes de amarilla.

INVESTIGA

Observa los dos cuadrados que ha cortado Ernesto de una plancha de madera. Uno es el doble de alto que el otro.

Sabiendo que el pequeño pesa 100 g, podríamos pensar que el grande pesa 200 g (a doble lado, doble peso). Sin embargo, el peso del grande es de 400 g, porque al multiplicar el lado por dos, la superficie se multiplica por cuatro.

Teniendo eso en cuenta, si de los dos dados de Paula, el pequeño pesa 100 g, ¿cuánto pesará el grande, cuya arista es el doble?

Recuerda que en anayaeducacion.es puedes encontrar orientación académica y profesional relacionada con los contenidos de esta unidad.

ENTRÉNATE RESOLVIENDO OTROS PROBLEMAS

Utiliza la lógica

- Por término medio, cinco policías municipales tardan 5 minutos en poner cinco multas. ¿Cuánto tiempo emplearán diez policías municipales en poner diez multas?
- Un arriero tiene en su cuadra una mula, un burro y un caballo. Cuando lleva a trabajar la mula y el caballo, pone $\frac{3}{5}$ de la carga en la mula y $\frac{2}{5}$ en el caballo. Sin embargo, cuando lleva el caballo y el burro, pone $\frac{3}{5}$ de la carga en el caballo y $\frac{2}{5}$ en el burro. ¿Cómo distribuirá la carga hoy si lleva los tres animales y tiene que transportar una carga de 190 kg?

Observa que el problema se reduce a un reparto en partes proporcionales a 9, 6 y 4.

$$\left.\begin{matrix}\frac{M}{C}=\frac{3}{2}\\ \frac{C}{B}=\frac{3}{2}\end{matrix}\right\} \rightarrow \left.\begin{matrix}\frac{M}{C}=\frac{9}{6}\rightarrow\frac{M}{9}=\frac{C}{6}\\ \frac{C}{B}=\frac{6}{4}\rightarrow\frac{C}{6}=\frac{B}{4}\end{matrix}\right\} \rightarrow \frac{M}{9}=\frac{C}{6}=\frac{B}{4}$$

AUTOEVALUACIÓN

anayaeducacion.es Resolución de estos ejercicios y una autoevaluación interactiva.

1 Escribe tres parejas de números cuya razón sea $\frac{3}{4}$.

2 Calcula el término desconocido en cada proporción.

a) $\frac{6}{8}=\frac{15}{x}$ b) $\frac{28}{8}=\frac{x}{6}$ c) $\frac{x}{18}=\frac{20}{24}$

3 Completa esta tabla en tu cuaderno.

MAGNITUD M	1	2	4	5
MAGNITUD N	20			

a) Suponiendo que las magnitudes M y N son directamente proporcionales.

b) Suponiendo que las magnitudes M y N son inversamente proporcionales.

4 Identifica si la siguiente tabla es de proporcionalidad directa o inversa.

MAGNITUD M	1	2	3	4	6
MAGNITUD N	48	24	16	12	8

5 Copia y completa esta tabla de proporcionalidad teniendo en cuenta que la constante de proporcionalidad es 0,75.

1			10		28
	2,25	3,75		10,50	

6 Resuelve mentalmente.

a) Caminando a razón de 4 km/h, una persona tarda 15 minutos en recorrer el circuito de entrenamiento. ¿Cuánto tarda en el mismo recorrido un corredor a 6 km/h?

b) Por tres cuartos de kilo de cerezas he pagado 2,40 €. ¿Cuánto pagaré por un kilo y un cuarto?

7 Resuelve por reducción a la unidad.

a) Un manantial arroja 180 L de agua en 6 min. ¿Cuántos litros arrojará en un cuarto de hora?

b) Abriendo 6 grifos, un depósito se vacía en 50 minutos. ¿Cuánto tardará en vaciarse abriendo solo 4?

8 Resuelve utilizando la regla de tres.

a) Un coche, a una media de 70 km/h, hace un viaje en 6 horas. ¿Cuánto tiempo invertirá en el viaje de vuelta si circula a una media de 100 km/h?

b) Por un besugo de 875 g Eva ha pagado 10,85 €. ¿Cuánto pagará Miguel por otro besugo de 1,2 kg?

9 Si 50 terneros de engorde consumen 1 400 kg de alfalfa en una semana, ¿cuántos kilos de alfalfa se necesitan para alimentar a 30 terneros durante 20 días?

10 Reparte 585 en:

a) Partes directamente proporcionales a 3, 4 y 6.

b) Partes inversamente proporcionales a 3, 4 y 6.

Compromiso ODS Visualiza el vídeo meta 8.b., piensa en una acción con la que podrías contribuir al logro de esa meta y comprométete a llevarla a cabo.

5

PORCENTAJES

Desde la Antigüedad, la organización del Estado exigía el registro de las actividades económicas. En algunas civilizaciones, como la babilonia o la egipcia hace unos 4 000 años, o más tarde la griega, los templos concedían préstamos a algunos ciudadanos y los cobraban después con intereses. Aunque entonces no se calculaban en tanto por ciento.

Resuelve con lo que sabes

1 En cierta población de la antigua Persia, por cada 12 cestos de cereal obtenidos en su cosecha, un agricultor debía pagar uno al templo y dos al Estado.

a) ¿Qué fracción de la cosecha había que entregar en total?

b) El que cosechó 30 sacos de trigo, ¿cuántos sacos entregó al templo? ¿Y al Estado?

2 En otra población, de cada 10 cestos cosechados, se pagaba uno al templo y dos al Estado.

a) ¿Cuánto se pagarían por una cosecha de 30 cestos de mijo? ¿Y por otra cosecha de 100 cestos de centeno?

b) Seguramente te habrá resultado más fácil resolver este ejercicio que el anterior. ¿Sabrías decir por qué?

En el antiguo Imperio romano, muchos siglos antes de que en Europa se impusiera el sistema decimal, algunos cálculos se hacían usando fracciones múltiplos de $\frac{1}{100}$. Por ejemplo, el emperador romano Augusto implementó un impuesto de $\frac{1}{100}$ sobre los bienes vendidos en subasta. Es decir, se cobraba un 1 % de impuestos.

Precedentes en la antigua Roma

3 Atendiendo al impuesto del emperador Augusto, ¿cuánto tributaría en una subasta una puja ganadora de 200 monedas?

4 ¿Cuánto tributaría una compra en subasta por un importe de 50 monedas? ¿Y por una compra de 250 monedas?

A partir de los siglos XIV y XV, con el desarrollo del comercio en el Renacimiento, se amplían las demandas en el terreno del cálculo y la contabilidad y se estandariza el uso de porcentajes.

La palabra porcentaje deriva del latín *per centum* que significa «por cien».

El signo de porcentaje (%) surgió en el siglo XVI a partir de la abreviatura de *cento* (cto) mediante una deformación de esta.

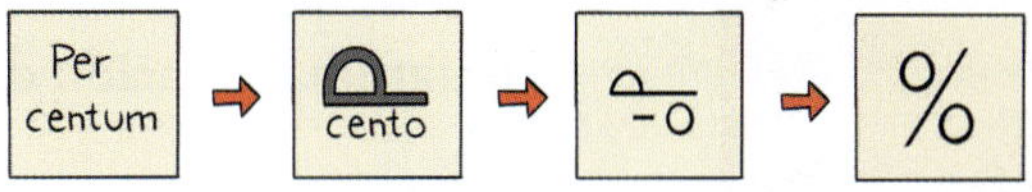

Un siglo después, el símbolo ya era comúnmente aceptado y utilizado en el sentido actual.

Empieza a manejar porcentajes

Resuelve, con lo que sabes, los ejercicios que siguen. Servirán para anunciar los contenidos de la unidad y para conocer tu punto de partida.

5 Joanna tenía ahorrados 300 € y ha gastado 60 € en unas zapatillas de deporte.

¿Qué tanto por ciento de sus ahorros ha gastado?

6 Paloma ha comprado un robot aspirador de 450 € rebajado un 20 %.

a) ¿Cuánto le han rebajado?

b) ¿Cuánto le han cobrado?

7 En un rebaño de 50 cabezas, hay 15 ovejas negras, y el resto, blancas. ¿Cuál es el porcentaje de ovejas negras? ¿Y el de ovejas blancas?

8 En un cine hay 20 filas de 10 butacas. He llegado un poco pronto y, mientras esperaba que comenzara la película, he contado 79 butacas ocupadas. ¿Qué tanto por ciento del cine estaba ocupado, aproximadamente, en ese momento?

9 Un camión inicia un viaje de 450 km y para a repostar cuando lleva recorrido un 10 % del trayecto. ¿Cuánto lleva recorrido?

10 Según la factura del agua, este mes, en casa de Juanma, han gastado 5,5 metros cúbicos de agua, que es un 10 % más que el mes pasado. ¿Cuánto gastaron el mes pasado?

1 PORCENTAJES. CONCEPTO

Un porcentaje se puede contemplar como una *proporción,* como una *fracción* o como un *número decimal.*

Un porcentaje indica una proporción

Con la frase *El 30 % de los jóvenes supera el metro ochenta de altura,* estamos diciendo que de cada 100 jóvenes, 30 miden más de 1,80 m.

TOTAL	100	200	300	50	250	…
PARTE (30 %)	30	60	90	15	?	…

Vemos que se trata de una tabla de proporcionalidad directa, lo que nos permite tratar una situación de porcentaje como una situación de proporcionalidad.

TOTAL		PARTE (30 %)
100	⟶	30
250	⟶	x

$$\frac{100}{250} = \frac{30}{x} \to x = \frac{250 \cdot 30}{100} = 75$$

$$30\,\%\text{ de }250 = \frac{250 \cdot 30}{100} = 75 \to$$ En un grupo de 250 jóvenes, hay 75 que superan la altura de 1,80 m.

> Para calcular un determinado tanto por ciento de una cantidad, se multiplica la cantidad por el tanto y se divide entre 100. $\quad a\,\%\text{ de }C = \dfrac{C \cdot a}{100}$

Ten en cuenta

30 % de 250 = 75

En toda situación de porcentaje debes diferenciar:

- El tanto de cada 100 → 30 %
- El total → 250
- La parte → 75

Un porcentaje es una fracción

Tomar el 30 % de una cantidad es dividir la cantidad en 100 partes y tomar 30; es decir, tomar la fracción $\frac{30}{100}$.

$$30\,\%\text{ de }250 = \frac{30}{100}\text{ de }250 = \frac{250 \cdot 30}{100} = 75$$

> Un porcentaje se puede calcular como la fracción de una cantidad. $\quad a\,\%\text{ de }C = \dfrac{a}{100}\text{ de }C = \dfrac{C \cdot a}{100}$

Un porcentaje se asocia a un número decimal

Un porcentaje se puede expresar en forma de fracción y, a su vez, la fracción en forma de número decimal, lo que nos proporciona una forma rápida para el cálculo de porcentajes.

$$30\,\% \to \frac{30}{100} \to 30 : 100 \to 0{,}30 \qquad 30\,\%\text{ de }250 = 250 \cdot 0{,}30 = 75$$

> Para calcular un porcentaje, se multiplica el total por el tanto por ciento expresado en forma decimal.

Para fijar ideas

1 Copia y completa las tablas.

6 %	100	200	300	400	50	450
	6					

40 %	100	200	300	10	5	15
	40					

2 Copia y completa cada uno de los esquemas en los que se calculan porcentajes recurriendo a una regla de tres.

a) Calcula el 15 % de 400.

TOTAL → PARTE

100 → 15

400 → x

$$\frac{100}{400} = \frac{15}{x}$$

$x = \frac{400 \cdot \ldots}{\ldots} \rightarrow$ 15 % de 400 = …

b) Calcula el 24 % de 675.

TOTAL → PARTE

100 → 24

675 → x

$$\frac{100}{\ldots} = \frac{\ldots}{x}$$

$x = \frac{\ldots \cdot \ldots}{100} \rightarrow$ 24 % de 675 = …

3 Copia y completa tomando cada porcentaje como la fracción de una cantidad.

a) 65 % de 340 → $\frac{\ldots}{100}$ de 340 = $\frac{\ldots \cdot 340}{100}$ = …

65 % de 340 = …

b) 5 % de 720 → $\frac{\ldots}{\ldots}$ de 720 = $\frac{\ldots \cdot \ldots}{\ldots}$ = …

5 % de 720 = …

4 Copia y completa asociando cada porcentaje a un número decimal.

a) 45 % de 980 → 0,45 · … = …

b) 8 % de 90 → 0,08 · … = …

c) 110 % de 250 → 1,10 · … = …

d) 18 % de 75 → 0,… · 75 = …

e) 6 % de 25 → … · 25 = …

f) 125 % de 40 → … · 40 = …

Para practicar

1 Calcula mentalmente.

a) 20 % de 200 b) 15 % de 200 c) 10 % de 200

d) 8 % de 200 e) 60 % de 50 f) 30 % de 50

g) 12 % de 50 h) 8 % de 50 i) 2 % de 50

2 Calcula.

a) 12 % de 750 b) 35 % de 240 c) 85 % de 360

d) 14 % de 650 e) 2,5 % de 20 f) 95 % de 20

g) 150 % de 40 h) 115 % de 200 i) 200 % de 10

3 Copia y completa en tu cuaderno, asociando cada porcentaje con un número decimal.

PORCENTAJE	35 %	24 %		8 %		95 %	120 %	
EXPRESIÓN DECIMAL	0,35		0,52		0,03			1,50

4 El 62 % de los cargos directivos de una empresa metalúrgica son varones. ¿Qué porcentaje son mujeres?

5 Unos grandes almacenes anuncian rebajas del 15 %. Al comprar un producto rebajado, ¿qué porcentaje se paga?

6 Una biblioteca pública adquiere 260 nuevos libros de los que el 25 % son novelas. ¿Cuántas novelas se han adquirido?

7 ODS Meta 11.c. En una aldea de 875 habitantes solo queda un 12 % de jóvenes. ¿Cuántos jóvenes viven en la aldea?

8 En clase somos treinta y el 90 % hemos aprobado el examen de Matemáticas. ¿Cuántos hemos aprobado?

9 En un país de quince millones de habitantes el 8 % son inmigrantes extranjeros. ¿Cuántos inmigrantes alberga?

10 Un avión transporta 425 viajeros. El 52 % son europeos; el 28 %, americanos; el 12 %, africanos, y el resto, asiáticos. ¿Cuál es el porcentaje de asiáticos? ¿Cuántos asiáticos viajan en el avión?

anayaeducacion.es Calcula porcentajes.

Cálculo rápido de algunos porcentajes

Ya sabes que cada porcentaje se asocia a una fracción: $a\% \rightarrow \frac{a}{100}$

En algunos casos esa fracción se puede simplificar dando lugar a otra equivalente muy sencilla, que facilita el cálculo mental del porcentaje.

A continuación, tienes algunos de los casos más relevantes:

- **El 50 % es la mitad.**

  $50\% \rightarrow \frac{50}{100} \rightarrow \frac{1}{2} \rightarrow$ Para calcular el 50 %, se divide entre 2.

  Por ejemplo: 50 % de 120 $\rightarrow \frac{1}{2}$ de 120 = 120 : 2 = 60

- **El 25 % es la cuarta parte.**

  $25\% \rightarrow \frac{25}{100} \rightarrow \frac{1}{4} \rightarrow$ Para calcular el 25 %, se divide entre 4.

  Por ejemplo: 25 % de 120 $\rightarrow \frac{1}{4}$ de 120 = 120 : 4 = 30

- **El 10 % es la décima parte.**

  $10\% \rightarrow \frac{10}{100} \rightarrow \frac{1}{10} \rightarrow$ Para calcular el 10%, se divide entre 10.

  Por ejemplo: 10 % de 120 $\rightarrow \frac{1}{10}$ de 120 = 120 : 10 = 12

- **El 20 % es la quinta parte.**

  $20\% \rightarrow \frac{20}{100} \rightarrow \frac{1}{5} \rightarrow$ Para calcular el 20 %, se divide entre 5.

  Por ejemplo: 20 % de 120 $\rightarrow \frac{1}{5}$ de 120 = 120 : 5 = 24

A partir de estos procedimientos puedes razonar estrategias para calcular porcentajes habituales:

- El 5 % es la mitad del 10 %.
- El 75 % es el triple del 25 %.
- El 60 % es el 50 % más el 10 %.
- El 40 % es el 50 % menos el 10 %.

Ten en cuenta

$50\% \rightarrow \frac{1}{2}$ $\quad 25\% \rightarrow \frac{1}{4}$

$75\% \rightarrow \frac{3}{4}$ $\quad 20\% \rightarrow \frac{1}{5}$

$10\% \rightarrow \frac{1}{10}$ $\quad 5\% \rightarrow \frac{1}{20}$

anayaeducacion.es Practica el cálculo de porcentajes.

Para practicar

11 Calcula en el orden en que aparecen siguiendo estrategias similares a la del ejemplo.

- $\left.\begin{array}{r}\textbf{10\% de 160 = 16}\\ \textbf{5\% de 160 = 8}\end{array}\right\} \rightarrow$ **15% de 160 = 16 + 8 = 24**

a) 10 % de 60; 5 % de 60; 15 % de 60
b) 10 % de 140; 5 % de 140; 15 % de 140
c) 10 % de 400; 5 % de 400; 15 % de 400
d) 10 % de 40; 20 % de 40; 30 % de 40
e) 50 % de 60; 5 % de 60; 45 % de 60
f) 10 % de 80; 25 % de 80; 35 % de 80

12 Calcula mentalmente.

a) 50 % de 46 b) 50 % de 120 c) 25 % de 40
d) 75 % de 40 e) 25 % de 24 f) 75 % de 24
g) 10 % de 460 h) 5 % de 460 i) 10 % de 70

13 Resuelve mentalmente.

a) Paula tenía ahorrados 280 € y ha gastado el 50 % en un monopatín. ¿Cuánto costaba el monopatín?

b) En un colegio con 280 alumnos y alumnas, el 75 % se queda al comedor. ¿Cuántos comen en el colegio?

c) De un depósito lleno, con una capacidad de 600 litros, se ha extraído el 15 %. ¿Cuántos litros se han extraído?

2 PROBLEMAS CON PORCENTAJES

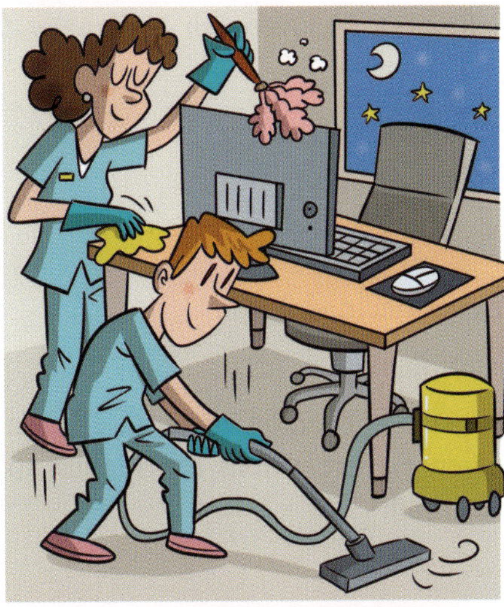

Cualquier situación de porcentaje maneja básicamente tres elementos: un *total,* un *tanto por ciento* (fracción) y la *parte* del total que corresponde a esa fracción.

Ejemplo

Una empresa de limpieza tiene 180 empleados, de los cuales el 35 % trabaja en el turno de noche. ¿Cuántos empleados hay en el turno de noche?

$$35\,\%\text{ de }180 = \frac{180 \cdot 35}{100} = 180 \cdot 0{,}35 = 63 \rightarrow$$

$$\rightarrow \begin{cases} \text{TOTAL} \ldots\ldots\ldots\ldots\ldots\ldots\ 180 \text{ empleados} \\ \text{TANTO POR CIENTO} \ldots\ 35\,\% \leftrightarrow \dfrac{35}{100} \\ \text{PARTE} \ldots\ldots\ldots\ldots\ldots\ldots\ 63 \text{ empleados} \end{cases}$$

Solución: En el turno de noche hay 63 empleados.

Veamos, ahora, otros problemas en los que se pide calcular el total o el tanto por ciento.

Cálculo del total, conocidos el tanto por ciento y la parte

Una empresa de limpieza tiene 63 empleados en el turno de noche, lo que supone el 35 % de la plantilla. ¿Cuántos empleados componen el total de la plantilla?

Observa que, en este caso, se conoce la parte y se pide el total.

$$\begin{matrix} \underline{\text{TOTAL}} & & \underline{\text{PARTE}} \\ 100 & \longrightarrow & 35 \\ x & \longrightarrow & 63 \end{matrix} \Bigg\} \ \frac{100}{x} = \frac{35}{63} \rightarrow x = \frac{63 \cdot 100}{35} = 180$$

Solución: La empresa tiene en total 180 empleados.

Teniendo en cuenta que la expresión decimal asociada al 35 % es $\frac{35}{100} = 0{,}35$, también podríamos haber resuelto el problema así:

El 35 % de una cantidad desconocida, x, es 63. Calculamos x:

$$35\,\%\text{ de } x = 63 \rightarrow 0{,}35 \cdot x = 63 \rightarrow x = 63 : 0{,}35 = 180$$

Ten en cuenta

$$85\,\%\text{ de } x = 527$$
$$\downarrow$$
$$x \cdot 0{,}85 = 527$$
$$\downarrow$$
$$x = 527 : 0{,}85 = 620$$

TOTAL → T　　PARTE → P

PORCENTAJE → a %

$$\text{T} \cdot \frac{a}{100} = \text{P}$$

Para fijar ideas

1 Copia y completa resolviendo de dos formas.

En la última sesión de un cine se han ocupado 81 butacas, lo que supone el 45 % del total de la sala. ¿De cuántas butacas dispone la sala?

a)
$$\begin{matrix} \underline{\text{TOTAL}} & & \underline{\text{PARTE}} \\ 100 & \longrightarrow & 45 \\ x & \longrightarrow & 81 \end{matrix} \Bigg\} \ \frac{100}{x} = \frac{\ldots}{\ldots} \rightarrow x = \frac{100 \cdot \ldots}{\ldots} = \ldots \rightarrow$$ *Solución:* La sala dispone de … butacas.

b) El 45 % del total de las butacas (x) es 81.

$45\,\%$ de $x = 81 \rightarrow 0{,}45 \cdot x = 81 \rightarrow x = 81 : \ldots = \ldots \rightarrow$ *Solución:* La sala dispone de … butacas.

anayaeducacion.es Calcula el total conociendo el tanto por ciento y la parte.

Cálculo del tanto por ciento, conocidos el total y la parte

De los 180 empleados que tiene una empresa de limpieza, 63 trabajan en el turno de noche. ¿Qué porcentaje trabaja de noche?

TOTAL		PARTE
180	⟶	63
100	⟶	x

$$\frac{180}{100} = \frac{63}{x} \rightarrow x = \frac{100 \cdot 63}{180} = 35$$

anayaeducacion.es Resuelve problemas con porcentajes (directos e inversos).

De cada 100 empleados, 35 trabajan de noche; es decir, el 35 %.

Solución: El 35 % de la plantilla está en el turno de noche.

Teniendo en cuenta que el tanto por ciento expresa la relación entre los empleados de noche y el total de empleados, el cociente entre ambas cantidades nos dará, también, el tanto por ciento en forma decimal:

$$63 : 180 = 0{,}35 \rightarrow a\% = 35\,\%$$

Para fijar ideas

2 Copia y completa resolviendo de dos formas.

En la última sesión de un cine se han ocupado 81 de las 180 butacas que tiene la sala. ¿Cuál ha sido el porcentaje de ocupación?

a)

TOTAL		PARTE
180	⟶	81
…	⟶	x

$$\frac{180}{\ldots} = \frac{81}{x} \rightarrow x = \frac{\ldots \cdot \ldots}{180} = \ldots$$ → *Solución:* Se ha ocupado el … % de la sala.

b) El porcentaje de ocupación, en forma decimal (a : 100), coincide con el cociente entre las butacas ocupadas y el total de butacas.

81 : 180 = 0,… → *Solución:* Se ha ocupado el … % de la sala.

Para practicar

1 Resuelve mentalmente.

a) ¿Cuál es la cantidad cuyo 50 % vale 15?

b) El 10 % de un número es 28. ¿Qué número es?

c) ¿Qué total tiene el 75 % igual a 12?

d) De 40 tomo 10. ¿Qué porcentaje tomo?

e) A 80 le quito 16. ¿Qué porcentaje he quitado?

f) ¿Qué tanto por ciento de 160 es igual a 8?

2 De un carrete de cinta se han gastado 6 m, que son el 75 % del total. ¿Cuántos metros de cinta tenía el carrete originalmente?

3 Este año, en el mes de abril, ha llovido en 12 días. ¿Qué tanto por ciento de los días ha llovido?

4 Rafael ha gastado el 90 % del dinero que llevaba en la compra de un jersey que le ha costado 45 €. ¿Cuánto dinero llevaba?

5 Dos de cada cinco de las ovejas de un rebaño han tenido esta primavera un corderito. ¿Qué porcentaje supone eso?

6 En un bidón vacío se han vertido 18 litros de aceite, ocupando el 60 % de su capacidad. ¿Cuántos litros caben en el bidón?

7 En una aldea con un censo de 380 personas se contaron 266 votos en la última consulta electoral. ¿Qué tanto por ciento votó?

8 Un arquero deportivo, entrenando, ha acertado 24 veces en el blanco, lo que supone el 96 % del total de flechas lanzadas ¿Cuántos disparos ha hecho en total?

9 Una agricultora, debido a la sequía, ha recogido este año 14 t de cebada, lo que supone, solo, un 28 % de lo que estima como una cosecha normal. ¿Cuántas toneladas recoge en un año normal?

Aumentos porcentuales

El aparcamiento del centro comercial, que tiene 180 plazas, se va a reformar aumentando su capacidad en un 20 %. ¿De cuántas plazas dispondrá después de la obra?

- **Primera forma**

$$\underset{\text{PLAZAS FINALES}}{} = \overset{180}{\text{PLAZAS INICIALES}} + \overset{20\,\%\text{ de }180}{\text{AUMENTO}}$$

AUMENTO → $20\,\% \text{ de } 180 = \dfrac{180 \cdot 20}{100} = 36$ plazas

PLAZAS FINALES → $180 + 36 = 216$ plazas

Solución: Después de la reforma, el aparcamiento dispondrá de 216 plazas.

- **Segunda forma**

Un aumento del 20 % significa que cada 100 plazas se convierten en 120.

PLAZAS INICIALES		PLAZAS FINALES
100	⟶	120
180	⟶	x

$$\frac{100}{180} = \frac{120}{x} \rightarrow x = \frac{180 \cdot 120}{100} = 216 \text{ plazas}$$

- **Forma rápida**

Observa que, en realidad, en el punto anterior hemos calculado el 120 % de 180, por lo que podíamos haber resuelto el problema así:

PLAZAS FINALES → $120\,\% \text{ de } 180 = 180 \cdot 1{,}20 = 216$ plazas

> Aumentar una cantidad en un $a\,\%$ equivale a calcular el $(100 + a)\,\%$ de dicha cantidad.

Para fijar ideas

3 Copia y completa en tu cuaderno.

a) Un viticultor ha recogido 216 toneladas de uva, lo que representa un 20 % más que el año pasado. ¿Cuántas toneladas recogió el año pasado?

COSECHA PASADA		COSECHA ACTUAL
100	⟶	120
x	⟶	216

$$\frac{\dots}{x} = \frac{120}{\dots} \rightarrow x = \frac{\dots \cdot \dots}{120} = \dots$$

Solución: El año pasado recogió ... toneladas.

b) Un viticultor recogió, el año pasado, 180 toneladas de uva, y este año, 216 toneladas. ¿En qué porcentaje ha aumentado su producción?

COSECHA PASADA		COSECHA ACTUAL
180	⟶	216
100	⟶	x

$$\frac{180}{\dots} = \frac{\dots}{x} \rightarrow x = \frac{\dots \cdot \dots}{180} = 120$$

Cada 100 toneladas del año pasado se han convertido en 120 toneladas.

Solución: La producción ha aumentado en un ... %.

Disminuciones porcentuales

El trimestre pasado hubo en la provincia 620 accidentes de tráfico. Tras adoptar medidas, las autoridades esperan rebajar la siniestralidad al menos en un 15 %. En ese caso, ¿cuál sería el máximo de accidentes en el trimestre actual?

- **Primera forma**

PREVISIÓN DE ACCIDENTES	=	ACCIDENTES TRIMESTRE ANTERIOR (620)	–	DISMINUCIÓN (15 % de 620)

DISMINUCIÓN DE ACCIDENTES → $15\,\%$ de $620 = \dfrac{620 \cdot 15}{100} = 93$ accidentes

PREVISIÓN PARA EL TRIMESTRE ACTUAL → $620 - 93 = 527$ accidentes

Solución: El máximo de accidentes previstos para el trimestre actual sería de 527.

- **Segunda forma**

Una disminución de accidentes del 15 % significa que cada 100 se quedan en 85.

ACCIDENTES ANTES		PREVISIÓN ACTUAL
100	⟶	85
620	⟶	x

$$\frac{100}{620} = \frac{85}{x} \rightarrow x = \frac{620 \cdot 85}{100} = 527 \text{ accidentes}$$

- **Forma rápida**

Observa que, en realidad, los accidentes previstos son el 85 % de 620, por lo que podemos resolver el problema así:

ACCIDENTES PREVISTOS → $85\,\%$ de $620 = 620 \cdot 0{,}85 = 527$ accidentes

Disminuir una cantidad en un $a\,\%$ equivale a calcular el $(100 - a)\,\%$ de dicha cantidad.

anayaeducacion.es Resuelve problemas de aumentos y disminuciones porcentuales.

Para fijar ideas

4 Copia y completa en tu cuaderno.

a) Hemos pagado 527 € por una bicicleta rebajada un 15 %. ¿Cuánto costaba antes de la rebaja?

PRECIO INICIAL		PRECIO FINAL
100	⟶	85
x	⟶	527

$$\frac{100}{x} = \frac{\dots}{\dots} \rightarrow x = \frac{\dots \cdot \dots}{\dots} = \dots$$

Solución: La bicicleta costaba ... €.

b) Una bicicleta que costaba 620 € se ha vendido en las rebajas por 527 €. ¿Qué porcentaje se ha rebajado?

PRECIO INICIAL		PRECIO FINAL
620	⟶	527
100	⟶	x

$$\frac{\dots}{100} = \frac{\dots}{x} \rightarrow x = \frac{\dots \cdot 100}{\dots} = \dots$$

De cada 100 €, hemos pagado 85 €, luego nos han rebajado 15 €.

Solución: Se ha aplicado un descuento del ... %.

anayaeducacion.es Calcula el aumento o disminución porcentual aplicado.

3 INTERÉS BANCARIO

> **Ten en cuenta**
>
> El tanto por ciento de beneficio anual se llama **rédito** (r).
>
> $r = 2{,}3\,\%$
>
> ↓
>
> Significa que 100 €, en 1 año, producen un beneficio de 2,30 €.

Se llama **interés** al beneficio que produce el dinero prestado. Ese beneficio es directamente proporcional a la cantidad prestada y al tiempo que dura el préstamo.

Como puedes ver, se trata de una situación de proporcionalidad compuesta.

Ejemplo

Un banco ofrece un interés anual del 2,3 %. ¿Qué beneficio obtendremos si depositamos 680 € durante 3 años?

PROPORCIONALIDAD DIRECTA (CAPITAL → BENEFICIO = INTERÉS)
PROP. DIRECTA (TIEMPO → BENEFICIO = INTERÉS)

CAPITAL		TIEMPO				BENEFICIO = INTERÉS
100 €	→	en 1 año	→	producen	→	2,30 €
1 €	→	en 1 año	→	produce	→	$\dfrac{2{,}30}{100}$ €
680 €	→	en 1 año	→	producen	→	$\dfrac{680 \cdot 2{,}30}{100}$ €
680 €	→	en 3 años	→	producen	→	$\dfrac{680 \cdot 2{,}30 \cdot 3}{100} = 46{,}92$ €

Resumiendo:

CAPITAL		TIEMPO		INTERÉS
100	→	1	→	2,30
680	→	3	→	I

$$\frac{100}{680} \cdot \frac{1}{3} = \frac{2{,}3}{I} \rightarrow I = \frac{680 \cdot 2{,}3 \cdot 3}{100} = 46{,}92 \text{ €}$$

Solución: 680 € colocados al 2,3 % durante 3 años producen 46,92 €.

> Un capital, C, colocado al r % anual durante t años produce un beneficio I.
>
> P. DIRECTA (CAPITAL → INTERÉS)
> P. DIRECTA (TIEMPO → INTERÉS)
>
> | CAPITAL | | TIEMPO | | INTERÉS |
> |---|---|---|---|---|
> | 100 | ⟶ | 1 | ⟶ | r |
> | C | ⟶ | t | ⟶ | I |
>
> $$\rightarrow \frac{100}{C} \cdot \frac{1}{t} = \frac{r}{I} \rightarrow I = \frac{C \cdot r \cdot t}{100}$$

anayaeducacion.es Resuelve problemas de interés bancario.

Para fijar ideas

1 Copia y completa en tu cuaderno.

a) ¿Qué interés debo pagar por un préstamo de 3 000 € al 8 % que devuelvo al cabo de 2 años?

Capital → $C = 3\,000$ €
Rédito → $r = 8\,\%$
Tiempo → $t = 2$ años

Interés → $I = \dfrac{\ldots \cdot 8 \cdot \ldots}{100} = \ldots$ €

b) ¿Qué interés producirá un depósito de 1 500 € colocado al 3 % durante 2 años y 3 meses?

Capital → $C = \ldots$ €
Rédito → $r = \ldots\,\%$
Tiempo → $t = 2 + \dfrac{3}{12} = 2{,}25$ años

Interés → $I = \dfrac{\ldots \cdot \ldots \cdot \ldots}{100} = \ldots$ €

4 OTROS PROBLEMAS ARITMÉTICOS

A continuación, tienes algunos tipos de problemas aritméticos de interés, que se presentan resueltos.

Analiza los procesos que incluyen para después aplicarlos en otros problemas similares.

Problemas de mezclas

Ejemplo 1. Búsqueda del precio de la mezcla

Un cocinero mezcla un bidón de 40 litros de aceite de oliva de calidad A, a 6 €/L, con otro bidón de 30 litros de aceite de calidad B, a 2,50 €/L. ¿A cómo le sale el litro de la mezcla?

	CANTIDAD (L)	PRECIO (€/L)	VALOR (€)
CALIDAD A	40	6	$40 \cdot 6 = 240$
CALIDAD B	30	2,50	$30 \cdot 2{,}50 = 75$
MEZCLA	70	x	$240 + 75 = 315$

Coste de los 70 litros de mezcla → 315 €

Coste de un litro de mezcla → 315 : 70 = 4,50 €

Solución: La mezcla le sale a 4,50 €/L.

Ejemplo 2. Búsqueda de la cantidad de un componente

¿Cuántos litros de aceite de calidad B, a 2,50 €/L, se han de mezclar con 40 litros de otro aceite de calidad A, a 6 €/L, para que el litro de mezcla salga a 4,50 €?

Idea para la resolución:

El valor que pierde en la mezcla el aceite de calidad A se equilibra (es igual) al valor que gana el aceite de calidad B.

- Valor que pierden *40 litros* de aceite A → $(6 - 4{,}5) \cdot 40 = 1{,}5 \cdot 40$
- Valor que ganan x *litros* de aceite B → $(4{,}5 - 2{,}5) \cdot x = 2 \cdot x$

$$2 \cdot x = 1{,}5 \cdot 40 \rightarrow 2 \cdot x = 60 \rightarrow x = 60 : 2 = 30$$

Solución: Para que la mezcla resulte a 4,50 €/L, los 40 litros de aceite de calidad A se han de mezclar con 30 litros de aceite de calidad B.

anayaeducacion.es Resuelve problemas de mezclas.

Para fijar ideas

1 Copia, completa y resuelve.

a) Un almacenista mezcla 80 kilos de café, clase A, a 15 €/kg, con 120 kilos de otro café inferior, clase B, a 9 €/kg. ¿A cómo sale el kilo de la mezcla?

	CANTIDAD (kg)	PRECIO (€/kg)	VALOR (€)
CAFÉ A	80		
CAFÉ B	120		
MEZCLA	200		

b) ¿Cuántos kilos de café de clase B, a 9 €/kg, se han de mezclar con 80 kilos de otro café de clase A, a 15 €/kg, para que el kilo de la mezcla resulte a 11,40 €?

- Valor que pierden en la mezcla *80 kilos* de café A:

$$(15 - \ldots) \cdot 80 = \ldots$$

- Valor que ganan en la mezcla x *kilos* de café B:

$$(11{,}40 - \ldots) \cdot x = \ldots$$

Problemas de móviles (encuentros y alcances)

Idea para la resolución

¿A qué velocidad se alejan?

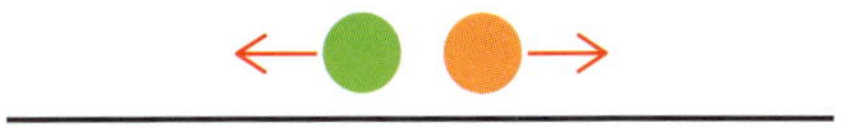

Ejemplo 1

Han salido a la vez del área de descanso. ¿Qué distancia les separará pasados 10 minutos?

- Velocidad de alejamiento → 80 + 100 = 180 km/h
- ¿Qué distancia se recorre en 10 minutos a 180 km/h?

  Si la velocidad va en km/h, el tiempo debe ir en horas → 10 min = $\frac{10}{60}$ h

$$e = v \cdot t \rightarrow e = 180 \text{ km/h} \cdot \frac{10}{60} \text{ h} = 30 \text{ km}$$

Solución: Les separará una distancia de 30 km.

Idea para la resolución

¿A qué velocidad se acercan?

Ejemplo 2

¿Cuánto tardarán en encontrarse?

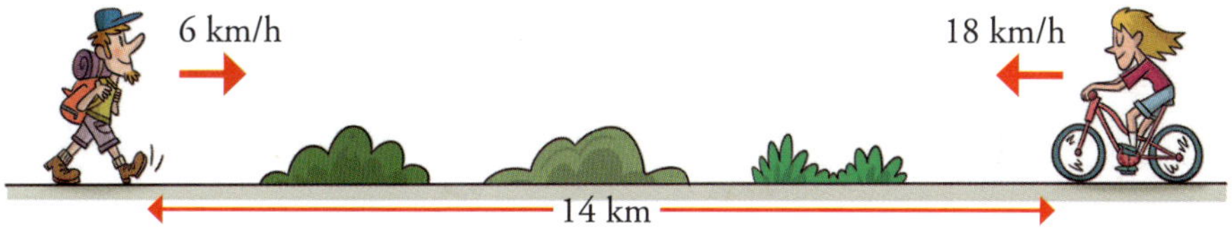

- Velocidad de acercamiento → 18 + 6 = 24 km/h
- ¿Cuánto se tarda en recorrer 14 km a 24 km/h?

$$t = e : v \rightarrow t = 14 \text{ km} : 24 \text{ km/h} = \frac{14}{24} \text{ h} = \frac{14 \cdot 60}{24} \text{ min} = 35 \text{ min}$$

Solución: Tardarán en encontrarse 35 minutos.

Ideas para la resolución

- ¿Qué ventaja lleva el primero?
- ¿A qué velocidad se acercan?

Ejemplo 3

El camión ha pasado por el control de la autopista 8 minutos antes que el coche. ¿Cuánto tardará el coche en alcanzarlo?

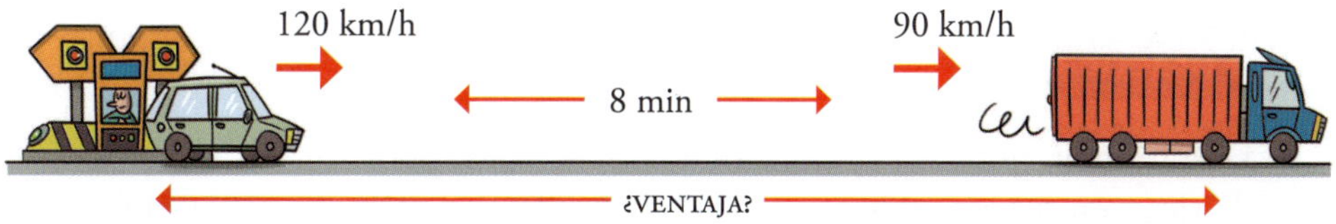

- Velocidad de acercamiento → 120 – 90 = 30 km/h
- Ventaja del camión → $e = v \cdot t$ → $e = 90 \text{ km/h} \cdot \frac{8}{60} \text{ h} = 12 \text{ km}$
- ¿Cuánto se tarda en recorrer 12 km a 30 km/h?

$$t = e : v \rightarrow t = 12 \text{ km} : 30 \text{ km/h} = 0{,}4 \text{ h} = (0{,}4 \cdot 60) \text{ min} = 24 \text{ min}$$

Solución: El coche tardará 24 minutos en alcanzar al camión.

Para practicar

1 La población M dista 96 km de la población N. Un tren de mercancías sale de M hacia N a 50 km/h. A la vez, sale de N hacia M, por una vía paralela, uno de viajeros a 110 km/h. ¿Cuánto tardan en cruzarse?

2 Un señor sale a dar un paseo en bicicleta avanzando a 8 km/h. Veinte minutos después, sale a entrenar su nieta, también en bicicleta y siguiendo el mismo camino, a 18 km/h. ¿Cuánto tarda la nieta en alcanzarle?

anayaeducacion.es Resuelve problemas de móviles.

Problemas de llenado y vaciado

Ejemplo

Un grifo, A, llena un depósito en 2 horas. Un segundo grifo, B, llena el mismo depósito en 3 horas. ¿Cuánto tardarán en llenarlo si se abren ambos simultáneamente?

El grifo A, en una hora, llena $\frac{1}{2}$ del depósito.

El grifo B, en una hora, llena $\frac{1}{3}$ del depósito.

Ambos grifos, en una hora, llenan $\frac{1}{2} + \frac{1}{3} = \frac{5}{6}$ del depósito.

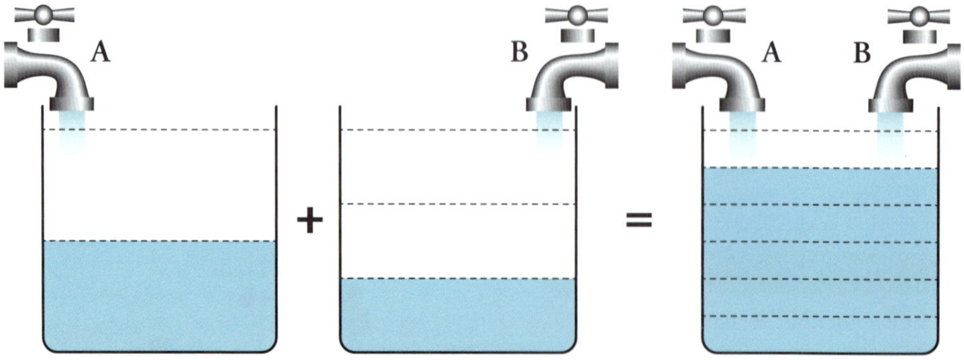

$\frac{1}{2}$ $\frac{1}{3}$ $\frac{5}{6}$

Si se abren los dos grifos a la vez:

- Llenan $\frac{5}{6}$ del depósito en una hora.
- Llenan $\frac{1}{6}$ del depósito en $\frac{1}{5}$ de hora. → 12 minutos
- Llenan $\frac{6}{6}$ del depósito en $\frac{6}{5}$ de hora. → 1 h y 12 min

Solución: Ambos grifos llenan el depósito en 1 hora y 12 minutos.

Idea para la resolución

¿Qué fracción del total cubren ambos grifos actuando simultáneamente?

anayaeducacion.es Resuelve problemas de llenado y vaciado.

Para practicar

3 Una bomba, que saca agua de un pozo, llena un pilón de riego en 5 horas. Una segunda bomba llena el mismo pilón en 7 horas. ¿Cuánto tardarían en llenar el mismo pilón trabajando juntas?

4 Una piscina tiene dos desagües. Si abrimos el primero, la piscina se vacía en 2 horas, y si abrimos el segundo, se vacía en 4 horas. ¿Cuánto tardará en vaciarse si abrimos simultáneamente ambos desagües?

5 Una cuadrilla de segadores corta un campo de heno en 3 horas. Una segunda cuadrilla tardaría 6 horas en segar el mismo campo.

¿Cuánto tardarían en segar el campo las dos cuadrillas a la vez?

6 El ciclista que sale de A tarda 50 minutos en llegar a B, y el que sale de B tarda 30 minutos en llegar a A.

Si salen a la vez, ¿cuánto tardarán en encontrarse?

Cálculo con porcentajes

1 Calcula mentalmente.

a) 50 % de 220 b) 50 % de 82
c) 50 % de 12 d) 25 % de 800
e) 75 % de 800 f) 25 % de 280

2 Calcula mentalmente.

a) 50 % de 30 → 150 % de 30
b) 10 % de 40 → 110 % de 40
c) 25 % de 600 → 125 % de 600

3 Obtén mentalmente el valor de x en cada caso.

a) 50 % de $x = 150$ b) 50 % de $x = 7$
c) 25 % de $x = 120$ d) 25 % de $x = 6$
e) 75 % de $x = 150$ f) 75 % de $x = 9$

4 Obtén, mentalmente, el valor de x en cada caso.

a) 10 % de $x = 31$ b) 10 % de $x = 4$
c) 20 % de $x = 18$ d) 20 % de $x = 86$
e) 5 % de $x = 35$ f) 5 % de $x = 2$

5 Calcula.

a) 15 % de 160 b) 13 % de 700
c) 12 % de 3 625 d) 4 % de 75
e) 76 % de 1 200 f) 5 % de 182
g) 2,4 % de 350 h) 1,7 % de 2 500

6 Copia y completa en tu cuaderno.

a) Para calcular el 30 % se divide entre 10 y se multiplica por…
b) Para calcular el 70 %, se divide entre … y se multiplica por 7.
c) Para calcular el 75 %, se divide entre 4 y se multiplica por…
d) Para calcular el 40 %, se divide entre 10 y se multiplica por…
e) Para calcular el 5 %, de divide primero entre 10 y luego entre…

Relaciones porcentajes-fracciones-decimales

7 Completa en tu cuaderno.

PORCENTAJE	20 %	85 %	5 %	2 %	115 %
FRACCIÓN	1/5				
N.° DECIMAL	0,20				

8 Calcula como se hace en el ejemplo.

- **15 % de 280 = 280 · 0,15 = 42**

a) 18 % de 1 350 b) 57 % de 2 400
c) 8 % de 125 d) 6 % de 40

9 Calcula x como en el ejemplo.

- **15 % de $x = 42$ → $x \cdot 0,15 = 42$ →**
→ $x = 42 : 0,15 = 280$

a) 20 % de $x = 27$ b) 17 % de $x = 595$
c) 5 % de $x = 3,2$ d) 7 % de $x = 17,5$

10 Calcula el valor de n en cada caso.

a) 40 % de $n = 66$ b) 15 % de $n = 69$
c) 85 % de $n = 40,8$ d) 16 % de $n = 14,40$
e) 8 % de $n = 4,4$ f) 6 % de $n = 28,5$

11 Observa el ejemplo y calcula el tanto por ciento que corresponde en cada caso.

- $\mathbf{t\% \text{ de } 180 = 63 \rightarrow 180 \cdot \frac{t}{100} = 63}$

$\mathbf{\frac{t}{100} = 63 : 180 = 0,35 \rightarrow t\% = 35\%}$

a) t% de 165 = 66 b) t% de 460 = 69
c) t% de 48 = 40,8 d) t% de 90 = 14,40

12 El gráfico representa la relación entre la población autóctona y la inmigrante en un pueblo agrícola del sur de España.

a) ¿Qué fracción de la población es inmigrante?
b) ¿Cuántas de cada 1 000 personas son inmigrantes?
c) ¿Cuántas de cada 100 personas son inmigrantes?
d) ¿Cuál es el porcentaje de inmigrantes?

Problemas con porcentajes

13 Un empleado gana 1 700 euros al mes y gasta el 40 % en pagar la hipoteca de su vivienda. ¿Cuánto le queda para afrontar el resto de sus gastos?

14 Un colegio tiene una matrícula de 425 alumnos y alumnas. El 8 % se ha apuntado al taller de ajedrez. ¿Cuántos y cuántas hay en el taller de ajedrez?

15 De una clase de 35 alumnos y alumnas, han ido de excursión 28. ¿Qué tanto por ciento de la clase ha faltado a la excursión?

16 Un embalse tenía, a principios de verano, 775 decámetros cúbicos de agua. Durante el estío, sus reservas han disminuido en un 68 %. ¿Cuáles son las reservas actuales ahora, al final del verano?

17 Una familia con unos ingresos mensuales de 2 450 € ha gastado este mes 343 € en ocio. ¿Qué tanto por ciento de los ingresos ha dedicado al ocio?

18 En el último partido de baloncesto de mi equipo, los cinco titulares que salieron de entrada consiguieron los siguientes resultados:

	INTENTOS	CANASTAS
ROGER	14	7
LUISMA	3	3
GORKA	10	7
MILLER	18	15
O'BRIAN	11	10

Averigua los porcentajes de acierto de cada jugador.

19 Un hotel tiene 187 habitaciones ocupadas, lo que supone el 85 % del total. ¿De cuántas habitaciones dispone el hotel?

20 Un embalse está al final del verano al 23 % de su capacidad. Si en ese momento contiene 92 dam^3 de agua, ¿cuál es la capacidad total del embalse?

21 Luisa tiene de tarea resolver 18 problemas de matemáticas de los que ya ha solucionado más del 65 %, pero menos del 70 %. ¿Cuántos problemas le quedan por resolver?

22 Un depósito de agua está al 93 % de su capacidad. Si se añaden 1 400 litros, quedará completo. ¿Cuál es la capacidad del depósito?

23 Olga ha comprado una blusa que costaba 45 € pero le han hecho una rebaja del 15 %. ¿Cuánto ha pagado?

24 Un jersey que costaba 45 € se vende en las rebajas por 36 €. ¿Qué tanto por ciento se ha rebajado?

25 Hace cinco años compré un piso por 240 000 €. En este tiempo, la vivienda ha subido un 37 %. ¿Cuánto vale ahora mi piso?

26 El billete de autobús ha subido un 8 % y ahora cuesta 2,70 €. ¿Cuánto costaba antes de la subida?

27 Un hortelano tiene un campo de 3 500 m^2 y desea plantar un 45 % de ellos con tomates. ¿Cuántas plantas debe comprar si coloca 9 por metro cuadrado y siempre compra un 10 % más?

28 Calcula el interés producido por un capital de 3 500 euros, colocado al 5 % anual durante 3 años.

29 Si pido un préstamo de 4 500 euros, al 6,5 %, y lo devuelvo en 4 años, ¿qué intereses debo pagar?

30 **Problema resuelto**

Calcular el interés que produce, en 5 meses, un capital de 7800 €, colocado al 3 % anual.

- Interés en un año → $I_{1\ \text{año}} = \dfrac{7\,800 \cdot 3}{100} = 234$ €
- Interés en 1 mes → $I_{1\ \text{mes}} = 234 : 12 = 19{,}50$ €
- Interés en 5 meses → $I_{5\ \text{meses}} = 19{,}5 \cdot 5 = 97{,}50$ €

31 ¿Qué interés producen 800 euros al 6 % durante un año? ¿Y durante un mes? ¿Y durante 7 meses?

32 Calcula el interés que produce en 5 meses un capital de 9 000 € colocado al 4 % anual.

33 Calcula los intereses que genera un préstamo de 6 000 euros al 4,5 % durante 2 meses y 13 días.

34 Tres compañeros de oficina gastan 20 € en una quiniela. Adrián pone 9 €, Patricia, 6 €, y Esteban, el resto. La quiniela resulta premiada con 740 €. ¿Cómo repartirán el premio?

35 Un mayorista ha pagado 1 275 € a tres hortelanos a los que ha comprado, respectivamente, 400 kg, 300 kg y 800 kg de nectarinas. ¿Cuánto ha cobrado cada hortelano?

36 Un comerciante mezcla 80 kg de café de 10,50 €/kg con 60 kg de otro café de calidad superior, que cuesta a 14 €/kg. ¿A cuánto sale el kilo de mezcla?

37 Un coche, que avanza por una carretera a 85 km/h, se cruza con una furgoneta que circula en sentido contrario a 65 km/h. ¿Qué distancia los separará pasados 4 minutos?

38 Un tren sale de A hacia B a 70 km/h. Simultáneamente, por una vía paralela, sale de B hacia A otro tren a 80 km/h. Si la distancia de A a B es de 230 km, ¿cuánto tardarán en cruzarse?

39 Un ciclista sale de cierta población a una velocidad de 15 km/h. Veinte minutos después sale en su persecución una moto a 45 km/h. ¿Cuánto tardará en alcanzarlo?

40 Una fuente tiene dos caños, A y B. El primero llena cierto cántaro en 6 minutos y el segundo hace lo mismo en 10 minutos. ¿Cuánto tardará en llenarse el cántaro si se conectan ambos caños simultáneamente?

41 Un grifo llena un depósito en 3 horas y un desagüe lo vacía en 4 h. ¿Cuánto tardará en llenarse el depósito si se abre el grifo y, por descuido, no se cierra el desagüe?

42 Un camión hace el trayecto de A hacia B en 5 horas. Un coche cubre el trayecto inverso, de B hacia A en 3 horas. Si salen simultáneamente, ¿cuánto tardarán en cruzarse?

Interpreta, describe, exprésate

43 Eva, Juan y Sara han resuelto este problema de diferentes formas. Explica lo que ha hecho cada uno.

Una oficina tiene 45 empleados y en agosto se va de vacaciones el 80 %. ¿Cuántos empleados trabajan en agosto?

Resolución de Eva

$100\,\% - 80\,\% = 20\,\% \rightarrow 20\,\%$ de $45 = 45 \cdot \dfrac{20}{100} = 9$

Solución: En agosto trabajan 9 empleados.

Resolución de Juan

$80\,\%$ de $45 = \dfrac{45 \cdot 80}{100} = 36 \rightarrow 45 - 36 = 9$

Solución: En agosto trabajan 9 empleados.

Resolución de Sara

TOTAL		DE VACACIONES		TRABAJANDO
100	→	80	+	20
10	→	8	+	2
5	→	4	+	1
40	→	32	+	8
45	→	36	+	9

Solución: En agosto trabajan 9 empleados.

44 Bea y Alberto han resuelto el siguiente problema, pero una de las dos soluciones es errónea. Di cuál y explica por qué.

Unas zapatillas deportivas, rebajadas un 20 %, cuestan ahora 80 €. ¿Cuánto costaban sin la rebaja?

Resolución de Bea

Rebaja → $20\,\%$ de $80 = 80 \cdot 0{,}20 = 16$

Precio sin rebaja → $80 + 16 = 96$ €

Solución: Las deportivas, sin rebaja, costaban 96 €.

Resolución de Alberto

$$100\,\% - 20\,\% = 80\,\%$$

$$0{,}80\,\% \text{ de } x = 80 \rightarrow x = 80 : 0{,}80 = 100$$

Solución: Las deportivas, sin rebaja, costaban 100 €.

Problemas «+»

45 En unos grandes almacenes, rebajan un abrigo un 20 % en las primeras rebajas y, sobre ese precio, vuelven a hacer otro 20 % de descuento en las segundas rebajas. ¿Qué porcentaje del precio original se ha rebajado el abrigo?

Supón que el abrigo costaba inicialmente 100 euros.

46 Un pantano perdió durante el mes de agosto el 20 % del agua que tenía embalsada y en septiembre recuperó el nivel anterior. ¿En qué porcentaje aumentó durante septiembre?

47 Un tren de carga sale de A hacia B a las ocho de la mañana a 90 km/h. A las ocho y veinte sale de B hacia A, por una vía paralela, un tren rápido a 150 km/h. Sabiendo que la distancia entre A y B es de 102 km, ¿a qué distancia de A se cruzan y a qué hora ocurre?

48 Un comerciante pacta con su banco un préstamo de 18 000 €, a recibir el uno de junio y devolver el veinte de septiembre, a un interés anual del 7,3 %. ¿Cuánto le costará el préstamo si todo se desarrolla según las condiciones pactadas?

49 Alejandra ingresa en su banco un capital de 400 € en una cuenta retribuida con un interés del 5 % anual. Los beneficios se ingresan en la cuenta al final de cada año. ¿Cuál será el saldo al final del tercer año?

LEE E INFÓRMATE

El interés compuesto

En esta unidad has estudiado el beneficio (Interés → I) que produce un capital (C) invertido o prestado, a un determinado tanto por ciento (Rédito → r %) durante un tiempo (t).

$$I = \frac{C \cdot r \cdot t}{100}$$

A ese tipo de interés se le denomina **simple,** y te ha servido para iniciarte en las claves del manejo del dinero.

Sin embargo, en la práctica suelen utilizarse fórmulas más complejas.

Supón que una cantidad C se coloca al 3 % anual, acordando con el banco que *los beneficios se sumen a la cuenta al final de cada año.*

$$C \text{ (Al principio de año)} \rightarrow C + \frac{C \cdot 3 \cdot 1}{100} = C + 0{,}3 \cdot C = 1{,}03 \cdot C \text{ (al final de año)}$$

Así, el dinero que haya en la cuenta, se convierte, al final de cada año, en el 103 % del que había al principio. Es decir, va creciendo año tras año.

INICIO	1.ER AÑO	2.º AÑO	3.ER AÑO	...
C	$1{,}03 \cdot C$	$(1{,}03)^2 \cdot C$	$(1{,}03)^3 \cdot C$	...

Como ves, la cosa se complica.

Pues fíjate cómo será cuando el beneficio se suma a la cuenta cada mes.

Cuando el dinero se coloca en estas condiciones, decimos que el interés es **compuesto** y las fórmulas, que estudiarás en cursos superiores, son más complejas.

INVESTIGA

¡Tres por dos!

Habrás visto ofertas como esta en supermercados. ¿Podrías decir qué porcentaje de rebaja implica?

Observa estas dos opiniones y piensa cuál es la correcta.

Pablo

Si pago dos y me regalan uno, es como si me regalaran medio artículo por cada uno que pago. → La rebaja es del 50 %.

Laura

Supón que compras un artículo que cuesta 1 €.

Dos unidades cuestan 2 € y tres unidades, 3 €.

Por tanto, si pagas dos y te llevas tres, ¿cuánto pagas si te llevas 100?

$$\frac{2}{3} = \frac{x}{100} \rightarrow x = \frac{2 \cdot 100}{3} = 66{,}666\ldots$$

Pagas el 66,66 %. → La rebaja es del 33,33 %.

Recuerda que en anayaeducacion.es puedes encontrar orientación académica y profesional relacionada con los contenidos de esta unidad.

Recuerda que dispones, en tu banco de recursos:

- de diversos talleres para gestionar tus emociones y de una diana para evaluarlas.
- de fichas para mejorar tu ciudadanía digital.

ENTRÉNATE RESOLVIENDO OTROS PROBLEMAS

Imagina el espacio

- ¿Qué tanto por ciento del cuadrado verde está tapado por el rojo? ¿Qué tanto por ciento del rojo está tapado por el verde?

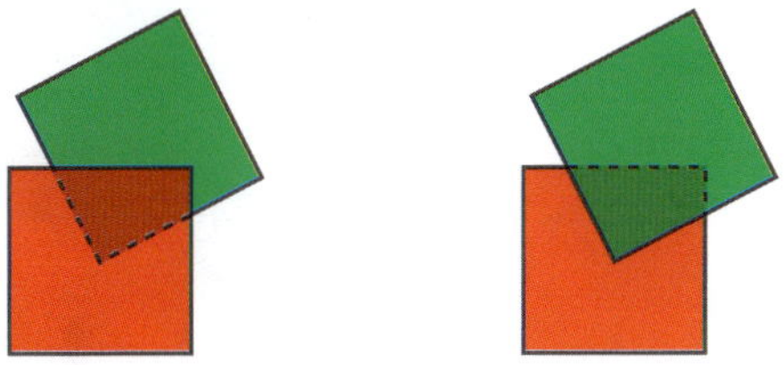

- ¿Qué tanto por ciento del cubo amarillo coincide con el verde? ¿Qué tanto por ciento del cubo verde coincide con el amarillo?

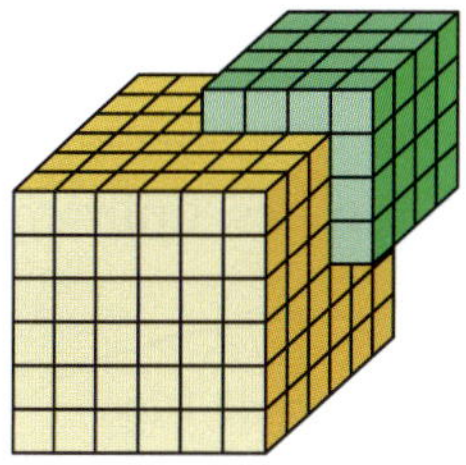

Utiliza la lógica

- Tres hermanos, Ana, Bego y Ciro, van a la misma clase y comparten las tareas escolares. También comparten las tareas domésticas. Ayer debían hacer 12 problemas de matemáticas. Ana hizo 4 y Bego 8.

  Ciro los copió, pero en compensación se comprometió a hacer 6 veces la cama para sus hermanas.

  ¿Cuántas veces debe hacerle la cama a Ana y cuántas a Bego?

- Rosa y Pablo caminan a 4 km/h. El perro escapa y corre a 10 km/h hasta encontrar a Pablo. Entonces vuelve hacia ella y repite la operación hasta que los tres se encuentran juntos. ¿Qué distancia habrá recorrido el perro en total?

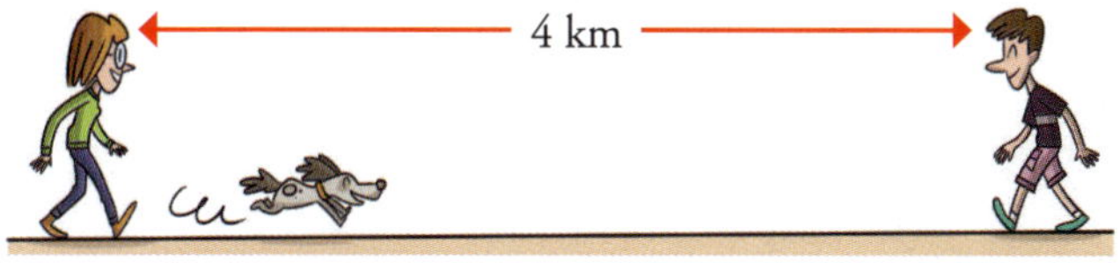

AUTOEVALUACIÓN

anayaeducacion.es Resolución de estos ejercicios y una autoevaluación interactiva.

1 Calcula mentalmente.

a) 50 % de 220 b) 25 % de 60
c) 75 % de 40 d) 10 % de 370
e) 20 % de 500 f) 5 % de 40

2 Completa la tabla en tu cuaderno.

PORCENTAJE	25 %				140 %
FRACCIÓN			3/20		
N.° DECIMAL		0,80		0,07	

3 Calcula.

a) 65 % de 80 b) 4 % de 3 200
c) 16 % de 160 d) 150 % de 38

4 De un pilón de agua que contenía 36 000 litros, se ha gastado un 15 %. ¿Cuántos litros quedan?

5 En una clase de 30 alumnos y alumnas, hoy han faltado 6. ¿Qué porcentaje ha faltado?

6 ¿Cuánto pagaremos por una camisa que costaba 40 € si se ha rebajado un 15 %?

7 Un hospital tiene 210 camas ocupadas, lo que supone el 84 % de las camas disponibles. ¿De cuántas camas dispone el hospital?

8 La hogaza de pan ha subido hoy un 4 % y ahora cuesta 2,60 €. ¿Cuánto costaba ayer?

9 Calcula el interés producido por un capital de 5 500 €, colocado al 3,6 % durante 4 años.

10 ¿Cuántos litros de aceite de oliva a 3,20 €/L hay que mezclar con 150 litros de aceite de girasol, a 1,60 €/L, para que la mezcla salga a 2,60 €/L?

11 Una furgoneta sale de cierta población a 60 km/h. Diez minutos después sale en su persecución una moto a 90 km/h. ¿Cuánto tardará en darle alcance?

12 Un grifo llena un depósito en 5 horas. Otro grifo llena el mismo depósito en 3 horas. ¿Cuánto tardará en llenarse si se abren ambos simultáneamente?

Compromiso ODS Visualiza el vídeo meta 5.c., piensa en una acción con la que podrías contribuir al logro de esa meta y comprométete a llevarla a cabo.

6

ÁLGEBRA

Los babilonios, los egipcios y los antiguos griegos practicaban el **álgebra retórica:** todo se describía con el lenguaje corriente. También los árabes, muchos siglos después, utilizaron el álgebra retórica. Llamaron a la incógnita *la cosa.*

Matemáticos como **Pitágoras** (siglo VI a. C.), **Euclides** (siglo III a. C.) y **Al-Jwarizmi** (siglo IX), en muchos casos, recurrieron a representaciones geométricas para justificar relaciones algebraicas, y para resolver ecuaciones. A esto se le llamó **álgebra geométrica.**

Así se podría abordar el problema del campesino egipcio con ayuda de una figura geométrica.

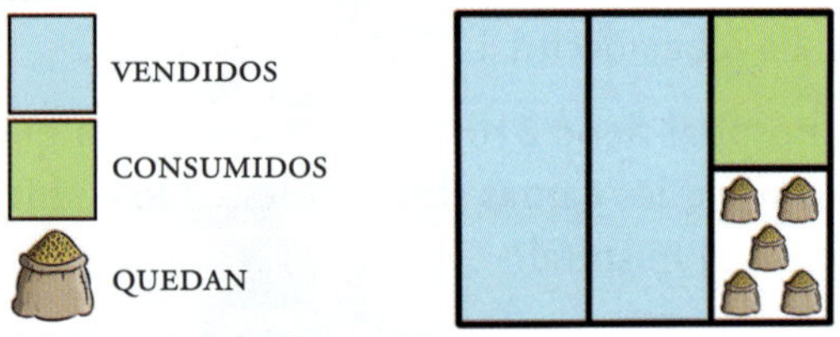

Total → $5 \times 2 \times 3 = 30$

Álgebra y geometría

1 ¿Qué propiedad, relacionada con la suma y la multiplicación, se justifica en el siguiente gráfico?

$$m \cdot (a + b + c) = m \cdot a + m \cdot b + m \cdot c$$

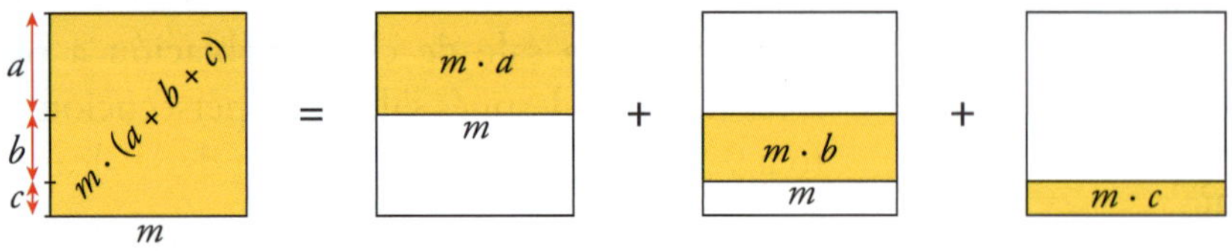

En el siglo III, **Diofanto** utilizó una serie de abreviaturas que simplificaron notablemente el lenguaje algebraico. En este sentido fue un adelantado a su época, pues hasta doce siglos después, en Europa, no se avanzó en esta tarea.

En el siglo XV, la terminología matemática se fue enriqueciendo hasta llegar a los franceses **Vieta** (siglo XVI) y **Descartes** (siglo XVII), que dotaron al álgebra de un **lenguaje** definitivamente **simbólico,** prácticamente igual al que usamos en la actualidad.

El lenguaje algebraico

2 Para el problema egipcio de la página anterior:

- N.º de sacos $\rightarrow x$
- Vendidos $\rightarrow \frac{2}{3}$ de $x \rightarrow \frac{2x}{3}$
- No vendidos $\rightarrow \frac{x}{3}$
- Consumidos $\rightarrow \frac{1}{2}$ de $\frac{x}{3} \rightarrow \frac{x}{6}$
- Quedan $\rightarrow \frac{x}{6} = 5$

¿Cuál es el valor de x?

3 Si yo construyera un castillo de naipes de, por ejemplo 15 pisos, ¿tú me dirías el número de huecos (triángulos) formados? ¿Y me dirías también el número de naipes empleados?

NOTA: Encontrarás las respuestas en algunas de las expresiones que ves a la derecha.

N.º DE PISOS	1	2	3	4	…	n
N.º DE TRIÁNGULOS	1	4			…	?
N.º DE CARTAS	2	7			…	?

- n^2
- $n^2 - 2$
- $\frac{n^2 + n}{2}$
- $\frac{3n^2 + n}{2}$

1 EL ÁLGEBRA: ¿PARA QUÉ SIRVE?

El **álgebra** abarca la parte de las matemáticas en la que se utilizan letras para expresar números de valor desconocido, variable o indeterminado. Constituye un **lenguaje** que facilita la construcción y la descripción de los procesos matemáticos. Veamos algunos ejemplos de las aplicaciones del álgebra.

Expresar propiedades aritméticas

- La suma es asociativa, pero la resta no.

$$(a + b) + c = a + (b + c) \qquad (a - b) - c \neq a - (b - c)$$

- La multiplicación es distributiva respecto de la suma.

$$a \cdot (b + c) = a \cdot b + a \cdot c$$

Generalizar series numéricas (Término general)

anayaeducacion.es Ayuda al razonamiento: término general de una serie.

Ejemplo

$$\left.\begin{matrix} a_1 & a_2 & a_3 & a_4 & a_5 & \dots \\ \downarrow & \downarrow & \downarrow & \downarrow & \downarrow & \\ 0 & 2 & 6 & 12 & 20 & \dots \\ (0 \cdot 1) & (1 \cdot 2) & (2 \cdot 3) & (3 \cdot 4) & (4 \cdot 5) & \end{matrix}\right\} a_n = \begin{cases} (n-1) \cdot n \\ n^2 - n \end{cases}$$

Así, por ejemplo, si queremos saber el décimo término de la serie:

$$a_{10} = 9 \cdot 10 = 90 \quad \text{o bien} \quad a_{10} = 10^2 - 10 = 90$$

Expresar relaciones entre magnitudes (Fórmulas)

FACTURA

Desplazamiento...... → 50 €

Coste hora............. → 35 €

Tiempo (horas)....... → h

Materiales.............. → m

Total → $35 \cdot h + m + 50$

IVA 21 %

A pagar:

$0,21 \cdot (35 \cdot h + m + 50)$

- El interés, I, que produce en t meses un capital, C, colocado en el banco al r % anual. $\rightarrow I = \dfrac{C \cdot r \cdot t}{12 \cdot 100}$

  Así, un capital de 4 000 €, colocado al 1,5 % durante 8 meses, produce unos intereses de 40 €. $\rightarrow I = \dfrac{4\,000 \cdot 1{,}5 \cdot 8}{12 \cdot 100} = 40$ €

- El área, A, de un rombo de diagonales d_1 y d_2 $\rightarrow A = \dfrac{d_1 \cdot d_2}{2}$

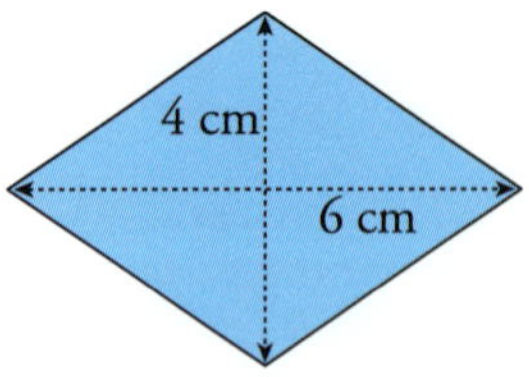

$$A = \frac{6 \cdot 4}{2} = 12 \text{ cm}^2$$

Expresar y operar números de valor indeterminado (Expresiones algebraicas)

anayaeducacion.es Refuerza: traducción de enunciados a lenguaje algebraico.

Ejemplos

- Un número natural ⟶ a
- El siguiente ⟶ $a + 1$
- El doble del siguiente ⟶ $2 \cdot (a + 1)$
- El cuadrado del siguiente ⟶ $(a + 1)^2$

Expresar relaciones que facilitan la resolución de problemas (Ecuaciones)

Ejemplo

En un test de 20 preguntas, se consiguen 3 puntos por cada respuesta acertada y se pierden 2 por cada respuesta errónea o en blanco.

¿Cuántos aciertos y cuántos fallos ha tenido Begoña, si ha obtenido 40 puntos?

Aciertos $\to x$ Fallos $\to 20 - x$

PUNTOS GANADOS	–	PUNTOS PERDIDOS	=	PUNTUACIÓN OBTENIDA
$3x$		$2 \cdot (20 - x)$		40

$$3x - 2(20 - x) = 40 \to x = 16$$

Comprobación: $3 \cdot 16 - 2(20 - 16) = 40$

Solución: Begoña ha tenido 16 aciertos y 4 fallos.

Para practicar

1 ¿Cuál de estas identidades de la derecha corresponde al enunciado de la izquierda?

Propiedad asociativa de la multiplicación:

Al multiplicar tres o más números, si se agrupan de diferentes formas, el resultado no varía.

- $a \cdot b \cdot c = c \cdot a \cdot b$
- $(a \cdot b) \cdot c = a \cdot (b \cdot c)$
- $a \cdot (c + 1) = a \cdot c + a$

2 Copia y completa las casillas vacías.

1	2	3	4	5	…	n
			10		…	$3n - 2$

3 Escribe los cinco primeros elementos de la serie cuyo término general es $a_n = \frac{3n+1}{2}$.

4 Escribe el término general de estas series:

a) 1 - 4 - 9 - 16 - 25 - … $\to a_n = ?$

b) 0 - 3 - 8 - 15 - 24 - … $\to b_n = ?$

5 El sueldo mensual bruto, el IRPF y el sueldo neto de los empleados de una empresa se calculan con las siguientes fórmulas:

$S_b = 900 + 3a + 10b$

$\text{IRPF} = 0{,}21 \cdot S_b$

$S_n = 0{,}79 \cdot S_b$

a = Antigüedad (años)

b = Horas extras

a) ¿Cuánto cobrará este mes un empleado con 8 años de antigüedad y 21 horas extras acumuladas?

b) ¿Cuánto le retendrán por el IRPF?

6 La suma de los n primeros números naturales es:

$$1 + 2 + 3 + 4 + \ldots + n = \frac{n^2 + n}{2}$$

Calcula la suma $1 + 2 + 3 + \ldots + 50$.

7 Un comerciante adquiere, para su posterior venta, una partida de 100 camisetas. Y para planificar sus cuentas, maneja las siguientes variables:

$C \to$ Coste total de la compra

$v \to$ Precio de venta (por unidad)

$G \to$ Gastos

$B \to$ Beneficios

Escribe una igualdad que relacione estas cuatro variables.

8 Traduce en tu cuaderno a lenguaje algebraico las edades de los miembros de esta familia:

	EDAD
Javi Tiene x años.	x
Pepa (hermana) Es un año menor que Javi.	
Carol (madre) Tuvo a Javi a los 22 años.	
Álex (padre) Triplica la edad de Pepa.	

9 Teniendo en cuenta a la familia del ejercicio anterior, escribe una igualdad en la que se refleje este nuevo dato: *El padre de Javi tiene 3 años menos que la madre.*

Calcula por tanteo la edad de Javi.

anayaeducacion.es Escribe elementos de una serie.

2 EXPRESIONES ALGEBRAICAS

Una expresión formada por letras y números recibe el nombre de **expresión algebraica.**

Empecemos estudiando las más sencillas: los monomios.

Monomios

Un **monomio** es el *producto* indicado de un valor conocido **(coeficiente)** por uno o varios valores desconocidos, representados por letras **(parte literal).**

$3a$: COEFICIENTE 3 — PARTE LITERAL a

$\frac{3}{5}xy^2$: COEFICIENTE $\frac{3}{5}$ — PARTE LITERAL xy^2

GRADO DE UN MONOMIO

Se llama grado de un monomio al número de factores que forman la parte literal.

$4a^2 \rightarrow$ MONOMIO DE SEGUNDO GRADO ($a \cdot a$)

$5x^2y^2 \rightarrow$ MONOMIO DE CUARTO GRADO ($x \cdot x \cdot y \cdot y$)

VALOR NUMÉRICO DE UN MONOMIO

Es el valor del monomio cuando las letras toman valores concretos.

El valor numérico de $2ab^2$ para $a = 1$ y $b = 2$ es 8.

$$2ab^2 \xrightarrow[b=2]{a=1} 2 \cdot 1 \cdot 2^2 = 8$$

MONOMIOS SEMEJANTES

Se dice que dos monomios son semejantes cuando tienen la parte literal idéntica.

$3a$ SON SEMEJANTES $-2a$

$4x^2y$ SON SEMEJANTES $\frac{1}{5}x^2y$

Suma de monomios

- Dos monomios solo se pueden sumar si son semejantes. En ese caso, se suman los coeficientes, dejando la misma parte literal.
- Si los monomios no son semejantes, la suma queda indicada.

Ejemplos

- $5a + 2a = 7a$
- $8x^2 - 3x^2 = 5x^2$
- $3x + 2x^2 \longrightarrow$ queda indicada
- $a^2 - a + a^2 = 2a^2 - a \longrightarrow$ queda indicada

Ejemplo

$-5ax^2 \longrightarrow$ MONOMIO

- COEFICIENTE $\longrightarrow -5$
- PARTE LITERAL $\longrightarrow ax^2$
- GRADO $\longrightarrow 3$

$\underbrace{a \cdot x \cdot x}_{3}$

anayaeducacion.es Practica el reconocimiento de los elementos de un monomio.

Ejemplo

$5x^2 \longleftrightarrow \frac{1}{2}x^2$

IDÉNTICA PARTE LITERAL

anayaeducacion.es Practica la suma y la resta de monomios.

Para fijar ideas

1 Copia y completa en tu cuaderno.

a) $2x + 3x = 5x$
$3x + x = \dots$
$5x + 4x = \dots$
$3x + 4x + x = \dots$

b) $5x - 2x = 3x$
$3x - x = \dots$
$7x - 3x = \dots$
$2x - 3x = \dots$

c) $3x^2 + 4x^2 = 7x^2$
$6x^2 + x^2 = \dots$
$2x^2 + 6x^2 = \dots$
$5x^2 + x^2 + 2x^2 = \dots$

d) $7x^2 - 4x^2 = 3x^2$
$5x^2 - 2x^2 = \dots$
$5x^2 - 4x^2 = \dots$
$3x^2 - 7x^2 = \dots$

2 Copia en tu cuaderno y reduce.

a) $4x + x - 6 + 2 = 5x - 4$
$x + x - 3 + 5 = 2x + \dots$
$3x - 2x + 2 + 2 = \dots + 4$
$8x - 5x - 3 - 2 = \dots$

b) $4x^2 - 2x^2 + 7 + 1 = 2x^2 + 8$
$6x^2 - 5x^2 + 3 + 4 = x^2 + \dots$
$5x^2 - 3x^2 - 2 - 2 = \dots - 4$
$6x^2 + 2x^2 + 3 - 6 = \dots$

c) $x^2 + 2x^2 + 7x - 2x + 1 = 3x^2 + 5x + 1$
$x^2 + 3x^2 + x - 5x + 6 = 4x^2 - \dots + 6$
$9x^2 - 2x + 3x - 3 + 1 = \dots + x - \dots$
$7x^2 + 3x^2 + 7x - 2 - 4 = \dots + \dots - \dots$

Para practicar

1 Copia en tu cuaderno y completa.

MONOMIO	$8a$	$-3x$	a^2b	$\frac{2}{3}xy^4$	
COEFICIENTE			1		$\frac{1}{4}$
PARTE LITERAL					ab
GRADO					

2 Suma los siguientes monomios:

a) $a + a$ b) $m + m + m$
c) $x + x + x$ d) $n + n + n + n$
e) $x^2 + x^2$ f) $a^3 + a^3 + a^3 + a^3$

3 Suma las siguientes expresiones:

a) $4a + 2a$ b) $4m + 4m$
c) $3x^2 + 6x^2$ d) $5a^2 + a^2 + 2a^2$
e) $m^3 + 2m^3 + 4m^3$ f) $3x^4 + 6x^4 + 2x^4$

4 Ejercicio resuelto

Sumar las expresiones siguientes:

a) $\frac{1}{3}x + x = \frac{4}{3}x$ ***b)*** $\frac{n^3}{2} + \frac{2}{5}n^3 = \frac{9}{10}n^3$

5 Reduce sumando.

a) $x + \frac{1}{2}x$ b) $\frac{3m}{7} + \frac{2m}{7}$ c) $\frac{n^2}{4} + \frac{2n^2}{3}$

6 Resta estos monomios:

a) $8x - 3x$ b) $8a - 7a$ c) $11x^2 - 6x^2$
d) $5a^2 - 9a^2$ e) $m^3 - 5m^3$ f) $4n^4 - n^4$
g) $\frac{5}{6}x - \frac{1}{6}x$ h) $\frac{3a^2}{4} - \frac{1}{2}a^2$ i) $\frac{a^3}{2} - \frac{2a^3}{5}$

7 Ordena como en el ejemplo y reduce.

• $\mathbf{3x + 6 + x + 2 = 3x + x + 6 + 2 = 4x + 8}$

a) $3a + 3 - 2a + 1$ b) $5x + 2 - 3x + x$
c) $7 - 4a - 7 + 5a$ d) $4x - 3 - 4x + 2$
e) $x^2 + 4 + x^2 + 1$ f) $5x^2 - 3 - 4x^2 + 1$
g) $x^2 + 4x + 1 + 2x + 3$ h) $5x^2 + 3x - 4x^2 - 2x + 1$
i) $3x^2 + \frac{4}{5} - x^2 + 2x - \frac{1}{5}$
j) $10 - \frac{3}{2}x + \frac{1}{2}x^2 - 7 - x$

8 Ejercicio resuelto

Eliminar paréntesis y reducir

a) $(5x + 1) - (2x - 3) = 5x + 1 - 2x + 3 = 3x + 4$
b) $(4x^2 - 6) - (x^2 - 2x + 1) = 4x^2 - 6 - x^2 + 2x - 1 =$
$= 3x^2 + 2x - 7$

9 Quita paréntesis y reduce.

a) $3x + (2x - 1)$ b) $7x - (5x - 4)$
c) $6x - (4x + 2)$ d) $3x - (x + 5)$
e) $(x - 5) + (x - 3)$ f) $(4x + 2) - (3x + 2)$
g) $(3x^2 - 5x + 2) + (x^2 - 2x + 1)$
h) $(5x^2 - 2x - 3) - (4x^2 + 3x - 1)$
i) $(x - 3) + (x^2 + 2x + 1)$
j) $(6x^2 - x) - (3x^2 - 5x + 6)$

10 Calcula.

a) El valor numérico de $5x^2$ para $x = 1$.
b) El valor numérico de $-4x^2$ para $x = -3$.
c) El valor numérico de $-2xy$ para $x = 3$ e $y = -5$.

anayaeducacion.es GeoGebra. Suma de polinomios.

Multiplicación de monomios

Recordando que un monomio es un producto de números y letras, resulta que el producto de dos monomios es otro monomio.

Ejemplos

- $(3a) \cdot (2a) = 3 \cdot 2 \cdot a \cdot a = 6a^2$
- $(5x) \cdot (-3x^2) = 5 \cdot (-3) \cdot x \cdot x^2 = -15x^3$
- $(3a) \cdot \left(\frac{5}{6}ab\right) = 3 \cdot \frac{5}{6} \cdot a \cdot a \cdot b = \frac{15}{6}a^2b = \frac{5}{2}a^2b$

Observa

GRADO 3 · GRADO 2

$(2x^2) \cdot (3x^3) = 6x^5$

GRADO 5

El grado del producto es igual a la suma de los grados de los factores.

División de monomios

El cociente de dos monomios puede ser un número, otro monomio o una fracción algebraica.

Ejemplos

- $10a^2 : 5a^2 = \frac{10 \cdot \cancel{a^2}}{5\cancel{a^2}} = 2 \longrightarrow$ (número)
- $18x^3 : 3x^2 = \frac{6 \cdot \cancel{3} \cdot \cancel{x^2} \cdot x}{\cancel{3x^2}} = 6x \longrightarrow$ (monomio)
- $(2a^2) : (6ab) = \frac{\cancel{2} \cdot \cancel{a} \cdot a}{\cancel{2} \cdot 3 \cdot \cancel{a} \cdot b} = \frac{a}{3b} \longrightarrow$ (fracción)

Teniendo en cuenta que las letras representan números, en las operaciones con expresiones algebraicas se conservan todas las propiedades de las operaciones numéricas.

Ten en cuenta

Una fracción algebraica es una fracción con una parte literal en el denominador.

$\frac{5a}{3b^2} \rightarrow$ Fracción algebraica

$\frac{4x}{12x^2} = \frac{1}{3x} \rightarrow$ Fracción algebraica

anayaeducacion.es Practica la multiplicación y la división de monomios.

Para fijar ideas

3 Copia en tu cuaderno y completa.

a) $(ab) \cdot (ab^2) = a^{\square}\,\square^{3}$

b) $(-2ab) \cdot (ab^2) = -\square\, a^{\square}\, b^{\square}$

c) $(-2ab) \cdot \left(\frac{3}{4}ab^2\right) = -\frac{\square}{2}\, a^{\square}\, b^{\square}$

d) $x : x^2 = \frac{x}{x^2} = \frac{1}{\square}$

e) $2x : 6x^2 = \frac{2x}{6x^2} = \frac{\square}{3x}$

f) $2xy^2 : 6x^2y = \frac{2xy^2}{6x^2y} = \frac{y}{3\square}$

Para practicar

11 Haz las multiplicaciones siguientes:

a) $(3x) \cdot (5x)$

b) $(-a) \cdot (4a)$

c) $(4a) \cdot (-5a^2)$

d) $\left(\frac{x^2}{2}\right) \cdot (6x)$

e) $\left(\frac{x^2}{3}\right) \cdot \left(\frac{x^2}{2}\right)$

f) $(5a) \cdot \left(-\frac{1}{5}a^2\right)$

12 Multiplica estos monomios:

a) $(3x) \cdot (5xy)$

b) $(-2ab) \cdot (4b)$

c) $(4x^3y) \cdot (xy)$

d) $\left(-\frac{2}{3}ab\right) \cdot \left(-\frac{3}{2}ab\right)$

13 Simplifica.

a) $\frac{4x}{2}$

b) $\frac{3}{3a}$

c) $\frac{5x}{10x}$

d) $\frac{12a^2}{4a}$

e) $\frac{15x}{3x^2}$

f) $\frac{8a^2}{8a^3}$

14 Divide.

a) $(10x) : (2x)$

b) $(5a^2) : (15a^2)$

c) $(14a^2) : (-7a)$

d) $(6x^3) : (9x^2)$

e) $(10x^2) : (5x^3)$

f) $(-5a) : (-5a^3)$

g) $(-16a^4) : (8a^6)$

h) $(27x^3) : (-9x)$

anayaeducacion.es GeoGebra. Simplifica fracciones algebraicas con monomios.

3 POLINOMIOS

- La suma (o resta) indicada de dos monomios es un **binomio.**
- La suma (o resta) indicada de tres monomios es un **trinomio.**
- En general, la suma (o resta) de varios monomios es un **polinomio.**

Ejemplos

BINOMIOS: $x + y$, $a^2 - 1$

TRINOMIOS: $x^2 - 3x + 1$, $a^2 - ab + 2$

$5x^4 - 3x^3 + 2x - 1$

POLINOMIOS

GRADO DE UN POLINOMIO

El grado de un polinomio es el mayor de los grados de los monomios que lo forman.

Ejemplo

$2x^4 - 5x^2 + 3x - 8$ ⟶ POLINOMIO DE CUARTO GRADO

$2x^4$: GRADO 4; $5x^2$: GRADO 2; $3x$: GRADO 1; 8: GRADO 0

Observa

POLINOMIO		GRADO
$8x^3 - 5x^2 + 7$	→	3
$x^5 - 4x^3 + 1$	→	5
$3x^2 + 11x$	→	2

VALOR NUMÉRICO DE UN POLINOMIO

Cuando en un polinomio las letras toman valores concretos, también el polinomio toma un valor concreto.

Ejemplo

Dado el polinomio $3x^2 - 2x + 5$:

- Para $x = 0 \rightarrow 3 \cdot 0^2 - 2 \cdot 0 + 5 = 0 - 0 + 5 = 5$

  El valor numérico de $3x^2 - 2x + 5$ para $x = 0$ es 5.
- Para $x = -2 \rightarrow 3 \cdot (-2)^2 - 2 \cdot (-2) + 5 = 12 + 4 + 5 = 21$

  El valor numérico de $3x^2 - 2x + 5$ para $x = -2$ es 21.

El valor numérico de un polinomio depende del valor que tomen las letras.

OPUESTO DE UN POLINOMIO

El opuesto de un polinomio es otro polinomio con los mismos monomios cambiados de signo, más en menos y menos en más.

Ejemplo

POLINOMIOS OPUESTOS

$$7x^3 + 3x^2 - 5x + 8 \quad \leftrightarrow \quad -7x^3 - 3x^2 + 5x - 8$$

Para practicar

1 Indica el grado de cada polinomio.

a) $x^2 - 3x + 7$ b) $x^4 - 2$ c) $5x^3 - 3x^2$
d) $9x^6 + 2x$ e) $x^5 - 2x^2$ f) $6x^4 - 3x^4$

2 Calcula el valor numérico de $x^3 - 5x^2 - 11$.

a) Para $x = 1$. b) Para $x = -1$.

3 Calcula, por tanteo, los valores de x que anulan cada polinomio.

a) $x^2 - 2x + 1$ b) $x^3 - 8$ c) $x^4 - x^3$

4 Escribe el opuesto en cada caso.

a) $x^3 - 5x + 1$ b) $2x^4 + 6x^3 - 8x^2 + 3x - 1$

Regla práctica

Para **sumar** dos (o más) **polinomios,** se coloca uno bajo el otro, haciendo coincidir, en la misma columna, los monomios semejantes.

Suma de polinomios

Para sumar dos o más polinomios, tendremos en cuenta lo que ya sabemos sobre la suma de monomios.

Por ejemplo, sumemos los polinomios $A = 2x^3 - 3x^2 + 6$ y $B = x^2 - 5x + 4$.

- Con lo que ya sabemos, podríamos actuar así:

$$A + B = (2x^3 - 3x^2 + 6) + (x^2 - 5x + 4) = 2x^3 - 3x^2 + 6 + x^2 - 5x + 4 =$$
$$= 2x^3 - 3x^2 + x^2 - 5x + 6 + 4 = 2x^3 - 2x^2 - 5x + 10$$

- En la práctica, se suele hacer de la siguiente manera:

$$\begin{array}{rl} A \rightarrow & 2x^3 - 3x^2 + 0x + 6 \\ B \rightarrow + & \quad\quad\;\; x^2 - 5x + 4 \\ \hline A + B \rightarrow & 2x^3 - 2x^2 - 5x + 10 \end{array}$$

Regla práctica

Para **restar** dos **polinomios,** se suma el primero con el opuesto del segundo. Es decir, se le cambia el signo al segundo y se suman.

anayaeducacion.es Practica la suma y la resta de polinomios.

Resta de polinomios

Restemos los mismos polinomios A y B de antes.

- Con lo que ya sabemos, podríamos actuar como sigue:

$$A - B = (2x^3 - 3x^2 + 6) - (x^2 - 5x + 4) = 2x^3 - 3x^2 + 6 - x^2 + 5x - 4 =$$
$$= 2x^3 - 3x^2 - x^2 + 5x + 6 - 4 = 2x^3 - 4x^2 + 5x + 2$$

- En la práctica, se suele hacer así:

$$\begin{array}{rl} A \rightarrow & 2x^3 - 3x^2 + 0x + 6 \\ -B \rightarrow + & \quad\quad -x^2 + 5x - 4 \\ \hline A - B \rightarrow & 2x^3 - 4x^2 + 5x + 2 \end{array}$$

Para fijar ideas

1 Copia en tu cuaderno y completa.

a) $\begin{array}{r} x^2 + 5x - 7 \\ + \; x^2 - 8x + 5 \\ \hline \square - \square - 2 \end{array}$

b) $\begin{array}{r} 3x^3 - 6x^2 + 8x + 2 \\ + \; 2x^3 + 2x^2 - 6x - 9 \\ \hline \square - 4x^2 + \square - \square \end{array}$

c) $\begin{array}{r} -x^2 + 3x - 9 \\ + \quad \square - x + \square \\ \hline 3x^2 + 2x - 5 \end{array}$

d) $\begin{array}{r} x^3 - 4x^2 - \square - 1 \\ + \; \square - \square + x + \square \\ \hline 3x^3 - 6x^2 - 5x + 3 \end{array}$

2 Dados el polinomio $P = x^4 + 5x^3 - 7x - 6$ y el polinomio $H = x^3 - 4x^2 - x + 8$, copia y completa.

$$\begin{array}{rl} P \rightarrow & x^4 + 5x^3 + 0x^2 - 7x - 6 \\ H \rightarrow + & \quad\quad\; x^3 - 4x^2 - x + 8 \\ \hline P + H \rightarrow & x^4 + \square - \square - \square + 2 \end{array} \qquad \begin{array}{rl} P \rightarrow & x^4 + 5x^3 + 0x^2 - 7x - 6 \\ -H \rightarrow + & \quad\quad -x^3 + 4x^2 + x - 8 \\ \hline P - H \rightarrow & x^4 + \square + \square - \square - 14 \end{array}$$

Reflexiona: ¿Por qué en el polinomio P hemos añadido el sumando $0x^2$?

Para practicar

5 Calcula las siguientes operaciones con estos polinomios:

$A = 3x^3 - 5x^2 - 4x + 4 \qquad B = 2x^3 - x^2 - 7x - 1$

a) $A + B$ b) $A - B$

6 Calcula las siguientes operaciones con estos polinomios:

$M = 7x^3 - 6x^2 + 2 \qquad N = 5x^2 - 3x - 5$

a) $M + N$ b) $M - N$ c) $N - M$

anayaeducacion.es Suma y resta de polinomios.

Producto de un polinomio por un monomio

Para multiplicar un polinomio por un monomio, multiplicamos el monomio por cada uno de los sumandos del polinomio (propiedad distributiva).

Observa cómo multiplicamos el polinomio $x^3 - 4x^2 + 5x - 1$, primero por un número (2), después por un monomio de primer grado $(-3x)$ y, por último, por un monomio de segundo grado (x^2).

- $(x^3 - 4x^2 + 5x - 1) \cdot 2$

$$\begin{array}{r} x^3 - 4x^2 + 5x - 1 \\ \times \qquad\qquad\qquad 2 \\ \hline 2x^3 - 8x^2 + 10x - 2 \end{array}$$

- $(x^3 - 4x^2 + 5x - 1) \cdot (-3x)$

$$\begin{array}{r} x^3 - 4x^2 + 5x - 1 \\ \times \qquad\qquad\qquad -3x \\ \hline -3x^4 + 12x^3 - 15x^2 + 3x \end{array}$$

- $(x^3 - 4x^2 + 5x - 1) \cdot x^2$

$$\begin{array}{r} x^3 - 4x^2 + 5x - 1 \\ \times \qquad\qquad\qquad x^2 \\ \hline x^5 - 4x^4 + 5x^3 - x^2 \end{array}$$

Regla práctica

Para calcular el **producto de dos polinomios,** se multiplica cada monomio de uno de los factores por todos y cada uno de los monomios del otro factor y se suman los monomios obtenidos, reduciendo los que sean semejantes.

anayaeducacion.es Practica el producto de polinomios.

Producto de dos polinomios

Combinando los productos anteriores, podemos calcular el producto de dos polinomios siguiendo un procedimiento similar al que aplicas para multiplicar números.

$$\begin{array}{r} x^3 - 4x^2 + 5x - 1 \\ \times \qquad x^2 - 3x + 2 \\ \hline 2x^3 - 8x^2 + 10x - 2 \\ -3x^4 + 12x^3 - 15x^2 + 3x \qquad \\ +x^5 - 4x^4 + 5x^3 - x^2 \qquad\qquad\qquad \\ \hline x^5 - 7x^4 + 19x^3 - 24x^2 + 13x - 2 \end{array} \rightarrow \left\{ \begin{array}{l} (x^3 - 4x^2 + 5x - 1) \cdot (x^2 - 3x + 2) = \\ = (x^3 - 4x^2 + 5x - 1) \cdot x^2 + \\ + (x^3 - 4x^2 + 5x - 1) \cdot (-3x) + \\ + (x^3 - 4x^2 + 5x - 1) \cdot 2 \end{array} \right.$$

$$(x^3 - 4x^2 + 5x - 1) \cdot (x^2 - 3x + 2) = x^5 - 7x^4 + 19x^3 - 24x^2 + 13x - 2$$

Para fijar ideas

3 Copia y completa las siguientes multiplicaciones:

a) $(2x^3 - 3x^2 + 5x + 6) \cdot (x - 2)$

$$\begin{array}{r} 2x^3 - 3x^2 + 5x + 6 \\ \times \qquad\qquad x - 2 \\ \hline -4x^3 + \square - \square - 12 \\ + \square - 3x^3 + \square + 6x \qquad \\ \hline \square - \square + \square - \square - 12 \end{array}$$

b) $(4x^3 + 5x^2 + 3) \cdot (x^3 - 3x + 1)$

$$\begin{array}{r} 4x^3 + 5x^2 + 0x + 3 \\ \times \quad x^3 + 0x^2 - 3x + 1 \\ \hline 4x^3 + 5x^2 + 0x + 3 \\ -\square - \square - \square - 9x \qquad \\ +4x^6 + \square + \square + 3x^3 \qquad\qquad\qquad \\ \hline \square + \square - \square - \square + \square - \square + 3 \end{array}$$

Para practicar

7 Calcula.

a) $3 \cdot (2x + 5)$
b) $5 \cdot (x^2 - x)$
c) $7 \cdot (x^3 - 1)$
d) $(-2) \cdot (5x - 3)$
e) $x \cdot (x + 1)$
f) $2x \cdot (3x - 5)$
g) $x^2 \cdot (5x - 2)$
h) $3x^2 \cdot (x + 2)$
i) $3x \cdot (x^2 - 2)$
j) $5x \cdot (x^2 + x + 1)$
k) $(-2x) \cdot (x^2 + 3)$
l) $-x \cdot (x^3 + x + 3)$

8 Multiplica.

a) $(x + 1) \cdot (x - 2)$
b) $(2x - 1) \cdot (x - 1)$
c) $(2x - 3) \cdot (3x - 2)$
d) $(4 + x) \cdot (2x + 1)$

9 Realiza los siguientes productos:

a) $(2x + 1) \cdot (x^2 - x - 1)$
b) $(3x^2 - 2) \cdot (2x^2 + 4x - 3)$
c) $(x^3 + 2x^2 - 3) \cdot (3x^2 + 5x - 4)$

anayaeducacion.es Producto de polinomios.

4 PRODUCTOS NOTABLES

anayaeducacion.es Practica el cálculo de productos notables.

Llamamos **productos notables** a ciertos productos de binomios cuya memorización resulta útil para abreviar algunos cálculos con expresiones algebraicas.

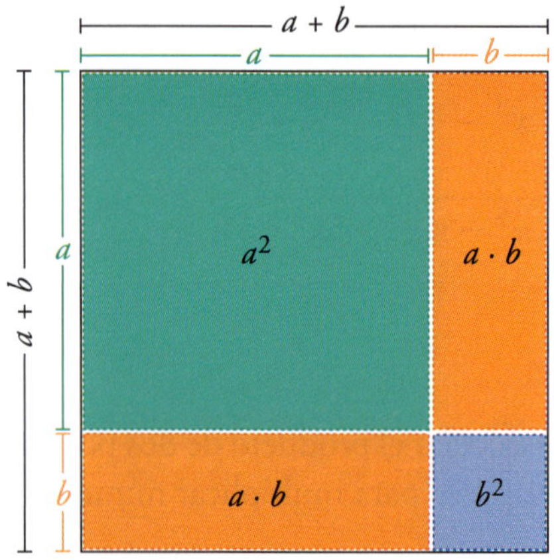

Cuadrado de una suma

Para empezar, observa:

- $(x+1)^2$

$$\begin{array}{r} x + 1 \\ \times \quad x + 1 \\ \hline x + 1 \\ + \; x^2 + x \quad \\ \hline x^2 + 2x + 1 \end{array}$$

- $(x+5)^2$

$$\begin{array}{r} x + 5 \\ \times \quad x + 5 \\ \hline 5x + 25 \\ + \; 5x^2 + 5x \quad \\ \hline 5x^2 + 10x + 25 \end{array}$$

- $(3x+2)^2$

$$\begin{array}{r} 3x + 2 \\ \times \quad 3x + 2 \\ \hline 6x + 4 \\ + \; 9x^2 + 6x \quad \\ \hline 9x^2 + 12x + 4 \end{array}$$

Y, en general:

$$\begin{array}{r} a + b \\ \times \quad a + b \\ \hline ab + b^2 \\ + \; a^2 + ab \quad \\ \hline a^2 + 2ab + b^2 \end{array}$$

El cuadrado de una suma de dos monomios es igual:
al cuadrado del primero,
más el doble del primero por el segundo,
más el cuadrado del segundo.

$$(a+b)^2 = a^2 + 2ab + b^2$$

El enunciado anterior se cumple cualesquiera que sean los sumandos a y b, por lo que puede aplicarse automáticamente sin recurrir al producto.

Ejemplo

$(3x+4)^2 = (3x)^2 + 2 \cdot 3x \cdot 4 + 4^2 = 9x^2 + 24x + 16$

$$\begin{array}{r} 3x + 4 \\ \times \quad 3x + 4 \\ \hline 12x + 16 \\ + \; 9x^2 + 12x \quad \\ \hline 9x^2 + 24x + 16 \end{array}$$

Cuadrado de una diferencia

Y, de la misma forma:

$$\begin{array}{r} a - b \\ \times \quad a - b \\ \hline -\; ab + b^2 \\ + \; a^2 - ab \quad \\ \hline a^2 - 2ab + b^2 \end{array}$$

El cuadrado de una diferencia de dos monomios es igual:
al cuadrado del primero,
menos el doble del primero por el segundo,
más el cuadrado del segundo.

$$(a-b)^2 = a^2 - 2ab + b^2$$

Ejemplo

$(3x-4)^2 = (3x)^2 - 2 \cdot 3x \cdot 4 + 4^2 = 9x^2 - 24x + 16$

$$\begin{array}{r} 3x - 4 \\ \times \quad 3x - 4 \\ \hline -\; 12x + 16 \\ + \; 9x^2 - 12x \quad \\ \hline 9x^2 - 24x + 16 \end{array}$$

Suma por diferencia

$$\begin{array}{r} a + b \\ \times \quad a - b \\ \hline -\; ab - b^2 \\ + \; a^2 + ab \quad \\ \hline a^2 + \quad 0 - b^2 \end{array}$$

La suma de dos monomios por su diferencia es igual a la diferencia de sus cuadrados.

$$(a+b) \cdot (a-b) = a^2 - b^2$$

Ejemplo

$(3x+4) \cdot (3x-4) = (3x)^2 - 4^2 = 9x^2 - 16$

$$\begin{array}{r} 3x + 4 \\ \times \quad 3x - 4 \\ \hline -\; 12x - 16 \\ + \; 9x^2 + 12x \quad \\ \hline 9x^2 + \quad 0 - 16 \end{array}$$

anayaeducacion.es Desarrolla productos notables.

Aplicación de productos notables

Los productos notables se aplican, en situaciones de cálculo, para descomponer algunos polinomios en factores y para simplificar fracciones.

anayaeducacion.es Averigua el producto notable..

Ejemplos

- Descomponemos en factores el polinomio $x^2 - 4x + 4$:

$$x^2 - 4x + 4 = x^2 - 2 \cdot 2 \cdot x + 2^2 = (x - 2)^2$$

CUADRADO DEL PRIMERO — DOBLE DEL PRIMERO POR EL SEGUNDO — CUADRADO DEL SEGUNDO

- Descomponemos en factores $x^2 - 4$:

$$x^2 - 4 = x^2 - 2^2 = (x + 2) \cdot (x - 2)$$

DIFERENCIA DE CUADRADOS = SUMA · DIFERENCIA

- Teniendo en cuenta lo anterior, podemos simplificar la siguiente fracción:

$$\frac{x^2 - 4}{x^2 - 4x + 4} = \frac{(x+2)\cdot(x-2)}{(x-2)^2} = \frac{(x+2)\cdot\cancel{(x-2)}}{(x-2)\cdot\cancel{(x-2)}} = \frac{x+2}{x-2}$$

Recuerda

$$\frac{ab}{b^2} = \frac{a \cdot \cancel{b}}{b \cdot \cancel{b}} = \frac{a}{b}$$

$$\frac{a}{ab} = \frac{\cancel{a} \cdot 1}{\cancel{a} \cdot b} = \frac{1}{b}$$

Para fijar ideas

1 Copia y completa en tu cuaderno. Multiplica aplicando las fórmulas de la página anterior y, después, comprueba haciendo la operación.

a) $(2x + 7)^2 = (2x)^2 + 2 \cdot 2x \cdot 7 + 7^2 =$
$= \square + \square + \square$

$$\begin{array}{r} 2x + 7 \\ \times\ 2x + 7 \\ \hline \square + \square \\ +\ \square + \square \quad\ \\ \hline \square + \square + \square \end{array}$$

b) $(2x - 7)^2 = (2x)^2 - 2 \cdot 2x \cdot 7 + 7^2 =$
$= \square - \square + \square$

$$\begin{array}{r} 2x - 7 \\ \times\ 2x - 7 \\ \hline -\square + \square \\ +\ \square - \square \quad\ \\ \hline \square - \square + \square \end{array}$$

c) $(2x + 7) \cdot (2x - 7) = (2x)^2 - 7^2 =$
$= \square - \square$

$$\begin{array}{r} 2x + 7 \\ \times\ 2x - 7 \\ \hline -\square - \square \\ +\ \square + \square \quad\ \\ \hline \square + \square - \square \end{array}$$

Para practicar

1 Copia y completa.

a) $(x + 1)^2 = x^2 + 2 \cdot \square \cdot \square + \square^2 = x^2 + 2\square + \square$

b) $(x - 5)^2 = x^2 - 2 \cdot \square \cdot \square + 5^2 = x^2 - \square x + \square$

c) $(x + 5) \cdot (x - 5) = \square^2 - 5^2 = x^2 - \square$

Comprueba los resultados efectuando cada producto.

2 Calcula.

a) $(x + 4)^2$ b) $(x - 1)^2$ c) $(x - 6) \cdot (x + 6)$

d) $(a + 2)^2$ e) $(a - 1)^2$ f) $(a + 4) \cdot (a + 4)$

g) $(2x - y)^2$ h) $(5 - 3x)^2$ i) $(2x + 1) \cdot (2x - 1)$

3 Copia y completa.

a) $a^2 - 1 = (a + 1) \cdot (\square - \square)$

b) $a^2 - 2a + 1 = (\square - \square)^2$

c) $a^2 - 16 = (\square + \square) \cdot (\square - \square)$

d) $x^2 + 2xy + y^2 = (\square + \square)^2$

4 Simplifica las fracciones siguientes:

a) $\dfrac{x^2 + 2xy + y^2}{x^2 - y^2}$ b) $\dfrac{a^2 - 9}{a^2 - 6a + 9}$

c) $\dfrac{a^2 - 1}{a^2 - 2a + 1}$ d) $\dfrac{a^2 - 16}{a + 4}$

anayaeducacion.es Practica la simplificación de fracciones.

Extracción de factor común

Cuando hablamos de extraer *factor común,* nos referimos a una transformación a la que se pueden someter ciertas sumas y restas, y que resulta muy útil en el cálculo algebraico.

Observa la siguiente expresión:

$a \cdot b + a \cdot c - a \cdot d$ { — Es una suma cuyos sumandos son productos. — Todos los productos tienen el *factor común* a.

Entonces, podemos transformar la suma en un producto **sacando factor común** y colocando un paréntesis.

$$a \cdot b + a \cdot c - a \cdot d = a \cdot (b + c - d)$$

Observa que la transformación no es otra cosa que la aplicación de la propiedad distributiva.

Ejemplos

- $4 \cdot a + 4 \cdot b = 4 \cdot (a + b)$
- $a^2 + ab = a \cdot a + a \cdot b = a \cdot (a + b)$
- $x^3 - 2x^2 + 5x = x^2 \cdot x - 2x \cdot x + 5 \cdot x = (x^2 - 2x + 5) \cdot x$

→ APLICACIONES

La extracción de factor común se emplea en la simplificación de fracciones, como puedes comprobar en los siguientes ejemplos.

Ejemplos

- $\dfrac{5a+5b}{a^2+ab} = \dfrac{5 \cdot \cancel{(a+b)}}{a \cdot \cancel{(a+b)}} = \dfrac{5}{a}$
- $\dfrac{x^3}{x^2+x^3} = \dfrac{\cancel{x^2} \cdot x}{\cancel{x^2} \cdot (1+x)} = \dfrac{x}{1+x}$
- $\dfrac{m^2-mn}{m^2-n^2} = \dfrac{m \cdot \cancel{(m-n)}}{(m+n) \cdot \cancel{(m-n)}} = \dfrac{m}{m+n}$

anayaeducacion.es Practica el proceso de extracción de factor común.

Caso particular

Cuando el factor común a extraer coincide con uno de los sumandos, en su lugar en la suma queda la unidad.

$a + ab = a \cdot 1 + ab = a \cdot (1 + b)$

Ten en cuenta

Razona los pasos de esta simplificación:

$\dfrac{5}{5a+5} = \dfrac{\cancel{5} \cdot 1}{\cancel{5} \cdot (a+1)} = \dfrac{1}{a+1}$

Para fijar ideas

2 Copia y completa.

a) $7x + 7y = 7 \cdot (x + \square)$

b) $ax - ax = a \cdot (\square - y)$

c) $6a - 9b = \square \cdot (2a - 3b)$

d) $x^2y - xy^2 = xy \cdot (\square - \square)$

3 Copia y completa como en el ejemplo.

- $\mathbf{2a \cdot (a + 3) = 2a^2 + 6a \leftrightarrow 2a^2 + 6a = 2a \cdot (a + 3)}$

a) $5a \cdot (2 + a) = \square + \square \leftrightarrow 10a + 5a^2 = 5a \cdot (\square + \square)$

b) $3x \cdot (1 - 4x) = \square - \square \leftrightarrow 3x - 12x^2 = \square \cdot (\square - \square)$

c) $x^2 \cdot (x - 5) = \square - \square \leftrightarrow x^3 - 5x^2 = \square \cdot (\square - \square)$

4 Observa el recuadro *Ten en cuenta.* Después, copia y completa en tu cuaderno.

a) $\dfrac{x}{x^2 + 3x} = \dfrac{x \cdot 1}{x(\square + \square)} = \dots$ b) $\dfrac{3a}{a^2 + a} = \dfrac{3a}{\square (a + 1)} = \dots$ c) $\dfrac{2x^2}{6x^2 + 2x} = \dfrac{2 \cdot x^2}{2x(\square + \square)} = \dots$

Para practicar

5 Extrae factor común.

a) $8x + 8y$ b) $8 + 4a$ c) $x^2 + xy$

d) $2a^2 + 6a$ e) $6a + 2a^3$ f) $x^3 + x^2 - x$

6 Simplifica.

a) $\dfrac{3x}{2x + xy}$ b) $\dfrac{4a}{4a + 8b}$ c) $\dfrac{x^2}{x^2 + x^3}$

anayaeducacion.es Simplifica fracciones algebraicas con polinomios.

EJERCICIOS Y PROBLEMAS

Utiliza el lenguaje algebraico

1 Si llamamos x a un número cualquiera, escribe una expresión algebraica para cada enunciado.

a) El triple de x.

b) La mitad de su anterior.

c) El resultado de sumarle 3 unidades.

d) La mitad de un número 3 unidades mayor que x.

e) El triple del número que resulta de sumar 5 unidades a x.

f) Un número 5 unidades mayor que el triple de x.

2 En una granja hay C caballos, V vacas y G gallinas. Asocia estas expresiones al número de:

a) Patas. b) Cabezas. c) Orejas.

A $2C + 2V$ B $C + V + G$ C $4(C + V) + 2G$

3 Si llamamos x al sueldo mensual de un trabajador, expresa algebraicamente:

a) El valor de una paga extraordinaria, sabiendo que equivale al 80 % del sueldo.

b) Su nómina de diciembre, mes en el que percibe una paga extraordinaria.

c) Sus ingresos anuales, sabiendo que cobra dos pagas extras: en verano y en Navidad.

4 Traduce a una igualdad algebraica cada uno de estos enunciados:

a) Si aumentas un número, x, en 15 unidades y divides entre 2 el resultado, obtienes el triple de dicho número.

b) Si triplicas la edad de Jorge, x, y al resultado le sumas 5 años, obtienes la edad de su padre, que tenía 33 años cuando nació Jorge.

Edad de Jorge $\rightarrow x$ Edad del padre $\rightarrow x + 33$

5 Di cuál de las siguientes expresiones representa:

a) Un número de tres cifras $\boxed{a|b|c}$.

b) Su siguiente.

c) Su doble.

d) El doble de su anterior.

A $100a + 10b + (c + 1)$ B $200a + 20b + 2c$

C $200a + 20b + 2c - 2$ D $100a + 10b + c$

6 Copia en tu cuaderno y completa.

1	2	3	4	5	…	n
		22			…	$3n^2 - 5$

1	2	3	4	5	…	n
			10		…	$\frac{n(n+1)}{2}$

7 Siguiendo la lógica de la tabla, completa en tu cuaderno las casillas vacías.

1	2	3	5	10	15	20	n
0	3	8	24			399	

1	2	3	5	10	20	25	n
1	4	7	13			73	

8 Escribe la expresión del término enésimo en cada una de estas series:

a) 2 - 4 - 6 - 8 - 10 - … $\rightarrow a_n = ?$

b) 3 - 5 - 7 - 9 - 11 - … $\rightarrow b_n = ?$

c) 5 - 10 - 15 - 20 - 25 - … $\rightarrow c_n = ?$

d) 4 - 9 - 14 - 19 - 24 - … $\rightarrow d_n = ?$

9 El término enésimo de una serie viene dado por la expresión:

$$a_n = 5n - 4$$

a) Escribe sus cinco primeros términos.

b) ¿Cuál es el valor de a_{100}?

10 El término enésimo de una serie viene dado por esta expresión:

$$a_n = \frac{3n - 1}{2}$$

Calcula los términos a_5, a_9 y a_{15}.

11 Copia y completa la tabla en tu cuaderno sabiendo que los valores a, b y c se relacionan mediante la fórmula:

$$a = \frac{3b + 2c}{5}$$

b	0	0	2	3	4
c	0	5	7	3	9
a					

12 En cada una de estas tablas se sigue la misma lógica. Es decir, la relación entre los números de cada casilla es la misma. Complétalas en tu cuaderno.

A	A · B	2A – B	$A^2 – B^2$
B			

7	21		
3	13	8	16

10			
1	12	16	81

2	10		
5	12	–6	9

Monomios

13 Copia y completa.

MONOMIO	$8a$	$\frac{2}{3}xy$	
COEFICIENTE			1
PARTE LITERAL			a^3b
GRADO			

14 Opera.

a) $2x + 8x$ b) $7a – 5a$

c) $2x – 5x$ d) $3a – 10a$

e) $8x – 6 – 3x – 1$ f) $6a – 2 – 5a – 1$

g) $2x + 3 – 9x + 1$ h) $a – 6 – 2a + 7$

15 Quita paréntesis y reduce.

a) $x – (x – 2)$ b) $3x + (2x + 3)$

c) $(5x – 1) – (2x + 1)$ d) $(7x – 4) + (1 – 6x)$

e) $(1 – 3x) – (1 – 5x)$ f) $2x – (x – 3) – (2x – 1)$

16 Opera y reduce.

a) $3x \cdot 4x$ b) $12x : 3x$

c) $x^2 \cdot x^3$ d) $15x^6 : 5x^4$

e) $3x \cdot 5x^3$ f) $(–20x^8) : 5x^7$

g) $(–2x^2) \cdot (3x^4)$ h) $\frac{3x^2}{4} : \frac{x}{4}$

i) $\frac{2x}{3} \cdot 6x$ j) $x^2 : x^5$

k) $\frac{3x^3}{4} \cdot (–3x^3)$ l) $\frac{2x^2}{5} : (–2x^3)$

m) $\frac{x}{2} \cdot \frac{2x^2}{3}$ n) $\frac{2x}{3} : \frac{x^3}{6}$

Polinomios

17 Indica el grado de cada uno de los siguientes polinomios:

a) $x^3 + 3x^2 + 2x – 6$ b) $4 – 3x^2$

c) $2x^5 – 4x^2 + 1$ d) $7x^4 – x^3 + x^2 + 1$

18 Reduce.

a) $x^2 – 6x + 1 + x^2 + 3x – 5$

b) $3x – x^2 + 5x + 2x^2 – x – 1$

c) $2x^2 + 4 + x^3 – 6x + 2x^2 – 4$

d) $5x^3 – 1 – x + x^3 – 6x^2 – x^2 + 4$

19 Quita paréntesis y reduce.

a) $(3x^2 – 5x + 6) + (2x – 8)$

b) $(6 – 3x + 5x^2) – (x^2 – x + 3)$

c) $(9x^2 – 5x + 2) – (7x^2 – 3x – 7)$

d) $(3x^2 – 1) – (5x + 2) + (x^2 – 3x)$

20 Copia y completa.

$$\begin{array}{r} 3x^2 - 5x - 5 \\ + \square x^2 + \square x - \square \\ \hline 5x^2 - x - 6 \end{array} \qquad \begin{array}{r} \square x^3 - 3x^2 + \square x - 8 \\ + \; 4x^3 + \square x^2 - 5x - \square \\ \hline 6x^3 + 2x^2 - x - 10 \end{array}$$

21 Considera los siguientes polinomios y calcula.

$A = 3x^3 – 6x^2 + 4x – 2$ $B = x^3 – 3x + 1$

$C = 2x^2 + 4x – 5$

a) $A + B$ b) $A + B + C$ c) $A – B$

d) $B – C$ e) $A + B – C$ f) $A – B – C$

22 Opera.

a) $2 \cdot (x^3 – 3x^2 + 2x + 2)$

b) $(–4) \cdot (2x^2 – 5x – 1)$

c) $x \cdot (3x^3 – 4x^2 – 6x – 1)$

d) $x^2 \cdot (5x^2 + 3x + 4)$

e) $(–2x) \cdot (x^3 – 2x^2 + 3x + 2)$

23 Reduce.

a) $2(3x – 1) + 3(x + 2)$

b) $3(x^2 – 2x – 1) – 2(x + 5)$

c) $4(2x^2 – 5x + 3) – 3(x^2 + x + 1)$

d) $6(3x^2 – 4x + 4) – 5(3x^2 – 2x + 3)$

24 Multiplica.

a) $(x-1)\cdot(2x-3)$ b) $(3x-2)\cdot(x-5)$

c) $(2x+3)\cdot(3x-4)$ d) $(x+1)\cdot(x^2+x+1)$

e) $(3x+2)\cdot(x^3-2x^2+5x+1)$

f) $(x^2-2x-3)\cdot(2x^3-5x^2-4x+3)$

25 Ejercicio resuelto

Multiplicar: $(x^3-5x+1)\cdot(x^2+3)$

$$\begin{array}{r} x^3+0x^2-5x+1 \\ \times \qquad x^2+0x+3 \\ \hline 3x^3+0x^2-15x+3 \\ +\ x^5+0x^4-5x^3+x^2 \qquad \\ \hline x^5+0x^4-2x^3+x^2-15x+3 \end{array}$$

Cuando los polinomios que se multiplican son incompletos, conviene incluir los correspondientes monomios de coeficiente cero.

26 Calcula.

a) $(x^2+1)\cdot(x-2)$ b) $(2x^2-1)\cdot(x^2+3)$

c) $(2x-3)\cdot(3x^3-2x+2)$ d) $(x^2+2)\cdot(x^3-3x+1)$

27 Opera como en el ejemplo.

- $(x^2+3)\cdot(x^2-1)=x^2\cdot(x^2-1)+3\cdot(x^2-1)=$
  $=x^4-x^2+3x^2-3=x^4+2x^2-3$

a) $(x+1)\cdot(x^2+4)$ b) $(x^3+1)\cdot(x^2+5)$

c) $(x^2-2)\cdot(x+7)$ d) $(x^3-3x+5)\cdot(2x-1)$

28 Reduce.

a) $(x+1)\cdot(2x+3)-2\cdot(x^2+1)$

b) $(2x-5)\cdot(x+2)+3x\cdot(x+2)$

c) $(x^2-3)\cdot(x+1)-(x^2+5)\cdot(x-2)$

d) $(4x+3)\cdot(2x-5)-(6x^2-10x-12)$

29 Ejercicio resuelto

Dividir: $(9x^3-15x^2+6x):3x$

$$(9x^3-15x^2+6x):3x=\frac{9x^3}{3x}-\frac{15x^2}{3x}+\frac{6x}{3x}=$$
$$=3x^2-5x+2$$

30 Realiza las divisiones siguientes:

a) $(8x-6):2$ b) $(20x-5):5$

c) $(3x^2-x):x$ d) $(4x^3-8x^2):2x$

e) $(4x^3-2x^2+6x):2x$ f) $(12x^3+9x^2):3x^2$

Productos notables y extracción de factor común

31 Extrae factor común.

a) $3x+3y+3z$ b) $2x-5xy+3xz$

c) a^2+3a d) $3a-6b$

e) $2x+4y+6z$ f) $4x-8x^2+12x^3$

g) $9a+6a^2+3a^3$ h) $2a^2-5a^3+a^4$

32 Calcula sin hacer la multiplicación, utilizando las fórmulas de los productos notables.

a) $(x+3)^2$ b) $(3+a)^2$

c) $(2-x)^2$ d) $(a-6)^2$

e) $(2x+1)^2$ f) $(5-3a)^2$

g) $(x-5)\cdot(x+5)$ h) $(3x-5)\cdot(3x+5)$

33 Ejercicio resuelto

Descomponer en factores estas expresiones:

a) $x^2-8x+16=(x-4)^2=(x-4)\cdot(x-4)$

b) $x^3-4x=x\cdot(x^2-4)=x\cdot(x+2)\cdot(x-2)$

c) $5x^2+10x+5=5\cdot(x^2+2x+1)=5\cdot(x+1)^2=$
$=5\cdot(x+1)\cdot(x+1)$

34 Descompón en factores.

a) x^2-6x+9 b) x^3-9x

c) $3x^2+6x+3$ d) $2x^3-12x^2+18x$

e) x^4-x^2 f) $4x^2+4x+1$

35 Saca factor común en el numerador y en el denominador y, después, simplifica.

a) $\dfrac{x}{x^2+2x}$ b) $\dfrac{2x^2+10x}{3x^3+15x^2}$ c) $\dfrac{2x^2-2x}{2x^3}$

36 Descompón en factores el numerador y el denominador y, después, simplifica.

a) $\dfrac{x^2-9}{x^2-6x+9}$ b) $\dfrac{5x+15}{x^2+6x+9}$

c) $\dfrac{3x+3}{3x^2-3}$ d) $\dfrac{x^2+2x+1}{5x^2+5x}$

e) $\dfrac{2x^2-6x}{2x^3-12x^2+18x}$ f) $\dfrac{3x^3+6x^2+3x}{6x^3+6x^2}$

Interpreta, describe, exprésate

37 En un campo de cultivo hay cuatro estanques. Llamando C a la cantidad de agua que tendrá un estanque dentro de m minutos, asocia cada estanque con la expresión que le corresponde.

ESTANQUE M: Contiene 4 500 litros de agua y se abre un grifo que le aporta 4 litros por minuto.

ESTANQUE N: Contiene 4 500 litros de agua y se le conecta una bomba que extrae 4 litros por minuto.

ESTANQUE P: Contiene 4 metros cúbicos de agua y se conecta a una tubería que aporta 4,5 metros cúbicos a la hora.

ESTANQUE Q: Contiene 4 metros cúbicos de agua y se abre una boca de riego que extrae 4,5 metros cúbicos a la hora.

$C = 4000 + \dfrac{4500 \cdot m}{60}$	$C = 4500 - 4 \cdot m$
$C = 4000 - \dfrac{4500 \cdot m}{60}$	$C = 4500 + 4 \cdot m$

38 En la clase de Marta, la nota de Matemáticas se calcula atendiendo a tres conceptos con diferente peso: la media de los controles (3/4), el cuaderno (20 %) y los trabajos especiales (resto).

a) ¿Cuál o cuáles de estas fórmulas sirven para calcular la nota?

Controles (a); Cuaderno (b); Trabajos esp. (c).

$N = \dfrac{3a}{4} + \dfrac{b}{5} + \dfrac{c}{20}$	$N = 0{,}75a + 0{,}2b + 0{,}05c$
$N = \dfrac{15a + 4b + c}{20}$	$N = \dfrac{75a + 20b + 5c}{100}$

b) Calcula la nota de Marta y de Javier, con dos cifras decimales.

	M. CONTROLES	CUADERNO	T. ESPECIALES
MARTA	7,25	8	6
JAVIER	6,80	7	5

c) Si el sistema informático de secretaría solo admite notas con números enteros, ¿cuáles serán las calificaciones definitivas de ambos en Matemáticas?

39 El importe bruto, I, sin IVA, del recibo de la luz de cierta compañía eléctrica se calcula según la siguiente fórmula:

$$I = F + (L_{AC} - L_{ANT}) \cdot P$$

$F \rightarrow$ Gastos fijos y alquiler de equipos de medida (€)

$L_{AC} \rightarrow$ Lectura actual (kWh)

$L_{ANT} \rightarrow$ Lectura anterior (kWh)

$P \rightarrow$ Precio del kWh (€/kWh)

a) Escribe la fórmula en su versión actualizada, si los gastos fijos son de 8,50 € y el kilovatio hora cuesta 0,80 €.

b) ¿Cuál de las siguientes sería la fórmula actualizada de la factura, en su formato final, incluyendo el 21 % de IVA?

$$I = \frac{8,50 + (L_{AC} - L_{ANT}) \cdot 0,80 + 21}{100}$$

$$I = [8,50 + (L_{AC} - L_{ANT}) \cdot 0,80] \cdot 1,21$$

$$I = 8,50 + (L_{AC} - L_{ANT}) \cdot 0,80 + 1,21$$

40 Una empleada de la compañía eléctrica del ejercicio anterior leyó el mes pasado, en el contador de la vivienda de la familia Gutiérrez, 2 457 kWh, y la lectura de este mes ha sido de 2 516 kWh. ¿A cuánto asciende la factura de este mes?

41 Un fontanero que presta servicio a domicilio cobra, por acudir a una llamada, un fijo de 25 €, más el importe del material utilizado, más 15 € por hora de trabajo. Y a todo ello se le añade el 21 % de IVA.

Escribe la fórmula para obtener el importe de la factura (I), en función de las horas invertidas (h) y del coste del material (M).

42 Cuenta el número de diagonales de los siguientes polígonos:

Comprueba que:

— El número de diagonales que salen de un vértice es igual al número de lados menos tres.

— Cada diagonal toca a dos vértices.

Teniendo eso en cuenta:

a) Completa la tabla en tu cuaderno.

N.º LADOS	3	4	5	6	7	8	10	20
N.º DIAGONALES	0	2	5	9				

b) Escribe la fórmula que te permite calcular el número de diagonales (D), sabiendo el número de lados (n).

Problemas «+»

43 Problema resuelto

Escribir una expresión que permita calcular la suma, I_n, de los n primeros números impares.

$$\underbrace{1+3+5+7+9+\ldots}_{n\ \text{sumandos}} \rightarrow I_n = ?$$

AYUDA

- Tantea los primeros casos:

$I_1 = 1$

$I_2 = 1 + 3 = 4$

$I_3 = 1 + 3 + 5 = 9$

$I_4 = 1 + 3 + 5 + 7 = 16\ldots$

- Copia y completa la siguiente tabla:

I_1	I_2	I_3	I_4	I_5	I_{10}	I_{15}	…	I_n
1	4	9	16					

- Observa estas figuras. ¿Confirman tus conclusiones?

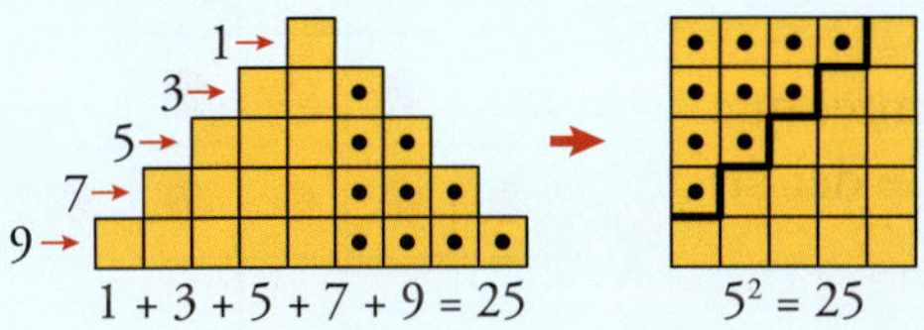

44 Busca ahora, como en la actividad anterior, una expresión para calcular la suma, P_n, de los n primeros números pares.

$$\underbrace{2+4+6+8+10+\ldots}_{n\ \text{sumandos}} \rightarrow P_n = ?$$

AYUDA

- Observa estas figuras.

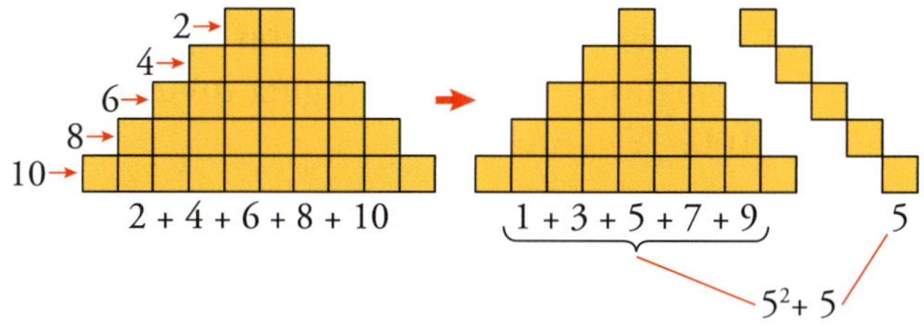

- Tantea los primeros casos, compara los resultados con el problema anterior y saca conclusiones.

$P_1 = 2 \rightarrow 1 + 1$

$P_2 = 2 + 4 = 6 \rightarrow 4 + 2$

$P_3 = 2 + 4 + 6 = 12 \rightarrow 9 + 3$

$P_4 = 2 + 4 + 6 + 8 = 20 \rightarrow 16 + 4$

45 Obtén una fórmula para calcular la suma de los n primeros números naturales.

AYUDA

Observa la torre de cinco pisos y generalízala para una torre cualquiera de n pisos. Después, comprueba con ejemplos.

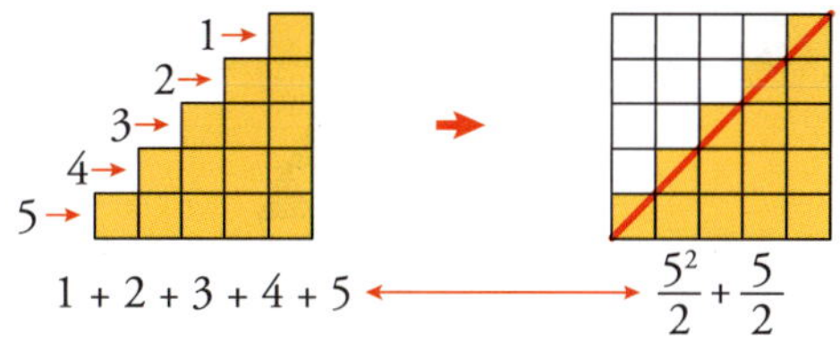

46 Cuenta el número de naipes que se han necesitado para levantar este castillo de tres pisos.

a) ¿Cuántas cartas se necesitarían para levantar un castillo de 5 pisos?

b) ¿Y para uno de 10 pisos?

c) ¿Y para un castillo de n pisos?

LEE E INFÓRMATE

La tarea de generalizar

En ocasiones, las series numéricas vienen dadas por sus primeros términos, o por unos cuantos casos particulares. Por ejemplo, el número de piezas triangulares que componen cada una de las figuras que ves a la derecha.

Sin embargo, a la vista de esas primeras figuras, inmediatamente nos preguntamos: ¿Y si la figura tuviera 20 pisos? ¿Y si tuviera 100? ¿Y si tuviera…?

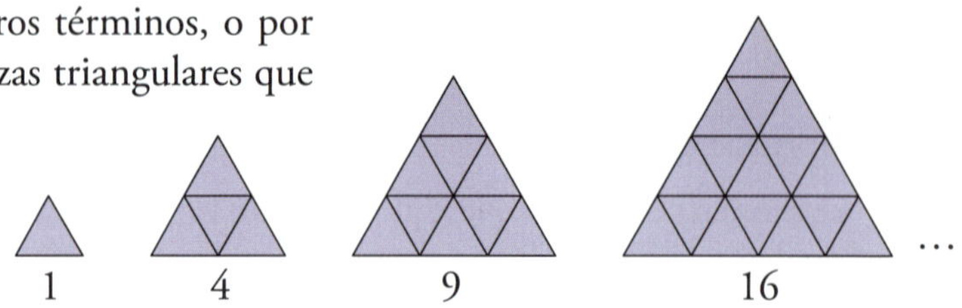

En la siguiente tabla encontramos la solución a esas preguntas:

PISOS	1	2	3	4	…	n
PIEZAS	1	4	9	16	…	n^2

n PISOS ↔ n^2 PIEZAS

20 PISOS ↔ 400 PIEZAS

Estudiando los casos particulares hemos encontrado la relación entre el número de pisos de cualquier figura y el de piezas que la componen. **Hemos hecho una generalización.**

Hazlo tú

En una exposición se ha presentado este mosaico en forma de hexágono de lado 3 unidades, construido con 54 piezas triangulares.

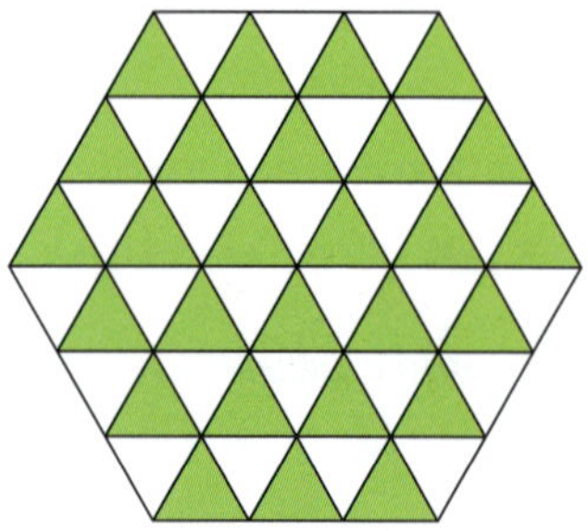

a) ¿Cuántas piezas se necesitarían para construir un mosaico con la misma forma, pero de lado 20 unidades?

b) En general, ¿cuántas piezas se necesitarían para construir un hexágono de lado n unidades?

AYUDA: Recuerda el ejemplo anterior y observa las figuras.

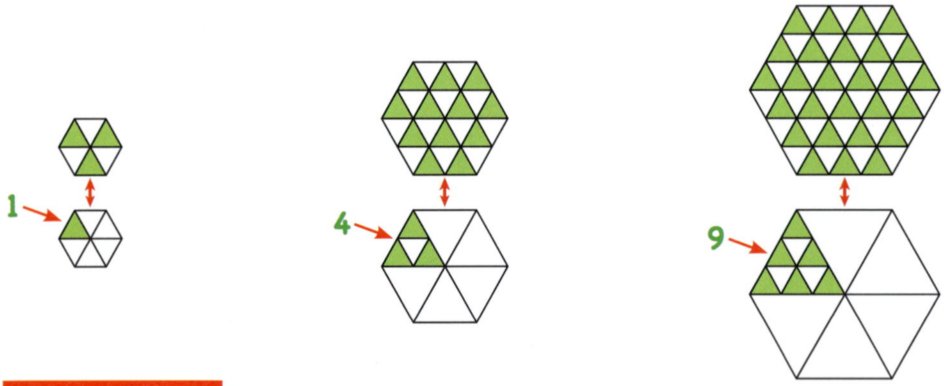

LADO	1	2	3	4	…	n
PIEZAS	6 $6 \cdot 1$	24 $6 \cdot 4$	54 $6 \cdot 9$	?	…	?

INVESTIGA

Salto y captura

Objetivo: Eliminar todas las fichas del tablero, excepto una.

Reglas: En cada movimiento, una ficha salta sobre otra y cae en la casilla siguiente, que debe estar vacía. La ficha sobre la que se ha saltado queda eliminada; es decir, sale del tablero.

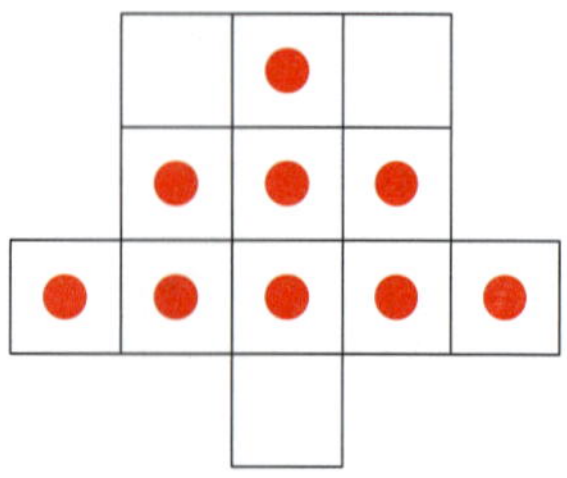

- Busca un código que te permita expresar con facilidad los movimientos.

Recuerda que en anayaeducacion.es puedes encontrar orientación académica y profesional relacionada con los contenidos de esta unidad.

ENTRÉNATE RESOLVIENDO OTROS PROBLEMAS

Cristian pone varias canicas en una caja y realiza la siguiente experiencia:

Lanza la moneda apostando la mitad de las canicas que hay en la caja.

- Si sale *cara,* añade la apuesta a la caja.
- Si sale *cruz,* retira la apuesta de la caja.

Teniendo en cuenta que, estadísticamente, al lanzar la moneda, sale cara la mitad de las veces y cruz la otra mitad, responde:

a) Supón que en la caja hay 16 canicas. ¿Qué resultados se pueden esperar después de lanzar la moneda cuatro veces? ¿Cuál es la probabilidad de obtener cada uno?

b) Supón que en la caja hay x canicas. ¿Cuáles serían los resultados después de dos tiradas?

c) ¿Crees que el juego es rentable para la caja? ¿Por qué?

AUTOEVALUACIÓN

anayaeducacion.es Resolución de estos ejercicios y una autoevaluación interactiva.

1 Completa en tu cuaderno las casillas vacías, siguiendo la lógica de la tabla.

1	3	5	8	10		15	n
2	12	22	37		57		

2 Si llamamos x a un número, expresa en lenguaje algebraico:

a) Su doble.

b) El siguiente de su doble.

c) El doble de su siguiente.

d) El triple de su mitad.

3 ¿Cuáles son el coeficiente y el grado de cada uno de estos monomios?

a) $5x$ b) a^2b^2 c) $-\frac{2}{3}xy^2$

4 Reduce estas expresiones:

a) $2x + 4 + x - 6$

b) $5x^2 + 2 + 6x - x - 3x^2 + 1$

c) $3x - (x^2 + 3 - 4x) + 4x^2$

5 Opera y reduce.

a) $-\frac{1}{5}x^2(-5x)$ b) $6x^4 : 2x^3$ c) $\left(a + \frac{ab}{9}\right) : \frac{2a}{9}$

6 Reduce estas expresiones:

a) $2(x^2 - 5) - 3(2x - 1)$

b) $x(x - 1) + x^2(3x - 2)$

7 Considera los siguientes polinomios y calcula:

$A = 3x^3 + 5x^2 - 6x + 8$ $B = x^3 - 5x^2 + 1$

a) $A + B$

b) $A - B$

8 Calcula el producto $(2x - 1) \cdot (x^3 + 3x - 6)$.

9 Calcula.

a) $(x - 3)^2$ b) $(1 + 2x)^2$ c) $(x - 3) \cdot (x + 3)$

10 Saca factor común.

a) $3a^2 + 6a$ b) $4x^3 + 6x^2 - 2x$

11 Simplifica.

a) $\dfrac{3a}{3a^2 + 6a}$ b) $\dfrac{x^2 - 9}{x^2 - 6x + 9}$

12 ¿Cuál de las siguientes fórmulas sirve para calcular la suma, S, de los primeros n múltiplos de 5?

a) $\dfrac{4n + n^2}{5}$ b) $\dfrac{5n^2 + n}{2}$ c) $\dfrac{5(n^2 + n)}{2}$

Compromiso ODS Visualiza el vídeo meta 16.2., piensa en una acción con la que podrías contribuir al logro de esa meta y comprométete a llevarla a cabo.

7 ECUACIONES

Algunos consideran a **Diofanto** (siglo III d. C.) el «padre del álgebra», debido a su significativa aportación en la mejora de la terminología algebraica y a los ingeniosos métodos de resolución de algunos tipos de ecuaciones.

En los escritos de Diofanto aparece una interesante colección de problemas resueltos, por métodos muy ingeniosos, sin recurrir a la representación geométrica empleada por matemáticos anteriores como Euclides. Pero no encontró un método general para resolverlos.

Su obra se tradujo al árabe en el siglo X y al latín en el siglo XVI, y tuvo una gran influencia en matemáticos de distintas épocas posteriores.

Álgebra retórica y álgebra simbólica

1 Observa y resuelve.

LENGUAJE CORRIENTE	LENGUAJE ALGEBRAICO
Entre ovejas y cabras son 36, y cuento tantos cuernos como ovejas.	Ovejas $\rightarrow x$ Cuernos $\rightarrow x$ Cabras $\rightarrow \frac{x}{2}$ Ovejas + Cabras = 36 $x + \frac{x}{2} = 36$

2 Resuelve la ecuación por tanteo.

3 ¿Cuántas ovejas y cuántas cabras hay en el rebaño?

No obstante, la mayor parte de los autores otorgan la paternidad del álgebra a **Al-Jwarizmi** (siglo IX).

A pesar de que los problemas que resolvió eran de un nivel mucho más elemental que los que estudió Diofanto, Al-Jwarizmi, en su libro *Al-jabr* (álgebra), expone de forma directa cómo se resuelven ecuaciones mediante una argumentación lógica, clara y sistemática, lo que propició que fuera seguida y aprendida en su época, y difundida en épocas posteriores.

Enunciados y expresiones algebraicas

Observa cada enunciado y su traducción a lenguaje gráfico y simbólico.

- Un bote de mermelada pesa 150 g más que un paquete de galletas.

- El paquete y el bote pesan 800 g.

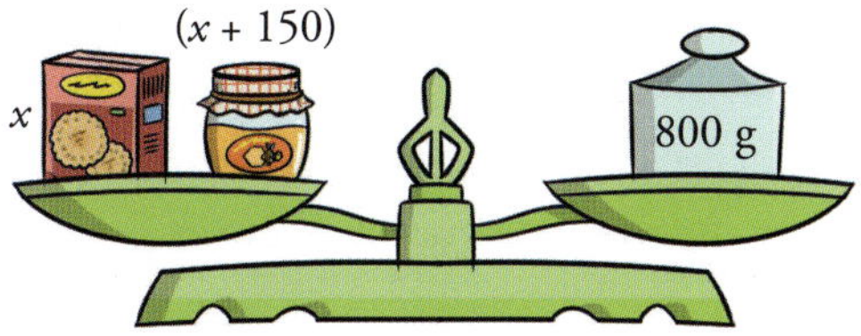

→ $x + (x + 150) = 800$

- Sustituyendo el bote por otro paquete y 150 g resulta que dos paquetes y 150 g son 800 g.

→ $2x + 150 = 800$

$-150 \qquad -150$

- Quitando 150 g de cada platillo resulta que dos paquetes pesan 650 g.

→ $2x = 650$

$: 2 \qquad : 2$

- Por tanto, el paquete de galletas pesa 325 g.

→ $x = 325$

- Y el bote de mermelada pesa 450 g.

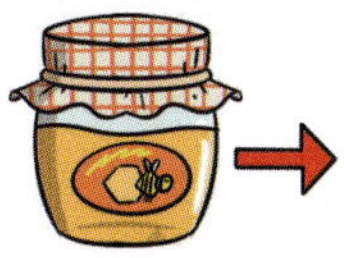

→ 325 + 150 = 475 g

1 ECUACIONES: SIGNIFICADO Y UTILIDAD

Una ecuación expresa, mediante una igualdad algebraica, una relación entre cantidades cuyo valor, de momento, no conocemos.

Esas cantidades se representan con letras.

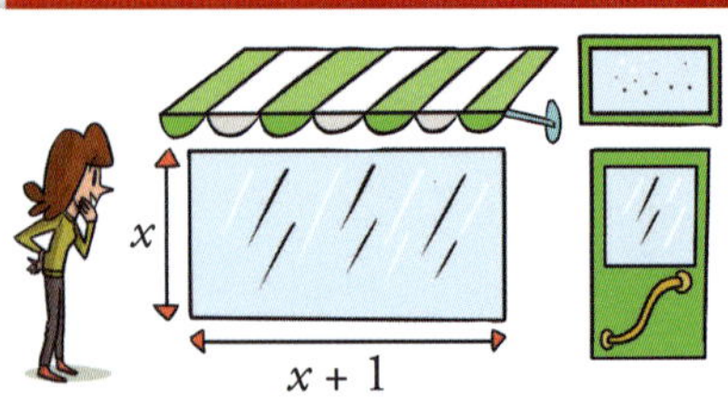

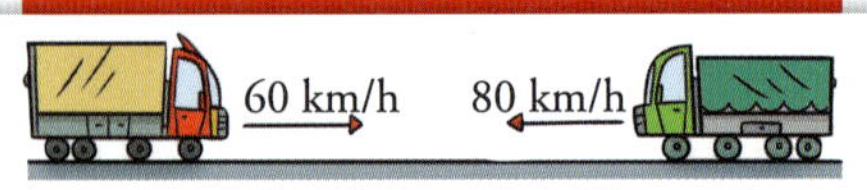

recorrido ida = recorrido vuelta

$60x = 80(x - 1)$

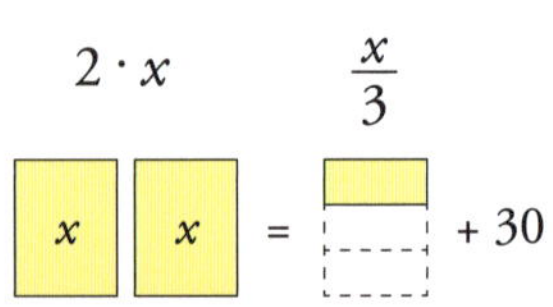

Ejemplos

- En el gallinero, entre picos, crestas y patas hacen 28:

$$\left.\begin{array}{l} \text{Gallinas} \longrightarrow x \\ \text{Picos} \longrightarrow x \\ \text{Crestas} \longrightarrow x \\ \text{Patas} \longrightarrow 2x \end{array}\right\} \text{Ecuación} \rightarrow x + x + 2x = 28$$

- La luna de un escaparate mide un metro más de largo que de alto, y tiene una superficie de 3,75 m^2:

$$\left.\begin{array}{l} \text{Alto} \longrightarrow x \\ \text{Largo} \longrightarrow x + 1 \end{array}\right\} \text{Ecuación} \rightarrow x \cdot (x + 1) = 3{,}75$$

- Un camión cargado tarda en el viaje de ida, a 60 km/h, una hora más que en el viaje de vuelta, vacío, a 80 km/h:

$$\left.\begin{array}{l} \text{Tiempo (horas)} \begin{cases} \text{Ida} \longrightarrow x \\ \text{Vuelta} \longrightarrow x - 1 \end{cases} \\ \text{Distancia (km)} \begin{cases} \text{Ida} \longrightarrow 60 \cdot x \\ \text{Vuelta} \longrightarrow 80 \cdot (x - 1) \end{cases} \end{array}\right\} \text{Ecuación} \rightarrow 60 \cdot x = 80 \cdot (x - 1)$$

- El doble de un número es igual a su tercera parte más treinta unidades:

$$\left.\begin{array}{l} \text{El número} \rightarrow x \\ \text{Su doble} \rightarrow 2x \\ \text{Su tercera parte} \rightarrow \frac{x}{3} \end{array}\right\} \text{Ecuación} \rightarrow 2x = \frac{x}{3} + 30$$

Las ecuaciones permiten codificar relaciones en lenguaje algebraico y, a partir de ahí, manejarlas matemáticamente. Eso, como comprobarás más adelante, supone una **potentísima herramienta para resolver problemas.**

Pero antes, debes aprender a resolverlas.

¿Qué es resolver una ecuación?

Resolver una ecuación es encontrar el valor, o los valores, que deben tomar las letras para que la igualdad sea cierta.

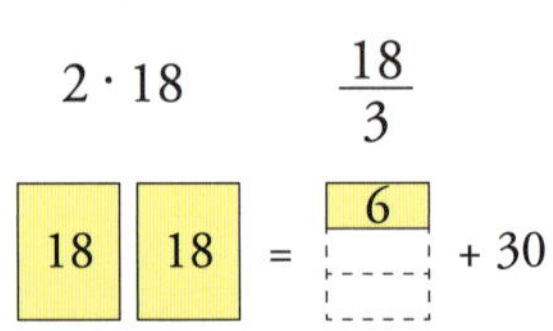

Ejemplo

En la ecuación del último ejemplo, $2x = \frac{x}{3} + 30$, la igualdad se cumple solamente para el valor $x = 18$.

$$\left.\begin{array}{l} 2x = \frac{x}{3} + 30 \\ x = 18 \end{array}\right\} \underbrace{2 \cdot 18}_{36} = \underbrace{\frac{18}{3} + 30}_{36}$$

Diremos, entonces, que la solución de la ecuación es $x = 18$.

Ecuaciones con infinitas soluciones y ecuaciones sin solución

- En la ecuación $\mathbf{0 \cdot x = 0}$, cualquier valor que tome x hace cierta la igualdad.

$$\mathbf{0 \cdot x = 0} \rightarrow \textbf{Tiene infinitas soluciones}$$

- En la ecuación $\mathbf{0 \cdot x = k}$, con $k \neq 0$, no hay ningún valor de x que haga cierta la igualdad.

$$\mathbf{0 \cdot x = k} \rightarrow \textbf{No tiene solución}$$

Resuelve ecuaciones «con lo que ya sabes»

Antes de aprender ninguna técnica específica, ten en cuenta que razonando con lo que ya sabes, o tanteando, puedes resolver muchas ecuaciones.

Ejemplos

- Explica el siguiente proceso:

$$\sqrt{7x-10} = 5 \rightarrow \sqrt{25} = 5 \rightarrow 7x - 10 = 25 \rightarrow 7x = 35 \rightarrow x = 5$$

anayaeducacion.es Resuelve problemas.

- Recurre al tanteo:

$$\frac{x^3+5}{x+8} = 10 \begin{cases} \text{Para } x = 1 \rightarrow \dfrac{1^3+5}{1+8} = \dfrac{6}{9} \neq 10 \\ \text{Para } x = 2 \rightarrow \dfrac{2^3+5}{2+8} = \dfrac{13}{10} \neq 10 \\ \dots \\ \text{Para } x = 5 \rightarrow \dfrac{5^3+5}{5+8} = \dfrac{130}{13} = 10 \end{cases}$$

Una solución es $x = 5$

Para practicar

1 ¿Qué enunciado asocias a cada ecuación?

a) La tercera parte de un número es igual a su cuarta parte más 20 unidades. (Número $\rightarrow x$)

b) La edad de Andrés es el triple que la de su hermana, y entre los dos suman 20 años. (Andrés $\rightarrow x$ años)

c) Un rectángulo es 3 metros más largo que ancho, y su perímetro mide 30 metros. (Ancho $\rightarrow x$ metros)

d) He pagado 30 € por 3 blocs de dibujo y una caja de acuarelas. Pero la caja costaba el doble que un bloc. (Bloc $\rightarrow x$ euros)

e) Un ciclista ha recorrido la distancia desde A hasta B a la velocidad de 15 km/h y un peatón, a 5 km/h, ha tardado una hora más. (Ciclista $\rightarrow x$ horas)

f) Un grillo avanza, en cada salto, un metro menos que un saltamontes. Pero el grillo, en 15 saltos, llega igual de lejos que el saltamontes en 5. (Saltamontes $\rightarrow x$ metros)

$x + \frac{x}{3} = 20$	$2x + 2(x+3) = 30$	$15(x-1) = 5x$
$\frac{x}{3} = \frac{x}{4} + 20$	$3x + 2x = 30$	$15x = 5(x+1)$

2 Resuelve en el orden en que aparecen.

a) $3x = 21$ b) $3x - 1 = 20$

c) $\frac{3x-1}{5} = 4$ d) $\sqrt{\frac{3x-1}{5}} = 2$

3 Resuelve con lo que sabes.

a) $6x = 24$ b) $x + 3 = 10$

c) $2x - 4 = 6$ d) $2(x+1) = 12$

e) $\frac{x}{3} = 9$ f) $\frac{x-2}{2} = 5$

g) $\frac{x+1}{3} = 2$ h) $\frac{7}{x+1} = 1$

i) $x^2 + 1 = 26$ j) $\sqrt{3x+1} = 5$

4 Encuentra alguna solución por tanteo.

a) $x^2 + 2x + 1 = 4$ b) $x^2 - 5x + 6 = 0$

c) $\frac{x}{4} + \frac{8}{x} = 3$ d) $x^3 - \sqrt{x} = 0$

5 Comprueba que cada ecuación tiene como soluciones los valores de x que la acompañan.

a) $x^2 - 4x - 5 = 0$; $x = -1$, $x = 5$

b) $x^3 = 2x^2 + 3x$; $x = 0$, $x = -1$, $x = 3$

2 ECUACIONES: ELEMENTOS Y NOMENCLATURA

- **Miembros de una ecuación:** son cada una de las expresiones que aparecen a ambos lados del signo de igualdad.
- **Términos:** son los sumandos que forman los miembros.

PRIMER MIEMBRO — SEGUNDO MIEMBRO

$$3x + 1 = 9 - x$$

TÉRMINOS

- **Incógnitas:** son las letras que aparecen en la ecuación.

Ejemplos

$3x + 1 = 9 - x \longrightarrow$ Ecuación con una incógnita, x.

$5x + 3y = y + 2 \longrightarrow$ Ecuación con dos incógnitas, x e y.

- **Soluciones:** son los valores que deben tomar las letras para que la igualdad sea cierta.

Ejemplo

$$3x + 1 = 9 - x \begin{cases} x = 2 \text{ es solución, ya que } 3 \cdot 2 + 1 = 9 - 2. \\ x = 1 \text{ no es solución, ya que } 3 \cdot 1 + 1 \neq 9 - 1. \end{cases}$$

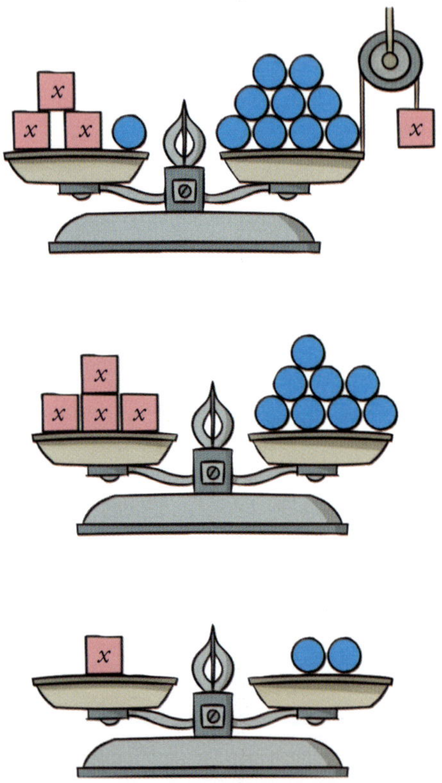

- **Grado de una ecuación:** es el mayor de los grados de los monomios que forman los miembros, una vez reducida la ecuación.

Ejemplos

$3x + 1 = 9 - x \longrightarrow$ Ecuación de primer grado.

$x^2 - 3x + 1 = 2x - 5 \longrightarrow$ Ecuación de segundo grado.

- **Ecuaciones equivalentes:** dos ecuaciones son equivalentes cuando tienen las mismas incógnitas y las mismas soluciones.

Ejemplo

$$\left.\begin{array}{l} 3x + 1 = 9 - x \\ 4x = 8 \end{array}\right\} \text{Son equivalentes. Las dos tienen como solución } x = 2.$$

Para practicar

1 ¿Verdadero o falso?

a) La ecuación $x^2 + 6x - x^2 = 7x - 1$ es de segundo grado.

b) La ecuación $2x + x \cdot y = 6$ es de segundo grado.

c) Los términos de una ecuación son los sumandos que forman los miembros.

d) Una ecuación puede tener más de dos miembros.

e) Todas las ecuaciones de primer grado son equivalentes.

f) La ecuación $x + 1 = 5$ es equivalente a la ecuación $x + 2 = 6$.

2 Copia en tu cuaderno y asocia cada ecuación con su solución.

a) $4x + 4 = 5$ b) $4x - 3 = x + 3$

c) $x^2 - 3 = 2x$ d) $3x = x + 1$

3 -1 $\frac{1}{4}$ $\frac{1}{2}$ 2

3 Agrupa las ecuaciones equivalentes.

a) $4x = 20$ b) $3x - 1 = 8$

c) $5x - 4 = x$ d) $3x = 9$

e) $4x - 5 = 15$ f) $4x - 4 = 0$

anayaeducacion.es Test de ecuaciones equivalentes.

3 TRANSPOSICIÓN DE TÉRMINOS

anayaeducacion.es Resuelve ecuaciones por transposición de términos.

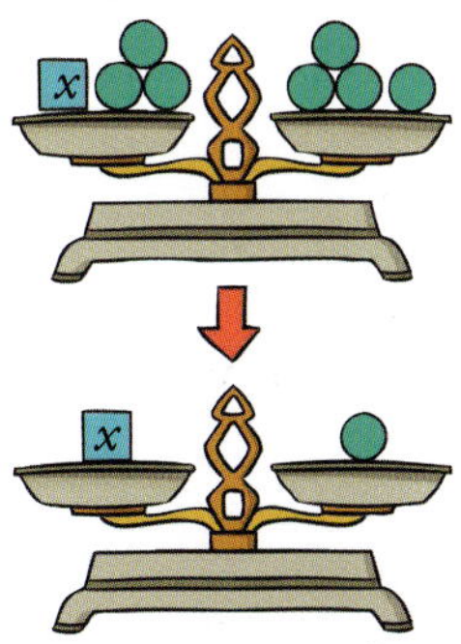

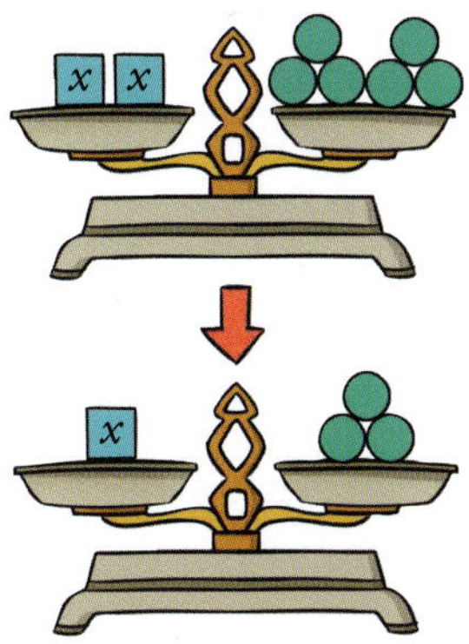

La transposición de términos es una técnica básica que permite transformar las ecuaciones en otras equivalentes más sencillas, llevando los términos de un miembro a otro de la igualdad.

La transposición de términos se basa en el siguiente principio:

Al sumar, restar, multiplicar o dividir el mismo número en los dos miembros de una ecuación, se obtiene otra ecuación equivalente.

→ **PRIMER CASO:** $x + a = b$

Lo que está sumando en un miembro pasa restando al otro miembro.

$$\left.\begin{aligned} x+3&=4 \\ x&=4-3 \end{aligned}\right\} \text{ Restamos 3 en ambos miembros.}$$

→ **SEGUNDO CASO:** $x - a = b$

Lo que está restando en un miembro pasa sumando al otro.

$$\left.\begin{aligned} x-2&=3 \\ x&=3+2 \end{aligned}\right\} \text{ Sumamos 2 en ambos miembros.}$$

→ **TERCER CASO:** $a \cdot x = b$

Lo que está multiplicando en un miembro pasa dividiendo al otro.

$$\left.\begin{aligned} 2x&=6 \\ x&=\frac{6}{2} \end{aligned}\right\} \text{ Dividimos ambos miembros entre 2.}$$

→ **CUARTO CASO:** $\frac{x}{a} = b$

Lo que está dividiendo en un miembro pasa multiplicando al otro.

$$\left.\begin{aligned} \frac{x}{3}&=4 \\ x&=4\cdot 3 \end{aligned}\right\} \text{ Multiplicamos ambos miembros por 3.}$$

La transposición de términos permite despejar la incógnita; es decir, dejarla sola en uno de los miembros de la igualdad, lo que equivale a resolver la ecuación.

No lo olvides

$x + a = b \rightarrow x = b - a$

$x - a = b \rightarrow x = b + a$

$a \cdot x = b \rightarrow x = \frac{b}{a}$

$\frac{x}{a} = b \rightarrow x = b \cdot a$

Para practicar

1 Despeja la incógnita con la consigna que se adjunta en cada caso y calcula la solución.

a) $x + 7 = 10 \rightarrow$ Resta 7 en cada miembro.
b) $x + 8 = 5 \rightarrow$ Resta 8 en cada miembro.
c) $x - 4 = 6 \rightarrow$ Suma 4 en cada miembro.
d) $x - 1 = 4 \rightarrow$ Suma 1 en cada miembro.
e) $6x = 12 \rightarrow$ Divide entre 6 cada miembro.
f) $-2x = 8 \rightarrow$ Divide entre –2 cada miembro.
g) $\frac{x}{3} = 5 \rightarrow$ Multiplica por 3 cada miembro.
h) $\frac{x}{-7} = 1 \rightarrow$ Multiplica por –7 cada miembro.

2 Despeja la incógnita y calcula la solución.

a) $x + 2 = 5$
b) $x + 3 = 2$
c) $x + 8 = 0$
d) $x - 1 = 5$
e) $x - 5 = 1$
f) $3x = 6$
g) $5x = 15$
h) $-5x = 10$
i) $\frac{x}{4} = -1$
j) $\frac{5x}{-2} = -10$

anayaeducacion.es Practica las técnicas básicas de resolución de ecuaciones.

4 RESOLUCIÓN DE ECUACIONES SENCILLAS

El método para resolver una ecuación consiste en ir transformándola, mediante sucesivos pasos, en otras equivalentes más sencillas hasta despejar la incógnita.

Para transformar una ecuación en otra equivalente más sencilla, utilizaremos dos recursos:

- Reducir sus miembros (R).
- Transponer los términos (T).

Analiza los siguientes ejemplos y resuelve las ecuaciones que siguen. Para que puedas evaluar tu trabajo, tienes las soluciones al margen.

Ejemplo 1

$3x - 8 = 4$ (T)

$3x = 4 + 8$ (R)

$3x = 12$ (T)

$x = \dfrac{12}{3} \rightarrow x = 4$

Ejemplo 2

$7 = 4x + 5$ (T)

$7 - 5 = 4x$ (R)

$2 = 4x$ (T)

$\dfrac{2}{4} = x \rightarrow x = \dfrac{1}{2}$

PRACTICA

① $3x - 2 = 4$ ② $2x + 4 = 6$ ③ $7x - 5 = -5$

④ $x + 5 = 4$ ⑤ $2 + 3x = -4$ ⑥ $2x - 1 = -11$

⑦ $7 = x + 1$ ⑧ $0 = 3x + 12$ ⑨ $8 = 5x - 2$

Ejemplo 3

$4 - 3x = 10$ (T)

$-3x = 10 - 4$ (R)

$-3x = 6$ (T)

$x = \dfrac{6}{-3} \rightarrow x = -2$

Ejemplo 4

$6x - 3 = 1$ (T)

$6x = 1 + 3$ (R)

$6x = 4$ (T)

$x = \dfrac{4}{6} \rightarrow x = \dfrac{2}{3}$

PRACTICA

⑩ $5 - x = 2$ ⑪ $6 - 2x = 4$ ⑫ $4 - 5x = 9$

⑬ $3x - 1 = 1$ ⑭ $4 = 3x + 5$ ⑮ $5 = 4x + 7$

⑯ $0x + 2 = 2$ ⑰ $1 + 0x = 4$ ⑱ $-5 = 0x - 5$

Ejemplo 5

$5x + 1 = 3x + 7$ (T)

$5x - 3x = 7 - 1$ (R)

$2x = 6$ (T)

$x = \dfrac{6}{2} \rightarrow x = 3$

Ejemplo 6

$4x - 1 = 6x - 9$ (T)

$4x - 6x = -9 + 1$ (R)

$-2x = -8$ (T)

$x = \dfrac{-8}{-2} \rightarrow x = 4$

PRACTICA

⑲ $8x - 4 = 5 - x$ ⑳ $5x + 3 = x + 15$ ㉑ $10 + x = 2 - 3x$

㉒ $3x + 15 + 2x = -5$ ㉓ $5 + 2x + 1 = 7$ ㉔ $5 - 1 = x + 5 - 2x$

㉕ $4 = x + 5 - 6x$ ㉖ $7x + 2 - 7x = 3 - 1$ ㉗ $5x + 3 - 5x = 7$

anayaeducacion.es Actividades guiadas para afianzar la resolución de ecuaciones.

Recuerda

- La ecuación $0 \cdot x = 0$ tiene infinitas soluciones.
- La ecuación $0 \cdot x = k$, con $k \neq 0$, no tiene solución.

Soluciones

① 2	② 1	③ 0
④ –1	⑤ –2	⑥ –5
⑦ 6	⑧ –4	⑨ 2

Soluciones

⑩ 3	⑪ 1	⑫ –1
⑬ 2/3	⑭ –1/3	⑮ –1/2
⑯ I. S.(*)	⑰ S. S.(**)	⑱ I. S.(*)

(*) → I. S. (infinitas soluciones)

(**) → S. S. (sin solución)

Soluciones

⑲ 1	⑳ 3	㉑ –2
㉒ –4	㉓ 1/2	㉔ 1
㉕ 1/5	㉖ I. S.	㉗ S. S.

El camino de resolución no es único

A medida que las ecuaciones se complican, se abren diferentes opciones de resolución. Cualquiera es válida, siempre que operes correctamente.

A continuación, puedes ver un ejemplo resuelto por dos caminos:

Ejemplo 7

R: $2x - 1 - 5x = 2 + 3x + 1$

$-3x - 1 = 3 + 3x$

T — La incógnita a la izquierda:

R: $-3x - 3x = 3 + 1$

T: $-6x = 4$

$x = \dfrac{4}{-6}$

T — La incógnita en el lado en que queda positiva:

R: $-1 - 3 = 3x + 3x$

T: $-4 = 6x$

$\dfrac{-4}{6} = x$

$$x = \frac{-2}{3}$$

→ PRACTICA

(28) $2x - 1 = x + 2$

(29) $3x + 2 = x + 6$

(30) $2x + 1 = 5x - 5$

(31) $1 - x = 4 - 2x$

(32) $3 + 7x = 2x + 5$

(33) $x - 6 = 5x - 2$

(34) $6x - 2 + x = 2x + 3$

(35) $7 + 3x - 3 = 4x + 5 + x$

(36) $8x + 3 - 5x = 7 - 2x - 1$

(37) $4x - 1 - 7x = 8 - x + 1$

(38) $7x - 4 - 3x = 2 + 4x - 6$

(39) $2 + 3x - 5 = 4x - 2 - x$

Soluciones

(28) 3	(29) 2	(30) 2
(31) 3	(32) 2/5	(33) –1
(34) 1	(35) –1/2	(36) 3/5
(37) –5	(38) I.S.	(39) S.S.

Ecuaciones con paréntesis

Cuando una ecuación contiene paréntesis, comenzaremos suprimiéndolos y reduciendo.

Ejemplo 8

Eliminar los paréntesis: $5x - 2(2x - 2) = 8 - (3 + 2x)$

$5x - 4x + 4 = 8 - 3 - 2x$

$x + 4 = 5 - 2x$

$x + 2x = 5 - 4$

$3x = 1 \rightarrow x = \dfrac{1}{3}$

→ PRACTICA

(40) $x - 7 = 6 - (x - 3)$

(41) $x - (1 - 3x) = 8x - 1$

(42) $1 - (3x - 9) = 5x - 4x + 2$

(43) $13x - 15 - 6x = 1 - (7x + 9)$

(44) $7x - (4 + 2x) = 1 + (x - 2)$

(45) $2(3x - 1) - 5x = 5 - (3x + 11)$

(46) $1 - 2(2x - 1) = 5x - (5 - 3x)$

(47) $7 - (2x + 9) = 11x - 5(1 - x)$

(48) $4(5x - 3) - 7x = 3(6x - 4) + 10$

(49) $4 - 7(2x - 3) = 3x - 4(3x - 5)$

(50) $16x - 7(x + 1) = 2 - 9(1 - x)$

(51) $6 - (8x + 1) = 4x - 3(2 + 4x)$

Soluciones

(40) 8	(41) 0	(42) 2
(43) 1/2	(44) 3/4	(45) –1
(46) 2/3	(47) 1/6	(48) –2
(49) 1	(50) I.S.	(51) S.S.

anayaeducacion.es Resolución de ecuaciones.

5 ECUACIONES CON DENOMINADORES

Cuando aparecen denominadores en los términos de una ecuación, la transformaremos en otra equivalente que no los tenga. Para ello, *multiplicaremos los dos miembros* de la ecuación por un número que sea múltiplo de todos los denominadores. El múltiplo más adecuado es el más pequeño; es decir, el *mínimo común múltiplo de los denominadores.*

Ejemplo

$\frac{x}{4} + \frac{2}{5} = 1 + \frac{x}{10}$

$20 \cdot \left(\frac{x}{4} + \frac{2}{5}\right) = 20 \cdot \left(1 + \frac{x}{10}\right)$

mín. c. m. (4, 5, 10) = 20

Multiplicamos los dos miembros por 20.

$\frac{20x}{4} + \frac{20 \cdot 2}{5} = 20 + \frac{20x}{10}$

$5x + 8 = 20 + 2x$

Al quitar paréntesis y reducir, desaparecen los denominadores.

$5x - 2x = 20 - 8$

$3x = 12$

$x = \frac{12}{3} \rightarrow x = 4$

A partir de ahí, actuaremos como ya sabemos.

Para **eliminar** los **denominadores** en una ecuacion, se multiplican ambos miembros por el mínimo común múltiplo de todos ellos.

Una estrategia similar

- Reducir a común denominador:

  $\frac{x}{4} + \frac{2}{5} = \frac{1}{1} + \frac{x}{10}$

  Común denominador $\rightarrow$ 20

  $\frac{5x}{20} + \frac{8}{20} = \frac{20}{20} + \frac{2x}{20}$

- Eliminar denominadores:

  $5x + 8 = 20 + 2x$

anayaeducacion.es Ayuda para la resolución de ecuaciones con denominadores.

Para fijar ideas

1 Copia, multiplica para eliminar denominadores y resuelve.

a) $4 - \frac{2x}{3} = x + \frac{2}{3}$ ← Multiplica ambos lados por 3.

$12 - \frac{6x}{3} = \square x + \frac{\square}{3}$

$12 - \square x = \square x + \square$

b) $\frac{5x}{6} - 1 = \frac{x}{3} - \frac{3}{4}$ ← Multiplica ambos lados por 12.

$\frac{60x}{6} - \square = \frac{\square}{3} - \frac{\square}{4}$

$\square x - \square = 4x - \square$

Para practicar

1 Multiplica por el número que se indica y resuelve.

a) $1 + \frac{2x}{5} = \frac{1}{5} - 2x$ ← Multiplica ambos lados por 5.

b) $\frac{x}{3} = \frac{1}{15} + \frac{2x}{5}$ ← Multiplica ambos lados por 15.

c) $\frac{7x}{10} + 1 = \frac{2}{5} + x$ ← Multiplica ambos lados por 10.

d) $\frac{7x}{9} - \frac{1}{6} = \frac{x}{3}$ ← Multiplica ambos lados por 18.

Soluciones: a) –1/3 b) –1 c) 2 d) 3/8

2 Resuelve.

a) $\frac{3x}{2} + 5 = 2x - \frac{1}{2}$

b) $\frac{3x}{4} - \frac{1}{6} = \frac{5x}{6} - 1$

c) $\frac{3x}{4} + \frac{2x}{5} + \frac{x}{10} = 1$

d) $\frac{3x}{2} - \frac{1}{5} = \frac{3x}{5} - \frac{1}{2}$

e) $\frac{x}{2} + \frac{1}{3} = \frac{x}{3} + \frac{1}{4}$

f) $\frac{x}{2} - \frac{5}{6} = \frac{x}{3} - \frac{x}{5} + 1$

g) $x - \frac{3x}{4} + \frac{1}{10} = \frac{4x}{5} - \frac{x}{2}$

Soluciones: a) 11 b)10 c) 4/5 d) –1/3 e) –1/2 f) 5 g) 2

anayaeducacion.es Resolución de ecuaciones con denominadores.

6 ▶ PROCEDIMIENTO GENERAL PARA LA RESOLUCIÓN DE ECUACIONES DE PRIMER GRADO

Para resolver ecuaciones de primer grado, conviene organizar el trabajo según las fases que se exponen en el siguiente ejemplo.

Ejemplo

- Primera fase:

  Quitar paréntesis. ⟶

$$\begin{cases} \frac{x}{4} - \frac{1}{3} = 1 - \frac{1}{2}\left(x - \frac{1}{3}\right) \\ \frac{x}{4} - \frac{1}{3} = 1 - \frac{x}{2} + \frac{1}{6} \end{cases}$$

- Segunda fase:

  Quitar denominadores.

  Para ello, multiplicamos ambos miembros por 12. ⟶

$$\begin{cases} \frac{12x}{4} - \frac{12}{3} = 12 - \frac{12x}{2} + \frac{12}{6} \\ 3x - 4 = 12 - 6x + 2 \end{cases}$$

- Tercera fase:

  Despejar la incógnita, reduciendo y transponiendo términos. ⟶

$$\begin{cases} 3x + 6x = 12 + 2 + 4 \\ 9x = 18 \\ x = \frac{18}{9} \to x = 2 \end{cases}$$

anayaeducacion.es Practica la resolución de diferentes ecuaciones de primer grado.

Para practicar

1 Resuelve estas ecuaciones:

a) $\frac{3}{2}(1 - x) + 2 = 3x$

b) $1 - \frac{2x}{7} = x - 2\left(x - \frac{1}{3}\right)$

c) $\frac{x}{2} - \frac{x}{3} = \frac{1}{6}\left(x - \frac{3}{2}\right) + x$

d) $\frac{2x}{3} - \frac{1}{2} = \frac{1}{3}\left(x - \frac{7}{3}\right)$

2 Resuelve las ecuaciones siguientes:

a) $\frac{1}{2}\left(\frac{x}{2} + 1\right) - \frac{2x}{3} = \frac{1}{6}\left(x - \frac{1}{2}\right)$

b) $\frac{1}{2}(2x - 3) + 1 = \frac{1}{3}(x - 5) - x$

c) $2\left(\frac{4x}{9} - \frac{7}{6}\right) + x = 1 - \frac{x}{3}$

d) $5\left(\frac{x}{2} + \frac{1}{6}\right) - \frac{1}{3} = x - 2\left(1 - \frac{x}{3}\right)$

3 Halla el valor de x que satisface cada igualdad.

a) $2\left(\frac{x}{2} + \frac{1}{3}\right) = 3\left(\frac{2x}{3} - \frac{1}{2}\right) + 1$

b) $5x - \left(\frac{2x}{3} + \frac{x}{2}\right) = \frac{1}{3}\left(9x - \frac{1}{2}\right)$

c) $5 - 2\left(\frac{x}{5} + 1\right) = \frac{x}{10} + 3\left(\frac{x}{2} - 1\right)$

d) $3\left(\frac{x}{10} - \frac{1}{4}\right) + x = 5\left(\frac{x}{4} - \frac{1}{10}\right)$

4 Resuelve las ecuaciones siguientes:

a) $2\left(\frac{x}{3} + \frac{x}{5}\right) - \frac{3x}{10} = 3\left(\frac{1}{3} + \frac{2x}{5}\right) - 1$

b) $\frac{1}{4} - 2\left(\frac{x}{5} - \frac{1}{2}\right) = x + 3\left(\frac{2}{5} - \frac{x}{2}\right)$

c) $\frac{1}{3}\left(x - \frac{1}{2}\right) - \frac{1}{2}\left(\frac{x}{6} - 1\right) = \frac{x}{4} + \frac{1}{3}$

d) $x - 3\left(\frac{x}{5} + \frac{1}{3}\right) = \frac{1}{10}(4x - 6)$

1 *Soluciones:* a) 7/9 b) –7/15 c) 1/4 d) –5/6

2 *Soluciones:* a) 1 b) –7/10 c) 3/2 d) –3

3 *Soluciones:* a) 7/6 b) –1/5 c) 3 d) 5

4 *Soluciones:* a) 0 b) –1/2 c) I. S. d) S. S.

anayaeducacion.es Refuerza la resolución de ecuaciones de primer grado.

7 RESOLUCIÓN DE PROBLEMAS CON ECUACIONES

En la información que aporta el enunciado de un problema, encontramos elementos conocidos *(datos)* y elementos desconocidos *(incógnitas)*.

Si conseguimos *codificar algebraicamente* todos esos elementos, y relacionarlos mediante una igualdad, habremos construido una *ecuación*.

Resolviendo la ecuación e interpretando las soluciones en el contexto del enunciado, habremos resuelto el problema.

En esta página, y en las siguientes, encontrarás ejemplos del proceso a seguir.

Ejemplo 1

Subiendo las escaleras de mi casa de dos en dos, doy cuatro pasos más que mi hermana, que juega a baloncesto y es capaz de subirlas de tres en tres. ¿Cuántos escalones tienen las escaleras?

a) Identifica los elementos del problema, expresando algebraicamente los que son desconocidos.

- Número de escalones ⟶ x
- Pasos subiendo de dos en dos ⟶ $\frac{x}{2}$
- Pasos subiendo de tres en tres ⟶ $\frac{x}{3}$

b) Relaciona, con una igualdad, los elementos conocidos y los desconocidos.

PASOS SUBIENDO DE DOS EN DOS = PASOS SUBIENDO DE TRES EN TRES + 4

$$\frac{x}{2} = \frac{x}{3} + 4$$

c) Resuelve la ecuación.

$$\frac{x}{2} = \frac{x}{3} + 4 \to 3x = 2x + 24 \to 3x - 2x = 24 \to x = 24$$

d) Interpreta la solución de la ecuación dentro del enunciado del problema y comprueba si es correcta.

Solución: Las escaleras tienen 24 escalones.

Comprobación:

$$\frac{24}{2} = \frac{24}{3} + 4 \to 12 = 8 + 4$$

Para fijar ideas

Reflexiona sobre las ayudas que se ofrecen en los siguientes problemas y, después, resuélvelos.

1 Si a la mitad de un número le sumas su quinta parte, obtienes la misma cantidad que si a dicho número le quitas tres unidades. ¿Qué número es?

- El número ⟶ x
- Su mitad ⟶ $\frac{x}{2}$
- Su quinta parte ⟶ $\frac{x}{5}$
- El n.º menos tres ⟶ $x - 3$

LA MITAD DEL N.º + LA QUINTA PARTE DEL N.º = EL N.º MENOS TRES

2 En mi clase, si hacemos equipos de tres, salen dos equipos más que si los hacemos de cuatro. ¿Cuántos somos en clase?

- En clase somos ⟶ x
- N.º equipos de tres ⟶ $\frac{x}{3}$
- N.º equipos de cuatro ⟶ $\frac{x}{4}$

N.º DE EQUIPOS DE TRES − 2 = N.º DE EQUIPOS DE CUATRO

1,40 €/unidad   1,80 €/unidad

anayaeducacion.es Practica el ejemplo 2 resolviendo otros problemas similares.

Ejemplo 2

Un obrador sirve a un hotel un pedido de cruasanes, a 1,40 €/unidad, y de ensaimadas, a 1,80 €/unidad. En total son 50 piezas y la factura asciende a 78 €. ¿Cuántas piezas de cada clase lleva el pedido?

a) Identifica los elementos del problema, expresando algebraicamente los que son desconocidos.

	CANTIDAD	COSTE (€)
CRUASANES	x	$1{,}40 \cdot x$
ENSAIMADAS	$50 - x$	$1{,}80 \cdot (50 - x)$

b) Relaciona, con una igualdad, los elementos conocidos y los desconocidos.

[COSTE DE LOS CRUASANES] + [COSTE DE LAS ENSAIMADAS] = 78 €

$$1{,}40x + 1{,}80\,(50 - x) = 78$$

c) Resuelve la ecuación.

$$1{,}40x + 1{,}80\,(50 - x) = 78 \rightarrow 1{,}40x + 1{,}80 \cdot 50 - 1{,}80x = 78 \rightarrow$$
$$\rightarrow 90 - 0{,}4x = 78 \rightarrow 12 = 0{,}4x \rightarrow x = 30$$

d) Interpreta la solución de la ecuación dentro del enunciado del problema y comprueba si es correcta.

Solución: El pedido lleva:

Cruasanes → 30   Ensaimadas → 50 – 30 = 20

Comprobación: $1{,}4 \cdot 30 + 1{,}8 \cdot 20 = 42 + 36 = 78$

Para fijar ideas

Reflexiona sobre las ayudas que se ofrecen en los siguientes problemas y, después, resuélvelos.

3 ODS Meta 2.3. Una hortelana ha cargado en su furgoneta 35 cajas, unas de patatas, de 15 kilos, y otras de nabos, de 10 kilos. En total pesan 455 kilos. ¿Cuántas cajas eran de cada clase?

	N.º DE CAJAS	PESO (kg)
PATATAS	x	$15 \cdot x$
NABOS	$35 - x$	$10 \cdot (35 - x)$

[PESO DE x CAJAS DE PATATAS] + [PESO DE $(35 - x)$ CAJAS DE NABOS] = 455 kg

4 Rosa tiene 25 años menos que su padre, Juan, y 26 años más que su hijo Alberto. Entre los tres suman 98 años. ¿Cuál es la edad de cada uno?

- Edad de Rosa → x
- Edad de Juan → $x + 25$
- Edad de Alberto → $x - 26$

[EDAD DE ROSA] + [EDAD DE JUAN] + [EDAD DE ALBERTO] = 98 años

5 Un kilo de manzanas cuesta 0,50 € más que uno de naranjas. Marta ha comprado tres kilos de naranjas y uno de manzanas por 5,30 €. ¿A cómo están las naranjas? ¿Y las manzanas?

- Un kilo de naranjas → x
- Tres kilos de naranjas → $3x$
- Un kilo de manzanas → $x + 0{,}50$

[COSTE DE 3 KG DE NARANJAS] + [COSTE DE 1 KG DE MANZANAS] = 5,30 €

6 La pandilla ha entrado a merendar en una bocadillería. Un bocadillo cuesta un euro más que un sándwich. Por tres sándwiches y dos bocadillos pagan 11 euros. ¿Cuánto cuesta un sándwich? ¿Y un bocadillo?

$3x$

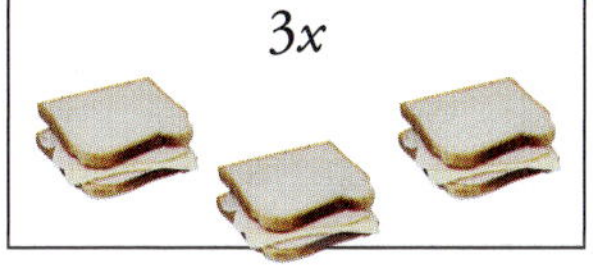

+ $2(x + 1)$

= 11 €

7 RESOLUCIÓN DE PROBLEMAS CON ECUACIONES

anayaeducacion.es Practica el ejemplo 3 resolviendo otros problemas similares.

Ejemplo 3

Tres agricultores reciben una indemnización de 100 000 € por la expropiación de terrenos para la construcción de una autopista. ¿Cómo han de repartirse el dinero, sabiendo que el primero ha perdido el doble de terreno que el segundo, y este, el triple de terreno que el tercero?

a) Identifica los elementos del problema, expresando algebraicamente los que son desconocidos.

- El tercer agricultor recibe ⟶ x
- El segundo agricultor debe recibir el triple que el tercero ⟶ $3x$
- El primer agricultor debe recibir el doble que el segundo ⟶ $2 \cdot 3x = 6x$

b) Relaciona, con una igualdad, los elementos conocidos y los desconocidos.

INDEMNIZACIÓN 3.er AGRICULTOR + INDEMNIZACIÓN 2.º AGRICULTOR + INDEMNIZACIÓN 1.er AGRICULTOR = 100 000

$$x + 3x + 6x = 100\,000$$

c) Resuelve la ecuación.

$$x + 3x + 6x = 100\,000 \rightarrow 10x = 100\,000 \rightarrow x = 10\,000$$

d) Interpreta la solución de la ecuación dentro del enunciado del problema y comprueba si es correcta.

Solución:

El tercero recibirá → $x = 10\,000$ €

El segundo recibirá → $3x = 30\,000$ €

El primero recibirá → $6x = 60\,000$ €

Comprobación: $10\,000 + 3 \cdot 10\,000 + 6 \cdot 10\,000 = 100\,000$

Para practicar

1 Reparte 99 € entre tres personas, de forma que la primera reciba la mitad que la segunda, y esta, el triple que la tercera.

- La tercera persona → x
- La segunda persona → $3x$
- La primera persona → $\frac{3x}{2}$

2 En un taller se distribuye una paga de 5 000 € por beneficios. La encargada recibirá el doble que un oficial, y un oficial 200 € más que un peón. ¿Cuánto se llevará cada uno sabiendo que el taller tiene, además de la encargada, tres oficiales y cinco peones?

- Un peón → x
- Un oficial → $x + 200$
- La encargada → $2 \cdot (x + 200)$

Antes de empezar, piensa: cinco peones recibirán $5x$ y tres oficiales…

3 Sara y Jorge se reparten a partes iguales la paga que les ha dado su abuela. Después, Jorge le dice a Sara: si te devuelvo los 10 € que te debo, solo tendré la mitad que tú. ¿Cuánto les dio su abuela?

- Paga de la abuela (€) → x
- Si Jorge devuelve 10 €, tendrá → $\frac{x}{2} - 10$
- Si Sara recibe 10 €, tendrá → $\frac{x}{2} + 10$

4 Se han repartido 500 litros de gasóleo, a partes iguales, en dos barriles. ¿Cuántos litros se han de pasar de uno al otro para que el segundo quede con el triple de cantidad que el primero?

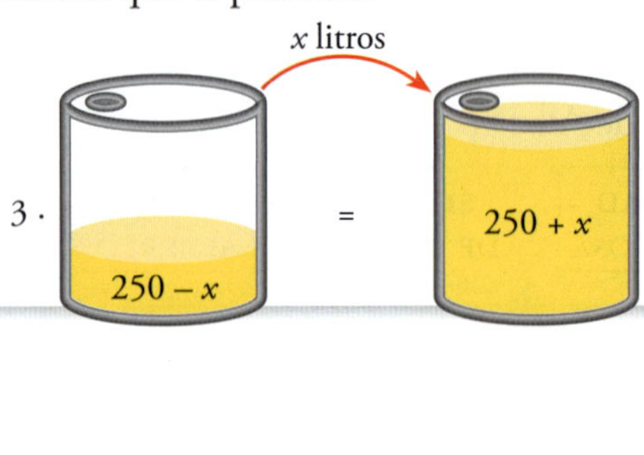

Ejemplo 4

Un restaurante adquiere una partida de aceite de oliva, a 3,40 €/L y otra de girasol a 1,30 €/L. ¿Qué cantidad de girasol han de mezclar con cada garrafa de 10 litros de oliva para que el litro de mezcla salga por 2,50 €?

a) Los datos:

	CANTIDAD (L)	PRECIO (€/L)	COSTE (€)
OLIVA	10	3,40	$3{,}40 \cdot 10$
GIRASOL	x	1,30	$1{,}30 \cdot x$
MEZCLA	$10 + x$	2,50	$2{,}50 \cdot (10 + x)$

b) La ecuación:

COSTE DE 10 L OLIVA + COSTE DE x L GIRASOL = COSTE DE $(10 + x)$ L MEZCLA

$$3{,}40 \cdot 10 + 1{,}30 \cdot x = 2{,}50 \cdot (10 + x)$$

c) Resolución de la ecuación:

$$3{,}40 \cdot 10 + 1{,}30 \cdot x = 2{,}50 \cdot (10 + x) \rightarrow 34 + 1{,}3x = 25 + 2{,}5x \rightarrow$$

$$\rightarrow 34 - 25 = 2{,}5x - 1{,}3x \rightarrow 9 = 1{,}2x \rightarrow x = \frac{9}{1{,}2} \rightarrow x = 7{,}5$$

d) *Solución:* Para que la mezcla salga por 2,50 €/L, por cada 10 litros de oliva se han de poner 7,5 litros de girasol.

Comprobación:

Coste de 10 litros de oliva → $3{,}40 \cdot 10 =$ 34,00 €

Coste de 7,5 litros de girasol → $1{,}30 \cdot 7{,}5 =$ + 9,75 €

Coste de la mezcla (17,5 litros) → $2{,}50 \cdot 17{,}5 =$ 43,75 €

Para practicar

5 Un almacenista dispone de dos tipos de café, uno de calidad superior, a 12,70 €/kg, y otro, de inferior calidad, a 7,80 €/kg.

¿Cuántos kilos del café superior debe mezclar con 100 kilos del inferior para conseguir una mezcla de calidad intermedia que salga a 9,90 €/kg?

	KILOS	PRECIO (€/kg)	COSTE (€)
SUPERIOR	x	12,70	$12{,}70 \cdot x$
INFERIOR	100	7,80	$7{,}80 \cdot 100$
MEZCLA	$x + 100$	9,90	$9{,}90\,(x + 100)$

6 Un orfebre dispone de dos aleaciones de oro, una con un 96 % de metal noble y la otra con solo el 75 %.

¿Cuántos gramos de la primera hay que fundir con 100 gramos de la segunda para subir su riqueza al 82 %?

7 Martina ha mezclado pinturas roja y amarilla para obtener 40 litros de pintura naranja. El litro de pintura roja cuesta 3,40 €, y el de amarilla, 2,60 €. ¿Cuántos litros de cada tipo ha utilizado si la pintura naranja ha salido a 2,95 €/L?

	LITROS	PRECIO (€/L)	COSTE (€)
ROJA	x		
AMARILLA	$40 - x$		
MEZCLA	40	2,95	

8 Una empresaria compra 100 camisas a 24 € la unidad y las pone a la venta aumentando el precio en un 30 %. Sin embargo, cuando ha vendido una parte, llegan las rebajas y las pone solo un 10 % más caras que lo que le costaron. Así, cuando se le terminan, ha recibido un beneficio global de un 25 %. ¿Cuántas vendió antes de las rebajas?

7 RESOLUCIÓN DE PROBLEMAS CON ECUACIONES

Ejemplo 5

Calcula las dimensiones de una finca rectangular, sabiendo que es 80 metros más larga que ancha y que la valla que la rodea tiene una longitud de 560 metros.

a) Los datos:

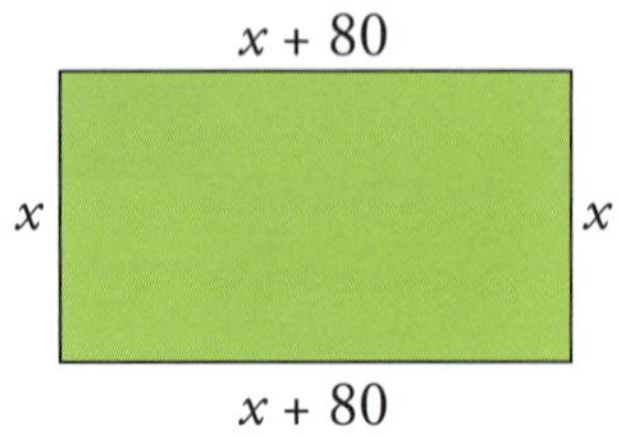

Lado menor (ancho) $\rightarrow x$

Lado mayor (largo) $\rightarrow x + 80$

Longitud de la valla $\rightarrow$ 560 m

b) La ecuación:

$$2x + 2 \cdot (x + 80) = 560$$

c) Resolución de la ecuación:

$$2x + 2 \cdot (x + 80) = 560$$

$$2x + 2x + 160 = 560$$

$$4x = 560 - 160 \rightarrow 4x = 400 \rightarrow x = 100$$

d) *Solución:*

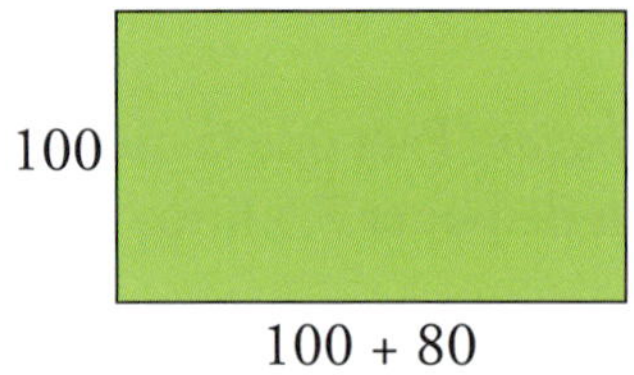

Lado menor $\rightarrow$ 100 m

Lado mayor $\rightarrow 100 + 80 = 180$ m

La finca mide 180 m de larga por 100 m de ancha.

Comprobación:

Longitud de la valla: $2 \cdot 100 + 2 \cdot 180 = 200 + 360 = 560$ metros

Para practicar

9 Se han necesitado 150 metros de alambrada para cercar una finca rectangular que es el doble de larga que de ancha. ¿Cuáles son las dimensiones de la finca?

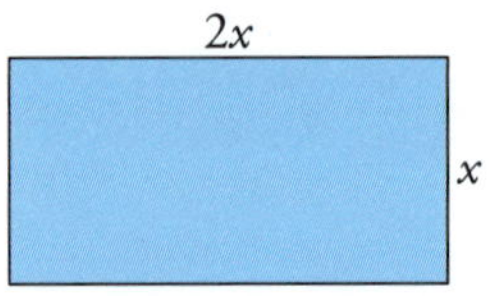

10 En un triángulo escaleno, el lado mediano mide 7 cm más que el lado menor y 5 cm menos que el lado mayor. Si el perímetro mide 52 cm, ¿cuál es la longitud de cada lado?

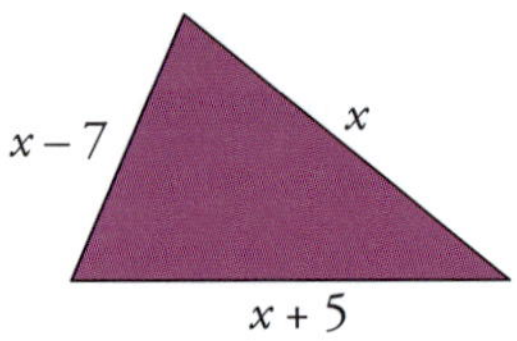

11 En un triángulo isósceles, el lado desigual mide 11 cm más que uno de los lados iguales y el perímetro mide 65 cm. Calcula la longitud de cada lado.

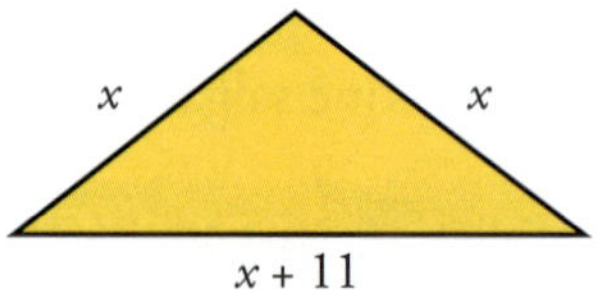

12 En un trapecio cuyo perímetro mide 51 cm, la base mayor mide el doble que la menor, y esta, 3 cm menos que cada uno de los lados no paralelos. Calcula la medida de cada lado.

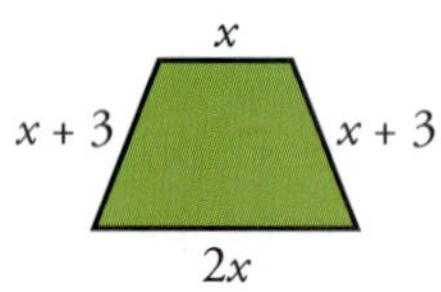

8 ECUACIONES DE SEGUNDO GRADO

Una ecuación es de segundo grado si, tras reducirla, cumple estas condiciones:

- Alguno de sus términos es un monomio de segundo grado.
- No contiene términos de grado superior a dos.

Por ejemplo, la siguiente ecuación es de segundo grado:

$$2x + 5x^2 - 1 = 3 + 4x^2 + 5x$$

MONOMIOS DE SEGUNDO GRADO

La ecuación anterior se puede reducir así:

$$2x + 5x^2 - 1 - 3 - 4x^2 - 5x = 0 \rightarrow \boxed{x^2 - 3x - 4 = 0}$$

FORMA GENERAL DE LA ECUACIÓN

Toda ecuación de segundo grado con una incógnita se puede expresar de la siguiente **forma general:**

$$ax^2 + bx + c = 0 \begin{cases} \text{donde } a \neq 0,\ b \text{ y } c \text{ son} \\ \text{coeficientes conocidos.} \end{cases}$$

Por ejemplo:

ECUACIÓN →	$5x^2 = 45$	$(x-3) \cdot (x-2) = 0$
FORMA GENERAL →	$5x^2 + 0x - 45 = 0$	$x^2 - 5x + 6 = 0$
COEFICIENTES →	$a = 5,\ b = 0,\ c = -45$	$a = 1,\ b = -5,\ c = 6$

Recuerda

$(x-3) \cdot (x-2)$

$$\begin{array}{r} x - 3 \\ \times \quad x - 2 \\ \hline -2x + 6 \\ +x^2 - 3x \quad \\ \hline x^2 - 5x + 6 \end{array}$$

Soluciones de una ecuación de segundo grado

En general, una ecuación de segundo grado tiene dos soluciones distintas, aunque también encontrarás algunas con una solución doble o sin solución.

Ejemplo

La ecuación $x^2 - 3x - 4 = 0$ tiene dos soluciones: $\begin{cases} x = 4 \\ x = -1 \end{cases}$

Para $x = 4 \rightarrow 4^2 - 3 \cdot 4 - 4 = 16 - 12 - 4 = 0$

Para $x = -1 \rightarrow (-1)^2 - 3 \cdot (-1) - 4 = 1 + 3 - 4 = 0$

Ten en cuenta

A las soluciones de una ecuación de segundo grado también se las llama **raíces.**

$$x^2 - 3x - 4 = 0 \begin{cases} x = 4 \\ x = -1 \end{cases}$$

«Las raíces de la ecuación son $x = 4$ y $x = -1$».

Para practicar

1 Indica cuáles de estas ecuaciones son de segundo grado y exprésalas en la forma general.

a) $x^2 = 5$

b) $x^2 + 3 = x^2 + x$

c) $2x(x - 1) = 4$

d) $x(x - 3) = x^2 - 1$

e) $7x^2 - 4x = x^2 + 2$

f) $5x + 6 - x^2 = 7x^3 + 4$

g) $3x^2 + 9 - 3x^2 = x$

h) $x^3 + 2x = x(x + 3)$

2 Asocia cada ecuación con su pareja de soluciones.

a) $x^2 = 25$

b) $x^2 = 9$

c) $x^2 + x - 6 = 0$

d) $x^2 - 7x + 10 = 0$

e) $x^2 + 3x - 10 = 0$

f) $x^2 - 5x + 6 = 0$

3 | –5 | 2 | 5 | –3

9 ▸ RESOLUCIÓN DE ECUACIONES DE SEGUNDO GRADO

La ecuación $x^2 = k$

Para resolver la ecuación $x^2 = k$, buscamos los números cuyo cuadrado es k. Es decir, buscamos la raíz cuadrada de k.

$$x^2 = k \rightarrow x = \pm\sqrt{k}$$

Si k es un número positivo, hay dos soluciones opuestas; si k es negativo, no hay solución.

Ejemplos

- $x^2 = 36 \rightarrow x = \pm\sqrt{36} \rightarrow x = \begin{cases} +6 \\ -6 \end{cases}$
- $x^2 + 25 = 0 \rightarrow x^2 = -25 \rightarrow x = \pm\sqrt{-25}$

  No tiene solución, ya que la raíz cuadrada de –25 no existe.

Ten en cuenta

En muchas ocasiones deberás entregar las soluciones en forma aproximada.

Por ejemplo:

$$3x^2 - 15 = 0 \rightarrow x^2 = \frac{15}{3}$$

$$\rightarrow x = \pm\sqrt{5}$$

$$\sqrt{5} \rightarrow \boxed{2.236679}$$

$$x = \begin{cases} \approx 2{,}24 \\ \approx -2{,}24 \end{cases}$$

La ecuación $ax^2 + c = 0$

Se trata de un caso similar al anterior:

$$ax^2 + c = 0 \rightarrow ax^2 = -c \rightarrow x^2 = \frac{-c}{a} \rightarrow x = \pm\sqrt{\frac{-c}{a}}$$

Si el radicando es positivo, hay dos soluciones; si es negativo, la ecuación no tiene solución.

Ejemplos

- $2x^2 - 18 = 0 \rightarrow x^2 = \frac{18}{2} \rightarrow x = \pm\sqrt{9} \rightarrow x = \begin{cases} +3 \\ -3 \end{cases}$
- $5x^2 + 20 = 0 \rightarrow x^2 = \frac{-20}{5} \rightarrow x = \pm\sqrt{-4}$. No tiene solución.

La ecuación $ax^2 + bx = 0$

En este caso, extraemos factor común en el primer miembro:

$$ax^2 + bx = 0 \rightarrow x \cdot (ax + b) = 0$$

Si un producto es igual a cero, necesariamente uno de los factores ha de ser cero, lo que nos presenta dos opciones:

$$x \cdot (ax + b) = 0 \begin{cases} x = 0 \longleftarrow \text{PRIMERA SOLUCIÓN} \\ ax + b = 0 \rightarrow x = \frac{-b}{a} \longleftarrow \text{SEGUNDA SOLUCIÓN} \end{cases}$$

Ejemplos

- $x^2 - 5x = 0 \rightarrow x \cdot (x - 5) = 0 \begin{cases} x = 0 \\ x - 5 = 0 \rightarrow x = 5 \end{cases}$
- $5x^2 - 2x = 0 \rightarrow x \cdot (5x - 2) = 0 \begin{cases} x = 0 \\ 5x - 2 = 0 \rightarrow x = \frac{2}{5} \end{cases}$

anayaeducacion.es Ayuda para la resolución de ecuaciones de segundo grado incompletas.

La ecuación $ax^2 + bx + c = 0$

anayaeducacion.es Practica la aplicación de la fórmula de las ecuaciones de segundo grado.

El proceso para resolver una **ecuación de segundo grado completa** es largo y complicado, por lo que empleamos la fórmula que ofrece la incógnita ya despejada. Esa fórmula te permite llegar a las soluciones con rapidez y comodidad.

FÓRMULA:

$$ax^2 + bx + c = 0 \rightarrow x = \frac{-b \pm \sqrt{b^2 - 4ac}}{2a}$$

La justificación de esta fórmula queda para cursos superiores. Por ahora, conviene que la memorices y que aprendas su manejo como se muestra en los siguientes ejemplos.

Ejemplos

- $5x^2 - 7x + 2 = 0 \rightarrow a = 5;\ b = -7;\ c = 2$

$$x = \frac{-(-7) \pm \sqrt{(-7)^2 - 4 \cdot 5 \cdot 2}}{2 \cdot 5} = \frac{7 \pm \sqrt{9}}{10} = \begin{cases} \dfrac{7+3}{10} = 1 \\[2mm] \dfrac{7-3}{10} = \dfrac{2}{5} \end{cases}$$

- $5x^2 + 6x + 2 = 0 \rightarrow a = 5;\ b = 6;\ c = 2$

$$x = \frac{-6 \pm \sqrt{6^2 - 4 \cdot 5 \cdot 2}}{2 \cdot 5} = \frac{-6 \pm \sqrt{-4}}{10}$$

La ecuación no tiene solución, pues la raíz cuadrada de -4 no existe.

Solución doble

$$(x - 5)^2 = 0$$

$$x^2 - 10x + 25 = 0 \begin{cases} a = 1 \\ b = -10 \\ c = 25 \end{cases}$$

$$x = \frac{-(-10) \pm \sqrt{(-10)^2 - 4 \cdot 1 \cdot 25}}{2 \cdot 1} =$$

$$= \frac{10 \pm \sqrt{0}}{2 \cdot 1} = \begin{cases} \dfrac{10+0}{2} = 5 \\[2mm] \dfrac{10-0}{2} = 5 \end{cases}$$

Para fijar ideas

1 Copia, completa los coeficientes y calcula las soluciones.

a) $x^2 + 2x - 3 = 0 \rightarrow \begin{cases} a = 1 \\ b = 2 \\ c = -3 \end{cases}$

$$x = \frac{-\square \pm \sqrt{\square^2 - 4 \cdot \square \cdot (-3)}}{2 \cdot \square} = \ldots$$

b) $5x^2 - 3x - 2 = 0 \rightarrow \begin{cases} a = 5 \\ b = -3 \\ c = -2 \end{cases}$

$$x = \frac{-(-\square) \pm \sqrt{(-\square)^2 - 4 \cdot \square \cdot (-2)}}{2 \cdot \square} = \ldots$$

Para practicar

1 Resuelve las siguientes ecuaciones:

a) $x^2 = 81$ b) $x^2 = 25$ c) $5x^2 = 20$

d) $x^2 - 9 = 0$ e) $x^2 + 6 = 10$ f) $4x^2 + 1 = 2$

g) $\frac{x^2}{7} = 7$ h) $\frac{5x^2}{8} = \frac{2}{5}$ i) $\frac{2x^2}{9} - \frac{1}{50} = 0$

2 Reduce, saca factor común y resuelve.

a) $x^2 - 4x = 0$ b) $x^2 + 2x = 0$ c) $x^2 - x = 0$

d) $x^2 + x = 0$ e) $3x^2 - 2x = 0$ f) $5x^2 + x = 0$

g) $\frac{x^2}{3} = x$ h) $\frac{x^2}{2} = \frac{x}{3}$ i) $\frac{x}{3} + \frac{x^2}{4} = \frac{5x}{6}$

3 Calcula la solución aplicando la fórmula.

a) $x^2 - 6x + 8 = 0$ b) $x^2 - 6x + 5 = 0$

c) $x^2 + x - 12 = 0$ d) $x^2 + 7x + 10 = 0$

e) $2x^2 - 7x + 6 = 0$ f) $x^2 - 2x + 1 = 0$

g) $x^2 + 6x + 9 = 0$ h) $x^2 - 3x + 3 = 0$

4 Reduce y resuelve.

a) $x^2 - 3x - 5 = 2x + 9$

b) $6x^2 - 5(x - 1) = x(x + 1) + 4$

c) $x(x + 1) - \frac{1}{2} = \frac{x - 4}{6}$

Recuerda seleccionar el material de trabajo de esta unidad para tu **portfolio.**

EJERCICIOS Y PROBLEMAS

Ecuaciones sencillas

1 Resuelve mentalmente.

a) $x + 4 = 5$ b) $x - 3 = 6$ c) $7 + x = 10$

d) $7 - x = 5$ e) $9 = 15 - x$ f) $2 - x = 9$

2 Resuelve.

a) $2x - 5 + 3x + 1 = 3x - 2$

b) $x + 7 = 12x - 3 - 8x + 1$

c) $6x - 1 + x = 4 - 5x + 3$

d) $x + 2x + 3x - 5 = 4x - 9$

e) $5x + 4 - 6x = 7 - x - 3$

f) $4x + 2 + 7x = 10x + 3 + x$

3 Quita paréntesis y resuelve.

a) $6(x + 1) - 4x = 5x - 9$

b) $18x - 13 = 8 - 4(3x - 1)$

c) $3x + 5(2x - 1) = 8 - 3(4 - 5x)$

d) $5 - (4x + 6) = 3x + (7 - 4x)$

e) $x - 7(2x + 1) = 2(6 - 5x) - 13$

f) $11 - 5(3x + 2) + 7x = 1 - 8x$

g) $13x - 5(x + 2) = 4(2x - 1) + 7$

Ecuaciones de primer grado con denominadores

4 Quita denominadores y resuelve.

a) $\frac{5x}{3} + 1 = \frac{5}{6} + x$

b) $\frac{3x}{5} - \frac{1}{4} = x - \frac{7x}{10} - \frac{1}{5}$

c) $\frac{x}{3} + \frac{4}{15} - x = \frac{1}{6} - \frac{7x}{10}$

d) $\frac{7x}{4} - 1 - \frac{x}{8} = x + \frac{5x}{8} + 1$

e) $\frac{x}{2} + \frac{1}{6} - \frac{x}{3} = \frac{5}{6} + \frac{x}{6} - \frac{2}{3}$

5 Elimina los paréntesis y los denominadores, y resuelve.

a) $2x - \frac{5}{2} = \frac{1}{2}(x - 3)$ b) $\frac{5}{6}(2x - 1) - x = \frac{x}{6}$

c) $\frac{x}{5} - 1 = 2\left(x - \frac{4}{5}\right)$ d) $x - \frac{1}{3} = \frac{1}{6}(2x - 5)$

6 Ejercicio resuelto

Resolver la ecuación: $\frac{3x}{5} - 1 = x - \frac{x + 1}{2}$

$10 \cdot \left(\frac{3x}{5} - 1\right) = 10 \cdot \left(x - \frac{x+1}{2}\right)$

$6x - 10 = 10x - 5(x + 1)$

$6x - 10 = 10x - 5x - 5$

$6x - 10 = 5x - 5$

$6x - 5x = 10 - 5 \rightarrow x = 5$

7 Elimina denominadores y resuelve.

a) $1 - \frac{x+1}{3} = 2x - \frac{1}{3}$ b) $1 - \frac{1-x}{3} = x + \frac{1}{2}$

c) $\frac{3x-1}{2} - 1 = 2x - 2$ d) $x + \frac{2-3x}{5} = \frac{x}{2} + 1$

e) $2x + \frac{x-3}{2} = \frac{x-3}{4}$ f) $\frac{3x}{5} - 1 = x - \frac{x+1}{2}$

g) $\frac{x+3}{5} - \frac{x-6}{7} = 1$ h) $\frac{1-x}{3} - \frac{x-1}{12} = \frac{3x-1}{4}$

8 Resuelve estas ecuaciones:

a) $\frac{3x-1}{4} - \frac{2x+1}{5} = \frac{7x-13}{20}$

b) $2 + \frac{2}{5}(x+1) = x - \frac{2x+3}{5}$

c) $\frac{2}{3}(1-3x) + \frac{3(x-1)}{4} = \frac{5}{12}(1-x)$

d) $\frac{3}{5}\left(\frac{x-1}{3} + 1\right) + x = \frac{3}{4}\left(x - \frac{2}{3}\right)$

9 Ejercicio resuelto

Resolver la ecuación: $1 + \frac{2}{x} + \frac{1}{3} = \frac{2}{3x}$

$3x \cdot \left(1 + \frac{2}{x} + \frac{1}{3}\right) = 3x \cdot \frac{2}{3x}$

$3x + 6 + x = 2 \rightarrow 4x = 2 - 6$

$4x = -4 \rightarrow x = \frac{-4}{4} \rightarrow x = -1$

10 Resuelve, como en el ejercicio anterior.

a) $\frac{2}{x} + \frac{1}{2} = \frac{5}{3x} + 1$ b) $\frac{1}{2x} + \frac{1}{5} = \frac{1}{5x} + \frac{1}{2}$

c) $\frac{1}{2x} - \frac{2}{9x} = 1 + \frac{1}{3x}$ d) $\frac{1}{x-1} + \frac{3}{2} = \frac{3}{2(x-1)}$

Multiplica por 6x, 10x, 18x y 2(x – 1), respectivamente.

Ecuaciones de segundo grado

11 Observa, razona y resuelve.

a) $5x^2 = 45$
b) $12x^2 = 3$
c) $x(x - 3) = 0$
d) $(x + 5)x = 0$
e) $x(3x - 1) = 0$
f) $3x(5x + 2) = 0$
g) $x^2 - 7x = 0$
h) $x^2 + 4x = 0$
i) $3x^2 = 2x$
j) $5x^2 = x^2 - 2x$

12 Resuelve aplicando la fórmula.

a) $x^2 - 10x + 21 = 0$
b) $x^2 + 2x - 3 = 0$
c) $x^2 + 9x + 40 = 0$
d) $5x^2 + 14x - 3 = 0$
e) $15x^2 - 16x + 4 = 0$
f) $14x^2 + 5x - 1 = 0$
g) $x^2 - 10x + 25 = 0$
h) $9x^2 + 6x + 1 = 0$
i) $6x^2 - 5x + 2 = 0$
j) $6x^2 - x - 5 = 0$

13 Reduce a la forma general y aplica la fórmula.

a) $x^2 - \frac{1}{4} = \frac{1}{5}\left(\frac{x}{4} - 1\right)$

b) $\frac{x}{2}\left(x - \frac{1}{2}\right) = \frac{x}{6}\left(\frac{x}{2} + \frac{5}{3}\right)$

c) $\frac{x}{3}\left(\frac{1}{2} - x\right) = 2 - \frac{x}{2}\left(x - \frac{5}{3}\right)$

d) $\frac{x^2}{2} + x = \frac{2x^2 - 5}{3} - 1$

Resuelve problemas con ecuaciones de primer grado

14 Calcula, primero, mentalmente y, después, con la ayuda de una ecuación.

a) Si a un número le sumas 12, obtienes 25. ¿De qué número se trata?

b) Si a un número le restas 10, obtienes 20. ¿Qué número es?

c) Un número, x, y su siguiente, $x + 1$, suman 13. ¿Cuáles son esos números?

d) En mi clase somos 29 en total, pero hay tres chicos más que chicas. ¿Cuántos chicos y cuántas chicas hay en la clase?

15 Busca un número cuyo doble más tres unidades sea igual a su triple menos cinco unidades.

16 Multiplicando un número por 5, se obtiene el mismo que sumándole 12. ¿Cuál es ese número?

17 La suma de dos números es 167, y su diferencia, 19. ¿Cuáles son esos números?

18 Calcula el número natural que sumado a su siguiente da 157.

- El número → x
- Su siguiente → $x + 1$

19 La suma de tres números consecutivos es 135. ¿Cuáles son esos números?

20 Teresa es siete años mayor que su hermano Antonio y dos años menor que su hermana Blanca. Calcula la edad de cada uno sabiendo que entre los tres suman 34 años.

Antonio → $x - 7$; Teresa → x; Blanca → $x + 2$

21 Una ensaimada cuesta 10 céntimos más que un cruasán. Tres cruasanes y cuatro ensaimadas han costado 6 euros. ¿Cuál es el coste de cada pieza?

22 Nicolás ha comprado en las rebajas dos pantalones y tres camisetas por 161 €. ¿Cuál era el precio de cada artículo, sabiendo que un pantalón costaba el doble que una camiseta?

23 Un depósito de agua se abastece de dos grifos. Abriendo solo el primero, el depósito se llena en 40 minutos. Pero si se abre también el segundo, que aporta 5 litros por minuto, entonces el depósito se llena en 30 minutos. ¿Qué caudal aporta el primer grifo? ¿Cuál es la capacidad del depósito?

24 En la caja de un supermercado hay 1140 euros repartidos en billetes de 5, 10, 20 y 50 euros.

Sabiendo que:

— Hay el doble de billetes de 5 € que de 10 €.

— De 10 € hay la misma cantidad que de 20 €.

— De 20 € hay seis billetes más que de 50 €.

¿Cuántos billetes de cada clase hay en la caja?

25 Un hortelano siembra la mitad de su huerta de melones, la tercera parte de tomates, y el resto, que son 200 m², de patatas. ¿Qué superficie tiene la huerta?

- Superficie huerta → x
- Melones → $x/2$
- Tomates → $x/3$
- Patatas → 200 m^2

26 Adrián, andando, avanza 0,80 m en cada paso y corriendo, 1,25 m. Para dar una vuelta en la pista del polideportivo, necesita 180 zancadas más, si va andando, que si lo hace corriendo.

¿Cuántas zancadas da, en cada caso, en una vuelta?

¿Cuál es la longitud de la pista?

27 Del horno de un obrador han salido dos tandas con el mismo número de magdalenas. La primera se ha envasado en bolsas de 10 unidades y la segunda en bolsas de 12.

¿Cuántas magdalenas salen en cada tanda si se han llenado 5 bolsas más en la primera tanda que en la segunda?

- N.º de magdalenas por hornada $\rightarrow x$
- N.º de bolsas de 10 unidades $\rightarrow \frac{x}{10}$
- N.º de bolsas de 12 unidades $\rightarrow \frac{x}{12}$

28 Un grifo llena un depósito en 30 minutos. Otro grifo, con un caudal inferior al anterior en 2 litros por minuto, llena un segundo depósito en 20 minutos.

Sabiendo que en el primer depósito caben 200 litros más que en el segundo, ¿cuál es el caudal de cada grifo?

29 Problema resuelto

Joaquín tiene 14 años; su hermana, 16, y su madre, 42. ¿Cuántos años han de transcurrir para que entre ambos hijos igualen la edad de la madre?

	EDAD HOY	EDAD DENTRO DE x AÑOS
JOAQUÍN	14	$14 + x$
HERMANA	16	$16 + x$
MADRE	42	$42 + x$

Dentro de x años, debe ocurrir que:

EDAD DE JOAQUÍN + EDAD DE LA HERMANA = EDAD DE LA MADRE

$$(14 + x) + (16 + x) = 42 + x$$

$$2x + 30 = 42 + x \rightarrow x = 12$$

Solución: Deben transcurrir 12 años.

30 Un padre tiene 38 años, y su hijo, 11. ¿Cuántos años han de transcurrir para que el padre tenga solo el doble de edad que el hijo?

31 La edad de doña Adela es seis veces la de su nieto Juan, pero dentro de 8 años solo será el cuádruple. ¿Qué edad tiene cada uno?

	EDAD HOY	EDAD DENTRO DE 8 AÑOS
NIETO	x	$x + 8$
DOÑA ADELA	$6x$	$6x + 8$

EDAD DE DOÑA ADELA DENTRO DE 8 AÑOS = 4 · EDAD DEL NIETO DENTRO DE 8 AÑOS

32 Un ciclista sube un puerto a 15 km/h y, después, desciende por el mismo camino a 35 km/h. Si la ruta ha durado 30 minutos, ¿cuánto tiempo ha invertido en la subida?

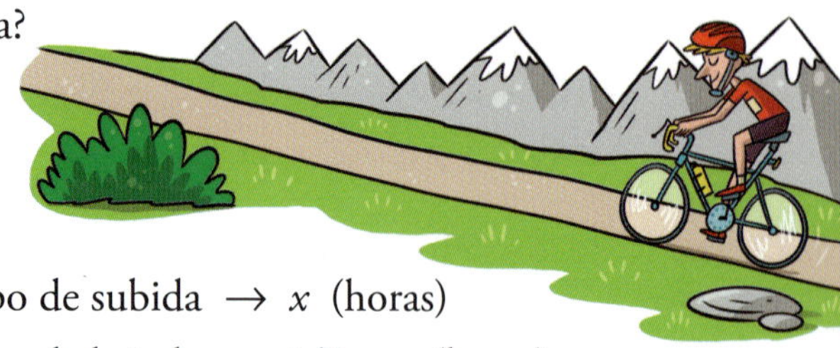

- Tiempo de subida $\rightarrow x$ (horas)
- Tiempo de bajada $\rightarrow 1/2 - x$ (horas)
- Distancia recorrida subiendo $\rightarrow 15x$
- Distancia recorrida bajando $\rightarrow 35\left(\frac{1}{2} - x\right)$

DISTANCIA RECORRIDA SUBIENDO = DISTANCIA RECORRIDA BAJANDO

33 Dos ciclistas parten simultáneamente; uno, de A hacia B, a la velocidad de 24 km/h, y el otro, de B hacia A, a 16 km/h. Si la distancia entre A y B es de 30 km, ¿cuánto tardarán en encontrarse?

- Tiempo hasta el encuentro $\rightarrow x$ (horas)
- Distancia recorrida por el primero $\rightarrow 24x$
- Distancia recorrida por el segundo $\rightarrow 16x$

DISTANCIA RECORRIDA POR EL PRIMERO + DISTANCIA RECORRIDA POR EL SEGUNDO = 30

34 Dos trenes se encuentran, respectivamente, en las estaciones de dos ciudades separadas entre sí 132 km. Ambos parten a la misma hora, por vías paralelas, hacia la ciudad contraria. Si el primero va a 70 km/h, y el segundo, a 95 km/h, ¿cuánto tardarán en cruzarse?

35 Un ciclista sale de cierta población, por carretera, a la velocidad de 22 km/h. Hora y media después, sale en su búsqueda un motorista a 55 km/h. ¿Cuánto tardará en darle alcance?

36 Una ciclista circula por una carretera a 18 km/h durante 20 minutos. ¿A qué velocidad debería ir durante los 10 minutos siguientes para que la media de esos treinta minutos resulte de 20 km/h?

37 Se han pagado 66 € por una prenda que estaba rebajada un 12 %. ¿Cuál era el precio sin rebaja?

- Precio original $\rightarrow x$
- Rebaja $\rightarrow \frac{12x}{100}$
- Ecuación $\rightarrow x - \frac{12x}{100} = 66$

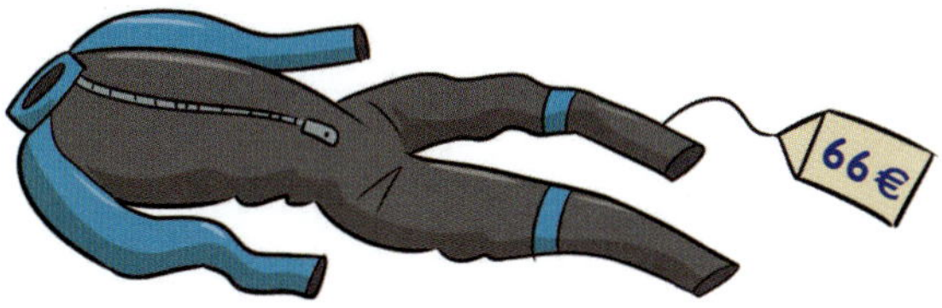

38 Laura ha estado en las rebajas y ha comprado una falda y una blusa por 59 €. La falda costaba 16 € más que la blusa, pero le han hecho un 20 % de rebaja, y en la blusa, solo un 15 %. ¿Cuánto costaba cada prenda sin rebajar?

	COSTE SIN REBAJA	COSTE CON REBAJA
FALDA	x	$0,80 \cdot x$
BLUSA	$x - 16$	$0,85 \cdot (x - 16)$

COSTE FALDA REBAJADA + COSTE BLUSA REBAJADA = 59 €

39 Un fabricante de queso ha mezclado cierta cantidad de leche de vaca, a 0,50 €/L, con otra cantidad de leche de oveja, a 0,80 €/L, obteniendo 300 litros de mezcla a un precio medio de 0,70 €/L. ¿Cuántos litros de cada tipo de leche empleó?

	CANTIDAD (L)	PRECIO (€/L)	COSTE (€)
VACA	x	0,50	$0,5 \cdot x$
OVEJA	$300 - x$	0,80	$0,8 \cdot (300 - x)$
MEZCLA	300	0,70	$0,7 \cdot 300$

COSTE LECHE VACA + COSTE LECHE OVEJA = COSTE MEZCLA

40 Una empresa compra un depósito de zumo concentrado al precio de 0,35 €/L. Para rebajarlo, añade 35 litros de agua. Así, el litro sale 7 céntimos más barato. ¿Cuánto zumo había en el depósito antes de aguarlo?

41 Para delimitar una zona rectangular, el doble de larga que de ancha, se han necesitado 84 m de cinta. ¿Cuáles son las dimensiones del sector delimitado?

42 La amplitud de uno de los ángulos de un triángulo es 13 grados mayor y 18 grados menor, respectivamente, que las amplitudes de los otros dos ángulos. Calcula la medida de cada ángulo.

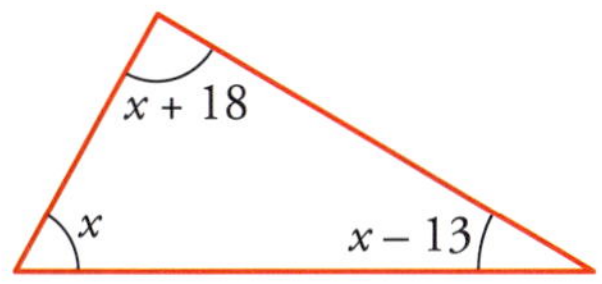

43 Problema resuelto

De una parcela rectangular se han cedido, para calles, 10 m a lo largo y otros 10 m a lo ancho, por lo que la parcela ha perdido una superficie de 800 m². Si el rectángulo resultante mide 50 metros de largo, ¿cuál es su anchura?

a) Nos ayudamos con un gráfico:

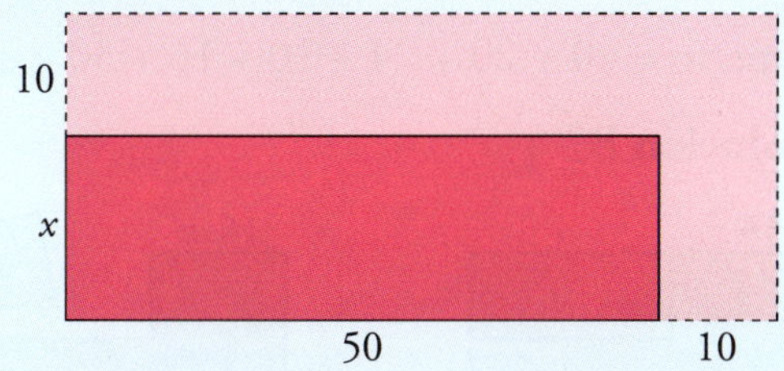

b) Codificamos algebraicamente los datos y la incógnita:

- Superficie original $\rightarrow 60 \cdot (x + 10)$
- Superficie resultante $\rightarrow 50 \cdot x$
- Superficie perdida $\rightarrow 60 \cdot (x + 10) - 50 \cdot x$; $\rightarrow 800 \text{ m}^2$

c) Escribimos la ecuación y la resolvemos:

$$60 \cdot (x + 10) - 50x = 800$$

$$60x + 600 - 50x = 800 \rightarrow 10x = 200 \rightarrow x = 20$$

d) *Solución:* La anchura del rectángulo es de 20 metros.

44 En una plancha cuadrada de madera, se dan dos cortes perpendiculares entre sí y paralelos a los lados. Así se separan dos tablas, de 20 cm y 15 cm de achura, respectivamente. ¿Cuáles eran las dimensiones de la plancha, si las tablas cortadas tienen una superficie de 0,32 m²?

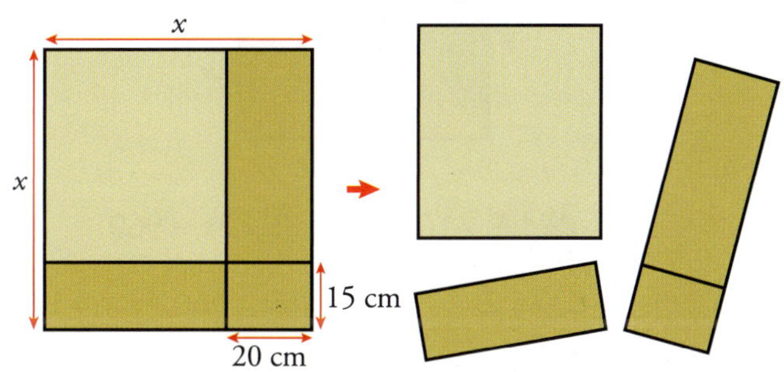

Analiza y exprésate

45 Analiza las soluciones que siguen al problema y explica cómo se ha construido la ecuación en cada caso.

Calcula el perímetro de esta finca, sabiendo que tiene una superficie de 960 metros cuadrados.

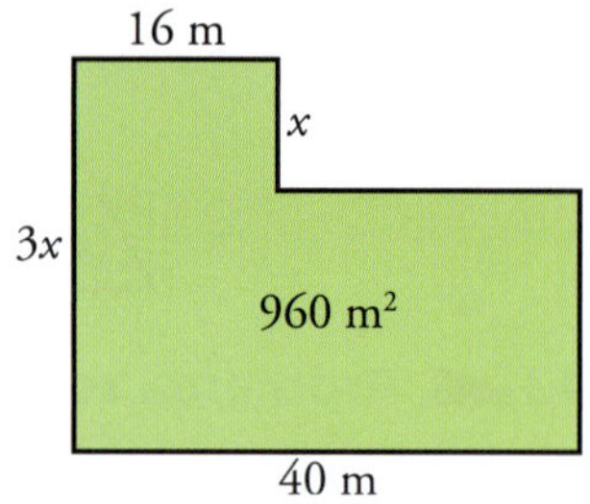

Resolución A

$$16 \cdot 3x + (40 - 16) \cdot (3x - x) = 960$$

$$48x + 24 \cdot 2x = 960 \rightarrow 48x + 48x = 960$$

$$96x = 960 \rightarrow x = \frac{960}{96} \rightarrow x = 10 \text{ m}$$

Perímetro = 40 + 20 + 24 + 10 + 16 + 30 = 140 m

Resolución B

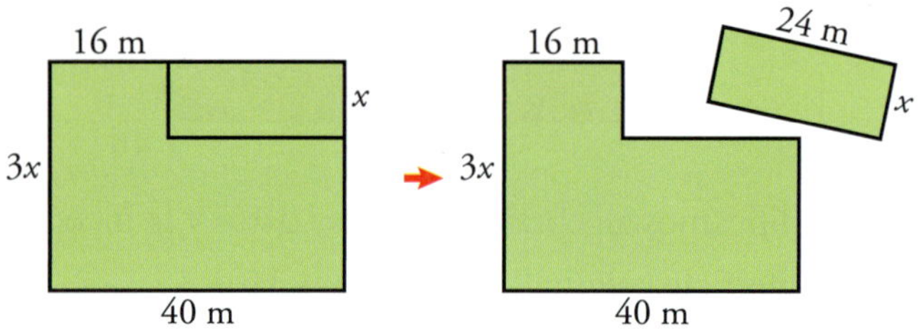

$$40 \cdot 3x - 24 \cdot x = 960$$

$$120x - 24x = 960 \rightarrow 96x = 960 \rightarrow x = 10 \text{ m}$$

Perímetro = 140 m

Resolución C

$$960 - 16 \cdot x = 40 \cdot (3x - x)$$

$$960 - 16x = 40 \cdot 2x \rightarrow 960 = 80x + 16x$$

$$960 = 96x \rightarrow x = 10 \text{ m}$$

Perímetro = 140 m

Resolución D

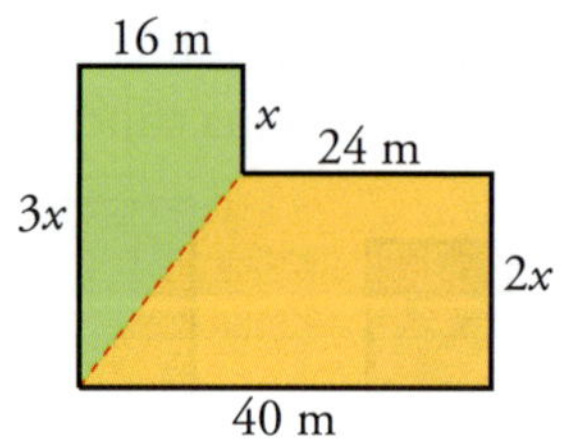

$$\frac{3x + x}{2} \cdot 16 + \frac{24 + 40}{2} \cdot 2x = 960$$

$$2x \cdot 16 + 32 \cdot 2x = 960 \rightarrow 96x = 960 \rightarrow x = 10 \text{ m}$$

Perímetro = 140 m

Resuelve problemas con ecuaciones de segundo grado

46 Ejercicio resuelto

Calcular el número entero tal que el producto de su anterior por su siguiente supera a su cuádruplo en 11 unidades. Buscar todas las soluciones.

$$(x + 1) \cdot (x - 1) = 4x + 11$$

$$x^2 - 1 = 4x + 11 \rightarrow x^2 - 4x - 12 = 0$$

$$x = \frac{4 \pm \sqrt{4^2 - 4 \cdot 1 \cdot (-12)}}{2 \cdot 1} = \frac{4 \pm \sqrt{64}}{2}$$

$$x = \frac{4 \pm 8}{2} \begin{cases} \frac{12}{2} = 6 \\ \frac{-4}{2} = -2 \end{cases}$$

Solución: Hay dos números que cumplen las condiciones del problema: 6 y –2

Comprobación:

$$(6 + 1) \cdot (6 - 1) \rightarrow 35 \leftarrow 4 \cdot 6 + 11$$

$$(-2 + 1) \cdot (-2 - 1) \rightarrow 3 \leftarrow 4 \cdot (-2) + 11$$

47 Calcula, primero, mentalmente y, después, con una ecuación.

a) ¿Qué número multiplicado por su siguiente da 12?

$$x \cdot (x + 1) = 12$$

b) La suma de los cuadrados de dos números consecutivos es 5. ¿De qué números se trata?

$$x^2 + (x + 1)^2 = 5$$

48 Si un número aumentado en tres unidades se multiplica por el mismo número disminuido en otras tres, se obtiene 55. ¿Qué número es?

$$(x + 3) \cdot (x - 3) = 55$$

49 Si multiplico mi edad por la de mi hermana, a la que le saco 5 años, obtengo el triple de la edad de mi madre, que me tuvo a los 28. ¿Cuántos años tengo?

- Mi edad $\rightarrow x$
- La de mi hermana $\rightarrow x - 5$
- La edad de mi madre $\rightarrow x + 28$

50 Esta mañana han salido del aparcamiento de mi bloque seis coches más de los que han entrado. Si el producto de los unos por los otros es igual al número de ruedas de todos ellos, ¿cuántos coches han salido y cuántos han entrado?

51 Ejercicio resuelto

Calcular las dimensiones de un rectángulo sabiendo que es 7 cm más largo que ancho y que su área es de 120 cm².

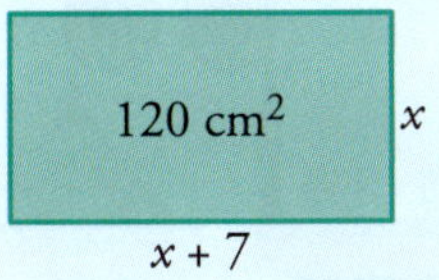

$$x \cdot (x+7) = 120$$

$$x^2 + 7x - 120 = 0$$

$$x = \frac{-7 \pm \sqrt{7^2 - 4 \cdot 1 \cdot (-120)}}{2 \cdot 1} = \frac{-7 \pm 23}{2} \begin{cases} 8 \\ -15 \end{cases}$$

Solución:

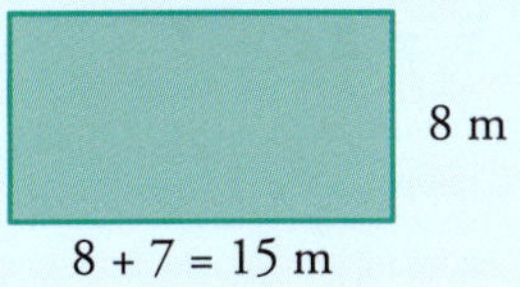

$$8 \cdot 15 = 120 \text{ m}^2$$

52 Una finca rectangular ocupa una superficie de 6 hectáreas y tiene un perímetro de 1 000 metros. Calcula las dimensiones de la finca.

Recuerda: 1 ha = 10 000 m²

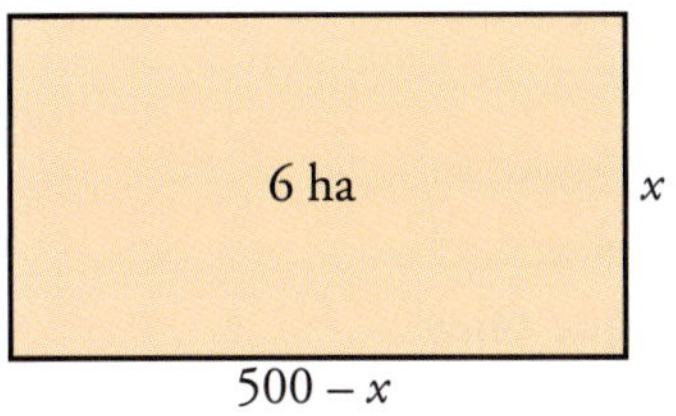

53 En un triángulo rectángulo la hipotenusa mide un metro más que el cateto mayor, y este, un metro más que el cateto menor. Calcula la medida de los lados.

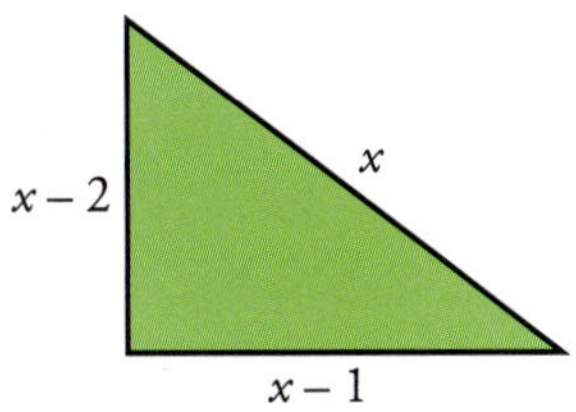

54 En un trapecio con eje de simetría, la base mayor es el triple de la menor, y esta, supera en 3 cm a la altura. Sabiendo que ocupa una superficie de 216 cm², calcula el perímetro.

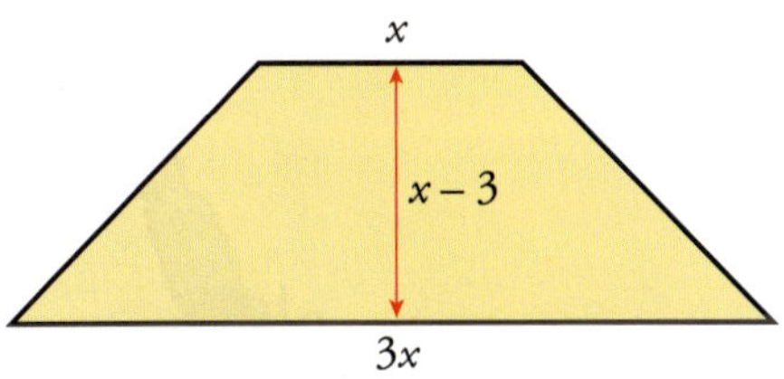

Problemas «+»

55 Problema resuelto

Un estanque se alimenta de dos bocas de agua, A y B. Abriendo solamente A, el estanque se llena en 3 horas. Abriendo ambas, se llena en 2 horas. ¿Cuánto tardará en llenarse si se abre solamente B?

	A	B	A + B
TARDA	3 h	x h	2 h
FRACCIÓN QUE SE LLENA EN 1 HORA	$\frac{1}{3}$	$\frac{1}{x}$	$\frac{1}{2}$

FRACCIÓN QUE LLENA A EN 1 HORA + FRACCIÓN QUE LLENA B EN 1 HORA = FRACCIÓN QUE LLENAN AMBOS EN 1 HORA

$$\frac{1}{3} + \frac{1}{x} = \frac{1}{2}$$

Multiplico ambos miembros por $6x$:

$$\frac{6x}{3} + \frac{6x}{x} = \frac{6x}{2} \rightarrow 2x + 6 = 3x \rightarrow x = 6$$

Solución: Si se abre solamente B, el estanque tardará en llenarse 6 horas.

56 Una fuente dispone de dos grifos. Abriendo solamente el primero, se llena en 8 horas, y abriendo ambos, en 3 horas. ¿Cuánto tarda en llenarse si se abre solamente el segundo grifo?

57 Los miembros del equipo vamos a hacer un regalo al entrenador que cuesta 80 €. Nos sale un poco caro, pero si fuéramos dos más, tocaríamos a dos euros menos cada uno. ¿Cuántos somos en el equipo?

- N.º de componentes del equipo $\rightarrow x$
- Cada uno debe pagar $\rightarrow \frac{80}{x}$
- Si fueran dos más, cada uno pagaría $\rightarrow \frac{80}{x+2}$

LO QUE PAGA CADA UNO – 2 = LO QUE PAGARÍA CADA UNO SI FUERAN DOS MÁS

58 Un automóvil parte de A hacia B a la misma hora que un camión lo hace desde B hacia A y tardan en cruzarse 2 horas en un punto intermedio del camino. ¿Cuánto tiempo ha invertido el coche en el viaje completo si el camión lo ha hecho en 5 horas?

LEE E INFÓRMATE

Historia de la *x*

$x + 5 = 2x - 7$

En escritos de matemáticos árabes anteriores al siglo XV aparecen referencias a las ecuaciones: *Tratado de la cosa,* donde, a falta de otro nombre, *la cosa* significa lo desconocido; es decir, la incógnita.

*«¿Cuánto vale **la cosa** que aumentada en cinco es igual al doble de **la cosa** menos siete?»*

Y como la palabra *cosa*, en árabe, se pronuncia *xay,* esta es la expresión que utilizaron los traductores. Más tarde se acabó abreviando con su letra inicial, x.

Ecuaciones: grado y dificultad

La obtención de fórmulas para resolver las ecuaciones de primer y segundo grado no ha supuesto una gran dificultad para los matemáticos. Esos problemas se solucionaron en la Edad Media.

Pero no ocurrió lo mismo con las de grado superior a dos. De hecho, durante el Renacimiento, los matemáticos italianos del siglo XVI, que eran entonces los más avanzados, trabajaron duramente en ello.

Destacaron en la tarea Niccolo Fontana (1501-1557), apodado Tartaglia, y Girolamo Cardano (1501-1576), que fueron rivales y protagonizaron intrigas y disputas (Tartaglia acusó a Cardano de robarle sus logros).

Los matemáticos siguieron trabajando en el problema y, a finales del siglo XVII seguían sin encontrar fórmulas para resolver las de grado superior a cuatro hasta que, en el XIX, el genio noruego Niels Henrik Abel (1802-1829, ¡murió a los 27 años!) demostró que tales fórmulas, en general, no existen.

INVESTIGA

Pero tú puedes

Sin embargo, tú puedes resolver algunas ecuaciones de grado tres o superior.

Por ejemplo, observa las ecuaciones:

$$x^3 - 2x^2 - 5x + 6 = 0 \qquad (x - 1) \cdot (x + 2) \cdot (x - 3) = 0$$

Para resolver la primera, con lo que has estudiado hasta ahora, solo tienes el recurso del tanteo, que es poco seguro.

Sin embargo, puedes ver que las soluciones de la segunda son:

$$x = 1 \qquad x = -2 \qquad x = 3$$

Y esas son también las soluciones de la primera. Compruébalo y constata también, multiplicando los paréntesis, que se trata de la misma ecuación.

- ¿Te atreves ahora a resolver estas otras tres?

  $$(x + 1) \cdot (x + 3) \cdot (2x - 1) = 0 \qquad x^3 - 9x = 0 \qquad x^3 - 9x^2 = 0$$

- ¿Sabrías construir una ecuación que tenga por soluciones $x = 5$, $x = \frac{1}{5}$ y $x = -2$?

Recuerda que en anayaeducacion.es puedes encontrar orientación académica y profesional relacionada con los contenidos de esta unidad.

ENTRÉNATE RESOLVIENDO OTROS PROBLEMAS

Dibuja un esquema, echa cuentas, tantea

Catedral de Almería.

- El reloj de una torre, al dar las horas, tarda segundo y medio entre campanada y campanada. ¿Cuánto tarda en dar las doce del mediodía?
- Un aizkolari tarda un cuarto de hora en cortar un tronco en tres partes. ¿Cuánto tardará en cortar otro tronco igualmente grueso en seis partes?
- Una agricultora vende sus tomates a un mayorista. El mayorista los vende a un intermediario, ganando un 20 %. El intermediario los vende a un almacén, ganando un 20 %. El almacén los vende a un minorista, y este, al público, ganando cada uno de ellos, también, un 20 %.

  ¿En qué porcentaje ha aumentado lo que cobró la agricultora cuando el producto llega, finalmente, al público?
- Coloca los números del 1 al 9, uno en cada círculo, de modo que cada lado del triángulo sume 23.

  Hay dos soluciones.

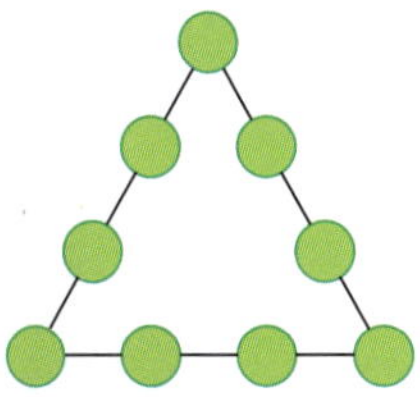

AUTOEVALUACIÓN

anayaeducacion.es Resolución de estos ejercicios y una autoevaluación interactiva.

1 Indica cuál de los valores que ves abajo son solución de la ecuación:

$$\frac{x^2-1}{5} = \sqrt{x} - 1$$

$x = 1$ | $x = 2$ | $x = 4$ | $x = 9$ | $x = -\frac{1}{2}$

2 Resuelve.

a) $7x - 3 - 2x = 6 + 3x + 1$

b) $1 - 4x - 6 = x - 3(2x - 1)$

3 Resuelve.

a) $\frac{3}{4}(2x + 4) = x + 19$

b) $x - \frac{x+1}{5} = \frac{x+3}{2} - 2$

c) $x - \frac{1}{2} = \frac{5x}{8} - \frac{3}{4}$

d) $\frac{2x}{3} - 4\left(\frac{x}{5} - \frac{1}{6}\right) = \frac{2}{15}$

4 Resuelve.

a) $3a^2 - 5 = 70$

b) $6x^2 - 3x = x$

c) $x^2 - 2x - 3 = 0$

d) $8x^2 - 6x + 1 = 0$

5 Pasa a la forma general y encuentra las soluciones de la ecuación:

$$\frac{3x}{2} - \frac{8}{x} = x - 3$$

6 Por tres kilos de peras y dos de manzanas, Ramón ha pagado 7,80 €. Averigua el precio de unas y otras, sabiendo que un kilo de peras cuesta lo que un kilo y medio de manzanas.

7 Un hortelano ha plantado 1/3 de la superficie de su huerta de acelgas y 3/10 de zanahorias. Si aún le quedan 110 m² libres, ¿cuál es la superficie total de la huerta?

8 Acortando un cuadrado 4 cm en un lado y 3 cm en el otro, se reduce su superficie a la mitad. ¿Cuál era el lado del cuadrado?

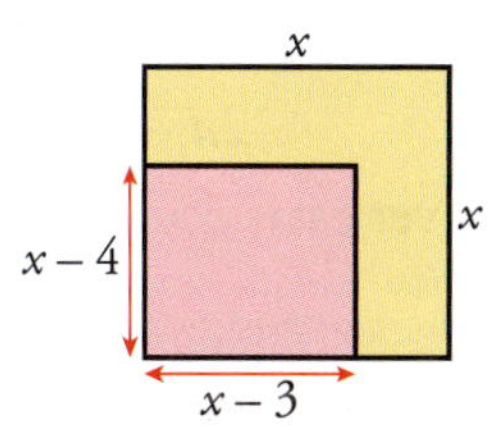

Compromiso ODS Visualiza el vídeo meta 4.a., piensa en una acción con la que podrías contribuir al logro de esa meta y comprométete a llevarla a cabo.

8

SISTEMAS DE ECUACIONES

Desde el siglo XVII a. C., los matemáticos de Mesopotamia y de Babilonia ya conocían el concepto de ecuación.

Los escritos de los matemáticos de Babilonia incluían ya sistemas de ecuaciones relacionados con sencillos problemas cotidianos, como el que ves aquí, traducido de una tablilla de barro.

> 2 anchura + longitud = 10 manos
> 3 longitud + anchura = 15 manos

Los resolvían apelando al ingenio en cada caso particular, sin desarrollar un método general. Algo parecido les ocurrió a los egipcios, y después, a los griegos.

Con ayuda del ingenio

Resuelve, con lo que sabes, las siguientes propuestas.

1 ¿Cuánto ha puesto cada uno?

2 ¿Cuántas bolas rojas se necesitan para equilibrar las balanzas?

3 Busca un valor para a y otro para b que satisfagan, simultáneamente, estas dos igualdades:

$$2a + b = 10 \qquad 3b + a = 15$$

¿Tienen que ver estas ecuaciones con el problema de los babilonios?

Los chinos, en el siglo II a. C., avanzaron mucho en ese terreno, llegando a resolver con toda soltura los sistemas de ecuaciones. Pero ese saber no llegó a Occidente hasta muchos siglos más tarde.

En Europa, la aparición del álgebra simbólica a partir del siglo XV permitió su despegue definitivo, abriendo camino al descubrimiento de los métodos de resolución de ecuaciones y, paralelamente, de los conjuntos de varias ecuaciones con varias incógnitas (sistemas de ecuaciones).

Interpreta y resuelve

4 Observa la ilustración y explica el proceso que se expone debajo en lenguaje algebraico.

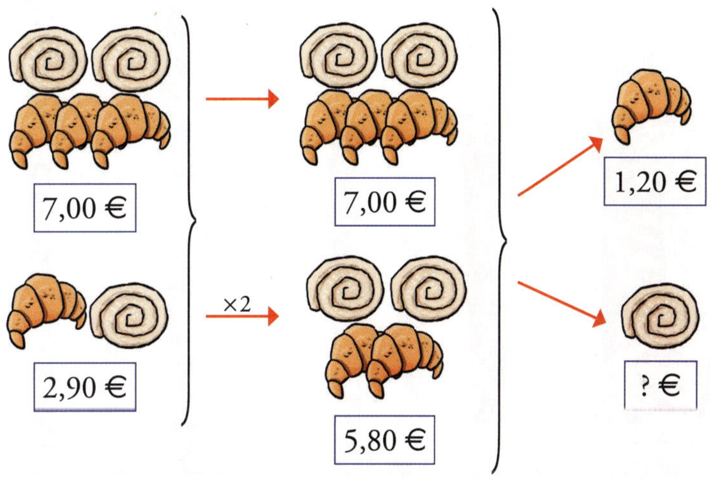

$$\begin{cases} 3a + 2b = 7{,}00 \\ a + b = 2{,}90 \end{cases} \begin{array}{c} \longrightarrow \\ \xrightarrow{\times 2} \end{array} \begin{array}{r} 3a + 2b = 7{,}00 \\ 2a + 2b = 5{,}80 \\ \hline a + 0 = 1{,}20 \end{array} \rightarrow \boxed{a = 1{,}20} \rightarrow \boxed{b = ¿?}$$

a) ¿Cuánto cuesta un cruasán?

b) ¿Y una ensaimada?

5 Resuelve con un proceso similar al de la actividad anterior.

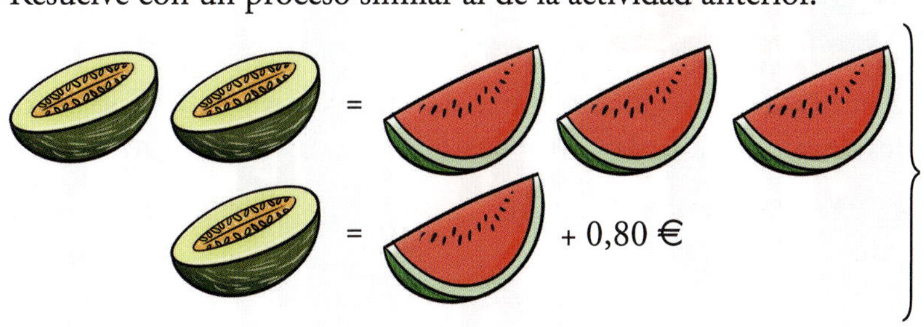

¿Cuánto cuesta una porción de sandía?

1 ▶ ECUACIONES DE PRIMER GRADO CON DOS INCÓGNITAS

Una ecuación de primer grado con dos incógnitas expresa la relación existente entre dos valores desconocidos.

Ejemplo

En cada uno de los siguientes trenes, no conocemos ni la longitud de una máquina, x, ni la de un vagón, y.

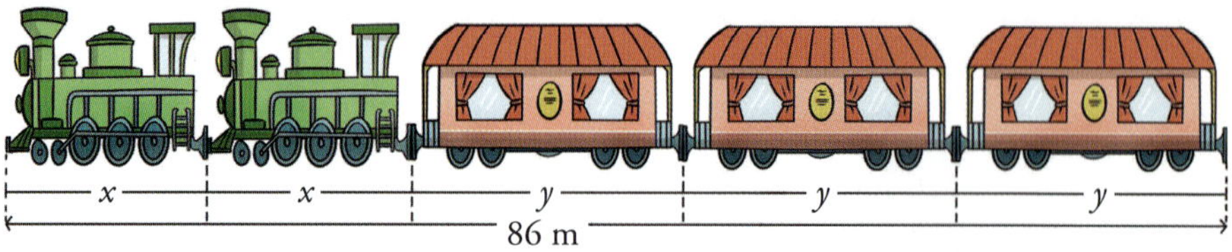

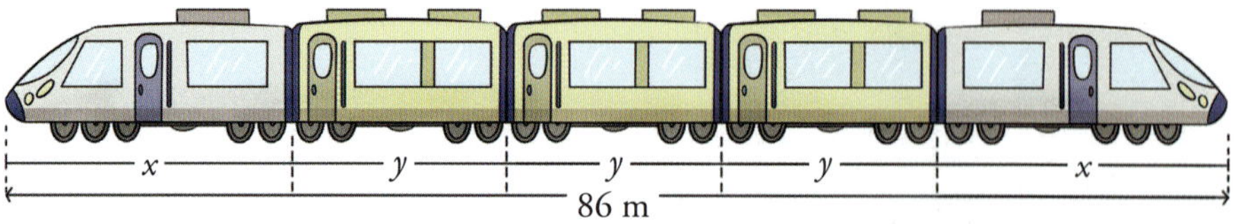

Pero en ambos podemos afirmar que: $2x + 3y = 86$

Observa, también, que las longitudes x e y son distintas en cada tren. Es decir, la igualdad puede ser cierta para valores diferentes de x e y. Por ejemplo:

$$\left.\begin{matrix} x = 16 \\ y = 18 \end{matrix}\right\} \rightarrow \boxed{2 \cdot 16 + 3 \cdot 18 = 86} \qquad \left.\begin{matrix} x = 19 \\ y = 16 \end{matrix}\right\} \rightarrow \boxed{2 \cdot 19 + 3 \cdot 16 = 86}$$

Decimos entonces que esos pares de valores (x, y) son soluciones de la ecuación y vemos que la solución no es única.

En realidad, dando a x un valor cualquiera, se obtiene un valor correspondiente para y; es decir, la ecuación tiene infinitas soluciones.

Y si queremos determinar la longitud de cada máquina y la de cada vagón, necesitamos más datos.

- Las ecuaciones de primer grado con dos incógnitas reciben el nombre de **ecuaciones lineales.**
- Una **solución de una ecuación lineal** es un par de valores que hace cierta la igualdad.
- Una ecuación lineal tiene **infinitas soluciones.**

Ten en cuenta

En la ecuación:

$$2x + 3y = 86 \rightarrow y = \frac{86 - 2x}{3}$$

dando a x un valor cualquiera, se obtiene un valor correspondiente para y.

x	–2	1	2,5	16	…
y	30	28	27	18	…

Es decir, la ecuación tiene infinitas soluciones.

Forma general

Toda ecuación lineal puede escribirse de esta forma:

$$ax + by = c$$

donde a, b y c son valores conocidos.

Para practicar

1 Averigua cuáles de los siguientes pares de valores son soluciones de la ecuación $3x - 4y = 8$.

a) $\begin{cases} x = 4 \\ y = 1 \end{cases}$ b) $\begin{cases} x = 3 \\ y = 2 \end{cases}$ c) $\begin{cases} x = 0 \\ y = -2 \end{cases}$ d) $\begin{cases} x = 1 \\ y = -1 \end{cases}$

2 Busca tres soluciones diferentes para la siguiente ecuación:

$$2x - y = 5$$

3 Copia y completa en tu cuaderno la tabla con soluciones de la ecuación $3x + y = 12$.

x	0		3		5	–1		–3
y		9		0			18	

4 Reduce a la forma general estas ecuaciones:

a) $2x - 5 = y$ b) $x - 3 = 2(x + y)$ c) $y = \frac{x+1}{2}$

anayaeducacion.es Practica ecuaciones de primer grado con una incógnita.

Representación gráfica de una ecuación lineal

Para obtener distintas soluciones de una ecuación lineal, se suele despejar una de las incógnitas y dar valores a la otra.

Los valores se recogen, ordenados, en una tabla.

Tomemos, por ejemplo, la ecuación que relaciona el peso de una pelota (x) y de un dado (y) en la balanza que ves a la izquierda:

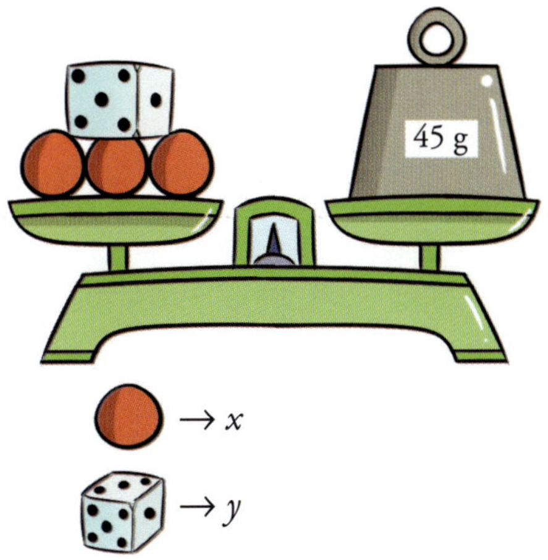

$3x + y = 45$

↓ Despejamos y.

$y = 45 - 3x$

↓ Dando distintos valores a x, obtenemos los correspondientes de y.

x	0	5	10	15	20	–5	…
y	45	30	15	0	–15	60	…

Al representar estos valores en el plano, quedan alineados en una recta.

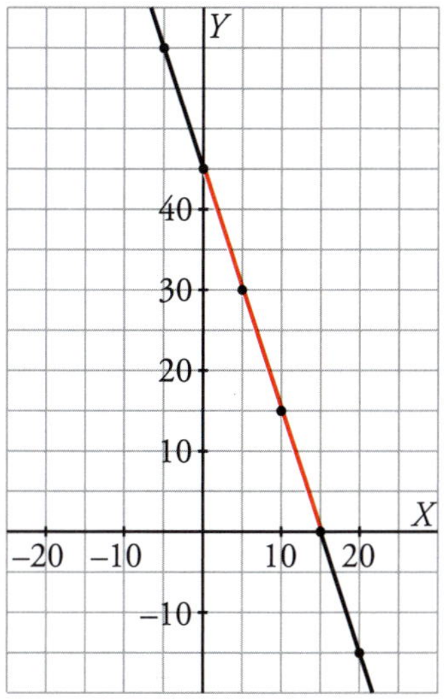

Cada punto del segmento rojo corresponde a una posible solución para el peso de la pelota y el del dado (valores positivos).

- Cada ecuación lineal tiene una recta asociada en el plano.
- Cada punto de esa recta representa una de las infinitas soluciones de la ecuación lineal.

anayaeducacion.es Practica la representación gráfica de ecuaciones lineales.

Para fijar ideas

1 Copia y completa la tabla para la siguiente ecuación:

$$x - 2y - 4 = 0 \;\rightarrow\; x - 4 = 2y \;\rightarrow\; y = \frac{x-4}{2}$$

x	–8	–6	–4	–2	0	2	4	6	8	…
y	–6		–4				0		2	…

Copia la gráfica en tu cuaderno y representa los pares de valores. Dibuja la recta y comprueba que quedan alineados.

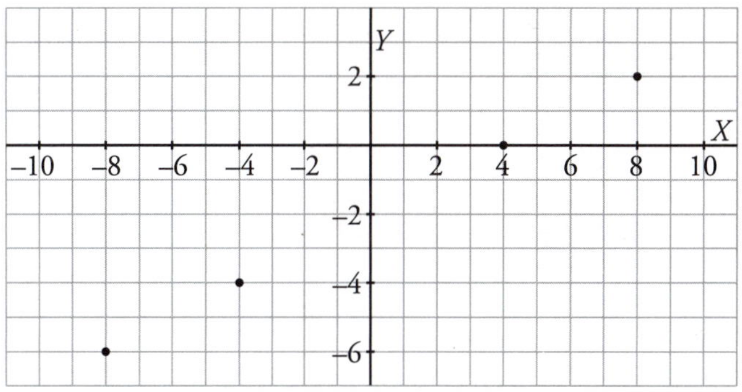

Para practicar

5 Copia y completa la tabla para cada ecuación y representa la recta correspondiente.

a) $x - y = 0 \rightarrow y = x$ b) $x - 2y = 2 \rightarrow y = \dfrac{x-2}{2}$

x	–6	–4	–2	0	2	4	6	…
y								…

6 Representa gráficamente.

a) $2x - y = 1$ b) $2x + y = 1$ c) $y = \dfrac{x}{2} + 3$

7 Escribe la ecuación y representa su recta.

= 8 €

anayaeducacion.es GeoGebra. Representa gráficamente una función lineal.

2 SISTEMAS DE ECUACIONES LINEALES

- Dos ecuaciones lineales forman un **sistema:** $\begin{cases} ax + by = c \\ a'x + b'y = c' \end{cases}$
- La **solución del sistema** es la solución común a ambas ecuaciones.

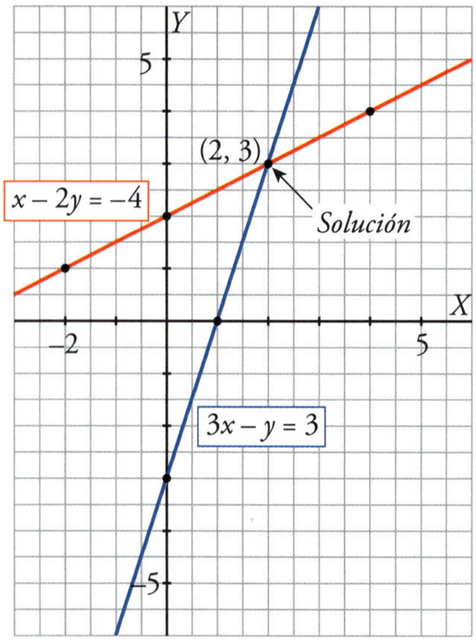

SOLUCIÓN DEL SISTEMA: $\begin{cases} x = 2 \\ y = 3 \end{cases}$

Ejemplo

Las dos ecuaciones siguientes forman un sistema: $\begin{cases} 3x - y = 3 \\ x - 2y = -4 \end{cases}$

Observa las tablas de soluciones de cada ecuación:

$3x - y = 3 \rightarrow y = 3x - 3$

x	–1	0	1	2	3	…
y	–6	–3	0	3	6	…

$x - 2y = -4 \rightarrow y = \dfrac{x + 4}{2}$

x	–2	0	2	4	6	…
y	1	2	3	4	5	…

La solución del sistema es el par de valores $\begin{cases} x = 2 \\ y = 3 \end{cases}$ que satisface ambas ecuaciones.

Observa, en la representación gráfica, que las dos rectas pasan por el punto (2, 3); es decir, se cortan en dicho punto.

La *solución de un sistema* de ecuaciones lineales coincide con el *punto de corte* de las rectas asociadas a las ecuaciones.

→ CASOS ESPECIALES

SISTEMAS SIN SOLUCIÓN

Las ecuaciones son incompatibles.

Las rectas son paralelas.

Por ejemplo: $\begin{cases} x - 2y = 2 \\ x - 2y = 6 \end{cases}$

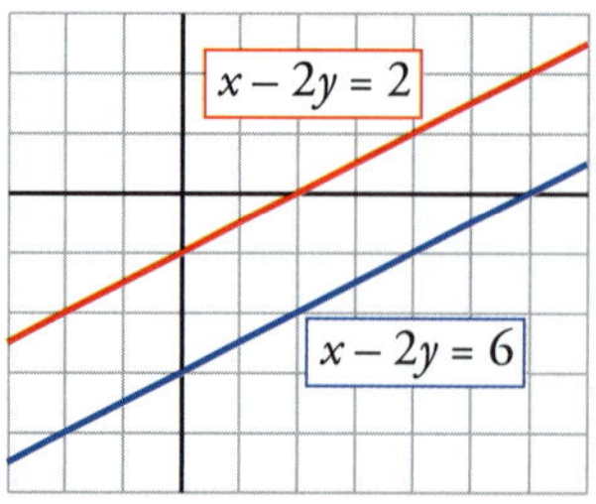

SISTEMAS CON INFINITAS SOLUCIONES

Las ecuaciones son equivalentes.

Las rectas se superponen.

Por ejemplo: $\begin{cases} x - y = 2 \\ 2x - 2y = 4 \end{cases}$

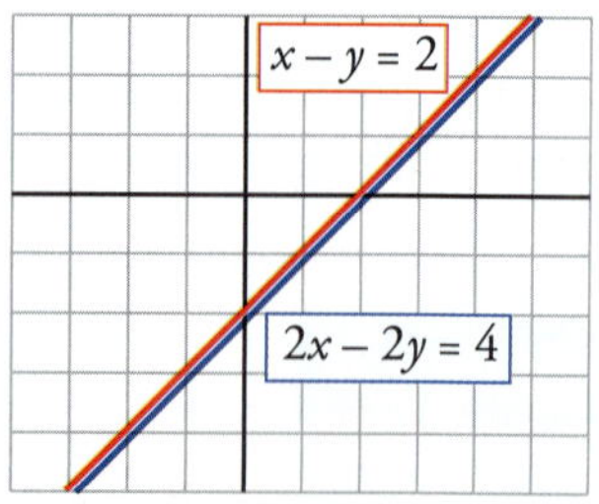

anayaeducacion.es Practica la resolución gráfica de ecuaciones lineales.

Para practicar

1 Representa gráficamente y escribe la solución.

a) $\begin{cases} x + y = 4 \\ x - y = 2 \end{cases}$

b) $\begin{cases} y = 2 + \dfrac{x}{2} \\ y = 4 - \dfrac{x}{2} \end{cases}$

c) $\begin{cases} x - y = 3 \\ 2x + y = 0 \end{cases}$

d) $\begin{cases} 2x - 3y - 6 = 0 \\ 2x + y + 2 = 0 \end{cases}$

anayaeducacion.es GeoGebra. Resuelve gráficamente sistemas de ecuaciones lineales.

3 MÉTODOS PARA LA RESOLUCIÓN DE SISTEMAS LINEALES

Vamos a aprender algunas técnicas para resolver sistemas de ecuaciones. Todas siguen una línea común: obtener, a partir de las dos ecuaciones, otra *ecuación con una sola incógnita*. Resuelta esta, es fácil obtener el valor de la incógnita eliminada.

anayaeducacion.es Ayuda para resolver sistemas por el método de sustitución.

Practica la resolución de sistemas por el método de sustitución.

Método de sustitución

Se despeja una incógnita en una de las ecuaciones y la expresión obtenida se sustituye en la otra ecuación.

Ejercicio resuelto

Resolver por sustitución este sistema: $\begin{cases} 3x - y = 3 \\ x + 2y = 8 \end{cases}$

- Despejamos una incógnita, por ejemplo, x en la segunda ecuación y sustituimos la expresión obtenida en la primera ecuación:

$$\begin{cases} 3x - y = 3 \longrightarrow 3(8-2y) - y = 3 \\ x + 2y = 8 \to x = \boxed{8-2y} \end{cases}$$

- Ahora tenemos una ecuación con una sola incógnita. La resolvemos:

$$3(8-2y) - y = 3 \to 24 - 6y - y = 3 \to 7y = 21 \to y = \frac{21}{7} \to \boxed{y = 3}$$

- Conocido el valor de la incógnita y, puedes calcular con facilidad el de x, que ya tienes despejada:

$$x = 8 - 2y \to x = 8 - 2 \cdot 3 \to \boxed{x = 2}$$

Solución del sistema $\to \begin{cases} x = 2 \\ y = 3 \end{cases}$

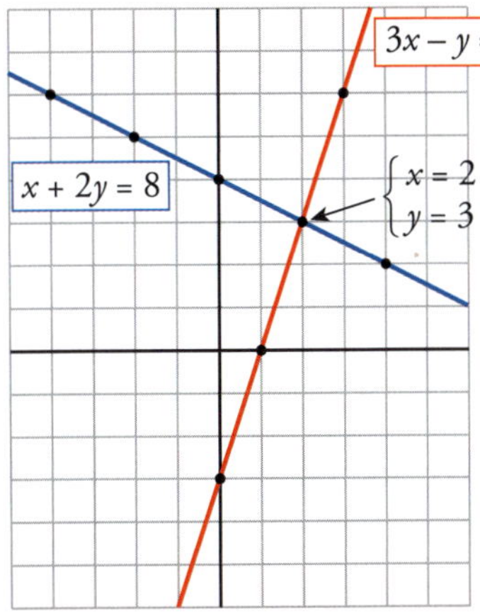

Para fijar ideas

1 Copia, completa y resuelve el sistema anterior, pero ahora despejando la incógnita y de la primera ecuación.

$$\begin{cases} 3x - y = 3 \to y = \ldots \\ x + 2y = 8 \longrightarrow x + 2(\ldots) = 8 \end{cases}$$

Resuelve la ecuación obtenida y obtendrás el valor de x: $\boxed{x = \ldots}$

Sabiendo el valor de x, calcula el valor de y, que ya tenías despejada: $\boxed{y = \ldots}$

Para practicar

1 Resuelve por sustitución y comprueba que obtienes las soluciones que se adjuntan abajo.

a) $\begin{cases} x = 2y \\ x + 3y = 10 \end{cases}$ b) $\begin{cases} y = x + 1 \\ 3x - 2y = 7 \end{cases}$ c) $\begin{cases} x + 2y = 11 \\ 3x - y = 5 \end{cases}$ d) $\begin{cases} 2x - y = 1 \\ 5x - 3y = 0 \end{cases}$ e) $\begin{cases} x + 2y = 1 \\ 2x + 3y = 4 \end{cases}$

Soluciones: a) $x = 4$, $y = 2$ b) $x = 9$, $y = 10$ c) $x = 3$, $y = 4$ d) $x = 3$, $y = 5$ e) $x = 5$, $y = -2$

anayaeducacion.es Resuelve sistemas por el método de sustitución.

3 MÉTODOS PARA LA RESOLUCIÓN DE SISTEMAS LINEALES

Método de igualación

Se despeja la misma incógnita en ambas ecuaciones y se igualan las expresiones obtenidas.

Resolviendo el mismo ejercicio que en la página anterior, podrás contrastar la diferencia entre los dos métodos.

Ejercicio resuelto

Resolver por igualación: $\begin{cases} 3x - y = 3 \\ x + 2y = 8 \end{cases}$

- Despejamos, por ejemplo, x en ambas ecuaciones e igualamos las dos expresiones obtenidas para x:

$$\begin{cases} 3x - y = 3 \rightarrow x = \boxed{\dfrac{3+y}{3}} \\ x + 2y = 8 \rightarrow x = \boxed{8 - 2y} \end{cases} \quad \dfrac{3+y}{3} = 8 - 2y$$

- Ya tenemos una ecuación con una sola incógnita.

  La resolvemos:

$$\frac{3+y}{3} = 8 - 2y \rightarrow 3 + y = 24 - 6y \rightarrow 7y = 21 \rightarrow y = \frac{21}{7} \rightarrow \boxed{y = 3}$$

- Sustituimos el valor $y = 3$ en cualesquiera de las expresiones obtenidas al despejar x, y calculamos:

$$x = 8 - 2y \rightarrow x = 8 - 2 \cdot 3 \rightarrow \boxed{x = 2}$$

Solución del sistema $\rightarrow \begin{cases} x = 2 \\ y = 3 \end{cases}$

Ten en cuenta

Método de igualación, despejando la incógnita y:

- $\begin{cases} 3x - y = 3 \rightarrow y = 3x - 3 \\ x + 2y = 8 \rightarrow y = \dfrac{8-x}{2} \end{cases}$

  $3x - 3 = \dfrac{8-x}{2}$

- $6x - 6 = 8 - x \rightarrow 7x = 14 \rightarrow$

  $\rightarrow \boxed{x = 2}$

- $y = 3x - 3 \rightarrow y = 3 \cdot 2 - 3 \rightarrow$

  $\rightarrow \boxed{y = 3}$

Solución $\rightarrow \begin{cases} x = 2 \\ y = 3 \end{cases}$

anayaeducacion.es Ayuda para resolver sistemas por el método de igualación.

Practica la resolución de sistemas por el método de igualación.

Para fijar ideas

2 Copia y completa para resolver el siguiente sistema, por igualación, despejando la incógnita y.

$$\begin{cases} 4x + y = 1 \rightarrow y = \square - 4x \\ 3x - y = -15 \rightarrow y = 3x + \square \end{cases} \quad \square - 4x = 3x + \square \rightarrow -7x = \square \rightarrow x = \frac{\square}{-7} \rightarrow \boxed{x = \ldots}$$

$$y = 1 - 4\square \rightarrow \boxed{y = \ldots}$$

Para practicar

2 Resuelve por igualación y comprueba que obtienes las soluciones que se adjuntan abajo.

a) $\begin{cases} y = 3x \\ y = 5x - 4 \end{cases}$ b) $\begin{cases} x + 2y = 3 \\ x - 3y = 8 \end{cases}$ c) $\begin{cases} 2x + y + 6 = 0 \\ 5x - y + 1 = 0 \end{cases}$ d) $\begin{cases} 5x + 2y = 0 \\ 2x + y = 1 \end{cases}$ e) $\begin{cases} 2x - y = 3 \\ 4x - 2y = 7 \end{cases}$

Soluciones: a) $x = 2$, $y = 6$ b) $x = 5$, $y = -1$ c) $x = -1$, $y = -4$ d) $x = -2$, $y = 5$ e) Sin solución.

anayaeducacion.es Resuelve sistemas por el método de igualación.

Método de reducción

> anayaeducacion.es Ayuda para resolver sistemas por el método de reducción.
> Practica la resolución de sistemas por el método de reducción.

- Las ecuaciones, dispuestas en la forma general, se multiplican por los números adecuados para que los coeficientes de una de las incógnitas sean opuestos.
- Al sumar miembro a miembro las ecuaciones, dicha incógnita desaparece.

Ejercicio resuelto

Resolver por reducción: $\begin{cases} 3x - y = 3 \\ x + 2y = 8 \end{cases}$

- Multiplicamos la primera ecuación por +2 para que los coeficientes de la incógnita y sean opuestos (+2, –2) y sumamos ambas ecuaciones:

$$\begin{cases} 3x - y = 3 \xrightarrow{\times 2} \quad 6x - 2y = 6 \\ x + 2y = 8 \longrightarrow + \quad x + 2y = 8 \end{cases}$$
$$7x + 0y = 14$$

- Resolvemos la ecuación obtenida:

$$7x = 14 \to x = \frac{14}{7} \to \boxed{x = 2}$$

- Sustituimos el valor $x = 2$ en cualesquiera de las ecuaciones iniciales:

$$x + 2y = 8 \to 2 + 2y = 8 \to 2y = 6 \to \boxed{y = 3}$$

Solución del sistema $\to \begin{cases} x = 2 \\ y = 3 \end{cases}$

Ten en cuenta

Resolución del sistema reduciendo x:

- $\begin{cases} 3x - y = 3 \longrightarrow 3x - y = 3 \\ x + 2y = 8 \xrightarrow{\times(-3)} -3x - 6y = -24 \end{cases}$

$$\begin{array}{r} \cancel{3x} - y = 3 \\ + \cancel{-3x} - 6y = -24 \\ \hline - 7y = -21 \end{array}$$

- $y = \frac{-21}{-7} \to \boxed{y = 3}$
- $3x - y = 3 \to 3x - 3 = 3 \to$
  $\to 3x = 6 \to \boxed{x = 2}$

Solución $\to \begin{cases} x = 2 \\ y = 3 \end{cases}$

Para fijar ideas

3 Copia, completa y sigue las instrucciones para resolver los siguientes sistemas por reducción.

a) Suma las ecuaciones para eliminar y.

$$\begin{cases} 7x + 2y = 6 \\ x - 2y = 10 \end{cases} \to \begin{array}{r} 7x + 2y = 6 \\ + \quad x - 2y = 10 \\ \hline 8x + 0y = \square \end{array} \to \boxed{x = \ldots}$$

$$7x + 2y = 6 \to 7 \cdot \square + 2y = 6 \to$$
$$2y = -\square \to y = \frac{-\square}{2} \to \boxed{y = \ldots}$$

b) Multiplica la primera ecuación por –2 y la segunda por 3 para eliminar x.

$$\begin{cases} 3x - 5y = 5 \xrightarrow{\times(-2)} \quad -6x + \square y = -\square \\ 2x - 3y = 4 \xrightarrow{\times 3} + \quad 6x - \square y = \square \end{cases}$$
$$0x + \square y = \square \to \boxed{y = \ldots}$$

$$2x - 3y = 4 \to 2x - 3 \cdot \square = 4 \to 2x = \square \to$$
$$\to x = \frac{\square}{2} \to \boxed{x = \ldots}$$

Para practicar

3 Resuelve por reducción siguiendo las instrucciones.

a) $\begin{cases} 4x + y = 1 \\ x - 3y = 10 \end{cases}$ (Multiplica la 1.ª ecuación por +3)

b) $\begin{cases} 2x + 3y = 7 \\ 3x - 5y = 1 \end{cases}$ (Multiplica la 1.ª ecuación por +5 y la 2.ª por +3).

> anayaeducacion.es Resuelve sistemas por el método de reducción.

4 ▶ RESOLUCIÓN DE PROBLEMAS CON AYUDA DE LOS SISTEMAS DE ECUACIONES

Los sistemas de ecuaciones suponen una potente herramienta para resolver problemas. Estudia con detenimiento los ejemplos que tienes a continuación. En ellos se resuelven problemas tipo que te servirán de modelo para abordar otros similares.

Problema 1

Sara, en el balancín, se equilibra con Alberto, su hermano menor, que lleva una mochila de 3 kilos y juntos, sin mochila, se equilibran con su padre, que pesa 87 kilos. ¿Cuánto pesa cada uno?

- Identificamos los elementos del problema y los codificamos algebraicamente.

  PESO DE SARA $\rightarrow x$ PESO DE ALBERTO $\rightarrow y$

- Expresamos, mediante ecuaciones, las relaciones existentes entre los elementos.

  Sara pesa 3 kilos más que Alberto. $\rightarrow x = y + 3$

  Sara y Alberto, juntos, pesan 87 kilos. $\rightarrow x + y = 87$

- Resolvemos el sistema.

$$\begin{cases} x = y + 3 \\ x + y = 87 \end{cases} \rightarrow (y + 3) + y = 87 \rightarrow \boxed{y = 42} \rightarrow \boxed{x = 45}$$

Resolución del sistema

$(y + 3) + y = 87$

$2y + 3 = 87$

$2y = 84$

$\boxed{y = 42}$

$x = y + 3$

$x = 42 + 3$

$\boxed{x = 45}$

- Interpretamos la solución en el contexto del problema y la comprobamos.

  Solución: Sara pesa 45 kilos, y Alberto, 42 kilos.

  Comprobación: $45 = 42 + 3$

  $45 + 42 = 87$

Para fijar ideas

1 Observa y resuelve: ¿Cuánto pesa cada caja?

$$\begin{cases} x = y + 175 \\ \square y = x + \square \end{cases}$$

2 Pepa tiene 5 años más que su hermano Enrique, y entre los dos suman 21 años. ¿Cuál es la edad de cada uno?

EDAD DE PEPA $\rightarrow x$ EDAD DE ENRIQUE $\rightarrow y$

$$\begin{cases} \text{EDAD DE PEPA} = \text{EDAD DE ENRIQUE} + 5 \\ \text{EDAD DE PEPA} + \text{EDAD DE ENRIQUE} = 21 \end{cases}$$

3 En una clase hay 29 alumnos y alumnas, pero el número de chicas supera en tres al de chicos. ¿Cuántos chicos y cuántas chicas hay en la clase?

CHICOS $\rightarrow x$ CHICAS $\rightarrow y$

$$\begin{cases} \text{CHICAS} = \text{CHICOS} + 3 \\ \text{CHICOS} + \text{CHICAS} = 29 \end{cases}$$

anayaeducacion.es Resuelve un problema de compras.

Problema 2

Una frutería vende las piñas y los mangos a un precio fijo la unidad. Teniendo en cuenta estas dos compras, ¿cuánto cuesta una piña? ¿Y un mango?

- Identificamos los elementos del problema y los codificamos algebraicamente.

  COSTE DE UNA PIÑA $\rightarrow x$ COSTE DE UN MANGO $\rightarrow y$

- Expresamos, mediante ecuaciones, las relaciones existentes entre los elementos.

  Dos piñas y un mango cuestan 8 €. $\rightarrow 2x + y = 8$

  Una piña y tres mangos cuestan 9 €. $\rightarrow x + 3y = 9$

- Resolvemos el sistema.

$$\begin{cases} 2x + y = 8 \xrightarrow{\times 3} & 6x + 3y = 24 \\ x + 3y = 9 \xrightarrow{\times(-1)} & + \; -x - 3y = -9 \end{cases}$$

$$5x + 0y = 15 \rightarrow \boxed{x = 3} \rightarrow \boxed{y = 2}$$

- Interpretamos la solución en el contexto del problema y la comprobamos.

  Solución: Una piña cuesta 3 € y un mango 2 €.

  Comprobación: $2 \cdot 3 + 2 = 8$
  $3 + 3 \cdot 2 = 9$

Para fijar ideas

4 Observa y resuelve: ¿Qué trozo de la estantería ocupa una de estas cajas cuando está tumbada? ¿Y de pie?

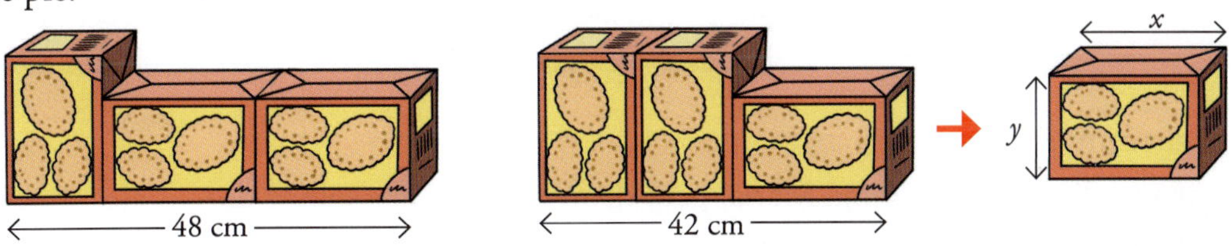

$$\begin{cases} \square x + y = \square \\ x + \square y = \square \end{cases}$$

5 He comprado tres bolígrafos y un rotulador por 6 €. Mi amiga Rosa ha pagado 9,25 € por dos bolígrafos y tres rotuladores. ¿Cuánto cuesta un bolígrafo? ¿Y un rotulador?

 $\rightarrow x$ € 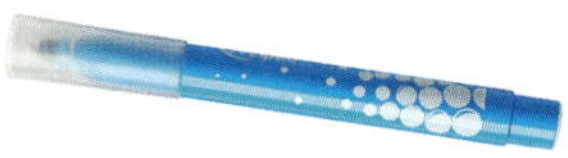 $\rightarrow y$ €

$$\begin{cases} \square x + y = \square \\ \square x + \square y = \square \end{cases}$$

6 En la frutería, un cliente ha pagado 3,90 € por un kilo de naranjas y dos de manzanas. Otro cliente ha pedido tres kilos de naranjas y uno de manzanas, y ha pagado 5,70 €. ¿Cuánto cuesta un kilo de naranjas? ¿Y uno de manzanas?

1 KG DE NARANJAS $\rightarrow x$ € 1 KG DE MANZANAS $\rightarrow y$ €

$$\begin{cases} x + \square y = \square \\ \square x + y = \square \end{cases}$$

7 La semana pasada, dos entradas para el cine y una caja de palomitas nos costaron 10 €. Hoy, por cuatro entradas y tres cajas de palomitas hemos pagado 22 €. ¿Cuánto cuesta una entrada? ¿Y una caja de palomitas?

$$\begin{cases} \square x + y = \square \\ \square x + \square y = \square \end{cases}$$

Problema 3

Flora tiene 17 años más que su sobrino Pablo, y dentro de 9 años le doblará la edad. ¿Cuántos años tiene ahora Pablo? ¿Y Flora?

- Identificamos los elementos del problema y los codificamos algebraicamente.

	EDAD AHORA	DENTRO DE 9 AÑOS
FLORA	x	$x + 9$
PABLO	y	$y + 9$

- Expresamos, mediante ecuaciones, las relaciones existentes entre los elementos.

Flora tiene 17 años más que Pablo. ⟶ $x = y + 17$

Dentro de 9 años, Flora tendrá el doble que Pablo. ⟶ $x + 9 = 2(y + 9)$

- Resolvemos el sistema.

$$\begin{cases} x = y + 17 \\ x + 9 = 2(y + 9) \end{cases} \longrightarrow \begin{cases} x = y + 17 \\ x = 2y + 9 \end{cases} \to y + 17 = 2y + 9 \to \boxed{y = 8} \to \boxed{x = 25}$$

- Interpretamos la solución en el contexto del problema y la comprobamos.

Solución: Flora tiene 25 años y Pablo 8 años.

Comprobación: $25 = 8 + 17$

$25 + 9 = 2(8 + 9)$

Para fijar ideas

8 Completa y resuelve en tu cuaderno.

a) Ahora, la edad de Cristina triplica la de su prima María, pero dentro de 10 años solo la doblará. ¿Cuál es la edad de cada una?

	EDAD AHORA	DENTRO DE 10 AÑOS
CRISTINA	x	$x + 10$
MARÍA	y	$y + 10$

La edad de Cristina es el triple que la de María. ⟶ $x = \square y$

Dentro de 10 años, la edad de Cristina será el doble que la de María. ⟶ $x + 10 = \square(y + 10)$

b) Rafael, en la actualidad, multiplica por seis la edad de su nieta Adela, pero hace 2 años, la multiplicaba por siete. ¿Cuántos años tiene Rafael? ¿Y Adela?

	EDAD AHORA	HACE 2 AÑOS
RAFAEL	x	$x - \square$
ADELA	y	$y - \square$

ECUACIONES

$x = \square y$

$x - \square = \square(y - \square)$

Problema 4

Mezclando aceite de oliva a 4,30 €/L, con otra clase de aceite de inferior calidad, a 2,80 €/L, se han obtenido 500 litros de mezcla de calidad intermedia, que resulta a 3,40 €/L. ¿Cuántos litros de cada clase de aceite se han utilizado?

- Identificamos los elementos del problema y los codificamos algebraicamente.

	CANTIDAD (L)	PRECIO (€/L)	COSTE (€)
ACEITE SUPERIOR	x	4,30	$4{,}30 \cdot x$
ACEITE INFERIOR	y	2,80	$2{,}80 \cdot y$
MEZCLA	500	3,40	$500 \cdot 3{,}40$

- Expresamos, mediante ecuaciones, las relaciones existentes entre los elementos.

Litros en la mezcla $\begin{cases} x + y \\ 500 \end{cases} \to x + y = 500$

Coste de la mezcla $\begin{cases} 4{,}3x + 2{,}8y \\ 500 \cdot 3{,}4 \end{cases} \to 4{,}3x + 2{,}8y = 1\,700$

- Resolvemos el sistema.

$$\begin{cases} x + y = 500 \to x = 500 - y \\ 4{,}3x + 2{,}8y = 1700 \to 4{,}3 \cdot (500 - y) + 2{,}8y = 1700 \to \boxed{y = 300} \end{cases}$$

$x + y = 500 \to x + 300 = 500 \to \boxed{x = 200}$

- Interpretamos la solución en el contexto del problema y la comprobamos.

Solución: Se han utilizado 200 L del aceite superior y 300 L del inferior.

Comprobación: $200 + 300 = 500$

$200 \cdot 4{,}3 + 300 \cdot 2{,}8 = 500 \cdot 3{,}4$

anayaeducacion.es Ayuda para la resolución de problemas utilizando los sistemas de ecuaciones.

Para fijar ideas

9 Copia, completa y resuelve en tu cuaderno.

a) ¿Qué cantidades de café, uno de calidad superior, A, a 13 €/kg, y otro de calidad inferior, B, a 8 €/kg, hay que utilizar para conseguir 30 kg de mezcla que resulte a 10 €/kg?

	CANTIDAD (kg)	PRECIO (€/kg)	COSTE (€)
CAFÉ SUPERIOR (A)	x	13	$13x$
CAFÉ INFERIOR (B)	y	8	$\square y$
MEZCLA	$\square$	10	$30 \cdot 10$

Cantidad de café A + Cantidad de café B = Cantidad de la mezcla $\to x + y = \square$

Coste de café A + Coste del café B = Coste de la mezcla $\longrightarrow 13x + \square y = 300$

b) ¿Qué cantidades de oro, a 8 €/g, y de plata, a 1,70 €/g, se necesitan para obtener 1 kg de aleación que resulte a 4,22 €/g?

	CANTIDAD (g)	PRECIO (€/g)	COSTE (€)
ORO	x	8	$\square x$
PLATA	y	1,7	$\square y$
ALEACIÓN	1 000	4,22	…

ECUACIONES

$x + y = \square$

$\square x + \square y = \square$

anayaeducacion.es Resuelve un problema de mezclas.

4 RESOLUCIÓN DE PROBLEMAS CON AYUDA DE LOS SISTEMAS DE ECUACIONES

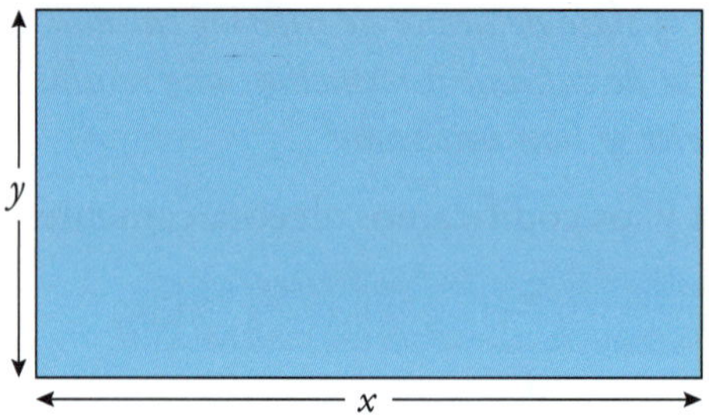

Recuerda

$$ax^2 + bx + c = 0$$

$$x = \frac{-b \pm \sqrt{b^2 - 4 \cdot a \cdot c}}{2 \cdot a}$$

Ten en cuenta

En la ecuación $y^2 - 20y + 91 = 0$:

$a = 1 \quad b = -20 \quad c = 91$

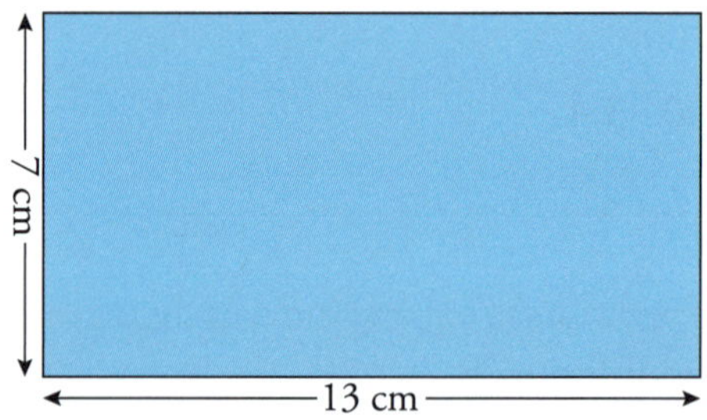

Problema 5

El perímetro de un rectángulo mide 40 cm, y el área, 91 cm². ¿Cuáles son sus dimensiones?

- Identificamos los elementos del problema y los codificamos algebraicamente.

LARGO $\rightarrow x$ PERÍMETRO $\rightarrow 2x + 2y$

ANCHO $\rightarrow y$ ÁREA $\rightarrow x \cdot y$

- Expresamos, mediante ecuaciones, las relaciones existentes entre los elementos.

Perímetro $\rightarrow 2x + 2y = 40$

Área $\rightarrow x \cdot y = 91$ (Observa en este caso que la ecuación es no lineal.)

- Resolvemos el sistema.

$$\begin{cases} 2x + 2y = 40 \\ x \cdot y = 91 \end{cases} \rightarrow \begin{cases} x + y = 20 \rightarrow x = 20 - y \\ x \cdot y = 91 \rightarrow (20 - y) \cdot y = 91 \rightarrow 20y - y^2 = 91 \end{cases}$$

Llegamos así a una ecuación de segundo grado que resolvemos como hemos aprendido en la unidad anterior.

$$y^2 - 20y + 91 = 0 \rightarrow y = \frac{20 \pm \sqrt{20^2 - 4 \cdot 1 \cdot 91}}{2 \cdot 1} = \begin{cases} 13 \\ 7 \end{cases}$$

Soluciones del sistema:

$$\boxed{y = 13} \rightarrow x = 20 - 13 \rightarrow \boxed{x = 7}$$

$$\boxed{y = 7} \rightarrow x = 20 - 7 \rightarrow \boxed{x = 13}$$

Ambas soluciones son conjugadas y aportan una única solución del problema.

- Interpretamos la solución dentro del contexto del problema y la comprobamos.

Solución: Los lados del rectángulo miden 13 cm de largo y 7 cm de ancho.

Comprobación: Perímetro $\rightarrow 13 \cdot 2 + 7 \cdot 2 = 26 + 14 = 40$ cm

Área $\rightarrow 13 \cdot 7 = 91$ cm²

Para fijar ideas

10 Copia y resuelve en tu cuaderno.

a) Un rectángulo es 7 cm más largo que ancho y ocupa una superficie de 98 m². Calcula la longitud de sus lados.

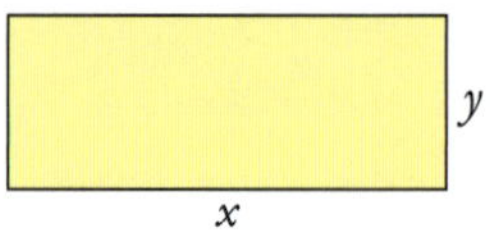

$$\rightarrow \begin{cases} x = y + \square \\ x \cdot y = \square \rightarrow (y + \square) \cdot y = \square \rightarrow \ldots \end{cases}$$

b) Observa la figura. Cortando cuatro esquinas iguales de un cuadrado se obtiene otro cuadrado con 2 cm menos de lado y 24 cm² menos de superficie. ¿Cuál es el lado del cuadrado primitivo? ¿Y el lado del cuadrado resultante?

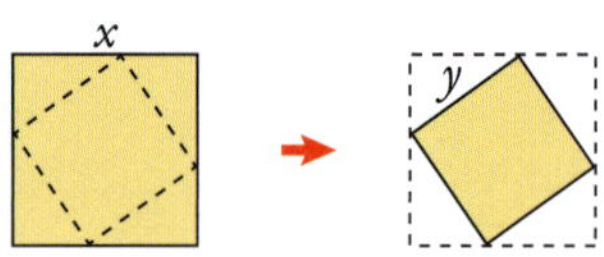

$$\rightarrow \begin{cases} x = y + \square \\ x^2 - y^2 = \square \rightarrow (y + \square)^2 - y^2 = \square \rightarrow \ldots \end{cases}$$

EJERCICIOS Y PROBLEMAS

Ecuaciones lineales

1 ¿Cuáles de las siguientes ecuaciones son lineales? Justifica tu respuesta.

a) $3x + 5y = 1$ b) $x^2 - y^2 = 6$ c) $y = 5x - 1$

d) $x = 4 - 3y$ e) $xy - 4 = 8$ f) $\frac{x-3}{2} = \frac{y+1}{5}$

2 ¿Cuáles de los siguientes pares de valores son soluciones de la ecuación?

$x + 2y = 5 \rightarrow$

$x = 5$, $y = 0$	$x = 2$, $y = 5$	$x = 1$, $y = 2$
$x = -1$, $y = 3$	$x = 0$, $y = -4$	$x = 7$, $y = -1$

3 Completa la tabla en tu cuaderno y representa la ecuación en el plano.

$y = \frac{x+1}{3} \rightarrow$

x	−7	−4	−1	2	5	8
y	−2					3

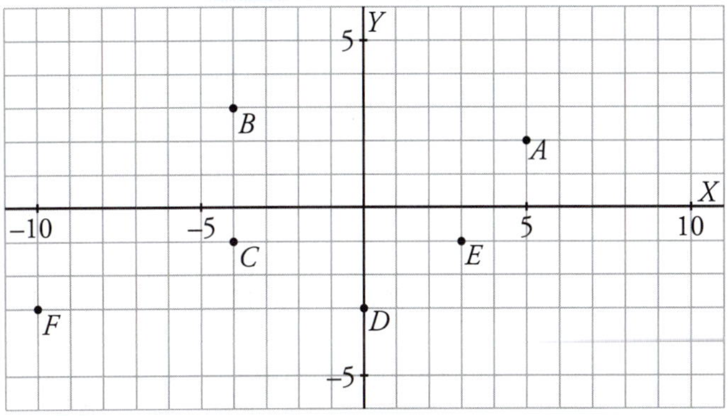

¿Cuáles de los puntos representados son soluciones de la ecuación?

4 Completa en tu cuaderno y responde.

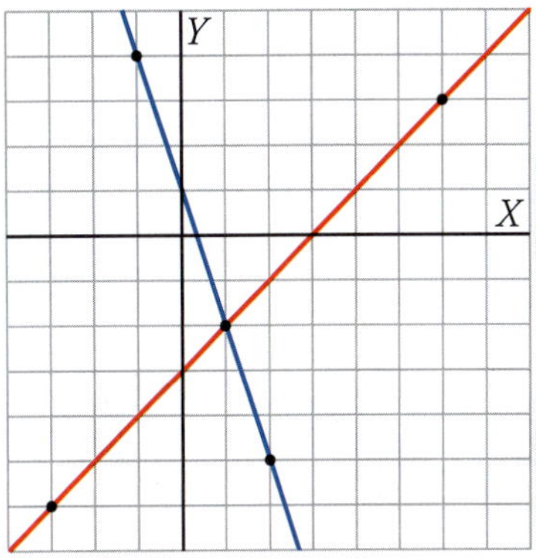

A $y = x - 3$

x	−3	0	3	6
y				

B $y = 1 - 3x$

x	−1	0	1	2
y				

a) ¿Qué recta corresponde a cada ecuación?

b) ¿Qué punto pertenece a ambas rectas?

c) ¿Qué par de valores para (x, y) satisface a la vez a ambas ecuaciones?

Sistemas de ecuaciones. Resolución gráfica

5 Resuelve gráficamente.

a) $\begin{cases} x + y = 1 \\ x - 2y = -5 \end{cases}$ b) $\begin{cases} x - 2y = 4 \\ 3x - y = -3 \end{cases}$

6 Observa el gráfico y responde.

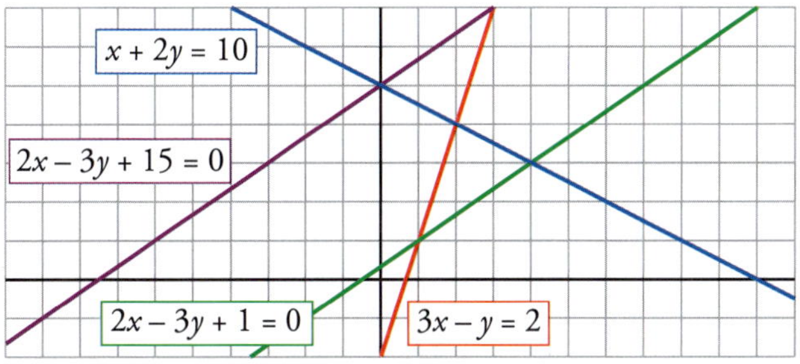

a) Escribe un sistema cuya solución sea $x = 2$, $y = 4$.

b) Escribe un sistema cuya solución sea $x = 0$, $y = 5$.

c) Escribe un sistema sin solución.

7 Representa gráficamente y escribe la solución.

$$\begin{cases} x - y = 0 \\ x + y = 0 \end{cases} \rightarrow \begin{cases} x = y \\ x = -y \end{cases}$$

Sistemas de ecuaciones. Resolución algebraica

8 Resuelve por sustitución despejando la incógnita más adecuada.

a) $\begin{cases} 2x + 3y = 8 \\ 5x - y = 3 \end{cases}$ b) $\begin{cases} x - 2y = 7 \\ 2x - 3y = 13 \end{cases}$

c) $\begin{cases} x + 4y = 1 \\ 2x - y = -7 \end{cases}$ d) $\begin{cases} 5x - 2y = -5 \\ 4x - 3y = 3 \end{cases}$

9 Resuelve por igualación.

a) $\begin{cases} y = 3x - 5 \\ y = 5x - 1 \end{cases}$ b) $\begin{cases} x + y - 7 = 0 \\ x - y + 3 = 0 \end{cases}$

c) $\begin{cases} x - 3y = 8 \\ 3x + 5y = 10 \end{cases}$ d) $\begin{cases} 5x + 2y = 1 \\ 7x + 3y = 0 \end{cases}$

10 Resuelve por reducción.

a) $\begin{cases} 2x + y = 6 \\ 5x - y = 1 \end{cases}$ b) $\begin{cases} 3x + 4y = 1 \\ 3x - y = 11 \end{cases}$

c) $\begin{cases} 2x + 3y = 8 \\ 4x - y = 2 \end{cases}$ d) $\begin{cases} 3x - 5y = 9 \\ 2x - 3y = 5 \end{cases}$

11 Resuelve por el método que te parezca más adecuado.

a) $\begin{cases} 2y = x + 8 \\ y = 2x + 10 \end{cases}$ b) $\begin{cases} x + y = -4 \\ 2x + y = -1 \end{cases}$

c) $\begin{cases} x + 2y = -5 \\ x - 3y = 5 \end{cases}$ d) $\begin{cases} 3x - y = 1 \\ 5x + 2y = 9 \end{cases}$

e) $\begin{cases} 6x - 2y = 0 \\ 3x - 5y = 12 \end{cases}$ f) $\begin{cases} 7x - 5y = 10 \\ 2x - 3y = -5 \end{cases}$

12 Ejercicio resuelto

Resolver este sistema: $\begin{cases} 2(x-3)+1 = \dfrac{y-1}{2} \\ 3(x-2) = 4(y+3)+5 \end{cases}$

- Eliminamos paréntesis y denominadores:

$$\begin{cases} 2x-6+1 = \dfrac{y-1}{2} \\ 3x-6 = 4y+12+5 \end{cases} \rightarrow \begin{cases} 4x-10 = y-1 \\ 3x-6 = 4y+17 \end{cases}$$

- Ponemos las ecuaciones en la forma general y resolvemos por reducción:

$$\begin{cases} 4x - y = 9 \xrightarrow{\times 4} & 16x - \cancel{4y} = 36 \\ 3x - 4y = 23 \xrightarrow{\times(-1)} & + \; -3x + \cancel{4y} = -23 \end{cases}$$
$$13x + 0y = 13$$

$13x = 13 \rightarrow \boxed{x = 1}$

$4x - y = 9 \rightarrow 4 \cdot 1 - y = 9 \rightarrow \boxed{y = -5}$

Solución: $x = 1,\ y = -5$

13 Resuelve los siguientes sistemas:

a) $\begin{cases} 2(3x+y)+x = 4(x+1) \\ 6(x-2)+y = 2(y-1)+3 \end{cases}$

b) $\begin{cases} 5(2x+1) = 4(x-y)-1 \\ \dfrac{x-y}{2} = \dfrac{x+5}{3} \end{cases}$

c) $\begin{cases} \dfrac{x-4}{2} - \dfrac{y-5}{3} = 0 \\ \dfrac{x}{3} + \dfrac{y}{4} = 2x - y \end{cases}$

14 Resuelve.

a) $\begin{cases} x - y = 2 \\ x^2 - y^2 = 24 \end{cases}$ b) $\begin{cases} x - y = 3 \\ x^2 + y^2 = 5 \end{cases}$

Resuelve problemas con sistemas de ecuaciones

15 La suma de dos números es 57, y su diferencia, 9. ¿Cuáles son esos números?

16 Calcula dos números sabiendo que su diferencia es 16 y que el doble del menor sobrepasa en cinco unidades al mayor.

17 Entre Alejandro y Palmira llevan 15 euros. Si él le diera a ella 1,50 €, ella tendría el doble. ¿Cuánto lleva cada uno?

18 Una caña de bambú, de 4,80 m de altura, se quiebra por la acción del viento, y el extremo superior, ahora apuntando hacia el suelo, queda a una altura de 60 cm. ¿A qué altura se ha quebrado la caña?

19 Un ciclista sube un puerto y, después, desciende por el mismo camino. Sabiendo que en la subida ha tardado 23 minutos más que en la bajada y que la duración total del paseo ha sido de 87 minutos, ¿cuánto ha tardado en subir? ¿Y en bajar?

20 En cierta cafetería, por dos cafés y un refresco nos cobraron el otro día 3,80 €. Hoy hemos tomado un café y tres refrescos, y nos han cobrado 5,90 €. ¿Cuánto cuesta un café? ¿Y un refresco?

21 Un hotel lleno alberga a 62 clientes en 35 habitaciones, unas individuales y otras dobles. ¿Cuántas habitaciones simples y cuántas dobles tiene el hotel?

22 Un puesto ambulante vende los melones y las sandías a un precio fijo la unidad. Carolina se lleva 5 melones y 2 sandías, que le cuestan 27 €. Julián paga 26 € por 3 melones y 4 sandías. ¿Cuánto cuesta un melón? ¿Y una sandía?

23 Un fabricante de jabones envasa 550 kg de detergente en 200 paquetes, unos de 2 kg y otros de 5 kg. ¿Cuántos envases de cada clase utiliza?

24 Escribe el enunciado de un problema para el sistema que muestra la ilustración y resuélvelo.

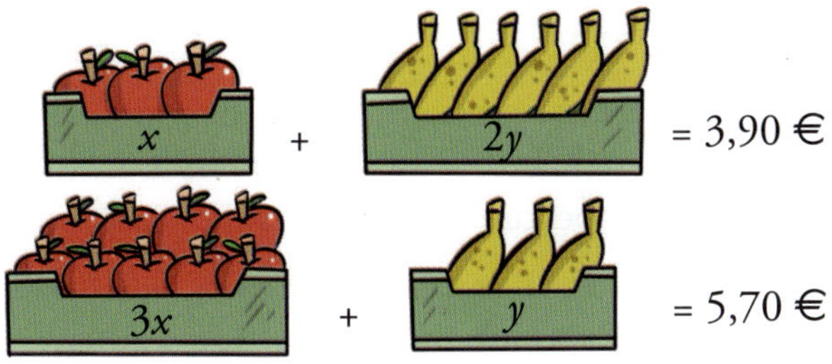

25 Una tienda de artículos para el hogar pone a la venta 100 juegos de cama a 70 € el juego. Cuando lleva vendida una buena parte, los rebaja a 50 €, continuando la venta hasta que se agotan. La recaudación total ha sido de 6600 €. ¿Cuántos juegos ha vendido sin rebajar y cuántos rebajados?

26 Un frutero pone a la venta 80 kg de cerezas. Al cabo de unos días ha vendido la mayor parte, pero considera que la mercancía restante no está en buenas condiciones y la retira. Sabiendo que por cada kilo vendido ha ganado 1 €, que por cada kilo retirado ha perdido 2 € y que la ganancia ha sido de 56 €, ¿cuántos kilos ha vendido y cuántos ha retirado?

27 En la granja, entre cerdos y gallinas, hay 12 cabezas y 34 patas. ¿Cuántos cerdos son? ¿Y gallinas?

Cerdos $\to x$

Gallinas $\to y$

Patas de cerdos $\to 4x$

Patas de gallinas $\to 2y$

28 Rosendo tiene en el bolsillo 12 monedas, unas de 20 céntimos y otras de 50 céntimos. Si en total tiene 3,30 euros, ¿cuántas monedas de cada tipo lleva?

29 En siete saltos, la rana avanza tanto como el saltamontes en cinco salto. Si cada uno da seis saltos, el saltamontes habrá superado a la rana en 144 cm. ¿Cuánto avanza la rana en cada salto? ¿Y el saltamontes?

30 Si Gracia multiplica su edad por siete, obtiene la de Concha, su abuela. Pero dentro de 11 años solo tendrá que multiplicar por cuatro para conseguir lo mismo. ¿Qué edad tiene cada una?

	EDAD HOY	DENTRO DE 11 AÑOS
GRACIA	x	$x + 11$
CONCHA	y	$y + 11$

31 El doble de la edad de Javier coincide con la mitad de la edad de su padre. Dentro de cinco años, la edad del padre será tres veces la de Javier. ¿Cuántos años tiene hoy cada uno?

32 Tras la mejora de las vías, un tren de mercancías ha rebajado el tiempo de cierto trayecto en 30 minutos, mientras que uno de alta velocidad lo ha rebajado en 15 minutos. Así, la relación de los tiempos entre ambos es de uno a siete, mientras que antes era de uno a seis.

	MERCANCÍAS	AVE	RELACIÓN TIEMPOS
AHORA	x	y	1/7
ANTES	$x + 30$	$y + 15$	1/6

¿Cuánto tarda el tren de mercancías y cuánto el AVE?

33 En un taller de confección se tardaba el triple de tiempo en hacer una chaqueta que en hacer un pantalón. Sin embargo, tras renovar la maquinaria, se invierten 10 minutos menos en cada prenda, pero hacer una chaqueta lleva cinco veces el tiempo que lleva hacer un pantalón.

¿Cuánto se tardaba antes, y cuánto actualmente, en hacer una chaqueta? ¿Y en hacer un pantalón?

34 El largo de un rectángulo es inferior en 7 centímetros al doble del ancho, y el perímetro mide 58 cm. ¿Cuáles son las dimensiones del rectángulo?

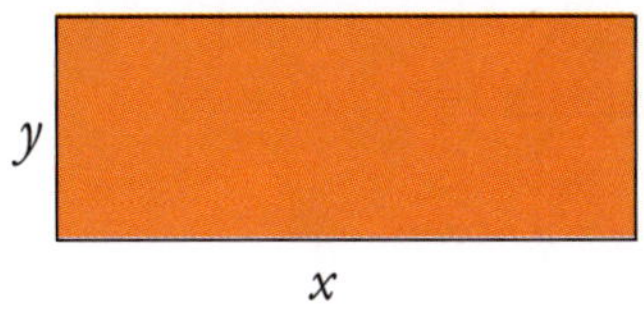

$$\begin{cases} x = 2y - 7 \\ 2x + 2y = 58 \end{cases}$$

35 Para cercar una parcela rectangular, 25 metros más larga que ancha, se han necesitado 210 metros de alambrada. Calcula las dimensiones de la parcela.

36 En un triángulo isósceles, el perímetro mide 29 cm y la suma de los lados iguales supera en 3 cm al lado desigual. Calcula la longitud de cada lado.

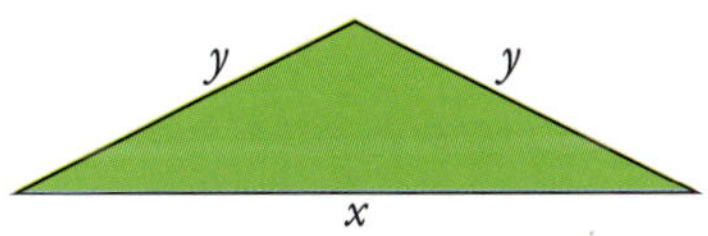

$$\begin{cases} x + 2y = 29 \\ 2y = x + 3 \end{cases}$$

37 El área de un triángulo mide 54 m^2 y su base supera en un centímetro a los dos tercios de la altura. Calcula la longitud de la base y la de la altura.

38 Calcula la longitud de los lados del siguiente polígono, sabiendo que el perímetro mide 42 cm y el área 73 cm^2.

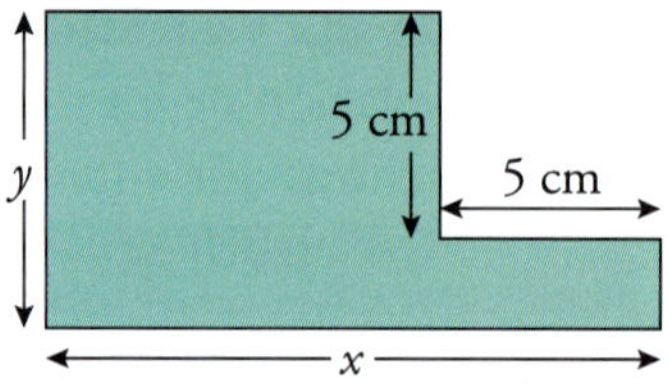

39 En un patio cuadrado se ha ajardinado una zona interior, dejando alrededor un paseo de 2 metros de anchura que tiene una superficie de 184 m^2.

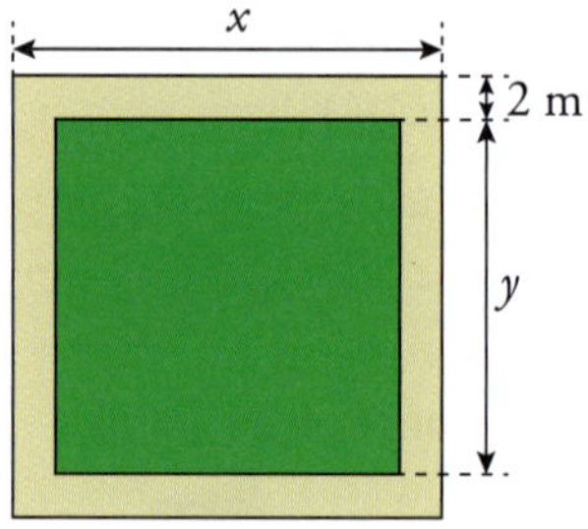

$$\begin{cases} x = y + \square \\ x^2 - y^2 = \square \end{cases}$$

¿Cuáles son las dimensiones del patio? ¿Y de la zona ajardinada?

40 En un triángulo isósceles, uno de los lados iguales mide 13 cm y la altura sobre el lado desigual es 2 cm mayor que dicho lado. Calcular el área.

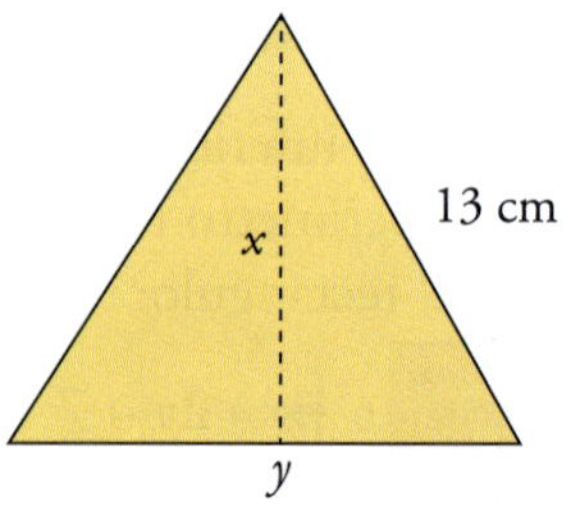

$$\begin{cases} x = y + 2 \\ x^2 + \left(\dfrac{y}{2}\right)^2 = 13^2 \end{cases}$$

Recuerda el teorema de Pitágoras.

41 Un concurso televisivo está dotado de un premio de 3 000 € para repartir entre dos concursantes, A y B.

El reparto se hará en partes proporcionales al número de pruebas superadas. Tras la realización de estas, resulta que el concursante A ha superado cinco pruebas, y el B, siete. ¿Cuánto corresponde a cada uno?

A se lleva → *x*   *B se lleva* → *y*

El premio conseguido es proporcional al número de pruebas superadas → *x/5 = y/7*

42 ¿Qué cantidades de aceite, uno puro de oliva, a 3 €/litro, y otro de orujo, a 2 €/litro, hay que emplear para conseguir 600 litros de mezcla a 2,40 €/litro?

43 A continuación, tienes un problema resuelto de dos formas. Indica sus diferencias e incluye las explicaciones oportunas para aclarar su desarrollo.

Un camión parte de cierta población a 90 km/h. Diez minutos después sale un coche a 110 km/h. Calcula el tiempo que tarda en alcanzarlo y la distancia recorrida desde el punto de partida.

Solución A

	VELOCIDAD (km/h)	TIEMPO (h)	DISTANCIA (km)
COCHE	110	x	y
CAMIÓN	90	$x + \frac{10}{60}$	y

$$\begin{cases} y = 110x \\ y = 90\left(x + \dfrac{1}{6}\right) \end{cases} \rightarrow 110x = 90\left(x + \dfrac{1}{6}\right) \rightarrow \begin{matrix} x = \dfrac{3}{4}\text{ h} \\ y = 82{,}5\text{ km} \end{matrix}$$

Solución: Tarda 45 minutos y recorren 82,5 km.

Solución B

Distancia coche = distancia camión → d

Tiempo coche → distancia/velocidad = $\dfrac{d}{110}$

Tiempo camión → distancia/velocidad = $\dfrac{d}{90}$

$\dfrac{d}{90} = \dfrac{d}{110} + \dfrac{1}{6} \rightarrow d = 82{,}5$ km

Tiempo coche → $\dfrac{d}{110} = \dfrac{82{,}5}{110} = \dfrac{3}{4}$ h = 45 min

Solución: Tarda 45 minutos y recorren 82,5 km.

44 Dos ciudades, A y B, distan 270 km. En cierto momento, un coche parte de A hacia B a 110 km/h, y, a la vez, sale de B hacia A un camión a 70 km/h. ¿Qué distancia recorre cada uno hasta que se encuentran?

La suma de las distancias es 270 → *x + y = 270*

Los tiempos invertidos por el coche y el camión, hasta el encuentro, son iguales → *x/110 = y/70*

45 Un peatón sale de A hacia B caminando a una velocidad de 4 km/h. Simultáneamente, sale de B hacia A un ciclista a 17 km/h. Si la distancia entre A y B es de 14 km, ¿cuánto tardarán en encontrarse y a qué distancia de A y de B lo hacen?

Problemas «+»

46 Un coche y un camión salen simultáneamente de dos ciudades dirigiéndose, cada uno, hacia la otra, y se cruzan al cabo de dos horas. Cuando el camión llega a su destino, ya hace tres horas que el coche llegó al suyo. ¿En cuánto tiempo ha realizado cada vehículo su viaje?

- *Camión → x horas*
  En una hora cubre 1/x del trayecto.
- *Coche → y horas*
  En una hora cubre 1/y del trayecto.
- *Ambos → 2 horas*
  En una hora cubren 1/2 del trayecto.

$$\begin{cases} x = y + 3 \\ \dfrac{1}{x} + \dfrac{1}{y} = \dfrac{1}{2} \end{cases}$$

47 Un depósito de agua se abastece de dos grifos que, abiertos simultáneamente, lo llenan en una hora y doce minutos. ¿Cuánto tarda en llenar el depósito cada grifo por separado, sabiendo que en esas condiciones uno invierte una hora más que el otro?

Justifica el siguiente sistema y resuélvelo:

$$\begin{cases} x = y + 1 \\ \dfrac{1}{x} + \dfrac{1}{y} = \dfrac{5}{6} \end{cases}$$

Ayuda: 1 h 12 min son 72/60 de hora, es decir, 6/5 de hora.

48 ¿Cuánto cuesta la botella de zumo? ¿Y el tarro de mermelada? ¿Y la caja de galletas?

49 El área del trapecio mide 204 cm^2. La altura es igual a la base menor y supera en un centímetro a la mitad de su base mayor. Calcula el perímetro.

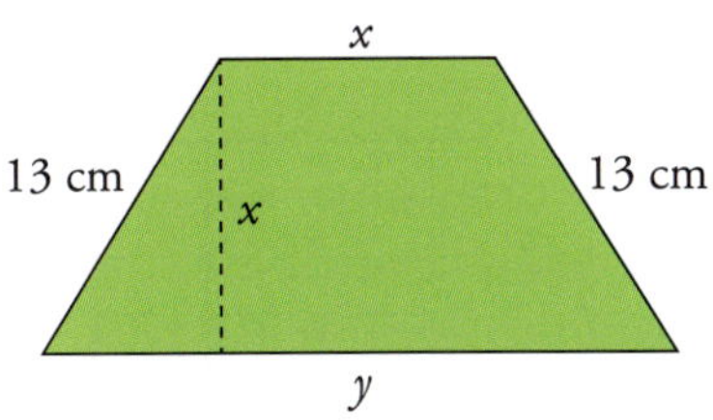

$$\begin{cases} \dfrac{x + y}{2} \cdot x = 204 \\ \dfrac{y}{2} + 1 = x \end{cases}$$

50 Problema resuelto

Las tres cifras de un número capicúa suman 19, y si se intercambian las centenas con las decenas, aumenta en 90 unidades. ¿Qué número es?

Primer camino:

Razonamiento y tanteo

- Los capicúas cuyas tres cifras suman 19 son:

  919 - 838 - 757 - 676 - 595

- Como son pocos, vamos sumando 90 hasta encontrar la solución:

  ~~919 + 90 = 1 009~~ ~~838 + 90 = 928~~ 676 + 90 = 766

Solución: El número que buscamos es 676.

Segundo camino:

Planteando un sistema de ecuaciones

- Un número capicúa de tres cifras se puede codificar algebraicamente así:

  $$\boxed{x\,|\,y\,|\,x} \rightarrow 100x + 10y + x$$

- Teniendo eso en cuenta, generamos el sistema:

  $$\left.\begin{aligned} x + y + x &= 19 \\ \underbrace{(100x + 10y + x)}_{\boxed{x\,|\,y\,|\,x}} + 90 &= \underbrace{(100y + 10x + x)}_{\boxed{y\,|\,x\,|\,x}} \end{aligned}\right\}$$

- Reducimos y resolvemos:

  $$\left.\begin{aligned} 2x + y &= 19 \\ x + 1 &= y \end{aligned}\right\} \rightarrow x = 6 \rightarrow y = 7$$

Solución:

$$\boxed{x\,|\,y\,|\,x} \rightarrow \boxed{6\,|\,7\,|\,6}$$

El número es 676.

51 Resuelve, por tanteo y con un sistema de ecuaciones, un problema igual que el anterior con otros datos:

- La suma de las cifras es 13.
- Al intercambiar las centenas con las decenas, el número disminuye en 180.

52 Catalina tuvo a su hija, Amaya, a los 27 años. Y hoy, sus edades se escriben con las mismas cifras. Sabiendo que Amaya tiene menos de 20 años, ¿qué edad tiene hoy cada una?

$$\boxed{x\,|\,y} - \boxed{y\,|\,x} = 27$$

$$\Downarrow$$

$$(10x + y) - (10y + x) = 27$$

INVESTIGA E INTERPRETA

Observa los enunciados y su relación con las ecuaciones y con el gráfico que los acompañan.

Un cicloturista sale de la población A, avanzando hacia la población B, a la velocidad de 12 km/h.

A la misma hora sale de B hacia A una corredora ciclista, entrenando, a 24 km/h.

En un punto, entre A y B, delante de su casa, un jubilado contempla el tránsito de la carretera.

$y = 12x \rightarrow$

x	0	1/2	5/6	1
y	0	6	10	12

$y = 30 - 24x \rightarrow$

x	0	1/2	5/6	1
y	30	18	10	6

$y = 18 + 0x \rightarrow$

x	0	1/2	5/6	1
y	18	18	18	18

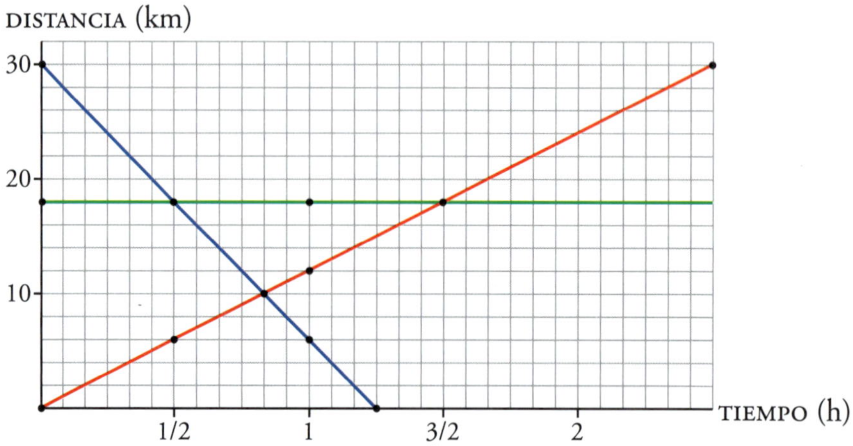

Responde a estas preguntas sabiendo que x indica el tiempo transcurrido desde la salida e y la distancia a la población A.

a) La recta roja corresponde al cicloturista y la azul a la corredora que entrena. ¿Y la verde?

b) ¿Cuánto tardan en cruzarse los ciclistas?

c) ¿Cuánto tiempo transcurre hasta que el jubilado ve pasar al cicloturista? ¿Y hasta que ve pasar a la corredora?

d) ¿Qué distancia hay entre A y B? ¿A qué distancia de A está el jubilado?

LEE E INFÓRMATE

Un sistema muy particular

¿Te has preguntado alguna vez cuáles son las ecuaciones de los ejes de coordenadas?

Observa que, en la ecuación $0x + 1y = 0$, la incógnita y toma el valor *cero* valga lo que valga x.

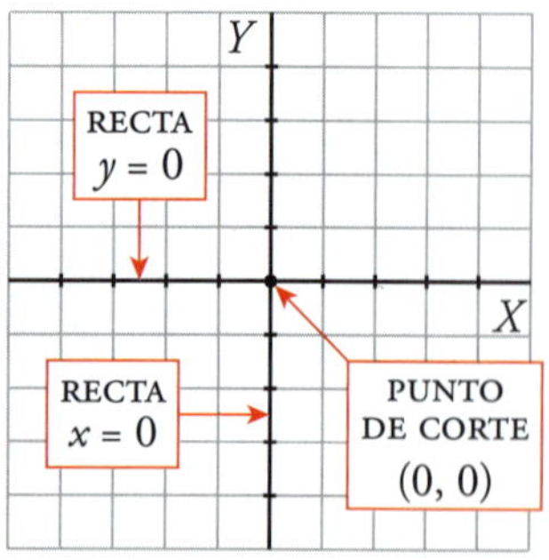

$0x + 1y = 0 \rightarrow y = 0 \rightarrow$

x	–3	–2	–1	0	1	2	3	…
y	0	0	0	0	0	0	0	…

¡Es la ecuación del eje de abscisas!

- Según eso, ¿cuál es la ecuación del eje de ordenadas?
- Y, ¿cuál es la solución del sistema formado por las dos ecuaciones anteriores?

Otros sistemas especiales

Comprueba que las rectas roja y azul coinciden con la representación gráfica de estas dos ecuaciones.

$$\begin{cases} x + 0y = 2 \\ 0x + y = 3 \end{cases} \rightarrow \begin{cases} x = 2 \\ y = 3 \end{cases}$$

¿Cuál es la solución del sistema?

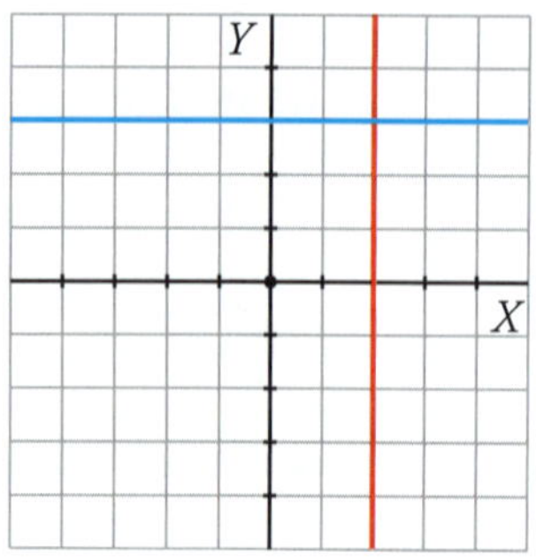

Recuerda que en anayaeducacion.es puedes encontrar orientación académica y profesional relacionada con los contenidos de esta unidad.

ENTRÉNATE RESOLVIENDO OTROS PROBLEMAS

Tantea y reflexiona

- Todos los chicos y las chicas de la clase de Guille se van de excursión al campo. Entre otras cosas, encargan 14 tortillas. Al mediodía, reparten una tortilla para cada tres personas, y en la merienda, una para cada cuatro. ¿Cuántas personas fueron de excursión?

- El perímetro de la figura amarilla es 160 mm, y el área de la azul, 600 mm^2.

  Calcula el área de la amarilla y el perímetro de la azul.

- Busca al menos tres soluciones a esta suma, teniendo en cuenta que a letras distintas corresponden cifras diferentes:

```
  uno
  uno
  uno
  uno
  uno
+ uno
 seis
```

AUTOEVALUACIÓN

anayaeducacion.es Resolución de estos ejercicios y una autoevaluación interactiva.

1 Representa gráficamente las siguientes ecuaciones:

a) $y = 2x - 1$ b) $2x + 3y - 3 = 0$

2 Resuelve gráficamente este sistema:

a) $\begin{cases} x + y = 7 \\ 3x - y = 9 \end{cases}$ b) $\begin{cases} 2x + y = 4 \\ x - y = 2 \end{cases}$

3 Resuelve por el método de sustitución.

a) $\begin{cases} x - y = 6 \\ 2x + 3y = 7 \end{cases}$ b) $\begin{cases} x + y = 1 \\ 3x - y = -9 \end{cases}$

4 Resuelve por el método de igualación.

a) $\begin{cases} x + y = 2 \\ x - y = 10 \end{cases}$ b) $\begin{cases} 2x - y = 7 \\ x + y = 2 \end{cases}$

5 Resuelve por el método de reducción.

a) $\begin{cases} 2x - y = 8 \\ 4x + 5y = 2 \end{cases}$ b) $\begin{cases} -3x + y = -8 \\ x - 2y = 6 \end{cases}$

6 Simplifica las ecuaciones y resuelve el sistema.

a) $\begin{cases} \dfrac{x-3}{2} = \dfrac{y-1}{3} \\ \dfrac{2x}{5} = 1 + \dfrac{y}{4} \end{cases}$ b) $\begin{cases} \dfrac{5x}{3} = 2y + 13 \\ \dfrac{3x}{5} - \dfrac{2y}{3} = 5 \end{cases}$

7 Escribe un sistema de ecuaciones para la siguiente ilustración y resuélvelo.

8 Calcula dos números sabiendo que su suma es 119 y que el triple del menor sobrepasa en 17 unidades al doble del mayor.

9 En la cafetería, ayer pagamos 3 € por dos cafés y una tostada. Sin embargo, hoy nos han cobrado 6,30 € por tres cafés y tres tostadas. ¿Cuánto cuesta un café, y cuánto, una tostada?

10 La base de un rectángulo es 8 cm más larga que la altura y el perímetro mide 42 cm. Calcula las dimensiones del rectángulo.

11 Un almacenista ha mezclado café de calidad superior, a 7,60 €/kg, con otro café de una calidad inferior, a 4,20 €/kg, obteniendo 100 kilos de mezcla que ha salido a un precio de 5,50 €/kg. ¿Qué cantidad de cada clase ha utilizado?

Compromiso ODS Visualiza el vídeo meta 15.c., piensa en una acción con la que podrías contribuir al logro de esa meta y comprométete a llevarla a cabo.

9

TEOREMA DE PITÁGORAS

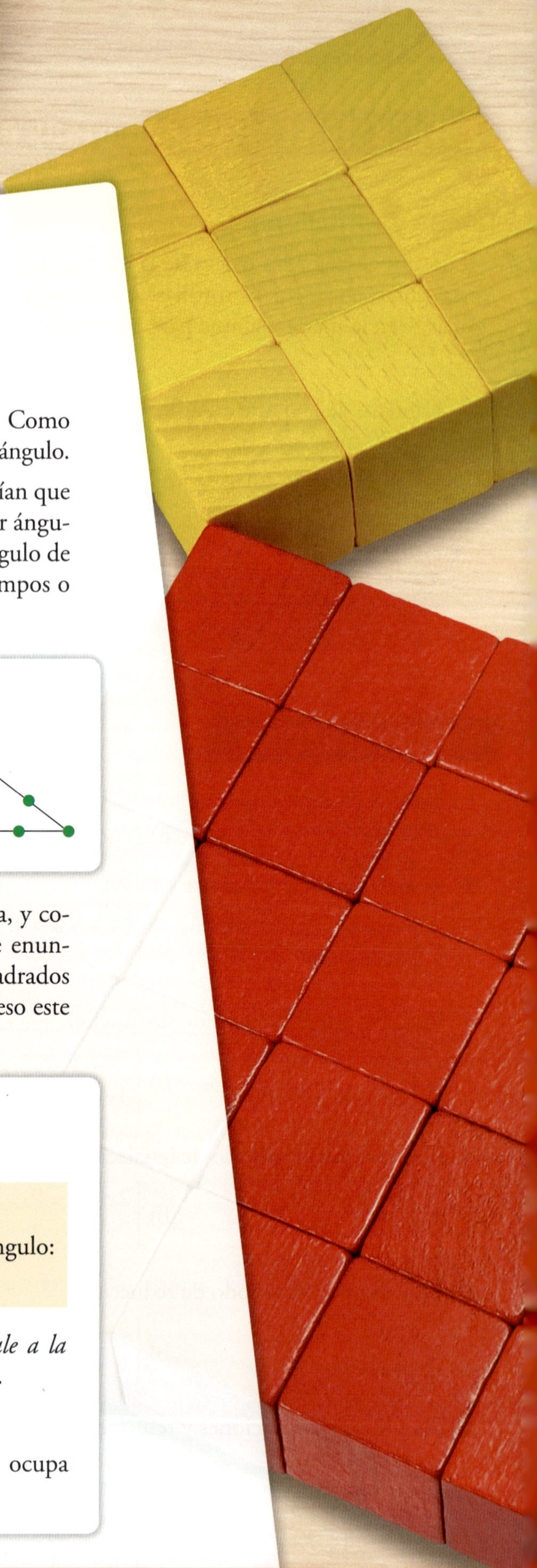

El teorema de Pitágoras es un importantísimo resultado geométrico. Como sabes, relaciona los cuadrados de los lados de cualquier triángulo rectángulo.

Hace más de 3 000 años, tanto los egipcios como los babilonios sabían que ciertos triángulos eran rectángulos y se valían de ellos para construir ángulos rectos. Los egipcios, por ejemplo, utilizaron eficazmente el triángulo de lados 3, 4 y 5 (al que consideraban sagrado) para la división de campos o la construcción de pirámides.

¿Otros triángulos rectángulos?

1 ¿Crees que otro triángulo, de lados doble que los de la derecha, 6 cm, 8 cm, 10 cm, será también rectángulo?

Dibújalo y compruébalo.

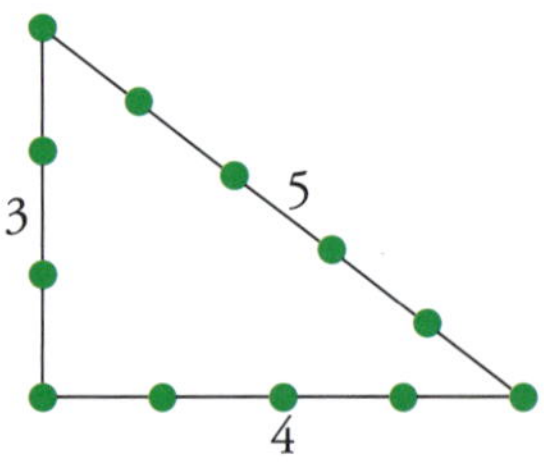

Pitágoras (siglo VI a. C.) viajó en su juventud a Egipto y Babilonia, y conoció, indudablemente, estos resultados. Su gran mérito fue que enunció el teorema de forma general, relacionando las áreas de los cuadrados construidos sobre los lados de cualquier triángulo rectángulo. Por eso este teorema lleva su nombre.

El teorema de Pitágoras

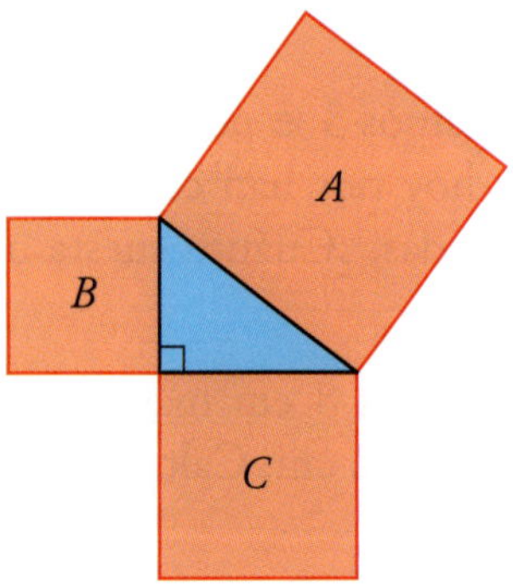

Teorema de Pitágoras

Cuando el triángulo azul es rectángulo:

$$A = B + C$$

El área del cuadrado grande equivale a la suma de las áreas de los dos pequeños.

2 Atendiendo al teorema de Pitágoras, si B ocupa 9 cm^2 y C ocupa 16 cm^2, ¿cuánto ocupa A?

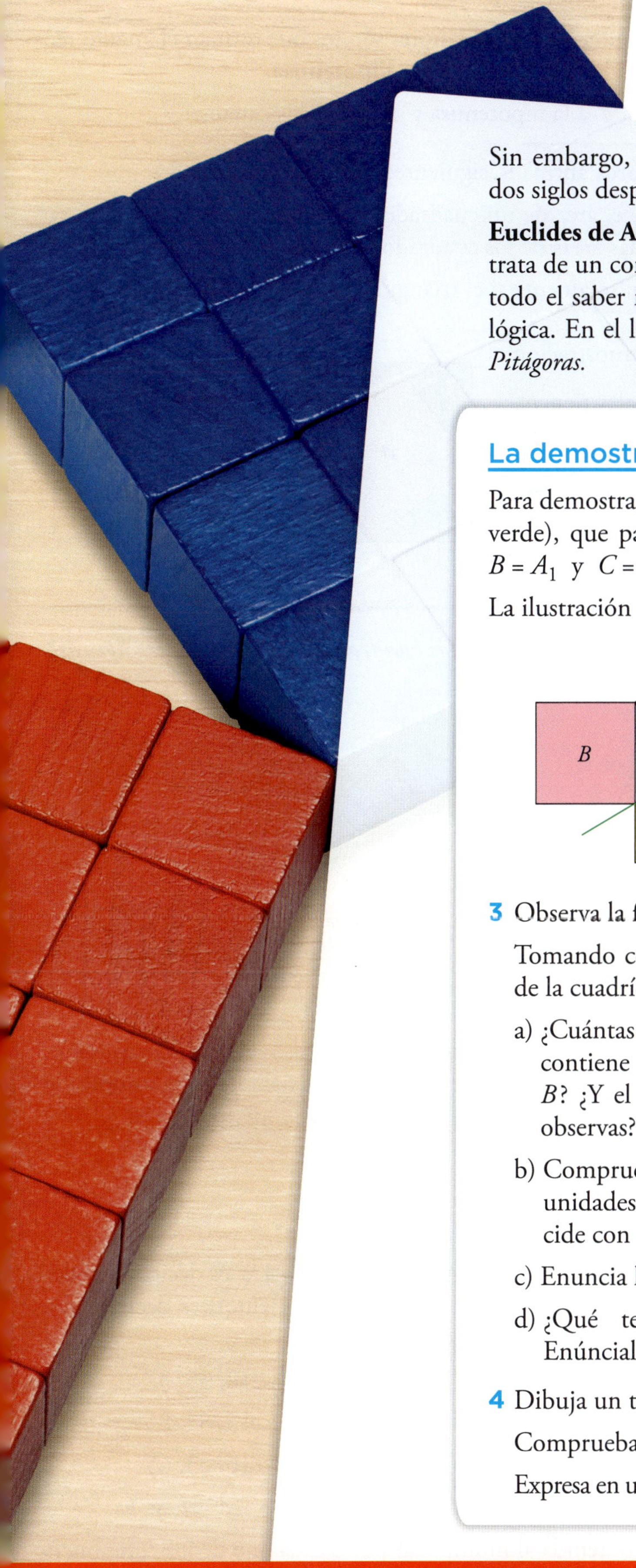

Sin embargo, no fue Pitágoras quien dio la demostración, sino Euclides dos siglos después.

Euclides de Alejandría escribió sus *Elementos* en torno al año 300 a. C. Se trata de un conjunto de 13 libros en los que se recopila, amplía y organiza todo el saber matemático de su época, aportándole una sólida estructura lógica. En el libro I demuestra el que ahora conocemos como *teorema de Pitágoras.*

La demostración de Euclides

Para demostrarlo, trazó la perpendicular al lado grande del triángulo (recta verde), que parte al cuadrado grande en dos rectángulos. Y probó que: $B = A_1$ y $C = A_2$.

La ilustración muestra una justificación gráfica de la propiedad anterior.

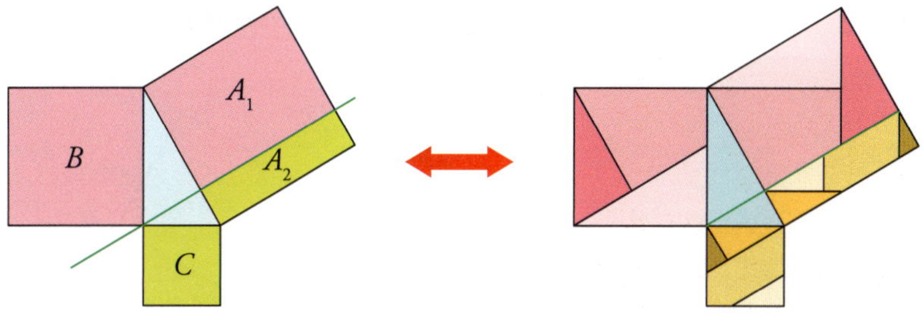

3 Observa la figura y responde.

Tomando como unidad el cuadro de la cuadrícula:

a) ¿Cuántas unidades cuadradas contiene el cuadrado pequeño, B? ¿Y el rectángulo A_1? ¿Qué observas?

b) Comprueba que el número de unidades del cuadrado C coincide con el de A_2.

c) Enuncia la propiedad.

d) ¿Qué teorema se confirma? Enúncialo.

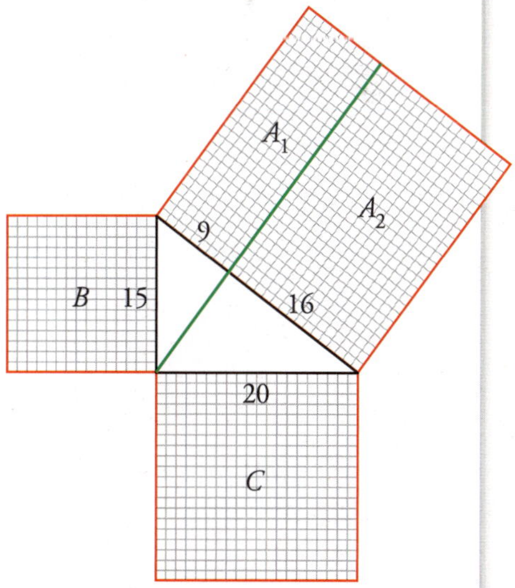

4 Dibuja un triángulo de lados 5 cm, 12 cm y 13 cm.

Comprueba, con la escuadra, que es rectángulo.

Expresa en una igualdad la relación que existe entre las medidas de los lados.

1 TEOREMA DE PITÁGORAS

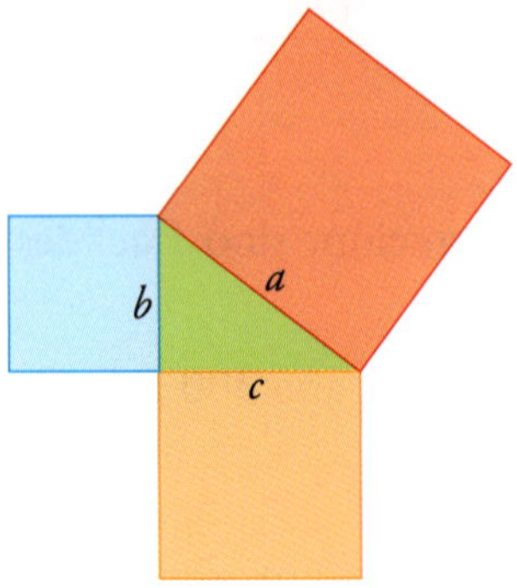

$a^2 = b^2 + c^2$

¡Sorprendente!

Esta demostración la construyeron los chinos 400 años antes de que naciera Pitágoras.

anayaeducacion.es GeoGebra. Demostración gráfica del teorema de Pitágoras.

En un triángulo rectángulo, los lados menores son los que forman el ángulo recto. Se llaman **catetos.** El lado mayor se llama **hipotenusa.**

En general, llamaremos a a la hipotenusa y b y c a los catetos.

> El **teorema de Pitágoras** afirma lo siguiente: $a^2 = b^2 + c^2$
>
> Esto quiere decir que el área de un cuadrado construido sobre la hipotenusa es igual a la suma de las áreas de los cuadrados construidos sobre los catetos.
>
> Esta relación es cierta, solamente si el triángulo es rectángulo.

Observa la siguiente demostración:

Los dos cuadrados iguales tienen por lados $b + c$.

Comparando las dos figuras, es claro que $a^2 = b^2 + c^2$.

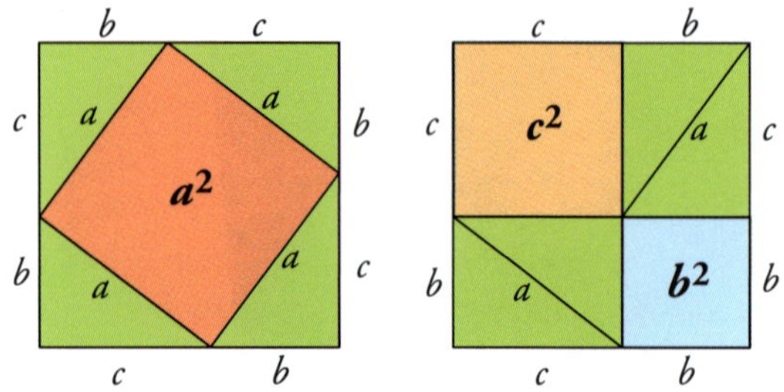

Ejercicio resuelto

¿Cuáles son las áreas desconocidas en los cuadrados de las siguientes figuras?

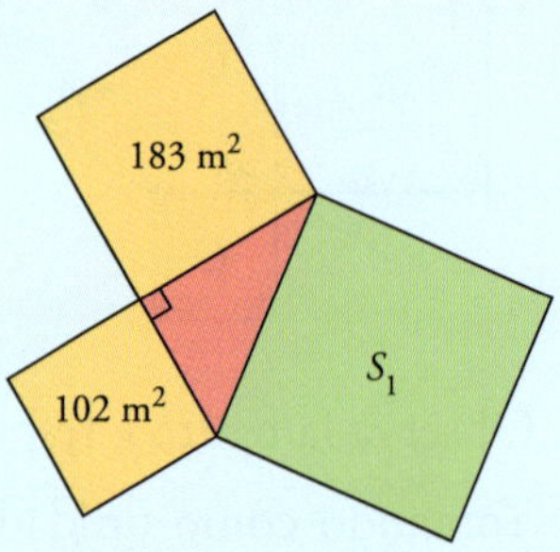

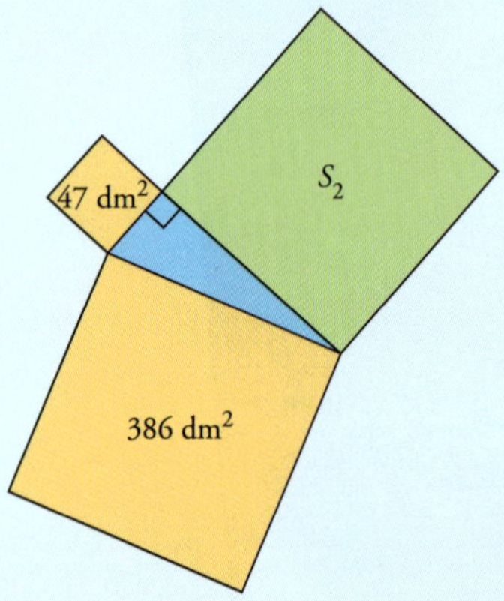

Como ambos triángulos son rectángulos, en los dos casos el área del cuadrado mayor es igual a la suma de las áreas de los cuadrados menores. Por tanto:

$S_1 = 183 \text{ m}^2 + 102 \text{ m}^2 = 285 \text{ m}^2$ $\quad$ $S_2 = 386 \text{ dm}^2 - 47 \text{ dm}^2 = 339 \text{ dm}^2$

Ternas pitagóricas

Si tres números naturales, c, b, a, cumplen $c^2 + b^2 = a^2$, es decir, si pueden ser las medidas de los lados de un triángulo rectángulo, entonces decimos que forman una **terna pitagórica.** Aquí tienes algunas:

3, 4, 5	8, 15, 17	12, 35, 37
5, 12, 13	9, 40, 41	13, 84, 85
7, 24, 25	11, 60, 61	16, 63, 65

Fíjate que si c, b, a es una terna pitagórica, también lo es kc, kb y ka.

Por ejemplo, 6, 8, 10 (obtenida al multiplicar por 2 cada uno de los componentes de la terna 3, 4, 5) es una terna pitagórica.

Los lados determinan el tipo de triángulo

> **Ten en cuenta**
>
> Si conocemos los lados de un triángulo, podemos averiguar si es o no rectángulo:
>
> - Si $a^2 = b^2 + c^2$, el triángulo es **rectángulo.**
> - Si $a^2 > b^2 + c^2$, el triángulo es **obtusángulo.**
> - Si $a^2 < b^2 + c^2$, el triángulo es **acutángulo.**

Observa las figuras y analiza el razonamiento que sigue:

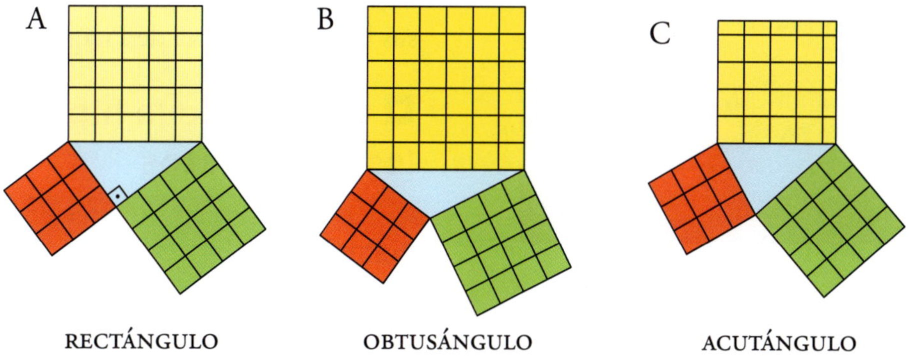

- Ya conocemos la relación entre las áreas de los cuadrados construidos sobre los lados de un triángulo rectángulo:

  Figura A → 5^2 es igual a $3^2 + 4^2$ → En general: $a^2 = b^2 + c^2$
- Si abrimos el ángulo recto, convirtiéndolo en obtuso, el lado opuesto aumenta, y también lo hace el cuadrado correspondiente. Entonces:

  Figura B → 6^2 es mayor que $3^2 + 4^2$ → En general: $a^2 > b^2 + c^2$
- Si cerramos el ángulo recto, convirtiéndolo en agudo, el lado opuesto disminuye, y también lo hace el cuadrado correspondiente. Entonces:

  Figura C → $4{,}5^2$ es menor que $3^2 + 4^2$ → En general: $a^2 < b^2 + c^2$

Para fijar ideas

1 Dibuja en tu cuaderno estas figuras. Complétalas construyendo el cuadrado que falta en cada una y di cuál es su área.

a)

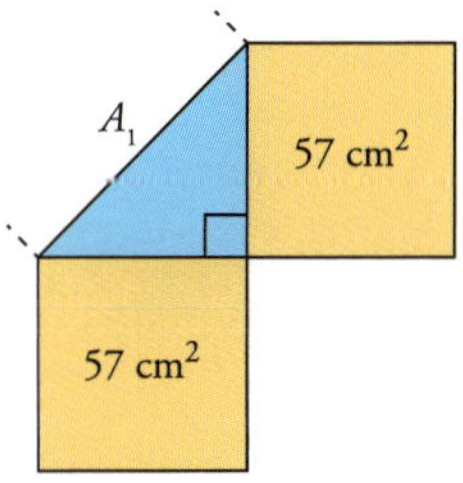

$A_1 = 57 + 57 = \dots$ cm²

b)

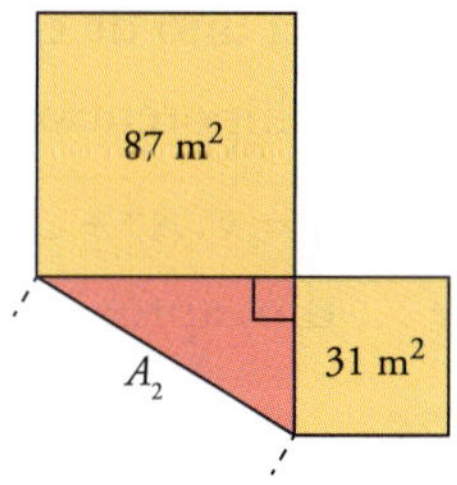

$A_2 = 87 + \dots = \dots$ m²

c)

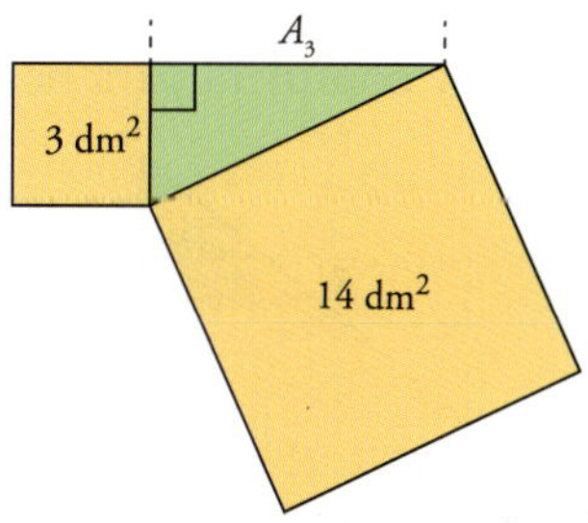

$A_3 = 14 - \dots = \dots$ dm²

2 Copia y completa para averiguar si cada uno de los siguientes triángulos es rectángulo, obtusángulo o acutángulo.

a) 70 cm, 240 cm, 245 cm

$$\left.\begin{array}{l} 70^2 + 240^2 = 4\,900 + 57\,600 = 62\,500 \\ 245^2 = 60\,025 \end{array}\right\} \rightarrow 245^2 < 70^2 + 240^2 \rightarrow \text{El triángulo es...}$$

b) 15 dm, 36 dm, 39 dm

$$\left.\begin{array}{l} 15^2 + 36^2 = 225 + 1\,296 = \dots \\ 39^2 = 1\,521 \end{array}\right\} \rightarrow 39^2 \dots 15^2 + 36^2 \rightarrow \text{El triángulo es...}$$

c) 18 m, 80 m, 83 m

$$\left.\begin{array}{l} 18^2 + 80^2 = 324 + 6\,400 = 6\,724 \\ 83^2 = \dots \end{array}\right\} \rightarrow 83^2 \dots 18^2 + 80^2 \rightarrow \text{El triángulo es...}$$

2 ▸ CÁLCULO DE UN LADO CONOCIENDO LOS OTROS DOS

Si sabemos que un triángulo es rectángulo, y conocemos la longitud de dos de sus lados, el teorema de Pitágoras nos permite calcular la longitud del tercero.

Cálculo de la hipotenusa conociendo los dos catetos

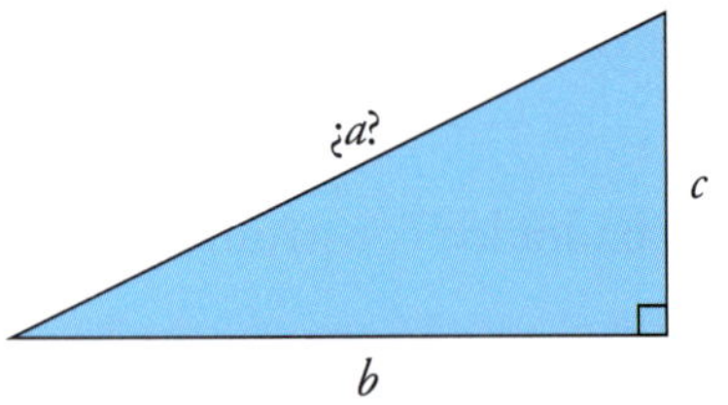

$$a^2 = b^2 + c^2 \rightarrow a = \sqrt{b^2 + c^2}$$

Ejemplo

En un triángulo rectángulo, sus catetos miden 88 m y 105 m. Calcula la longitud de la hipotenusa.

$$a = \sqrt{88^2 + 105^2} = \sqrt{7744 + 11025} = \sqrt{18769} = 137$$

La hipotenusa mide 137 m.

Cálculo de un cateto conociendo el otro y la hipotenusa

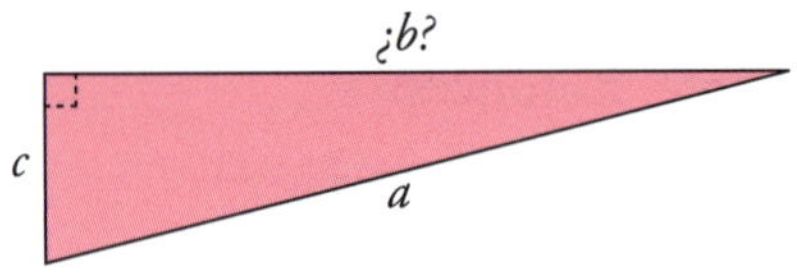

$$a^2 = b^2 + c^2 \rightarrow b^2 = a^2 - c^2 \rightarrow b = \sqrt{a^2 - c^2}$$

Ejemplo

En un triángulo rectángulo, la hipotenusa mide 130 cm, y uno de los catetos, 32 cm. Halla la longitud del otro cateto.

$$b = \sqrt{130^2 - 32^2} = \sqrt{16900 - 1024} = \sqrt{15876} = 126$$

El otro cateto mide 126 cm.

Para fijar ideas

1 Copia y completa para hallar el lado desconocido en cada uno de estos triángulos.

a)

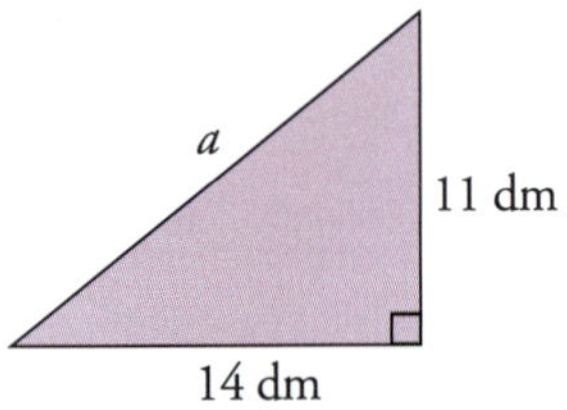

El lado desconocido es la hipotenusa, *a*.

$$a^2 = 11^2 + 14^2 \rightarrow a = \sqrt{\ldots^2 + \ldots^2} = \sqrt{\ldots + \ldots} = \sqrt{\ldots} = \ldots$$

La hipotenusa mide … dm, aproximadamente.

b)

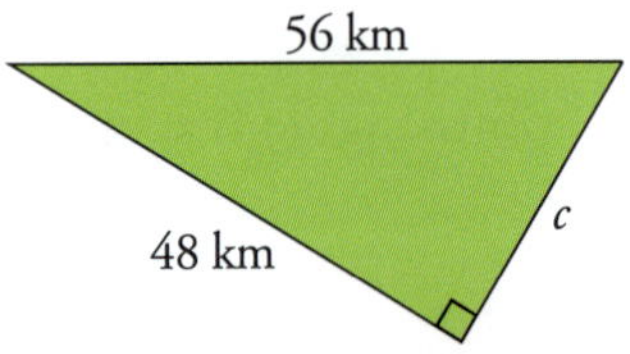

El lado desconocido es el cateto, *c*.

$$56^2 = 48^2 + c^2 \rightarrow c^2 = 56^2 - 48^2 \rightarrow c = \sqrt{\ldots - \ldots} = \ldots$$

El otro cateto mide … km, aproximadamente.

Para practicar

1 Halla la longitud del lado desconocido en estos triángulos rectángulos, donde a es la hipotenusa, aproximando cuando haga falta hasta dos cifras decimales.

a) $c = 70$ mm; $a = 74$ mm

b) $b = 15$ cm; $a = 25$ cm

c) $b = 14$ m; $c = 48$ m

d) $b = 13$ pulgadas; $c = 84$ pulgadas

e)

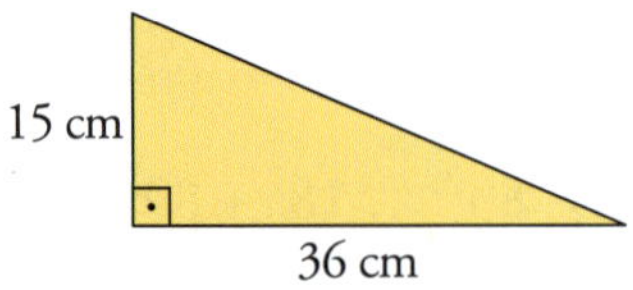

f)

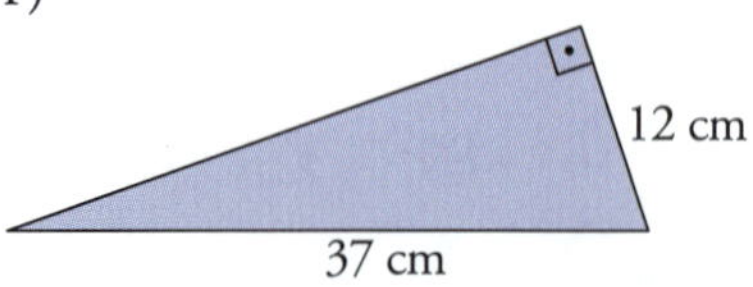

anayaeducacion.es Cálculo de un lado conociendo los otros dos.

Ejercicios prácticos de resolución guiada

A continuación, tienes varios problemas en los que apreciarás la utilidad del teorema de Pitágoras en situaciones cotidianas.

Para fijar ideas

Copia, completa y comprueba, en cada caso, que llegas a la solución que se ofrece.

2 Se va a tender una tirolina entre dos árboles separados 12 m. El cable estará atado a 10 m de altura en un árbol y a 1 m de altura en el otro. ¿Cuál será la longitud del cable si además de colocarlo en tensión se necesita un 10 % más para atarlo a los árboles?

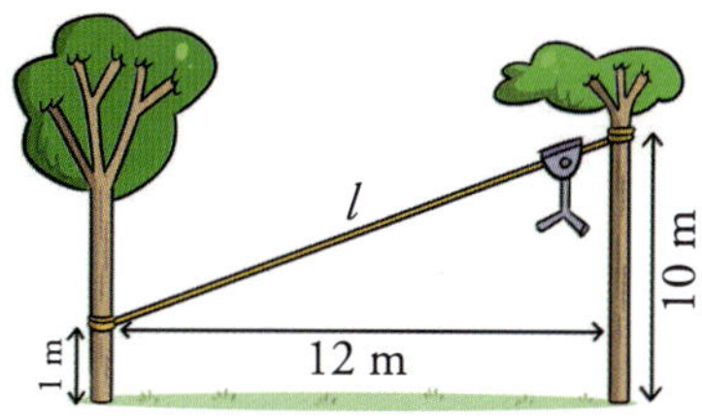

Conociendo los catetos, hallamos la hipotenusa.

$$l^2 = 9^2 + 12^2 = \ldots + \ldots = \ldots \rightarrow l = \sqrt{\ldots} = \ldots \text{ m}$$

La longitud del cable tenso es de … m.

Añadiendo un 10 % $\rightarrow$ … · 1,10 = 16,5 m

3 Queremos salvar un escalón de 1 m de altura para pasar con la carretilla. Disponemos de un tablón de 2,6 m. ¿A qué distancia del escalón empieza la rampa?

Conociendo la hipotenusa y el cateto vertical, calculamos el cateto horizontal.

$$d^2 = 2{,}6^2 - \ldots = 6{,}76 - \ldots = \ldots \rightarrow d = \sqrt{\ldots} = 2{,}4 \text{ m}$$

El pie del tablón estará situado a 2,4 m del escalón, o algo menos para que pueda apoyarse arriba.

4 Un globo está amarrado al suelo con una cuerda de 20 m. El viento lo empuja, manteniendo tensa la cuerda, de forma que la vertical del globo se aleja 8 m del punto de amarre. ¿A qué altura se encuentra el globo?

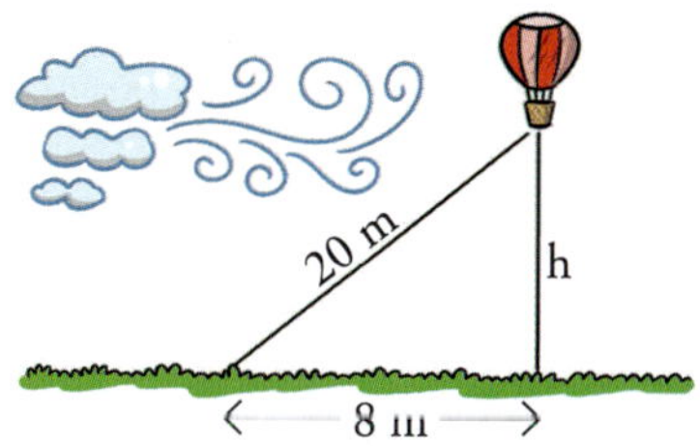

Calculamos la longitud del cateto vertical.

$$h^2 = \ldots^2 - 8^2 = \ldots \rightarrow h = \sqrt{\ldots} = \ldots \text{ m}$$

El globo se encuentra a … m de altura.

5 Una escalera cuyo pie está a 4 m de la pared se apoya en esta, alcanzando una altura de 7,5 m. ¿A qué distancia de la pared debe colocarse el pie para que llegue a una altura de 8 m?

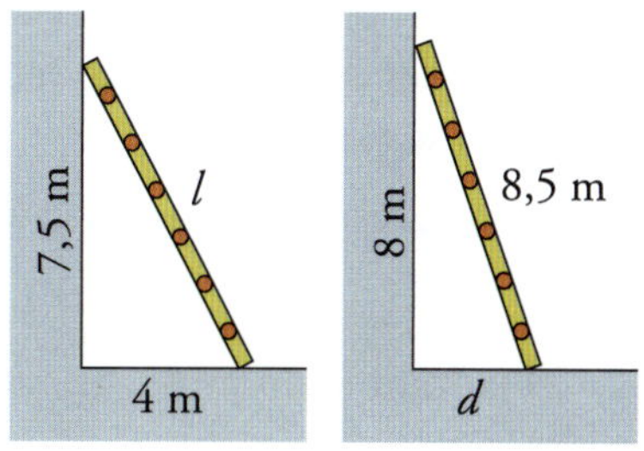

Calculamos primero la longitud de la escalera.

$$l^2 = 4^2 + 7{,}5^2 = 72{,}25 \rightarrow l = \sqrt{72{,}25} = 8{,}5 \text{ m}$$

Ahora calculamos la distancia pedida, *d*.

$$d^2 = \ldots^2 - 8^2 = \ldots - 64 = \ldots \rightarrow d = \sqrt{\ldots} = \ldots \text{ m}$$

El pie de la escalera debe situarse a … m de la pared.

6 Álvaro ha tomado estas medidas para hallar la altura, h, de la pared de su buhardilla. Calcular *d* y, luego, h.

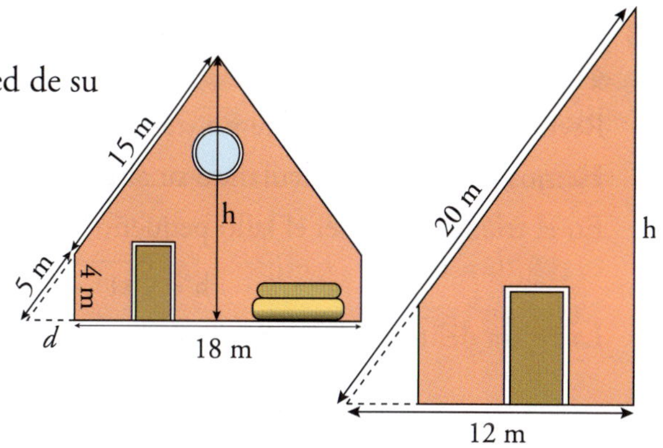

Calculamos primero la distancia *d*:

$$d^2 = 5^2 - 4^2 = \ldots \rightarrow d = \sqrt{\ldots} = \ldots \text{ m}$$

Ahora calculamos la altura, h, sabiendo que es el cateto de un triángulo rectángulo cuya hipotenusa mide 20 m y el otro … m:

$$h^2 = 20^2 - \ldots = \ldots \rightarrow h = \sqrt{\ldots} = \ldots \text{ m}$$

La altura de la buhardilla es de … m.

anayaeducacion.es GeoGebra. Calcula el lado desconocido aplicando el teorema de Pitágoras.

3 APLICACIONES DEL TEOREMA DE PITÁGORAS

Hay multitud de polígonos en los que algunos de sus elementos son lados de un triángulo rectángulo. Eso permite relacionarlos mediante el teorema de Pitágoras y calcular la longitud de uno de ellos conociendo los otros dos.

Para fijar ideas

1 La diagonal de un rectángulo mide 89 cm, y uno de los lados, 80 cm. Calcula su área.

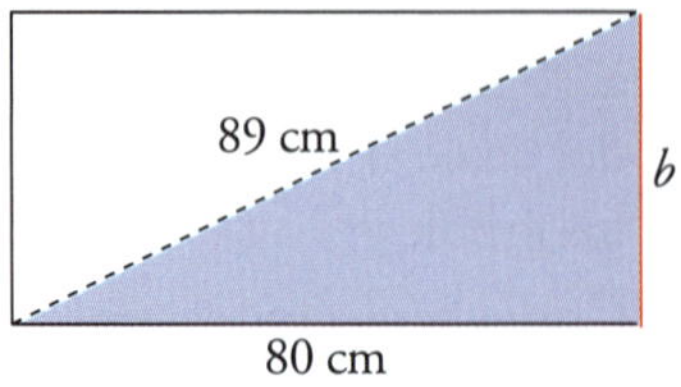

El área de un rectángulo de lados a y b es: $A = a \cdot b$

Empezamos por calcular el otro lado:

$$b = \sqrt{89^2 - 80^2} = \sqrt{\ldots} = \ldots$$

El lado corto mide … cm.

El área es: $A = 80 \cdot \ldots = 3\,120 \text{ cm}^2$

2 Las diagonales de un rombo miden 10 cm y 24 cm. Halla su perímetro.

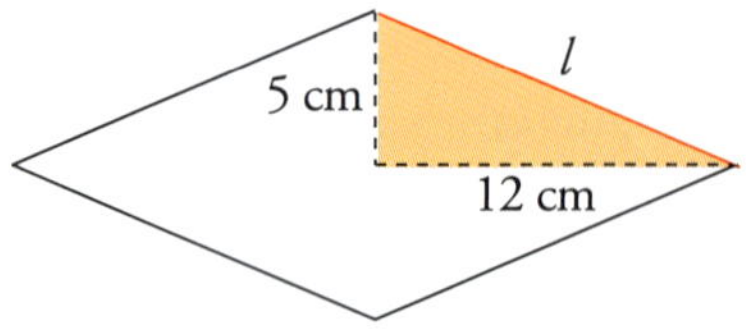

Comenzamos por calcular la longitud de un lado:

$$l = \sqrt{12^2 + \ldots^2} = \sqrt{\ldots} = \ldots$$

Cada lado mide … cm.

El perímetro es: $P = 4 \cdot \ldots = 52$ cm

3 El lado de un rombo mide 6,5 m y una de sus diagonales, 5 m. Halla su área.

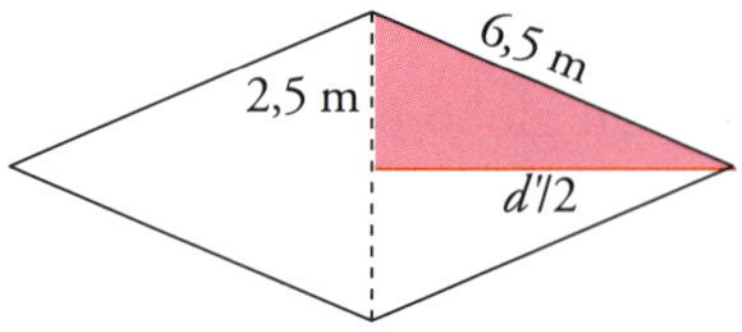

El área de un rombo cuyas diagonales son d y d' es: $A = \dfrac{d \cdot d'}{2}$

Conocemos una diagonal. El teorema de Pitágoras nos permite calcular la otra:

$$\frac{d'}{2} = \sqrt{6,5^2 - 2,5^2} = \ldots \text{ m}$$

La segunda diagonal mide, pues, $\ldots \cdot 2 = \ldots$ m. Por tanto, $A = \dfrac{5 \cdot \ldots}{2} = 30 \text{ m}^2$.

4 Las bases de un trapecio rectángulo miden 25 cm y 38 cm, y la altura, 19 cm. Halla su perímetro.

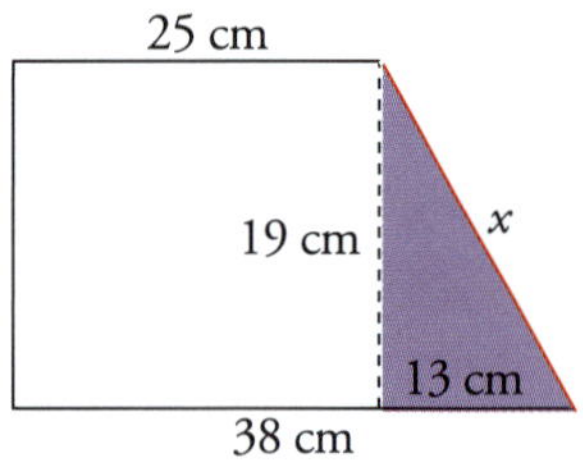

Empezamos calculando la longitud del lado oblicuo:

$$x = \sqrt{13^2 + 19^2} = \sqrt{\ldots} \approx \ldots$$

El lado oblicuo mide, aproximadamente: $x = \ldots$ cm

El perímetro es: $P = 38 + 19 + 25 + \ldots = 105$ cm

5 Halla el área de un trapecio isósceles cuyas bases miden 30 cm y 48 cm, y el lado oblicuo, 41 cm.

Recordemos que el área de un trapecio es: $A = \dfrac{(b + b') \cdot \text{h}}{2}$

Hemos de empezar calculando su altura, h.

En el triángulo verde, el lado pequeño mide (48 – 30) : 2 = 9 cm.

$$\text{h} = \sqrt{41^2 - 9^2} = \sqrt{\ldots} = \ldots$$

La altura del trapecio mide … cm.

$$A = \frac{(30 + 48) \cdot \ldots}{2} = 1\,560 \text{ cm}^2$$

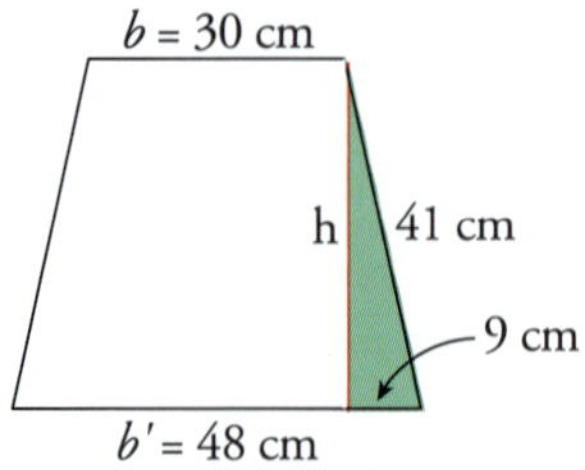

anayaeducacion.es GeoGebra. Calcula el lado desconocido aplicando el teorema de Pitágoras.

6 Calcula el área de un triángulo equilátero de lado 8 cm.

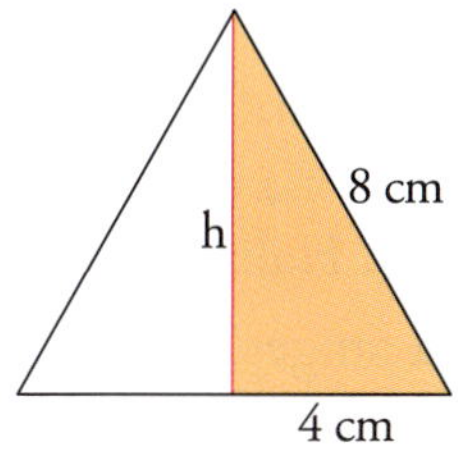

Empezamos calculando la altura:

$$h = \sqrt{8^2 - 4^2} = \sqrt{\ldots} \approx \ldots$$

La altura mide … cm, aproximadamente.

El área es:

$$A = \frac{\ldots \cdot \ldots}{2} = 27{,}6 \text{ cm}^2$$

7 Calcula el área y el perímetro de un pentágono regular cuya apotema mide 16,2 cm, y el radio, 20 cm.

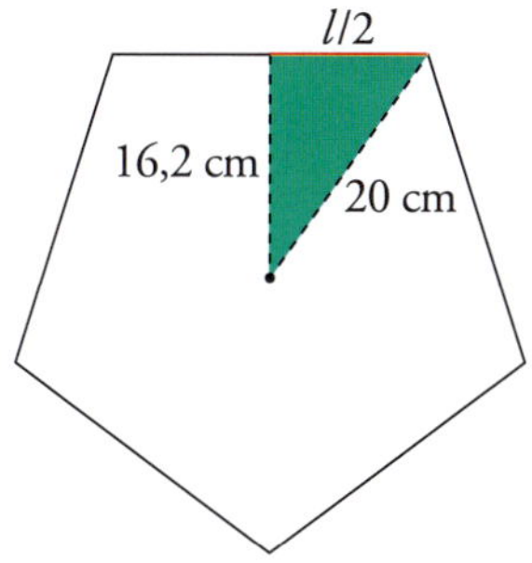

Primero calculamos el lado:

$$\frac{l}{2} = \sqrt{\ldots^2 - \ldots^2} = \sqrt{137{,}56} \approx \ldots$$

El lado del pentágono mide:

$$l = \ldots \cdot 2 = \ldots \text{ cm}$$

Por tanto, su perímetro es: $P = \ldots \cdot 5 = 117$ cm

Finalmente, calculamos el área.

$$A = \frac{\text{Perímetro} \cdot \text{apotema}}{2} = \frac{\ldots \cdot \ldots}{2} = 947{,}7 \text{ cm}^2$$

8 Halla la longitud de una circunferencia en la que se ha trazado una cuerda de 6,6 cm a una distancia de 5,6 cm del centro. Calcula el área del círculo correspondiente.

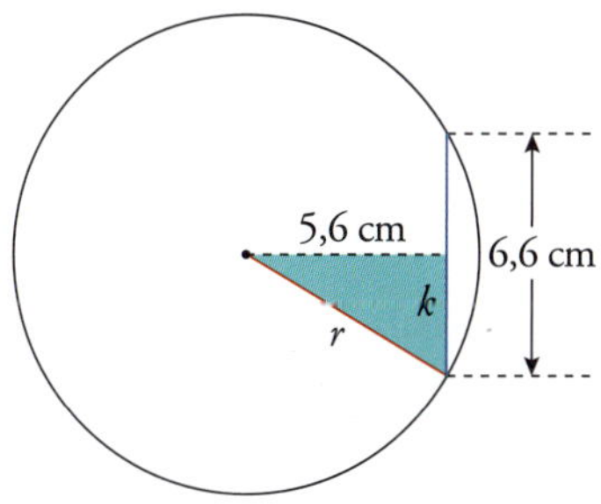

Comenzamos calculando el radio.

En el triángulo rectángulo coloreado, el lado pequeño mide:

$$k = 6{,}6 : 2 = 3{,}3 \text{ cm}$$

Por tanto: $r = \sqrt{\ldots^2 + \ldots^2} = \sqrt{42{,}25} = \ldots$

El radio mide … cm.

$P = 2\pi r = 2 \cdot 3{,}14 \cdot \ldots \approx 40{,}8$ cm

$A = \pi r^2 = \ldots \cdot \ldots^2 \approx 132{,}7 \text{ cm}^2$

9 Una circunferencia de 8 cm de radio es cortada por una recta en dos puntos A y B que distan 8 cm entre sí. Calcula el área del segmento circular determinado por la cuerda $\widehat{AB}$.

El segmento circular, en rosa, es la diferencia entre el sector circular de arco $\widehat{AB}$ y el triángulo OAB.

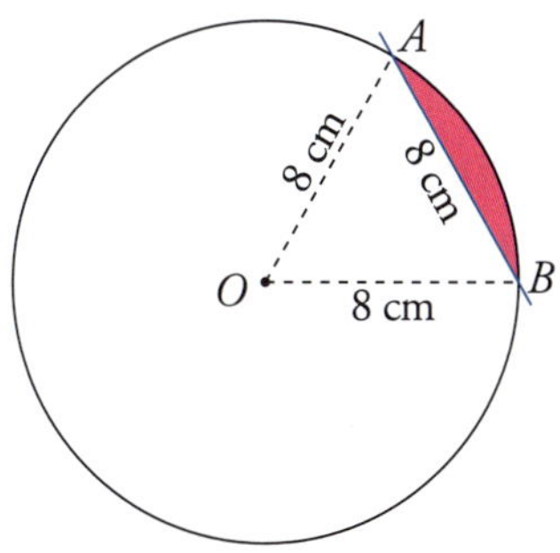

El triángulo OAB, equilátero, es el mismo cuya área hemos obtenido en el ejercicio 6 de esta página ($A_{\text{TRIÁNGULO}} = 27{,}6 \text{ cm}^2$).

Como el triángulo es equilátero, $\widehat{AOB} = 60°$.

Por tanto, el área del sector es la sexta parte del área de todo el círculo:

$$A_{\text{SECTOR}} = (\pi \cdot \ldots^2) : 6 = \ldots \text{ cm}^2$$

Por tanto:

$$A_{\text{SEGMENTO CIRCULAR}} = \ldots - \ldots = 5{,}9 \text{ cm}^2$$

Para fijar ideas

10 En una circunferencia, la distancia de un punto P al centro O es $\overline{OP} = 23$ cm. Trazamos una tangente desde P a la circunferencia. El segmento tangente PT mide 18 cm. Halla el área del círculo.

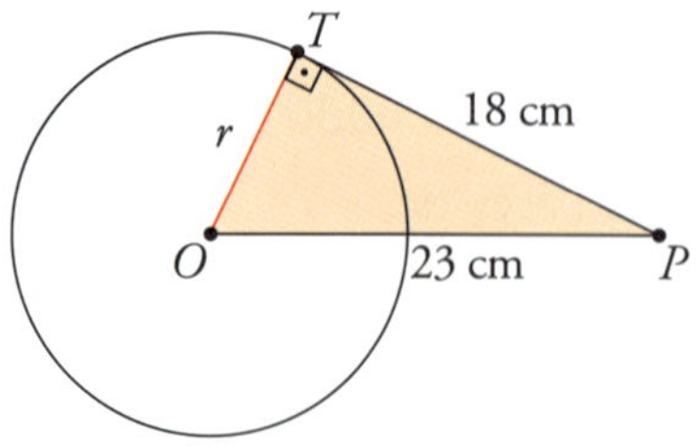

La recta tangente es perpendicular al radio.

Por tanto, el triángulo PTO es rectángulo en T:

$$r^2 = \overline{OP}^2 - \overline{PT}^2 = \ldots^2 - \ldots^2 = \ldots$$

$$A_{\text{CÍRCULO}} = \pi r^2 = \ldots \cdot \ldots \approx 643{,}7 \text{ cm}^2$$

11 Calcula el radio de la circunferencia circunscrita a un cuadrado de 10 cm de lado.

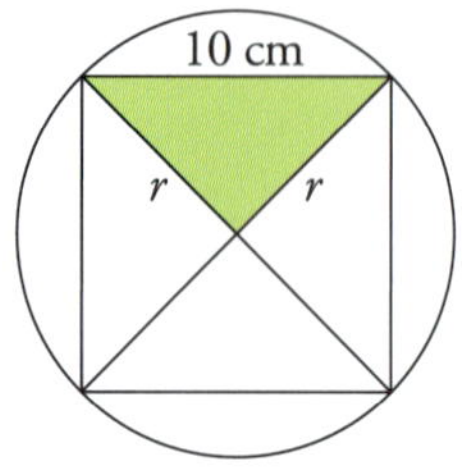

Las diagonales del cuadrado son perpendiculares.

Por tanto, el triángulo coloreado es rectángulo y tiene los catetos iguales.

$$r^2 + r^2 = \ldots^2 \rightarrow 2r^2 = \ldots \rightarrow r^2 = \ldots$$

$$r = \sqrt{\ldots} = 7{,}07 \text{ cm}$$

12 Halla la diagonal de un ortoedro de dimensiones 1,2 m; 1,6 m y 4,8 m.

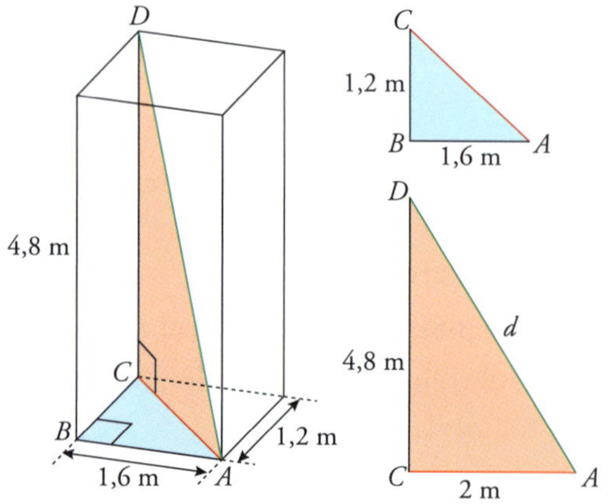

Atendiendo al triángulo azul: $\overline{AC} = \sqrt{1{,}2^2 + \ldots^2} = \ldots$ m

Atendiendo al triángulo rojo: $d = \sqrt{\ldots^2 + 4{,}8^2} = \ldots$ m

La diagonal del ortoedro mide 5,2 m.

Observa que se puede hallar directamente:

$$d = \sqrt{1{,}2^2 + 1{,}6^2 + 4{,}8^2} = \sqrt{\ldots} = 5{,}2 \text{ m}$$

En general, en un ortoedro de dimensiones $a \times b \times c$ la diagonal es:

$$d = \sqrt{a^2 + b^2 + c^2}$$

13 Calcula la altura, h, de una pirámide cuadrangular regular cuya base es un cuadrado de 30 m de lado y cuya cara lateral tiene un área de 255 m^2.

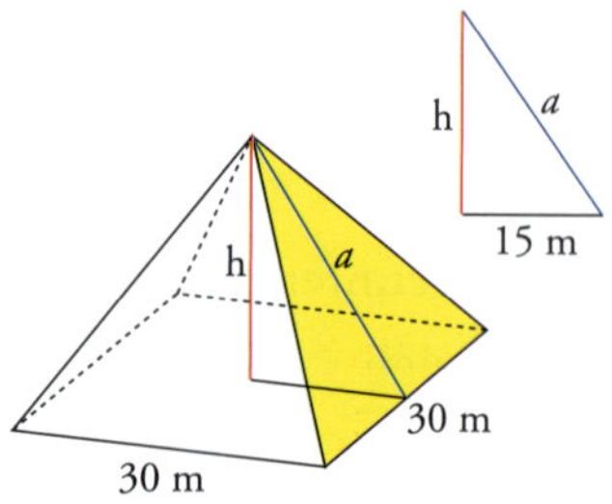

Primero hallamos la altura, a, de la cara lateral.

$$255 = \frac{30 \cdot a}{2} \rightarrow 510 = 30a \rightarrow a = \ldots \text{ m}$$

La altura de la cara lateral es la hipotenusa del triángulo que aparece a la derecha:

$$\text{h} = \sqrt{\ldots^2 - \ldots^2} = \sqrt{\ldots} = 8 \text{ m}$$

La pirámide tiene 8 m de altura.

Para practicar

1 Halla el área de un triángulo equilátero de 54 cm de perímetro.

2 Halla el área y el perímetro de un trapecio isósceles cuyas bases miden 3,2 m y 6,4 m, y su altura, 6,3 m.

3 Calcula el área de un hexágono regular de 18 cm de lado. (Recuerda que, en un hexágono regular, el lado mide igual que el radio.)

4 En una circunferencia de radio 9,7 m, se traza una cuerda de 13 m. ¿A qué distancia de la cuerda se encuentra el centro de la circunferencia?

5 Un pentágono regular está inscrito en una circunferencia de radio 1 m. Su perímetro es 5,85 m. Calcula su área.

6 Halla la longitud de la diagonal de un ortoedro cuyas dimensiones son 8 dm, 6 dm y 14 dm.

anayaeducacion.es GeoGebra. Calcula áreas aplicando el teorema de Pitágoras.

EJERCICIOS Y PROBLEMAS

Teorema de Pitágoras

1 Calcula el área del cuadrado verde en cada uno de los siguientes casos:

a)

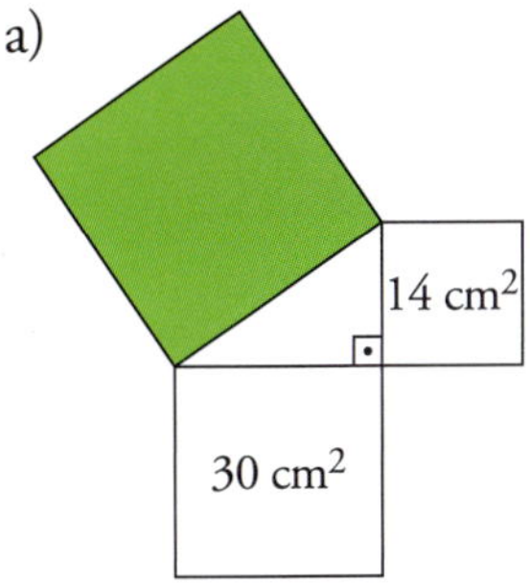

b)

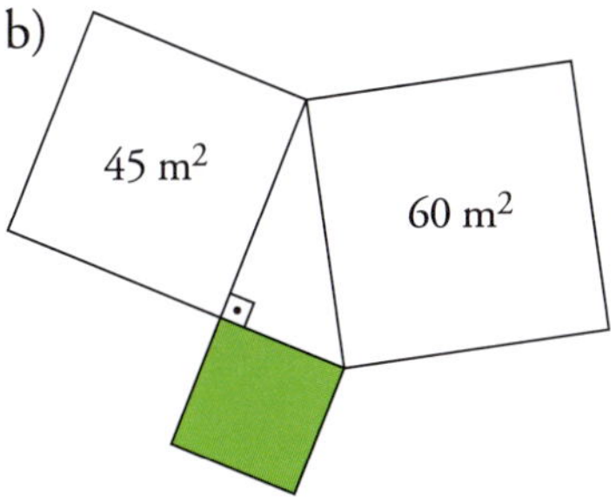

2 Calcula el área de los siguientes cuadrados:

a)

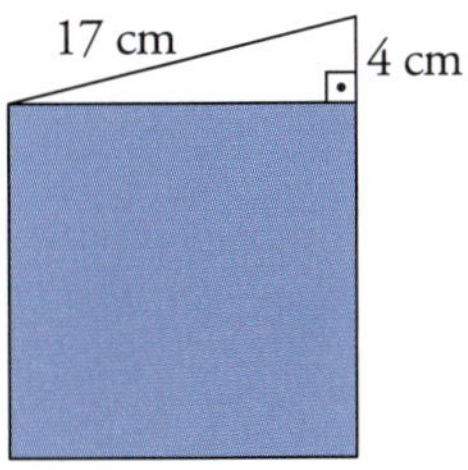

b)

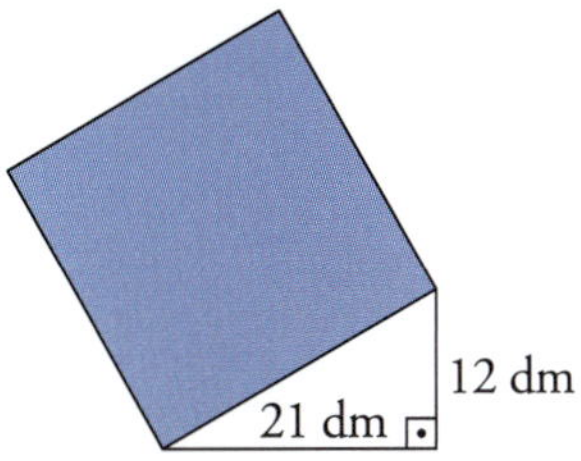

3 Di si cada uno de los siguientes triángulos es rectángulo, acutángulo u obtusángulo.

a) 15 cm, 10 cm, 11 cm

b) 35 m, 12 m, 37 m

c) 23 dm, 30 dm, 21 dm

d) 15 km, 20 km, 25 km

e) 17 millas, 10 millas, 5 millas

f) 21 mm, 42 mm, 21 mm

g) 18 cm, 80 cm 82 cm

4 Calcula el lado desconocido en cada triángulo rectángulo:

a)

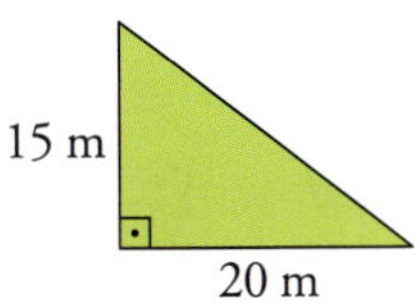

b)

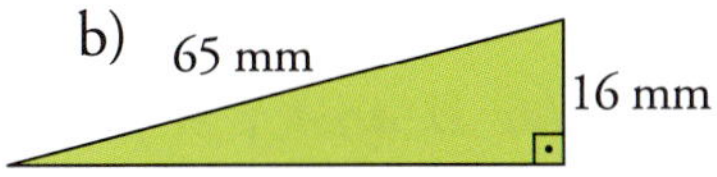

5 Calcula el lado desconocido en cada triángulo aproximando hasta las décimas:

a)

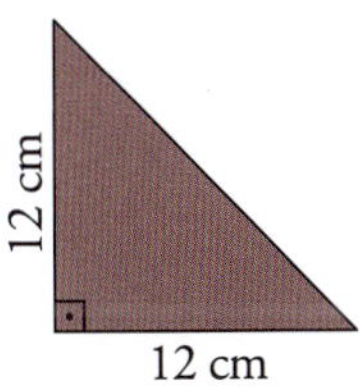

b)

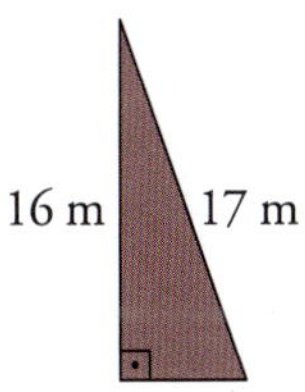

c)

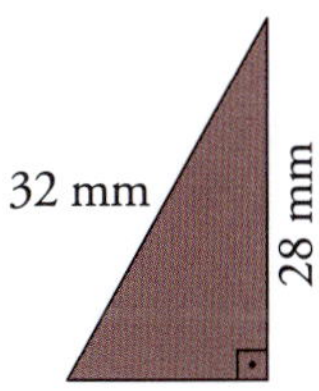

6 Halla el perímetro de la siguiente figura:

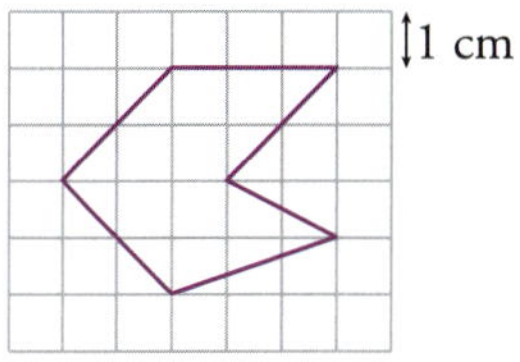

7 Calcula el perímetro de un rectángulo cuya diagonal mide 5,8 cm, y uno de los lados, 4 cm.

8 Halla la diagonal de un cuadrado cuyo perímetro mide 28 dam.

9 Los lados paralelos de un trapecio rectángulo miden 13 dm y 19 dm, y el lado oblicuo mide 10 dm. Calcula la altura.

10 Calcula los lados iguales de un triángulo isósceles sabiendo que el lado desigual mide 5 m y la altura correspondiente, 6 m.

11 Calcula la medida del lado de un rombo cuyas diagonales miden 1 dm y 2,4 dm.

12 Halla la altura de un triángulo equilátero de 40 cm de lado. Aproxima hasta los milímetros.

13 Halla la apotema de un hexágono regular de 20 cm de lado. (Recuerda que, en el hexágono regular, el lado mide lo mismo que el radio.)

14 Un pentágono regular de 11,7 cm de lado está inscrito en una circunferencia de 10 cm de radio. Calcula su apotema.

15 Una recta pasa a 10 cm del centro de una circunferencia de 15 cm de radio. Halla, aproximando hasta las décimas, la longitud de la cuerda que se genera.

16 ¿A qué distancia del centro de una circunferencia de 8 cm de radio debe pasar una recta para que la cuerda mida 8 cm?

17 Calcula la diagonal de un cubo de 20 cm de arista. Aproxima hasta los milímetros.

18 Halla la diagonal de un ortoedro cuyas dimensiones son 3 cm, 4 cm y 12 cm.

19 Desde un punto *P* exterior a una circunferencia de radio 10 m se traza un segmento tangente de 24 m. ¿A qué distancia está *P* del centro de la circunferencia?

20 Calcula, con una cifra decimal, la longitud de x en cada uno de los siguientes cuerpos geométricos:

a)

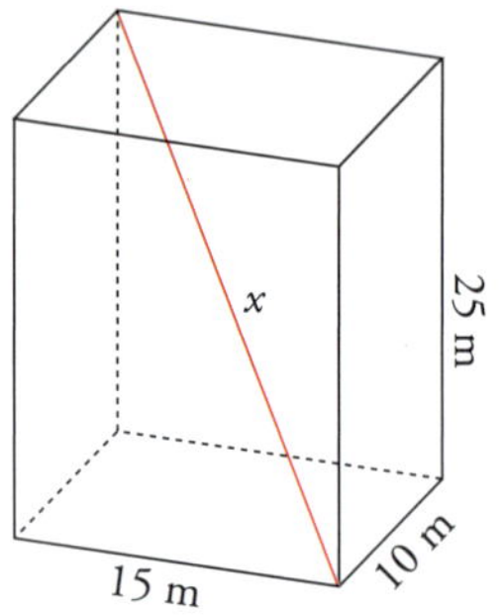

b)

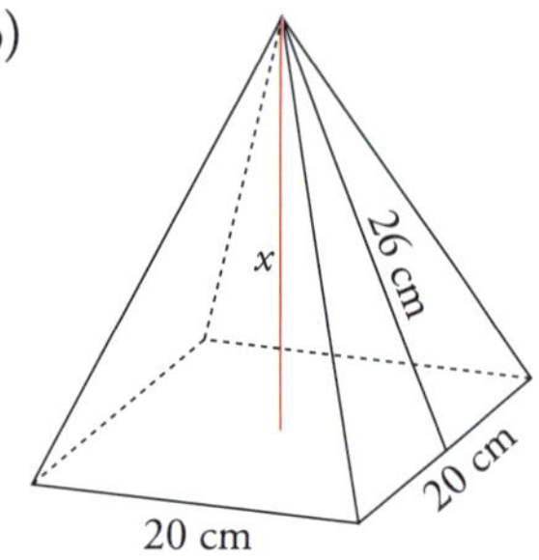

c)

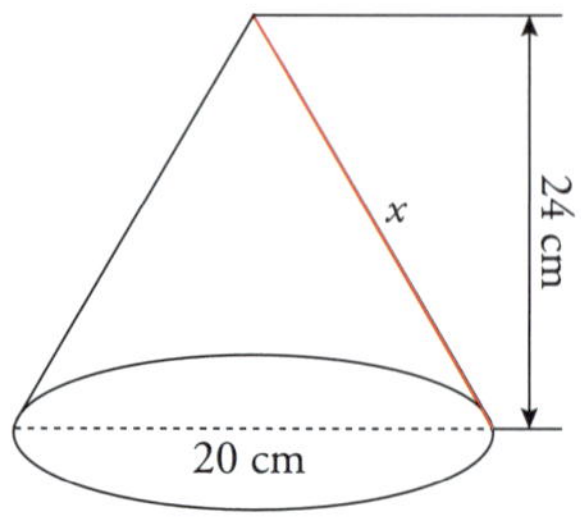

d)

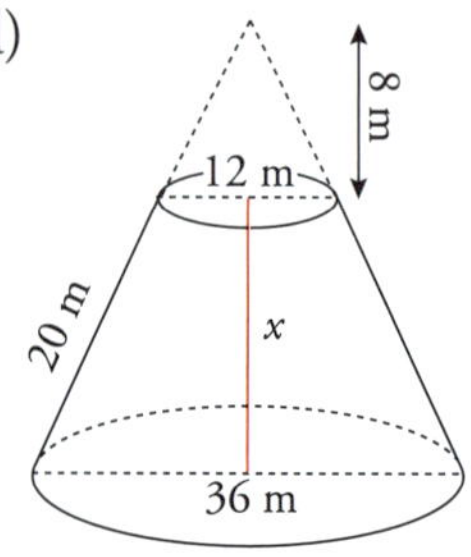

Áreas y perímetros utilizando el teorema de Pitágoras

21 Halla el área y el perímetro de estas figuras. Para ello, tendrás que calcular previamente la longitud desconocida de alguno de sus elementos. Si no es exacta, hállala con una cifra decimal.

a)

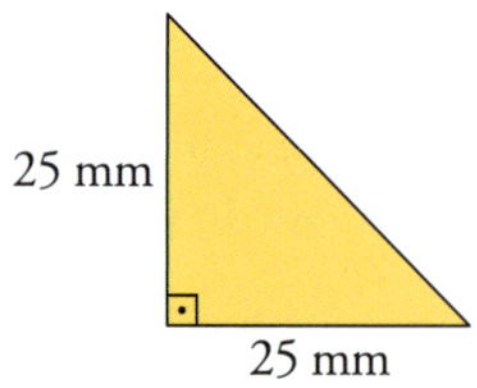

b)

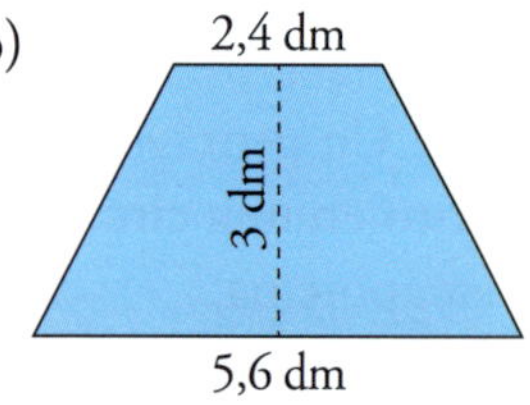

c)

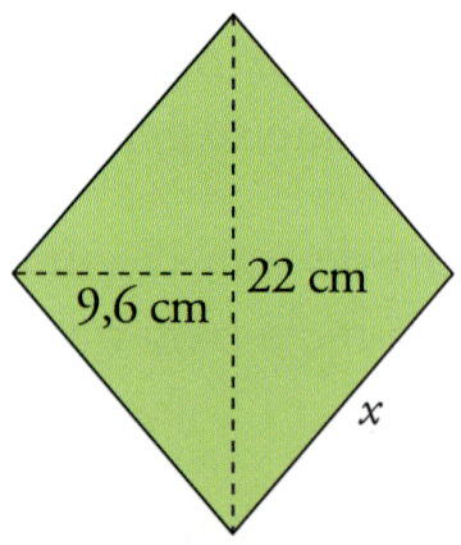

d)

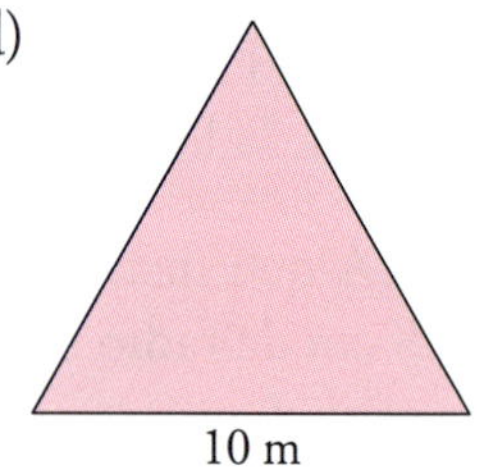

e)

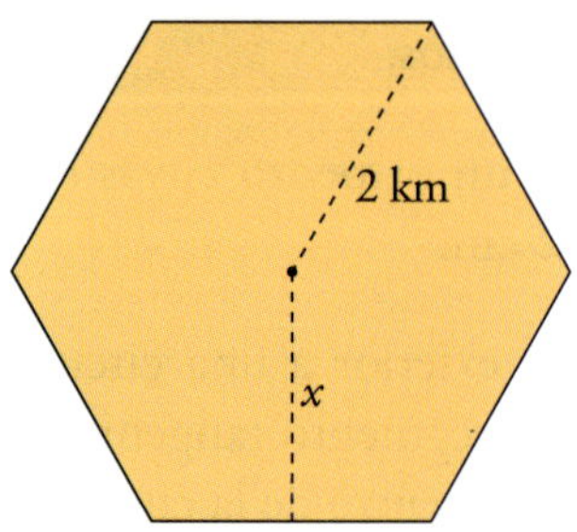

22 Halla el área y el perímetro de estas figuras. Para ello, tendrás que calcular previamente la longitud desconocida de alguno de sus elementos. Si no es exacta, hállala con una cifra decimal.

a)

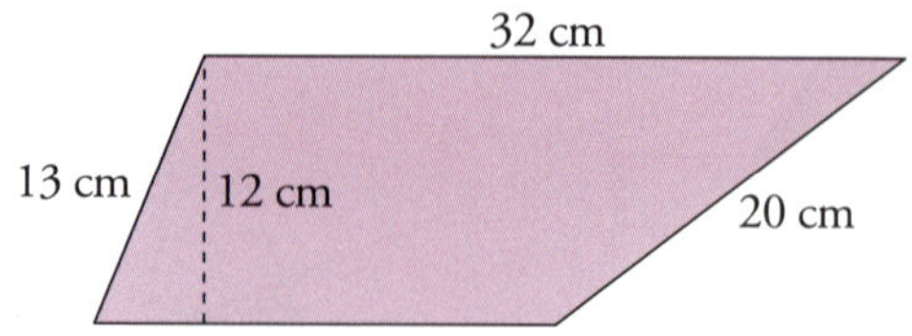

b)

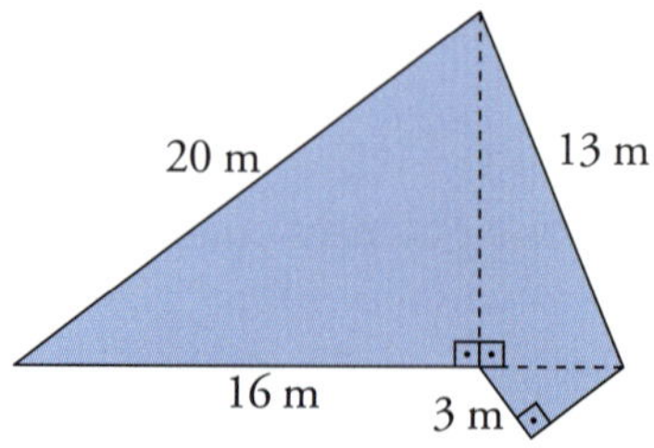

c)

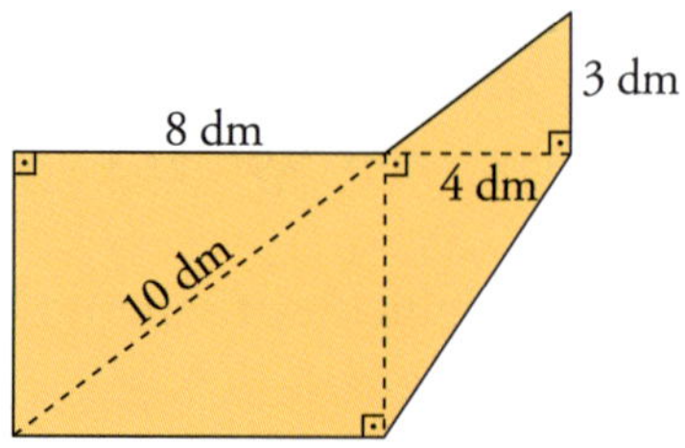

d)

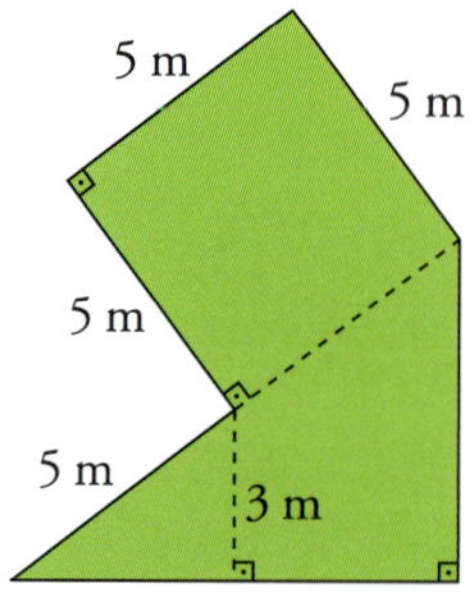

23 Ejercicio resuelto

Calcular el área y el perímetro del triángulo que coincide con la mitad de un cuadrado cuya diagonal mide 4 mm.

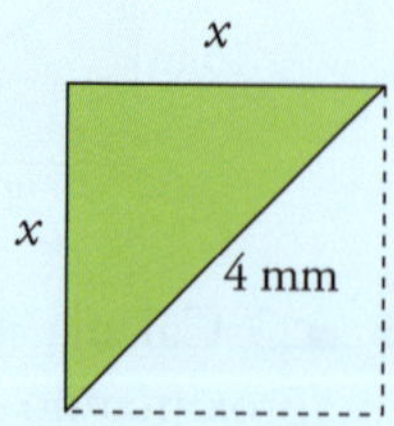

Resolución:

$x^2 + x^2 = 4^2 \rightarrow 2x^2 = 16$

$x^2 = 8 \rightarrow x = \sqrt{8} \approx 2{,}83$

$A = \dfrac{x \cdot x}{2} = \dfrac{x^2}{2} = \dfrac{8}{2} = 4 \text{ mm}^2$

$P = x + x + 4 = 2 \cdot 2{,}83 + 4 = 9{,}66 \text{ mm}$

24 Calcula el área y el perímetro de cada una de estas figuras. Observa que en las dos primeras el perímetro es la periferia interior y exterior.

a)

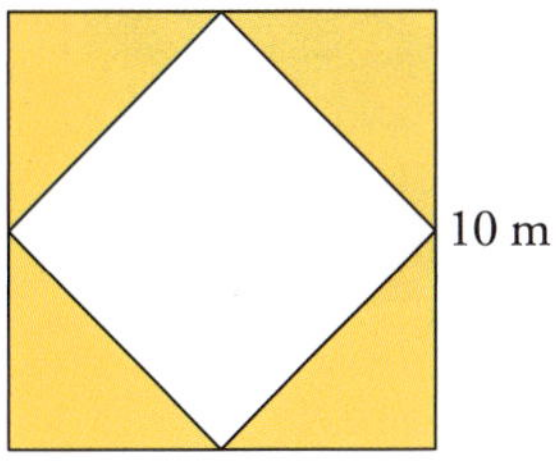

b)

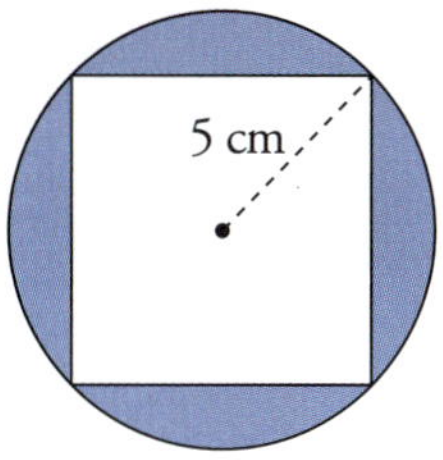

c)

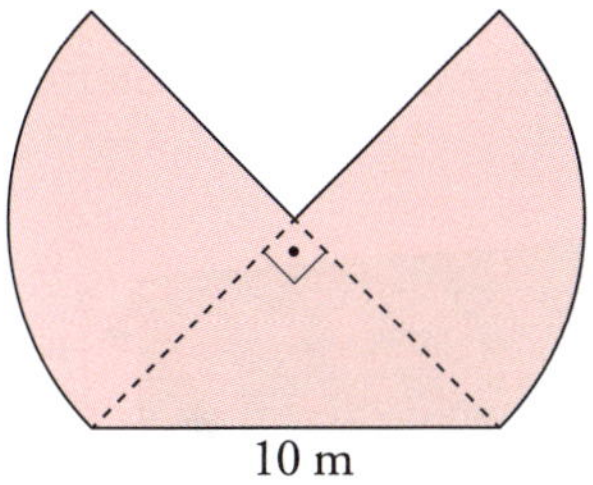

25 ## Ejercicio resuelto

¿Es rectángulo este triángulo?

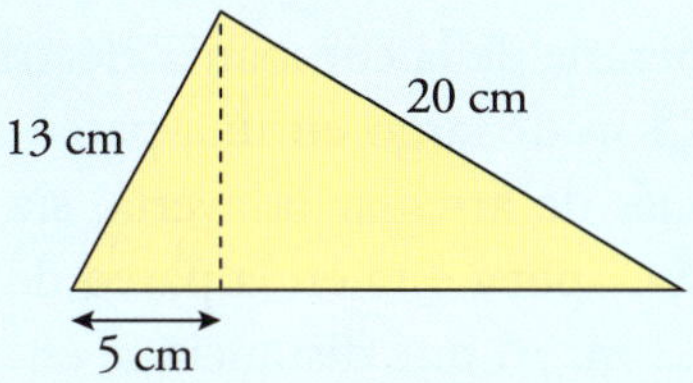

Resolución:

Primero calculamos el lado desconocido $\overline{CB}$.

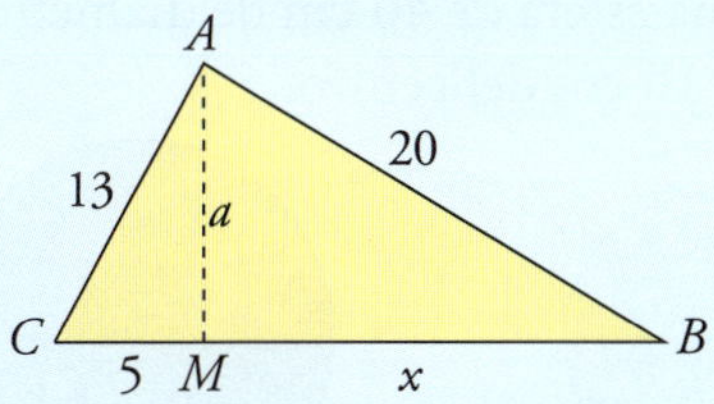

$$a^2 = 13^2 - 5^2 = 144 \rightarrow a = \sqrt{144} \rightarrow a = 12$$

$$x^2 = 20^2 - a^2 = 256 \rightarrow x = \sqrt{256} \rightarrow x = 16$$

$$\overline{CB} = 5 + x = 21 \text{ cm}$$

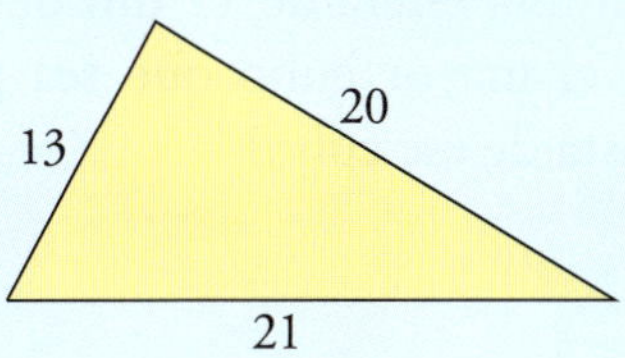

$$\left.\begin{array}{l} 13^2 + 20^2 = 569 \\ 21^2 = 441 \end{array}\right\} \rightarrow 21^2 < 13^2 + 20^2$$

El triángulo es acutángulo.

26 Calcula las medidas que sean necesarias para clasificar el siguiente triángulo según sus ángulos:

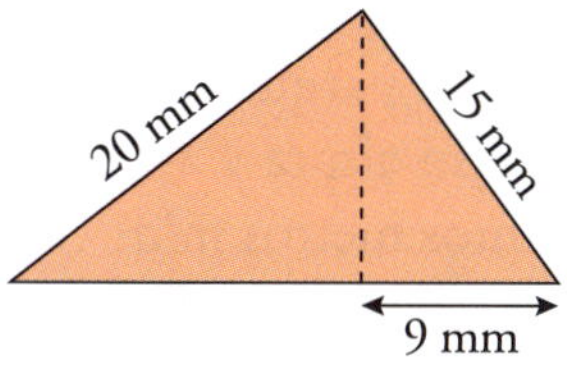

27 Clasifica el siguiente triángulo en rectángulo, acutángulo u obtusángulo. Para ello, calcula la medida de alguno de sus elementos:

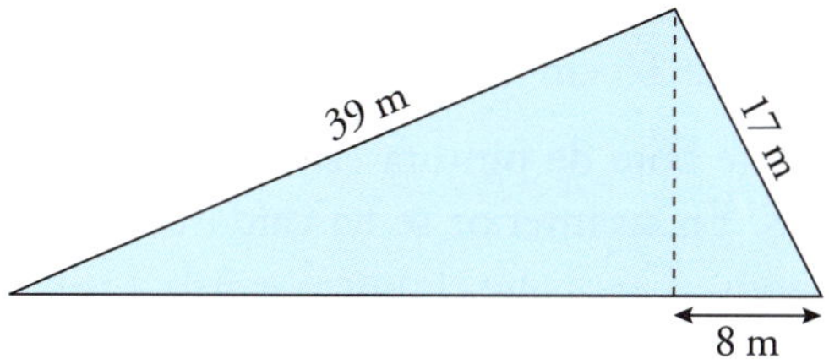

Resuelve problemas

28 Un poste de 14,5 m de alto se quiebra por su base y cae sobre un edificio que se encuentra a 10 m de él. ¿Cuál es la altura a la que golpea?

29 En las fiestas de un pueblo, cuelgan una piñata de 1 m de altura en medio de una cuerda de 34 m que está atada a los extremos de dos postes de 12 m separados 30 m entre sí. ¿A qué distancia del suelo queda la piñata?

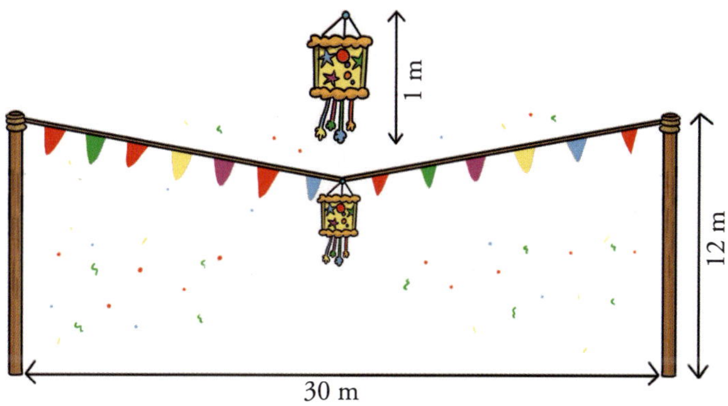

30 El tronco de un árbol seco de 20 m está en el centro de un parque circular. Debemos cortarlo para poner columpios, pero no queremos que al partirse se salga del recinto del parque. Para ello, lo hemos cortado a un cuarto de su altura y así cae justo en el borde del recinto. ¿Cuántos metros mide el diámetro del parque?

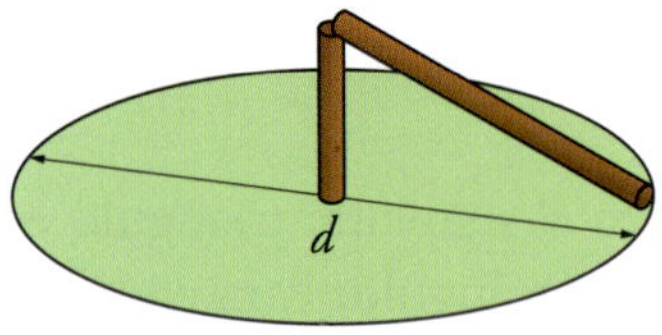

31 Indica si una varilla de 65 cm de longitud cabe en un cilindro de 63 cm de altura y 8 cm de radio de la base.

32 Este bote de pintura está lleno en sus tres cuartas partes. En su interior se ha caído un pincel de 40 cm de largo. ¿Crees que el pincel se habrá sumergido completamente en la pintura?

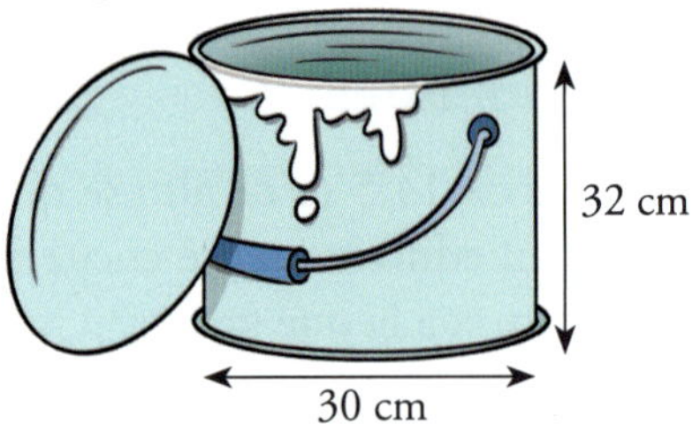

33 En una torre con forma de prisma de 36 m de altura cuya base es un rectángulo de 40 m de largo y 12 m de ancho, hay una escalera por el exterior. Hay cuatro tramos de escalera, uno por cada cara lateral. En todos ellos se asciende la misma altura (h).

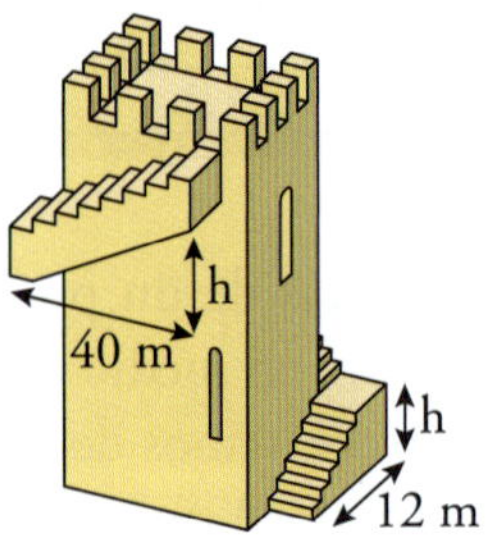

Sabiendo que cada metro de escalera tiene 3 escalones, ¿cuántos escalones hay en cada tramo? ¿Cuántos escalones hay en total?

Imagina que es un recortable de cartón y que lo extiendes. (El tamaño de los escalones es ficticio).

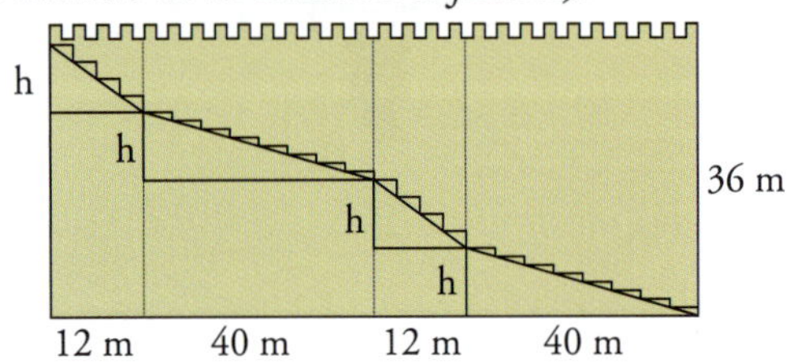

34 Calcula la longitud del mayor listón que cabe en cada una de estas cajas:

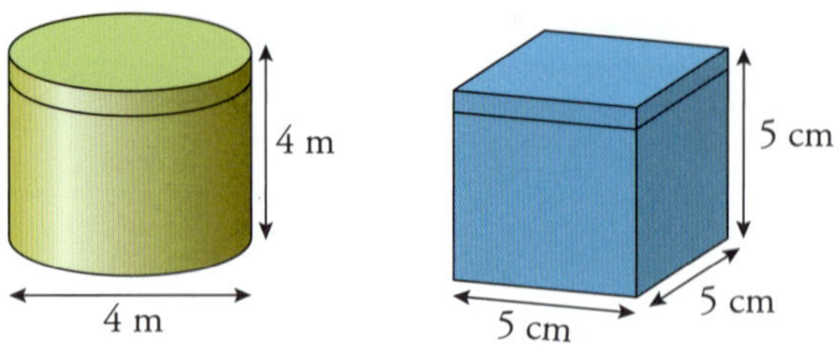

35 Julián quiere guardar una plancha metálica de 20 cm × 62 cm en una caja como la siguiente. Comprueba si puede hacerlo.

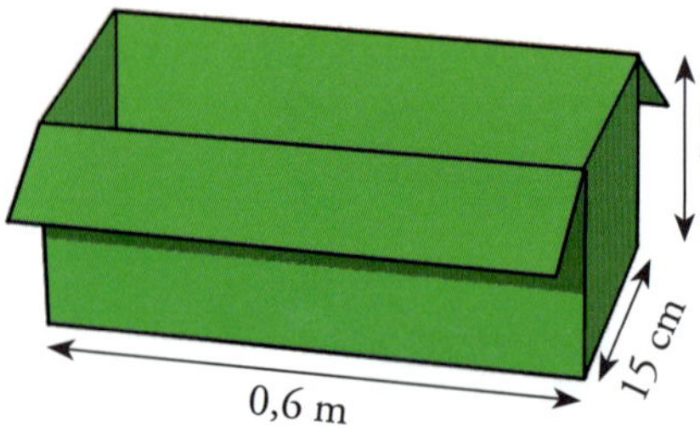

36 Una operaria de la compañía eléctrica apoya su escalera de 6,5 m de largo en una pared a una altura de 6 m. Después de arreglar la avería, sin mover la base de la escalera, apoya esta en la pared de enfrente a una altura de 5,2 m. ¿A qué distancia se encuentran las paredes?

37 Calcula el radio de la circunferencia que se obtiene al cortar una esfera de 40 cm de diámetro por un plano que pasa a 10 cm del centro.

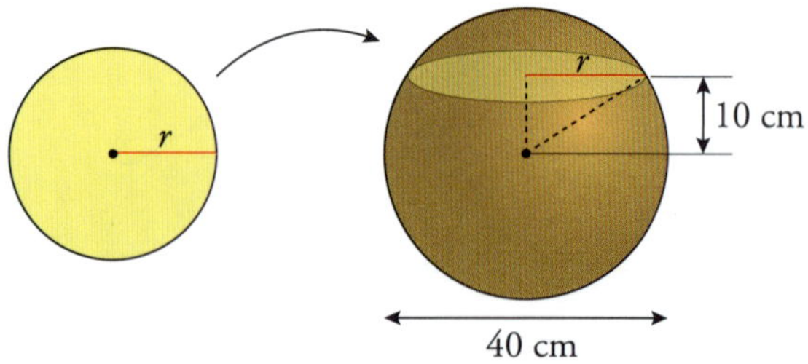

38 Piensa en una esfera de 12 dm de radio. Si dentro construimos el mayor cubo que sea posible, ¿cuánto medirá la arista de ese cubo?

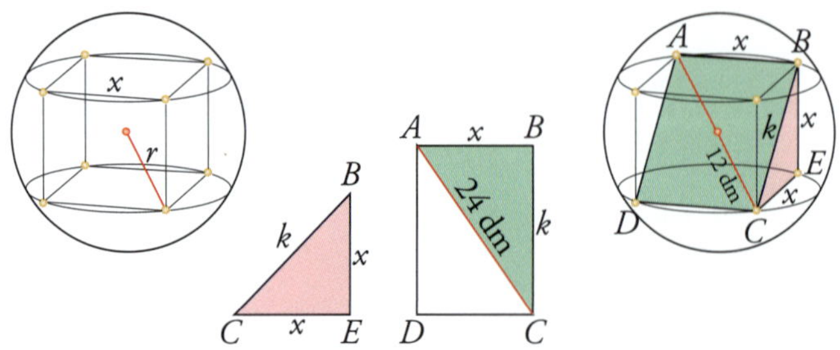

Interpreta, describe, exprésate

39 Explica lo que ha hecho cada uno para resolver el siguiente problema.

Calcula el área de esta figura.

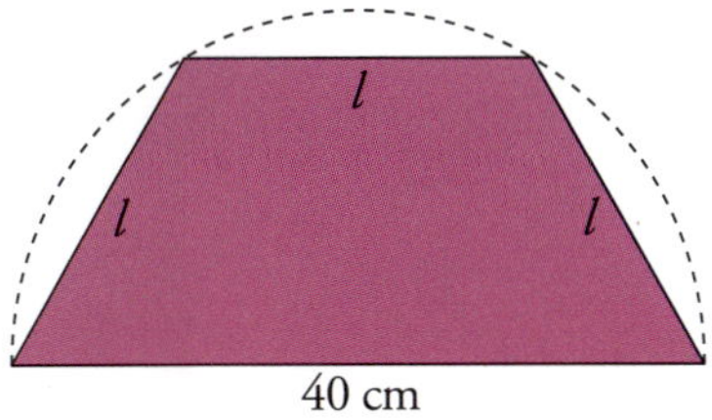

Resolución de Alba

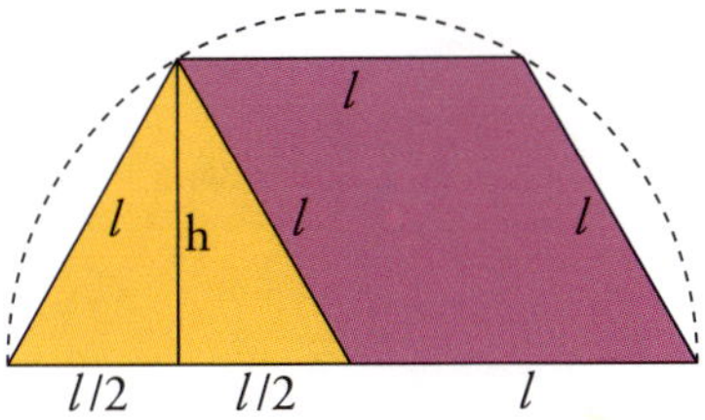

$l = 40 : 2 = 20$ cm

$h = \sqrt{20^2 - 10^2} =$

$= \sqrt{300} = 17{,}3$ cm

$$A = \frac{(40 + 20) \cdot 17{,}3}{2} = 519 \text{ cm}^2$$

Resolución de Bruno

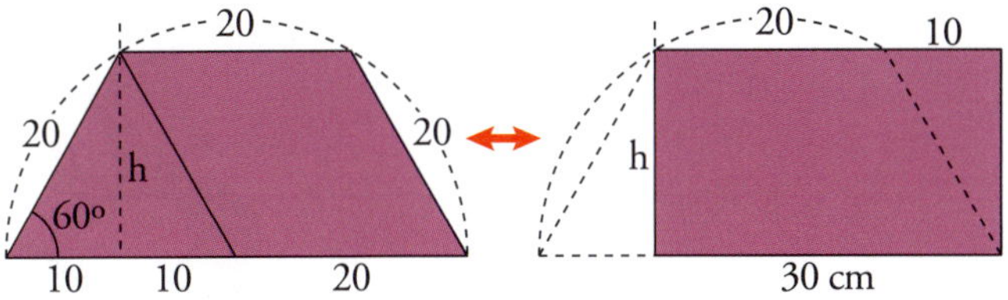

$h = \sqrt{400 - 100} = 17{,}32$ cm

$A = 30 \cdot 17{,}32 = 519{,}6 \text{ cm}^2$

Resolución de Celia

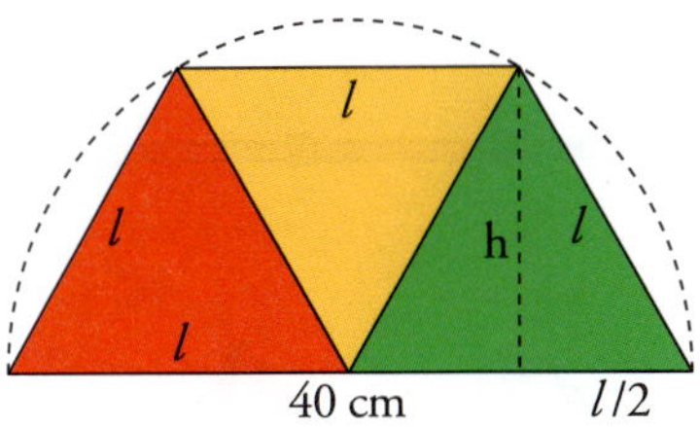

$l = 40 : 2 = 20$ cm

$h = \sqrt{20^2 - 10^2} =$

$= \sqrt{300} = 17{,}3$ cm

$$A = 3 \cdot \frac{l \cdot h}{2} = 3 \cdot \frac{20 \cdot 17{,}3}{2} = 519 \text{ cm}^2$$

Resolución de David

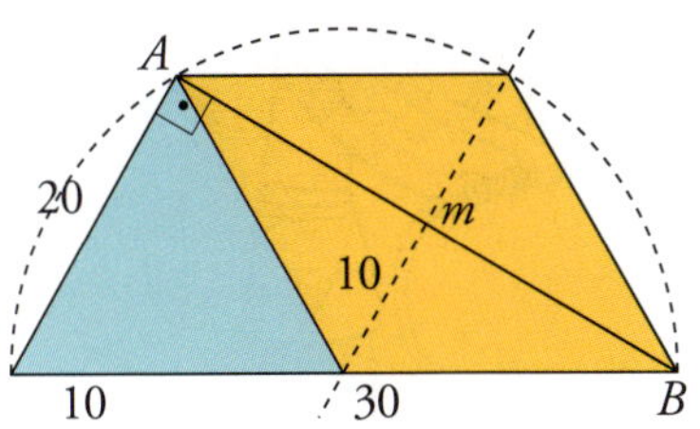

$m^2 = 40^2 - 20^2 \rightarrow$

$m = \sqrt{1\,200} =$

$= 34{,}64$ cm

$$A = \left(\frac{34{,}64 \cdot 20}{2} : 2\right) \cdot 3 = 519{,}6 \text{ cm}^2$$

Problemas «+»

40 Hemos cortado cuatro cubos de poliespán como se muestra en las siguientes figuras. Halla el área y el perímetro de estos polígonos.

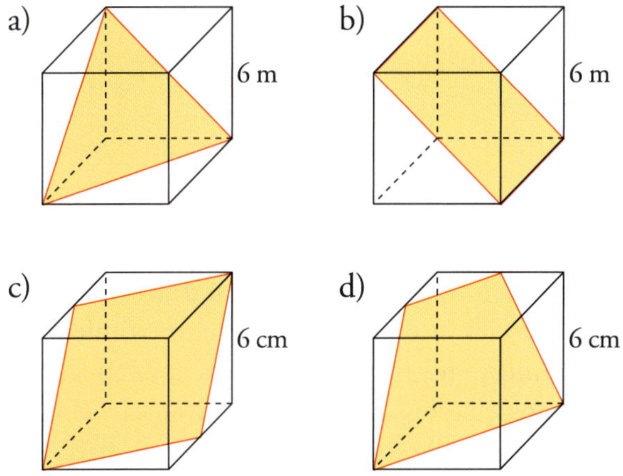

41 El edificio El Pentágono, en Washington (Estados Unidos), es un pentágono regular de 300 m de lado. La apotema de su patio interior, también pentagonal regular, mide 86 m.

La longitud del lado del pentágono exterior es 2,4 veces la del interior y la distancia entre los vértices *A* y *B* (observa el gráfico) es de 148,51 m. ¿Qué superficie tiene su planta?

42 Si vuelas en un avión a 10 000 m de altura, ¿a qué distancia se encuentra el punto más alejado que puedes ver en el horizonte?

Radio de la Tierra: 6 371 km

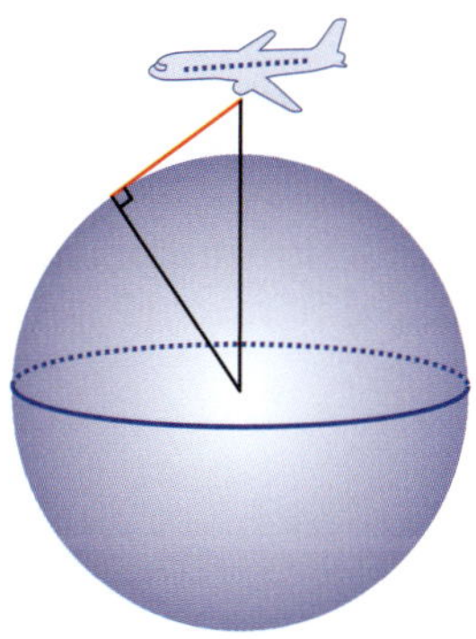

LEE E INFÓRMATE

Pitágoras

De Pitágoras (siglo V a. C.) se sabe que fue matemático y filósofo. Pero no son muy conocidas sus contribuciones a la astronomía:

— Fue el primer griego que reconoció que el lucero del alba y el del anochecer eran la misma estrella. Ahora sabemos que es un planeta, Venus.

— También fue el primero en establecer que la órbita de la Luna no está en el plano del ecuador terrestre sino que forma un cierto ángulo con ese plano.

— Y también se adelantó a los suyos al describir que varias estrellas, a las que se llamó *estrellas errantes*, no participaban del movimiento uniforme de las demás. Precisamente *errante*, en griego, se pronuncia *planeta*. Y así, planeta se acabó llamando a esos objetos celestes que se mueven en el firmamento de forma errática. Actualmente sabemos que los planetas no tienen nada que ver con las estrellas. De ahí su anómalo movimiento aparente.

INVESTIGA

¿Cómo construir un campo de vóley playa?

Queremos dibujar un campo de vóley playa.

¿Cómo trazamos las líneas rectas? Nada mejor que una cuerda tensa.

¿Y cómo se consigue el ángulo recto de las esquinas?

Coge una cuerda y, mediante nudos, señala 12 tramos iguales.

Con unas estacas, tensa la cuerda, de modo que se forme un triángulo de lados 3, 4 y 5 tramos.

Es un triángulo rectángulo. El ángulo recto está en el vértice donde confluyen los lados de longitudes 3 y 4.

Un poco de historia

Hace más de 3 000 años, los egipcios utilizaban este procedimiento para trazar ángulos rectos.

Cada año, después de las inundaciones del Nilo, debían construir las lindes entre los campos anegados.

Los técnicos encargados de hacerlo se valían del método descrito anteriormente.

Recuerda que en anayaeducacion.es puedes encontrar orientación académica y profesional relacionada con los contenidos de esta unidad.

ENTRÉNATE RESOLVIENDO OTROS PROBLEMAS

Recurre al álgebra

Escribe un número cualquiera de dos cifras y después otro con las mismas cifras, cambiadas de orden. Resta ambos números. ¿Puedes explicar por qué la diferencia es siempre múltiplo de 9?

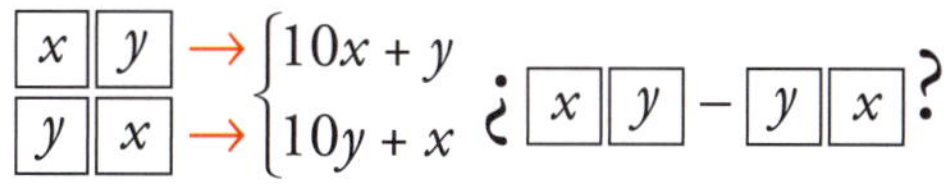

Imagina en el espacio

- Aquí puedes ver doce fichas colocadas en tres filas de cuatro. Colócalas ahora de forma que haya seis filas de cuatro.

- ¡Medio en broma, medio en serio!
  Aquí puedes ver cuatro palillos formando una cruz. Moviendo solo uno, ¿podrías formar un cuadrado?

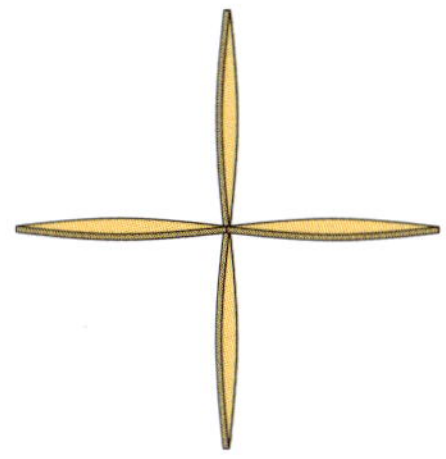

AUTOEVALUACIÓN

anayaeducacion.es Resolución de estos ejercicios y una autoevaluación interactiva.

1 Clasifica los siguientes triángulos en rectángulo, acutángulo u obtusángulo.

a) 20 cm, 24 cm, 30 cm
b) 5 m, 6 m, 10 m
c) 10 mm, 24 mm, 26 mm
d) 7 dm, 7 dm, 7 dm

2 Calcula el segmento desconocido en cada una de estas figuras:

a)
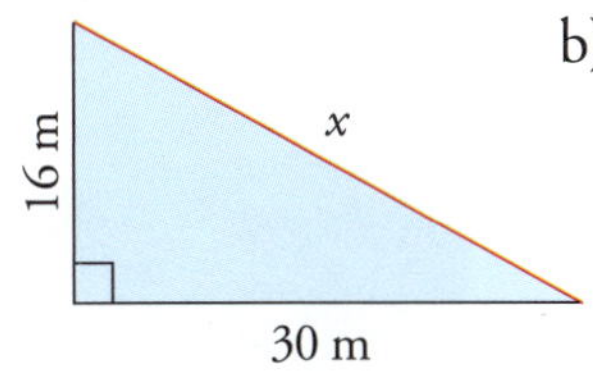

b)
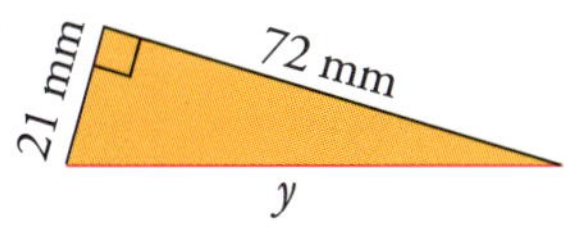

c)
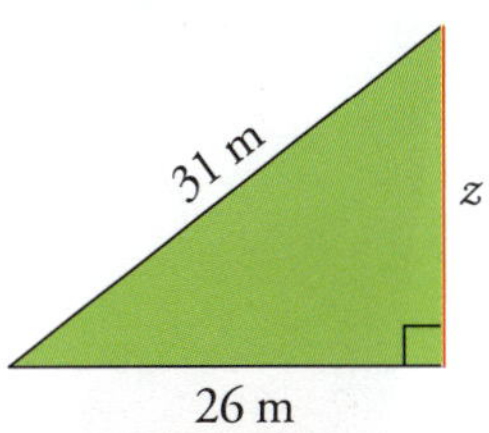

d)
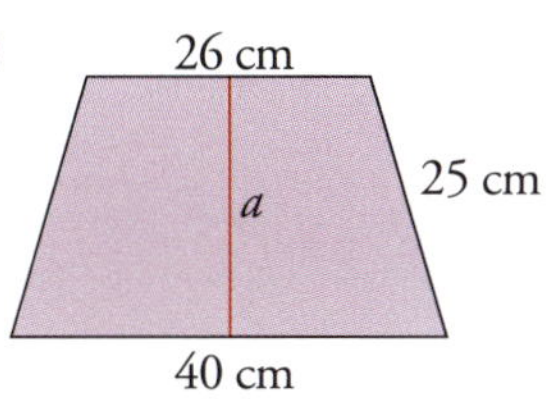

e)
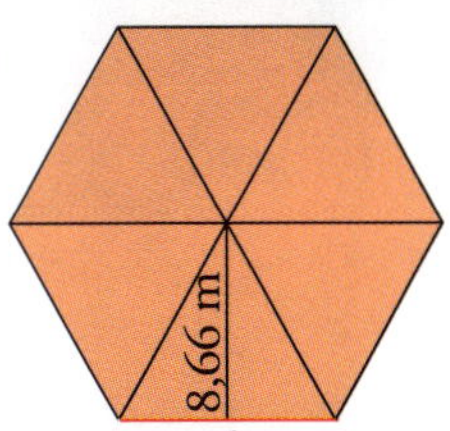

f)
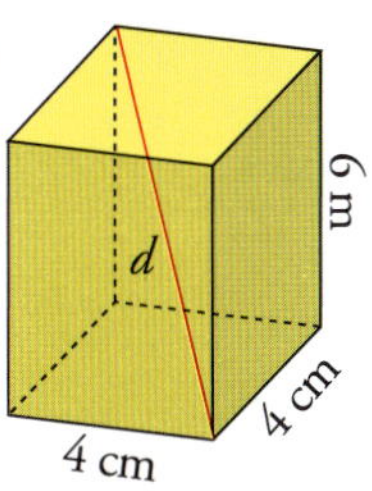

3 Calcula las áreas y los perímetros de estas figuras:

a)
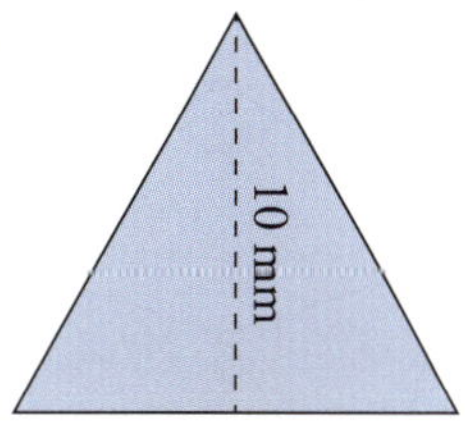

b)
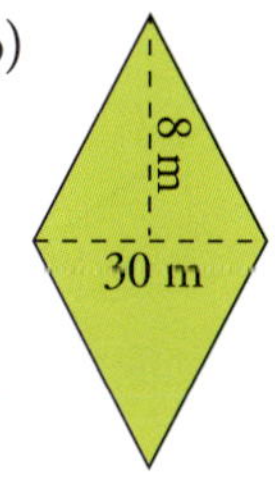

c)
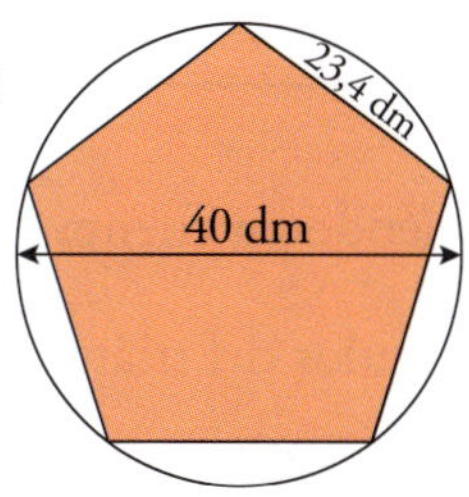

d)
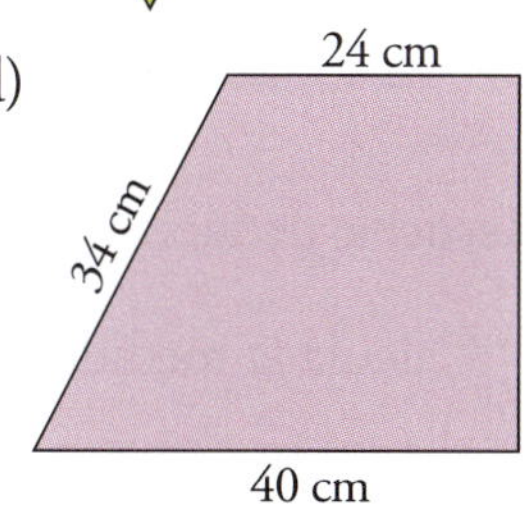

4 La plaza de un pueblo tiene la forma y las dimensiones que aparecen en el dibujo. Los ángulos señalados son todos ellos de 45°. Calcula el área y el perímetro de la plaza.

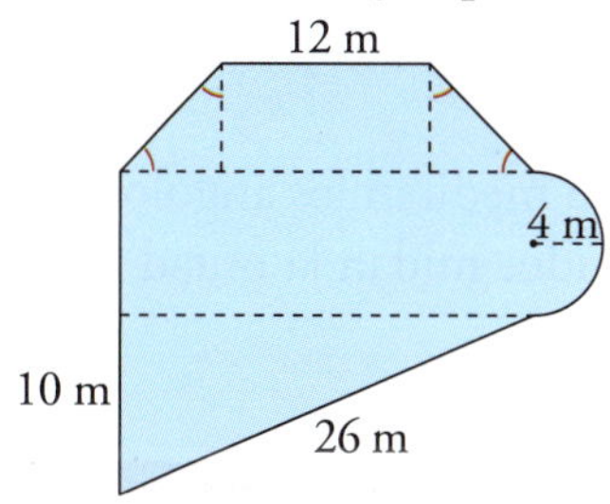

Compromiso ODS Visualiza el vídeo meta 7.2., piensa en una acción con la que podrías contribuir al logro de esa meta y comprométete a llevarla a cabo.

10

SEMEJANZA

El saber geométrico de los antiguos egipcios y babilonios era muy extenso, pero tenía un carácter exclusivamente práctico, utilitario. Los griegos lo recogieron y le dieron un sentido teórico. Buscaron en el estudio de las matemáticas la satisfacción intelectual y no solo aplicaciones prácticas.

Tales de Mileto (siglo VII a. C.), el primero de los *siete sabios de Grecia,* impulsó el pensamiento griego y, junto con **Pitágoras** (siglo VI a. C.) y sus discípulos fue el creador de la matemática deductiva: sistema de pensamiento según el cual unas verdades se van deduciendo lógicamente de otras.

El proceso deductivo

A continuación, como ejemplo, tienes una secuencia deductiva en la que se obtiene el ángulo de un pentágono regular.

Verdades de partida:

El ángulo completo mide 360°.
Los ángulos de un triángulo suman 180°.

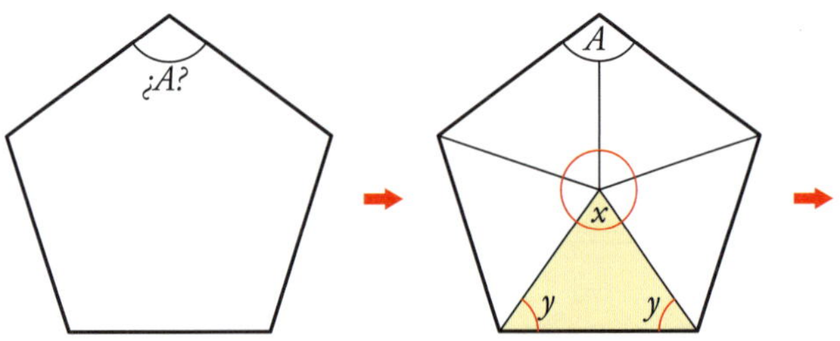

$x = 360° : 5 = 72°$
↓
$x + 2y = 180°$
↓
$72° + 2y = 180°$
↓
$2y = 108°$
↓
$A = 2y = 108°$

Resuelve deductivamente teniendo en cuenta el resultado anterior.

1 Calcula la medida de los ángulos del triángulo coloreado en la figura.

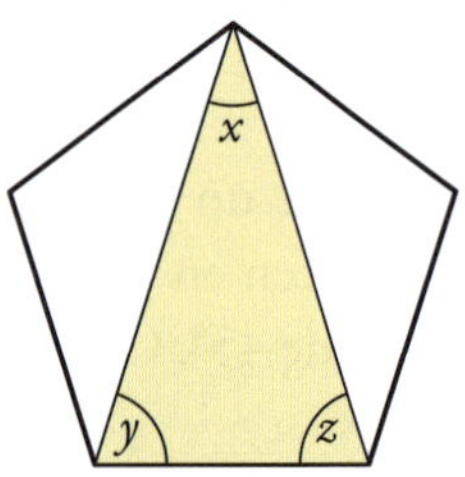

2 ¿Cuánto medirán los ángulos mencionados más arriba en un pentágono cuyos lados midan la mitad los del anterior?

A raíz de sus numerosos viajes, Tales aprendió las matemáticas egipcias y babilonias. Se cuenta que calculó la altura de una de las pirámides midiendo su sombra y comparándola con la sombra arrojada por su bastón. Se trata de una aplicación del teorema que lleva su nombre.

Una aplicación del teorema de Tales

3 El palo, que mide un metro, arroja una sombra de metro y medio. En ese momento el obelisco de la plaza arroja una sombra de 15 metros.

¿Cuál es la altura del obelisco?

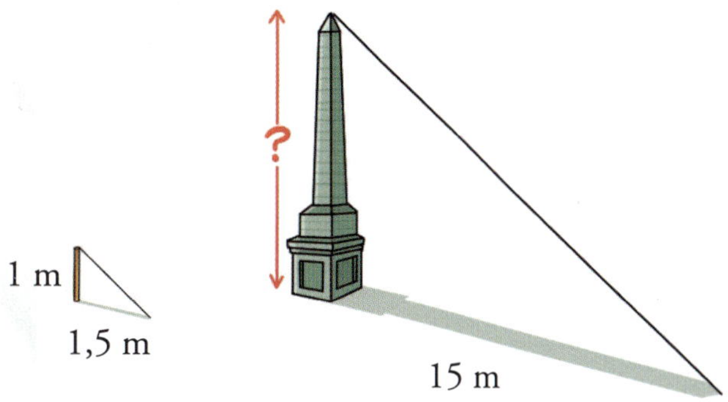

De regreso en Grecia, fundó en su ciudad natal la Escuela de Mileto, desde donde se difundió todo el saber práctico acumulado durante siglos por las civilizaciones que había visitado, llegando a convertirse en la cuna del pensamiento occidental.

Sin embargo, no fue él quien demostró el teorema, sino que, una vez más, el mérito le corresponde a **Euclides** (siglo III a. C.). La demostración, nada sencilla, se encuentra en el libro VI de sus *Elementos.*

Formas y tamaños

4 Observa las dos figuras de la derecha y contesta.

a) ¿En qué se parecen y en qué se diferencian?

b) ¿Qué puedes decir de dos distancias correspondientes de la una y la otra?

c) ¿Y de dos ángulos correspondientes?

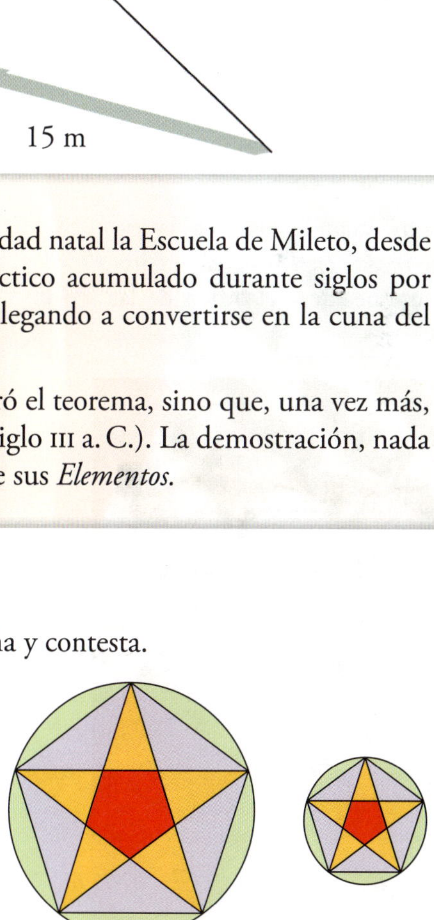

1 FIGURAS SEMEJANTES

Las dos reproducciones del margen son iguales, salvo en el tamaño. Tienen la *misma forma;* es decir, son **semejantes.**

¿Cómo se caracteriza matemáticamente esa sensación que es tan clara visualmente? La torre de la derecha es el doble de alta que la de la izquierda. Y la base también es doble, tanto a lo ancho como a lo largo.

Cada longitud de la figura de la derecha se obtiene multiplicando por dos la correspondiente longitud de la figura de la izquierda.

Dos **figuras** distintas son **semejantes** cuando solo difieren en su tamaño. En tal caso, cada longitud en una de ellas se obtiene multiplicando la longitud correspondiente en la otra por un número fijo, llamado **razón de semejanza.**

Observa dos reproducciones en bronce, a distinto tamaño, de un atleta de la antigua Grecia:

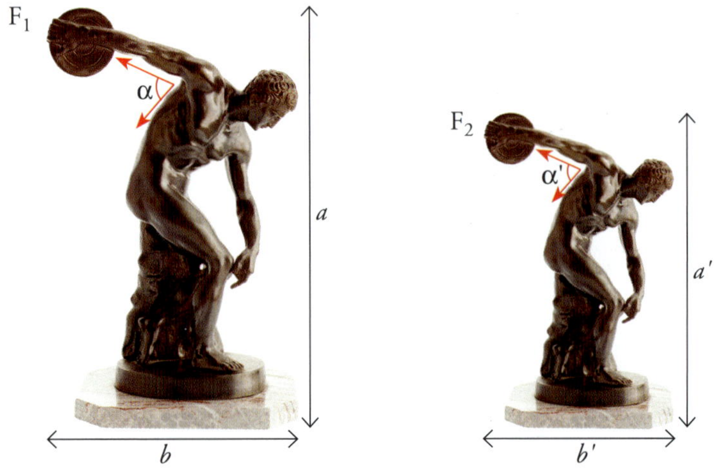

- Los ángulos α y α' coinciden.
- La relación, $\frac{a}{b}$, entre el largo y el ancho de la primera es la misma que $\frac{a'}{b'}$ en la segunda. O lo que es lo mismo:

  La razón de sus alturas, $\frac{a}{a'}$, coincide con la razón de sus anchuras, $\frac{b}{b'}$.

En dos figuras semejantes se cumple que:

- Los **ángulos** correspondientes son **iguales.** → $\alpha = \alpha'$
- Los **segmentos** correspondientes son **proporcionales.** → $\frac{a}{a'} = \frac{b}{b'} \to \frac{a}{b} = \frac{a'}{b'}$

Ejemplo

Sabiendo que, en las figuras de arriba, $a = 45$ cm, $b = 35$ cm y $b' = 28$ cm.

a) ¿Cuál es la altura a' de F_2?

$$\frac{b}{b'} = \frac{a}{a'} \to \frac{35}{28} = \frac{45}{a'} \to a' = \frac{45 \cdot 28}{35} = 36 \text{ cm}$$

b) ¿Cuál es la razón de semejanza, r, entre F_1 y F_2?

$$r = \frac{a}{a'} = \frac{45}{36} = \frac{5}{4} \to \text{O bien: } r = 1{,}25$$

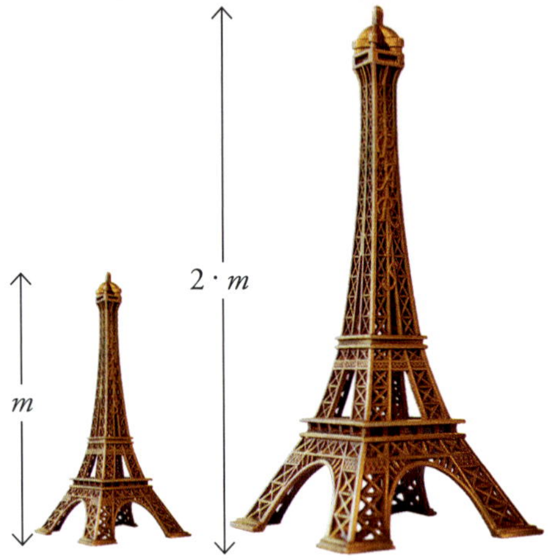

Razón de semejanza

Cuando decimos que la razón de semejanza entre dos figuras F y F' es $\frac{1}{2}$, queremos decir que:

$$\frac{\text{longitud } m \text{ en F}}{\text{longitud } m' \text{ en F'}} = \frac{1}{2}$$

Pero ¡ojo!, la razón de semejanza entre F' y F' será:

$$\frac{\text{longitud } m' \text{ en F'}}{\text{longitud } m \text{ en F}} = \frac{2}{1} = 2$$

Por tanto, cuando usamos la expresión *razón de semejanza,* es importante especificar el orden de las figuras.

anayaeducacion.es Practica los conceptos de figuras semejantes y de razón de semejanza.

Para fijar ideas

1 Copia y completa en tu cuaderno.

Con una fotocopiadora hemos reducido el dibujo de la izquierda obteniendo el de la derecha.

a) ¿Cuál ha sido la reducción?

b) ¿Cuánto mide la altura x de la figura reducida?

c) ¿Cuánto mide el diámetro de la ventana en la figura inicial?

d) Las fotocopiadoras expresan la reducción en forma de porcentaje. ¿Cuál es ese porcentaje en este caso?

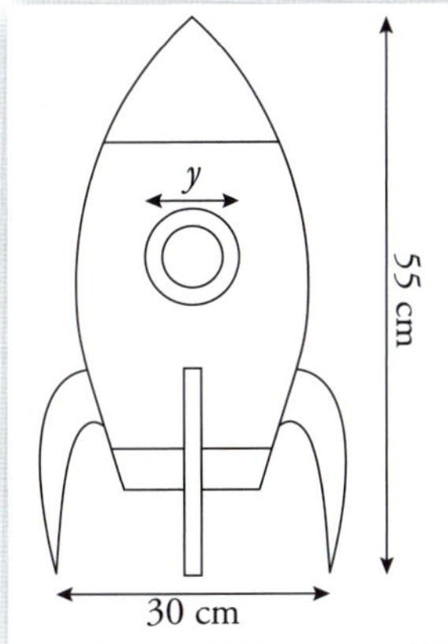

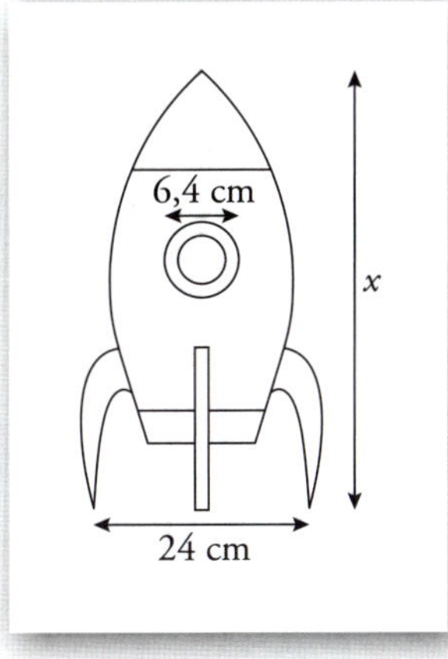

a) Calculamos el factor de reducción, es decir, la razón de semejanza entre la figura reducida y la original. ¿Por cuánto hay que multiplicar cada segmento de la primera figura para obtener el correspondiente de la segunda?

$$30 \cdot r = 24 \rightarrow r = \frac{\dots}{\dots} = \dots$$

El cociente obtenido ($r = 0,\dots$) es la razón de semejanza que transforma la primera figura en la segunda.

b) Conociendo la reducción, r, calculamos la altura x:

$$55 \cdot r = x \rightarrow x = 55 \cdot 0,\dots = \dots \text{ cm}$$

c) Siguiendo el mismo criterio, calculamos el diámetro, y, pero teniendo en cuenta que pertenece a la primera figura y ahora conocemos su valor reducido.

$$y \cdot r = 6{,}4 \rightarrow y = \frac{6{,}4}{0,\dots} = \dots \text{ cm}$$

d) Tenemos la razón de semejanza en forma decimal. Pasamos ese decimal a forma porcentual:

$$r = 0,\dots = \frac{\dots}{100} \rightarrow \dots\%$$

Observa que esta resolución se podría resumir así:

$$\left.\begin{array}{r} 30 \cdot r = 24 \\ 55 \cdot r = x \\ y \cdot r = 6{,}4 \end{array}\right\} \rightarrow r = \frac{24}{30} = \frac{x}{55} = \frac{6{,}4}{y}$$

Para practicar

1 Las dos figuras de la derecha, B y C, son reducciones que se han hecho en una fotocopiadora sobre la figura de la izquierda, A.

a) ¿Qué reducción se ha aplicado a la página central? Exprésala en forma decimal y en tanto por ciento.

b) ¿Cuánto mide el ancho de la imagen de la hoja central?

c) Calcula los valores de x e y sabiendo que se ha hecho la reducción al 60 %.

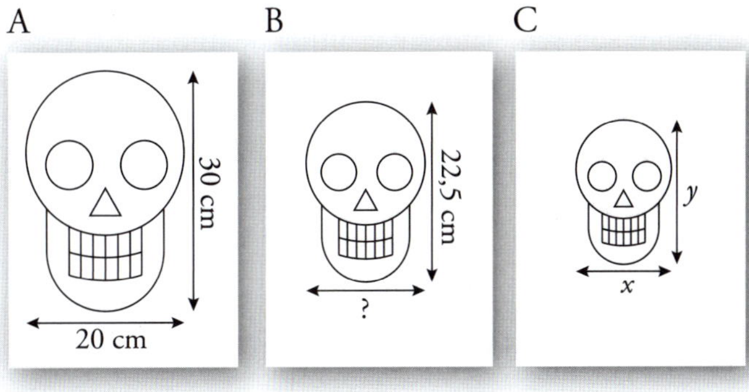

anayaeducacion.es GeoGebra. Calcula los lados desconocidos de figuras semejantes.

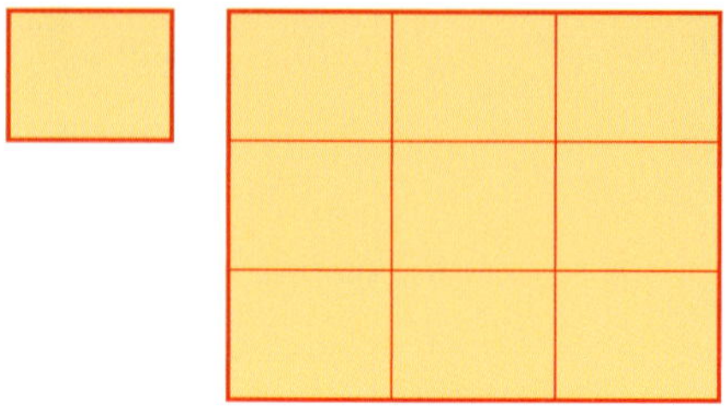

Relación entre las áreas de dos figuras semejantes

Estos dos rectángulos son semejantes. Cada longitud del grande es triple de la correspondiente longitud en el pequeño. Es decir, la razón de semejanza es 3.

Sin embargo, observa que el área del grande es $3 \cdot 3 = 3^2 = 9$ veces el área del pequeño.

> Si la razón de semejanza de dos figuras es k, entonces la razón de sus áreas es k^2.

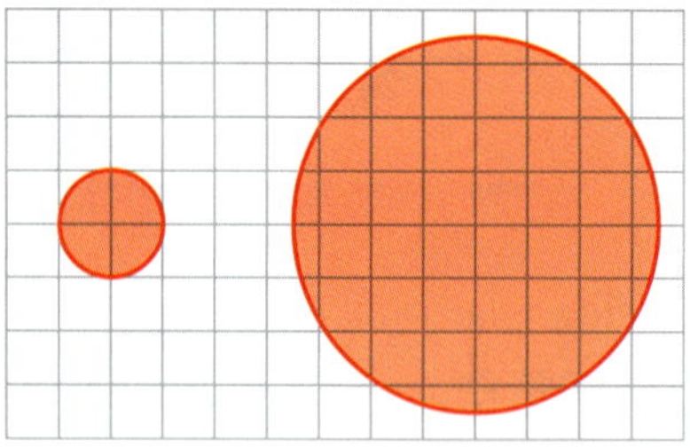

Ejemplo

El radio del círculo grande es 3,5 veces el radio del pequeño. Entonces sus áreas son:

$$A_{\text{PEQUEÑO}} = \pi r^2 \qquad A_{\text{GRANDE}} = \pi \cdot (3{,}5 \cdot r)^2 = (3{,}5)^2 \cdot \pi r^2$$

El área del grande es $3{,}5^2 = 12{,}25$ veces el área del pequeño.

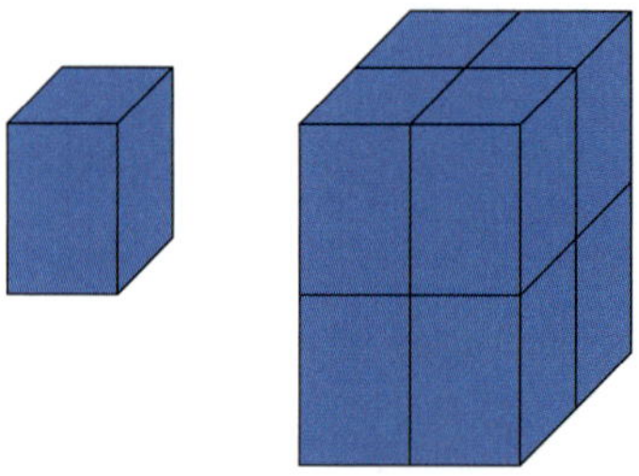

Relación entre los volúmenes de dos figuras semejantes

Estos dos ortoedros son semejantes. Cada longitud del grande es doble de la correspondiente en el pequeño. Es decir, la razón de semejanza es 2.

Sin embargo, observa que el volumen del grande es $2 \cdot 2 \cdot 2 = 2^3 = 8$ veces el volumen del pequeño.

> Si la razón de semejanza de dos cuerpos es k, entonces la razón de sus volúmenes es k^3.

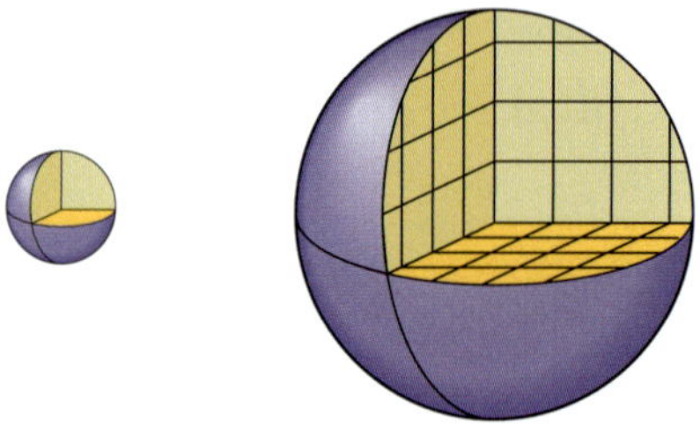

Ejemplo

El radio de la esfera grande es 3,5 veces el radio de la pequeña. Entonces sus volúmenes son:

$$V_{\text{PEQUEÑA}} = \frac{4\pi R^3}{3} \qquad V_{\text{GRANDE}} = \frac{4\pi(3{,}5 \cdot R)^3}{3} = (3{,}5)^3 \cdot \frac{4\pi R^3}{3}$$

El volumen de la grande es $3{,}5^3 = 42{,}875$ veces el volumen de la pequeña.

Para fijar ideas

2 Copia y completa en tu cuaderno.

Una empresa de transportes tiene en su base logística dos depósitos cilíndricos para almacenaje de combustible.

Ambos son semejantes y la altura de uno es 1,6 veces la del otro.

a) ¿Cuál es la razón de semejanza?

$$\text{Altura}_{\text{GRANDE}} = r \cdot \text{Altura}_{\text{PEQUEÑO}} \rightarrow r = \ldots$$

b) Para pintar el menor, se han gastado 12,5 kg de pintura. ¿Cuántos kilos se necesitarán para pintar el grande?

$$\text{kg}_{\text{GRANDE}} = r^2 \cdot \text{kg}_{\text{PEQUEÑO}} \rightarrow \text{kg}_{\text{GRANDE}} = (\ldots)^2 \cdot 12{,}5 = \ldots \text{ kg}$$

c) En el pequeño caben 3 750 litros de gasoil. ¿Cuántos litros caben en el grande?

$$\text{L}_{\text{GRANDE}} = r^3 \cdot \text{L}_{\text{PEQUEÑO}} \rightarrow \text{L}_{\text{GRANDE}} = (\ldots)^3 \cdot \ldots = \ldots \text{ L}$$

anayaeducacion.es GeoGebra. Calcula el área y el volumen de dos figuras semejantes.

Para fijar ideas

3 Copia, completa y comprueba que llegas a los resultados que aparecen.

En una pequeña tienda de Florencia venden reproducciones del *David*, de Miguel Ángel. Las hay de dos tamaños: de 18 cm y de 12 cm de altura.

a) ¿Son figuras semejantes? ¿Cuál es la razón de semejanza entre la estatua grande y la pequeña?

Las figuras son semejantes porque tienen la misma …, es decir, solo difieren en el…

La razón de semejanza, r, entre la grande y la pequeña:

$$r = \frac{\dots}{\dots} = \frac{3}{2} = 1{,}5$$

b) El pedestal de la figura mayor tiene una anchura de 5,4 cm. ¿Cuál es la anchura del pedestal de la pequeña?

La anchura, a, del pedestal de la pequeña:

$$a \cdot r = 5{,}4 \rightarrow a = \frac{\dots}{\dots} = \dots \text{ cm}$$

c) Si el pedestal de la estatua original tiene una anchura de 1,55 m, ¿qué altura tiene la estatua?

La altura, h, de la estatua:

$$\frac{\dots}{5{,}4} = \frac{h}{\dots} \rightarrow h = \frac{\dots \cdot \dots}{\dots} = 516{,}66 \text{ cm} \approx 517 \text{ cm} = \dots \text{ m}$$

d) Si para envolver la pequeña utilizamos un pliego de papel de 4 dm^2, ¿cuál será la superficie del pliego necesario para envolver en las mismas condiciones la grande?

$$\text{Superficie}_{\text{ENVOLTORIO GRANDE}} = r^2 \cdot \text{Superficie}_{\text{ENVOLTORIO PEQUEÑO}}$$

$$\text{Superficie}_{\text{ENVOLTORIO GRANDE}} = \dots^2 \cdot 4 = 9 \text{ dm}^2$$

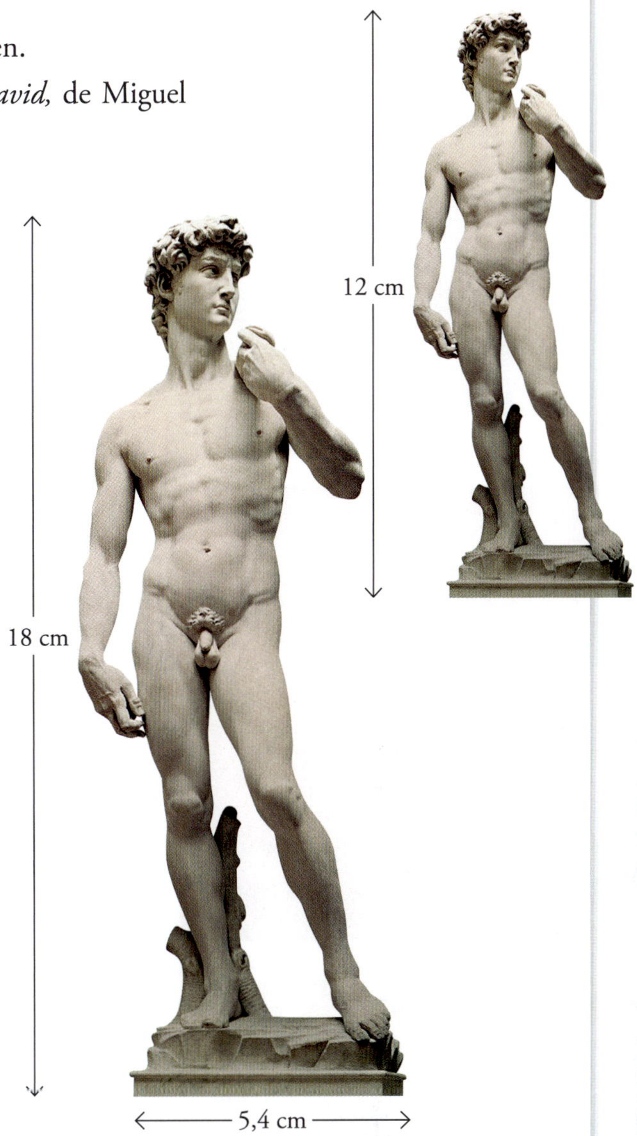

Para practicar

2 Estas dos casitas de cartulina, construidas en el taller de pretecnología, son semejantes.

La razón de semejanza es 1,5.

Para fabricar la pequeña, se han necesitado 7,2 dm^2 de cartulina, y su volumen es 6,4 L.

¿Cuánta cartulina lleva la grande y qué volumen tiene?

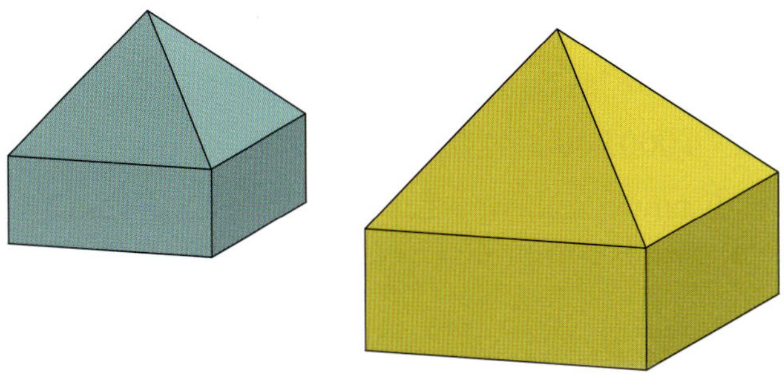

3 Estas dos piscinas son semejantes.

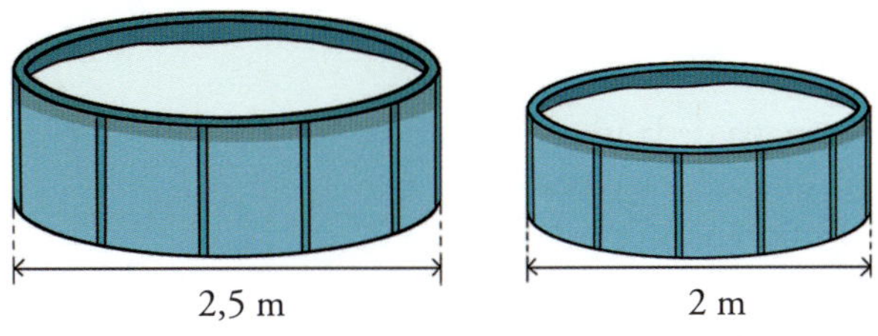

a) ¿Cuál es la razón de semejanza?

b) Si la pequeña tiene 120 cm de profundidad, ¿cuál es la profundidad de la grande?

c) La lona impermeable de la pequeña costó 50 €. ¿Cuánto costará la lona de la grande?

d) Llenar de agua la pequeña cuesta 23 €. ¿Cuánto costará llenar la grande?

2 PLANOS, MAPAS Y MAQUETAS

Las amapolas, de Claude Monet.

Quien se dispone a comprar una casa, la estudia con todo cuidado. Gran parte de este estudio se suele hacer sobre el **plano.**

La elaboración del proyecto para una carretera, o un embalse, o para la reforestación de una comarca, se apoya en un **mapa** de la zona.

El plano y la casa **son figuras semejantes,** y lo mismo ocurre con el mapa y la región que representa.

Ante un boceto o una representación artística, contemplamos la forma, la composición, el colorido... Sin embargo, al consultar planos o mapas, además de la forma, importan los tamaños y las distancias reales. Por eso, siempre van acompañados de la **escala** a la que se han construido.

La escala es el cociente entre cada longitud de la reproducción (mapa, plano o maqueta) y la correspondiente longitud en la realidad.

- Los planos y los mapas son **semejantes** a la realidad que representan.
- En un plano o mapa siempre consta la **escala.**
- La escala es la **razón de semejanza** entre la reproducción y la realidad.

Ejemplo

El siguiente mapa de las islas Canarias se ha construido a escala 1:4 000 000.

Eso quiere decir que, si mides sobre él una distancia con tu regla, y la multiplicas por cuatro millones, obtendrás la distancia real.

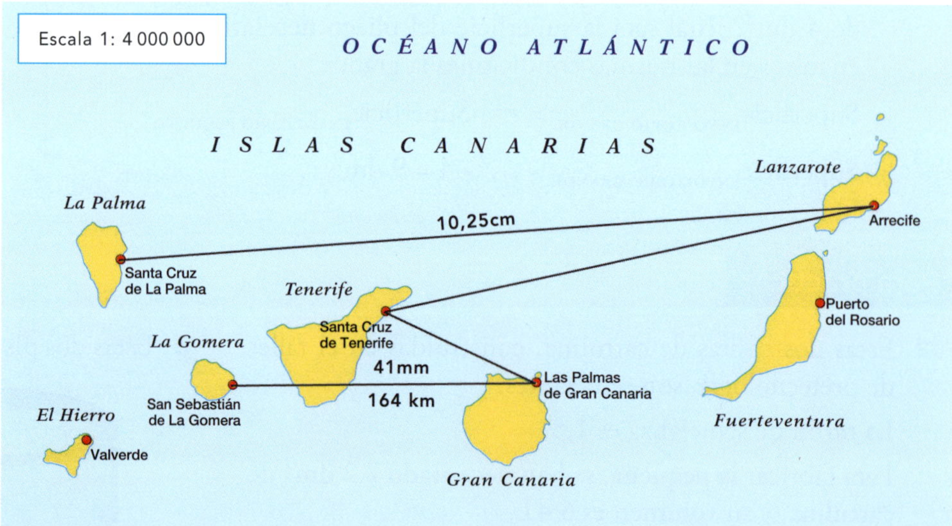

- Comprueba con tu regla que la distancia entre Arrecife, en la isla de Lanzarote, y Sta. Cruz de La Palma es de 10,25 cm.

  Entonces, la distancia real entre las capitales de Lanzarote y La Palma es:

  $$10{,}25 \text{ cm} \cdot 4\,000\,000 = 41\,000\,000 \text{ cm} = 410 \text{ km}$$

- Si buscas en Internet la distancia real entre Las Palmas de Gran Canaria y San Sebastián de La Gomera, podrás comprobar que es 4 000 000 veces la distancia medida en el mapa:

  $$\frac{\text{Distancia real}}{\text{Distancia en el mapa}} = \frac{\ldots \text{ km}}{41 \text{ mm}} = \frac{\ldots \text{ mm}}{41 \text{ mm}} = \ldots$$

Escala gráfica

Algunos mapas ofrecen la escala mediante una barra en la que se indica la distancia que representa.

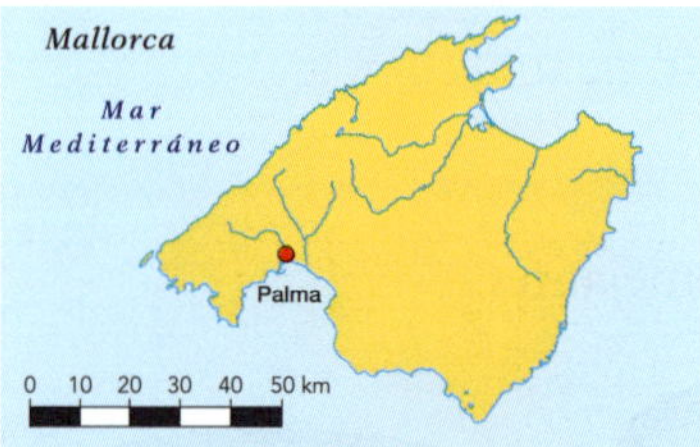

En este mapa de la isla de Mallorca, la barra que ves abajo nos indica que su longitud equivale a 50 km en la realidad.

Escala gráfica

En este mapa de la isla de Mallorca, la barra que ves abajo nos indica que su longitud (2 cm) equivale a 50 km en la realidad.

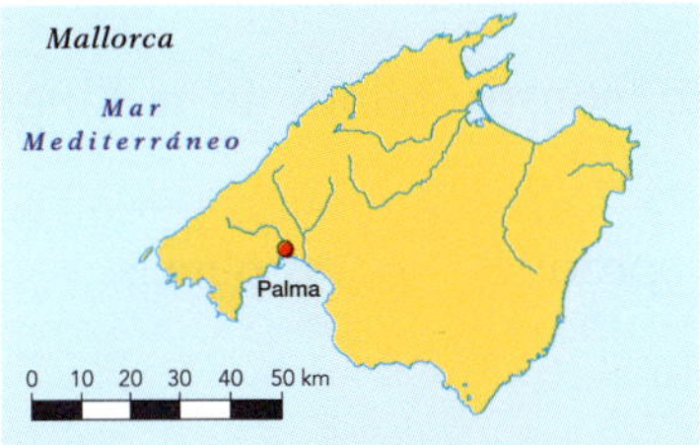

Entonces:

$$\frac{2\text{ cm}}{50\text{ km}} = \frac{2\text{ cm}}{5\,000\,000\text{ cm}} = \frac{1\text{ cm}}{2\,500\,000\text{ cm}}$$

La escala numérica es 1:2 500 000.

Obtención de la escala

Cuando se nos da una reproducción (plano, mapa o maqueta) sin indicar su escala, podemos averiguarla si conocemos la distancia real entre dos de sus puntos. Basta dividir esa distancia real entre lo que mida en el mapa, ¡pero cuidado!, poniendo ambas en la misma unidad.

Ejemplo

Tenemos el plano de nuestra casa, pero nos lo han dado sin escala. En lugar de medir todas las paredes, optamos por medir el largo de la cocina tanto en la realidad como en el plano.

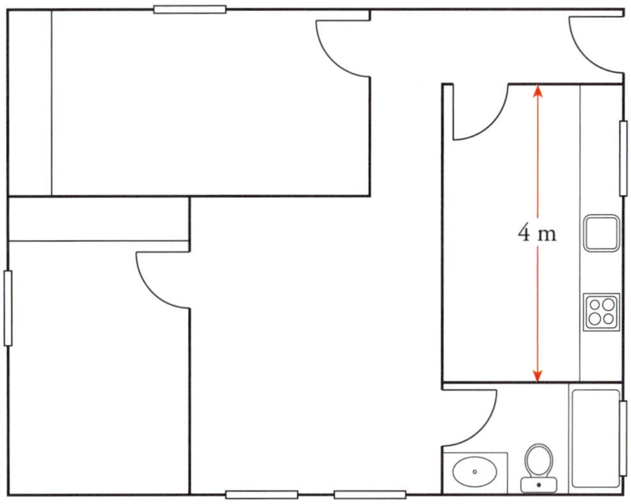

Las medidas son: En el plano: 4 cm ↔ En la realidad: 4 m

Por tanto, la escala es:

$$\frac{\text{Distancia en el plano}}{\text{Distancia real}} = \frac{4\text{ cm}}{4\text{ m}} = \frac{4\text{ cm}}{400\text{ cm}} = \frac{1}{100} \to 1:100$$

Para practicar

1 Tomando medidas sobre el mapa de la página anterior y teniendo en cuenta la escala. Calcula:

a) La distancia entre Las Palmas y Puerto del Rosario.

b) El tiempo que tarda un ferri, a 20 nudos, en ir de Las Palmas a Santa Cruz de Tenerife.

Cada nudo equivale a 1,852 km/h.

2 Sabiendo que la distancia que separa en la realidad el embarcadero de la fuente es 136 m, halla su escala y calcula la distancia entre la tienda azul y la amarilla.

3 Este es el plano de la pared de una cocina.

Calcula:

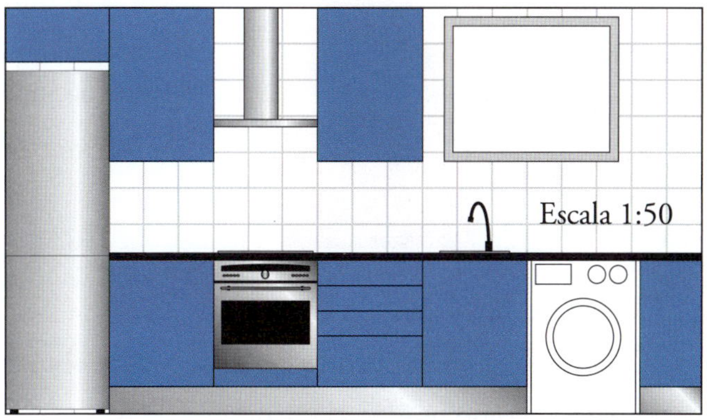

a) Sus dimensiones (largo y ancho).

b) La superficie de la ventana.

c) La distancia entre los fogones y la campana.

d) Las dimensiones del frigorífico.

anayaeducacion.es Practica el concepto de escala.

3 CÓMO CONSTRUIR FIGURAS SEMEJANTES

Para construir una figura semejante a otra conocida, con una cierta razón de semejanza, debemos seguir algún procedimiento que garantice que las longitudes de la nueva figura guardan la relación deseada con la original.

Por ejemplo, si deseamos construir en cartulina una maqueta de nuestra habitación, a escala 1:10, tomaremos medidas en la habitación y las reduciremos a la décima parte.

Si una pared tiene 3,5 m de largo y 2,5 m de alto, construiremos un rectángulo de cartulina de 3,5 dm × 2,5 dm.

Veamos, a continuación, algunos métodos para reproducir figuras planas.

Método de la cuadrícula

Para reproducir la figura inicial a un cierto tamaño, la cuadriculamos.

Construimos una cuadrícula similar (semejante) que tenga el tamaño deseado. Tomando como referencia la cuadrícula, es más sencillo reproducir la figura inicial.

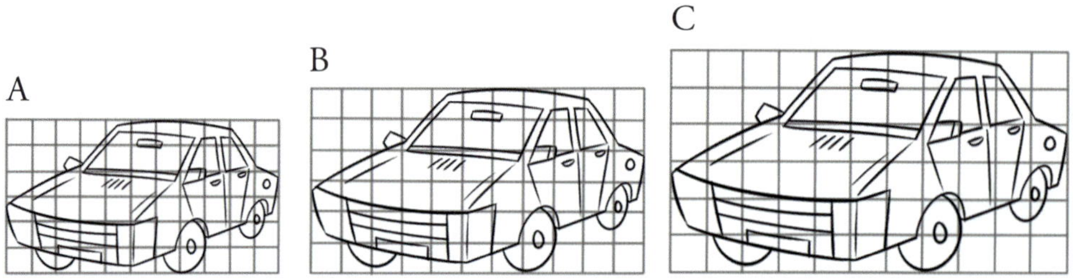

La relación entre los tamaños (escala o razón de semejanza) es igual a la relación entre las dimensiones de las dos cuadrículas.

Observa, en las alturas de las cuadrículas anteriores, que seis cuadros en A, equivalen a cinco en B. Así, tomando como unidad la cuadrícula de B, la razón de semejanza entre B y A es $\frac{6}{5} = 1,2$.

Para fijar ideas

1 Copia y completa en tu cuaderno.

¿Qué ampliación ha sufrido la figura A para obtener la figura B?

Tomando como unidad la cuadrícula de B:

$$\left.\begin{array}{ll} \text{Alto de B} \to \ldots & \text{Ancho de B} \to \ldots \\ \text{Alto de A} \to \ldots & \text{Ancho de A} \to \ldots \end{array}\right\} \to r = \frac{6}{\ldots} = \frac{\ldots}{6} = \frac{\ldots}{2} = \ldots$$

Cada distancia de A ha quedado multiplicada por: $r = \ldots$

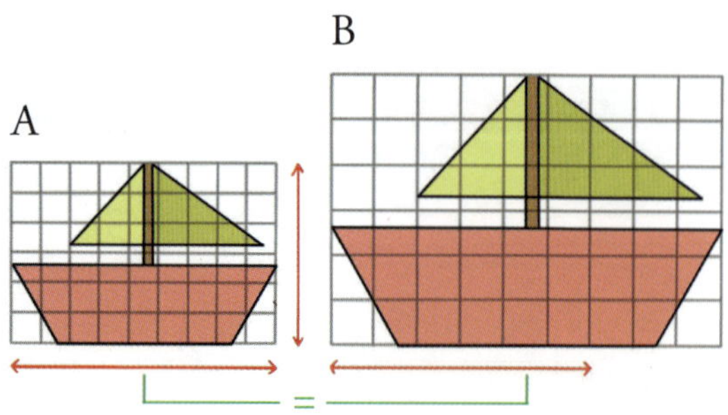

Método de la proyección

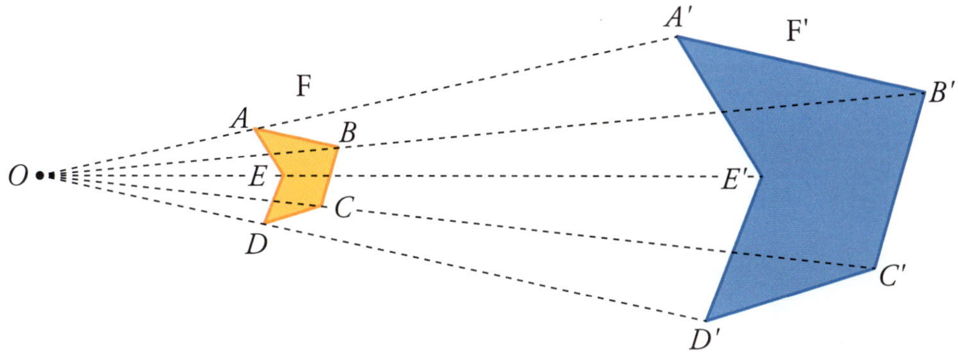

Figuras homotéticas

Matemáticamente, esta transformación de la figura F en F' se llama **homotecia.**

La figura F' es homotética a F con razón de homotecia 3.

El punto O se llama centro de homotecia.

Deseamos ampliar la figura F al triple de su tamaño. Para ello, tomamos un punto O, cualquiera. Trazamos rectas que pasen por O y por los puntos clave de la figura F, y obtenemos los puntos correspondientes a una distancia triple.

El punto A' está, del punto O, al triple de distancia que A. Es decir:

$$\overline{OA'} = 3 \cdot \overline{OA}$$

Y también: $\overline{OB'} = 3 \cdot \overline{OB}$, $\overline{OC'} = 3 \cdot \overline{OC}$, etc.

Se obtiene así la figura F', semejante a la F, con razón de semejanza 3.

Es decir, los lados $A'B'$, $B'C'$... son el triple de largos que sus correspondientes AB, BC... y lo mismo pasa con cualquiera de otros segmentos:

$$\overline{A'C'} = 3 \cdot \overline{AC}; \ \overline{E'B'} = 3 \cdot \overline{EB} \ldots$$

Además, los segmentos de F' son paralelos a sus correspondientes de F.

La ampliación se realiza con especial comodidad cuando tomamos como punto de proyección un vértice de la figura inicial.

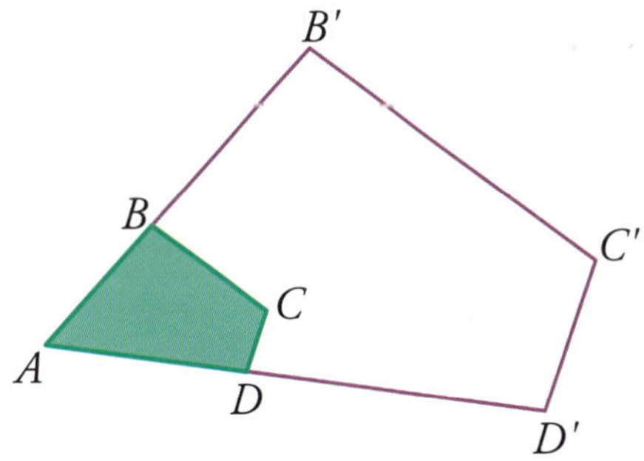

anayaeducacion.es GeoGebra.
Figuras semejantes por el método de proyección.

Para practicar

1 Dibuja en tu cuaderno una figura como esta y amplíala al doble de tamaño mediante el método de la proyección.

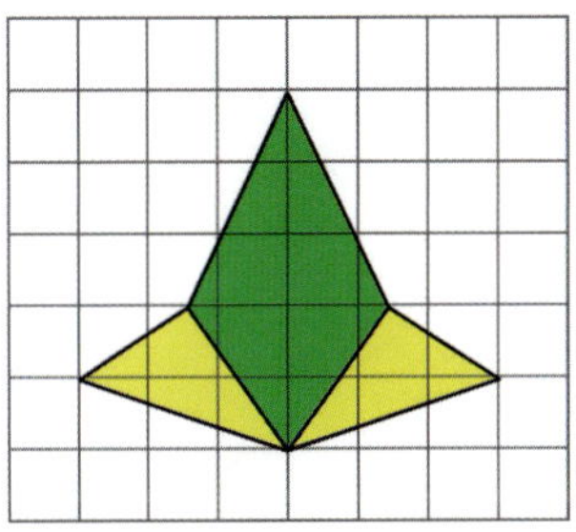

2 Dibuja en tu cuaderno un pentágono irregular. Redúcelo a su tercera parte proyectando desde un punto interior. Vuelve a hacerlo tomando como punto de proyección uno de los vértices.

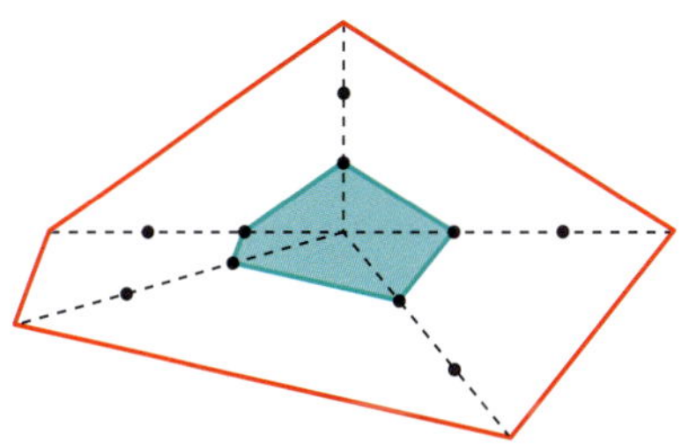

4 ▶ TEOREMA DE TALES

Tales de Mileto.

anayaeducacion.es GeoGebra.
Practica el teorema de Tales.

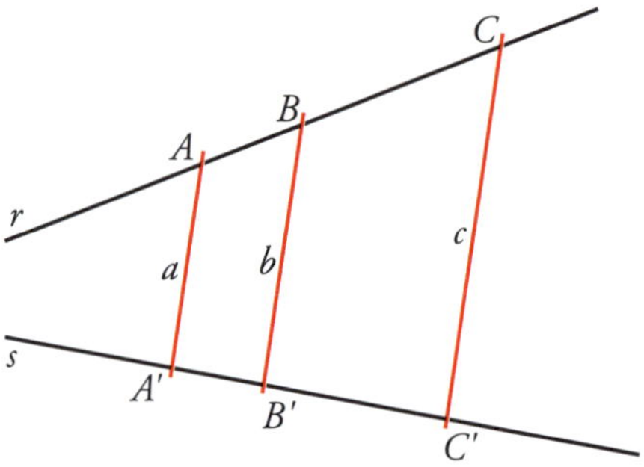

El teorema de Tales es importante porque en él se basa el estudio de la semejanza de triángulos. A partir de los triángulos se comprueba la semejanza de dos figuras cualesquiera.

Rectas paralelas que cortan a otras dos

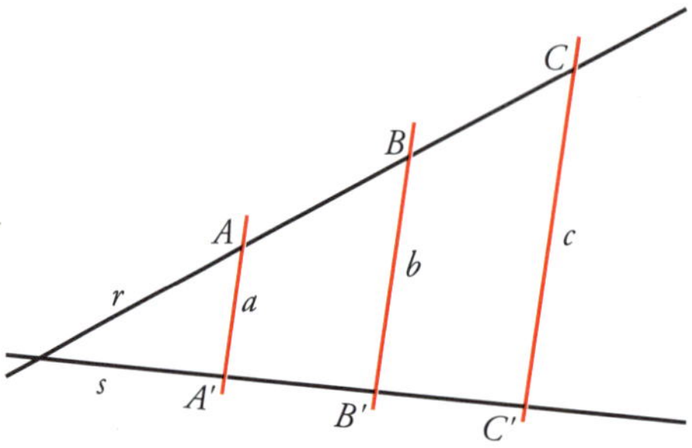

Las rectas a, b y c son paralelas y cortan a las rectas r y s.

Si los segmentos AB y BC son iguales, entonces los segmentos $A'B'$ y $B'C'$ son iguales.

Compruébalo midiéndolos.

También ahora las rectas a, b y c son paralelas y cortan a las rectas r y s.

El segmento AB es doble que el segmento BC:

$$\overline{AB} = 2 \cdot \overline{BC}$$

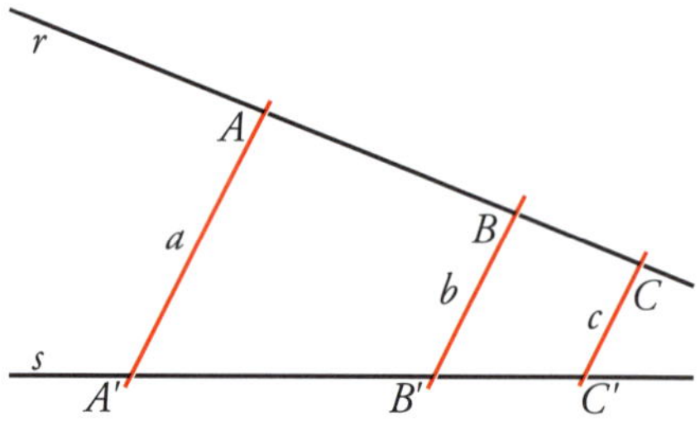

Entonces, también el segundo $A'B'$ es doble que $B'C'$:

$$\overline{A'B'} = 2 \cdot \overline{B'C'}$$

Teorema de Tales

Si las rectas a, b y c son paralelas y cortan a otras dos rectas, r y s, entonces los segmentos que determinan en ellas son proporcionales:

$$\frac{AB}{BC} = \frac{A'B'}{B'C'}$$

Para fijar ideas

1 Traza dos rectas cualesquiera, r y s. Señala en r cuatro puntos, A, B, C y D, de modo que:

$$\overline{AB} = 1 \text{ cm} \qquad \overline{BC} = 2 \text{ cm} \qquad \overline{CD} = 3 \text{ cm}$$

Traza cuatro rectas paralelas, a, b, c y d, que pasen por A, B, C y D. Llama A', B', C' y D' a los puntos en que estas rectas cortan a s.

Comprueba que $\overline{B'C'} = 2 \cdot \overline{A'B'}$ y $\overline{C'D'} = 3 \cdot \overline{A'B'}$.

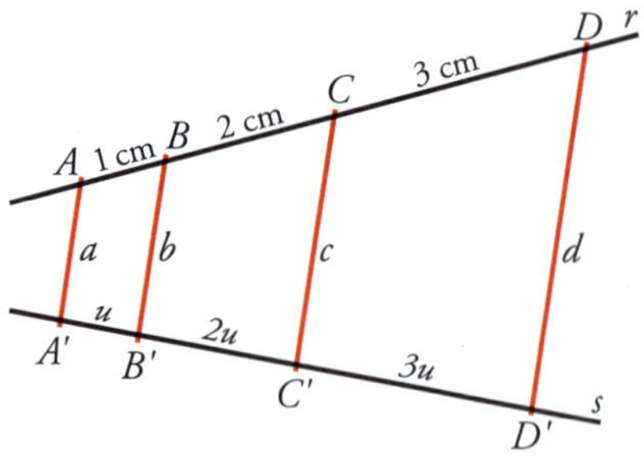

2 Copia y completa en tu cuaderno para calcular x.

Primero comprueba que las rectas a, b y c del dibujo son paralelas.

Escribe una proporción con los segmentos determinados en las rectas r y s, y calcula x.

$$\frac{1}{\dots} = \frac{\dots}{x} \rightarrow x = \frac{\dots \cdot \dots}{1} = \dots$$

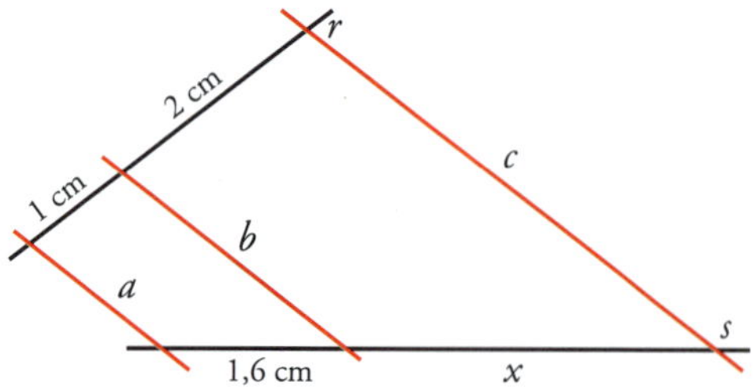

anayaeducacion.es GeoGebra.
Semejanza de triángulos.

Aplicación del teorema de Tales: semejanza de triángulos

Para analizar una figura, a veces se recurre a su triangulación. Así los triángulos, con la ventaja de su sencillez, resultan básicos para el estudio de las demás figuras. Por eso, la semejanza de triángulos merece un estudio especial.

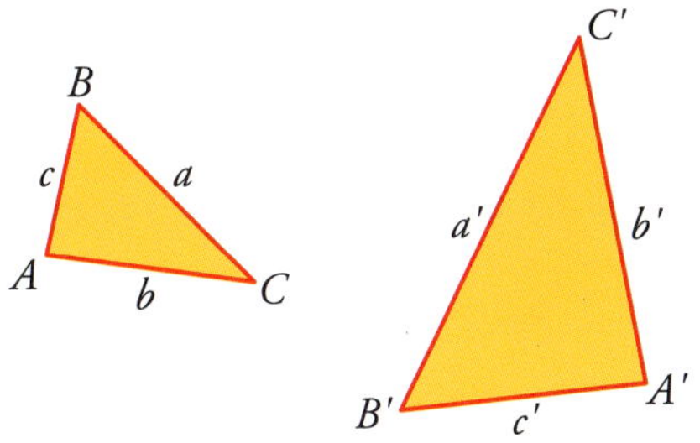

Si los triángulos ABC y $A'B'C'$ del margen son semejantes, entonces sus ángulos son iguales y sus lados proporcionales:

- $\hat{A} = \hat{A}'$, $\hat{B} = \hat{B}'$, $\hat{C} = \hat{C}'$
- $\dfrac{a}{a'} = \dfrac{b}{b'} = \dfrac{c}{c'}$

Si dos triángulos cumplen estas igualdades, son semejantes, y viceversa.

TRIÁNGULOS EN POSICIÓN DE TALES

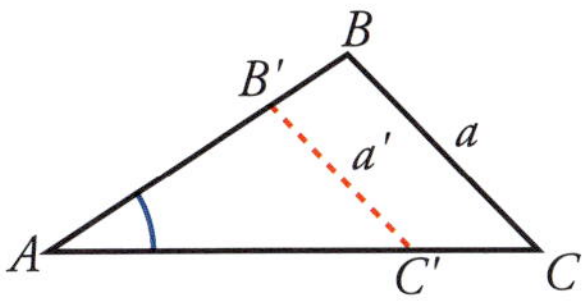

Los triángulos ABC y $AB'C'$ tienen un ángulo común, el $\hat{A}$. Es decir, el triángulo pequeño está «encajado» en el grande. Además, los lados opuestos a $\hat{A}$ son paralelos. Por eso, decimos que estos dos triángulos están en **posición de Tales.**

- Dos triángulos en posición de Tales son semejantes.
- Si dos triángulos se pueden poner en posición de Tales, son semejantes.

UN CRITERIO DE SEMEJANZA DE TRIÁNGULOS

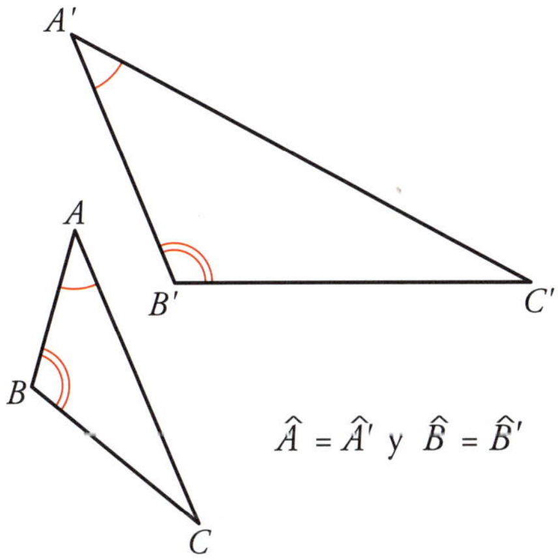

$\hat{A} = \hat{A}'$ y $\hat{B} = \hat{B}'$

Si dos ángulos de un triángulo son, respectivamente, iguales a dos ángulos de otro triángulo, entonces los triángulos son semejantes.

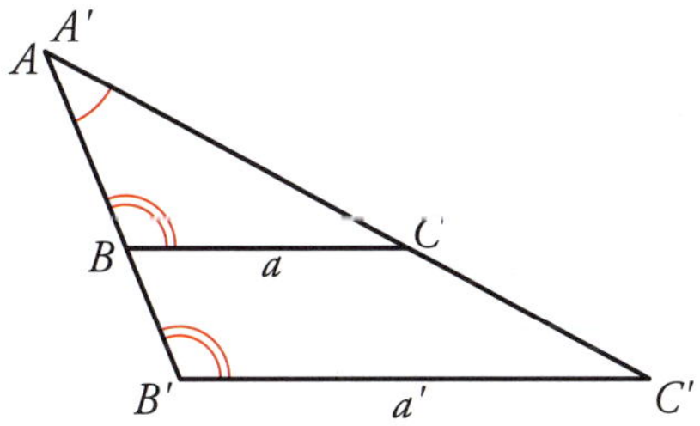

Pues si $\hat{A} = \hat{A}'$, el triángulo pequeño se puede encajar en el grande. Y si, además, $\hat{B} = \hat{B}'$, los lados a y a' quedan paralelos. Así, los dos triángulos se han podido poner en posición de Tales y, por tanto, son semejantes.

Para fijar ideas

3 Copia en tu cuaderno y comprueba.

a) El salón de la casa de Jaime es abuhardillado. Para medir la altura de la pared, Jaime se coloca como se ve en el dibujo. Teniendo en cuenta las medidas, calcula la altura máxima del salón.

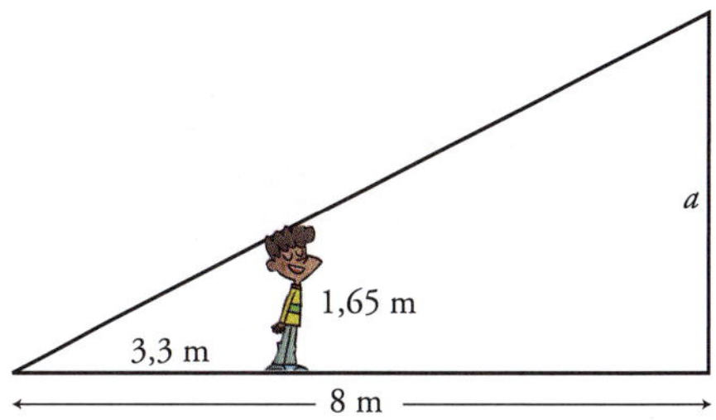

Llamamos a a la altura máxima del salón de Jaime.

Como son dos triángulos en posición de Tales, son semejantes. Por tanto:

$$\frac{1{,}65}{\dots} = \frac{a}{\dots} \rightarrow a = \frac{165 \cdot \dots}{\dots} = 4 \text{ m}$$

b) Raquel, que mide 1,83 m, va a visitar a su amigo Jaime. ¿A qué distancia, d, de la pared debe colocarse para tocar el techo con la cabeza?

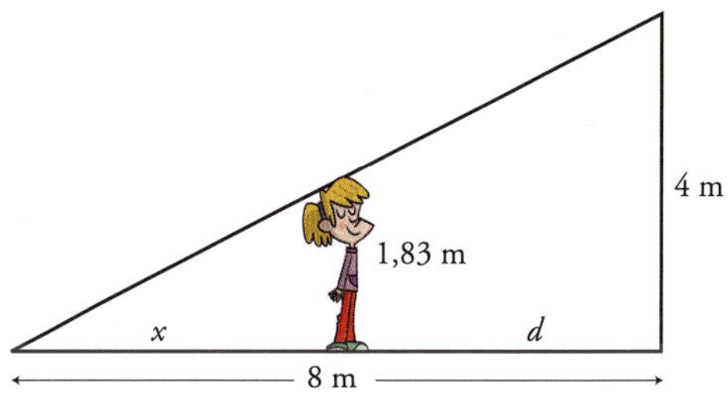

Vemos que en el triángulo mayor, un lado, 8 m, es el doble de otro, 4 m.

Como los triángulos son semejantes:

$$x = 2 \cdot \dots = \dots \text{ m} \rightarrow d = 8 - x = \dots - \dots = 4{,}34 \text{ m}$$

5 SEMEJANZA ENTRE TRIÁNGULOS RECTÁNGULOS

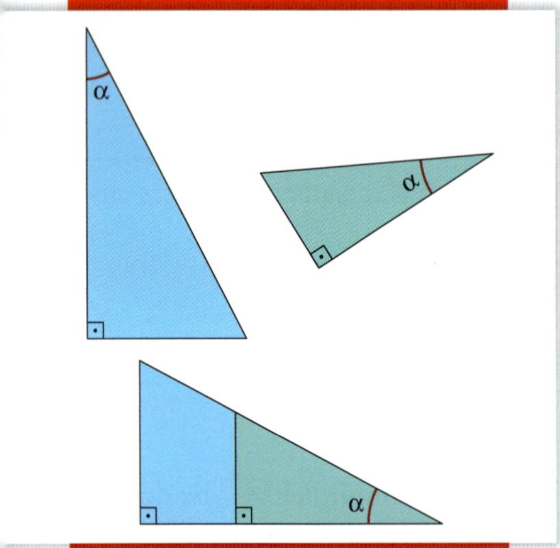

Los triángulos rectángulos son especialmente importantes. Veamos algunos criterios por los cuales se comprueba muy fácilmente si dos triángulos rectángulos son o no semejantes.

Dos triángulos rectángulos que tengan un ángulo agudo igual son semejantes.

Pues, en tal caso, se pueden poner en posición de Tales, como puedes ver en el margen.

Dos triángulos rectángulos son semejantes si tienen:

- sus dos catetos proporcionales,
- o bien un cateto y la hipotenusa proporcionales.

También en estos casos se pueden poner en posición de Tales.

Para fijar ideas

Copia y completa en tu cuaderno.

1 Observa los triángulos.

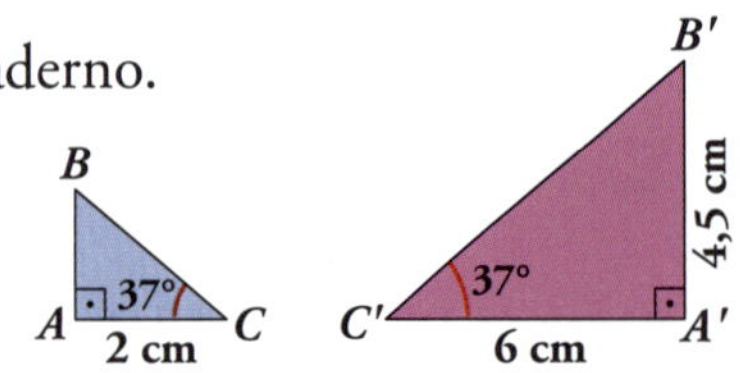

a) ¿Son semejantes?

Los dos triángulos son semejantes porque son rectángulos y tienen un ángulo agudo igual.

b) Calcula el cateto *AB*.

$$\frac{\overline{AB}}{\dots} = \frac{2}{\dots} \to \overline{AB} = \frac{2 \cdot \dots}{\dots} = 1{,}5 \text{ cm}$$

2 En un triángulo rectángulo, el cateto menor mide 10 cm, y la hipotenusa, 26 cm. En otro triángulo rectángulo, el cateto mayor mide 36 cm, y la hipotenusa, 39 cm. ¿Son semejantes?

Antes de comenzar, ponemos los datos en un dibujo.

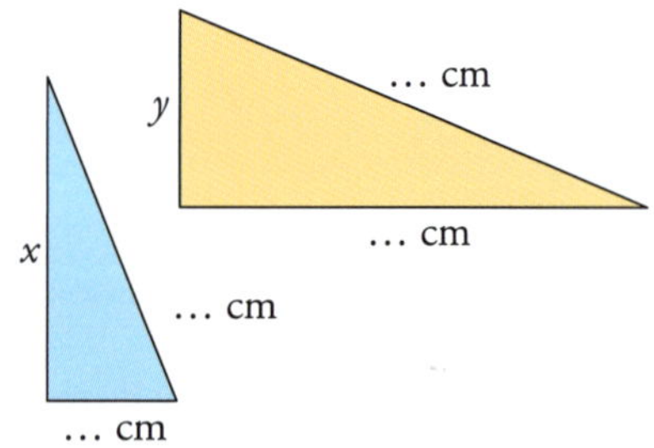

Con el teorema de Pitágoras calculamos un cateto desconocido, por ejemplo x.

$$x = \sqrt{\dots^2 - \dots^2} = 24 \text{ cm}$$

Ahora comprobamos si los lados son proporcionales: hipotenusa es a cateto, como hipotenusa es a cateto. ¿Es cierta la igualdad?

$$¿\frac{26}{\dots} = \frac{\dots}{\dots}? \to \text{Los triángulos … semejantes.}$$

Para practicar

1 Si $\hat{A} = 33°$, $\hat{C} = 90°$, $\hat{B}' = 57°$ y $\hat{C}' = 90°$, explica por qué *ABC* y *A'B'C'* son semejantes.

2 Razona.

a) ¿Por qué son iguales los ángulos señalados del mismo color?

b) ¿Por qué los triángulos *ABC*, *AHB* y *BHC* son semejantes?

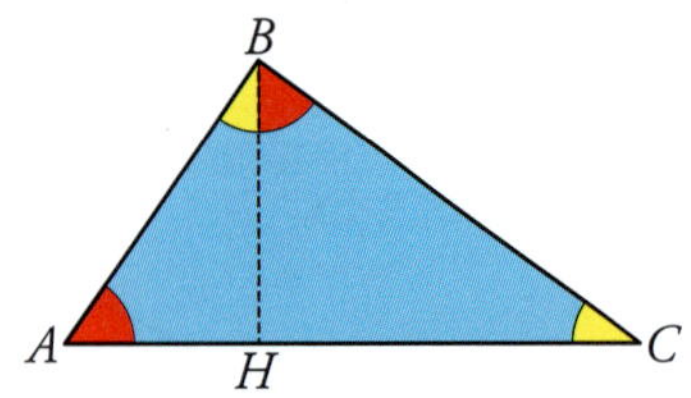

3 Explica por qué dos triángulos rectángulos isósceles son semejantes.

4 Explica por qué estos dos triángulos son semejantes.

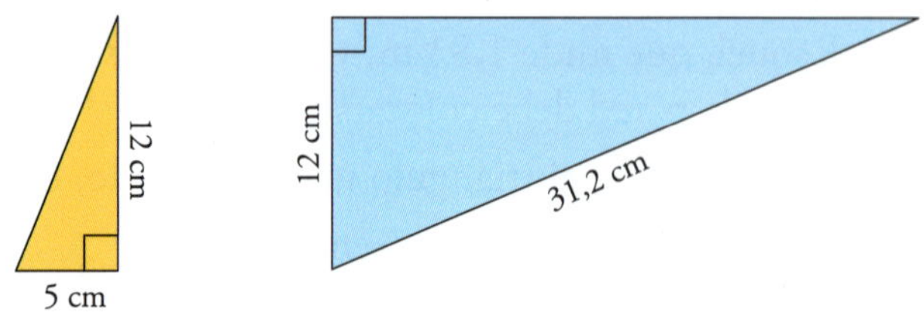

anayaeducacion.es Practica la semejanza de triángulos rectángulos.

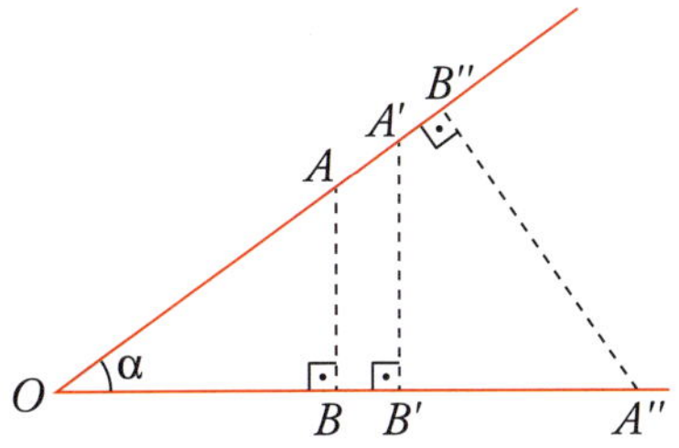

Todos los triángulos obtenidos al trazar perpendiculares a alguno de los lados de un ángulo son semejantes, ya que todos son triángulos rectángulos y tienen un ángulo α en común. Por tanto, sus lados son proporcionales.

En un triángulo rectángulo, la altura sobre la hipotenusa determina dos triángulos semejantes al original.

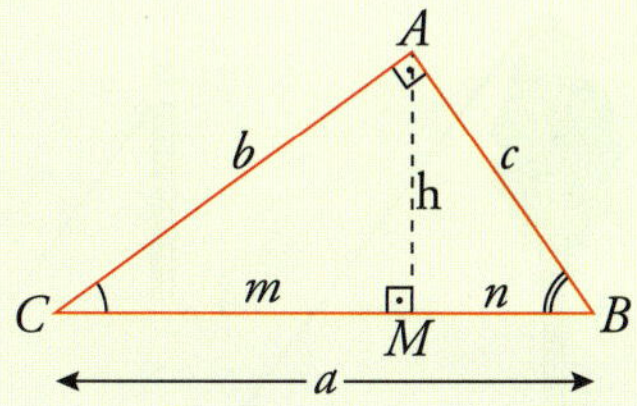

Teorema del cateto

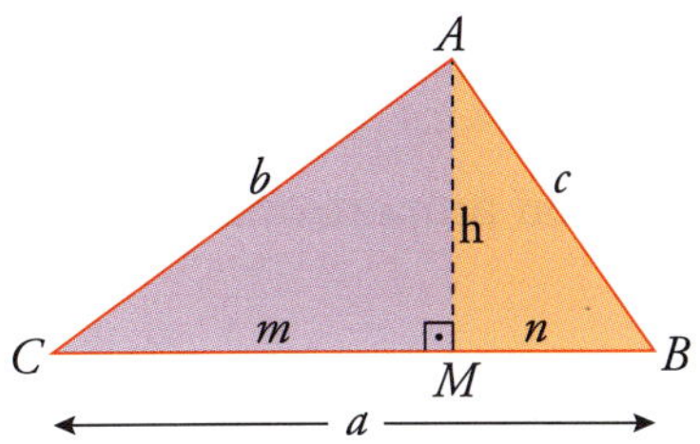

Los dos triángulos rectángulos del margen formados al trazar la altura sobre la hipotenusa de un triángulo rectángulo son semejantes al grande y entre sí. Por tanto:

$$\frac{a}{b} = \frac{b}{m} \rightarrow b^2 = a \cdot m \qquad \frac{a}{c} = \frac{c}{n} \rightarrow c^2 = a \cdot n$$

El cuadrado de un cateto es igual al producto de la hipotenusa por la proyección de dicho cateto sobre la hipotenusa.

Teorema de la altura

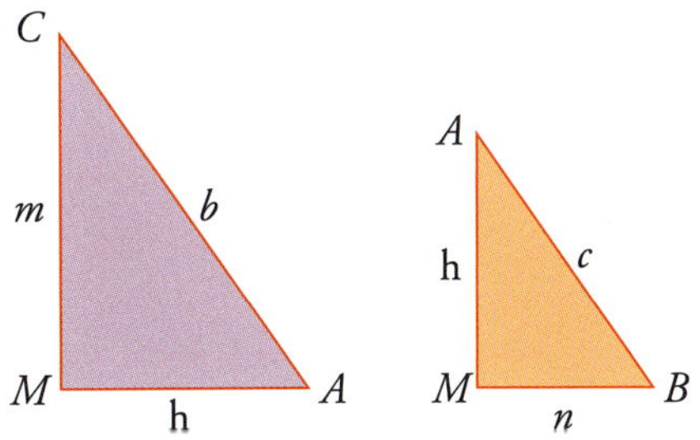

De la semejanza de los triángulos *MAC* y *MBA* del margen se obtiene:

$$\frac{m}{h} = \frac{h}{n} \rightarrow h^2 = m \cdot n$$

El cuadrado de la altura sobre la hipotenusa es igual al producto de los dos segmentos en que dicha altura divide a la hipotenusa.

Para fijar ideas

Copia y completa en tu cuaderno.

3 Calcula x aplicando el teorema de la altura.

El triángulo *ABC* es rectángulo (está inscrito en una …). Aplicamos el teorema de la altura:

$$x^2 = \dots \cdot \dots = \dots$$

$$x = \sqrt{\dots} \approx 4{,}9 \text{ cm}$$

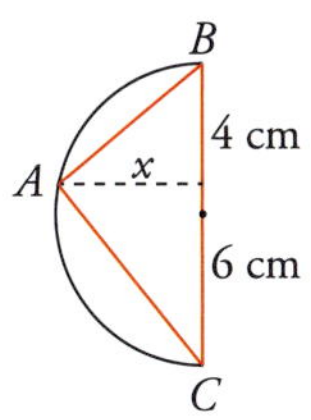

4 Calcula y aplicando el teorema del cateto.

Aplicamos el teorema del cateto teniendo en cuenta que la hipotenusa mide … cm:

$$y^2 = \dots \cdot \dots = \dots$$

$$y = \sqrt{\dots} \approx 6{,}3 \text{ cm}$$

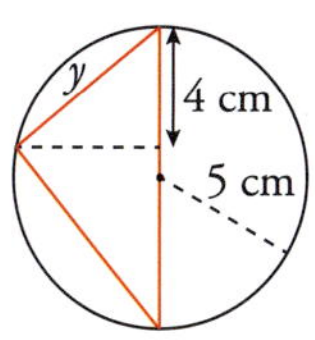

Para practicar

5 En un triángulo rectángulo, las proyecciones de los catetos sobre la hipotenusa miden 8 cm y 4,5 cm, respectivamente. Calcula las medidas de los catetos y de la altura sobre la hipotenusa.

6 Calcula las longitudes h, m y n en este triángulo rectángulo.

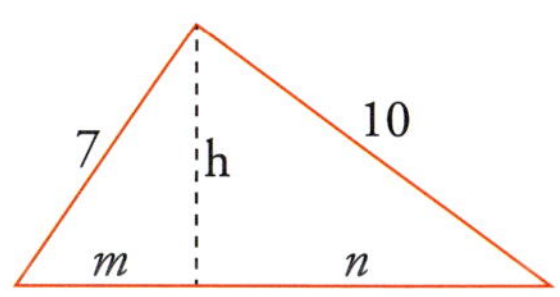

anayaeducacion.es GeoGebra. Practica la aplicación de estos teoremas.

6 APLICACIONES DE LA SEMEJANZA DE TRIÁNGULOS

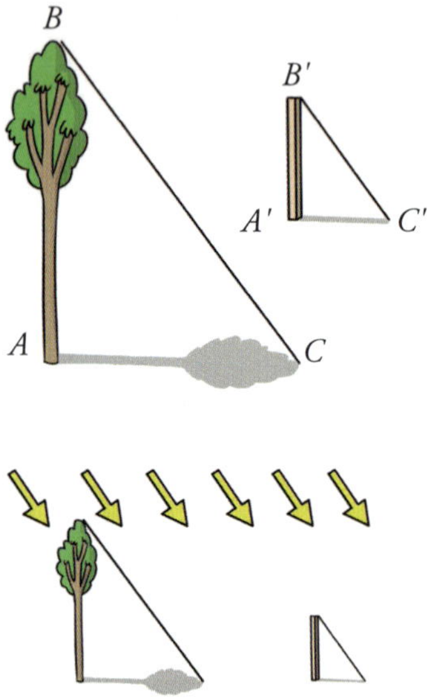

Los rayos del sol llegan a la Tierra paralelos unos a otros.

Cálculo de la altura de un objeto vertical a partir de su sombra

Para calcular la altura de un árbol, $\overline{AB}$, procedemos del siguiente modo:

- Clavamos en el suelo, verticalmente, una estaca $\overline{A'B'}$.
- Medimos la longitud de la estaca, $\overline{A'B'}$, y de las sombras, $\overline{AC}$ y $\overline{A'C'}$, del árbol y de la estaca, respectivamente, proyectadas por el sol en el mismo instante.

Los triángulos ABC y $A'B'C'$ son semejantes porque tienen dos ángulos respectivamente iguales:

$\hat{A} = \hat{A}'$ porque los dos son rectos.

$\hat{C} = \hat{C}'$ porque *los rayos del sol inciden sobre el árbol y la estaca con el mismo ángulo.*

Puesto que los triángulos son semejantes, sus lados son proporcionales:

$$\frac{\overline{AB}}{\overline{A'B'}} = \frac{\overline{AC}}{\overline{A'C'}}$$

Como conocemos $\overline{AC}$, $\overline{A'B'}$ y $\overline{A'C'}$, podemos calcular la altura del árbol, $\overline{AB}$.

Para fijar ideas

1 En la descripción anterior, calcula la altura del árbol sabiendo que:

- Longitud de la estaca = 1,6 m
- Sombra del árbol = 3,5 m
- Sombra de la estaca = 0,7 m

$$\frac{\overline{AB}}{1,6} = \frac{\dots}{\dots} \rightarrow \overline{AB} = \frac{1,6 \cdot \dots}{\dots} = 8 \text{ m}$$

Solución: El árbol mide 8 m.

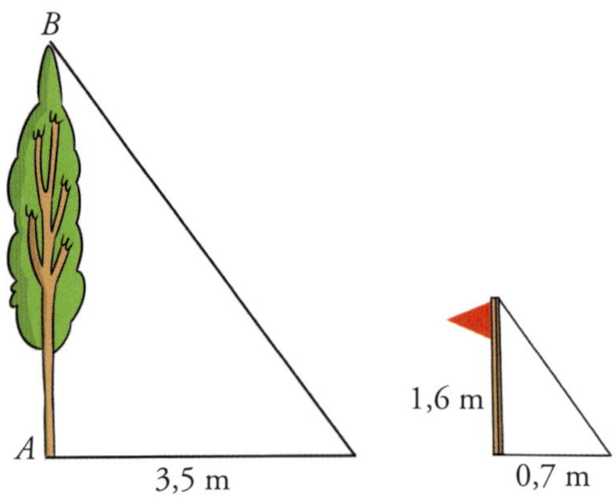

Para practicar

1 Calcula la altura de una farola que proyecta una sombra de 1,90 m en el momento en que la marquesina del autobús, de 2,40 m de altura, proyecta una sombra de 96 cm.

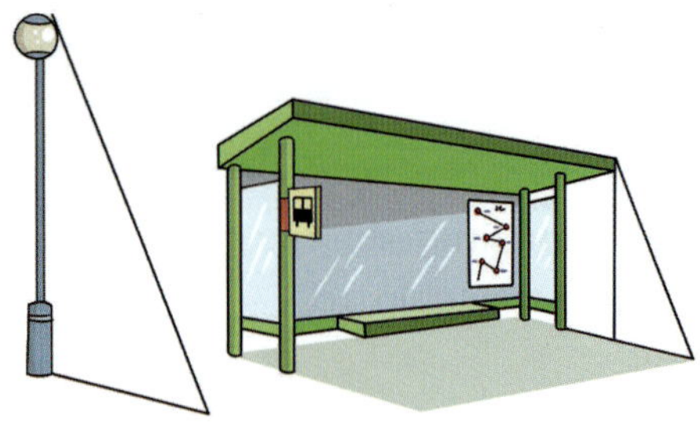

2 Las sombras de estos árboles medían, a las cinco de la tarde, 12 m, 8 m, 6 m y 4 m, respectivamente. Si el árbol pequeño mide 2,5 m, ¿cuánto miden los demás?

Cálculo de la altura de un objeto vertical sin recurrir a la sombra

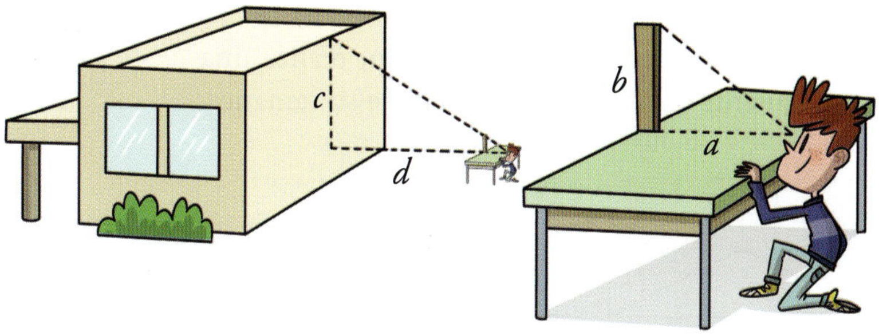

El chico lanza una visual desde el borde de la mesa al punto más alto de la casa. Estando en esa posición, mueve la regla, situándola de modo que su extremo quede alineado con la visual (la mesa debe estar en posición horizontal, y la regla, en vertical).

Los triángulos rectángulos, de catetos a, b y d, c, son semejantes, pues se encuentran en posición de Tales. Por tanto:

$$\frac{c}{d} = \frac{b}{a}$$

Conociendo a, b y d, se calcula c. La altura de la casa es igual a c más la altura de la mesa.

anayaeducacion.es Problemas en los que hay que calcular medidas inaccesibles utilizando la semejanza de triángulos.

Para fijar ideas

2 En la descripción anterior, calcula la altura de la casa sabiendo que:

- Longitud de la regla, $b = 35$ cm
- Distancia del borde de la mesa al pie de la regla, $a = 50$ cm
- Distancia del borde de la mesa a la casa, $d = 4{,}5$ m
- Altura de la mesa = 80 cm

Expresamos todas las distancias en metros.

$$\frac{c}{d} = \frac{b}{a} \rightarrow \frac{c}{4{,}5} = \frac{\dots}{\dots} \rightarrow c = \frac{4{,}5 \cdot \dots}{\dots} = \dots \text{ m}$$

Solución: La altura de la casa es de … + 80 = 3,95 m.

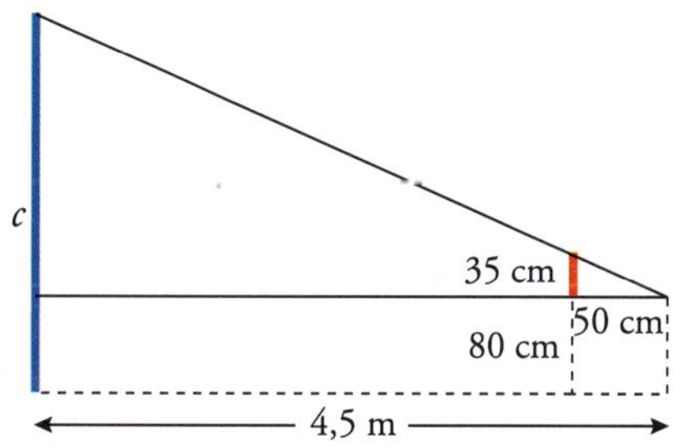

Para practicar

3 Observa de qué ingenioso método se vale Ramón para averiguar la altura del edificio:

Se sitúa de tal manera que la parte alta de la verja y la parte alta del edificio estén alineadas con sus ojos. Señala su posición y toma las medidas que se ven en el dibujo.

a) Explica por qué los triángulos ABC y CDE son semejantes.

b) Calcula $\overline{ED}$.

c) Calcula la altura del edificio.

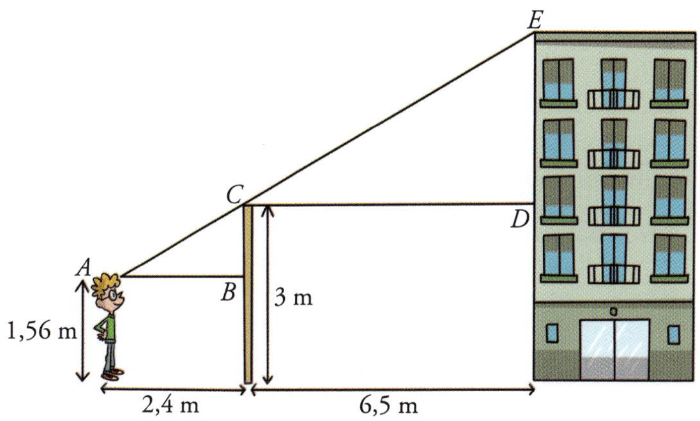

Recuerda seleccionar el material de trabajo de esta unidad para tu **portfolio.**

EJERCICIOS Y PROBLEMAS

Figuras semejantes

1 Sobre una hoja de papel cuadriculado, realiza una copia del siguiente dibujo, pero al doble de su tamaño.

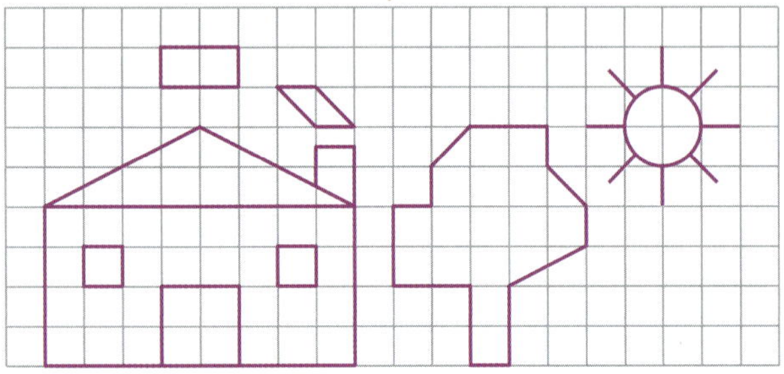

2 Estas dos figuras son semejantes.

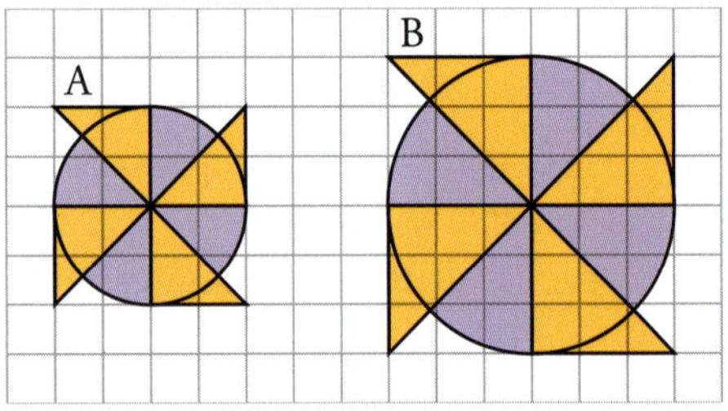

a) ¿Cuál es la razón de semejanza entre B y A? Expresa el resultado con un número decimal.

b) ¿Cuál es la razón de semejanza entre A y B? Expresa el resultado con una fracción.

3 Para construir un pentágono regular de 2 cm de lado, copiamos un pentágono regular cualquiera (figura roja), alargamos dos de sus lados consecutivos hasta 2 cm y completamos una figura semejante a la roja trazando rectas paralelas a sus lados. Prueba a hacerlo en tu cuaderno.

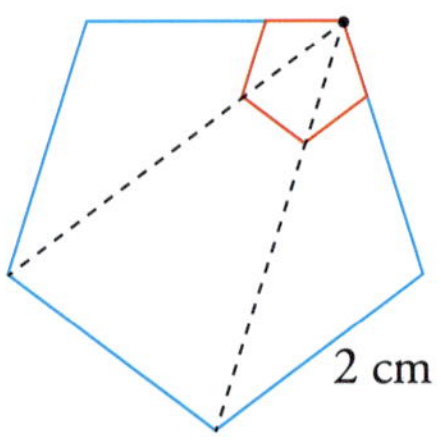

4 Calca en tu cuaderno el pentágono azul del ejercicio anterior y, procediendo de la misma manera, dibuja, con color negro, un pentágono regular de 3 cm de lado.

a) ¿Cuál es la razón de semejanza entre el pentágono negro y el azul?

b) ¿Y la razón de semejanza entre el azul y el negro?

c) Expresa las razones de semejanza anteriores mediante porcentajes.

5 Copia por separado estas figuras en tu cuaderno.

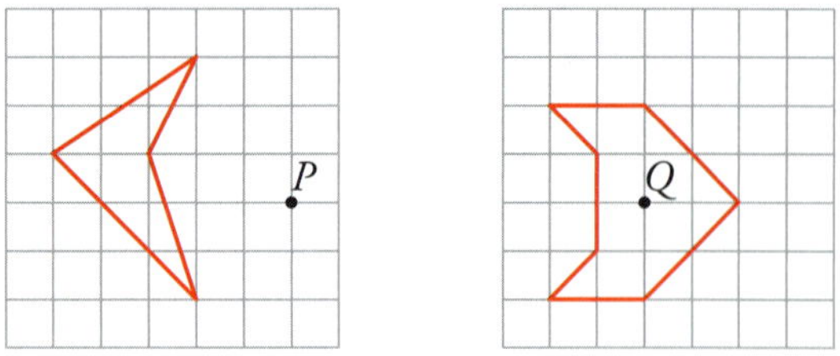

a) Amplía al doble la primera proyectándola desde el punto exterior *P*.

b) Amplía al triple la segunda proyectándola desde el punto interior *Q*.

6 Suponiendo que en cada caso se trata de dos figuras semejantes, calcula la razón de semejanza entre la pequeña y la grande, halla las longitudes que faltan.

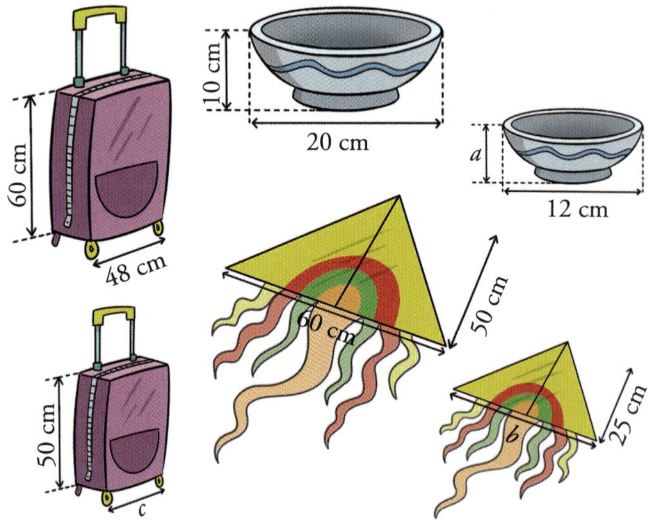

Semejanza de triángulos

7 Sabemos que los siguientes triángulos son semejantes. Halla los lados y los ángulos que faltan.

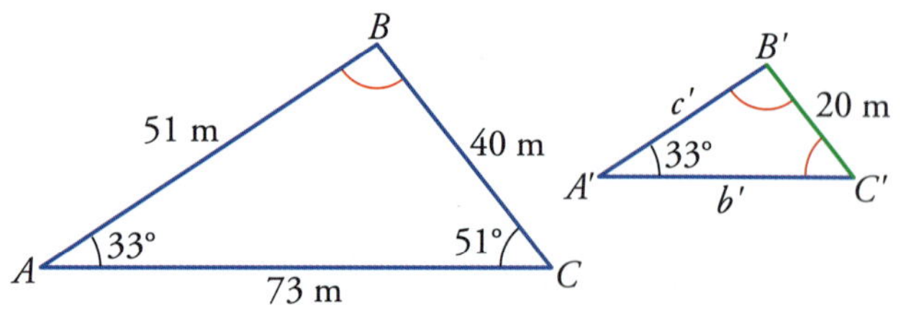

8 Explica por qué estos dos triángulos son semejantes.

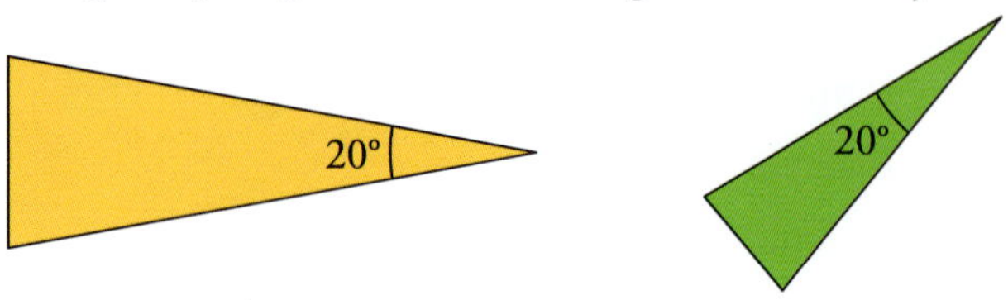

9 Los lados de un triángulo miden 7,5 cm, 18 cm y 19,5 cm. Se construye otro semejante a él cuyo lado menor mide 5 cm.

a) ¿Cuál es la razón de semejanza al pasar del primero al segundo?

b) ¿Cuánto medirán los otros dos lados del segundo triángulo?

c) Sabiendo que el primer triángulo es rectángulo, ¿podemos asegurar que el segundo también lo será? Compruébalo aplicando el teorema de Pitágoras a los dos triángulos.

10 Entre los siguientes triángulos rectángulos hay algunos semejantes entre sí. Averigua cuáles son calculando previamente los ángulos que faltan.

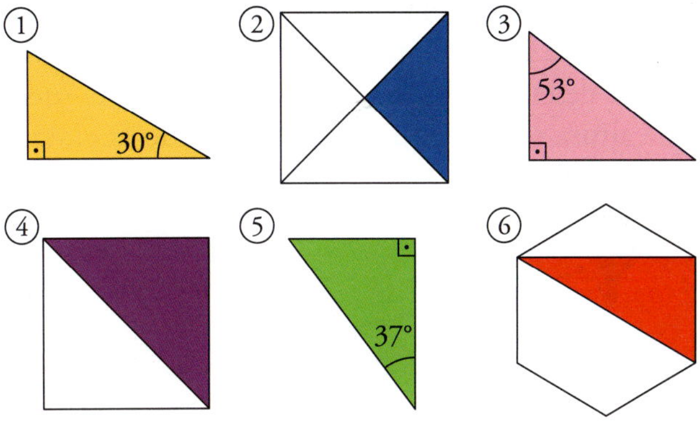

11 ¿Verdadero o falso?

a) Si la razón de semejanza entre dos triángulos, T_1 y T_2, es 2/3, el mayor es T_1.

b) Dos triángulos con dos ángulos iguales son semejantes.

c) Dos triángulos con dos lados iguales son semejantes.

d) Dos triángulos rectángulos con un ángulo agudo igual son semejantes.

e) La altura sobre la hipotenusa divide a un triángulo rectángulo en dos triángulos semejantes.

Aplicaciones de la semejanza

12 La altura de la puerta de la casa mide 2 m. ¿Cuál es la altura de la casa? ¿Y la del árbol más pequeño?

13 Si el más alto de estos jugadores mide 1,80 m, ¿cuánto miden los demás?

14 Un rectángulo tiene unas dimensiones de 10 cm por 15 cm. El lado menor de otro rectángulo semejante a él mide 12 cm. Calcula:

a) La razón de semejanza para pasar del primer al segundo rectángulo.

b) El lado mayor del segundo.

c) Las áreas de ambos rectángulos.

15 Para determinar que la altura de un eucalipto es de 11 m, Carlos ha medido la sombra de este (9,6 m) y la suya propia (1,44 m), ambas proyectadas por el sol a la misma hora. ¿Cuánto mide Carlos?

16 En la orilla del río Sena (París) hay una réplica a escala 1:4 de la Estatua de la Libertad, cuya altura es 11,5 m.

Halla la altura de la estatua de Nueva York.

En Cenicero, un pueblo riojano, hay otra réplica de la Estatua de la Libertad de 1,2 m de altura. ¿Cuál es la escala de esta con respecto a la de Nueva York?

17 Sobre la pantalla del sonar de un submarino se ve que un objeto se acerca a 1 cm por minuto. Si la imagen en la pantalla tiene una escala de 1:1 000 000, ¿a cuántos kilómetros por hora se mueve el objeto?

Resuelve problemas

18 Una pareja que va a comprar una casa consulta un callejero a escala 1:30 000. Miden sobre el plano la distancia de esta al metro y resulta ser de 2,3 cm. ¿Cuál es la distancia real?

19 Averigua cuáles son las dimensiones reales de este campo de fútbol. Calcula la superficie del área de penalti (área grande) y la del círculo central.

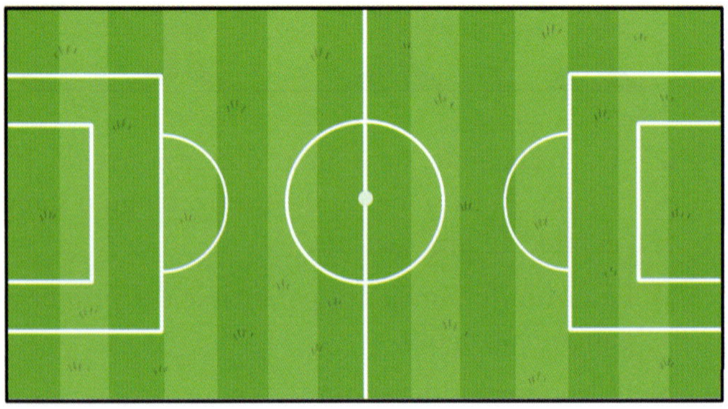

1:1 400

20 El coche teledirigido de Pablo es una reproducción a escala 1:40 de los de «Fórmula 1». Observa sobre el dibujo las dimensiones del coche de juguete y halla las dimensiones del coche real.

21 Observa el plano del piso en el que vive Adela.

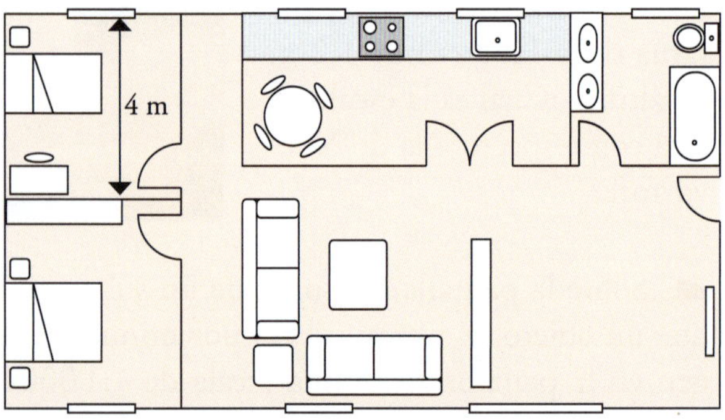

a) ¿Cuántos metros cuadrados tiene la vivienda sabiendo que la habitación de Adela, desde la ventana a la pared de enfrente, mide 4 metros?

b) Los padres de Adela han comprado una mesa de billar para el salón. Sus dimensiones son 2,5 m × 1,5 m. ¿Hay hueco para ponerla?

22 El bañista se encuentra a 5 m del barco. La borda del barco está a 1 m sobre el nivel del mar. El mástil del barco sobresale 3 m de la borda. El bañista ve alineados el extremo del mástil y el foco del faro. ¿A qué altura sobre el nivel del mar se encuentra el foco del faro?

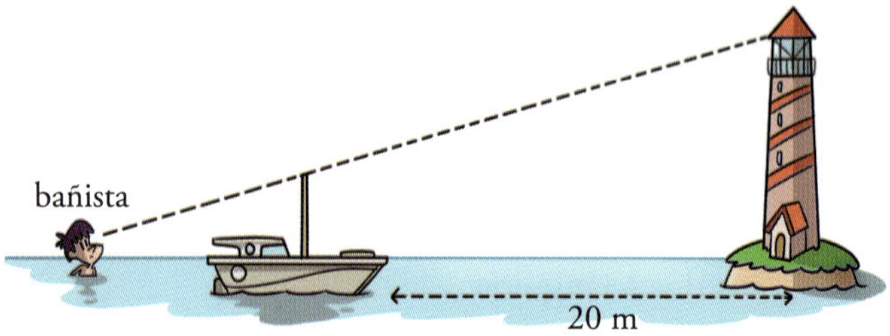

23 Un globo, amarrado al suelo con una cuerda de 50 m, se desplaza lateralmente empujado por el viento. Para calcular su altura en cada momento, se ha atado en la cuerda, a 2 m del punto de amarre, una cinta métrica que se desenrolla verticalmente hasta tocar el suelo. ¿A qué altura se encuentra el globo cuando la cinta se ha desplegado 1,80 m?

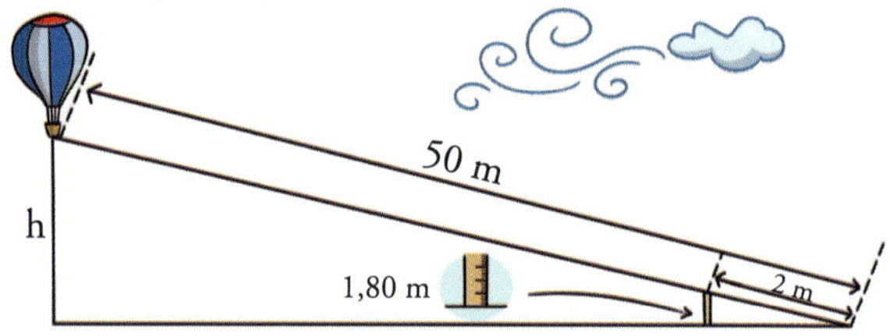

24 Una linterna, a 3 m de una pared, ilumina sobre ella un círculo de 60 cm de radio. ¿A qué distancia de la pared se debe colocar para que el círculo iluminado tenga un metro de radio?

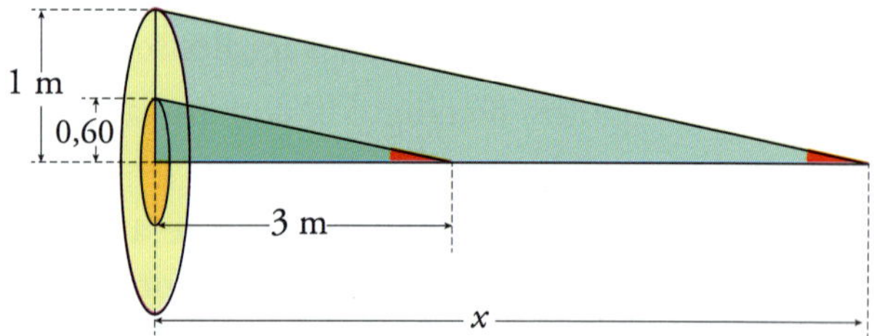

25 Marcos ve las almenas de la torre reflejadas en el agua. Halla su distancia a la base de la torre a partir de los datos del dibujo.

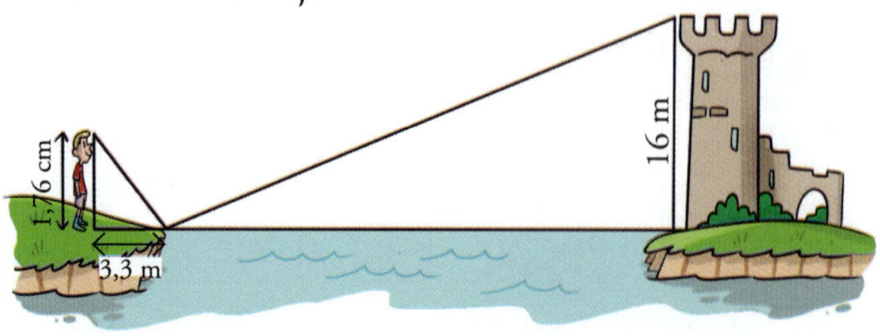

Interpreta, describe, exprésate

26 Explica y justifica cada una de las respuestas que se presentan a la siguiente pregunta:

¿Son semejantes estos dos triángulos?

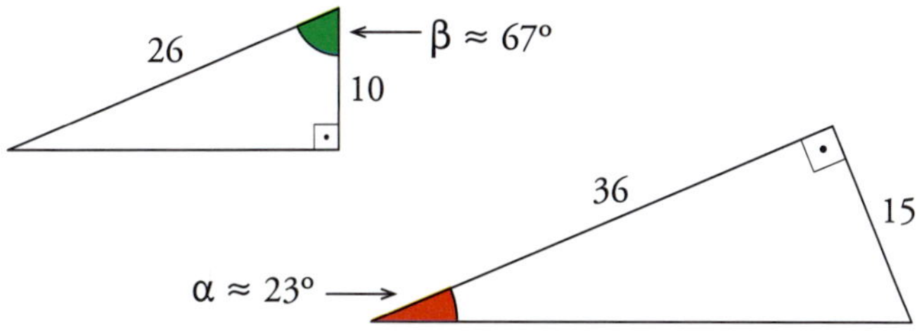

A Llamando x al cateto desconocido en el triángulo menor:

$$x = \sqrt{26^2 - 10^2} = 24 \leftrightarrow ¿\frac{10}{24} = \frac{15}{36}?$$

$$10 \cdot 36 = 360 = 24 \cdot 15 \rightarrow \text{Son semejantes.}$$

B $90° - \beta = 90° - 67° = 23° \rightarrow$ Son semejantes.

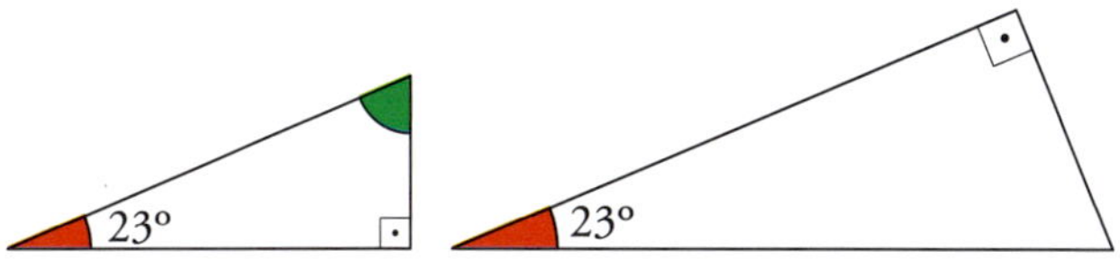

C

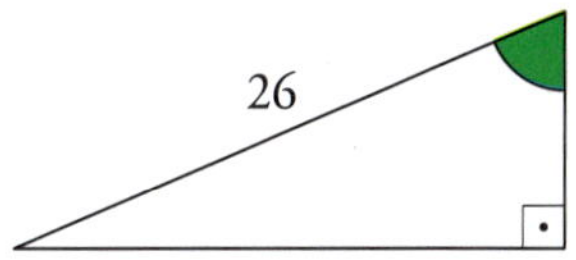

$$¿\frac{10}{15} = \frac{26}{m}?$$

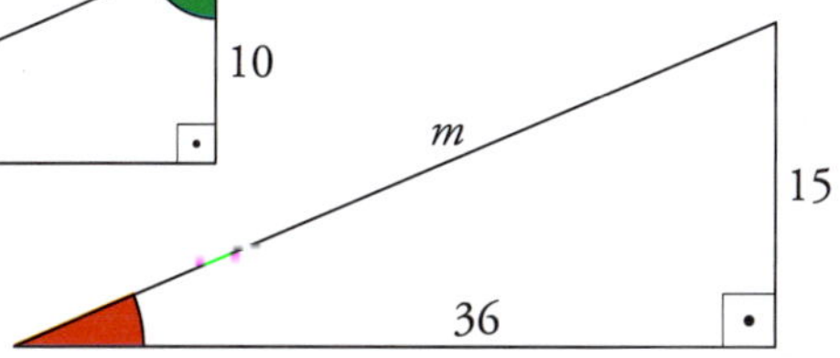

$$m = \sqrt{36^2 + 15^2} = 39$$

$$10 \cdot 39 = 26 \cdot 15 = 390 \rightarrow \text{Son semejantes.}$$

27 Observa dos construcciones sobre un hexágono regular de 10 cm de lado y explica:

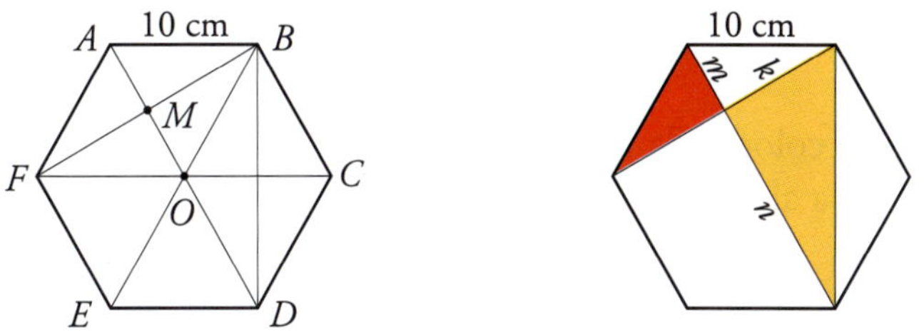

a) Por qué $\widehat{AFB} = 30°$; $\widehat{FBD} = 60°$; $\widehat{AMF} = 90°$.

b) Por qué los triángulos coloreados son semejantes.

c) Por qué $\overline{AD} = 20$ cm; $m = 5$ cm; $n = 15$ cm.

d) Por qué $k^2 = 5 \cdot 15 \rightarrow k = \sqrt{75}$

Problemas «+»

28 Calcula la longitud del trampolín teniendo en cuenta las medidas.

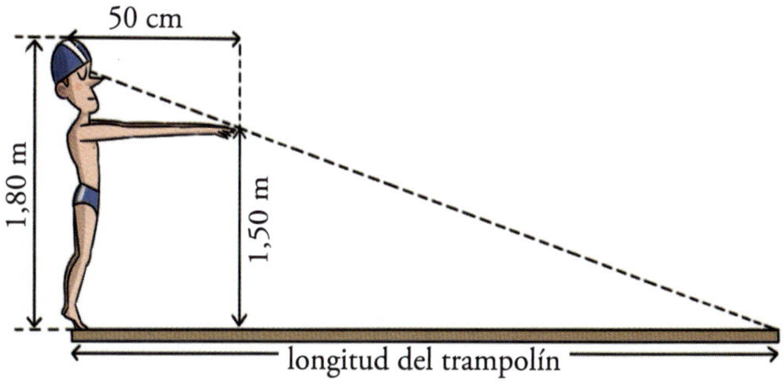

29 ¿A qué altura se encuentra el extremo superior de la farola, sabiendo que Paula lo ve alineado con el borde de la valla?

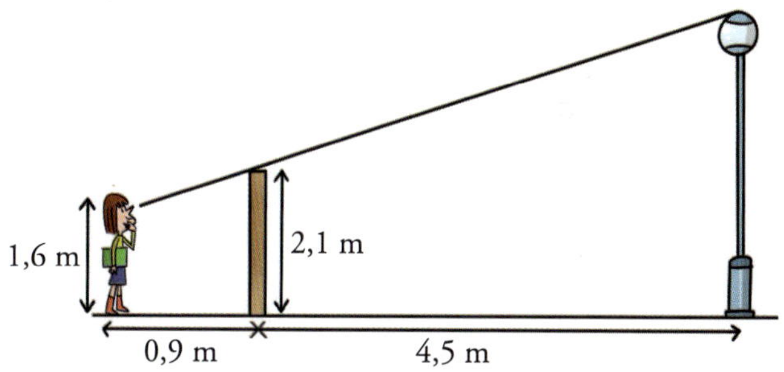

30 Una linterna, a 1,5 m de una pared, ilumina sobre ella un círculo de 60 cm de diámetro. Y si se le da la vuelta, enfocando la pared opuesta de la habitación, el círculo iluminado tiene un diámetro de 90 cm. ¿Qué distancia separa las dos paredes?

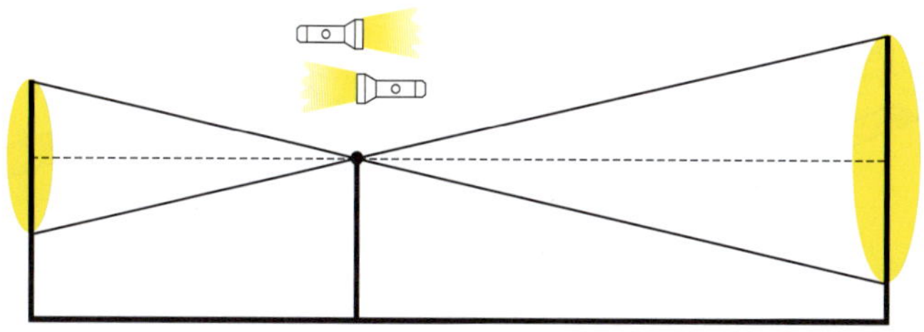

31 El Titanic fue un barco británico que se hundió en 1912 durante su viaje inaugural. James Cameron construyó, para rodar la película *Titanic*, una réplica de unos 15 m de largo. El Titanic medía unos 270 m de largo, 30 m de ancho y 53 m de alto. Además, pesaba unas 46 000 toneladas.

a) ¿A qué escala construyó James Cameron el barco?

b) ¿Cuánto medían el ancho y alto de la maqueta?

c) Si la maqueta se hubiera construido con los mismos materiales que el barco, ¿cuánto pesaría?

LEE E INFÓRMATE

Dinosaurios con radiador

¿Por qué hace 300 millones de años la evolución dio lugar al *Dimetrodon,* dinosaurio aparentemente estrafalario, con una gigantesca aleta dorsal?

Los reptiles no tienen mecanismos propios para regular la temperatura corporal. Cuando el medio se hizo más cálido, necesitaban evacuar calor. La irradiación se hace a través de la piel y es, por tanto, proporcional al cuadrado de la longitud, mientras que la producción de calor es proporcional al volumen del cuerpo; es decir, al cubo de la longitud. Así, los dinosaurios grandes se encontraban con un gran problema: producían más calor del que podían eliminar.

La aleta es un mecanismo de adaptación que aumenta la superficie corporal sin apenas aumentar el volumen.

INVESTIGA

Ampliadoras con cuatro palos

Con cuatro varillas (del material que quieras) convenientemente taladradas y unidas como se indica en la figura, se consigue un aparato con el que se pueden ampliar las figuras al doble de su tamaño.

- En A se sujeta a la mesa.
- En B hay un punzón que recorre la figura que se quiere reproducir.
- En C hay un lápiz que reproduce la figura al doble de su tamaño.

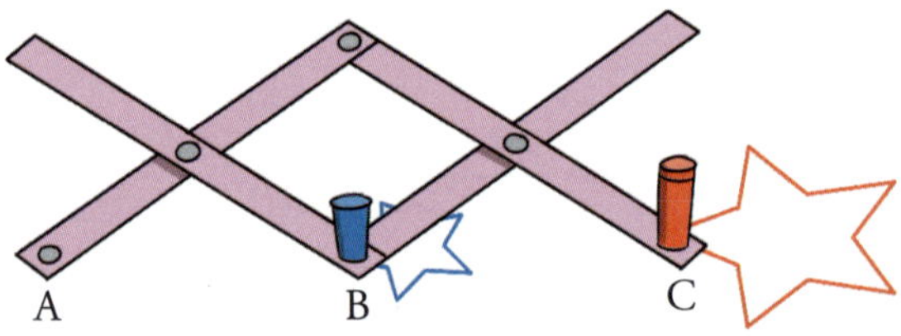

Si hacemos en las varillas más taladros, se pueden conseguir ampliaciones diversas; es decir, semejanzas con razones distintas de 2. Por ejemplo:

- Esta disposición sirve para ampliar el tamaño por 3.

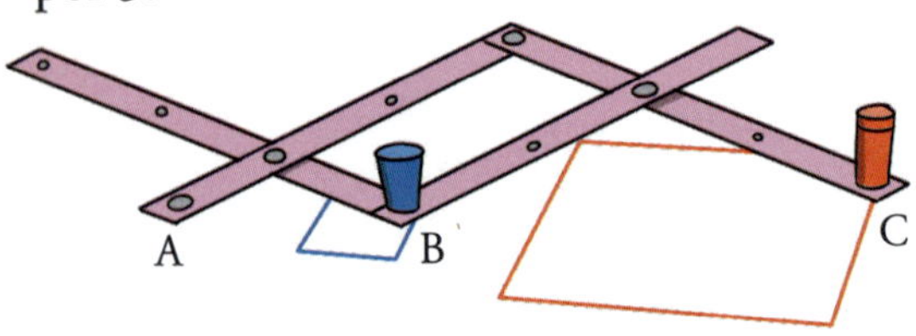

- Y con esta otra hacemos una figura 4 veces mayor.

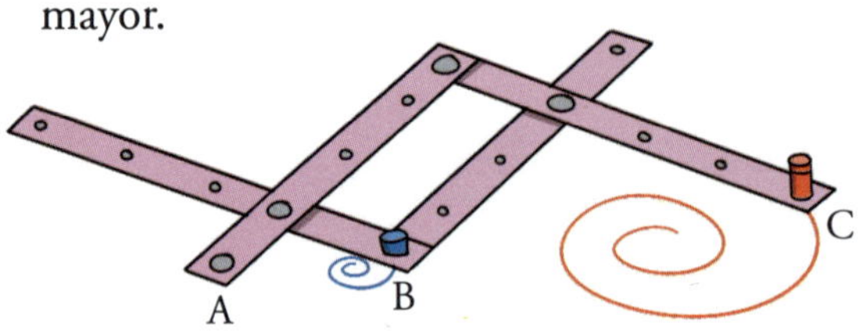

Si en estos aparatos intercambiamos el punzón y el lápiz y, además, se coloca a la derecha la figura original, la copia quedará reducida. En este caso, si el aparato ampliaba al doble de tamaño, ahora reduce a la mitad; si era el triple, a un tercio…

A raíz de lo que hemos visto, ¿sabrías decir qué ampliaciones dan los siguientes aparatos?

1

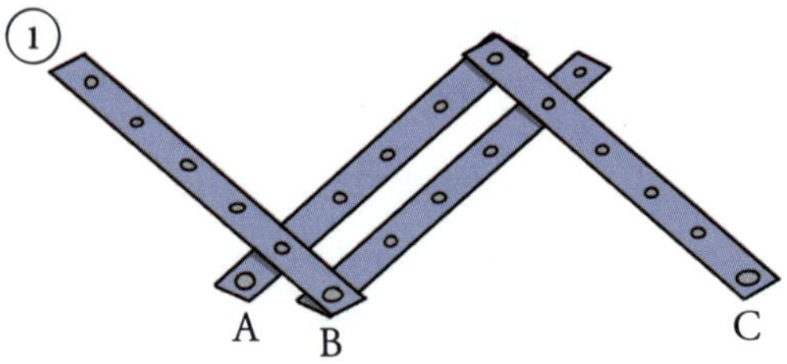

2

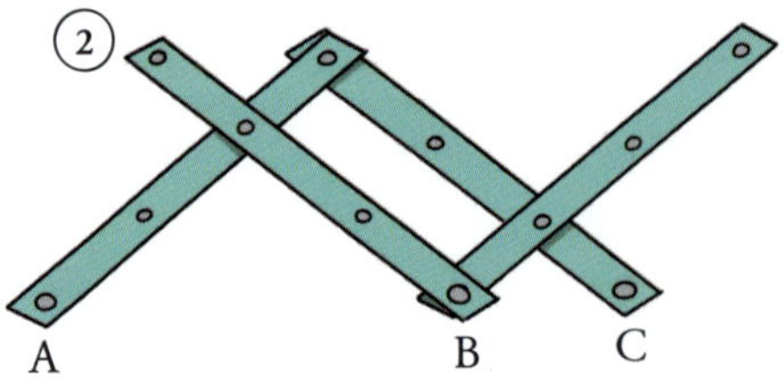

3

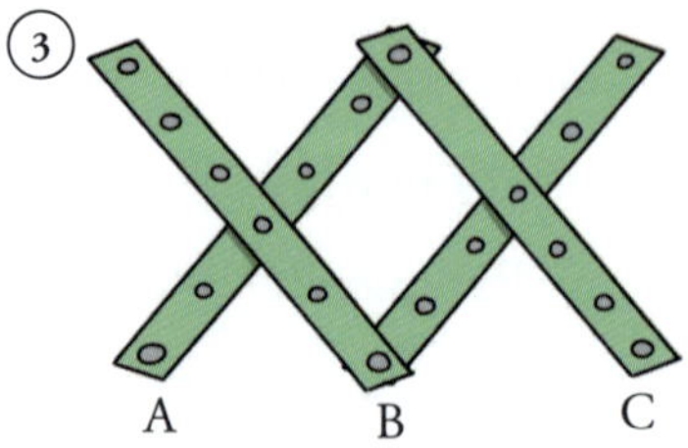

Recuerda que en anayaeducacion.es puedes encontrar orientación académica y profesional relacionada con los contenidos de esta unidad.

Recuerda que dispones, en tu banco de recursos:

- de diversos talleres para gestionar tus emociones y de una diana para evaluarlas.
- de fichas para mejorar tu ciudadanía digital.

ENTRÉNATE RESOLVIENDO OTROS PROBLEMAS

- ¿Qué fracción del triángulo grande se ha coloreado en rojo? ¿Cuál es la razón de semejanza entre estos dos triángulos?

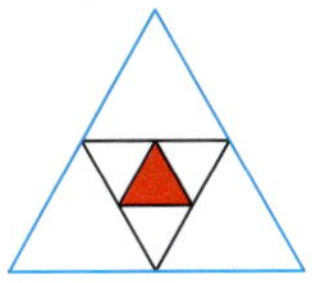

- Una hoja de papel de regalo, con forma de rectángulo, tiene una superficie de 32 dm^2. Si la pliego por la mitad cuatro veces a lo largo y luego tres veces a lo ancho, obtengo un cuadrado. ¿Cuáles son las dimensiones del papel?

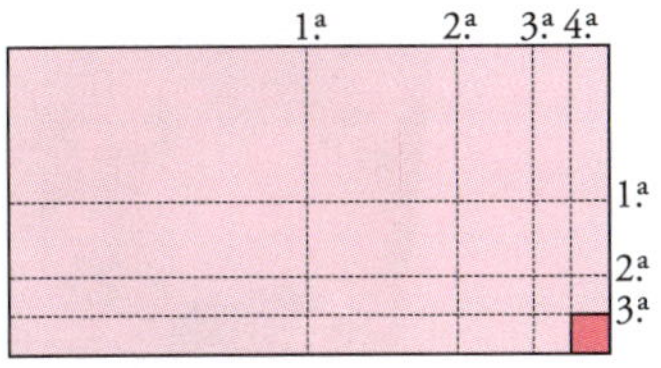

- Una vendedora de espárragos cree duplicar la cantidad de cada manojo duplicando la longitud de la cuerda con la que los envuelve, pero se equivoca. Si la cuerda se duplica, ¿qué pasa con la cantidad de espárragos que contiene?

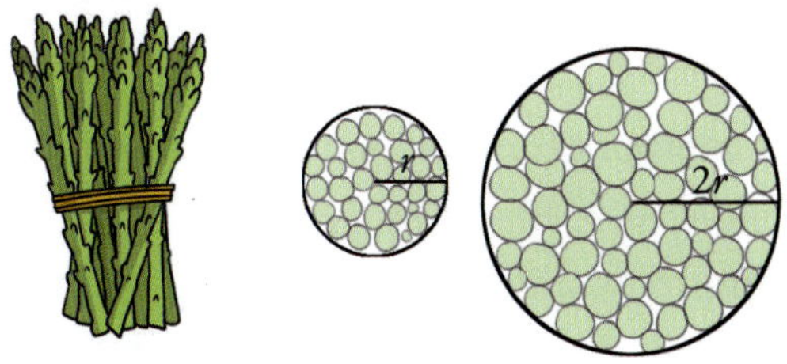

- Una alfombra de 2 m × 3 m está centrada en el suelo de una habitación rectangular y ocupa la cuarta parte del piso. Los bordes más largos de la alfombra quedan a un metro de la pared. ¿A qué distancia de la pared quedan los bordes más cortos?

anayaeducacion.es Resolución de estos ejercicios y una autoevaluación interactiva.

AUTOEVALUACIÓN

1 Dibuja dos figuras, A y B, semejantes a F, de forma que la razón de semejanza entre A y F sea 2, y entre B y F, 1/2.

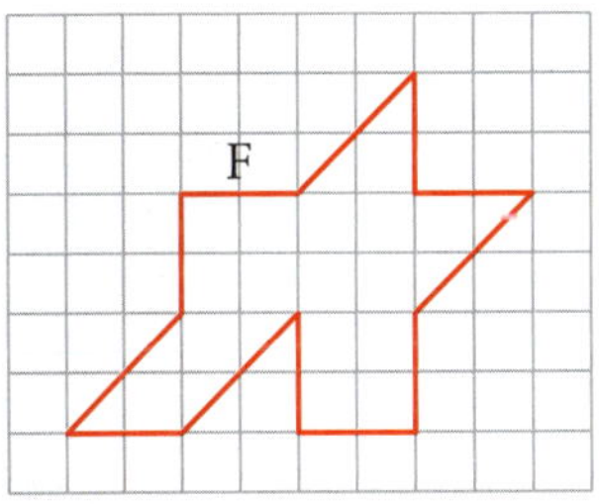

2 Estos dos jarrones de cristal, G y P, son semejantes.

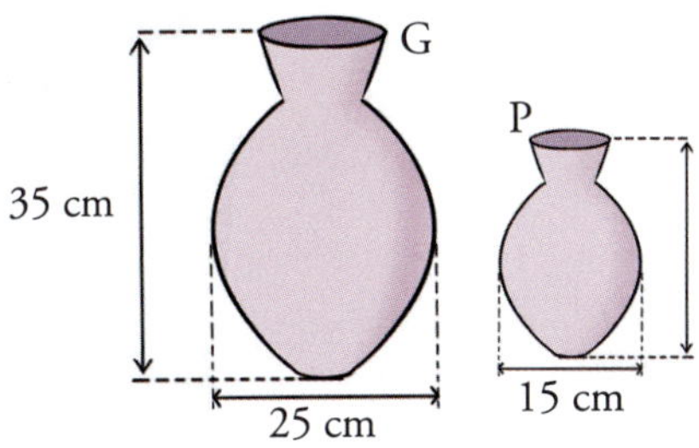

a) ¿Cuál es la razón de semejanza entre P y G?

b) ¿Cuál es la altura, h, de P?

c) Si P, vacío, pesa 400 g, ¿en cuánto estimas el peso de G?

d) Si G tiene una capacidad de 16 litros, ¿cuántos litros caben en P?

3 Observa y calcula *a* y *b*.

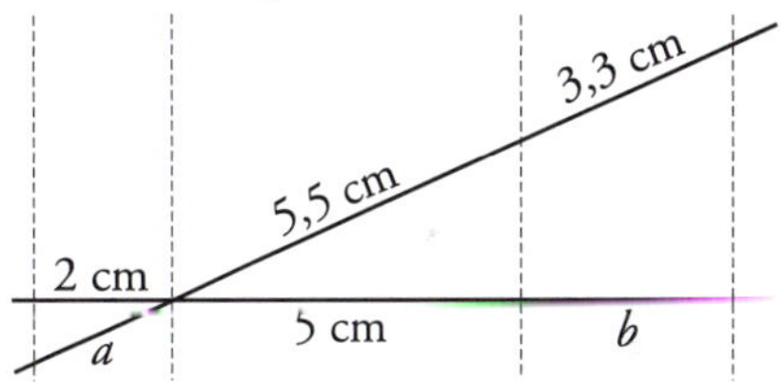

4 Explica por qué son semejantes estos dos triángulos.

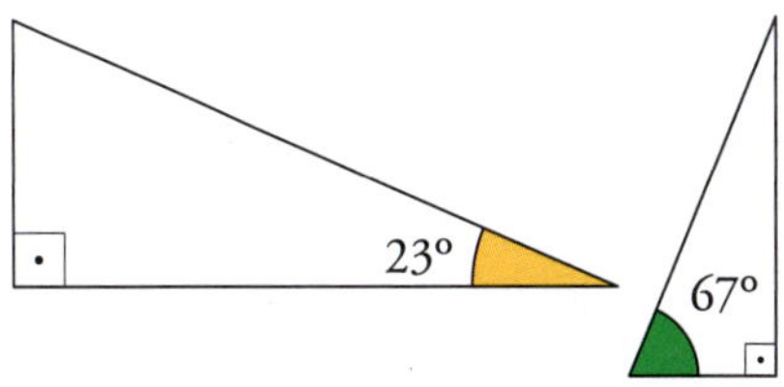

5 Manuela se ha subido a una caja desde donde ve reflejada en un charco la copa de un árbol.

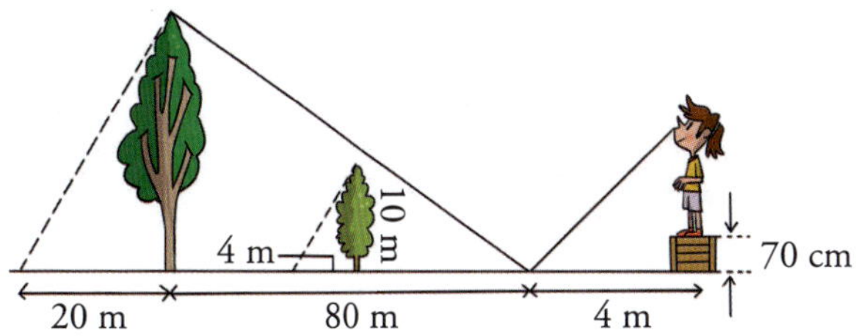

Teniendo en cuenta las medidas, calcula:

a) La altura del árbol. b) La altura de Manuela.

Compromiso ODS Visualiza el vídeo meta 11.1., piensa en una acción con la que podrías contribuir al logro de esa meta y comprométete a llevarla a cabo.

11

CUERPOS GEOMÉTRICOS

Los cuerpos geométricos más sencillos eran conocidos y manejados por las antiguas civilizaciones.

El impresionante desarrollo de la geometría en Egipto, hace más de 3 500 años, supuso un importante impulso en este ámbito. Para el cálculo de áreas y volúmenes, los egipcios poseían procedimientos a los que, probablemente, llegaron de forma experimental. Unos producían resultados exactos, y otros, los más difíciles, aproximados, aunque ellos no distinguían entre unos y otros, y les daban a todos la misma validez.

El mundo griego recogió estos conocimientos y los enriqueció teóricamente.

Investiga, experimenta y aplica lo que sabes

1 Para construir un cubo de 2 cm de arista, se han necesitado 24 cm^2 de cartulina (sin contar las solapas).

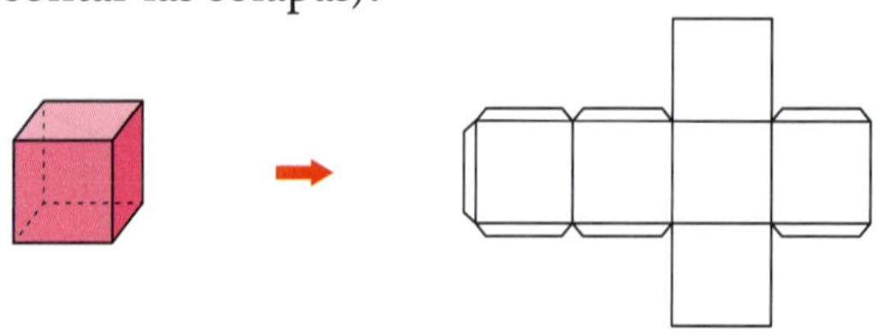

¿Cuál de las siguientes cantidades de cartulina se necesitan para construir otro cubo de 4 cm de arista?

30 cm^2 más	El doble	El cuádruplo	30 cm^2 menos

2 ¿Sabrías calcular, en centímetros cuadrados, la cantidad de chapa que lleva este bote de conserva?

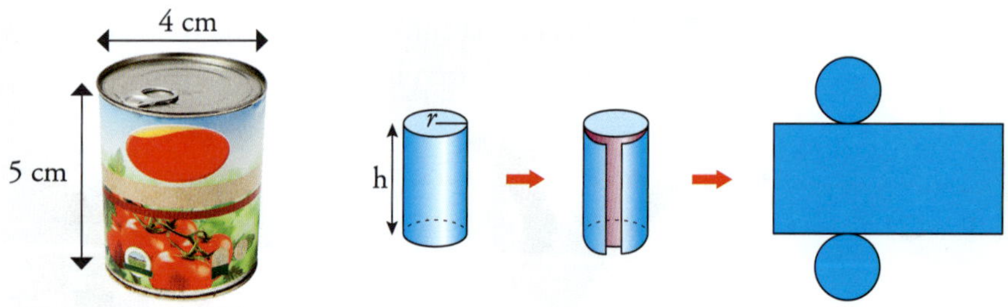

RECUERDA: Longitud de la circunferencia → $2\pi \cdot r$
Superficie del círculo → $\pi \cdot r^2$

Platón, filósofo griego, fue el fundador de la *Academia de Atenas* en el siglo IV a. C. Tenía tal fascinación por las formas geométricas, que colgó un cartel en la puerta de la Academia en la que decía: «Nadie entre aquí que no sepa geometría». Prestó gran atención a los cinco poliedros regulares *(sólidos platónicos),* les atribuyó propiedades místicas y los relacionó con la composición del universo.

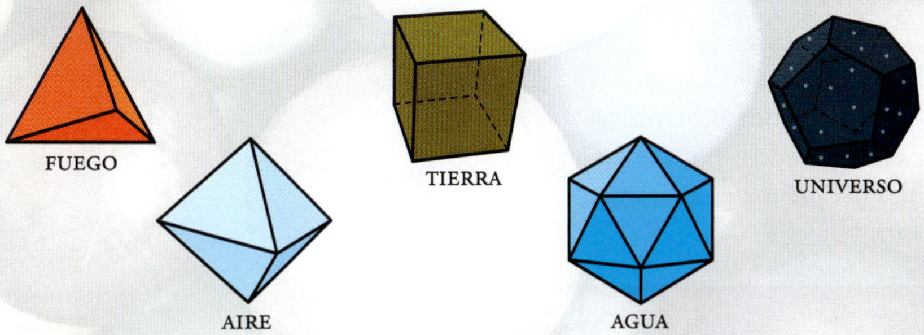

Posteriormente, en el siglo III a. C., **Euclides** y **Arquímedes** dieron un enfoque matemáticamente más riguroso al estudio de estas figuras.

Estudia propiedades de los cuerpos

3 Cuenta y compara las caras, las aristas y los vértices del cubo y del octaedro.

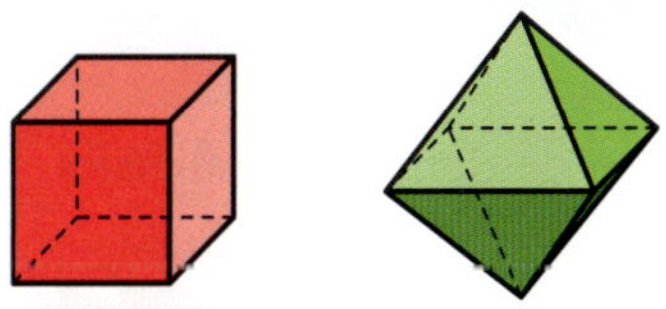

4 Construye, manipula y observa.

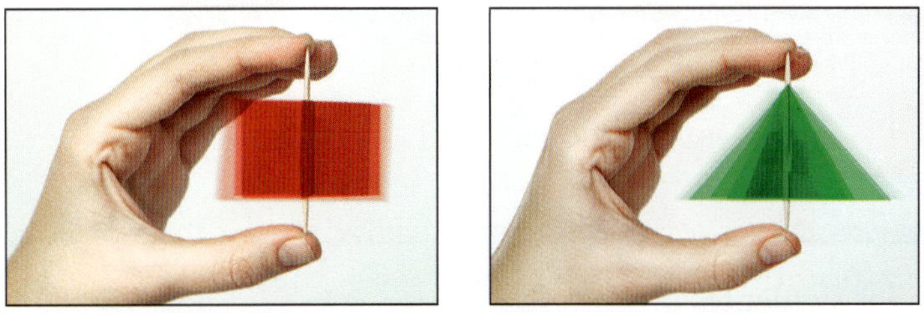

¿Qué cuerpos geométricos se visualizan al hacer girar estas cartulinas tomando como eje el correspondiente palillo?

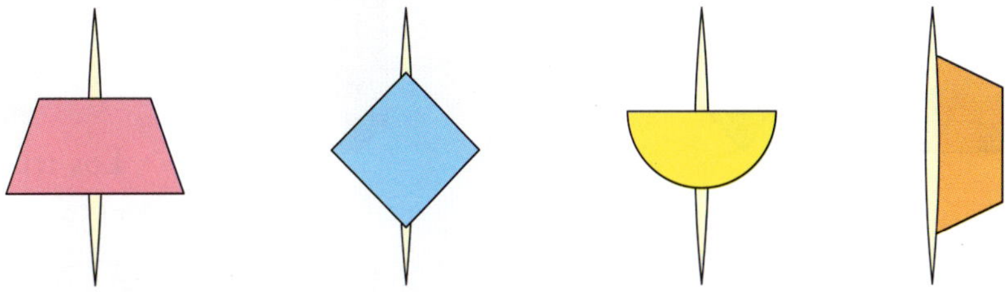

1 PRISMAS

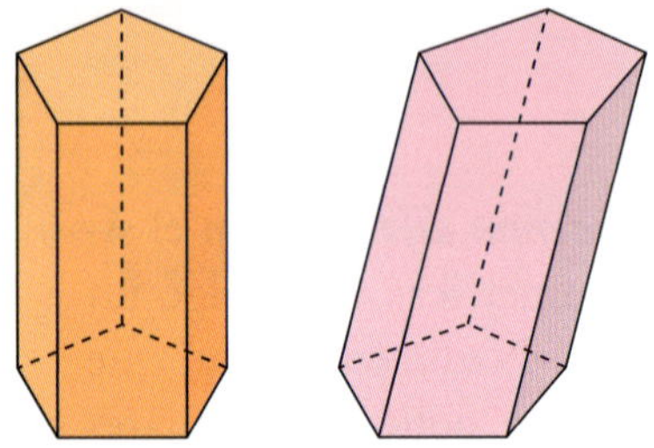

PRISMA RECTO PRISMA OBLICUO

Etimología

Prisma. Viene del griego. Significa «lo que ha sido serrado», porque las caras laterales del prisma están como serradas.

Observa

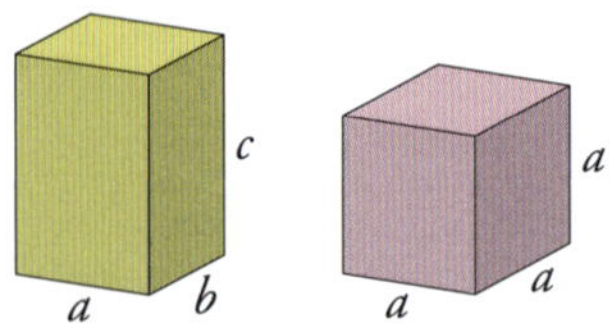

ORTOEDRO CUBO

El ortoedro de dimensiones iguales es el **cubo.**

Un **prisma** es un poliedro limitado por dos polígonos iguales y paralelos llamados **bases** y varios paralelogramos llamados **caras laterales.**

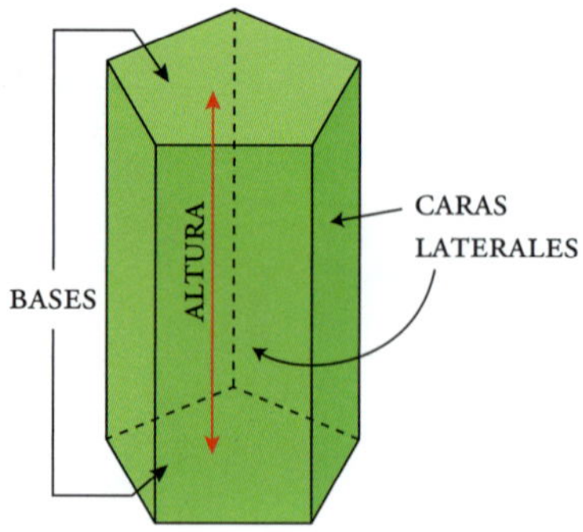

- La **altura** de un prisma es la distancia entre las bases.

- Los prismas se clasifican según los polígonos de sus bases:

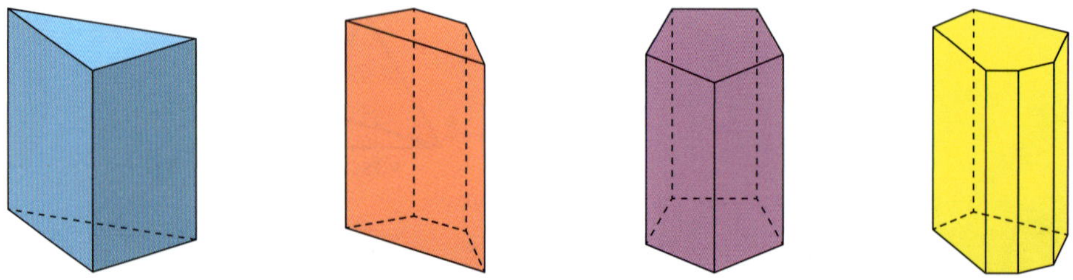

TRIANGULAR CUADRANGULAR PENTAGONAL HEXAGONAL

- Un prisma recto cuya base es un rectángulo se llama **ortoedro.** El ortoedro de dimensiones iguales es el **cubo.**
- Los prismas rectos cuyas bases son polígonos regulares se denominan **prismas regulares.**
- Si cortamos un prisma recto a lo largo de algunas de sus aristas, lo abrimos y ponemos las caras sobre un plano, se obtiene su **desarrollo plano.**

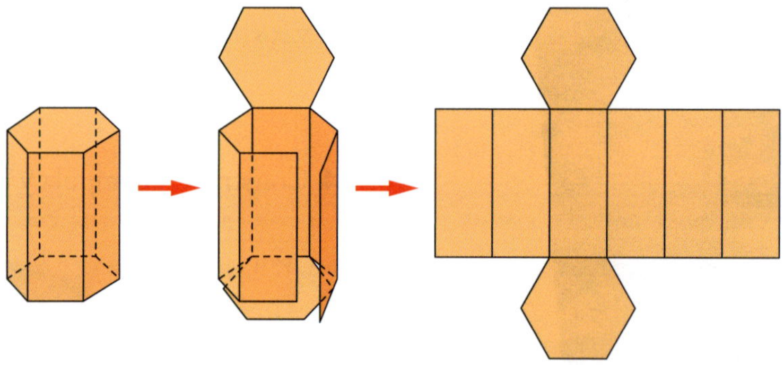

Para practicar

1 Observa los siguientes prismas:

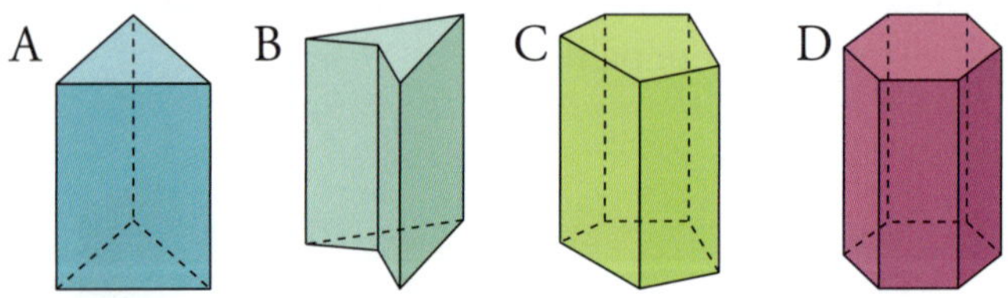

a) Clasifícalos según sea su base.

b) Indica cuáles son regulares.

c) Dibuja el desarrollo plano del prisma A.

2 Copia y completa para calcular la diagonal de un ortoedro de dimensiones 4 cm, 6 cm y 12 cm.

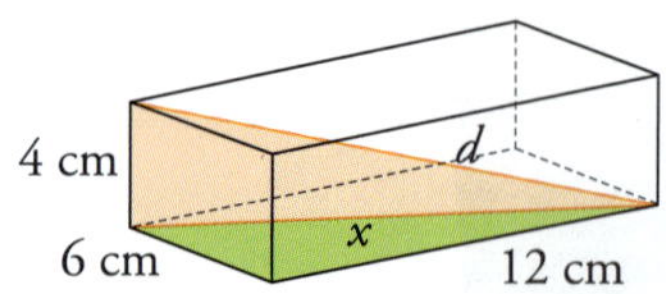

Los triángulos coloreados son rectángulos. Aplicando el teorema de Pitágoras:

$x^2 = 12^2 + 6^2$

$d^2 = x^2 + 4^2 = \dots^2 + \dots^2 + \dots^2 = \dots \rightarrow d = \sqrt{\dots} = 14$ cm

Solución: La diagonal del ortoedro mide 14 cm.

anayaeducacion.es GeoGebra. Prismas.

Superficie de un prisma

A la vista del desarrollo de un prisma, calculamos con facilidad la medida de su superficie.

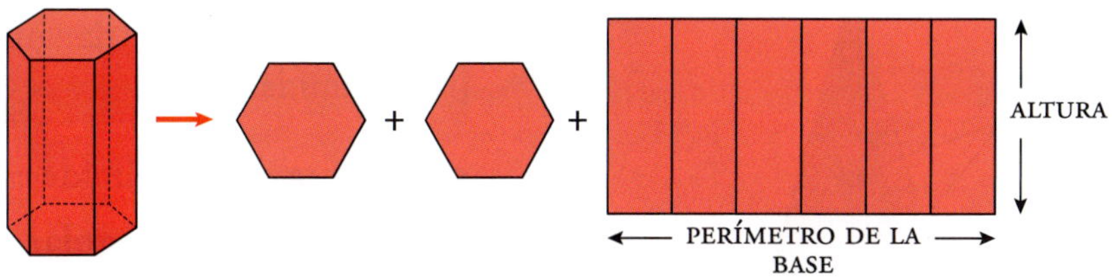

anayaeducacion.es Practica el cálculo de la superficie de un prisma.

ÁREA LATERAL = perímetro de la base · altura

ÁREA TOTAL = ÁREA LATERAL + 2 · ÁREA DE LA BASE

Para fijar ideas

Copia y completa en tu cuaderno.

1 Calcula el área de este prisma pentagonal regular.

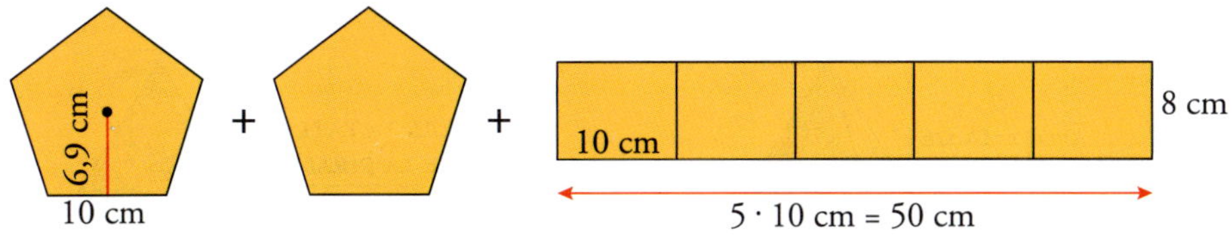

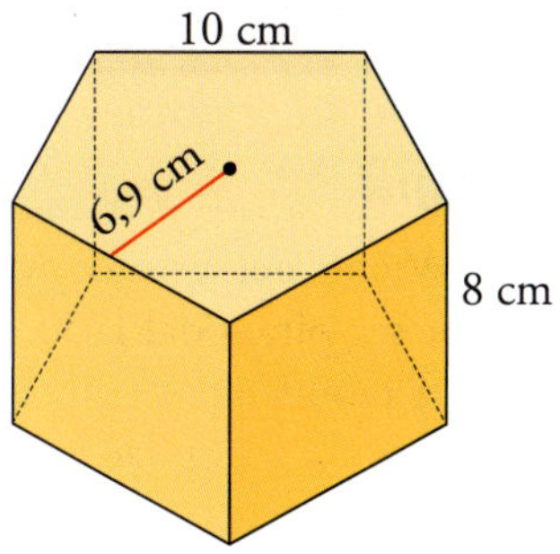

$A_{BASE} = \dfrac{\text{perímetro} \cdot \text{apotema}}{2} = \dfrac{\ldots \cdot \ldots}{2} = \ldots \text{ cm}^2$

$A_{LATERAL} = \text{perímetro de la base} \cdot \text{altura} = \ldots \cdot \ldots = \ldots \text{ cm}^2$

$A_{TOTAL} = A_{LATERAL} + 2 \cdot A_{BASE} = \ldots + 2 \cdot \ldots = 745 \text{ cm}^2$

2 Las bases de un prisma recto son rombos cuyas diagonales miden 8 cm y 6 cm. La altura del prisma es 10 cm. Halla su área total.

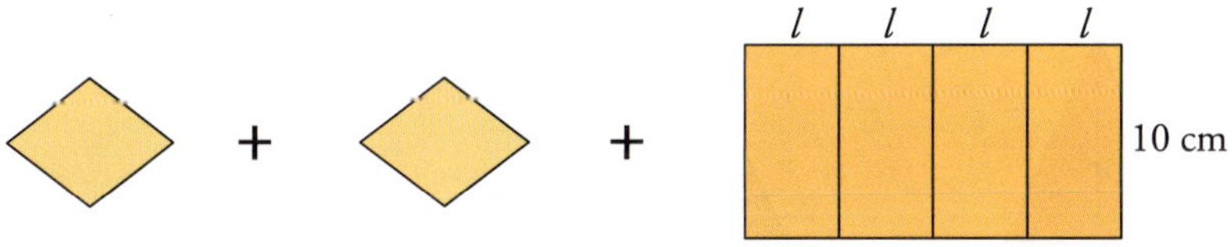

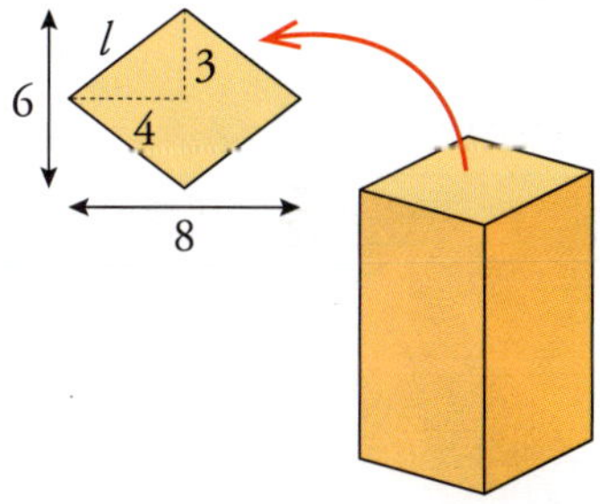

Utilizando el teorema de Pitágoras: $l = \sqrt{3^2 + \ldots^2} = \ldots$ cm

Perímetro de la base: $P = 4 \cdot l = \ldots$ cm; Altura: h = … cm

$A_{BASE} = \dfrac{\text{diagonal}_1 \cdot \text{diagonal}_2}{2} = \dfrac{\ldots \cdot \ldots}{2} = \ldots \text{ cm}^2$

$A_{LATERAL} = P \cdot \text{h} = \ldots \cdot \ldots = \ldots \text{ cm}^2$

$A_{TOTAL} = \ldots + 2 \cdot \ldots = 248 \text{ cm}^2$

3 Calcula el área total de un ortoedro de dimensiones 4 cm, 6 cm y 12 cm.

Como las caras son iguales dos a dos, podemos actuar de una forma más directa:

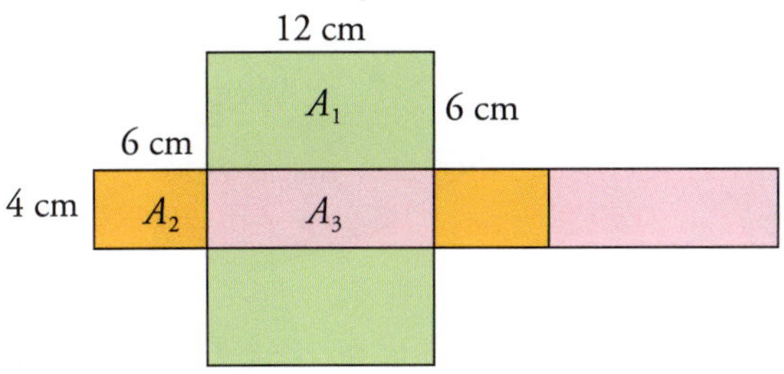

$A_1 = 12 \cdot 6 = \ldots \text{ cm}^2$

$A_2 = 4 \cdot \ldots = \ldots \text{ cm}^2$

$A_3 = \ldots \cdot \ldots = \ldots \text{ cm}^2$

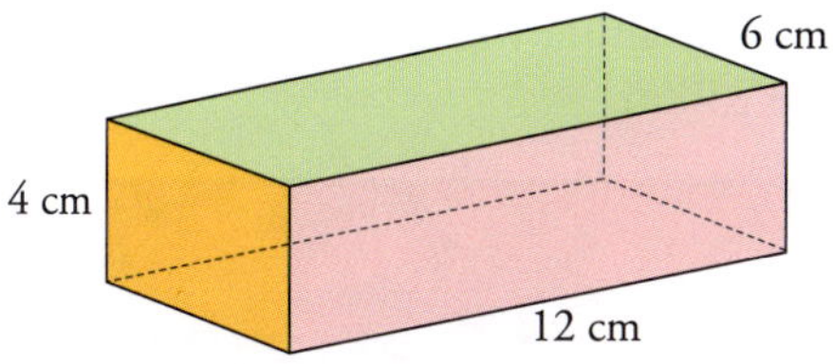

$A_{TOTAL} = 2 \cdot (A_1 + A_2 + A_3) = 2 \cdot (\ldots + \ldots + \ldots) = 288 \text{ cm}^2$

2 PIRÁMIDES

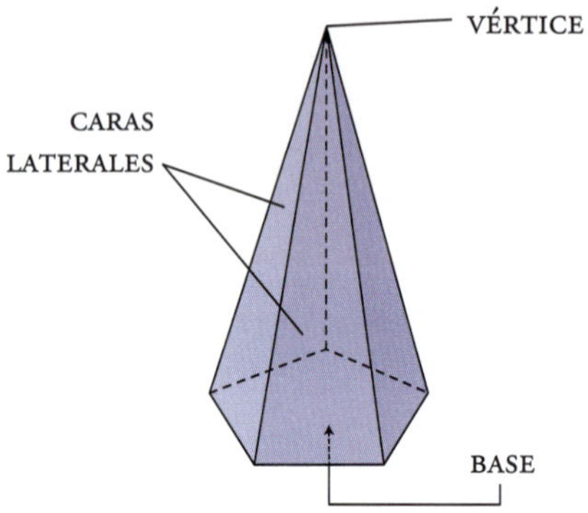

Una **pirámide** es un poliedro que tiene por base un polígono cualquiera y por caras laterales, triángulos con un vértice común, que se llama **vértice** de la pirámide.

- La **altura** de la pirámide es la distancia del vértice al plano de la base.
- Una **pirámide** es **regular** cuando la base es un polígono regular y el vértice se proyecta sobre el centro de ese polígono.
- En una pirámide regular, todas las aristas laterales son iguales y las caras laterales son triángulos isósceles iguales. La altura de cada uno de ellos se llama **apotema** de la pirámide.

La apotema de una pirámide regular es la hipotenusa de un triángulo rectángulo cuyos catetos son la altura de la pirámide y la apotema del polígono de la base.

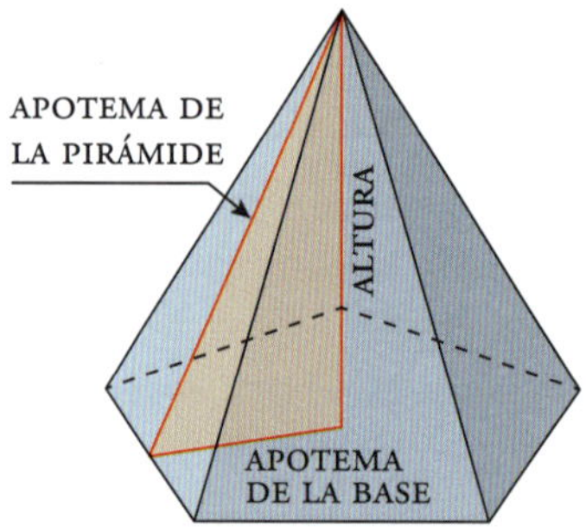

La arista lateral de una pirámide regular es la hipotenusa de un triángulo rectángulo cuyos catetos son la altura de la pirámide y el radio de la base.

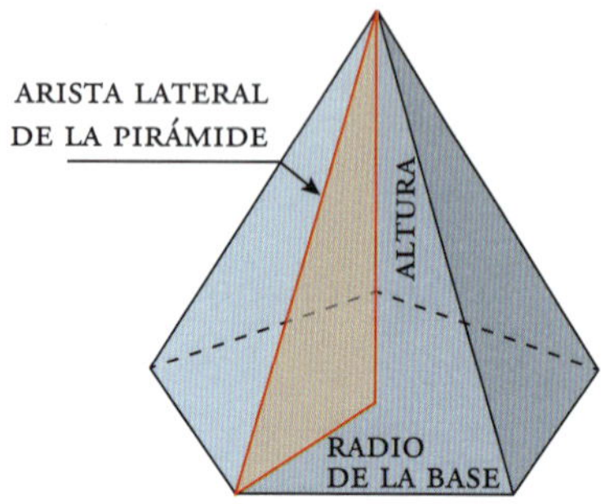

- Las pirámides se clasifican según los polígonos de sus bases:

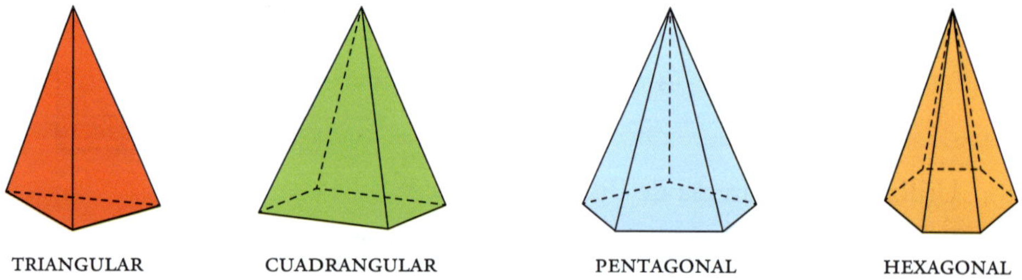

- Si cortamos a lo largo de algunas aristas de una pirámide regular, la abrimos y extendemos sus caras sobre el plano, obtenemos su **desarrollo plano.**

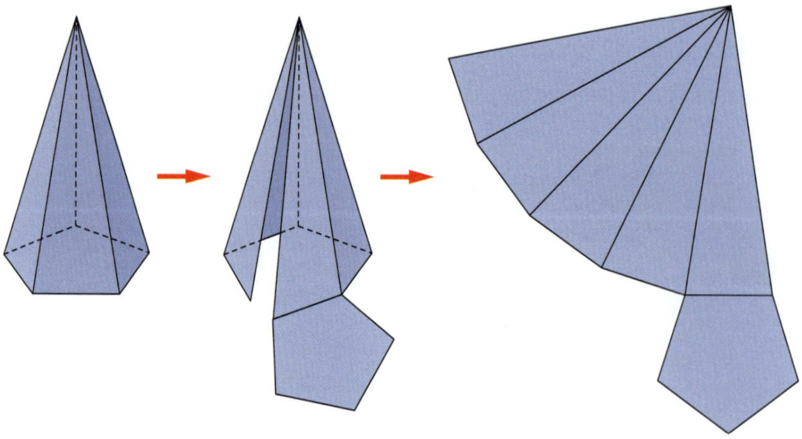

Etimología

Pirámide. Viene del griego *pyros,* «fuego», por ser piramidal la forma de la llama. Y también por tener esta forma las piras (cosas apiladas para ser quemadas).

Nota histórica

Las pirámides de Egipto fueron construidas como sepulcros de los faraones hace varios miles de años.

Son regulares y cuadrangulares. La mayor de ellas, la de Keops, tiene 146 m de altura y el lado de su base mide 230 m.

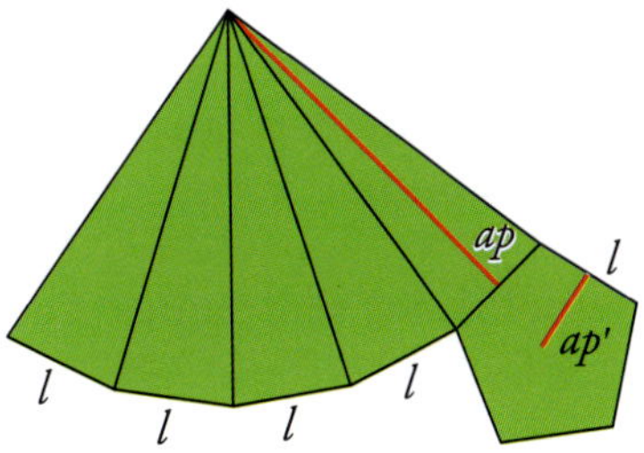

> anayaeducacion.es Practica el cálculo de la superficie de una pirámide regular.

Superficie de una pirámide

El área lateral de una pirámide regular es la suma de las áreas de los n triángulos iguales (n es el número de lados de la base):

$$A_{\text{LATERAL}} = n \cdot \frac{1}{2} l \cdot ap = \frac{1}{2}(n \cdot l) \cdot ap = \frac{\text{perímetro de la base} \cdot ap}{2}$$

Puesto que la base es un polígono regular, su área es $\frac{\text{perímetro} \cdot ap'}{2}$. Por tanto:

$$A_{\text{TOTAL}} = A_{\text{LAT}} + A_{\text{BASE}} = \frac{\text{perímetro de la base} \cdot ap}{2} + \frac{\text{perímetro de la base} \cdot ap'}{2}$$

Para fijar ideas

Copia y completa en tu cuaderno.

1 Halla el área total de esta pirámide pentagonal regular.

$l = 8$ cm
h = 18 cm
$ap' = 5{,}5$ cm

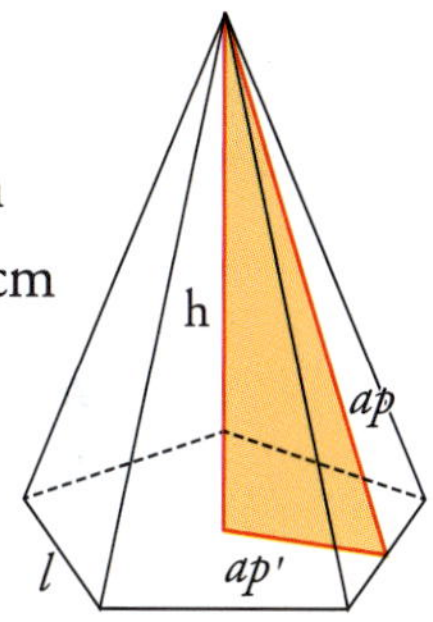

Empezamos calculando la apotema, *ap*, de la pirámide. Ten en cuenta que el triángulo coloreado es rectángulo (la hipotenusa es *ap*, y los catetos *ap'* y h).

$ap = \sqrt{h^2 + (ap')^2} = \sqrt{\ldots + \ldots} = \sqrt{\ldots} \approx \ldots$ cm

$A_{\text{BASE}} = \frac{\text{perímetro de la base} \cdot ap'}{2} = \frac{(5 \cdot \ldots) \cdot \ldots}{2} = \ldots \text{ cm}^2$

$A_{\text{LATERAL}} = \frac{\text{perímetro de la base} \cdot ap}{2} = \frac{(5 \cdot \ldots) \cdot \ldots}{2} = \ldots \text{ cm}^2$

$A_{\text{TOTAL}} = A_{\text{BASE}} + A_{\text{LATERAL}} = \ldots + \ldots = 486 \text{ cm}^2$

2 Halla el área total de una pirámide regular cuya base es un cuadrado de 10 cm de lado y su arista lateral mide 13 cm.

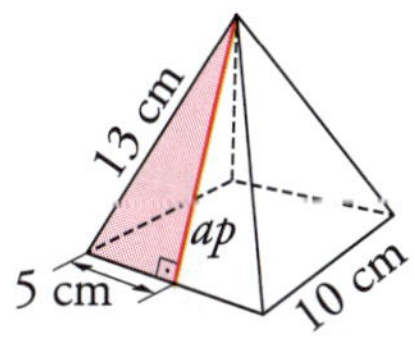

Empezamos calculando la apotema, *ap*, de la pirámide. Ten en cuenta que el triángulo coloreado es rectángulo (la hipotenusa es 13, y los catetos *ap* y 5).

$ap = \sqrt{13^2 - \ldots^2} = \sqrt{\ldots - \ldots} = \sqrt{\ldots} = \ldots$ cm

$A_{\text{BASE}} = \ldots^2 = \ldots \text{ cm}^2$

$A_{\text{LATERAL}} = \frac{\text{perímetro de la base} \cdot ap}{2} = \frac{4 \cdot \ldots \cdot \ldots}{2} = \ldots \text{ cm}^2$

$A_{\text{TOTAL}} = A_{\text{BASE}} + A_{\text{LATERAL}} = \ldots + \ldots = 340 \text{ cm}^2$

3 Calcula las superficies lateral y total de una pirámide hexagonal regular de 13 cm de altura sabiendo que el radio de su base mide 6 cm.

Calculamos la apotema de la pirámide, *ap*, y la apotema de la base, *ap'*. Recuerda que en un hexágono regular el radio es igual al lado. Por tanto:

$(ap')^2 = 6^2 - 3^2 = 27 \rightarrow ap' = \sqrt{27} \approx 5{,}2$ cm

$ap = \sqrt{\ldots^2 + (ap')^2} = \sqrt{\ldots + 27} = \sqrt{\ldots} = \ldots$ cm

$A_{\text{BASE}} = \frac{\text{perímetro de la base} \cdot ap'}{2} = \frac{6 \cdot \ldots \cdot \ldots}{2} \approx \ldots \text{ cm}^2$

$A_{\text{LATERAL}} = \frac{\text{perímetro de la base} \cdot ap}{2} = \frac{6 \cdot \ldots \cdot \ldots}{2} = \ldots \text{ cm}^2$

$A_{\text{TOTAL}} = A_{\text{BASE}} + A_{\text{LATERAL}} = \ldots + \ldots = 345{,}6 \text{ cm}^2$

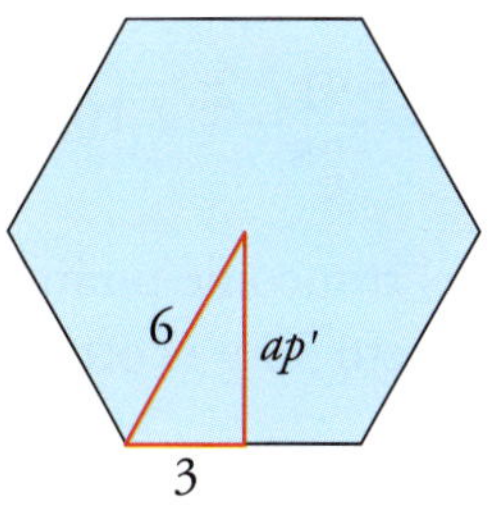

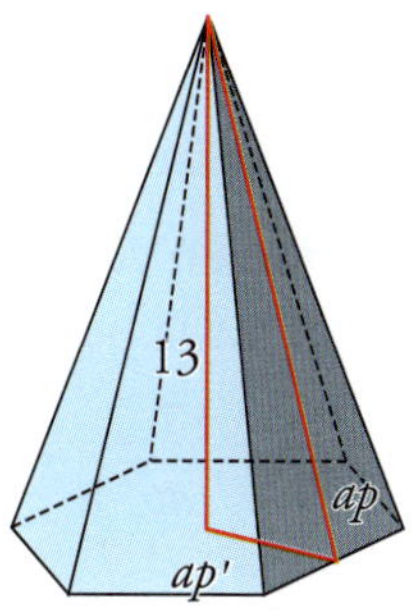

> anayaeducacion.es GeoGebra. Superficie de una pirámide.

3 TRONCOS DE PIRÁMIDE

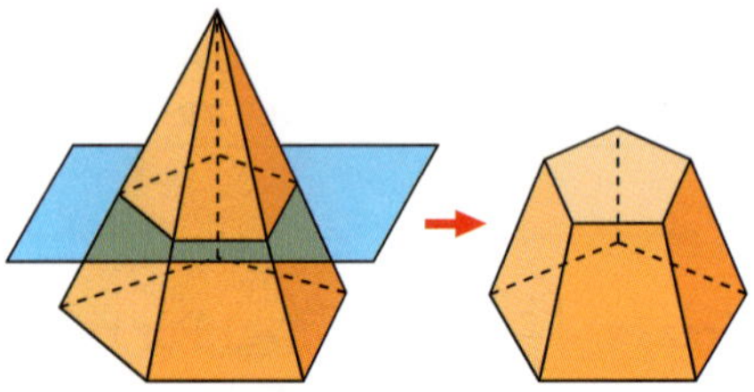

Si cortamos una pirámide por un plano paralelo al de la base, el cuerpo comprendido entre los dos planos se llama **tronco de pirámide.**

- Un tronco de pirámide tiene dos **bases** que son polígonos semejantes. La distancia entre ellas es la **altura** del tronco.
- Si la pirámide es regular, el tronco de la pirámide correspondiente también es **regular.** Sus caras laterales son trapecios isósceles iguales. La altura de cada uno de ellos se denomina **apotema** del tronco de pirámide.

Recuerda

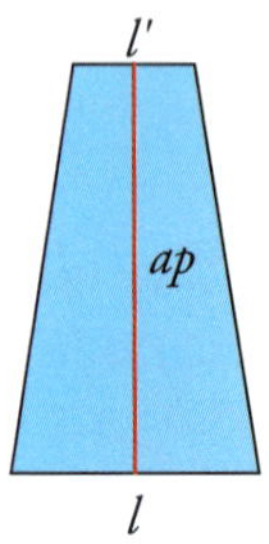

Área del trapecio = $\frac{l + l'}{2} \cdot ap$

Área de un tronco de pirámide regular

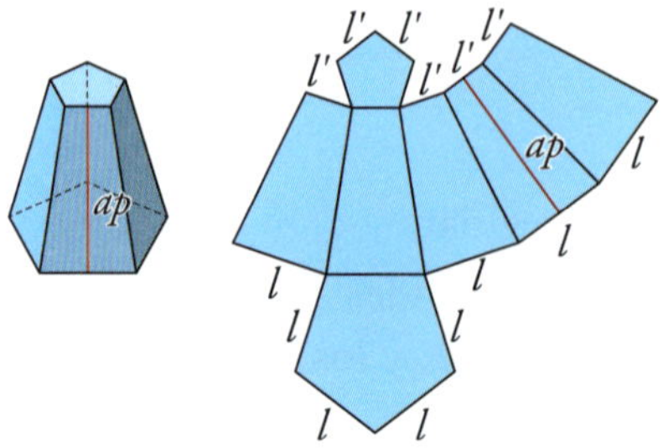

Su área lateral es la suma de las áreas de los n trapecios.

Su área total es la suma de su área lateral y las áreas de las dos bases.

$$A_{LAT} = n \cdot \frac{l + l'}{2} \cdot ap = \frac{n \cdot l + n \cdot l'}{2} \cdot ap = \frac{\text{suma de perímetros de las bases}}{2} \cdot ap$$

$$A_{TOTAL} = A_{LAT} + A_{BASE\ MAYOR} + A_{BASE\ MENOR}$$

Para fijar ideas

Copia y completa en tu cuaderno.

1 Halla el área lateral y el área total del tronco de pirámide cuadrangular regular.

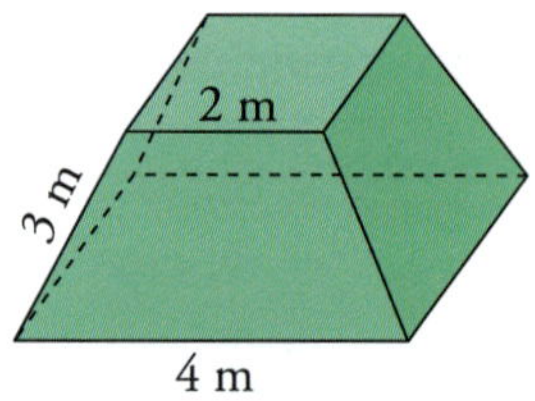

Empezamos calculando la apotema (altura de la cara lateral):

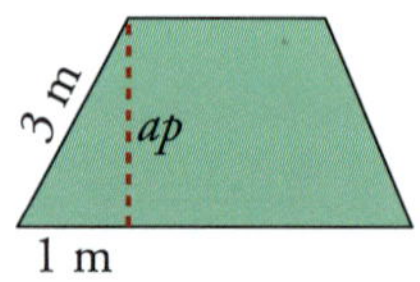

$ap = \sqrt{3^2 - 1^2} = 2{,}83$ m

$A_{LATERAL} = \frac{4 \cdot \ldots + 4 \cdot \ldots}{2} \cdot \ldots = 33{,}96\ \text{m}^2$

$A_{TOTAL} = A_{LATERAL} + A_{BASE\ MAYOR} + A_{BASE\ MENOR} = \ldots + 4^2 + \ldots^2 = 53{,}96\ \text{m}^2$

2 Calcula el área lateral del tronco de pirámide que ves en la figura.

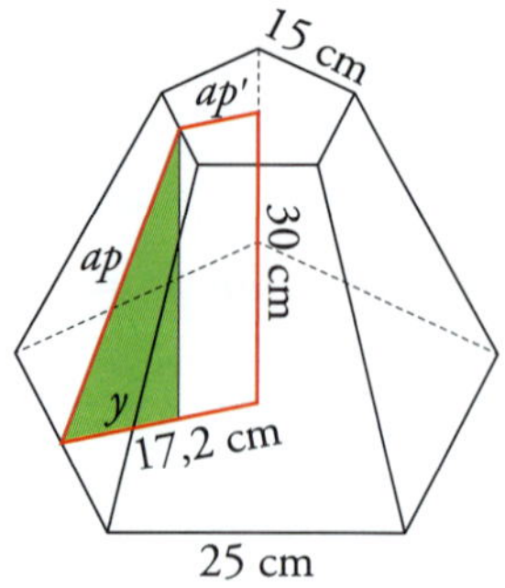

Teniendo en cuenta que ambas bases son polígonos semejantes, calculamos la apotema, *ap'*, de la base menor es:

$$\frac{25}{15} = \frac{17{,}2}{ap'} \rightarrow ap' = \frac{15 \cdot 17{,}2}{25} = 10{,}32 \text{ cm}$$

Calculamos la apotema del tronco de pirámide. El triángulo coloreado es rectángulo. La hipotenusa es *ap,* un cateto 30 y el otro $y = 17{,}2 - ap' = \ldots$

$ap = \sqrt{30^2 + \ldots^2} \approx 30{,}78$ cm $\qquad A_{LATERAL} = \frac{5 \cdot \ldots + 5 \cdot \ldots}{2} \cdot \ldots = 3\,078\ \text{cm}^2$

anayaeducacion.es Practica el cálculo de la superficie de un tronco de pirámide.

Para practicar

1 Halla el área total de un cubo de 10 cm de arista.

2 Las dimensiones de un ortoedro son 4 cm, 3 cm y 12 cm. Halla el área total y la longitud de la diagonal.

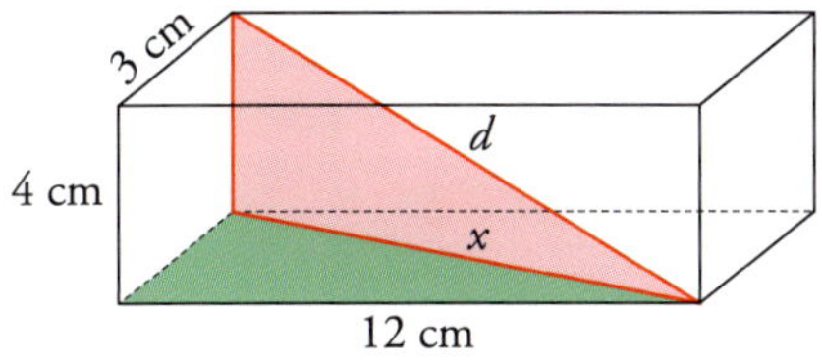

Observa que los dos triángulos coloreados son rectángulos. Si calculas primero x, después puedes calcular d.

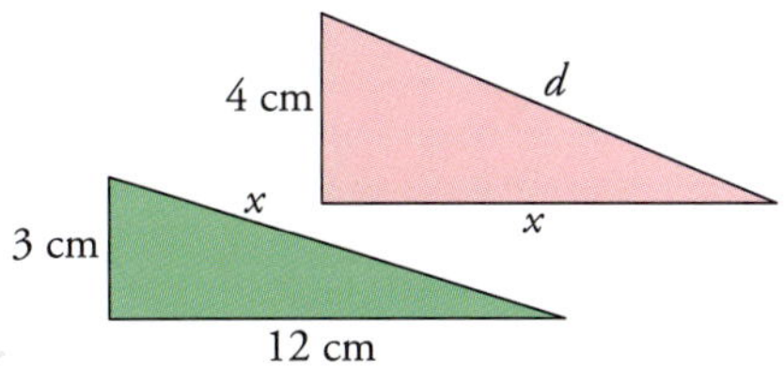

3 La base de un ortoedro es un rectángulo de lados 9 cm y 12 cm. La diagonal del ortoedro mide 17 cm. Calcula la altura del ortoedro y su área total.

$x^2 = \ldots^2 + \ldots^2$

$h^2 = 17^2 - x^2$

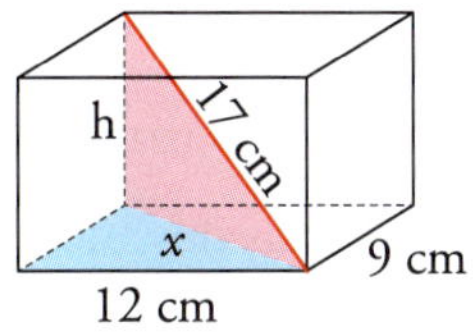

4 La altura de un prisma recto es de 20 cm. Sus bases son trapecios rectángulos cuyas bases miden 11 cm y 16 cm, respectivamente, y la altura, 12 cm. Halla el área total del prisma.

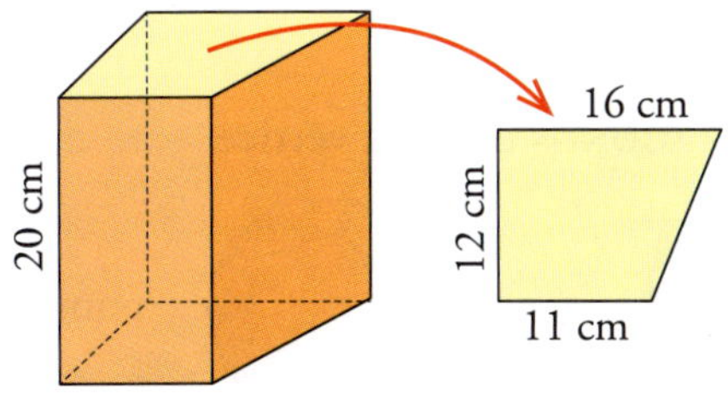

5 La altura de un prisma octogonal regular mide 15 m, el lado de la base 10 m y el radio de la misma 13 m. Calcula su área total.

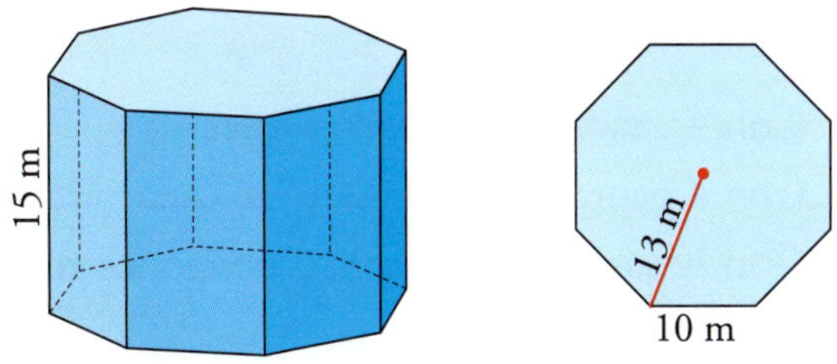

6 Halla el área total de una pirámide regular cuya base es un cuadrado de 10 cm de lado y cuya altura es de 12 cm.

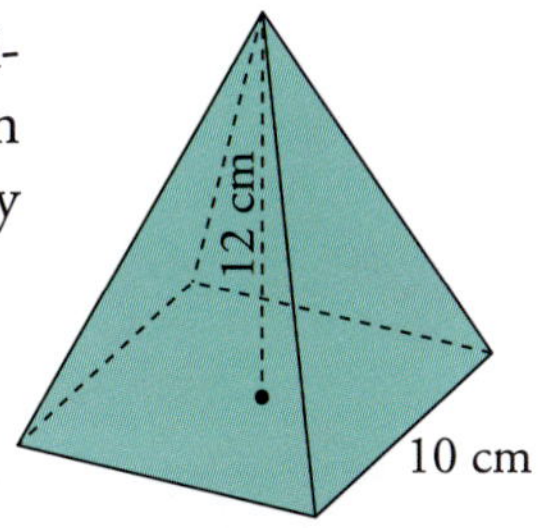

7 La base de una pirámide regular es un pentágono de 16 dm de lado y 11 dm de apotema.

La altura de la pirámide es de 26,4 dm.

Halla su área total.

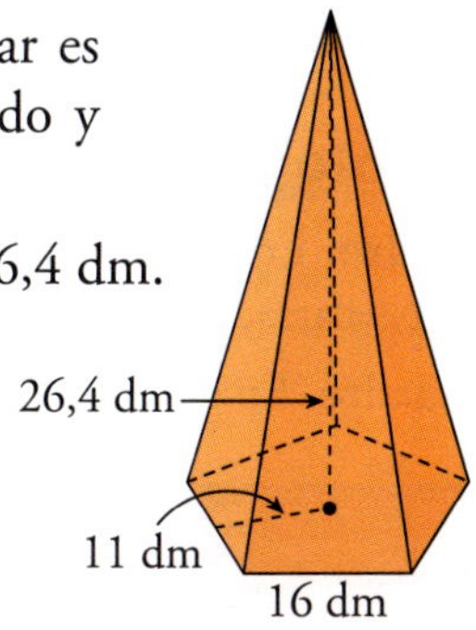

8 Calcula el área total de una pirámide hexagonal regular sabiendo que el lado de la base mide 18 cm y la arista lateral 41 cm.

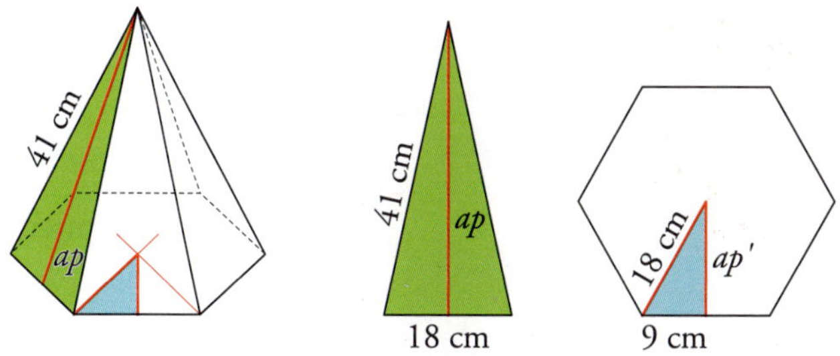

9 Una pirámide regular de base cuadrada, de 10 cm de lado y arista lateral de 13 cm, se corta por un plano a mitad de su altura. Halla el área total del tronco de pirámide resultante.

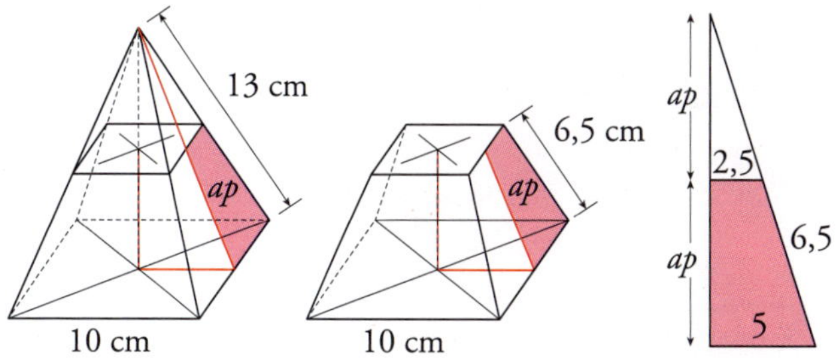

10 Halla el área lateral de un tronco de pirámide hexagonal regular cuyas dimensiones son las del dibujo.

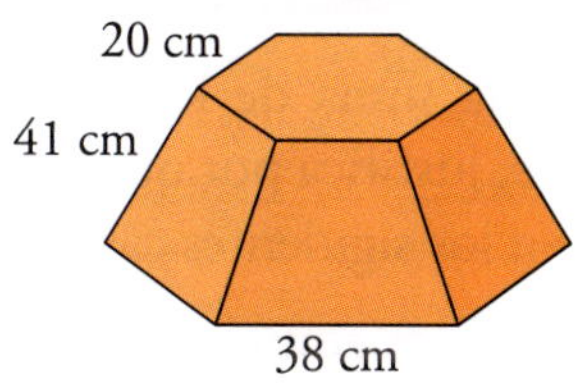

4 POLIEDROS REGULARES

Un **poliedro** se llama **regular** cuando cumple estas dos condiciones:

- Sus caras son polígonos regulares idénticos.
- En cada vértice del poliedro concurre el mismo número de caras.

Tipos de poliedros regulares

Veamos qué poliedros regulares se pueden construir con cada polígono:

3 TRIÁNGULOS en cada vértice

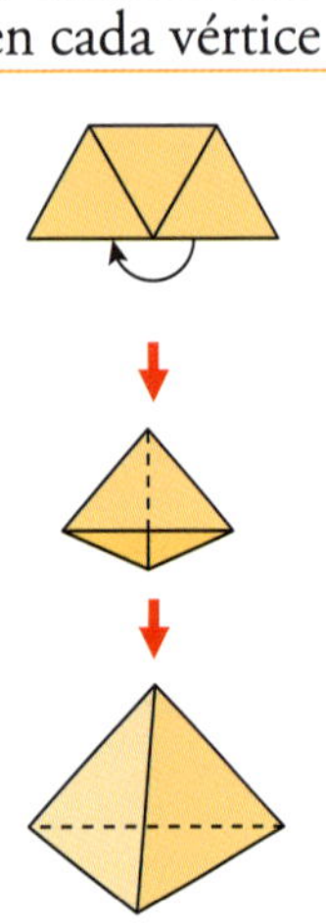

TETRAEDRO (4 caras)

4 TRIÁNGULOS

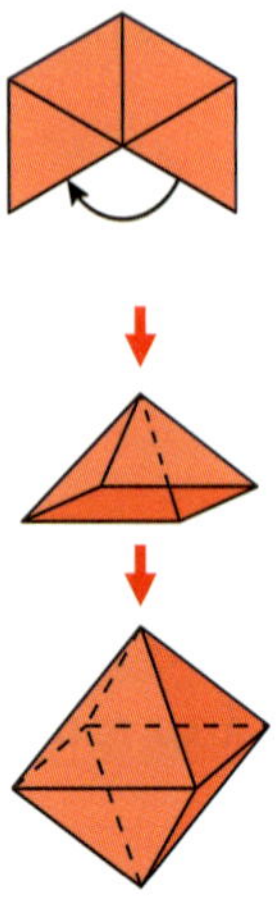

OCTAEDRO (8 caras)

5 TRIÁNGULOS

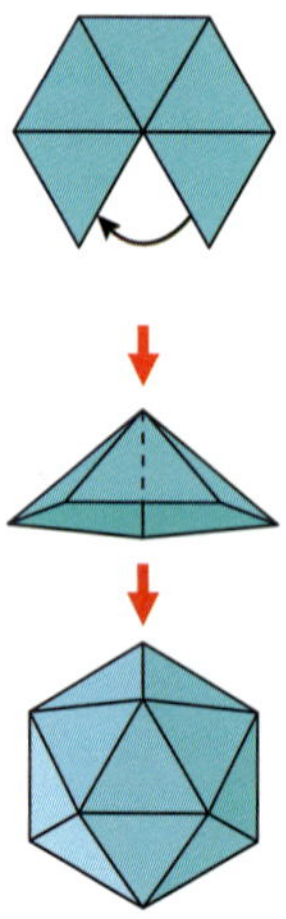

ICOSAEDRO (20 caras)

No se puede formar un poliedro con más de cinco triángulos equiláteros en cada vértice.

3 CUADRADOS en cada vértice

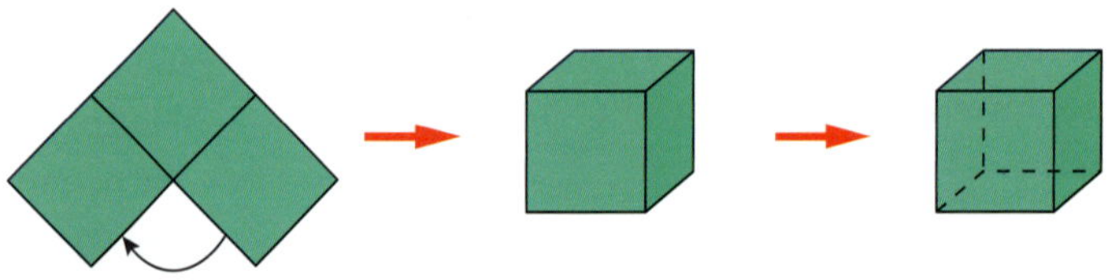

CUBO (6 caras)

3 PENTÁGONOS en cada vértice

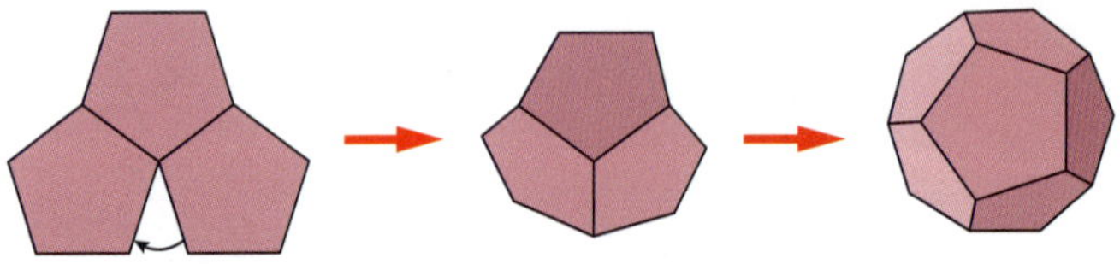

DODECAEDRO (12 caras)

No se pueden formar poliedros con más de tres cuadrados o pentágonos regulares, ni con polígonos regulares de más de cinco lados. Por tanto, solo hay cinco tipos de poliedros regulares.

Etimología

Poliedro. En griego, *poli,* «muchos» y *edro,* «cara».

Icosaedro. En griego, *eikós,* «veinte».

Para practicar

1 Considerando la suma de los ángulos que coinciden en cada vértice, justifica por qué no se puede construir un poliedro en los siguientes casos:

a) Con 6 triángulos equiláteros en cada vértice.

b) Con 4 cuadrados en cada vértice.

c) Con 4 pentágonos regulares en cada vértice.

d) Con hexágonos regulares o polígonos regulares de más lados.

anayaeducacion.es GeoGebra.
Poliedros regulares.

Desarrollo de los poliedros regulares

→ **TETRAEDRO**

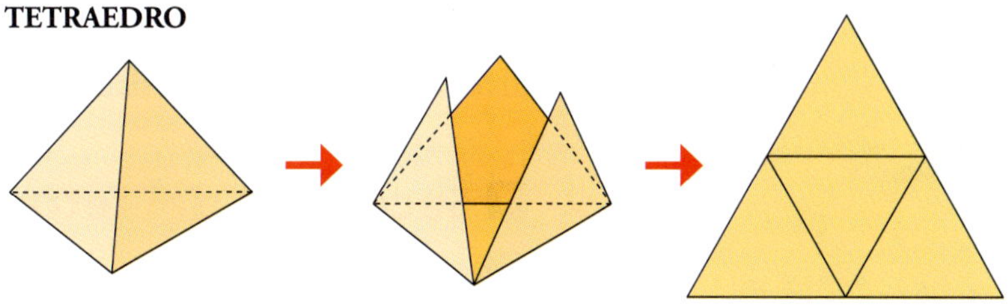

→ **HEXAEDRO**

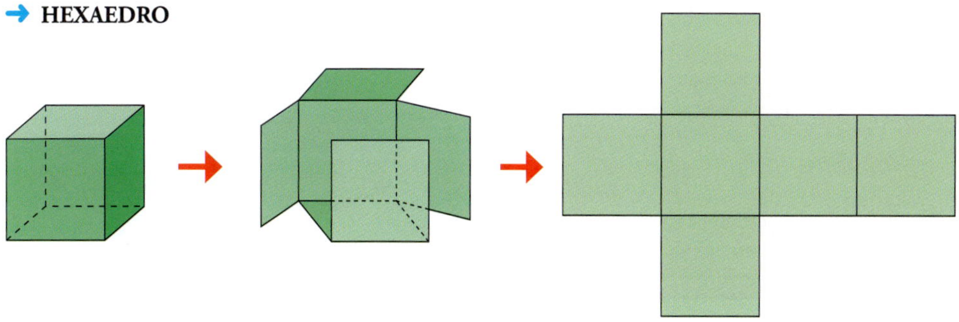

→ **OCTAEDRO**

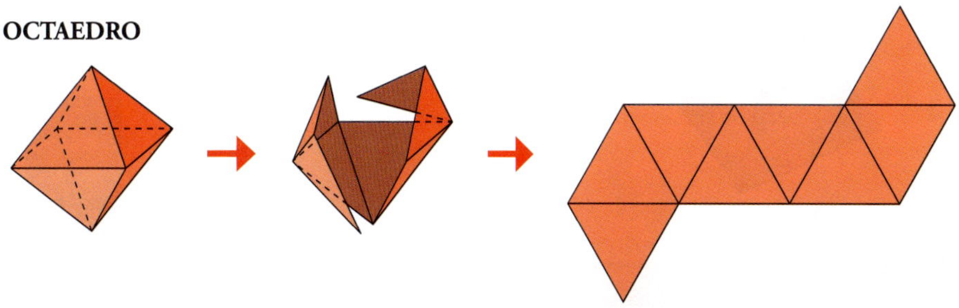

→ **DODECAEDRO**

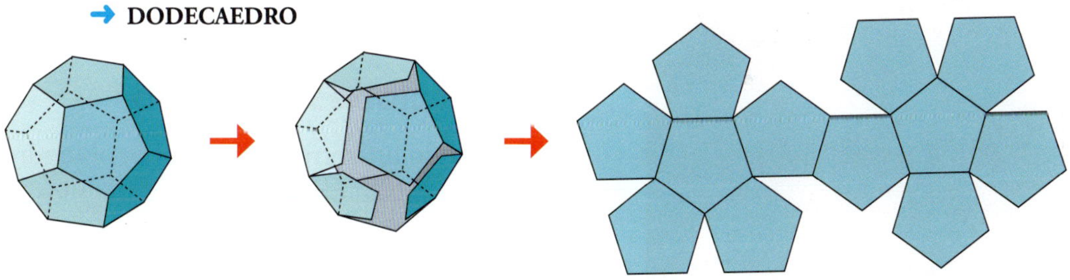

→ **ICOSAEDRO**

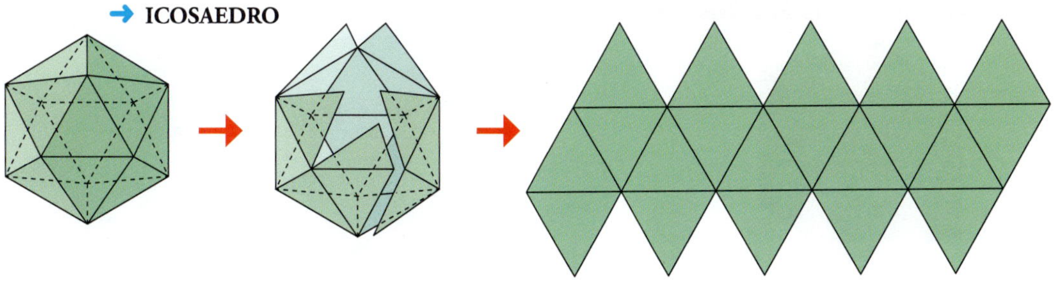

Para practicar

2 Halla el área de:

a) Un triángulo equilátero de lado 2 cm.

b) Un cuadrado de lado 2 cm.

c) Un pentágono regular de lado 2 cm y apotema 1,38 cm.

3 Con los resultados obtenidos en el ejercicio anterior, halla el área de:

a) Un tetraedro. b) Un cubo. c) Un octaedro.

d) Un dodecaedro. e) Un icosaedro.

Todos ellos de arista 2 cm.

5 SECCIONES PLANAS DE POLIEDROS

Es muy interesante el estudio de las secciones que un plano puede producir en diversos cuerpos geométricos.

Secciones del tetraedro regular

- Si cortamos un tetraedro regular por planos paralelos a una de sus caras, obtendremos triángulos equiláteros.

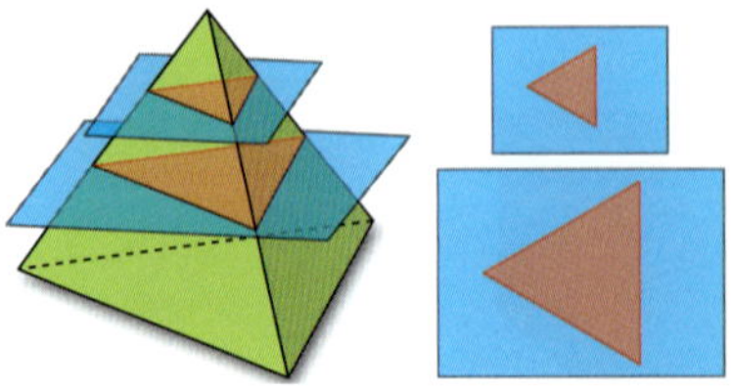

- Si inclinamos un poco el plano, el triángulo del corte ya no será equilátero.

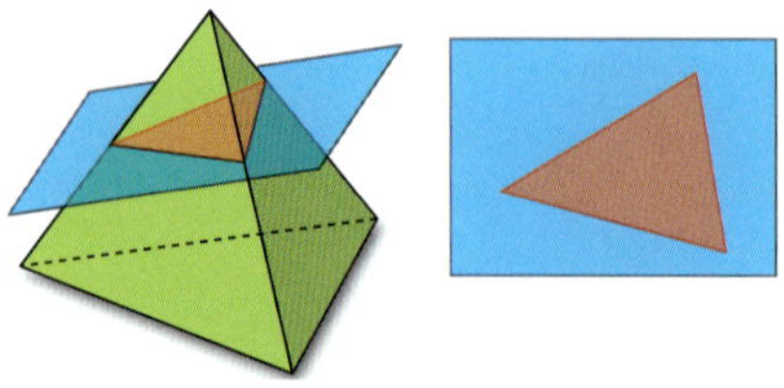

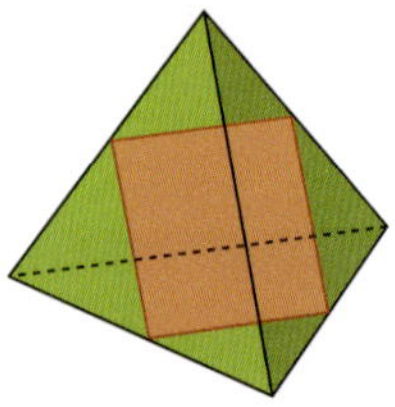

SECCIÓN CUADRADA

- Si cortamos por un plano paralelo a una arista, tendremos un rectángulo, incluso un cuadrado.

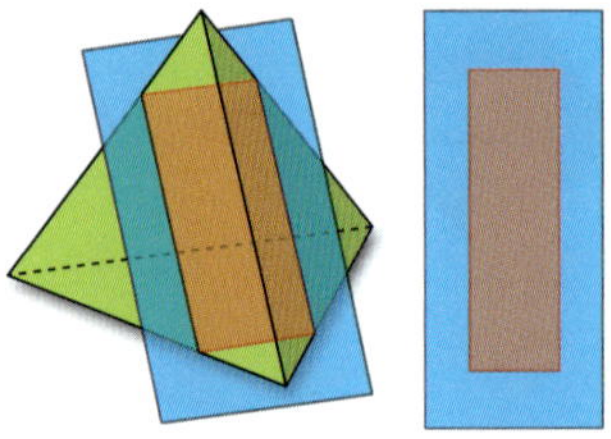

- Si inclinamos adecuadamente el plano, obtendremos un trapecio.

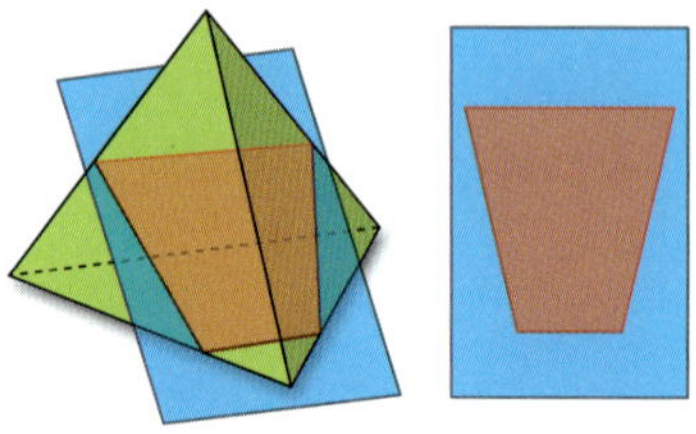

Secciones del cubo

Truncando un vértice en un cubo, obtendremos triángulos, y con planos paralelos a una arista, obtendremos rectángulos.

Inclinando adecuadamente el plano de corte, la sección resultará cuadrada, trapezoidal, pentagonal o hexagonal.

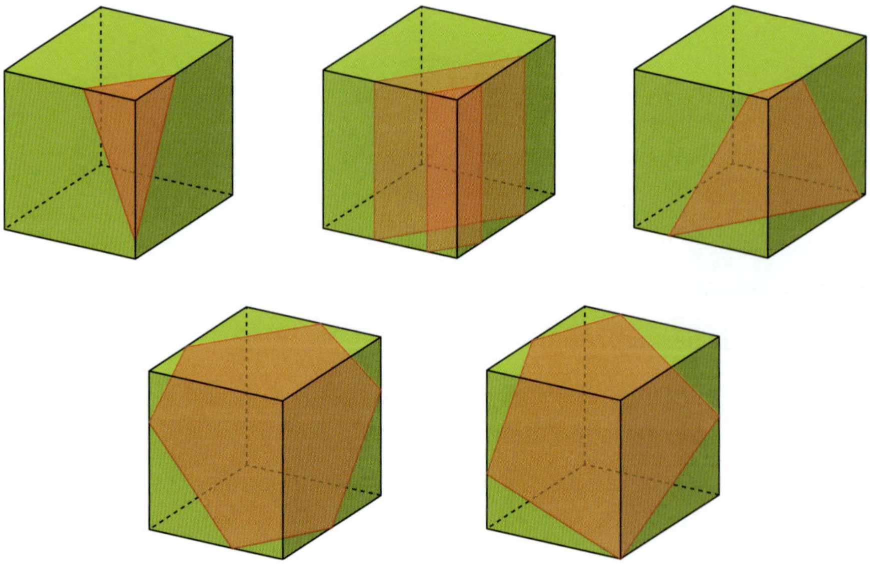

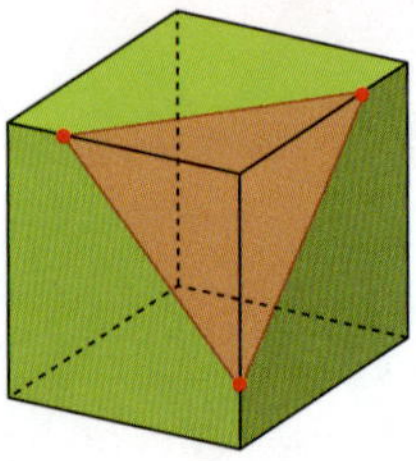

SECCIÓN TRIÁNGULO EQUILÁTERO

Secciones de otros poliedros

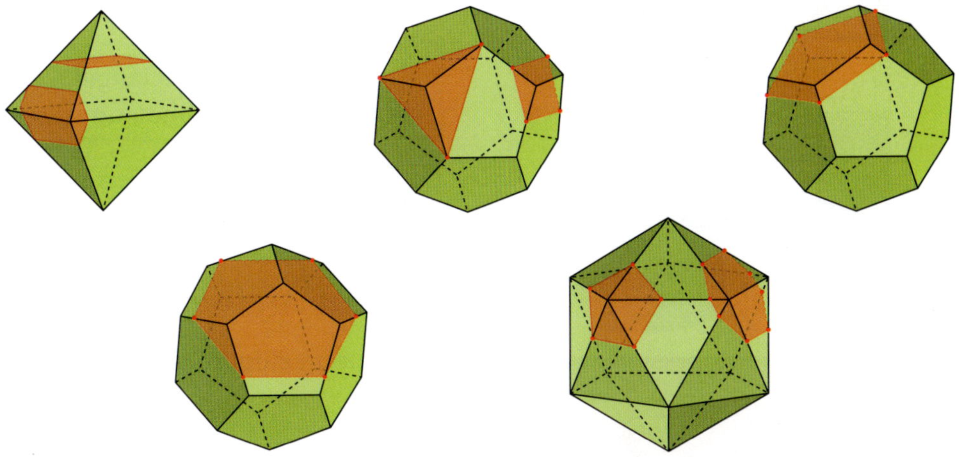

Para practicar

1 Indica por dónde hay que cortar este octaedro regular para obtener:

a) Un cuadrado.

b) El cuadrado más grande posible.

c) Un trapecio.

d) Un trapezoide.

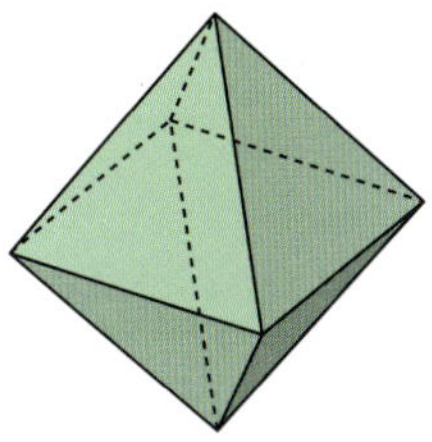

2 Observa dos secciones de un tetraedro regular de 3 cm de arista. La roja es paralela a la base, y la verde, paralela a una de las aristas. Calcula el área de cada una.

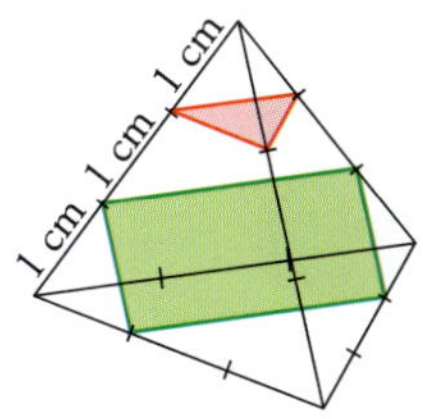

3 La sección que ves en la imagen es el mayor triángulo equilátero que se puede obtener cortando el cubo.

a) Calcula el lado, *d*, y la altura, h.

b) Calcula el área.

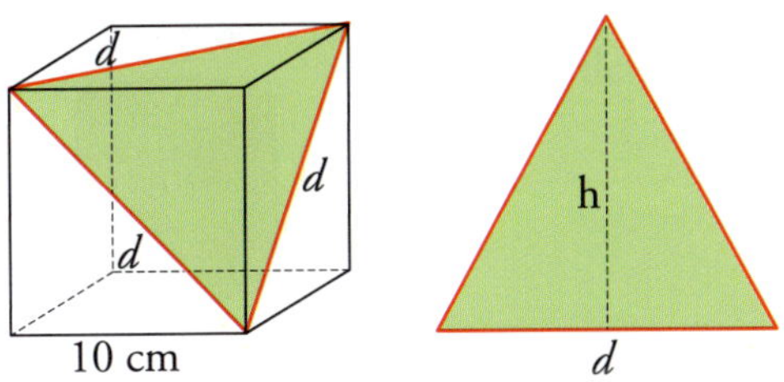

4 ¿Qué polígono se obtiene al cortar un dodecaedro en dos mitades iguales por un plano que contiene a dos aristas opuestas? ¿Es un polígono regular? Justifica tu respuesta.

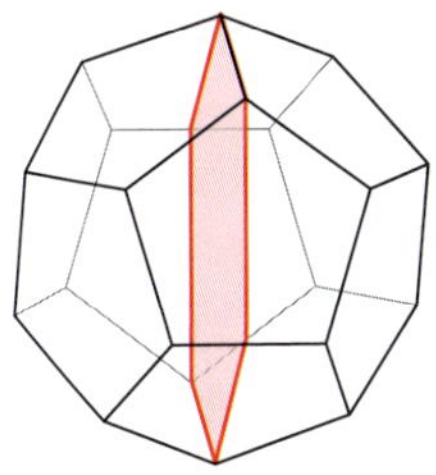

5 Cortando un cubo de esta forma se obtiene un hexágono regular.

a) ¿Cuánto mide el lado? ¿Y la apotema?

b) Calcula su área.

c) ¿Qué volumen tiene cada una de las partes en que queda dividido?

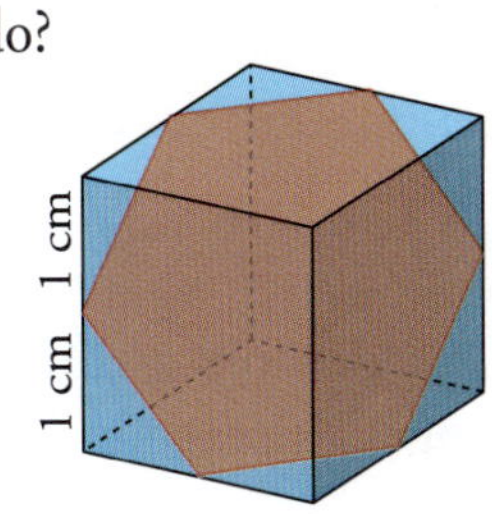

6 ¿Qué polígonos se obtienen al cortar un icosaedro por un plano perpendicular al eje que une dos vértices opuestos? ¿Son regulares?

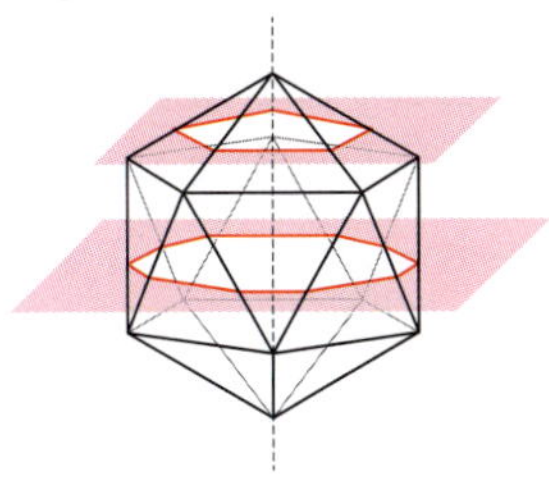

6 CILINDROS

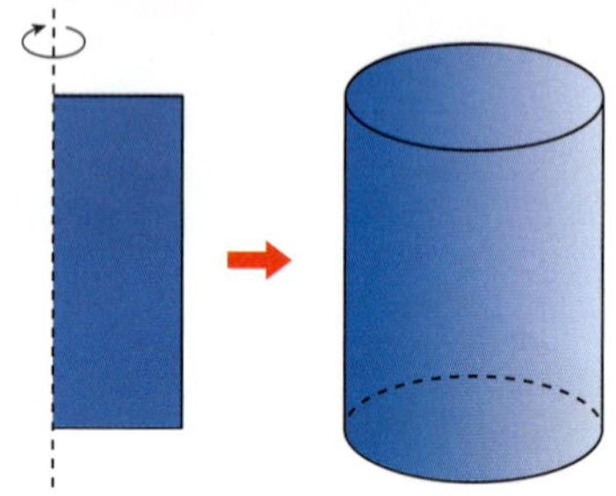

Haciendo girar un rectángulo alrededor de uno de sus lados, se genera un **cilindro recto.** Es, pues, un cuerpo de revolución.

Las **bases** de un cilindro recto son círculos. La distancia entre las bases se llama **altura.**

Superficie de un cilindro recto

Al cortar un cilindro como ves, se obtiene su desarrollo plano:

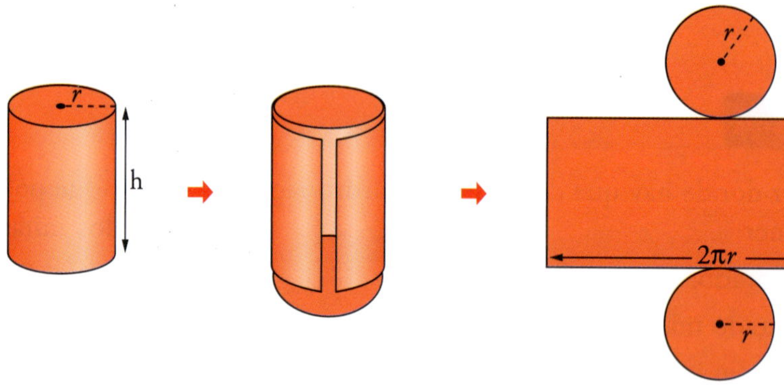

Se aprecia que la pared lateral del cilindro es un rectángulo cuya base es igual al perímetro del círculo, $2\pi r$, y cuya altura, h, es la del cilindro. Por tanto:

ÁREA LATERAL = $2\pi r \cdot h$

ÁREA TOTAL = ÁREA LATERAL + ÁREA DE LAS DOS BASES = $2\pi r \cdot h + 2\pi r^2$

Etimología

Cilindro. Del griego *kulindo,* que significa «enrollado», pues el cilindro tiene forma de rollo o cosa enrollada.

Para fijar ideas

1 Dibuja en tu cuaderno el desarrollo de un cilindro recto cuya base tiene 2 cm de radio y cuya altura es de 8 cm. Copia y completa:

- La superficie lateral es un…
- La base mide: $b = 2\pi \cdot \ldots = \ldots$ cm
- Y la altura: h = … cm

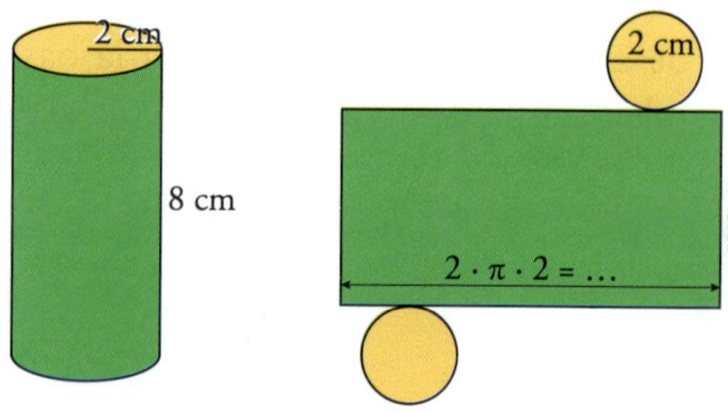

2 Dibuja en tu cuaderno los cilindros que se generan al hacer girar este rectángulo alrededor de:

a) *AF*

b) *BG*

c) *AC*

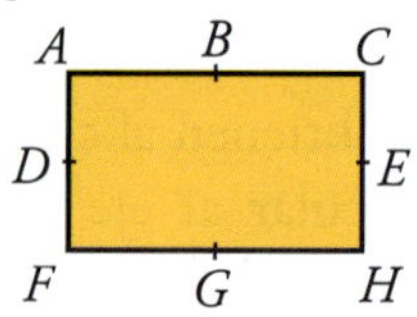

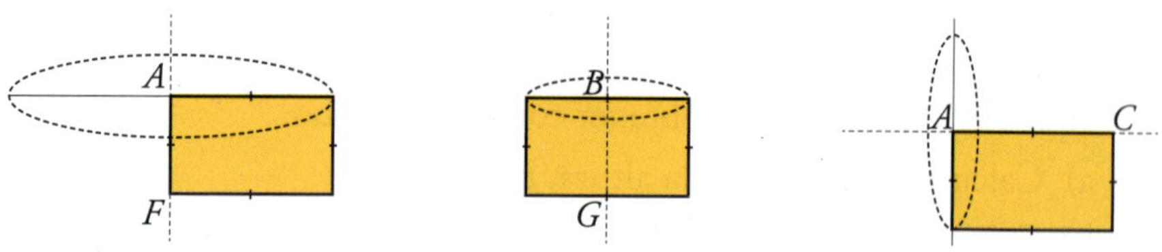

3 Halla el área lateral y el área total de un cilindro de revolución de 5 dm de altura y 3 dm de radio de la base. Copia y completa:

$A_{\text{LATERAL}} = 2\pi r \cdot h = 2\pi \cdot \ldots \cdot \ldots = \ldots \text{ dm}^2$

$A_{\text{BASE}} = \pi r^2 = \pi \cdot \ldots^2 = \pi \cdot \ldots = \ldots \text{ dm}^2$

$A_{\text{TOTAL}} = A_{\text{LATERAL}} + 2 \cdot A_{\text{BASE}} = \ldots + \ldots = 150{,}72 \text{ dm}^2$

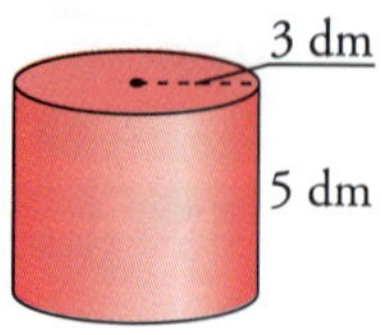

anayaeducacion.es GeoGebra. Practica el área de un cilindro.

7 ▶ CONOS

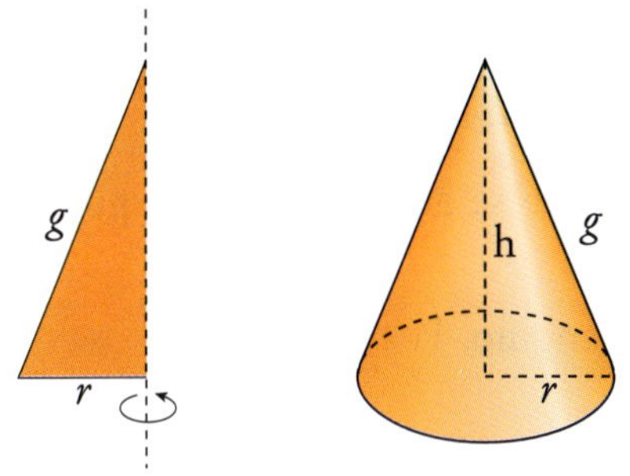

h, r y g cumplen la relación:

$$g^2 = h^2 + r^2$$

Haciendo girar un triángulo rectángulo alrededor de uno de los catetos, se obtiene un **cono recto.** Es, pues, un cuerpo de revolución.

La **altura** es la distancia del vértice a la base. El segmento g (hipotenusa del triángulo rectángulo) recibe el nombre de **generatriz.**

Superficie de un cono recto

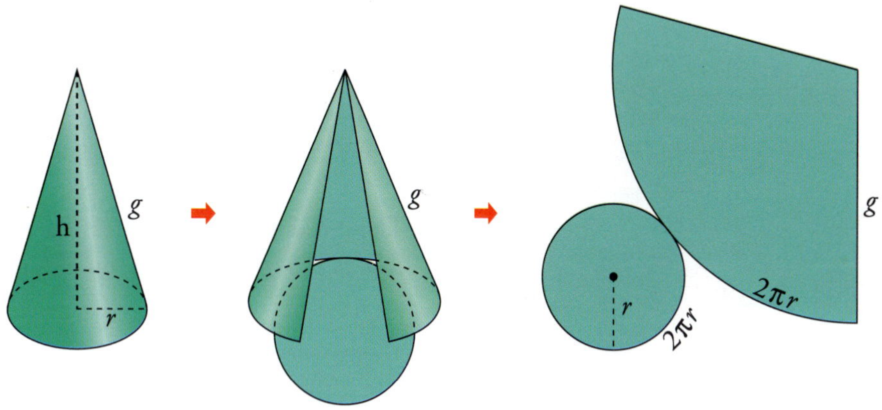

El desarrollo de la superficie lateral de un cono recto es un sector circular de radio g. ¿Qué porción de círculo tiene ese sector? Vamos a averiguarlo:

- La circunferencia completa tiene una longitud de $2\pi g$.
- El arco del sector tiene una longitud de $2\pi r$.

$$\frac{\text{longitud de la circunferencia}}{\text{longitud del arco}} = \frac{\text{superficie del círculo}}{\text{superficie del sector}}$$

$$\frac{2\pi g}{2\pi r} = \frac{\pi g^2}{A} \rightarrow A = \frac{2\pi r \cdot \pi g^2}{2\pi g} = \pi r g$$

Por tanto:

ÁREA LATERAL = $\pi r g$

ÁREA TOTAL = ÁREA LATERAL + ÁREA DE LA BASE = $\pi r g + \pi r^2$

Etimología

Cono. Viene del latín, y significa «piña». Te extraña, ¿verdad? Sin embargo, te resultará menos raro si recuerdas que los pinos son *coníferas* (que producen *conos*).

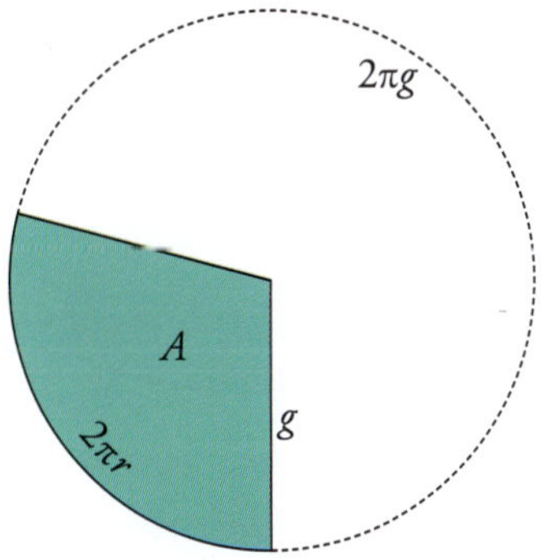

Para fijar ideas

1 Dibuja en tu cuaderno un triángulo rectángulo. Después, dibuja el cono que se genera al hacerlo girar alrededor de cada cateto.

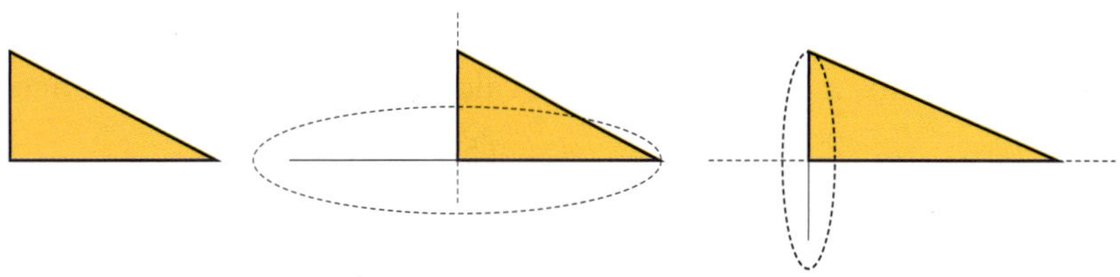

2 La generatriz de un cono mide 10 cm y el radio de la base 3 cm. Calcula el área lateral y el área total. Copia y completa.

$A_{\text{LATERAL}} = \pi r g = \pi \cdot \ldots \cdot \ldots = \ldots \text{ cm}^2$

$A_{\text{BASE}} = \pi r^2 = \pi \cdot \ldots^2 = \pi \cdot \ldots = \ldots \text{ cm}^2$

$A_{\text{TOTAL}} = A_{\text{LATERAL}} + A_{\text{BASE}} = \ldots + \ldots = 122{,}46 \text{ cm}^2$

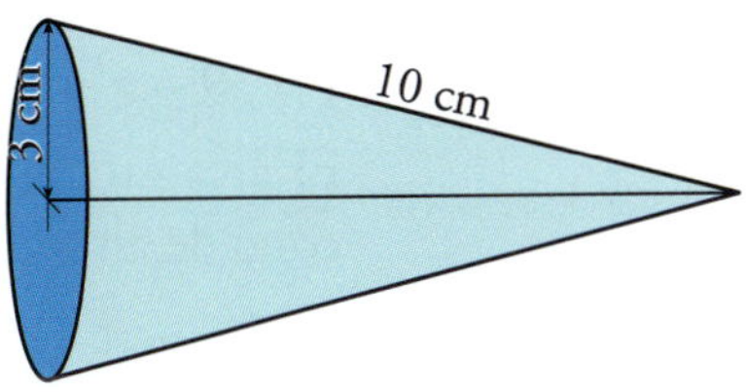

anayaeducacion.es GeoGebra. Practica el área de un cono.

8 ▶ TRONCOS DE CONO

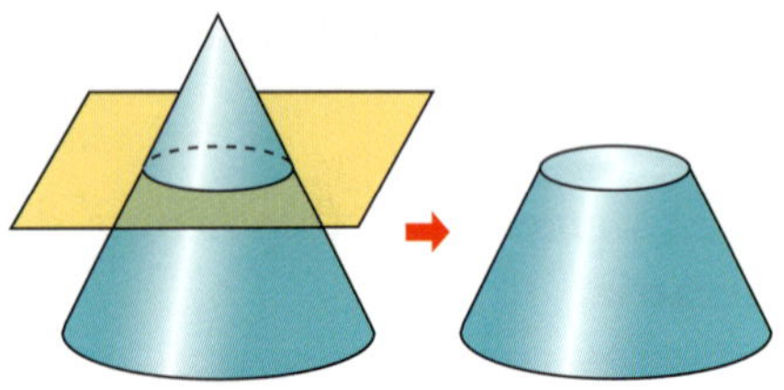

Si cortamos un cono por un plano paralelo al plano de la base, el cuerpo geométrico comprendido entre los dos planos se llama **tronco de cono.**

El tronco de cono es un cuerpo de revolución que se genera haciendo girar un trapecio rectángulo alrededor de su altura.

El triángulo formado por g, h y $r - r'$ es rectángulo. Por tanto:

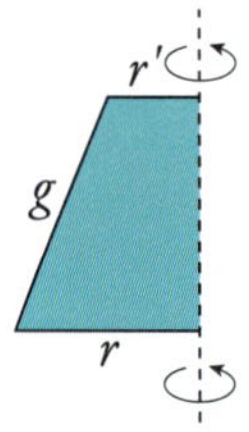

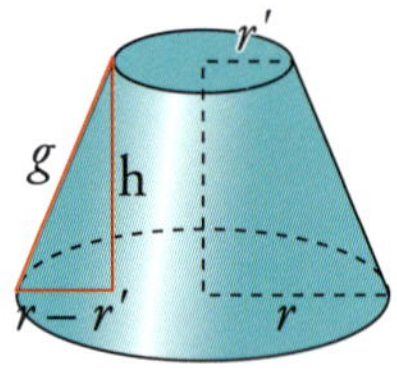

$$g^2 = h^2 + (r - r')^2$$

Tiene **dos bases** circulares. La **altura** es la distancia entre las bases, y la **generatriz** es el segmento que, en el giro, barre la superficie lateral.

Para fijar ideas

Copia y completa en tu cuaderno.

1 Un cono recto tiene un radio de 3 cm en la base y una superficie lateral de 90 cm^2. Un plano paralelo a la base lo corta dando una sección de 2 cm de radio. ¿Cuál es la superficie lateral del tronco de cono resultante del corte?

Tras el corte, tenemos dos conos semejantes: el original y el que ves coloreado de amarillo, más pequeño.

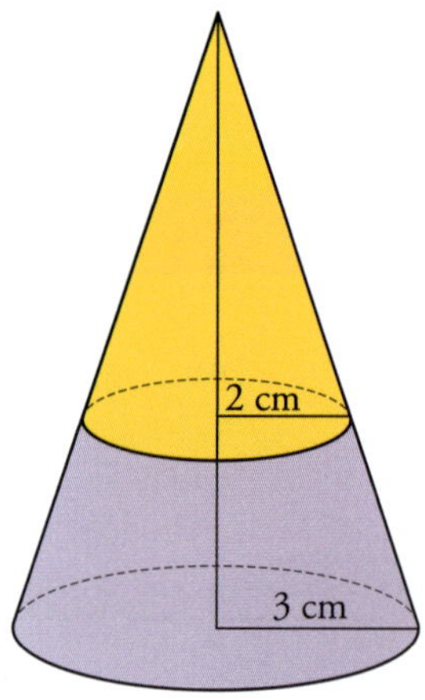

La razón de semejanza es $k = \frac{r'}{r} = \frac{2}{3}$. Y la razón de sus áreas es $k^2 = \left(\frac{2}{3}\right)^2 = \frac{4}{9}$.

$$A_{\text{CONO PEQUEÑO}} = \frac{4}{9} \cdot A_{\text{CONO GRANDE}} = \frac{4}{9} \cdot \ldots = \ldots \text{ cm}^2$$

$$A_{\text{TRONCO DE CONO}} = A_{\text{CONO GRANDE}} - A_{\text{CONO PEQUEÑO}} = \ldots - \ldots = 50 \text{ cm}^2$$

2 Un cono, cuya base tiene 15 cm de radio y cuya altura es de 36 cm, se corta por un plano paralelo a la base y a 12 cm de la misma. Calcula las dimensiones y el área lateral del tronco de cono resultante.

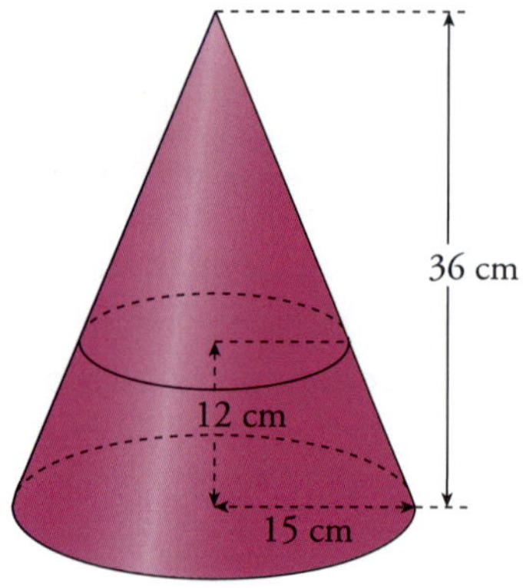

Calculamos la generatriz del cono con el teorema de Pitágoras:

$$\sqrt{\ldots^2 + \ldots^2} = \sqrt{\ldots} = 39 \text{ cm}$$

Y recurrimos a la semejanza para calcular las medidas del tronco de cono:

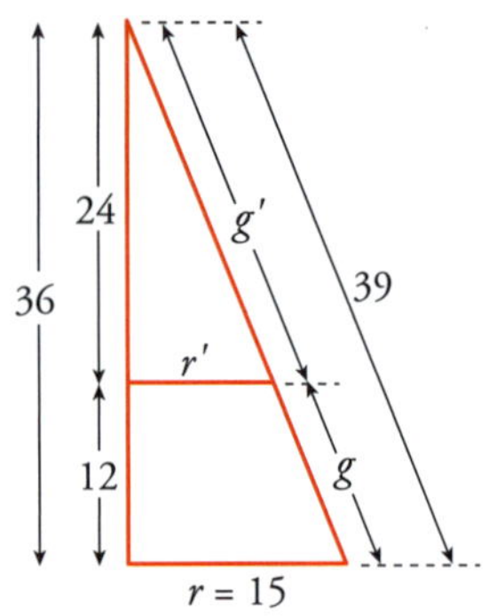

$$\frac{r'}{24} = \frac{15}{\ldots} \to r' = \frac{24 \cdot \ldots}{\ldots} = 10 \text{ cm}$$

$$\frac{g'}{24} = \frac{39}{\ldots} \to g' = \frac{24 \cdot \ldots}{\ldots} = 26 \text{ cm}$$

$g = 39 - g' = 39 - 26 = 13$ cm

El área lateral del tronco de cono es el área lateral del cono de altura 36 cm menos la del cono de altura 24 cm:

$$A_{\text{LAT}} = \pi \cdot 15 \cdot 39 - \pi \cdot \ldots \cdot \ldots = 325\pi \approx 1\,021 \text{ cm}^2$$

Superficie de un tronco de cono

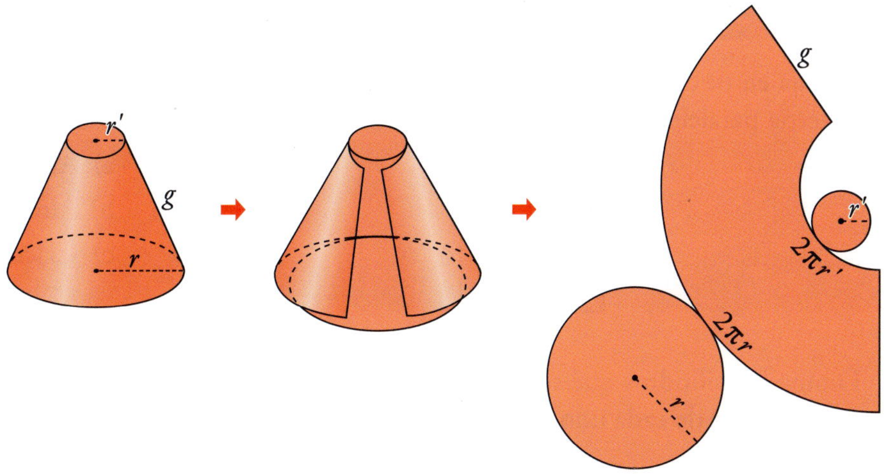

El cálculo del área lateral de un tronco de cono puede hacerse restando las áreas laterales de dos conos, como se procedió en los ejercicios de la página anterior.

Sin embargo, existe una fórmula muy sencilla con la que se puede calcular con gran comodidad:

> ÁREA LATERAL = $\pi(r + r')g$
>
> ÁREA TOTAL = $\pi(r + r')g + \pi r^2 + \pi r'^2$

Podrás demostrar estas fórmulas en cursos superiores.

anayaeducacion.es Practica el cálculo de la superficie de un tronco de cono.

Para fijar ideas

Copia y completa en tu cuaderno.

3 Calcula, aplicando las fórmulas anteriores, el área del tronco de cono visto en el último ejercicio de la página anterior.

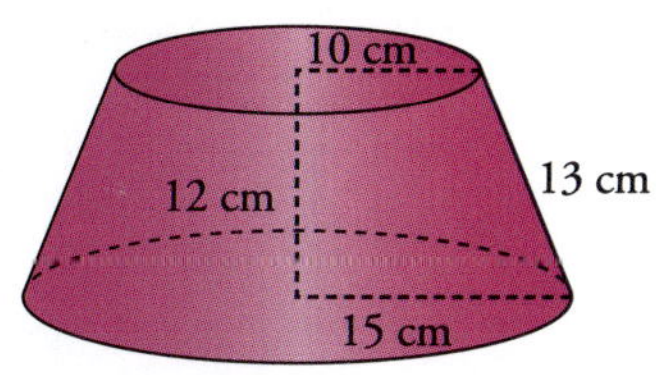

Atendiendo a las fórmulas, solo necesitamos tres datos:

$r = 15$ cm

$r' = 10$ cm

$g = 13$ cm

Entonces:

$A_{\text{LATERAL}} = \pi(r + r')g = \pi(\ldots + \ldots) \cdot \ldots = \ldots\pi \approx \ldots \text{ cm}^2$

$A_{\text{TOTAL}} = \pi(r + r')g + \pi r^2 + \pi r'^2 = \ldots + \pi \cdot 15^2 + \pi \cdot \ldots^2 \approx 2\,042 \text{ cm}^2$

4 Calcula el área del tronco de cono.

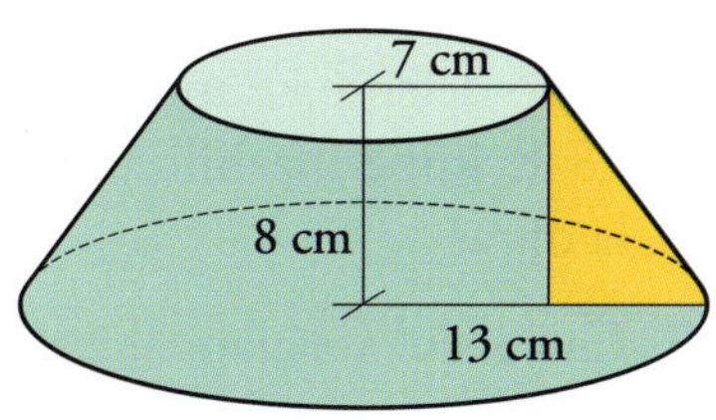

Conocemos r y r'. Solo nos falta la generatriz, g, que obtenemos aplicando el teorema de Pitágoras en el triángulo coloreado:

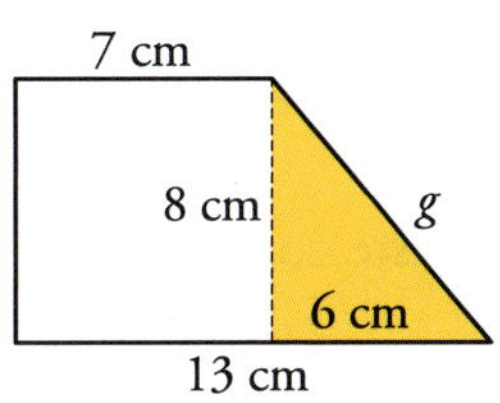

$$g = \sqrt{\ldots^2 + \ldots^2} = \sqrt{\ldots} = 10 \text{ cm}$$

Tenemos por tanto:

$r = 13$ cm $r' = 7$ cm $g = 10$ cm

$A_{\text{LATERAL}} = \pi(r + r')g = \pi(\ldots + \ldots) \cdot \ldots = \ldots\pi \approx \ldots \text{ cm}^2$

$A_{\text{TOTAL}} = \pi(r + r')g + \pi r^2 + \pi r'^2 = \ldots + \pi \cdot 13^2 + \pi \cdot \ldots^2 \approx 1\,313 \text{ cm}^2$

8 TRONCOS DE CONO

Para practicar

1 Dibuja en tu cuaderno un cuadrado y traza los ejes de simetría paralelos a los lados.

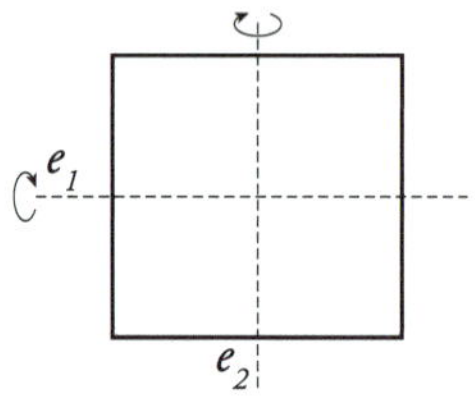

Dibuja los cilindros que se generan al girar el cuadrado alrededor de cada uno de esos ejes.

2 Toma algunas medidas y decide cuál de los siguientes desarrollos corresponde a un cilindro.

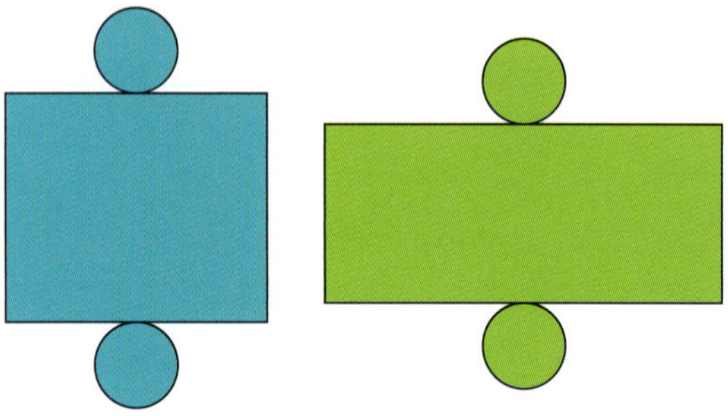

3 Dibuja el desarrollo de un cilindro recto cuya base tiene 3 cm de radio y la altura es de 2 cm.

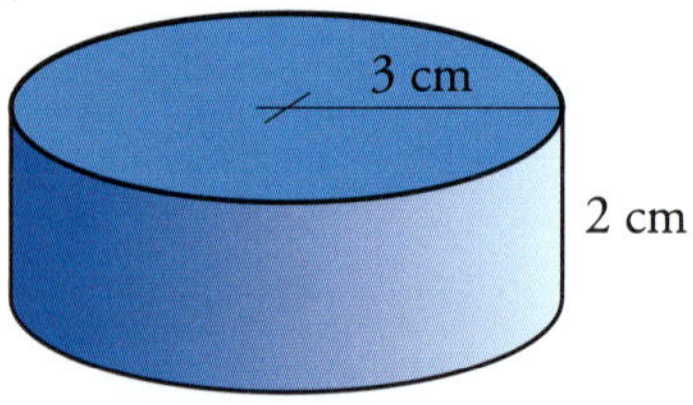

Calcula el área lateral y el área total.

4 ¿Qué cantidad de chapa se necesita para construir un depósito cilíndrico cerrado de 0,6 m de radio de la base y 1,8 m de altura?

5 Se han de impermeabilizar el suelo y las paredes interiores de un aljibe cilíndrico abierto por arriba. El radio de su base mide 4 m, y la altura, 5 m. Si cuesta 18 € impermeabilizar 1 m^2, ¿cuál es el coste de toda la obra?

6 Calcula el área lateral y el área total de este cono.

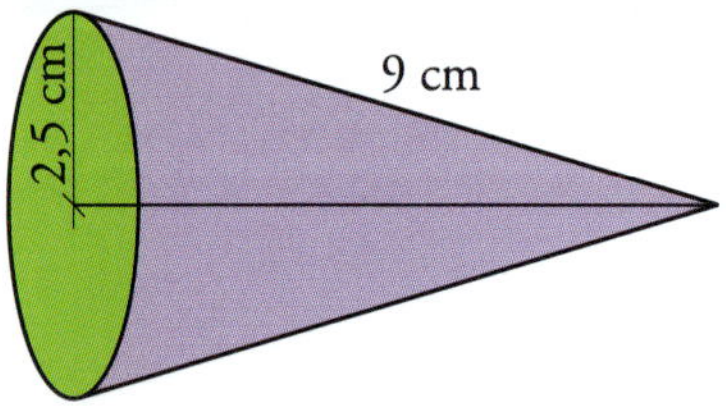

7 Dibuja los conos que se obtienen al hacer girar este triángulo rectángulo:

a) Alrededor de *AC*.

b) Alrededor de *BC*.

c) Calcula el área total de ambos.

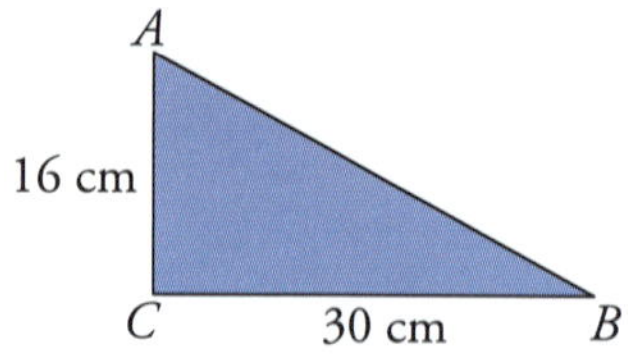

8 Calcula el área lateral y el área total de este cono, sabiendo que:

$\overline{MO}$ = 84 cm

$\overline{MN}$ = 85 cm

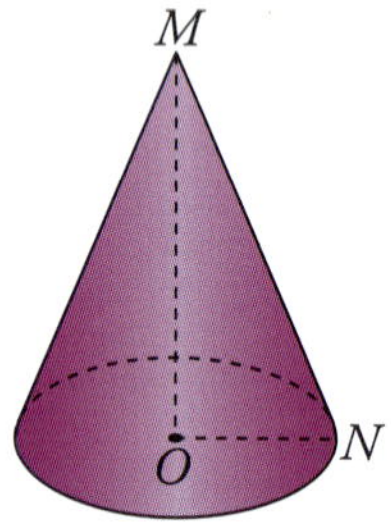

9 El cono cuya base tiene un radio de 12 cm y cuya altura es de 16 cm es cortado por un plano perpendicular a su eje que pasa a 4 cm de la base. Halla las dimensiones, el área lateral y el área total del tronco de cono que se forma.

10 Observa este tronco de cono cuyas bases tienen radios de 17 cm y 22 cm, y cuya altura es de 12 cm.

a) Halla su generatriz.

b) Calcula su área lateral.

c) Halla el área total.

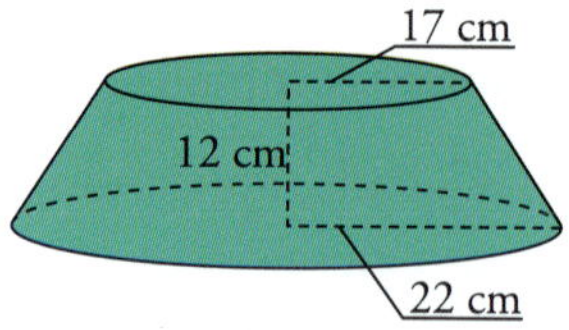

11 Halla la superficie de una flanera abierta por arriba, con las siguientes medidas: radio de las bases, 10 cm y 15 cm; generatriz, 13 cm.

12 En nuestro jardín tenemos 32 macetones con forma de tronco de cono. Los radios de sus bases miden 14 cm y 20 cm, respectivamente, y su generatriz, 38 cm. Calcula cuánto cuesta pintarlos (solo la parte exterior) a razón de 40 € por metro cuadrado.

9 ▶ ESFERAS

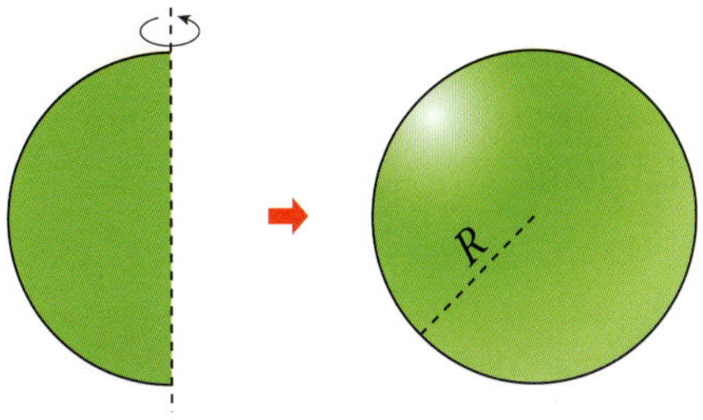

La **esfera** se genera haciendo girar un semicírculo alrededor de su diámetro. Es, pues, un cuerpo de revolución.

La esfera queda determinada por su radio, R.

Superficie de la esfera

La superficie de la esfera se llama superficie esférica. Solo se puede desarrollar sobre el plano aproximadamente. Sin embargo, sí podemos medir su área mediante una sencilla fórmula.

Imaginemos la esfera envuelta por un cilindro que se ajusta por completo a ella. Pues bien, el área de la esfera es igual que el área lateral de ese cilindro.

$$A_{\text{LATERAL DEL CILINDRO}} = 2\pi R \cdot 2R = 4\pi R^2$$

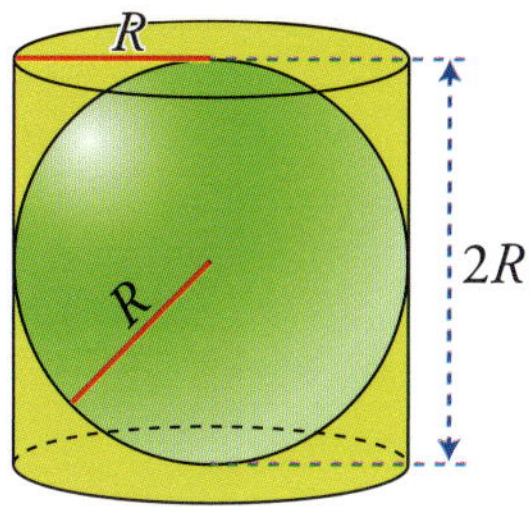

El área de la superficie esférica de radio R es $A = 4\pi R^2$.

Esta relación entre la esfera y el cilindro que la envuelve es muy interesante, porque vale también para proporciones de esfera limitadas por planos paralelos.

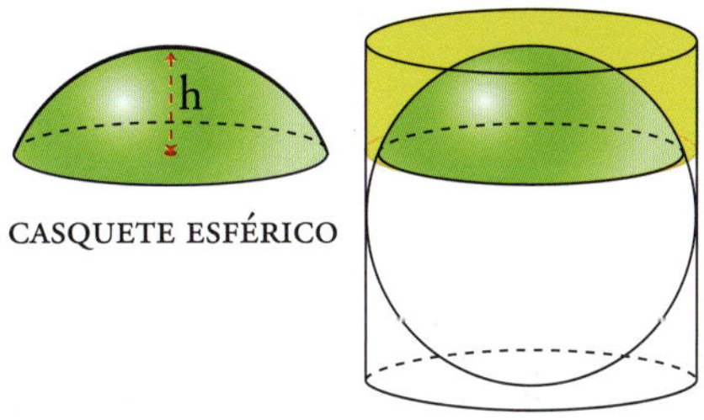

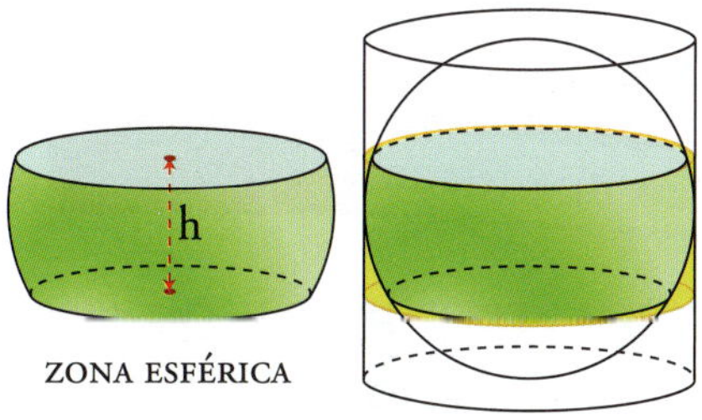

Área del casquete esférico = Área lateral de la porción de cilindro correspondiente = $2\pi R\,h$

Área de la zona esférica = Área lateral de la porción de cilindro correspondiente = $2\pi R\,h$

anayaeducacion.es Practica el cálculo de superficies de figuras esféricas.

Etimología

En griego, *sfaira* significa «pelota».

Observa

¿Qué superficie tiene la parte coloreada de rojo?

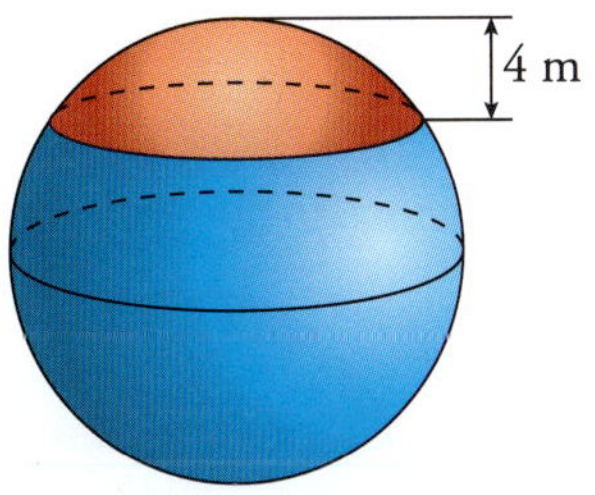

Radio de la esfera = 9 m

$A = 2\pi \cdot 9 \cdot 4 \approx 226\ \text{m}^2$

Para fijar ideas

1 En una esfera terrestre escolar de 20 cm de radio están señaladas las zonas climáticas. Sabemos que cada casquete polar tiene 2 cm de altura, y cada zona templada, 10 cm de altura. Calcula y completa en tu cuaderno.

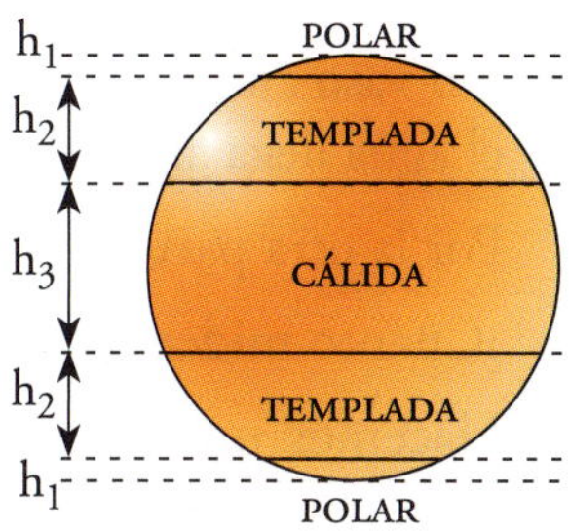

a) La superficie de la esfera: $A_{\text{ESFERA}} = 4\pi R^2 = 4\pi \cdot \ldots^2 \approx \ldots\ \text{cm}^2$

b) La superficie de cada zona. Comprueba que la suma de todas ellas es igual a la superficie de la esfera.

$R = 20$ cm $\quad h_1 = 2$ cm $\quad h_2 = 10$ cm $\quad h_3 = 40 - 2 \cdot (2 + 10) = \ldots$ cm

$$\left.\begin{array}{l} A_{\text{CASQUETE POLAR}} = 2\pi R\,h_1 = 2\pi \cdot \ldots \cdot \ldots \approx 251{,}2\ \text{cm}^2 \\ A_{\text{ZONA TEMPLADA}} = 2\pi R\,h_2 = 2\pi \cdot \ldots \cdot \ldots \approx 1\,256\ \text{cm}^2 \\ A_{\text{ZONA CÁLIDA}} = 2\pi R\,h_3 = 2\pi \cdot \ldots \cdot \ldots \approx 2\,009{,}6\ \text{cm}^2 \end{array}\right\} 2 \cdot 251{,}2 + 2 \cdot \ldots + \ldots = \ldots\ \text{cm}^2$$

anayaeducacion.es GeoGebra. Practica el área de una esfera.

10 ▶ SECCIONES DE ESFERAS, CILINDROS Y CONOS

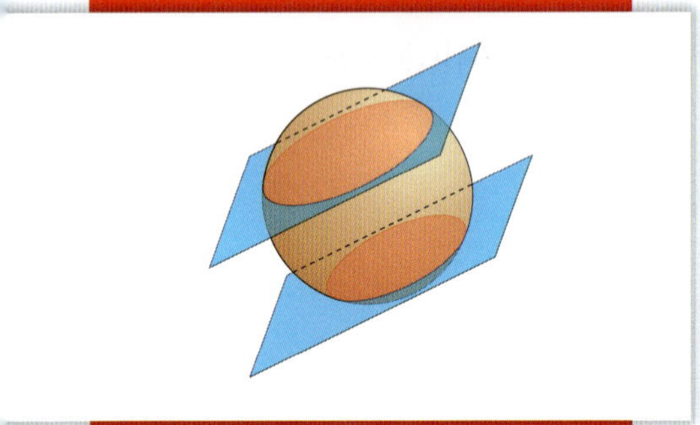

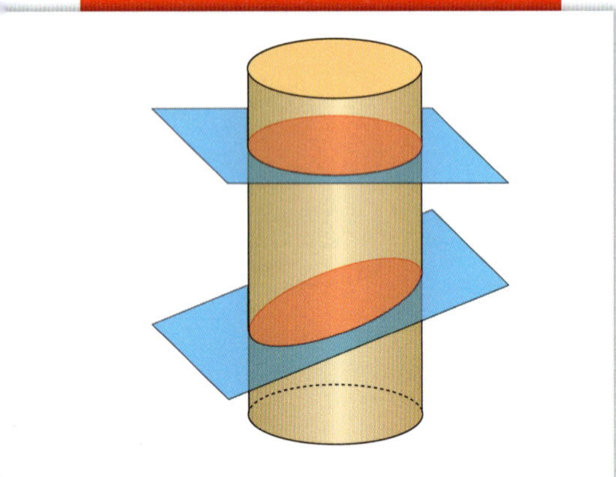

- El corte de un plano con una esfera es, siempre, un círculo. Observa que el teorema de Pitágoras nos permite relacionar el radio de la sección, r, con el radio de la esfera, R, y con la distancia, d, del plano de corte al centro de la esfera.

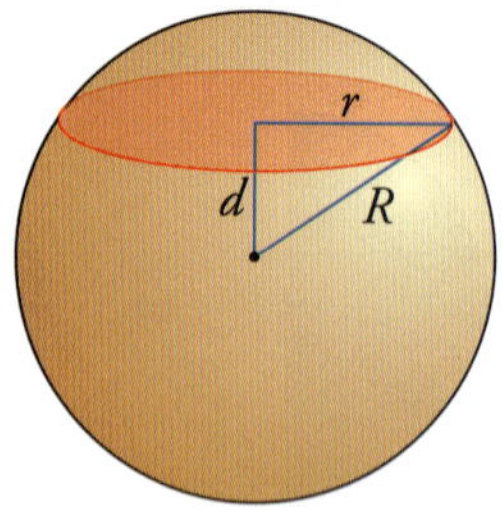

$$R^2 = r^2 + d^2$$

- Un plano perpendicular al eje de un cilindro corta a este en una circunferencia igual a su base.

  Sin embargo, si el corte es algo inclinado, el resultado es una hermosa curva llamada elipse, más o menos alargada según la inclinación del plano.

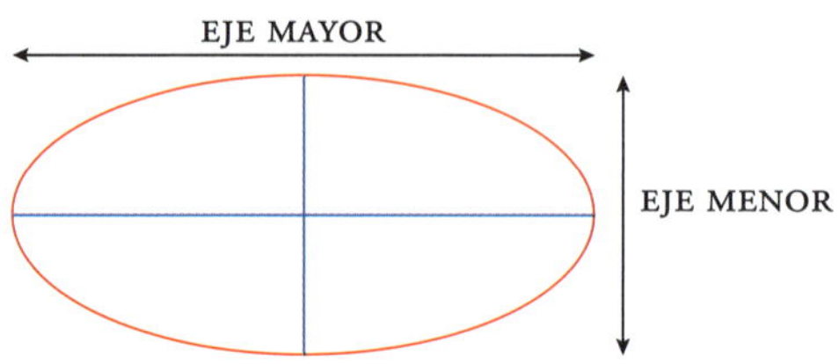

Compruébalo echando algo de agua en un vaso e inclinándolo. Verás toda una familia de elipses tanto más alargadas cuanto más inclinas el vaso.

Para fijar ideas

Copia y completa en tu cuaderno.

1 Una esfera de 13 cm de radio es cortada por un plano que determina en ella una circunferencia de 12 cm de radio.

Calcula la distancia del centro de la esfera al plano.

Aplicando el teorema de Pitágoras en el triángulo señalado en rojo:

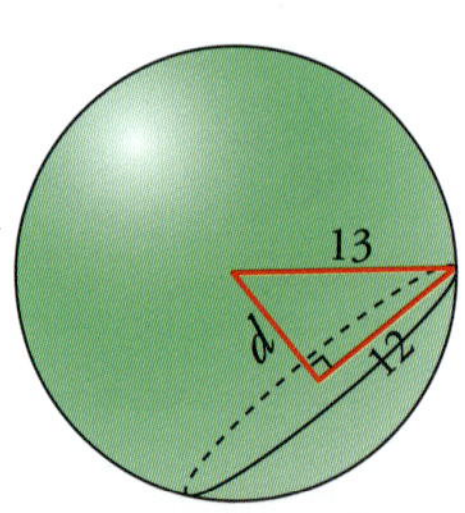

$$d^2 = \ldots^2 - 12^2 = \ldots \rightarrow d = \sqrt{\ldots} = \ldots \text{ cm}$$

Solución: El plano dista 5 cm del centro de la esfera.

2 Un vaso cilíndrico de 7 cm de diámetro y 12 cm de altura con agua se inclina hasta que el agua llega al borde.

Por la otra parte, el agua queda a 3 cm del fondo del vaso.

¿Cuánto miden los dos ejes de la elipse que forma la superficie del agua?

Hacemos un esquema del vaso de agua y observamos que el eje mayor de la elipse corresponde a la hipotenusa de un triángulo rectángulo cuyos catetos conocemos. Lo calculamos:

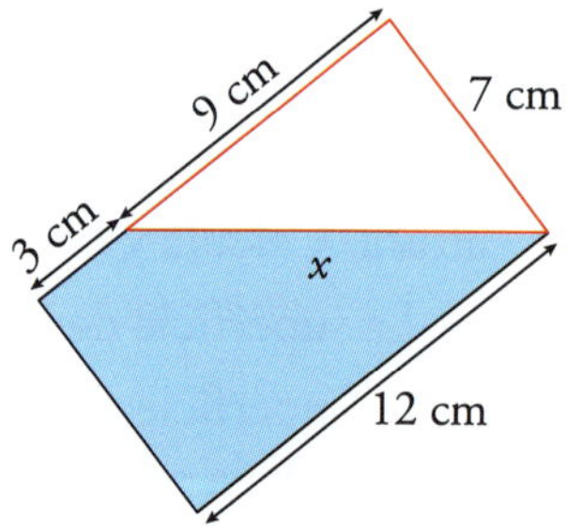

$$x = \sqrt{\ldots^2 + \ldots^2} = \sqrt{\ldots} = \ldots \text{ cm}$$

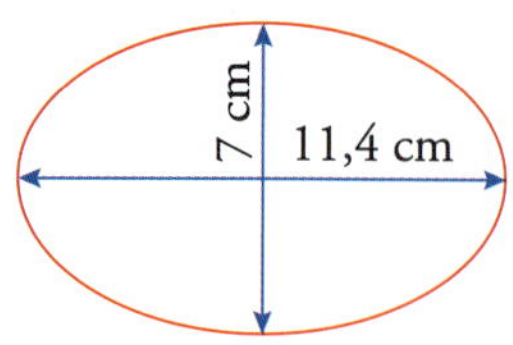

Solución: El eje menor tiene una longitud igual al diámetro del vaso, 7 cm, y el eje mayor mide 11,4 cm.

anayaeducacion.es GeoGebra.
Secciones de esferas, cilindros y conos.

Secciones del cono

Las secciones del cono son especialmente interesantes.

- Si el plano es perpendicular al eje del cono, los cortes son circunferencias.
- Si el plano corta al eje del cono con una pequeña inclinación, se obtiene la curva que hemos visto antes en el corte del plano con el cilindro, la elipse. Esta será tanto más alargada cuanto más se incline el plano.

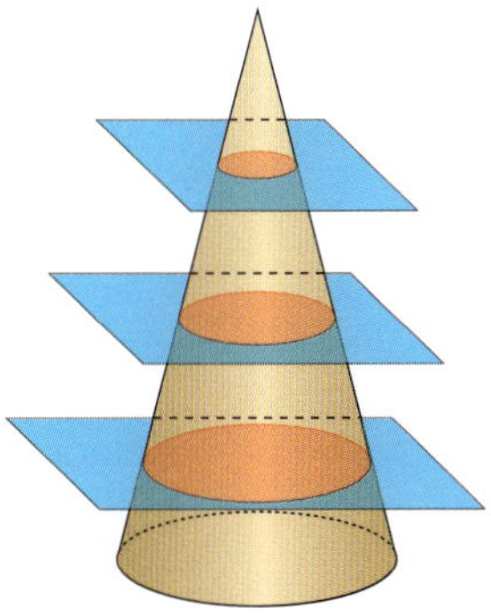

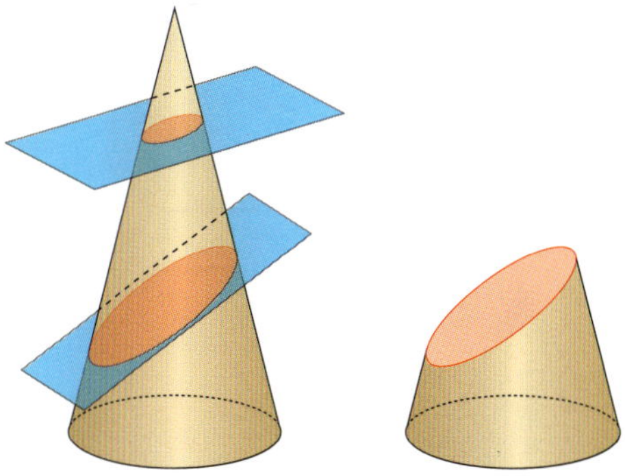

- Si el plano es paralelo a una de las aristas del cono, entonces el corte es una parábola.

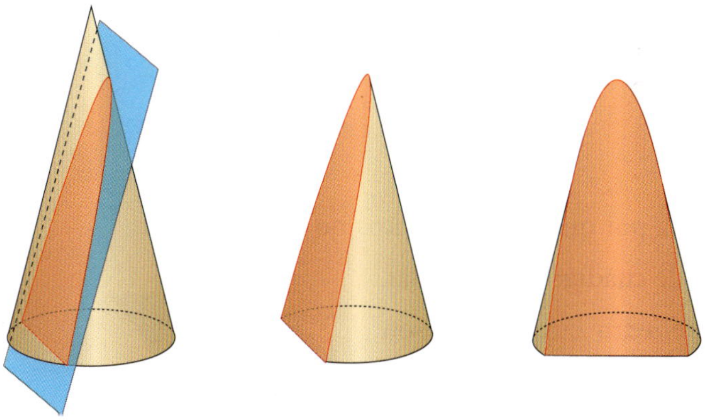

Estas tres curvas —circunferencia, elipse y parábola— se llaman **cónicas** porque se obtienen como secciones del cono.

Para practicar

1 Una esfera de 12 cm de diámetro se corta por un plano obteniendo una sección circular cuya superficie es $72{,}3456\ cm^2$. Calcula la distancia del plano al centro de la esfera.

Toma el valor de π *como 3,14.*

2 Un cubo cilíndrico de 10,5 cm de altura cuya base mide 7 cm de radio está lleno de agua. Lo inclinamos para vaciar la mitad de su contenido.

¿Cuánto miden los dos ejes de la elipse que forma la superficie del agua?

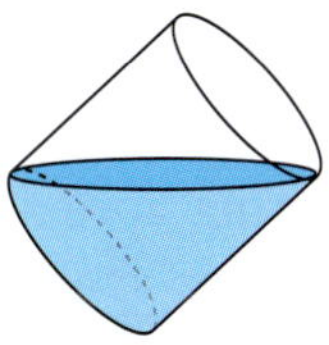

3 Indica por dónde debe cortar un plano al cilindro para obtener:

a) Un rectángulo.

b) El mayor rectángulo posible.

c) Un cuadrado.

d) La elipse con el eje mayor más grande posible.

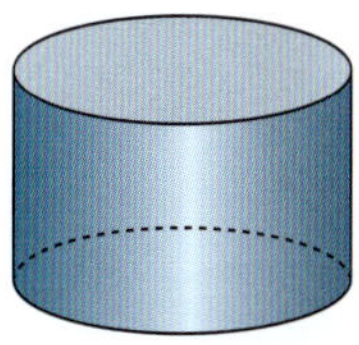

4 Si el cilindro de la actividad anterior tuviera una altura mayor que el diámetro de su base, ¿sería posible obtener un cuadrado? Explica por qué.

EJERCICIOS Y PROBLEMAS

Tipos de cuerpos geométricos

1 Indica cuáles de estos poliedros no son catalogables entre los conocidos (prisma, pirámide, tronco de pirámide, poliedro regular). Cataloga los demás.

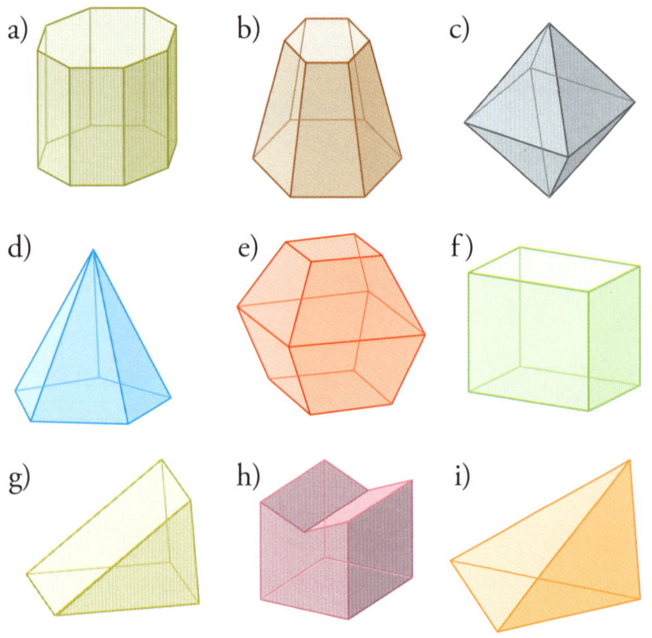

2 Explica por qué estos poliedros no son regulares.

a) Pirámide cuadrangular regular.

b) Este poliedro cuyas caras son rombos iguales:

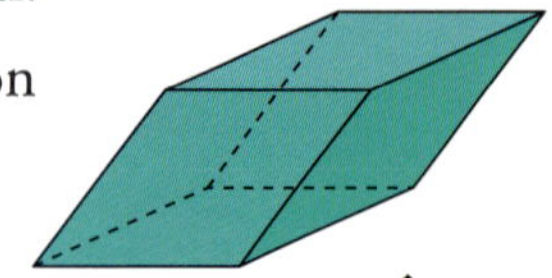

c) Este poliedro formado por seis triángulos equiláteros:

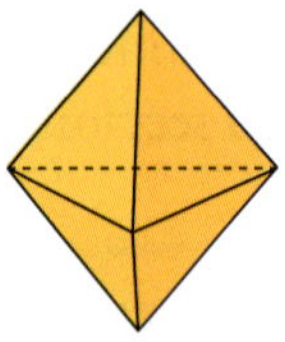

3 ¿Cuáles de estas figuras son cuerpos de revolución? Identifica las que reconozcas.

4 Dibuja los cuerpos de revolución generados al girar cada una de estas figuras alrededor del eje.

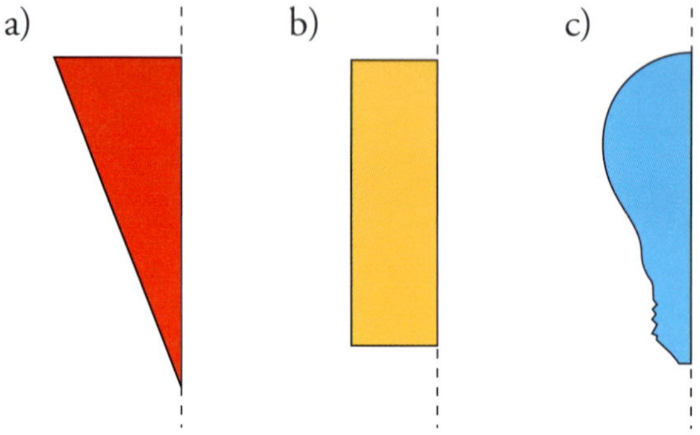

Relaciona cada una de las figuras que has dibujado con una del ejercicio anterior.

5 Dibuja en tu cuaderno la figura y el eje sobre el que debe girar para generar los objetos de los apartados a), d), g) y h) del ejercicio 3.

Desarrollo de cuerpos geométricos

6 ¿Con cuáles de estos desarrollos se pueden completar un poliedro o un cuerpo de revolución? Cataloga aquellos que se puedan completar.

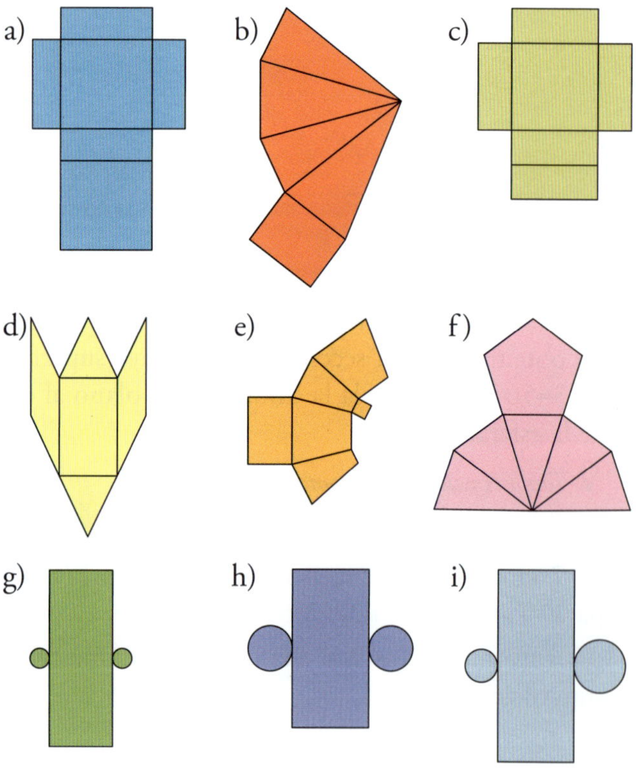

7 Dibuja de forma aproximada el desarrollo plano de los poliedros de los apartados a), b), c), d), f) y g) del ejercicio 1.

8 ¿Cuál, o cuáles, de estas figuras corresponde al desarrollo de un tetraedro regular?

a) 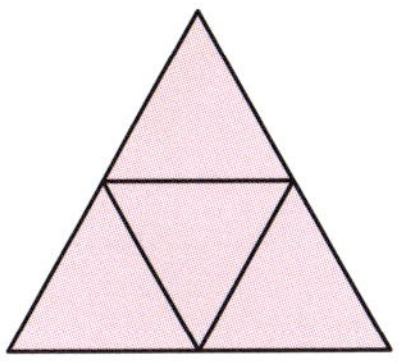

b) 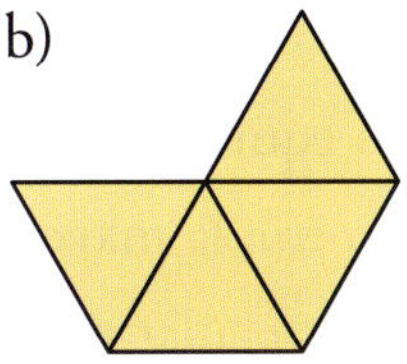

c) 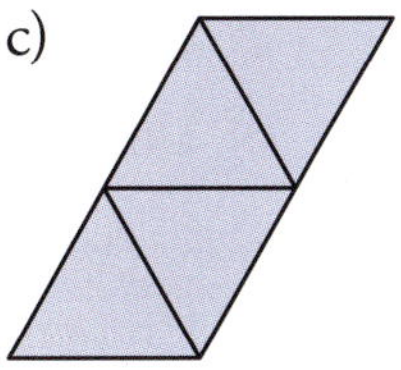

9 ¿Cuál, o cuáles, de estas figuras corresponde al desarrollo de un hexaedro regular?

a) 

b) 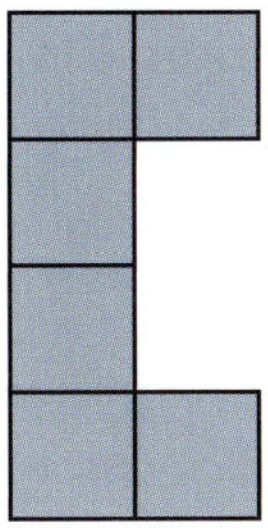

c) 

10 A continuación, puedes ver dos recortables para construir un dodecaedro y un icosaedro.

¿Qué figura formarán las líneas rojas, en cada caso, al montar los poliedros?

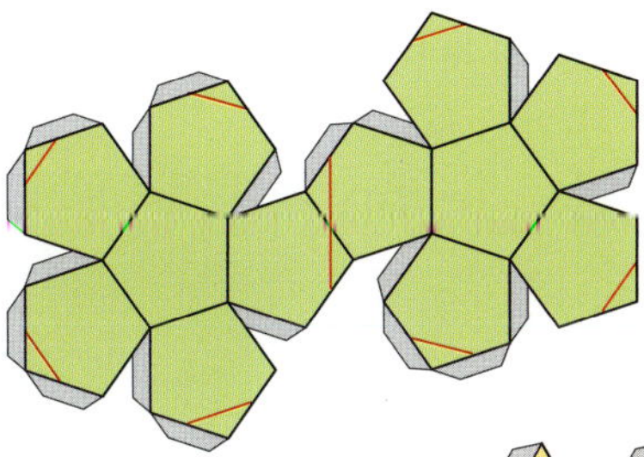

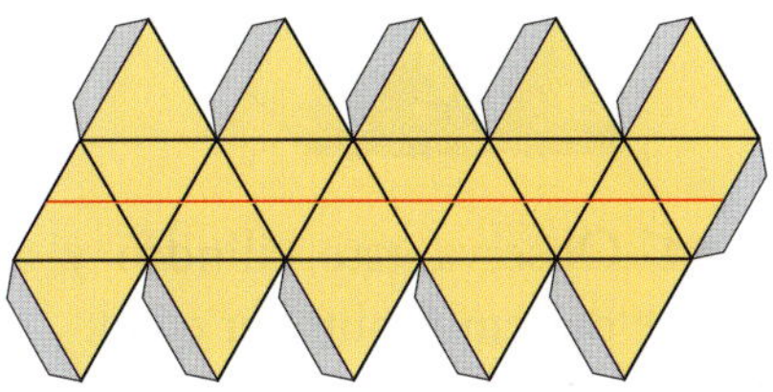

Puedes descargar los recortables en la web y comprobar tu respuesta construyendo los poliedros.

Áreas de cuerpos geométricos

11 El área total de un cubo es de 150 dm^2. Halla su diagonal.

12 Calcula el área total de un ortoedro de dimensiones 3 cm, 4 cm y 12 cm.

Halla también la longitud de su diagonal.

13 Una pirámide regular tiene por base un pentágono regular de 2,5 m de lado. La apotema de la pirámide mide 4,2 m. ¿Cuál es su superficie lateral?

14 Calcula el área total de un prisma recto de 15 cm de altura cuyas bases son rombos cuyas diagonales miden 16 cm y 12 cm.

15 Calcula el área de cada cuerpo geométrico.

a) 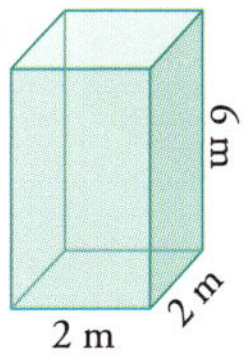

b) 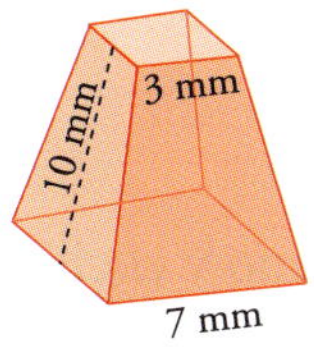

c) 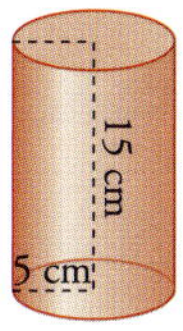

d) 

e) 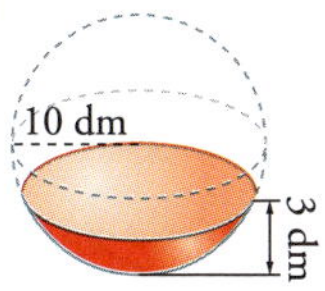

f) 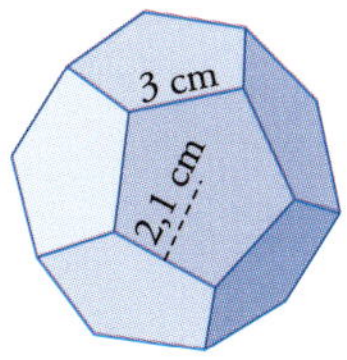

16 Calcula el área de cada cuerpo geométrico. Antes, deberás obtener algún dato que falta.

a) 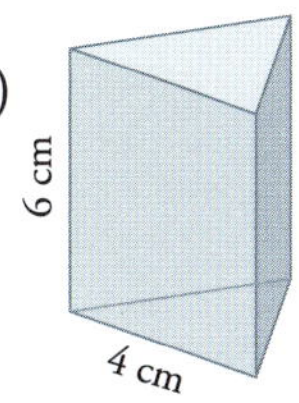

b) 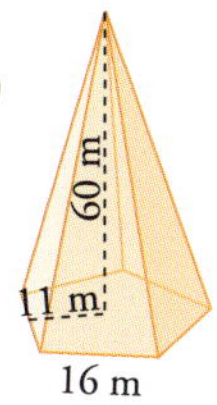

c) 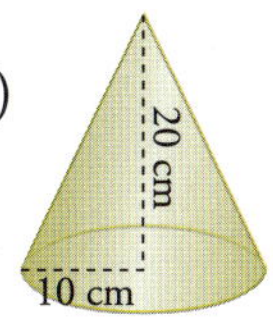

d) 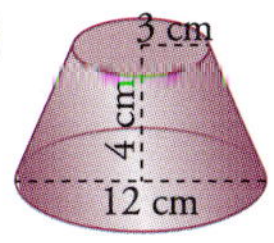

e) 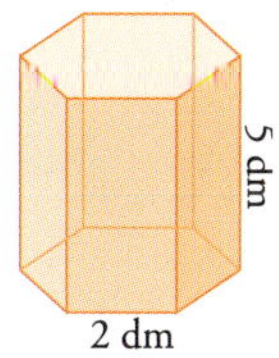

f) 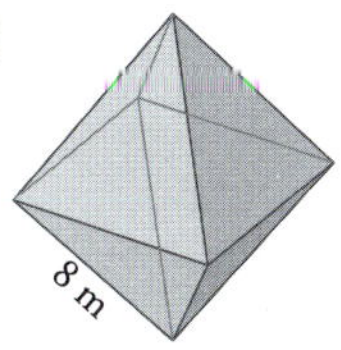

17 La base de una pirámide regular es un cuadrado de 6 dm de lado. Su altura es de 4 dm. Calcula su área total.

18 Las bases de un tronco de pirámide regular son cuadrados de 10 cm y 20 cm de lado, respectivamente. Las aristas laterales miden 13 cm. Halla su área total.

19 Halla el área total de estos cuerpos:

a) 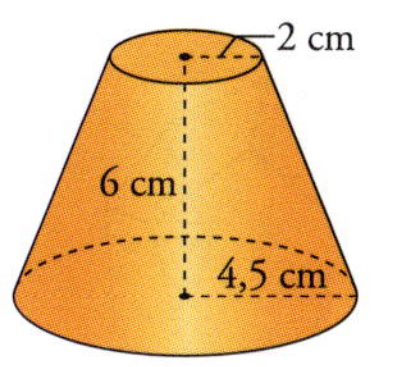

b) 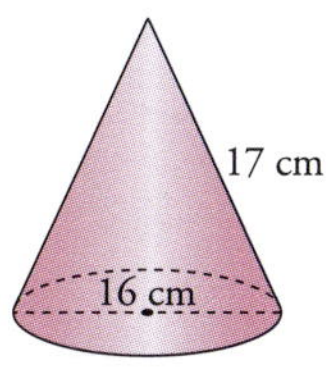

20 Calcula las superficies del casquete esférico de 2 dm de altura y de una zona esférica de 4 dm de altura contenidos en una esfera de 10 dm de diámetro.

Secciones en los cuerpos geométricos

21 Busca y dibuja los posibles cortes de un plano con cada uno de estos cuerpos geométricos para obtener un cuadrado, un rectángulo, un trapecio, una circunferencia, una elipse, un pentágono y un hexágono.

a) 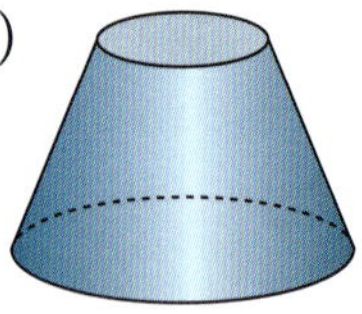

b) 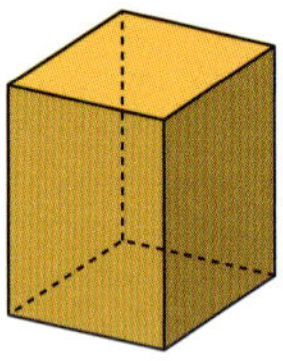

22 Observa el cono y el cilindro.

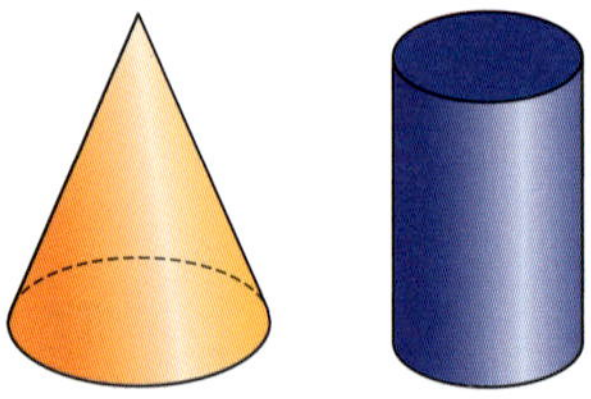

Mediante secciones planas de estos cuerpos geométricos se obtienen las siguientes figuras:

a) 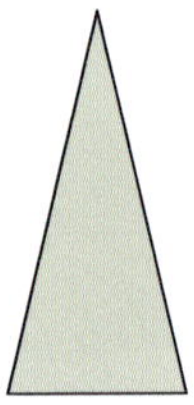

b) 

c) 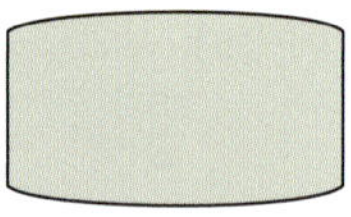

d) 

e) 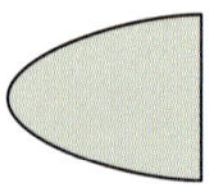

f) 

g) 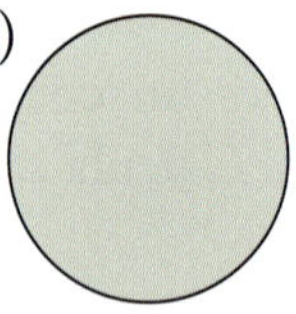

h) 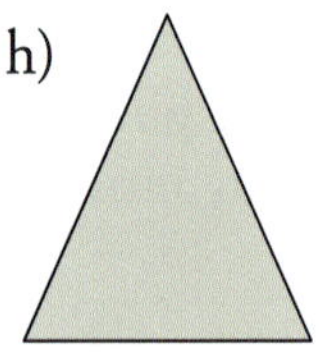

i) 

Averigua de qué cuerpo es cada una de las figuras y mediante qué plano se consigue.

23 Las siguientes secciones del dodecaedro regular son cuadriláteros.

A 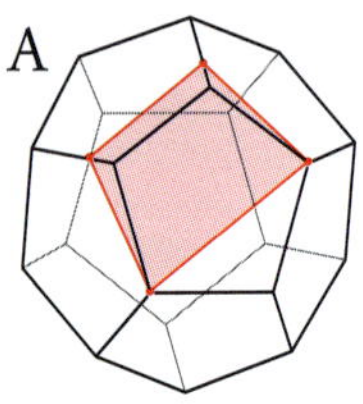

B 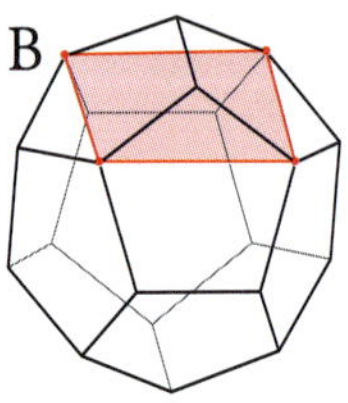

¿Qué tipo de cuadrilátero es cada uno? Justifica tus respuestas.

24 Indica por dónde debe cortar un plano a este prisma para obtener:

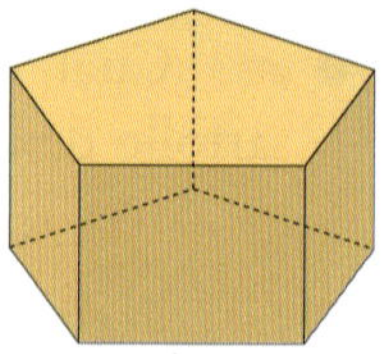

a) Un cuadrado.

b) Un triángulo equilátero.

c) El rectángulo con la mayor superficie posible.

d) Un pentágono regular y uno irregular.

e) El trapecio con mayor área posible.

Resuelve problemas

25 Deseamos construir con alambres el esqueleto de todos los poliedros regulares, de modo que cada una de las aristas mida 1 dm. ¿Qué cantidad de alambre utilizaremos en cada uno de ellos?

26 ¿Cuánto costará forrar un cajón de dimensiones 0,6 m × 0,5 m × 0,4 m con una chapa metálica que sale a 18 €/m^2? ¿Y si, además, queremos cubrir las aristas con un embellecedor de madera de 23 €/m^2?

27 Aníbal quiere forrar un cubo de 4 cm de arista con láminas de oro a 5 €/cm^2. ¿Cuánto le costará?

Finalmente, decide cortarlo para hacer dos pisapapeles iguales, pero no sabe si hacerlo, para que al forrarlo salga más barato, como indica la figura I o como indica la II. ¿Puedes ayudarlo?

(I) 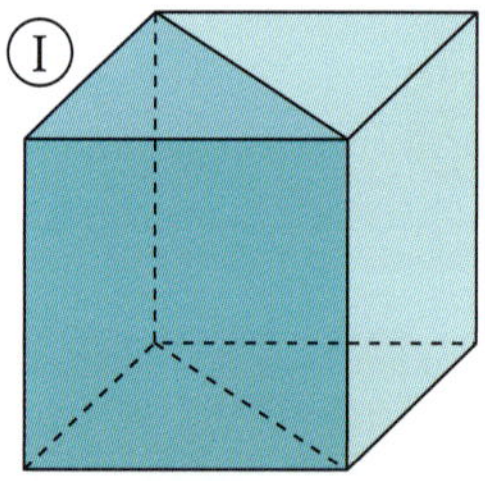

(II) 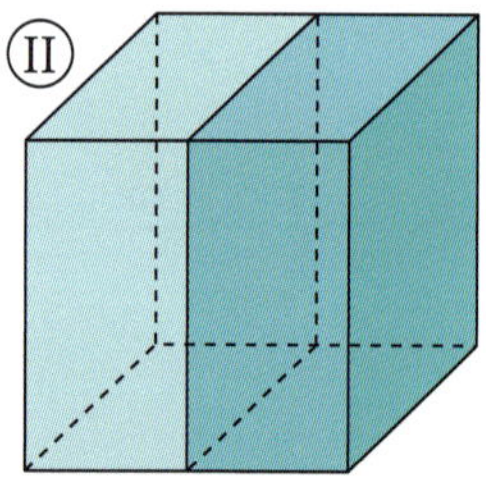

28 Observa este cilindro y algunas de las secciones que podemos obtener en él.

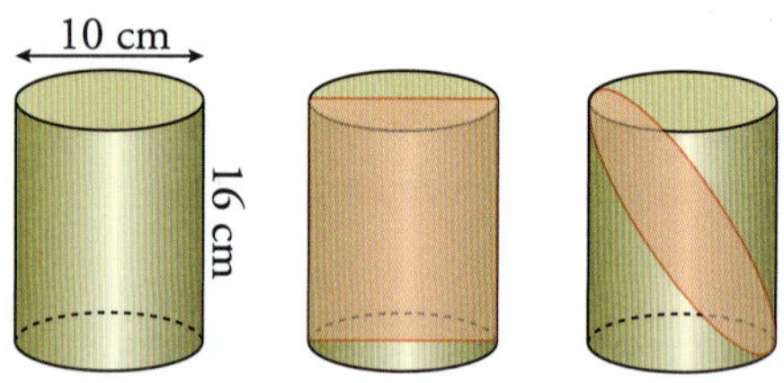

a) Halla las dimensiones del rectángulo y de la elipse.

b) ¿Por dónde habría que cortar el cilindro para obtener una elipse cuyos ejes mayor y menor fueran 12,5 cm y 10 cm, respectivamente?

c) ¿Y para obtener un rectángulo cuya altura fuera el doble que la base?

29 Las paredes de un pozo de 12 m de profundidad y 1,6 m de diámetro han sido enfoscadas con cemento. El precio del trabajo es de 40 € el metro cuadrado. ¿Cuál ha sido el coste?

30 Una caja en forma de ortoedro tiene 9 dm de largo y 6 dm de ancho. Su superficie total es 228 dm^2. Halla su altura y su diagonal.

31 Una verja se compone de 20 barrotes de hierro de 2,5 m de altura y 1,5 cm de diámetro. Hay que darles una mano de minio a razón de 24 €/m^2. ¿Cuál es el coste?

32 Un vaso cuya base tiene un diámetro de 4 cm se ha llenado de agua hasta la mitad. Lo inclinamos hasta que llegue al borde y se forma una elipse el triple de larga que de ancha. ¿Qué altura tiene el vaso?

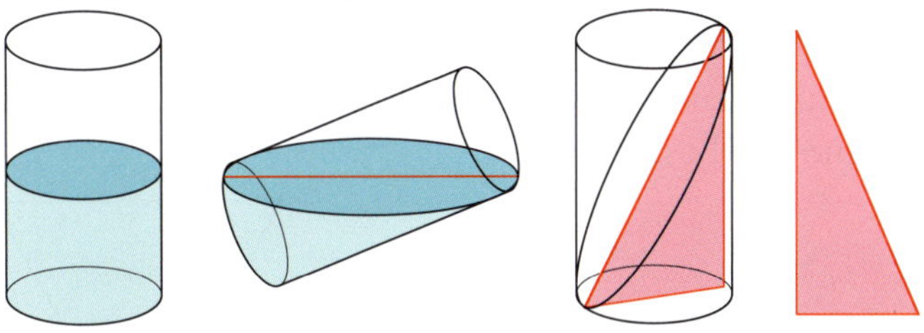

33 Un pintor ha cobrado 1 000 € por impermeabilizar el interior del depósito sin tapa de la izquierda. ¿Cuánto deberá cobrar por impermeabilizar el de la derecha, también sin tapa?

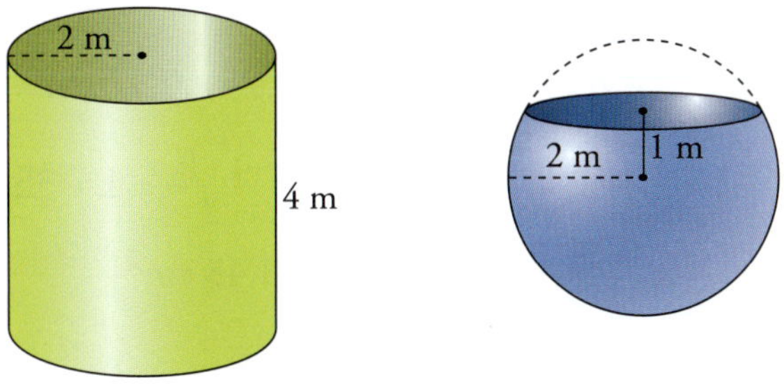

34 Problema resuelto

Begoña ha partido para la familia una sandía en dos trozos y entre todos se han comido el trozo grande. El trozo pequeño es un casquete de 7 cm de altura en el cual vemos una sección de circunferencia de 28 cm de diámetro. ¿Qué radio tenía la sandía?

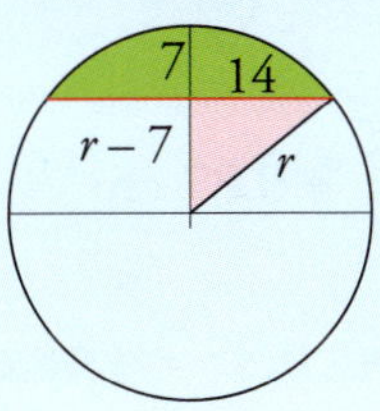

$$r^2 = (r-7)^2 + 14^2$$
$$r^2 = r^2 - 14r + 7^2 + 14^2$$
$$14r = 49 + 196$$
$$r = \frac{245}{14} \rightarrow r = 17{,}5 \text{ cm}$$

35 Un casquete esférico tiene una altura de 6 cm y el radio de su base mide 12 cm. ¿Cuál es el área de la esfera a la que pertenece el casquete?

36 María corta un queso de bola de 16 cm de diámetro de tal manera que se obtiene una circunferencia de 6,4 cm de radio. ¿Qué altura tiene cada trozo apoyándolo sobre el corte?

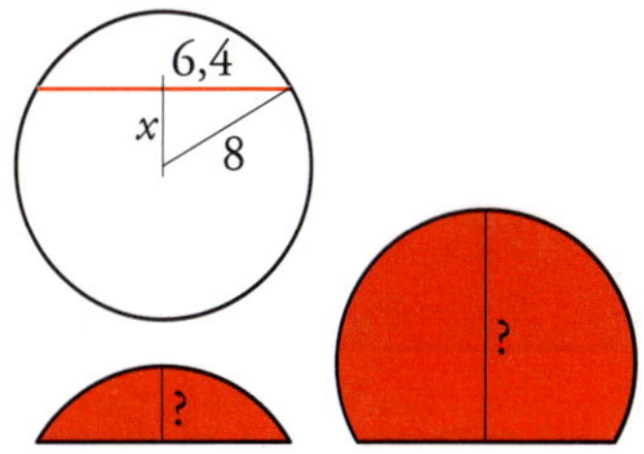

37 Marcos ha cortado una sandía de 15 cm de radio. La zona roja comestible ocupa una superficie de unos 405 cm^2 que corresponde al 90 % de la sección. ¿A qué altura se ha cortado la sandía?

38 Problema resuelto

El área total de un tetraedro es 45 cm². Se corta por un plano paralelo a la base y a un tercio de su altura. Calcular el área del tetraedro menor y del tronco de pirámide resultantes de la sección.

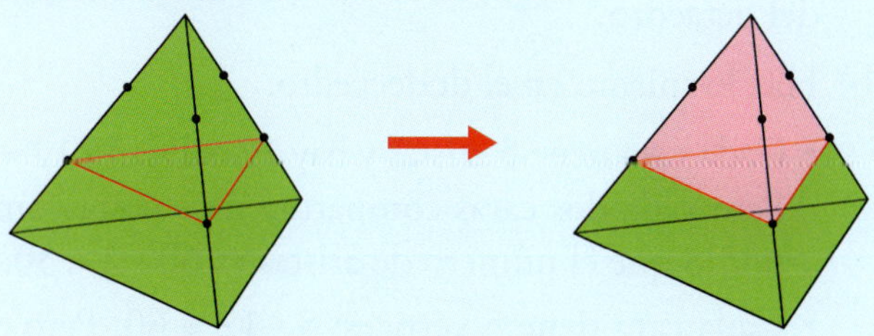

Comparando una cara del tetraedro original y una cara del tetraedro menor (coloreado de rosa):

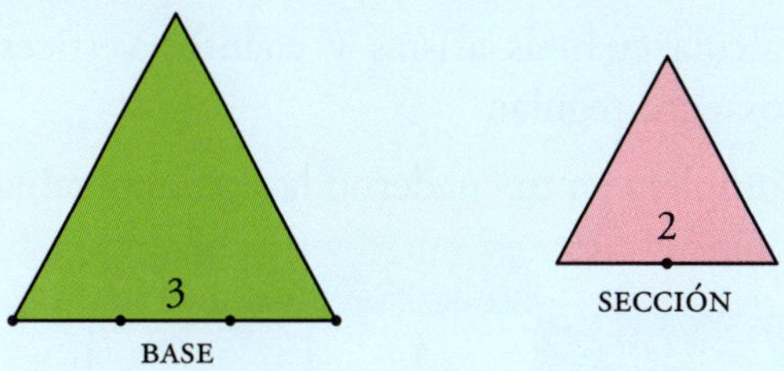

La razón de semejanza es $k = \frac{2}{3}$.

Y la razón de sus áreas es $k^2 = \left(\frac{2}{3}\right)^2 = \frac{4}{9}$. Entonces:

$$A_{\text{TETRAEDRO MENOR}} = \frac{4}{9} \cdot 45 = 20 \text{ cm}^2$$

$$A_{\text{SECCIÓN}} = 20 : 4 = 5 \text{ cm}^2$$

$$A_{\text{TRONCO DE PIRÁMIDE}} = 45 - 20 + 5 = 30 \text{ cm}^2$$

39 Observa este depósito de combustible y calcula el área de la zona coloreada de blanco y la de la zona coloreada de rojo.

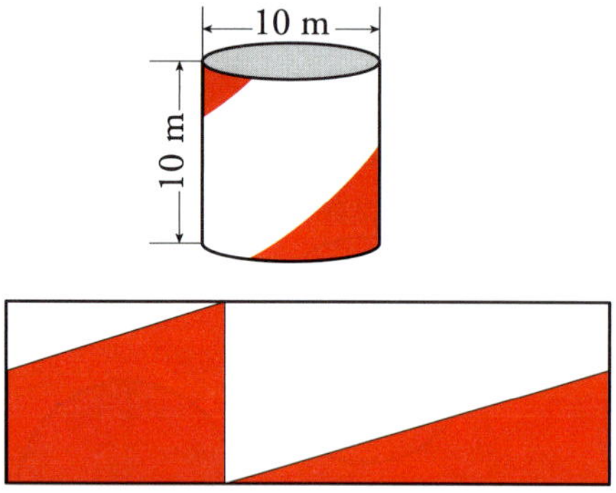

40 Dibuja en tu cuaderno el desarrollo de un tronco de pirámide cuadrangular regular cuyas aristas miden: las de la base mayor, 4 cm; las de la menor, 2 cm, y las laterales, 5 cm.

Halla su área total. (Las caras laterales son trapecios. Comprueba que su altura es de 4,9 cm.)

Interpreta, describe, exprésate

41 Estudiando los poliedros regulares:

a) Cuenta el número de caras del tetraedro, del cubo y del octaedro.

b) Haz lo mismo en el dodecaedro:

- Cada cara tiene 5 aristas y hay 12 caras: 5 · 12 = 60. Pero cada dos caras comparten una arista común, por lo que el número de aristas es 60 : 2 = 30.
- Cada cara tiene 5 vértices: 5 · 12 = 60. Pero cada tres caras comparten un vértice, por lo que el número de vértices es 60 : 3 = 20.

c) Calcula cuántas aristas y cuántos vértices tiene el icosaedro regular.

d) Completa en tu cuaderno la siguiente tabla:

	CARAS	ARISTAS	VÉRTICES
TETRAEDRO	4		
CUBO	6		
OCTAEDRO	8		
DODECAEDRO	12		
ICOSAEDRO	20		

Comprueba que en todos ellos se cumple que:

CARAS + VÉRTICES = ARISTAS + 2

e) ¿Se cumple la misma relación en otros poliedros?

42 A continuación, se incluyen dos resoluciones del mismo problema. Analízalas y explica sus diferencias.

Calcula el área total de cada uno de los cuerpos resultantes al cortar un tetraedro regular por un plano, que pasa por el punto medio de cuatro de sus aristas, según muestra la ilustración.

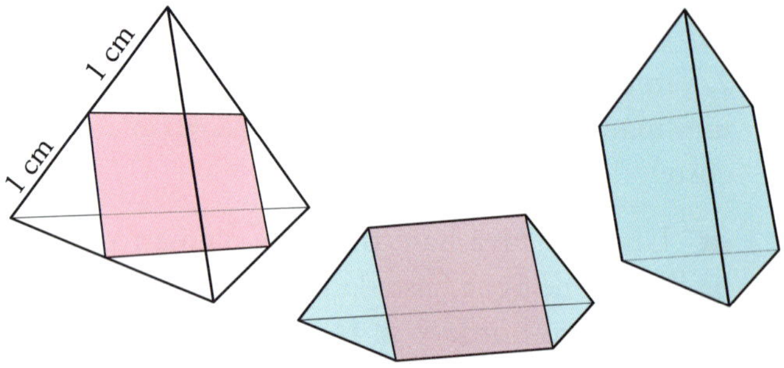

Resolución A

Ambos cuerpos son iguales. Basta calcular el área de uno de ellos:

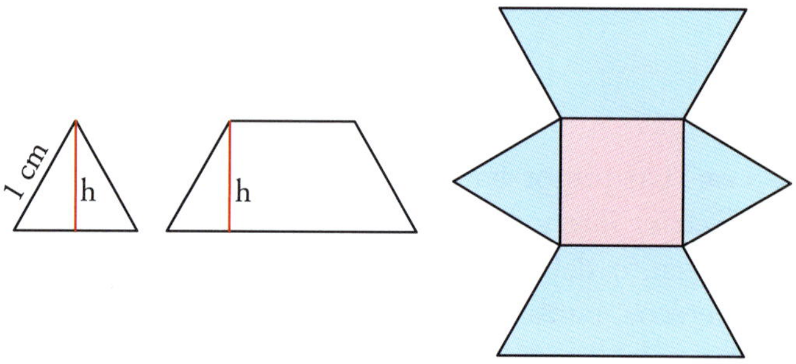

$$h = \sqrt{1^2 - 0,5^2} = \sqrt{0,75} \approx 0,87 \text{ cm}$$

$$A = 1^2 + 2 \cdot \frac{(1+2) \cdot h}{2} + 2 \cdot \frac{1 \cdot h}{2} = 1 + 3h + h =$$

$$= 1 + 4h = 1 + 4 \cdot 0,87 = 4,48 \text{ cm}^2$$

Resolución B

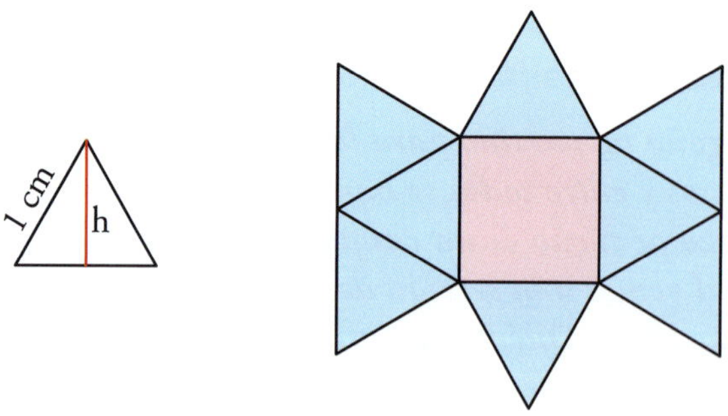

$$h = \sqrt{1^2 - \left(\frac{1}{2}\right)^2} = \sqrt{\frac{3}{4}} \approx 0,87 \text{ cm}$$

$$A = 1^2 + 8 \cdot \frac{1 \cdot 0,87}{2} = 1 + 4 \cdot 0,87 = 4,48 \text{ cm}^2$$

Problemas «+»

43 Una pirámide regular de base cuadrada de 10 cm de lado y altura 12 cm es cortada por un plano a mitad de su altura. Halla el área total del tronco de pirámide resultante.

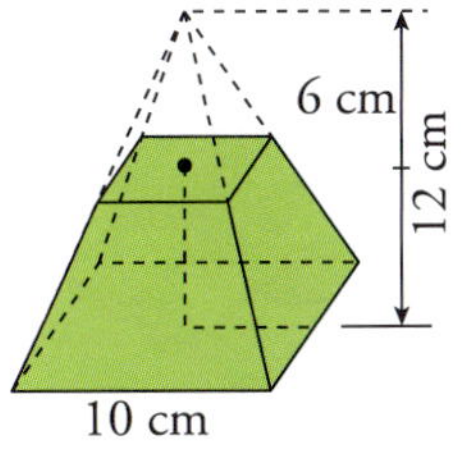

44 Calcula el área de la sección de este tetraedro.

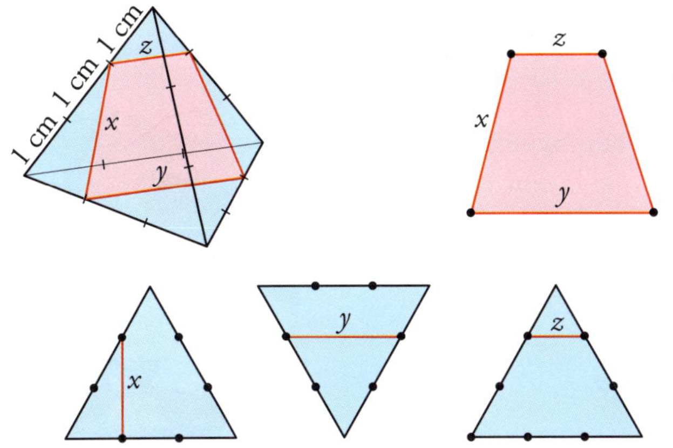

45 Halla el área total de un octaedro regular en el que la distancia entre dos vértices no contiguos es 20 cm.

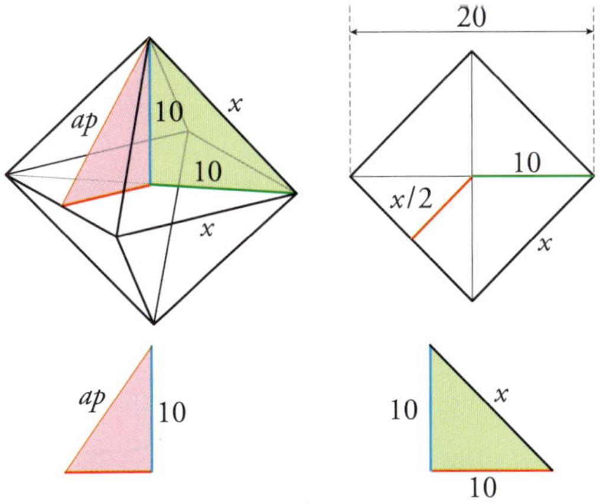

46 Una probeta cilíndrica, que se ha llenado hasta la mitad, tiene dos marcas que dividen su altura en tres partes iguales. Al inclinarla de modo que el líquido toque una de las marcas, por el lado opuesto tocará la otra. Si la superficie del líquido es una elipse cuyo eje mayor mide 10 cm y cuyo eje menor mide 8 cm, ¿qué altura tiene la probeta?

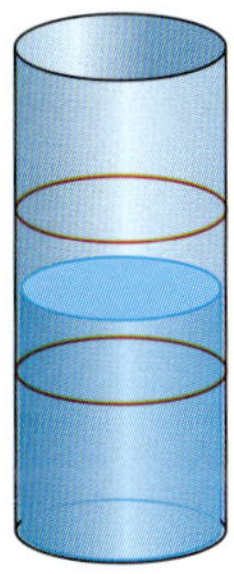

47 El desarrollo lateral de un cono es un semicírculo de radio 12 cm. Halla el radio de su base y su altura.

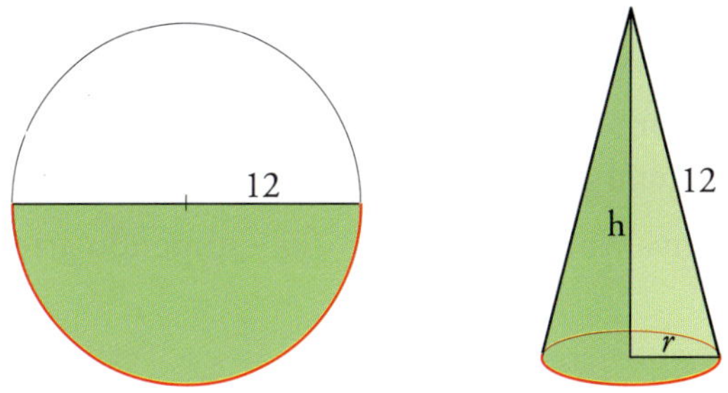

$$\frac{2 \cdot \pi \cdot 12}{2} = 2 \cdot \pi \cdot r$$

48 La base de una pirámide regular es un hexágono de 10 cm de lado. Su altura es 24 cm.

Se corta por un plano que pasa a 18 cm de la base. Halla el área total del tronco de pirámide que resulta.

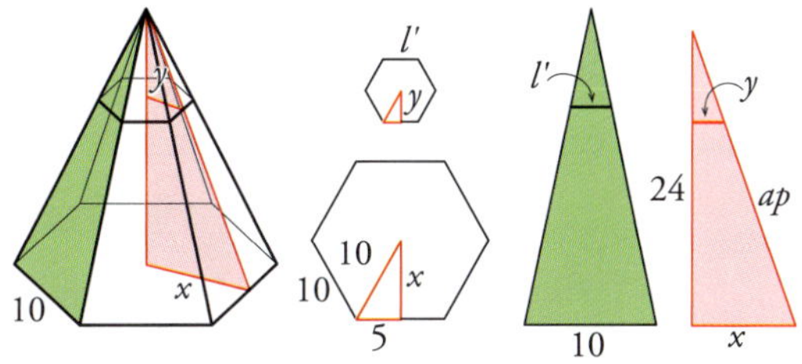

49 Lee, observa y calcula.

a) Comprueba que el siguiente triángulo es rectángulo y la altura sobre la hipotenusa mide 4,8 cm.

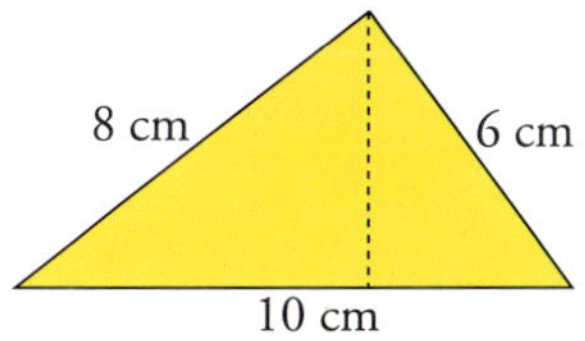

$$A = \frac{10 \cdot h}{2} = \frac{8 \cdot 6}{2}$$

b) Halla la superficie total de las figuras engendradas por este triángulo al girar alrededor de cada uno de sus lados.

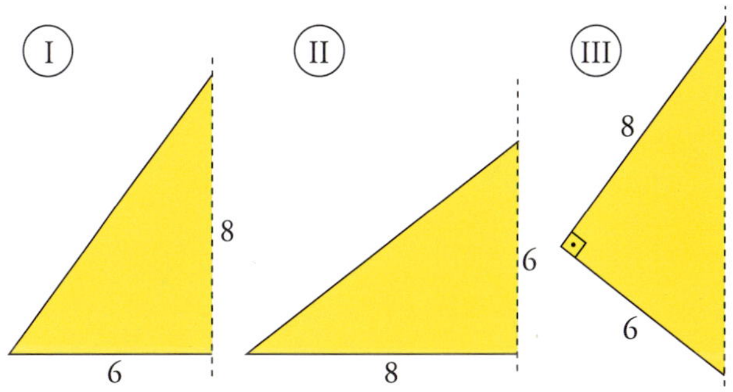

LEE E INFÓRMATE

Arquímedes

Como geómetra, descubrió la relación que existe entre el área de una esfera y el área lateral del cilindro que la contiene, que has estudiado en esta unidad.

Como inventor, diseñó el *sin fin,* estupendo artefacto que sirve para elevar el agua.

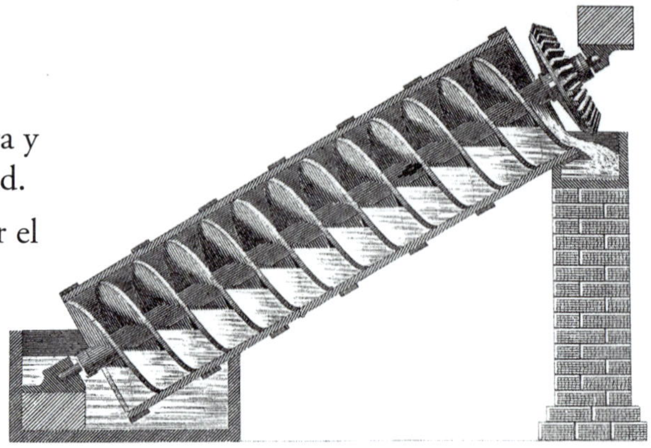

INVESTIGA

Pulsera de tetraedros

La construcción geométrica de la derecha te sorprenderá mucho por la movilidad inesperada que presenta. No te creerás que va a girar sobre sí misma hasta que la construyes y la manipulas. ¿Te animas a construirla?

Necesitarás una cartulina fuerte sobre la que dibujar, ampliado, el siguiente desarrollo:

Recórtalo dejando las pestañas para poder solaparlas y conseguir solidez.

Construir un cono

Te proponemos construir un cono de 5 cm de radio en la base y 12 cm de altura.

Para ello, sigue estas instrucciones:

- Necesitamos la medida de la generatriz: $g = \sqrt{12^2 + 5^2} = 13$ cm
- Dibuja, en una cartulina, un círculo de radio $g = 13$ cm, y otro de radio $r = 5$ cm.
- La superficie lateral del cono es un sector circular de radio $g = 13$ cm. Pero necesitamos saber el ángulo, α, que abarca. Observa cómo lo calculamos:

$$\frac{2\pi \cdot 13}{360} = \frac{2\pi \cdot 5}{\alpha} \to \alpha = \frac{5 \cdot 360}{13} \approx 138°$$

- Marca, con ayuda del transportador, un sector de 138° en el círculo grande.
- Pon las solapas, recorta y pega. ¡Ya lo tienes!

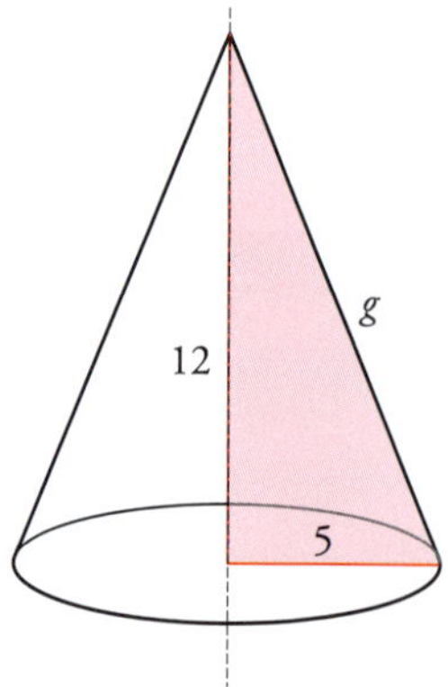

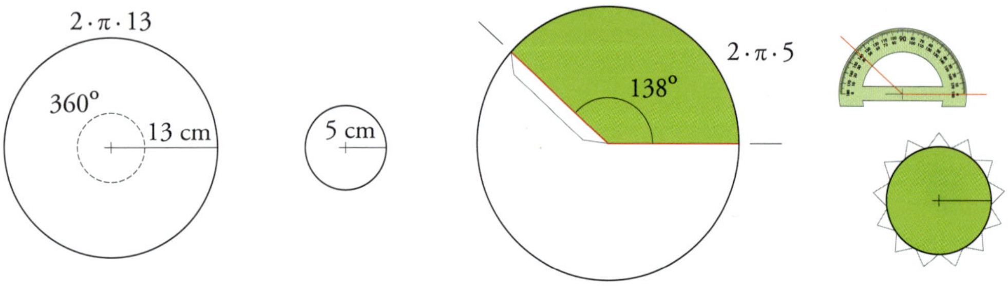

Recuerda que en anayaeducacion.es puedes encontrar orientación académica y profesional relacionada con los contenidos de esta unidad.

ENTRÉNATE RESOLVIENDO OTROS PROBLEMAS

- Tienes cuatro copas como estas:

Considerando sus pies como si fueran puntos, ¿cómo las colocarías para que los cuatro pies equidisten?

Piensa en invertir una y también en un tetraedro.

- Observa la serie de torres poli-cubo:

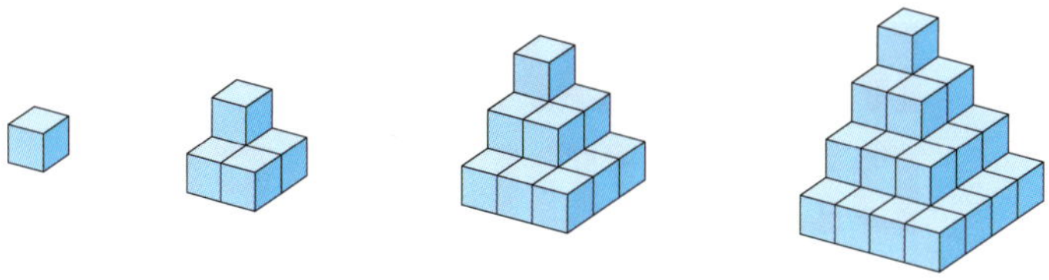

Si el área de la primera es 6:

a) ¿Cuál es el área de cada una de las tres siguientes?

b) ¿Cuál sería el área de una torre de 10 pisos?

c) ¿Y si fueran n los pisos?

AUTOEVALUACIÓN

anayaeducacion.es Resolución de estos ejercicios y una autoevaluación interactiva.

1 Escribe el nombre de estos cuerpos geométricos:

a)
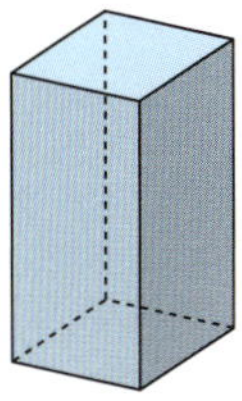
b)
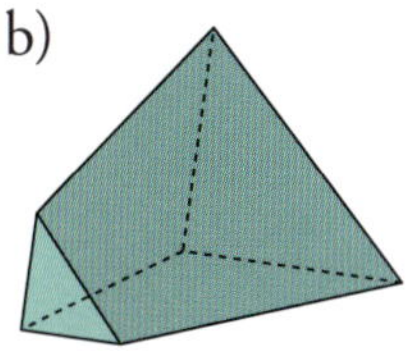
c)
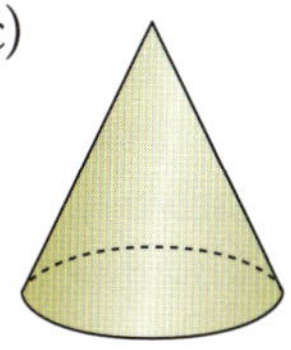
d)
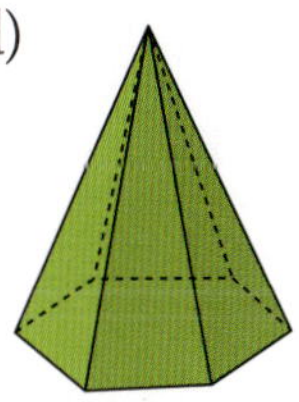
e)
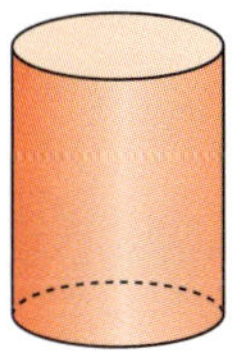
f)
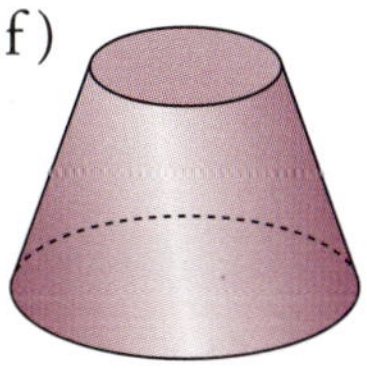

2 Indica a cuáles de los cuerpos geométricos del ejercicio anterior corresponden estos desarrollos:

a)
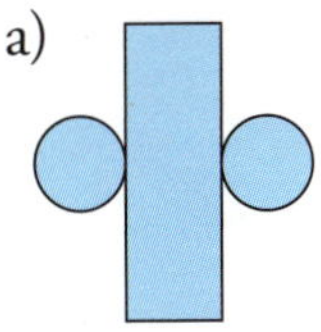
b)
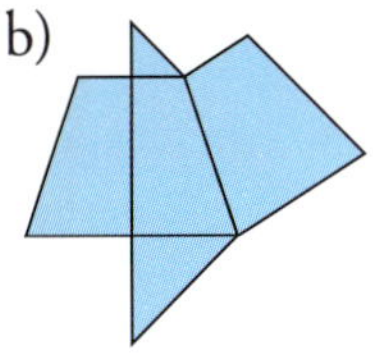
c)
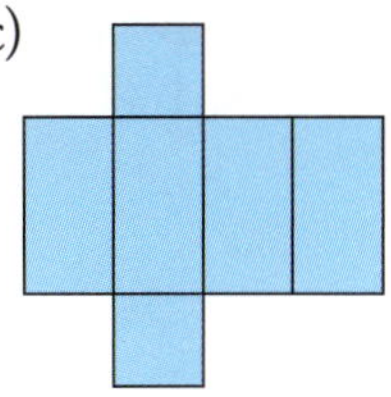

Dibuja en tu cuaderno el desarrollo del poliedro del apartado d) del ejercicio 1.

3 Calcula el área de cada poliedro.

a)
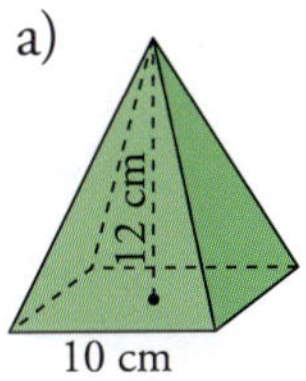

b)
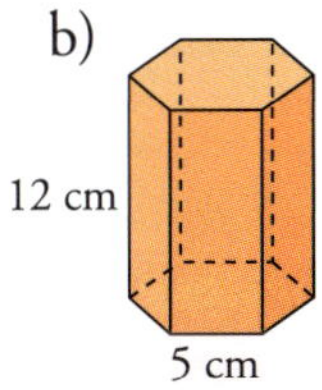

c)
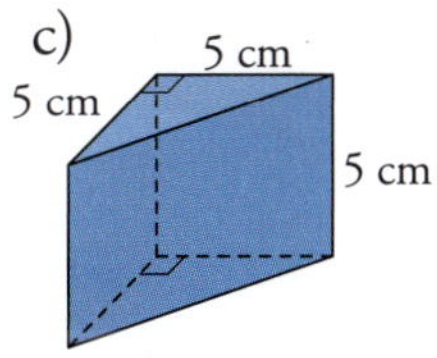

4 Halla el área de estos cuerpos de revolución:

a)
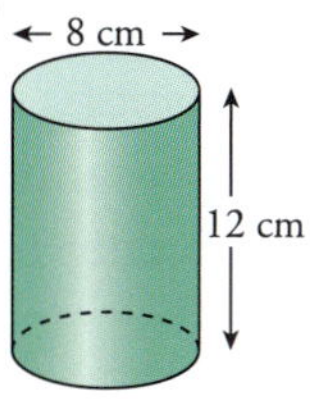

b)
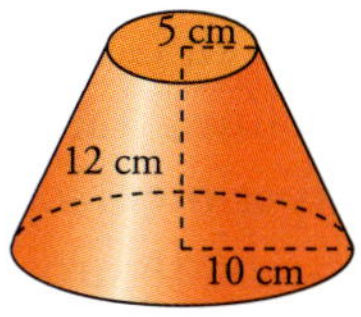

c)
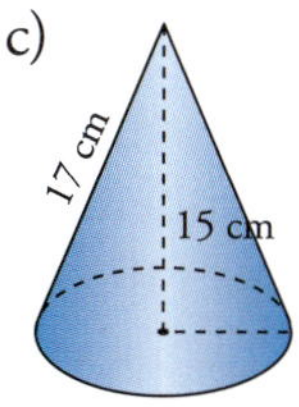

5 Copia en tu cuaderno el tronco de cono y dibuja los planos que le deben cortar para obtener cada una de las figuras planas que aparecen al lado.

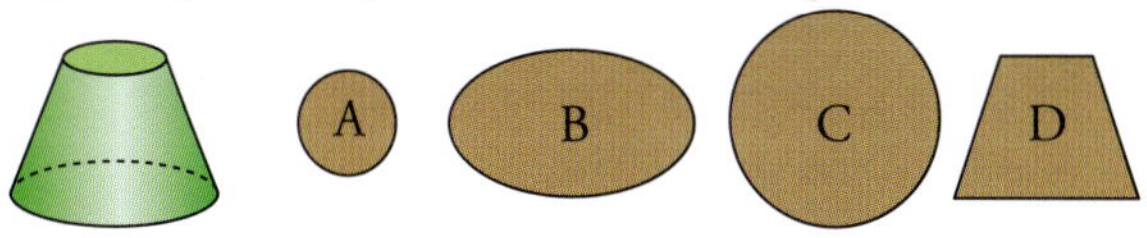

6 Indica qué cortes planos hemos de darle a este poliedro para obtener estos polígonos:

a) Triángulo. b) Cuadrado.

c) Rectángulo. d) Trapecio.

e) Rombo. f) Pentágono.

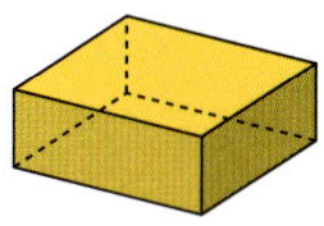

7 Para un juego, se van a pintar 25 bolas de corcho sintético de 40 cm de diámetro.

La pintura blanca sale a 12 €/m^2, y la verde a 15 €/m^2. ¿Cuál será el coste total de la pintura?

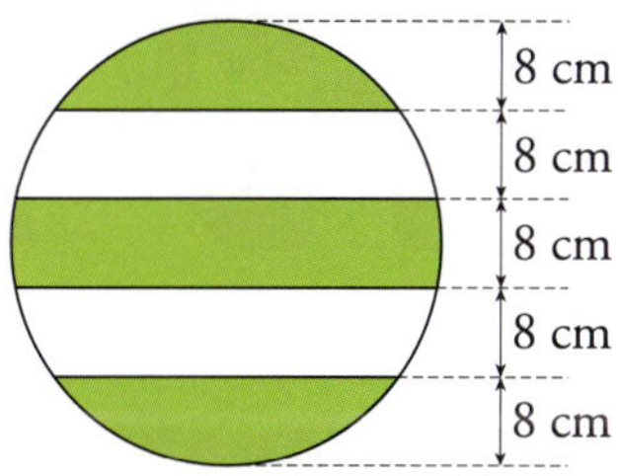

Compromiso ODS Visualiza el vídeo meta 9.a., piensa en una acción con la que podrías contribuir al logro de esa meta y comprométete a llevarla a cabo.

12

MEDIDA DEL VOLUMEN

Euclides y **Arquímedes** fueron, junto con **Apolonio,** los máximos exponentes de la geometría en la antigua Grecia. La relevancia de su obra se mantuvo vigente durante más de veinte siglos.

Euclides (siglo III a. C.) era conocido como «El Padre de la Geometría». Si bien hay pocas certidumbres sobre su biografía, se sabe que vivió en Alejandría, donde fundó la escuela más importante de la antigua Grecia, en la que se desempeñó como profesor y científico con extraordinario prestigio. Sistematizó, amplió y dotó de estructura lógica el saber matemático de su época en los 13 tomos de que constan sus *Elementos.* En varios de ellos se describen y analizan con profundidad los cuerpos geométricos.

Arquímedes (siglo III a. C.), además de matemático, fue físico y un gran inventor. Se educó en la escuela de Alejandría fundada por Euclides, pero, a diferencia de la línea tradicional del pensamiento griego, especulativo, él se valió de la experimentación para obtener resultados matemáticos que, después, demostraba rigurosamente.

Euclides y Arquímedes dirigieron sus trabajos, entre otros, al cálculo del volumen de los distintos sólidos.

¿Qué es medir el volumen?

El cubo grande **ocupa** el mismo espacio que 8 cubos pequeños.

Si tomamos como unidad de volumen el cubo pequeño, diremos que:

$\text{VOLUMEN}_{\text{CUBO PEQUEÑO}} \rightarrow 1\ u^3$

$\text{VOLUMEN}_{\text{CUBO GRANDE}} \rightarrow 8\ u^3$

$1\ u^3$ $8\ u^3$

1 ¿Cuántas unidades cúbicas ocupa cada una de estas figuras?

A B C D

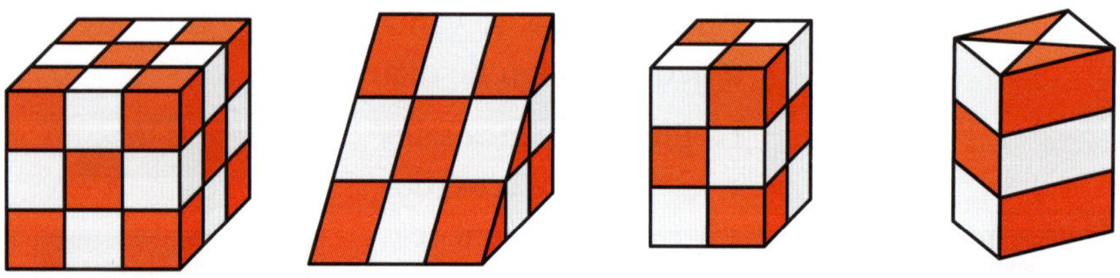

Para hallar áreas y volúmenes de cuerpos complicados, Arquímedes imaginaba la figura descompuesta en infinidad de trozos pequeñísimos fáciles de medir que, después, reagrupaba convenientemente. Este procedimiento supuso un gran avance para las matemáticas de su época.

Distintas formas de calcular volúmenes

2 Imagina ahora que tienes un cacillo en el que cabe la misma cantidad de agua que en una unidad cúbica de un decímetro de arista y observa los dos prismas y el cilindro que tienes a continuación:

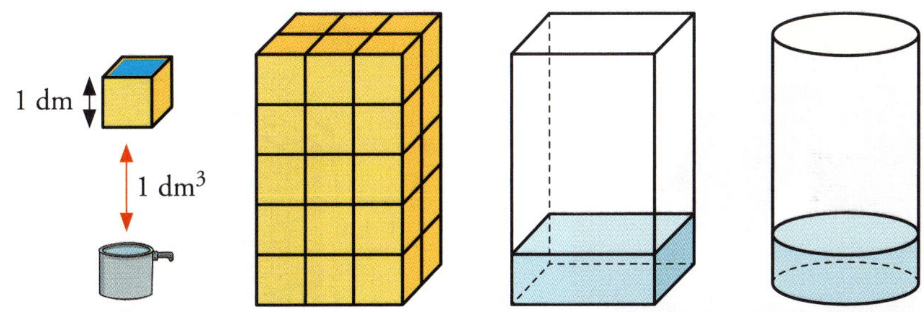

a) ¿Cuántos cacillos de agua se han vertido en el segundo prisma, para que el agua alcance un centímetro de altura? ¿Cuántos cacillos caben en total?

b) Sabiendo que la base del cilindro tiene la misma superficie que la del prisma, ¿cuántos cacillos habría que verter en él para que el agua alcance un centímetro de altura? ¿Y para llenarlo?

3 En el tomo XII de los elementos, aparece, entre otras, la siguiente proposición:

> *Cualquier cono es la tercera parte del cilindro que tiene la misma base e igual altura.*

Sabiendo que el volumen del siguiente cilindro es de 45 u^3, ¿cuál es el volumen del cono que le acompaña?

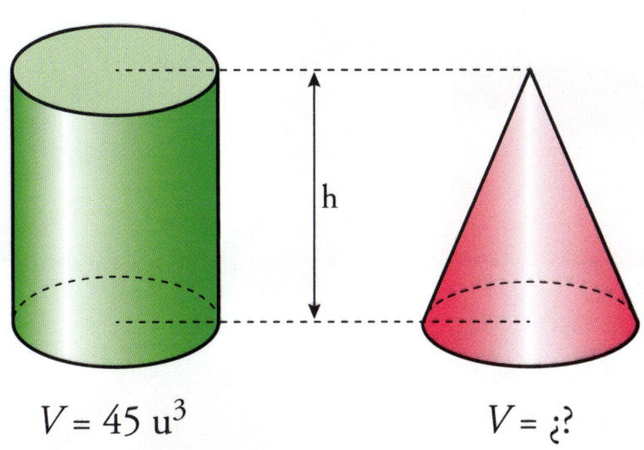

1 UNIDADES DE VOLUMEN

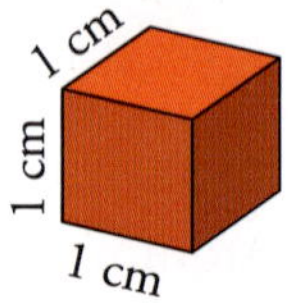

En el margen aparece un centímetro cúbico (1 cm^3). Es un cubo de 1 cm de arista.

De forma análoga, se definen el decímetro cúbico (dm^3), el metro cúbico (m^3) y las demás unidades de volumen. Son las siguientes:

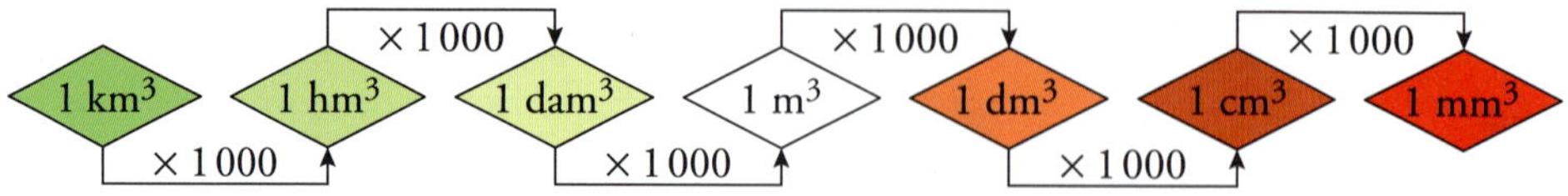

Veamos por qué cada unidad cúbica contiene 1 000 de la inmediata inferior:

En cada fila hay 10 cubitos.

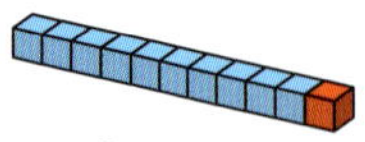

$1\ cm^3 \times 10 = 10\ cm^3$

En cada nivel hay 10 filas.

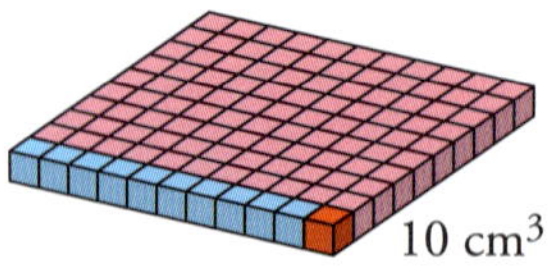

$10\ cm^3 \times 10 = 100\ cm^3$

En el cubo (1 dm^3) hay 10 niveles.

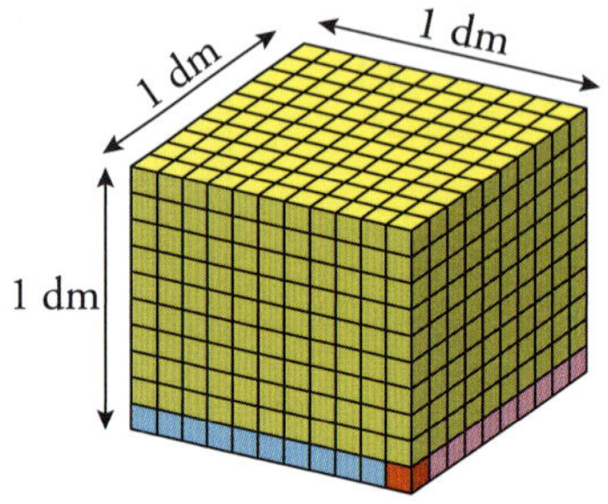

$100\ cm^3 \times 10 = 1\,000\ cm^3 = 1\ dm^3$

Por tanto, en 1 dm^3 hay 1 000 cm^3.

Y por lo mismo:

- $1\ m^3 = 1\,000\ dm^3$
- $1\ dam^3 = 1\,000\ m^3$
- …

Cada unidad de volumen es 1 000 veces la unidad de orden inferior y la milésima parte (0,001) de la unidad de orden superior.

Observa algunos ejemplos de transformación de unidades:

a) $14\ dam^3\ 38\ m^3 = 14 \cdot 10^6\ dm^3 + 38 \cdot 10^3\ dm^3 = 14\,038\,000\ dm^3$

b) $481{,}03\ hm^3 = 481{,}03 \cdot 10^3\ dam^3 = 481\,030\ dam^3$

c) $0{,}001831\ dam^3 = 0{,}001831 \cdot 10^9\ cm^3 = 1\,831\,000\ cm^3$

La siguiente disposición facilita el paso de una unidad a otra:

	hm^3			dam^3			m^3			dm^3			cm^3			
a)					1	4	0	3	8	0	0	0				→ 14 038 000 dm^3
b)	4	8	1	0	3	0										→ 481 030 dam^3
c)						0	0	0	1	8	3	1	0	0	0	→ 1 831 000 cm^3

anayaeducacion.es Practica la forma compleja e incompleja.

Formas compleja e incompleja

La cantidad 438 m^3 12 dm^3 está expresada en forma **compleja.**

Esa misma cantidad la podemos expresar usando una sola unidad, en forma **incompleja:** 438 012 000 cm^3

Para practicar

1 Expresa en metros cúbicos.

a) $2\ dam^3\ 123\ m^3\ 52\ dm^3$

b) $29\,320\,000\ cm^3$

c) $(435\ cm^3\ 425\ mm^3) \cdot 500\,000$

d) $37\ hm^3\ 12\ dam^3\ 325\ m^3\ 402\ dm^3$

2 Pasa a forma compleja.

a) $35\,297\,853\ cm^3$

b) $(4\,253\ hm^3) \cdot 2\,000$

c) $0{,}00030124\ dm^3$

d) $34{,}5832\ hm^3$

Cómo se mide la lluvia

La cantidad de lluvia que cae en un lugar durante un periodo de tiempo se suele medir en *litros por m²*.

Si un litro de agua cae en una superficie de un metro cuadrado, ¿qué altura alcanzará?

- 1 m^2 tiene 10 000 cm^2
- 1 L tiene 1 000 cm^3

A cada cm^2 le corresponde 0,1 cm^3.

Es decir, alcanzará una altura de 0,1 cm = 1 mm.

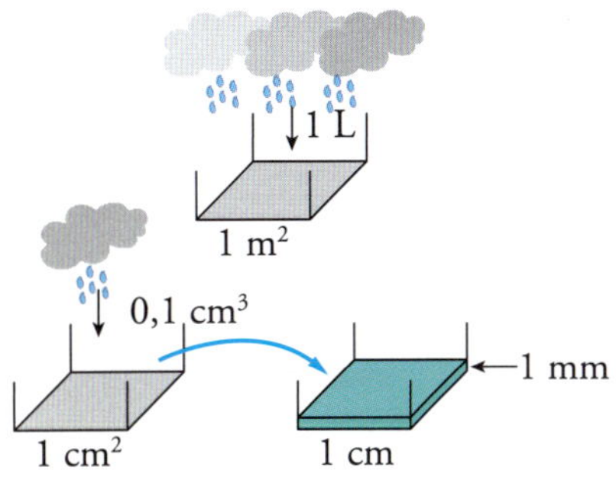

Por eso, la cantidad de lluvia caída se expresa, también, en *mm de altura*:

$1 \text{ L/m}^2 = 1$ mm de altura

Capacidad y volumen

La palabra **volumen** se suele utilizar para designar lo que ocupa un cuerpo en el espacio, y **capacidad,** para designar lo que cabe dentro de un recipiente. Pero son magnitudes idénticas y, por tanto, se miden con las mismas unidades.

Sin embargo, cuando se habla de capacidad, se suele utilizar como unidad el litro, que equivale al decímetro cúbico:

Un **litro** (1 L) ↔ 1 dm^3

El litro tiene múltiplos y submúltiplos:

kilolitro (kL) ⟶	1 000 L	decilitro (dL) ⟶	0,1 L
hectolitro (hL) ⟶	100 L	centilitro (cL) ⟶	0,01 L
decalitro (daL) ⟶	10 L	mililitro (mL) ⟶	0,001 L

Vamos a incluirlos en la tabla junto con las unidades cúbicas:

m^3			dm^3			cm^3			mm^3		
		kL	hL	daL	L	dL	cL	mL			

Tanto las unidades cúbicas como los múltiplos y los divisores del litro se utilizan para medir volúmenes y capacidades. Sin embargo, se deben escoger las unidades según el tamaño de lo que se mide. Por ejemplo:

- El tamaño de una dosis de jarabe. → mL, mm^3
- El contenido de un vaso o una botella. → L, cL, cm^3
- La capacidad de un camión cisterna. → L, m^3
- El consumo anual de agua de una gran ciudad. → hm^3

Para fijar ideas

1 Copia y completa en tu cuaderno.

	m^3			dm^3			cm^3			mm^3			
			kL	hL	daL	L	dL	cL	mL				
7,4 L													→ … cm^3
25 hL													→ … m^3
75 cm^3													→ … cL
0,047 m^3													→ … L

Para practicar

3 Cuál sería la unidad adecuada para expresar:

a) La capacidad de un bote de champú.

b) La capacidad del maletero de un coche.

c) El agua que contiene un embalse.

4 Expresa en litros.

a) 125 m^3 705 dm^3 500 cm^3

b) 590 000 mm^3

c) 0,000317 dam^3

d) 2 700 mm^3

5 Copia y completa.

a) 2 560 L = … m^3

b) 370 cL = … cm^3

c) 520 cL = … dm^3

d) 4,8 mL = … cm^3

e) 0,55 L = … cm^3

f) 1 780 hL = … m^3

6 Si ayer cayeron 120 litros por m^2, ¿a cuántos milímetros de altura corresponden? ¿Cuántos litros por m^2 habrán caído si se alcanzan 48 mm de altura?

anayaeducacion.es Practica la equivalencia entre las distintas unidades de volumen.

2 PRINCIPIO DE CAVALIERI

Vocabulario

Principio. Proposición o verdad fundamental que sirve de base para el estudio de alguna parte de la ciencia.

Nota histórica

Bonaventura Cavalieri, discípulo de Galileo, publicó en 1635 un libro de geometría en el que siguiendo, sin saberlo, un método similar al de Arquímedes (*), razonó sobre volúmenes descomponiendo los cuerpos en rodajas finísimas y enunció la proposición que lleva su nombre.

(*) En la época de Cavalieri, la obra de Arquímedes no era conocida.

Aquí tienes cuatro pilas de posavasos. Tanto los cuadrados como los redondos tienen la misma superficie y grosor.

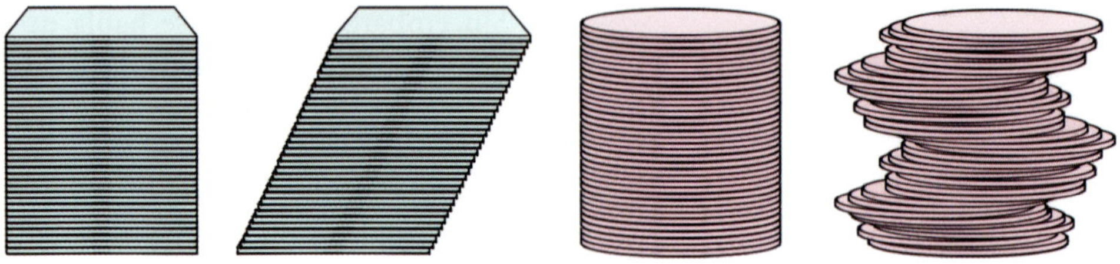

Con las condiciones mencionadas, es evidente que todas tienen el mismo número de piezas y, por tanto, ocupan el mismo volumen.

Esta sencilla observación se generaliza de forma muy interesante para el cálculo del volumen de algunas figuras.

PRINCIPIO DE CAVALIERI

Si dos cuerpos tienen la misma altura y al cortarlos por planos paralelos a sus bases se obtienen figuras con la misma área, entonces tienen el mismo volumen.

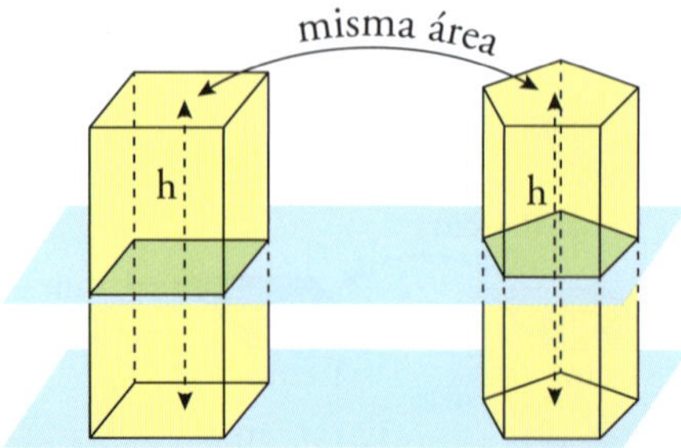

Observa pares de figuras que, al ser cortadas por planos paralelos a sus bases, dan lugar a figuras distintas, pero con áreas iguales:

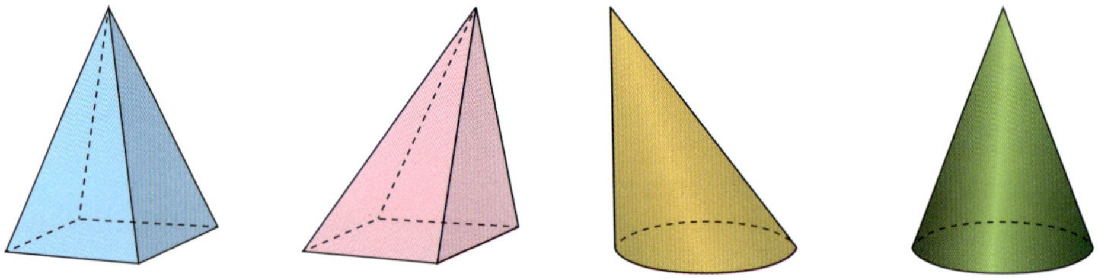

Las de cada pareja tienen el mismo volumen.

Para practicar

1 ¿Verdadero o falso?

Los volúmenes de estos cuerpos geométricos:

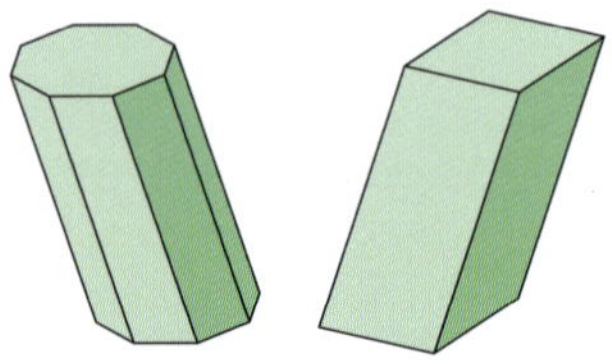

a) Son iguales, porque tienen la misma altura.

b) No son iguales, porque sus bases son polígonos distintos.

c) Son iguales, porque sus bases tienen la misma área.

d) Son iguales, porque tienen la misma altura y las secciones paralelas a sus bases tienen la misma área.

2 La mitad de estas figuras tienen la misma área en la base y la otra mitad, como puedes observar, la misma altura.

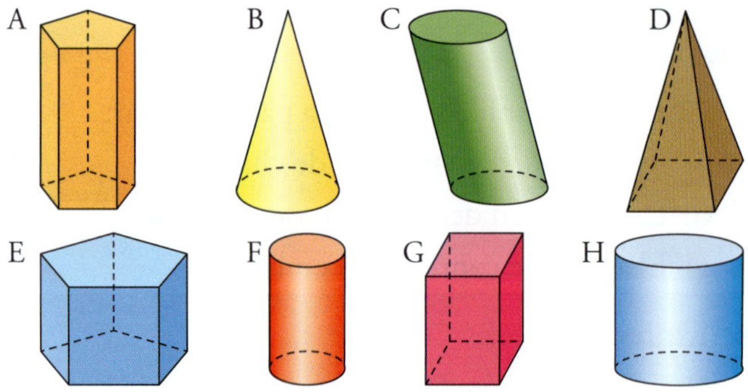

Empareja las que tienen el mismo volumen.

3 VOLUMEN DEL PRISMA Y DEL CILINDRO

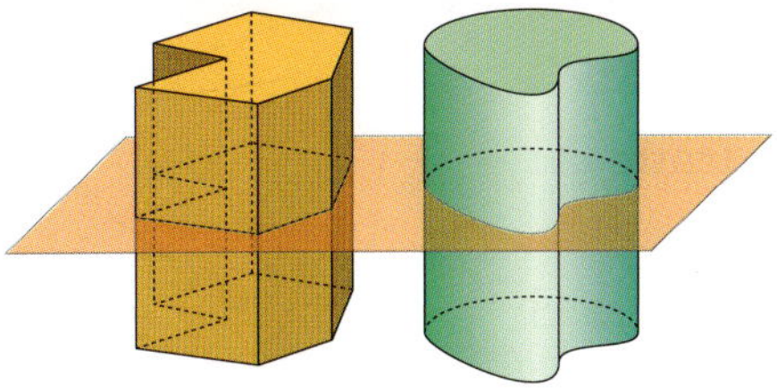

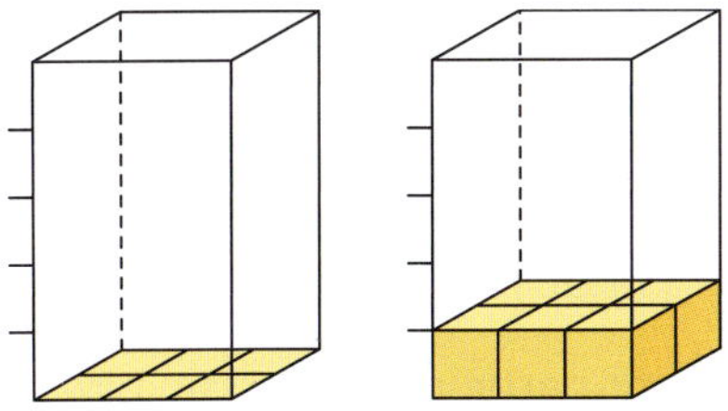

Área de la base: $6\ u^2$

Volumen de una capa: $6\ u^3$

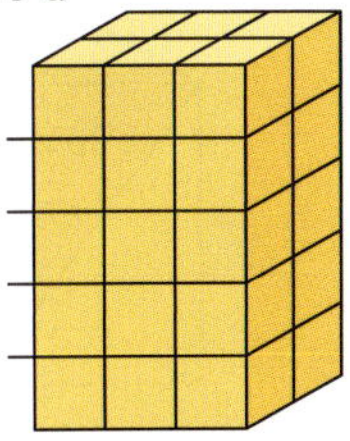

Volumen de cinco capas: $6 \cdot 5 = 30\ u^3$

Los dos cuerpos geométricos del margen son **figuras prismáticas** porque tienen dos bases iguales y paralelas. Además, cortando cada una por planos paralelos a las bases, se obtienen secciones idénticas a ellas.

Las dos *figuras prismáticas* tienen la misma altura y, al cortarlas por planos paralelos a sus bases, se obtienen secciones con la misma área. Por tanto, sus volúmenes coinciden (principio de Cavalieri).

Volumen de la figura prismática = Área de su base · Altura

Los prismas y los cilindros son figuras prismáticas. Sus volúmenes son:

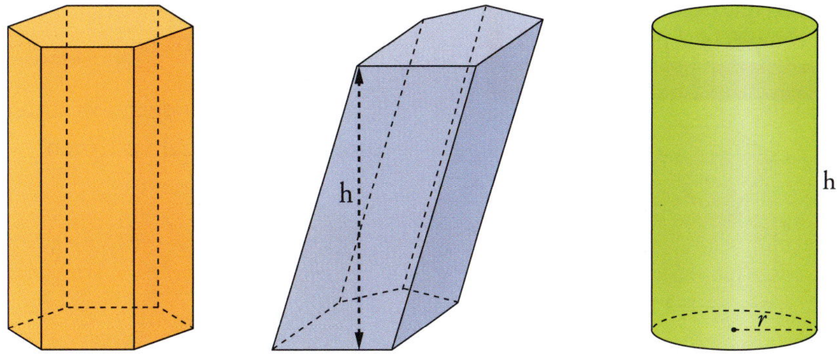

PRISMA RECTO | PRISMA OBLICUO | CILINDRO

$V = A_{BASE} \cdot \text{Altura}$ $\qquad$ $V = A_{BASE} \cdot \text{Altura} = \pi r^2 \cdot h$

Para fijar ideas

Copia y completa en tu cuaderno.

1 Halla el volumen de un prisma hexagonal regular con 1 m de arista lateral y 30 cm de arista en la base.

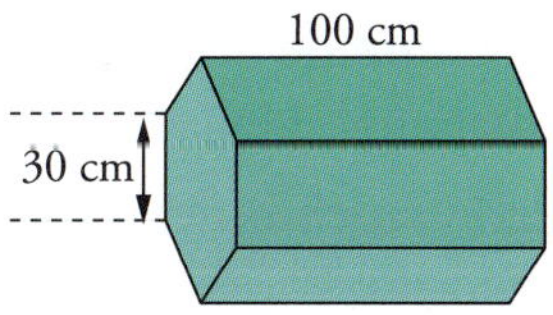

En un hexágono regular, el radio y el lado son iguales.

Por tanto, el cateto menor del triángulo rectángulo señalado es 15 cm.

$ap = \sqrt{30^2 - 15^2} \approx 26$ cm

$A_{BASE} = \dfrac{\text{Perímetro} \cdot \text{apotema}}{2} = \dfrac{\ldots \cdot \ldots \cdot 26}{2} = \ldots\ cm^2$

$V_{PRISMA} = A_{BASE} \cdot \text{Altura} = \ldots \cdot \ldots = \ldots\ cm^3 = 234$ litros

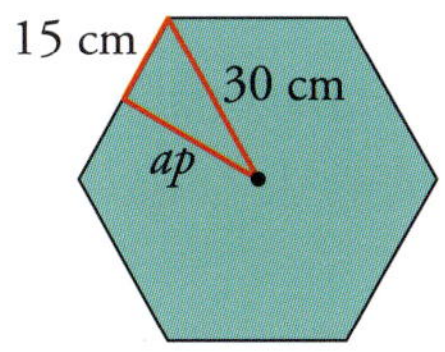

Para practicar

1 Halla el volumen de estos cuerpos geométricos.

a)

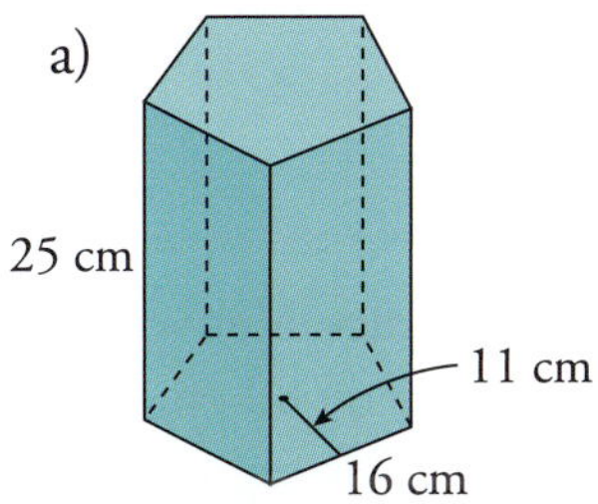

b)

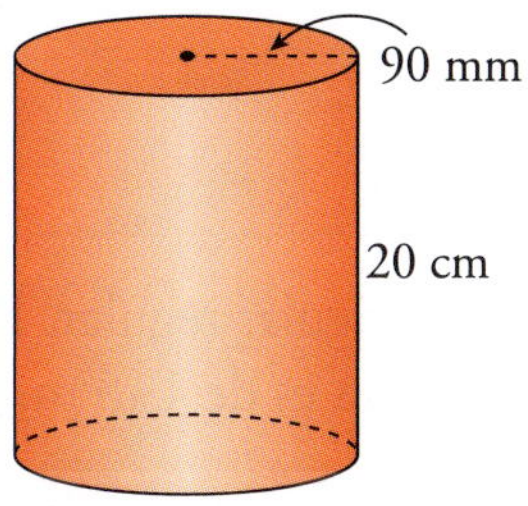

c)

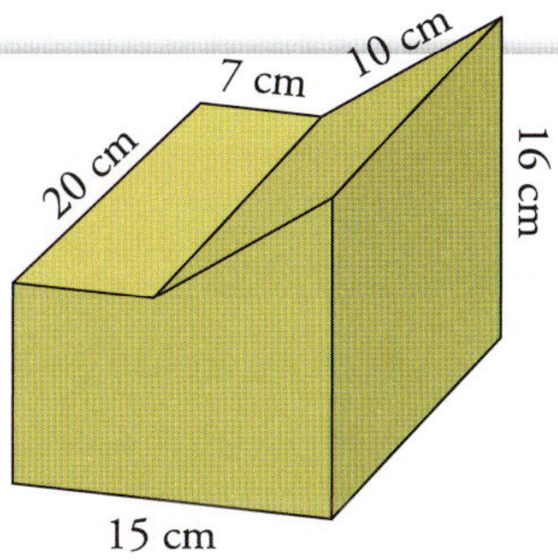

anayaeducacion.es GeoGebra. Volumen de un cilindro.

4 VOLUMEN DE LA PIRÁMIDE Y DEL TRONCO DE PIRÁMIDE

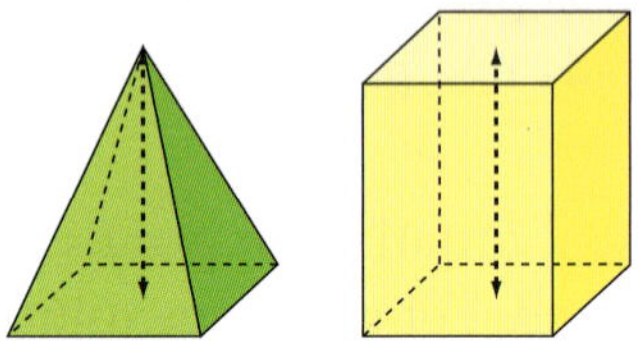

anayaeducacion.es

Desarrollos para construir estas pirámides. Al encajarlas se comprueba que, efectivamente, las tres completan el prisma.

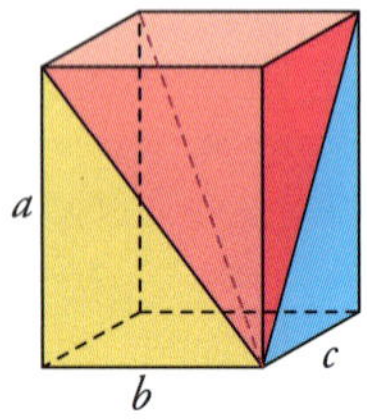

$V = (b \cdot c) \cdot a$

Tenemos una pirámide y un prisma con la misma base y la misma altura. Vamos a comparar sus volúmenes.

Si llenamos de agua la pirámide y la vertemos dentro del prisma, ocupará una tercera parte de este.

Es decir, se necesitan tres pirámides para completar el volumen del prisma. Por tanto:

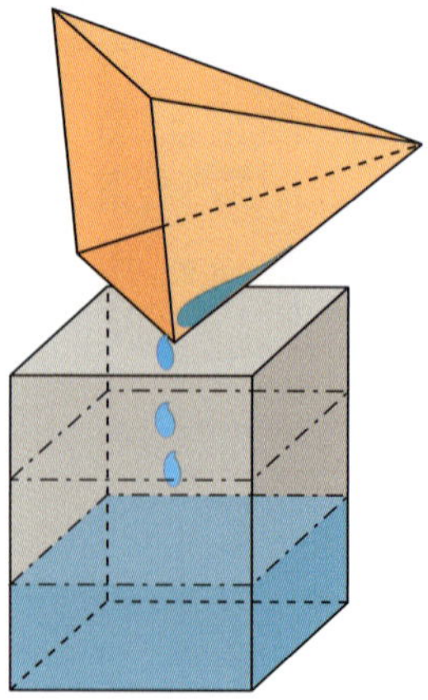

> El **volumen** de una **pirámide** es:
>
> $$V = \frac{1}{3} \cdot \text{Área de la base} \cdot \text{Altura}$$

Confirmamos la relación anterior con la siguiente partición del prisma en tres pirámides de igual volumen:

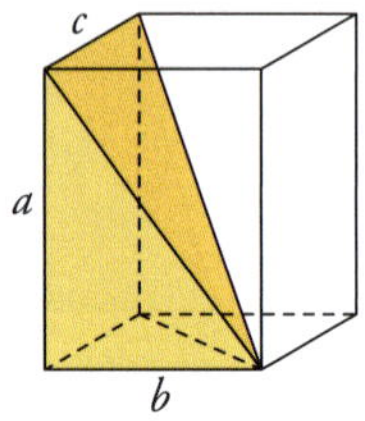

$V = \dfrac{(a \cdot c) \cdot b}{3}$

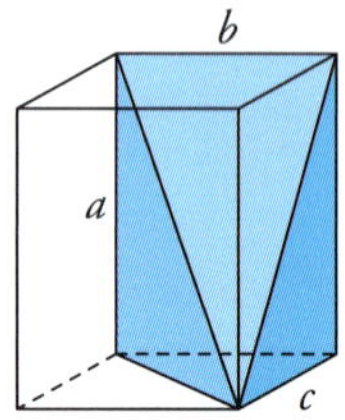

$V = \dfrac{(a \cdot b) \cdot c}{3}$

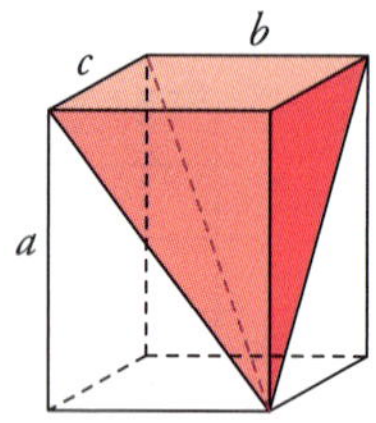

$V = \dfrac{(b \cdot c) \cdot a}{3}$

Para fijar ideas

Copia y completa en tu cuaderno.

1 Una pirámide de 30 cm de altura tiene una base rectangular de 24 cm de largo y 26 cm de diagonal. Halla su volumen.

El lado (ancho) del rectángulo mide:

$$c = \sqrt{26^2 - 24^2} = \sqrt{100} = 10 \text{ cm}$$

$A_{BASE} = \ldots \cdot 10 = \ldots \text{ cm}^2 \qquad V_{PIRÁMIDE} = \frac{1}{3} \cdot \ldots \cdot 30 = 2\,400 \text{ cm}^3$

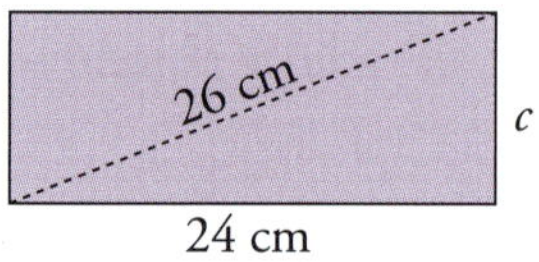

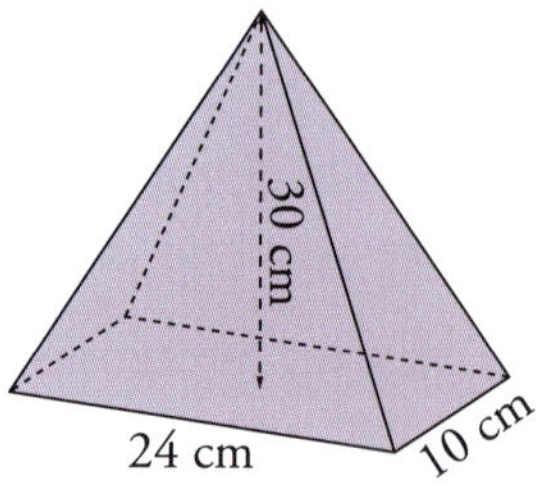

2 Calcula el volumen de una pirámide pentagonal regular con los siguientes datos:

- Lado de la base → 16 cm
- Apotema de la base → 11 cm
- Arista lateral → 25 cm

Calculamos, primero, el radio y después la altura de la pirámide:

$$r^2 = 11^2 + 8^2 = 185 \qquad h = \sqrt{25^2 - r^2} = \sqrt{\ldots} \approx \ldots \text{ cm}$$

$$A_{BASE} = \frac{\text{Perímetro} \cdot \text{apotema}}{2} = \frac{\ldots \cdot 5 \cdot \ldots}{2} = \ldots \text{ cm} \qquad V_{PIRÁMIDE} = \frac{1}{3} \cdot \ldots \cdot \ldots = 3\,080 \text{ cm}^3$$

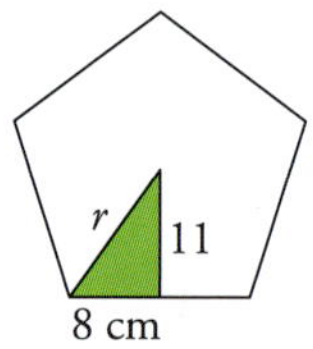

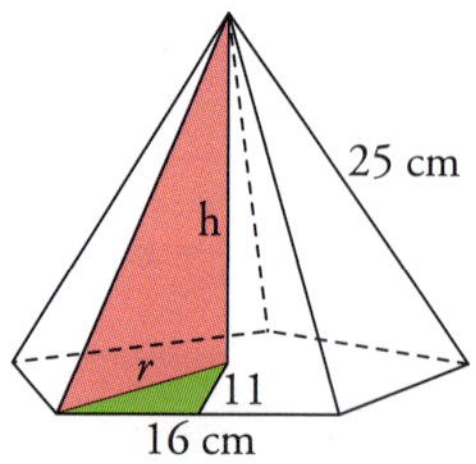

Para practicar

1 La gran pirámide de Keops es cuadrangular regular. El lado de su base mide 230 m y su altura es de 146 m. Halla su volumen en hm^3.

2 Calcula el volumen de una pirámide hexagonal regular de 80 cm de altura y 30 cm de lado en la base.

En un hexágono regular, r = l.

anayaeducacion.es GeoGebra. Volumen de una pirámide.

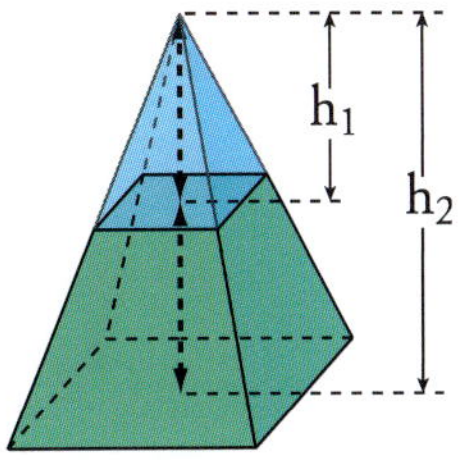

Un tronco de pirámide resulta de seccionar una pirámide por un plano paralelo a la base y eliminar la parte superior, que es otra pirámide semejante, más pequeña.

El **volumen** del **tronco de pirámide** se obtiene restándole al volumen de la pirámide grande, el de la pequeña.

$$V_{\text{TRONCO DE PIRÁMIDE}} = V_{\text{PIRÁMIDE GRANDE}} - V_{\text{PIRÁMIDE PEQUEÑA}}$$

anayaeducacion.es GeoGebra.
Volumen del tronco de pirámide.

Ambas pirámides, la grande y la pequeña, son semejantes. La razón de semejanza es $\frac{h_1}{h_2}$. Y la razón de sus volúmenes es $\left(\frac{h_1}{h_2}\right)^3$.

Por tanto, el volumen de la pequeña es igual al volumen de la grande multiplicada por esa cantidad:

$$V_{\text{PIRÁMIDE PEQUEÑA}} = V_{\text{PIRÁMIDE GRANDE}} \cdot \left(\frac{h_1}{h_2}\right)^3$$

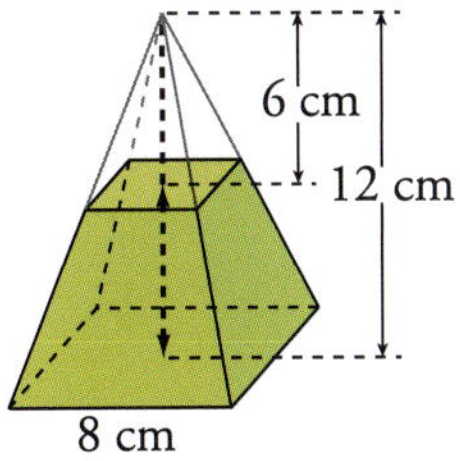

Ejercicio resuelto

Calcular el volumen del tronco de pirámide del margen.

$V_{\text{PIRÁMIDE GRANDE}} = \frac{1}{3} \cdot 8^2 \cdot 12 = 256 \text{ cm}^3$

La pirámide pequeña es semejante a la grande.

La razón de semejanza es $\frac{6}{12} = \frac{1}{2}$ y la razón de sus volúmenes $\left(\frac{1}{2}\right)^3 = \frac{1}{8}$.

Por tanto:

$V_{\text{PIRÁMIDE PEQUEÑA}} = \frac{1}{8} \cdot V_{\text{PIRÁMIDE GRANDE}} = \frac{1}{8} \cdot 256 = 32 \text{ cm}^3$

$V_{\text{TRONCO DE PIRÁMIDE}} = 256 - 32 = 224 \text{ cm}^3$

Para fijar ideas

Copia y completa en tu cuaderno.

3 Una pirámide hexagonal regular de 12 cm de lado en la base y 30 cm de altura se corta por un plano paralelo a la base y a 10 cm de la misma. Calcula el volumen del tronco de pirámide resultante.

Calculamos la apotema y el área de la base:

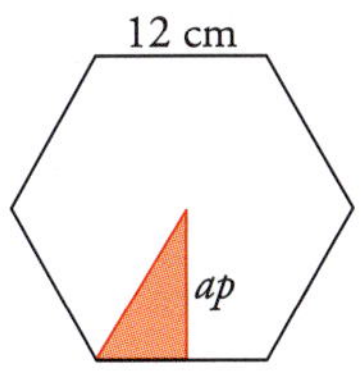

$ap = \sqrt{12^2 - \ldots^2} = \sqrt{\ldots} \approx \ldots \text{ cm}$

$A_{\text{BASE}} = \frac{12 \cdot 6 \cdot \ldots}{2} = 374{,}4 \text{ cm}^2$

La razón de semejanza entre la pirámide pequeña y la grande es: $\frac{20}{30} = \frac{\ldots}{\ldots}$

La razón de los volúmenes es: $\left(\frac{\ldots}{\ldots}\right)^3 = \frac{8}{27}$

$V_{\text{PIRÁMIDE GRANDE}} = \frac{1}{3} \cdot \ldots \cdot 30 = 3\,744 \text{ cm}^3$

$V_{\text{PIRÁMIDE PEQUEÑA}} = \frac{\ldots}{27} \cdot \ldots \approx 1\,110 \text{ cm}^3$

$V_{\text{TRONCO DE PIRÁMIDE}} = 3744 - \ldots = 2\,634 \text{ cm}^3$

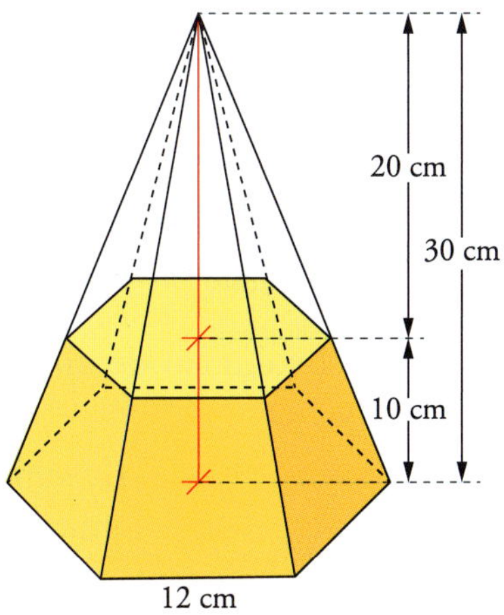

anayaeducacion.es Actividades guiadas para practicar el cálculo del volumen de troncos de pirámide.

5 VOLUMEN DEL CONO Y DEL TRONCO DE CONO

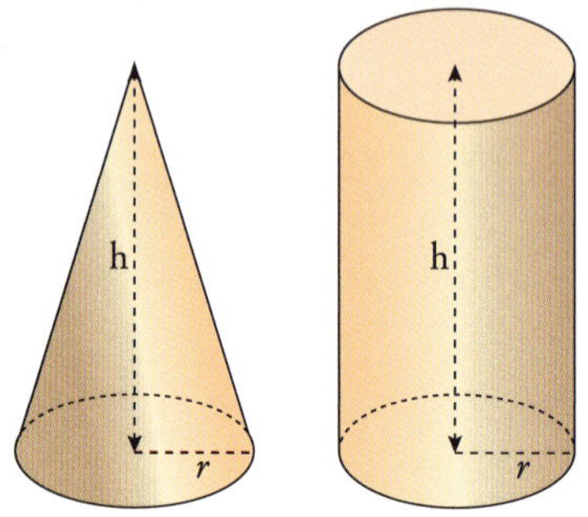

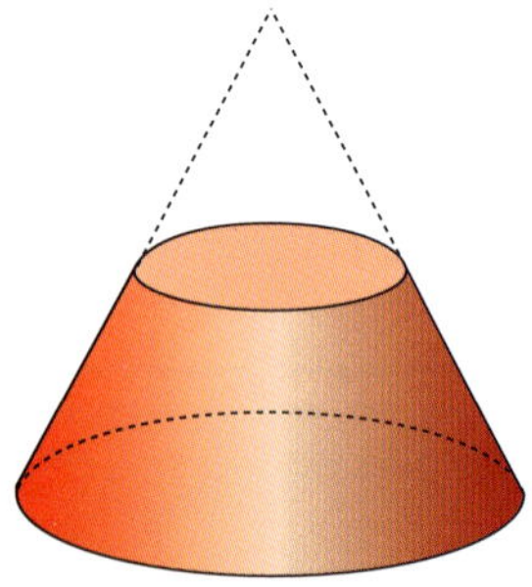

Como ocurre en la pirámide, el volumen del cono es la tercera parte del volumen del cilindro de igual base y altura; es decir, es igual a la tercera parte del área de la base por la altura.

El **volumen** de un **cono** es:

$$V = \frac{1}{3} \cdot \text{Área de la base} \cdot \text{Altura} = \frac{1}{3} \cdot \pi r^2 \cdot \text{h}$$

Lo mismo que ocurría con el tronco de pirámide, el **volumen de un tronco de cono** se obtiene restándole al volumen del cono grande, el del pequeño.

También se puede hallar el volumen por semejanza, como se hace con la pirámide en la página anterior.

Si se dispone de los radios y la altura del tronco de cono, es posible, aplicando la semejanza, hallar la altura del cono pequeño y, por tanto, la del grande.

Podrás experimentar esto último resolviendo la actividad 2 de esta página.

Para fijar ideas

Copia y completa en tu cuaderno.

1 Un cono recto con 6 cm de radio en la base y 15 cm de altura se corta por un plano paralelo a la base y a 5 cm de la misma. Calcula el volumen del cono grande, del cono pequeño surgido del corte y del tronco de cono restante.

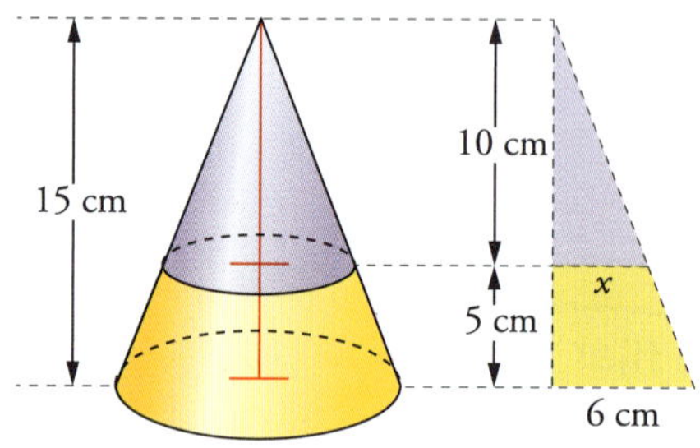

El cono grande y el pequeño son semejantes. Calculamos el radio, *x*, de la base del pequeño:

$$\frac{15}{6} = \frac{\ldots}{x} \rightarrow x = \frac{\ldots \cdot \ldots}{\ldots} = 4 \text{ cm}$$

$$V_{\text{CONO GRANDE}} = \frac{1}{3} \cdot \pi \cdot \ldots^2 \cdot \ldots = 565{,}2 \text{ cm}^3$$

$$V_{\text{CONO PEQUEÑO}} = \frac{1}{3} \cdot \pi \cdot \ldots^2 \cdot \ldots \approx 167{,}5 \text{ cm}^3$$

$$V_{\text{TRONCO DE CONO}} = \ldots - \ldots = 397{,}7 \text{ cm}^3$$

2 Halla el volumen de un tronco de cono de 10 cm de altura cuyas bases tienen radios de 6 cm y 2 cm.

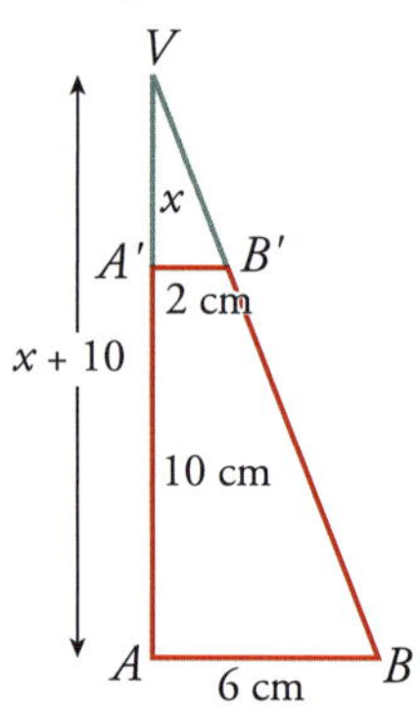

La semejanza de los triángulos *VAB* y *VA'B'* nos permitirá hallar la altura de los dos conos:

$$\frac{x+10}{6} = \frac{x}{2} \rightarrow 2x + 20 = 6x \rightarrow 4x = 20 \rightarrow x = 5 \text{ cm}$$

Por tanto, la altura del cono grande es 15 cm, y la del cono pequeño, 5 cm.

$$V_{\text{TRONCO DE CONO}} = V_{\text{CONO GRANDE}} - V_{\text{CONO PEQUEÑO}} =$$

$$= \frac{1}{3} \cdot \pi \cdot \ldots^2 \cdot \ldots - \frac{1}{3} \cdot \pi \cdot \ldots^2 \cdot \ldots \approx 544 \text{ cm}^3$$

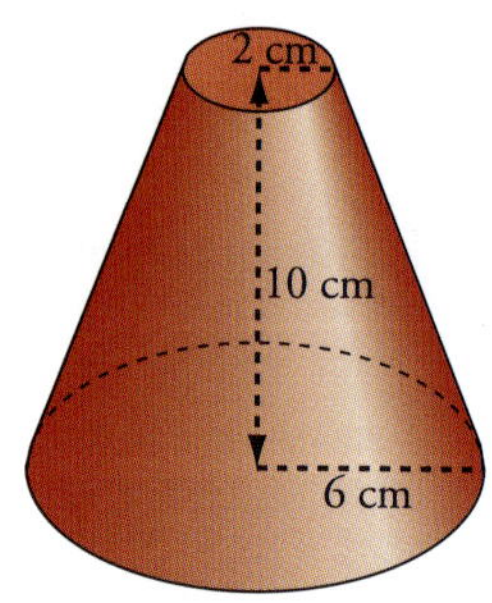

anayaeducacion.es GeoGebra. Volumen del cono y del tronco de cono.

6 VOLUMEN DE LA ESFERA

Ten en cuenta

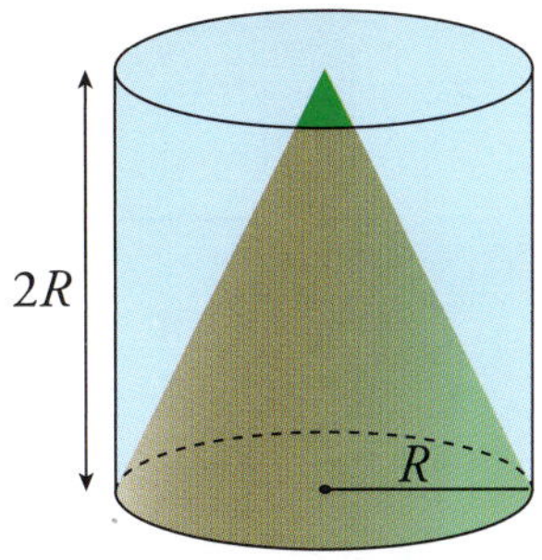

$$V_{\text{CONO}} = \frac{1}{3} \cdot V_{\text{CILINDRO}}$$

$$V_{\text{CONO}} = \frac{1}{3} \cdot \pi R^2 \cdot 2R = \frac{2}{3} \cdot \pi R^3$$

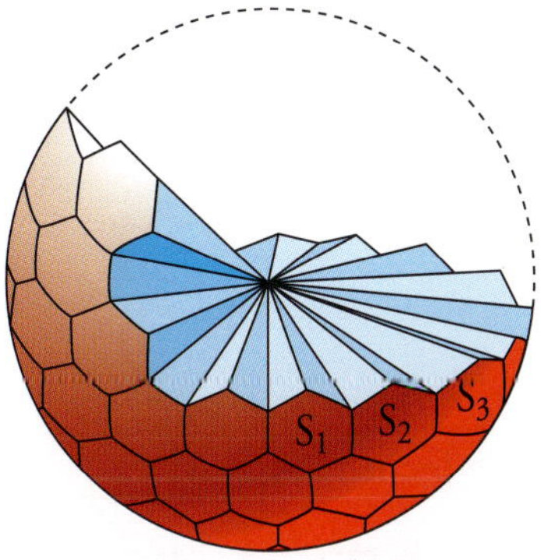

Hemos visto que el volumen de un cono equivale a $\frac{1}{3}$ del volumen de un cilindro de igual base y altura.

Para la esfera, se comprueba que el volumen equivale a $\frac{2}{3}$ del volumen del cilindro en el que está inscrita (radio R y altura $2R$).

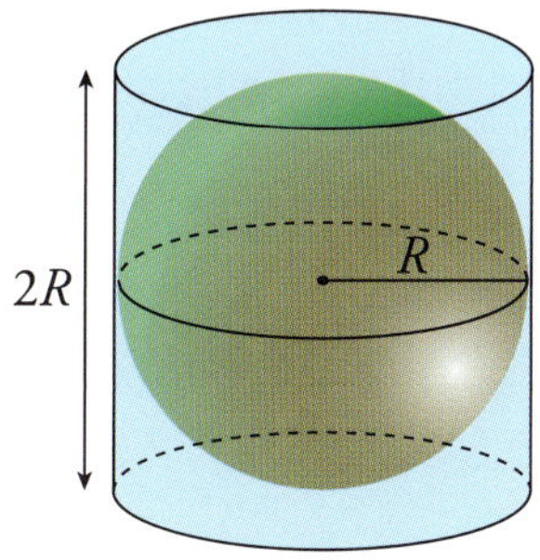

$$V_{\text{CILINDRO}} = A_{\text{BASE}} \cdot \text{Altura} = \pi R^2 \cdot 2R = 2\pi R^3$$

$$V_{\text{ESFERA}} = \frac{2}{3} \cdot V_{\text{CILINDRO}} = \frac{2}{3} \cdot 2\pi R^3 = \frac{4}{3} \cdot \pi R^3$$

El **volumen** de una **esfera** de radio R es:

$$V = \frac{4}{3} \cdot \pi R^3$$

La fórmula anterior se puede justificar de la siguiente forma:

- Imagina que en una esfera se ha aislado una pequeña porción con forma «casi» piramidal cuya base curvada pertenece a la superficie de la esfera y cuya altura es el radio de la esfera, R.
- Dividiendo la esfera en muchas porciones similares a la anterior, su volumen será igual a la suma de los volúmenes de todas las «pequeñas pirámides»:

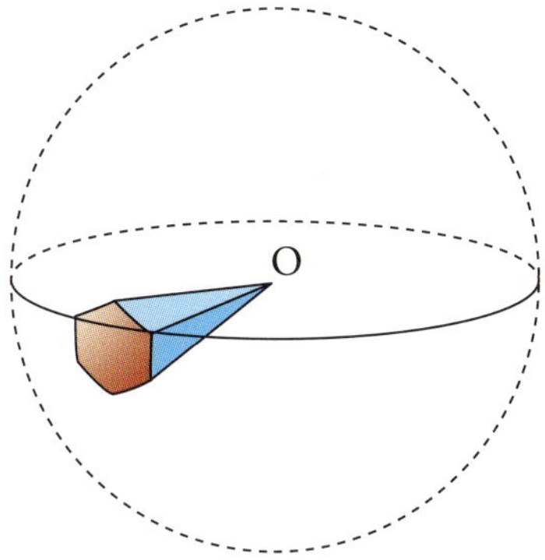

$$V_{\text{ESFERA}} = \frac{S_1 \cdot R}{3} + \frac{S_2 \cdot R}{3} + \frac{S_3 \cdot R}{3} + \ldots = \frac{R}{3}\,(S_1 + S_2 + S_3 + \ldots)$$

- Como la suma de todas las bases de las porciones, $S_1 + S_2 + S_3 + \ldots$, equivale a la superficie de la esfera, $4\pi R^2$, resulta que:

$$V_{\text{ESFERA}} = \frac{R}{3} \cdot 4 \cdot \pi R^2 = \frac{4}{3} \cdot \pi R^3$$

Para fijar ideas

Copia y completa en tu cuaderno.

1 Se introduce un balón de 30 cm de diámetro en un barreño lleno de agua, y se recoge el líquido desalojado. ¿Cuántos litros se han recogido?

El volumen de agua desalojada coincide con el volumen de una esfera de radio 15 cm:

$$V_{\text{ESFERA}} = \frac{4}{3} \cdot \pi \cdot \ldots^3 = \ldots \text{ cm}^3 \rightarrow \ldots \text{ cm}^3 : 1\,000 = 14{,}13 \text{ litros}$$

2 Halla el volumen de una cuña esférica de 60° correspondiente a una esfera de 9 cm de radio.

A una cuña de 60° le corresponde $\frac{60°}{360°} = \frac{1}{6}$ del volumen de la esfera:

$$V_{\text{ESFERA}} = \frac{4}{3} \cdot \pi \cdot \ldots^3 \approx \ldots \text{ cm}^3 \rightarrow V_{\text{CUÑA ESFÉRICA}} = \frac{1}{6} \cdot \ldots \approx 509 \text{ cm}^3$$

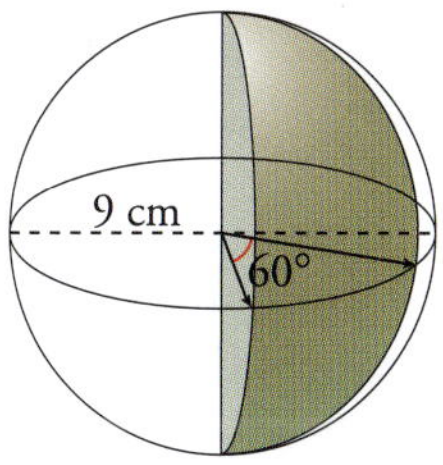

anayaeducacion.es GeoGebra. Volumen de la esfera.

Relación entre volúmenes

Observa esta curiosa relación entre los volúmenes del cono, la semiesfera y el cilindro. Empieza comprobando la expresión de cada volumen:

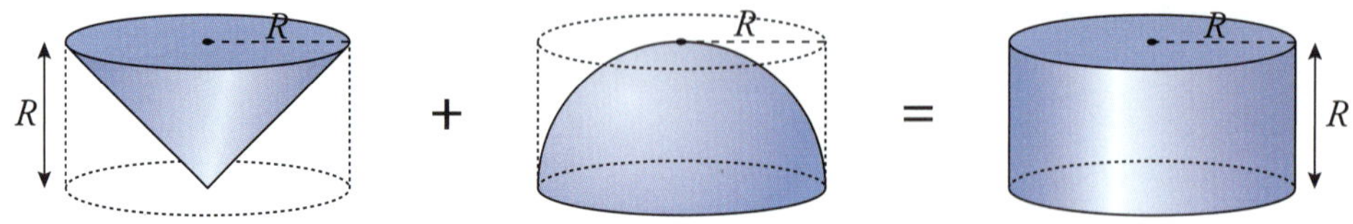

$V = \frac{1}{3} \cdot \pi \cdot R^3$ $\quad V = \frac{2}{3} \cdot \pi \cdot R^3$ $\quad V = \pi \cdot R^3$

$V_{\text{CONO}} + V_{\text{SEMIESFERA}} = V_{\text{CILINDRO}}$

Podemos ir más lejos. Si cortamos el cono, la semiesfera y el cilindro (así colocados) mediante dos planos paralelos a las bases, obtenemos tres cuerpos: un tronco de cono, una zona esférica y un cilindro. El volumen de los dos primeros es igual al volumen del tercero.

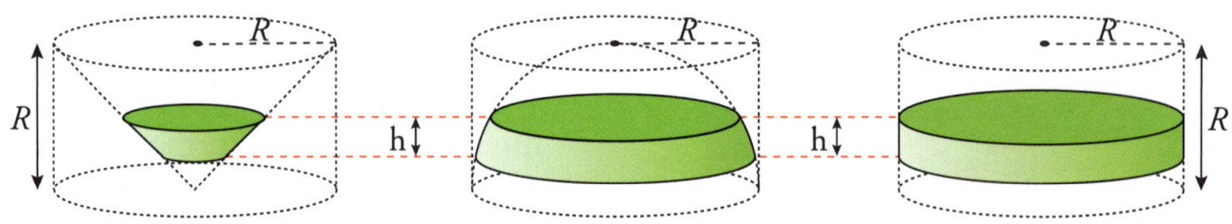

Operaciones

$\frac{1}{3} \cdot \pi \cdot R^3 + \frac{2}{3} \cdot \pi \cdot R^3 =$

$= \left(\frac{1}{3} + \frac{2}{3}\right) \cdot \pi \cdot R^3 =$

$= \frac{3}{3} \cdot \pi \cdot R^3 = \pi \cdot R^3$

anayaeducacion.es GeoGebra.
Relaciones entre los volúmenes del cono, semiesfera y cilindro.

Ejercicio resuelto

Calcular el volumen del cilindro, del tronco de cono y del casquete esférico.

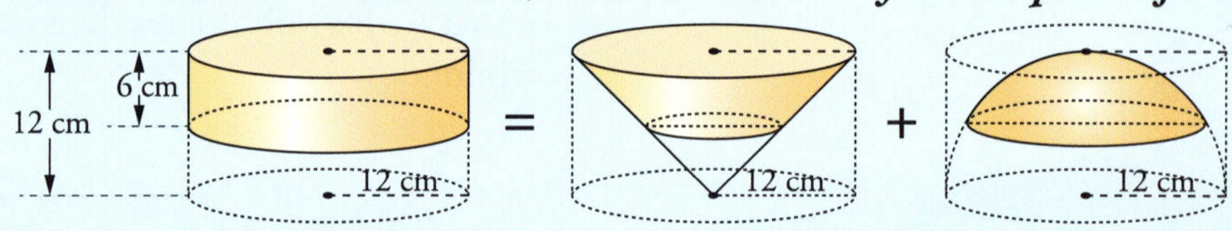

$V_{\text{CILINDRO}} = \pi \cdot 12^2 \cdot 6 = 864\pi \approx 2713 \text{ cm}^3$

Vemos que el radio de la base menor del cono mide 6 cm.

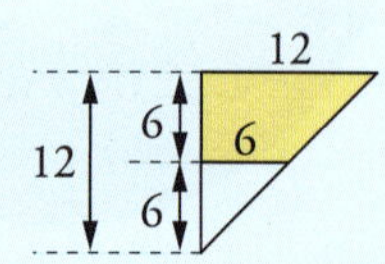

$V_{\text{TRONCO DE CONO}} = \frac{1}{3} \cdot \pi \cdot 12^3 - \frac{1}{3} \cdot \pi \cdot 6^3 = 504\,\pi \approx 1583 \text{ cm}^3$

$V_{\text{CASQUETE ESFÉRICO}} = V_{\text{CILINDRO}} - V_{\text{TRONCO DE CONO}} = 2713 - 1583 = 1130 \text{ cm}^3$

Para practicar

1 Calcula el volumen de cada uno de los 10 gajos de una naranja cuyo diámetro es de 12 cm, sabiendo que su cáscara tiene 0,8 cm de grosor.

2 ¿Cuántas bolas de 5 mm de diámetro podremos hacer fundiendo un cable cilíndrico de 3 m de largo y 5 mm de diámetro?

3 Sabiendo que la densidad del acero es 7 850 kg/m³, calcula el peso de una esfera hueca de 20 cm de radio exterior y 1 cm de grosor.

4 Calcula el volumen de un casquete esférico de 6 cm de alto, perteneciente a una esfera de 18 cm de diámetro.

Observa:

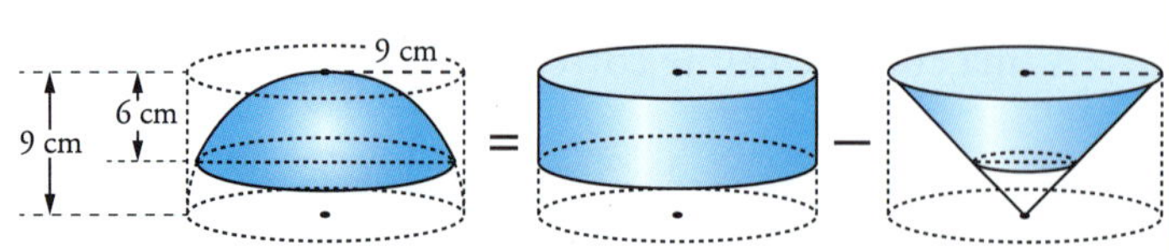

Unidades de volumen. Operaciones

1 Transforma en metros cúbicos las siguientes cantidades:

a) $0{,}025\ hm^3$ b) $459\ hm^3$

c) $45\,214\ dm^3$ d) $0{,}015\ km^3$

e) $23\ dam^3$ f) 58 000 L

2 Transforma en litros.

a) $400\,000\ hm^3$ b) $0{,}000047\ hm^3$

c) $6\ dam^3\ 318\ m^3$ d) $8\,562\ m^3\ 1\,749\ cm^3$

e) 14 350 dL f) 0,32 hL

3 Copia y completa en tu cuaderno las igualdades siguientes:

a) $0{,}0037\ km^3 = \dots\ m^3$

b) $0{,}36\ hm^3 = \dots\ dm^3$

c) $1{,}8342\ dam^3 = \dots\ m^3 = \dots\ dm^3$

d) $0{,}0007\ m^3 = \dots\ dm^3 = \dots\ cm^3$

e) $15\ hm^3\ 13\ dam^3\ 432\ m^3 = \dots\ m^3$

f) $15\ hm^3\ 13\ dam^3\ 432\ m^3 = \dots$ L

4 Expresa estas cantidades en forma compleja:

a) $45\,125\,145\ dm^3$ b) $0{,}45124568\ km^3$

c) $451{,}14521\ dm^3$ d) $183\,000\ dam^3$

e) $527\,002\,045\ m^3$ f) $183\,070\,693\,002\ cm^3$

5 Copia y completa en tu cuaderno las siguientes igualdades:

a) $1\ hm^3 = \dots$ hL b) $1\ dam^3 = \dots$ daL

c) $1\ m^3 = \dots$ L d) $1\ dm^3 = \dots$ dL

e) $1\ cm^3 = \dots$ cL f) $1\ mm^3 = \dots$ mL

6 Efectúa las operaciones siguientes y expresa el resultado en hectolitros. Para ello, pasa a forma incompleja, expresa todas las cantidades en las mismas unidades y realiza los cálculos.

a) $0{,}34\ dam^3 + 84\ m^3 + 1\,284\ m^3$

b) $0{,}00035\ km^3 + 0{,}45\ hm^3 + 65\ dam^3$

c) $0{,}541\ dam^3 - 421\ m^3\ 300\ dm^3$

d) $4\,500\ m^3 : 25$

e) $24\ hm^3\ 123\ dam^3\ 128\ m^3 : 40$

f) $568\ kL - 0{,}508\ dam^3$

7 Para cada uno de estos recipientes que se citan a continuación, se dan tres volúmenes. Solo uno de ellos es razonable. Di, en cada caso, cuál es.

a) Volumen de un pantano:

$71\ hm^3$ 387 000 L $4\,000\,000\,000\ cm^3$

b) Un depósito de agua en una vivienda:

$2\ dam^3$ $0{,}8\ m^3$ 45 000 L

c) Un vaso normal:

$2\ dm^3$ $0{,}2\ dm^3$ $0{,}02\ dm^3$

d) Una cucharada de café:

3 dL $3\ cm^3$ $3\ mm^3$

Cálculo de volúmenes

8 Calcula el volumen de cada uno de estos poliedros. Expresa todos los volúmenes en litros.

a)

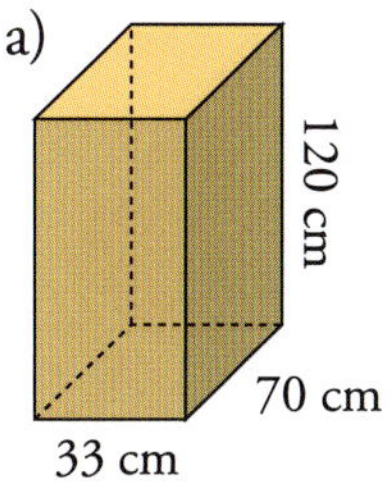

b)

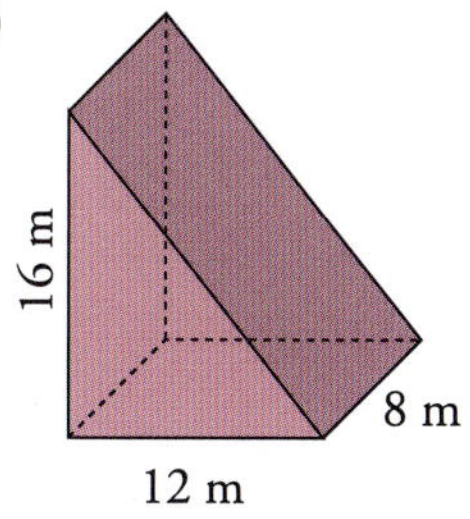

c)

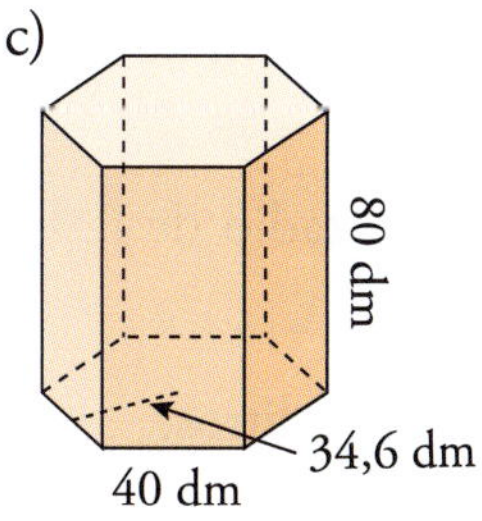

d)

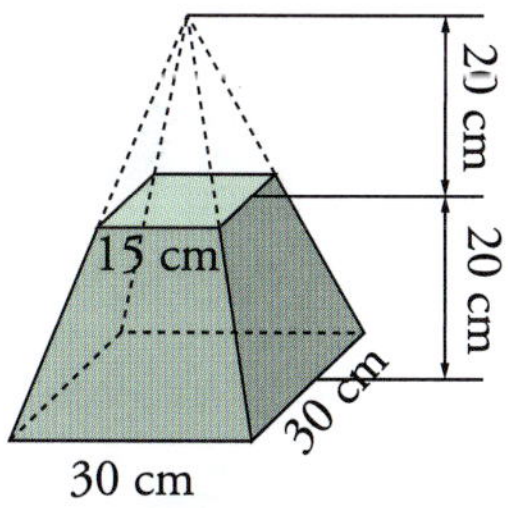

e)

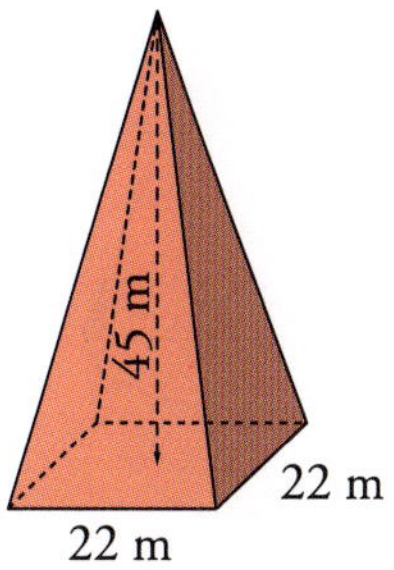

f)

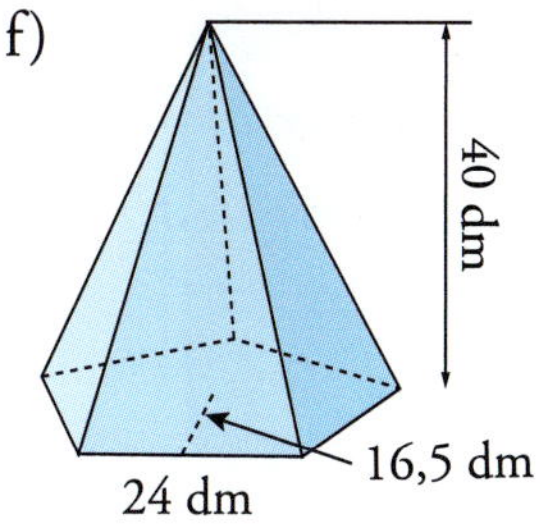

9 Calcula el volumen de un ortoedro cuyas dimensiones son 9 dm × 15 dm × 8 dm.

10 La base de un prisma recto es un triángulo rectángulo cuyos catetos miden 12 cm y 15 cm. La altura del prisma es de 2 dm. Halla su volumen.

11 ¿Cuál es el volumen de un cubo de 15 cm de arista?

12 Un prisma tiene sus bases en forma de rombo cuyas diagonales miden 40 dm y 28 dm. Su altura es de 1,2 m. Halla su volumen.

13 Calcula el volumen y exprésalo en litros.

a)

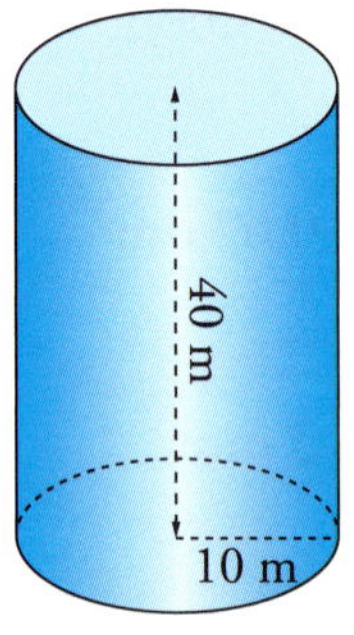

b)

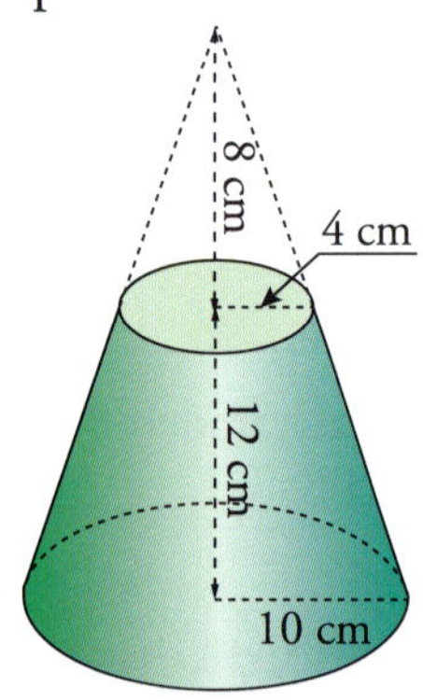

c)

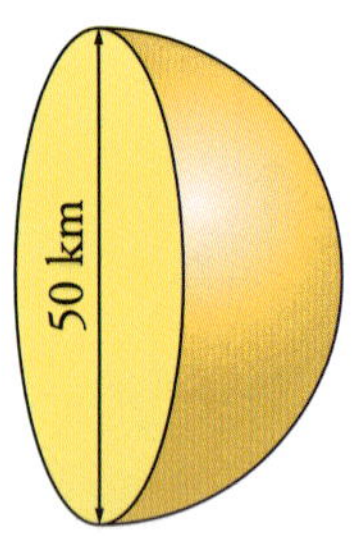

d)

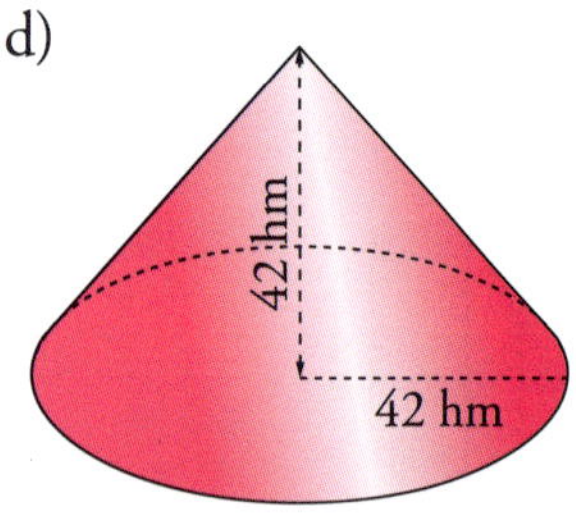

14 Halla el volumen de:

a) Un cilindro de 10 cm de radio y 20 cm de altura.

b) Una esfera de 12 cm de diámetro.

c) Un disco cilíndrico de 6 dm de radio de la base y 15 cm de altura.

15 Calcula el volumen y exprésalo en litros.

a)

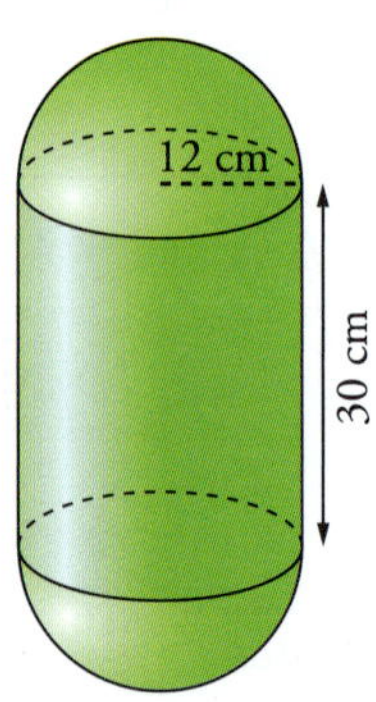

b)

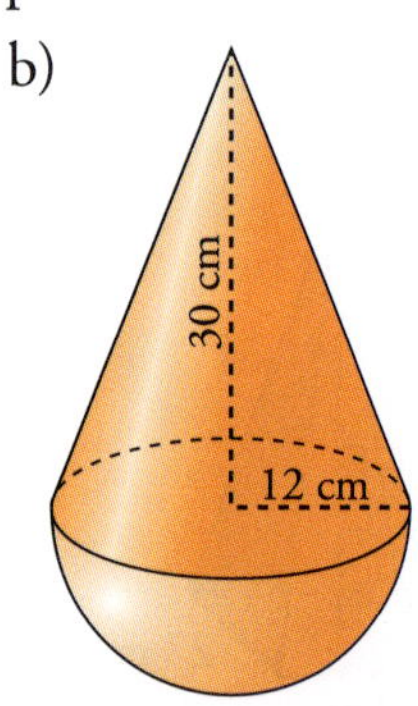

c)

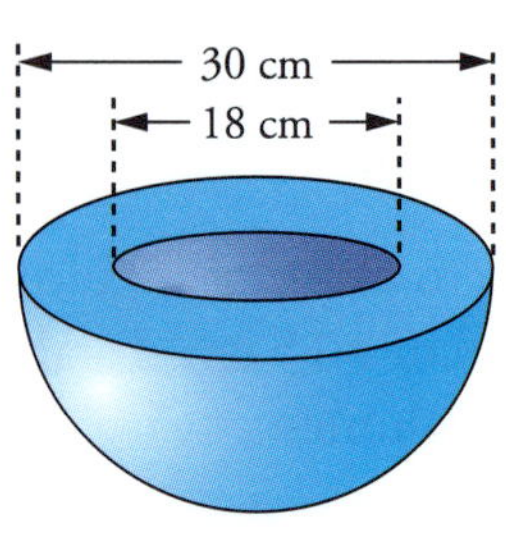

d)

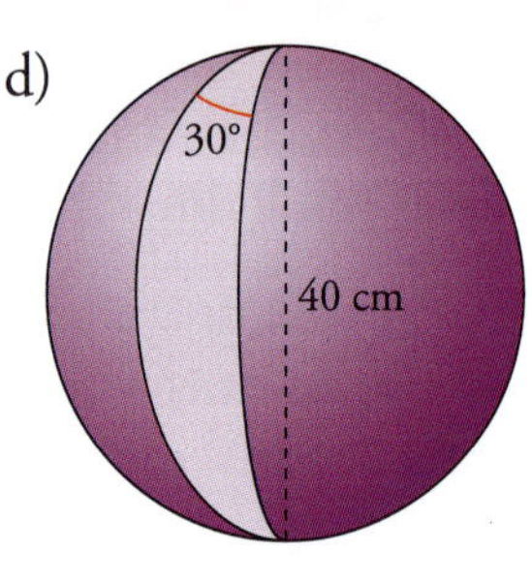

16 Halla el volumen del prisma y de la pirámide. Deberás calcular, primero, algún dato que falta.

a)

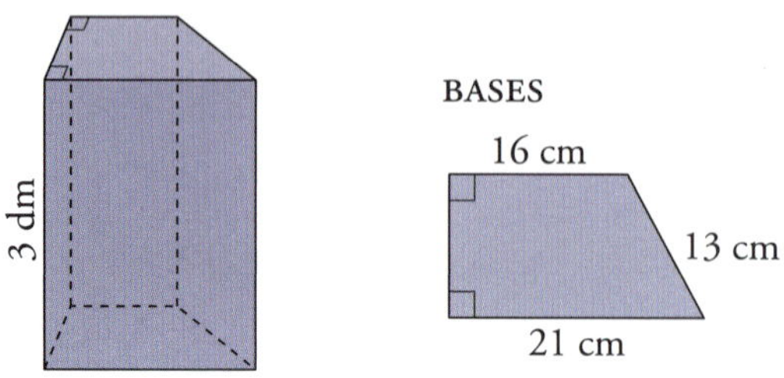

b)

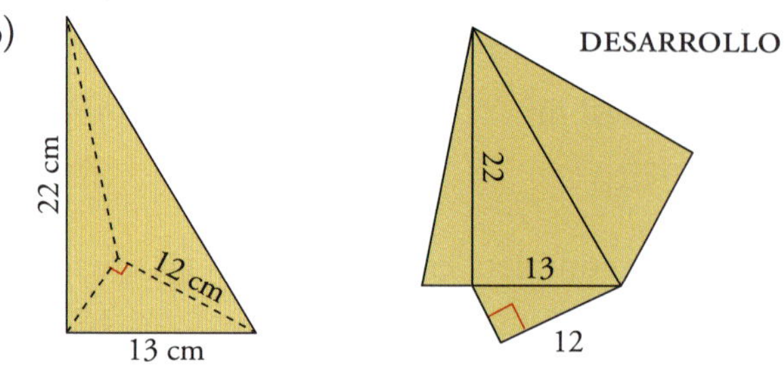

17 Calcula el volumen de los dos cuerpos geométricos que se generan al cortar un cono por un plano como se muestra en el dibujo.

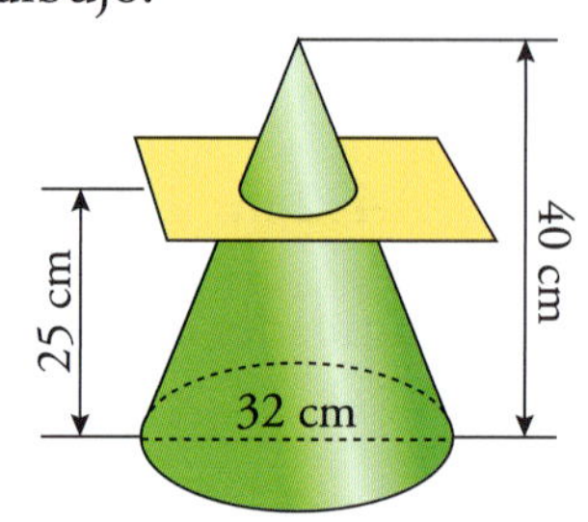

18 Halla el volumen de este tronco de cono.

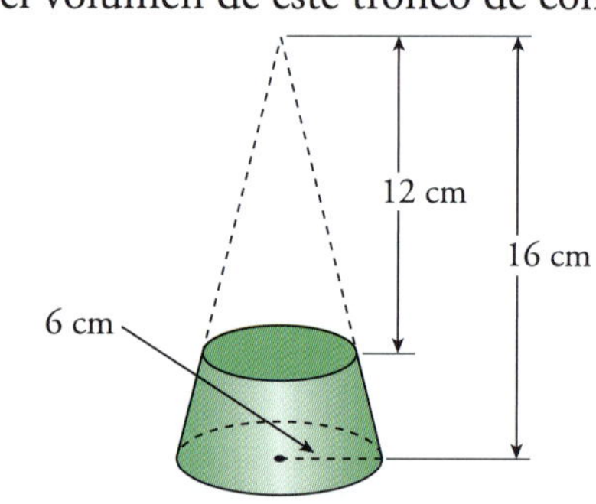

19 Halla el volumen de estos cuerpos de revolución. Deberás calcular, primero, algún dato que falta.

a)

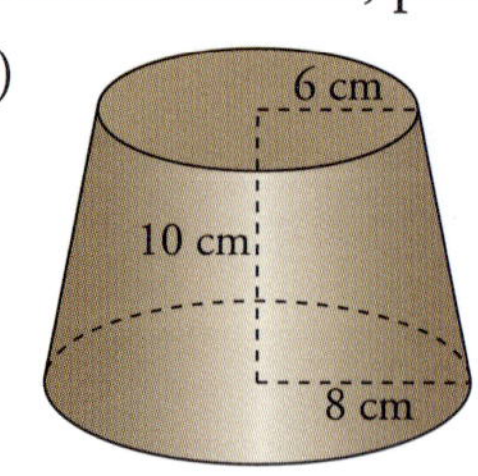

b)

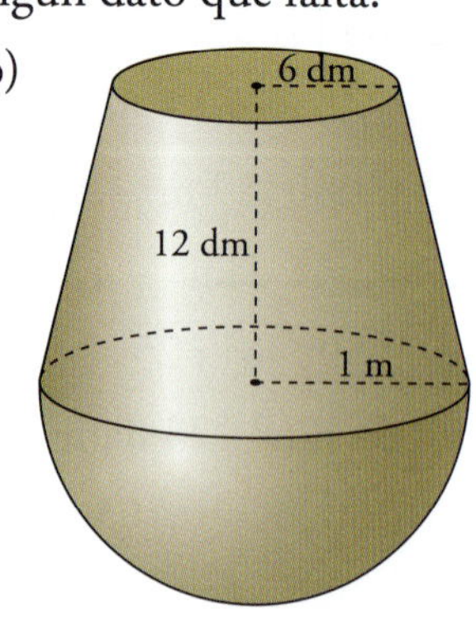

20 Halla el volumen de estos cuerpos geométricos.

a)

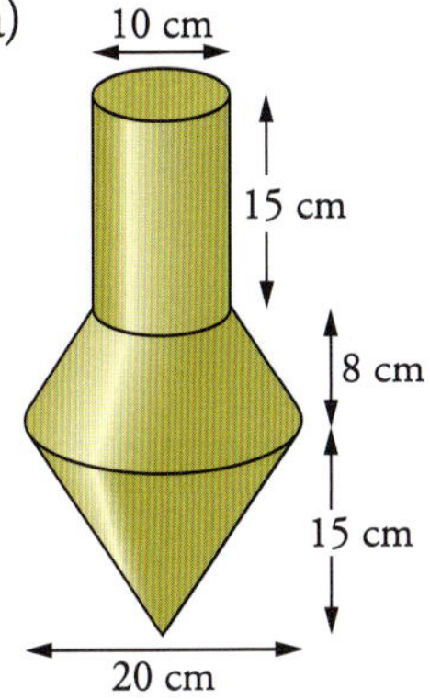

b)

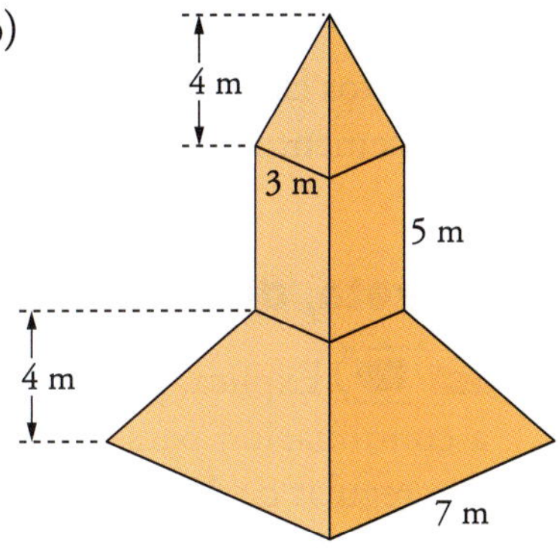

Resuelve problemas

21 ¿Cuántas botellas de 3/4 de litro se pueden llenar con 0,03 dam^3?

22 Un pantano tiene una capacidad de 0,19 km^3. Si ahora está al 28 % de su capacidad, ¿cuántos litros de agua contiene?

23 La cuenca fluvial cuyas aguas llegan a un pantano es de 62 km^2. En las últimas lluvias han caído 27 L por metro cuadrado. Del agua caída, se recoge en el pantano un 43 %. ¿Cuántos hectómetros cúbicos se han recogido en el pantano como consecuencia de las lluvias?

24 Un depósito vacío pesa 27 kg, y lleno de aceite, 625,5 kg. ¿Cuántos litros de aceite contiene? La densidad de ese aceite es 0,95 kg/dm^3.

25 Halla el volumen de una habitación de 2,8 m de altura, cuya planta tiene esta forma y dimensiones:

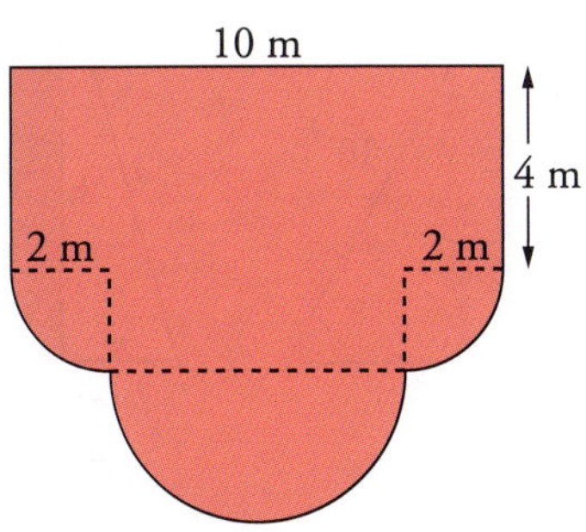

26 Calcula el volumen de hormigón que se ha necesitado para hacer este túnel:

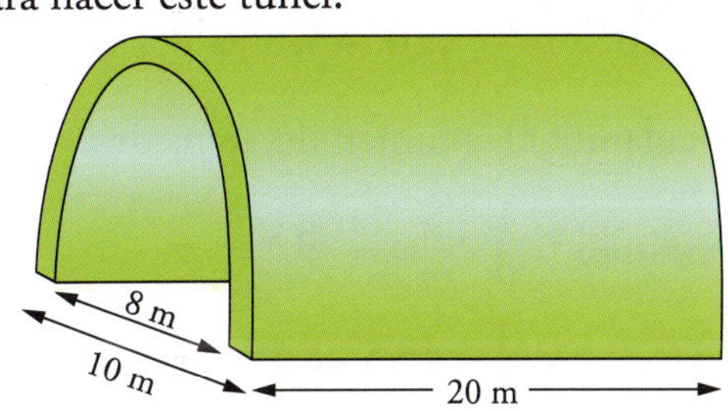

27 Halla el volumen de una habitación con forma de ortoedro de dimensiones 6 m × 3,8 m × 2,6 m. ¿Cuántas duchas podrías darte con el agua que cabe en la habitación suponiendo que gastas 80 L de agua en cada ducha?

28 Un sótano cuya superficie es de 208 m^2 se ha inundado. El agua llega a 1,65 m de altura. Se extrae el agua con una bomba que saca 6 hL por minuto. ¿Cuánto tiempo tardará en vaciarlo?

29 Con una barra cilíndrica de oro de 15 cm de larga y 5 mm de diámetro se fabrica un hilo de 1/4 mm de diámetro. ¿Cuál es la longitud del hilo?

30 Una columna de basalto tiene forma de prisma hexagonal regular. El lado de la base mide 15 cm. La altura de la columna es de 2,95 m. Halla su peso sabiendo que 1 m^3 de basalto pesa 2 845 kg.

31 Para medir el volumen de una piedra pequeña, hacemos lo siguiente: llenamos un vaso cilíndrico hasta la mitad, sumergimos la piedra y comprobamos que el nivel ha subido 22 mm. ¿Cuál es el volumen de la piedra?

DATOS DEL VASO

Diámetro exterior: 9 cm

Diámetro interior: 8,4 cm

Altura: 15 cm

Usa solo los datos que necesites.

32 Calcula el volumen de un octaedro regular de 10 cm de arista.

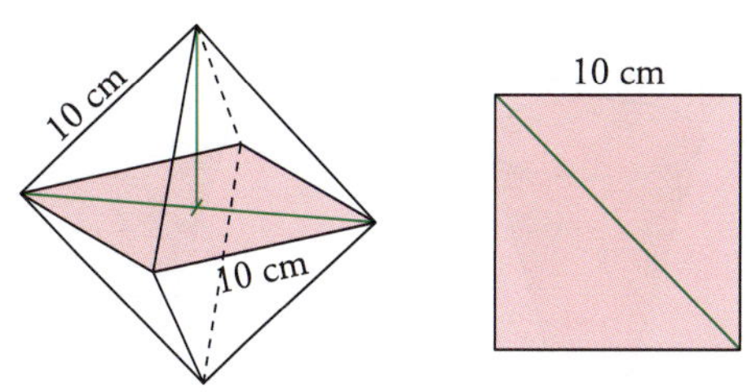

33 A un cubo de arista 10 cm, se le cortan las esquinas como se muestra a continuación. Calcula el volumen del poliedro resultante.

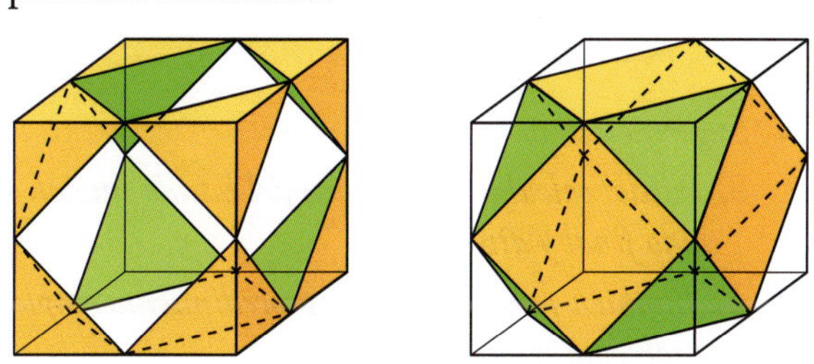

34 Problema resuelto

En la ilustración aparecen dos depósitos cilíndricos. Calcular cuántas veces hay que llenar el pequeño y verterlo sobre el grande para que se llene.

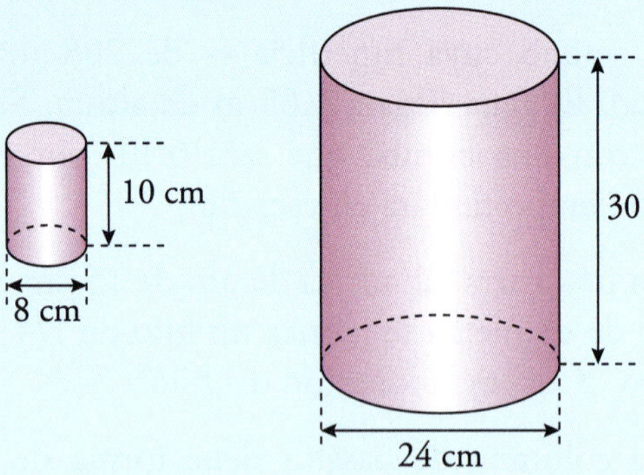

Los dos cilindros son semejantes: $\frac{10}{30} = \frac{8}{24} = \frac{1}{3}$

La razón de semejanza es $\frac{1}{3}$.

La razón de sus volúmenes es $\left(\frac{1}{3}\right)^3 = \frac{1}{27}$.

Por tanto, el volumen del grande es 27 veces el volumen del pequeño.

Solución: Hay que llenar 27 veces el pequeño.

35 Ana se ha sentado en una terraza y ha pedido un batido de fresa que le sirven en una copa como la que ves en la ilustración. Tras beber varios sorbos, comprueba que el nivel ha bajado a la tercera parte. ¿Qué fracción del batido le queda?

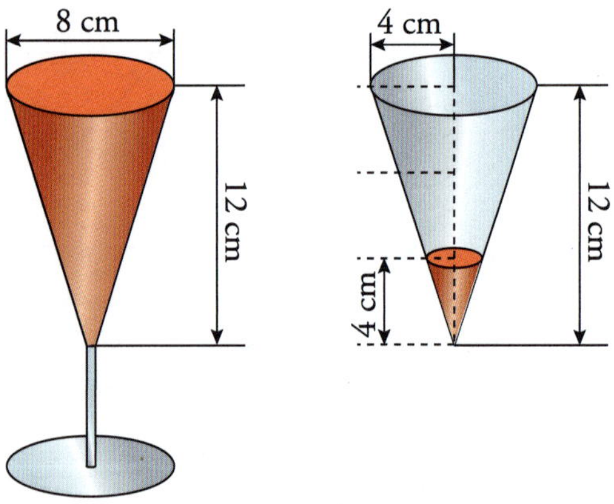

Sugerencias:

a) Puedes calcular el volumen del batido inicial, el del batido final y dividir.

b) También puedes seguir el procedimiento empleado en el problema resuelto anterior.

36 Lucas quiere construir una pared de 7,5 m por 5,6 m y un grosor de 30 cm.

¿Cuántos ladrillos de 15 cm × 10 cm × 6 cm necesitará si el cemento ocupa un 15 % del volumen?

Interpreta, describe, exprésate

37 Explica, paso a paso, el proceso que se expone a continuación para calcular el volumen de un tetraedro regular de 10 cm de arista.

- La figura:

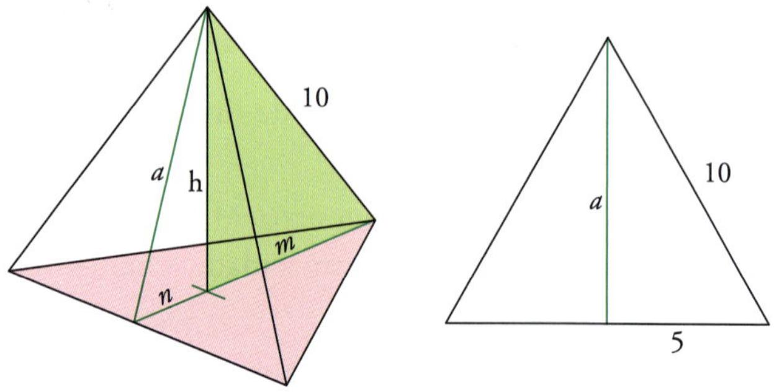

- Calculamos *a:*

$a = \sqrt{10^2 - 5^2} \approx 8,7$ cm

- Calculamos el área de la base:

$A_{BASE} = \frac{10 \cdot a}{2} = \frac{10 \cdot 8,7}{2} = 43,5 \text{ cm}^2$

- Calculamos *m* y h:

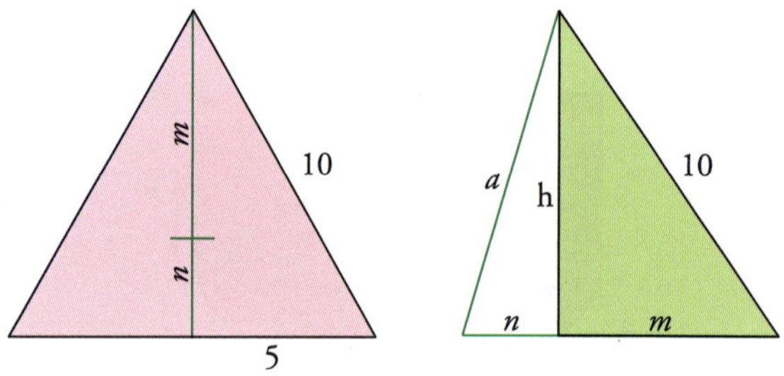

$a = m + n$

$m = \frac{2}{3} \cdot a = \frac{2}{3} \cdot 8,7 = 5,8$ cm

$h = \sqrt{10^2 - m^2} = \sqrt{10^2 - 5,8^2} \approx 8,1$ cm

- Calculamos el volumen del tetraedro:

$V_{TETRAEDRO} = \frac{1}{3} \cdot A_{BASE} \cdot h =$

$= \frac{1}{3} \cdot 43,5 \cdot 8,1 = 117,45 \text{ cm}^3$

38 A continuación, se presenta un problema con dos resoluciones diferentes. Analízalas y describe sus diferencias.

Un cono de revolución, de 60 cm de altura y 20 cm de radio en la base, se corta por un plano paralelo a la base que dista 36 cm del vértice. Calcula el volumen de tronco de cono que queda por debajo del corte.

Resolución A

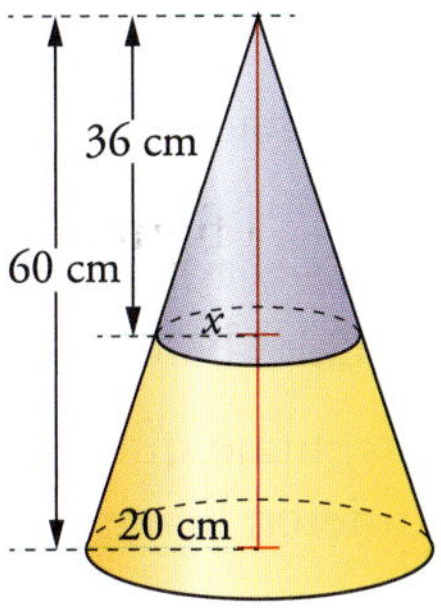

$$\frac{60}{20} = \frac{36}{x} \rightarrow x = \frac{36 \cdot 20}{60} = 12$$

$$V_{\text{CONO GRANDE}} = \frac{1}{3} \cdot \pi \cdot 20^2 \cdot 60 \approx$$
$$\approx 25\,120 \text{ cm}^3$$

$$V_{\text{CONO PEQUEÑO}} = \frac{1}{3} \cdot \pi \cdot 12^2 \cdot 36 \approx$$
$$\approx 5\,426 \text{ cm}^3$$

$$V_{\text{TRONCO DE CONO}} = 25\,120 - 5\,426 =$$
$$= 19\,694 \text{ cm}^3$$

Resolución B

Razón de semejanza entre los conos: $\frac{36}{60} = \frac{3}{5}$

Relación entre los volúmenes: $\left(\frac{3}{5}\right)^3 = \frac{27}{125}$

$$V_{\text{CONO GRANDE}} = \frac{1}{3} \cdot \pi \cdot 20^2 \cdot 60 \approx 25\,120 \text{ cm}^3$$

$$V_{\text{CONO PEQUEÑO}} = \frac{27}{125} \cdot 25\,120 = 5\,426 \text{ cm}^3$$

$$V_{\text{TRONCO DE CONO}} = 25\,120 - 5\,426 = 19\,694 \text{ cm}^3$$

Problemas «+»

39 Calcula el volumen del octaedro regular cuyos vértices coinciden con los centros de las caras de un cubo de 10 cm de arista.

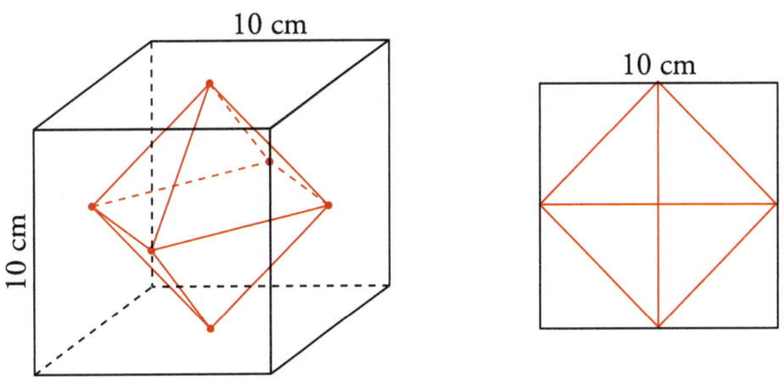

40 Calcula el volumen de un tetraedro regular de 20 cm de arista.

41 Un vaso cónico, de 8 cm de diámetro en la parte más ancha y 10 cm de altura, contenía zumo de naranja y se ha vaciado quedando un resto equivalente a la octava parte de su volumen. ¿Qué altura alcanza el líquido que queda?

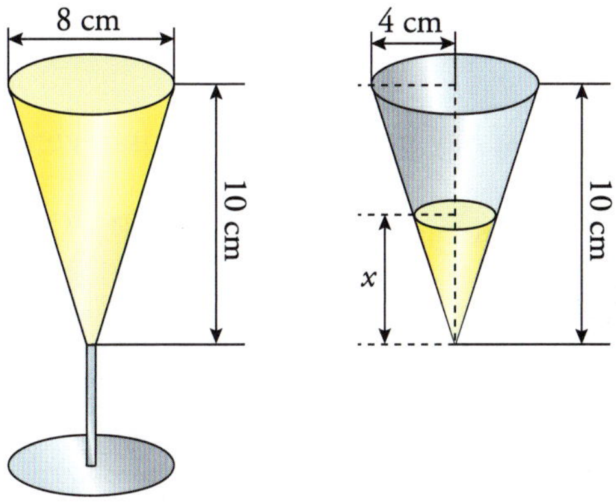

42 Una copa cónica de 8 cm de diámetro en la parte más ancha y 6 cm de altura se llena hasta la mitad de su volumen. ¿Qué altura alcanza el líquido?

43 Calcula el volumen de esta zona esférica:

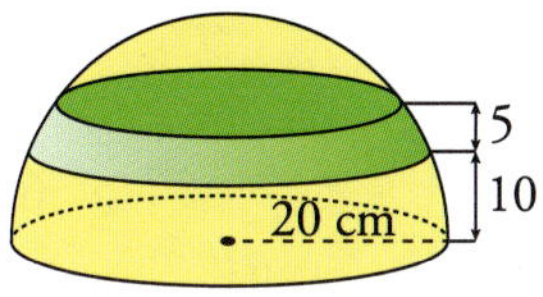

44 Al posar sobre el agua de un barreño una pelota de 24 cm de diámetro, comprobamos que se hunde 4 cm. ¿Qué porcentaje del volumen de la pelota queda sumergido bajo la superficie del agua del barreño?

45 Una esfera de 50 cm de radio se corta por un plano horizontal que deja una sección de 30 cm de radio. Tras suprimir el casquete esférico que queda debajo de la sección, se le adosa un cilindro de 50 cm de altura y cuya base superior coincide con la sección señalada en la esfera.

Calcula el volumen del cuerpo resultante.

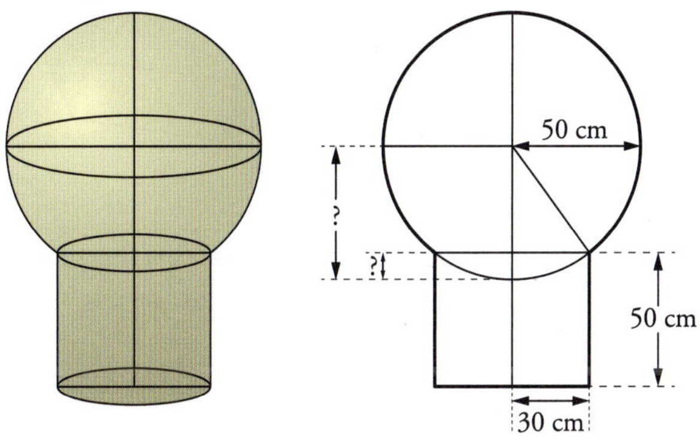

LEE E INFÓRMATE

Balones poliédricos

¿Te imaginas jugar un partido de fútbol o de baloncesto con un tetraedro o un cubo? ¡Qué disparate! Incluso el dodecaedro y el icosaedro, más parecidos a la esfera, resultarían deficientes sucedáneos de una pelota.

Sin embargo, sí hay poliedros que se usan con ese fin:

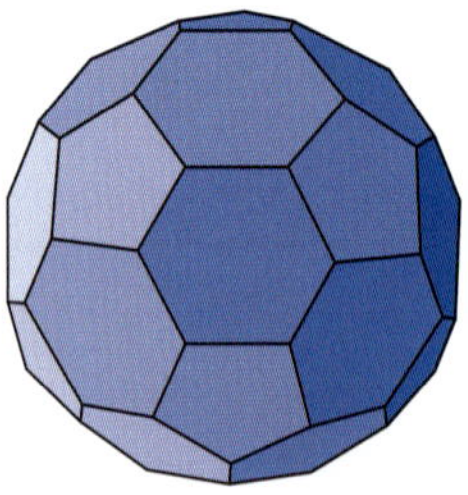

Este poliedro, formado por pentágonos y hexágonos, se obtiene a partir del icosaedro, cortándole los vértices (*truncándolos*). Al hincharlo, adopta la forma esférica con bastante decoro. Con él se hacen los actuales balones.

Observa el porcentaje que ocupan distintos poliedros respecto a la esfera que quieren llenar:

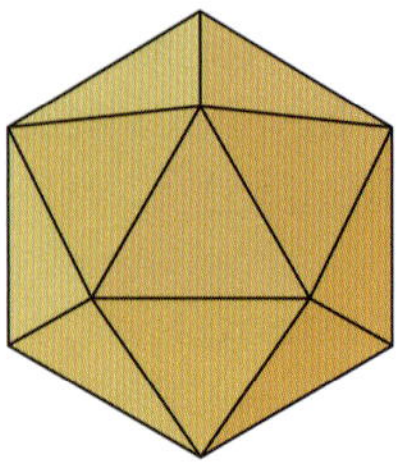

66,55 %

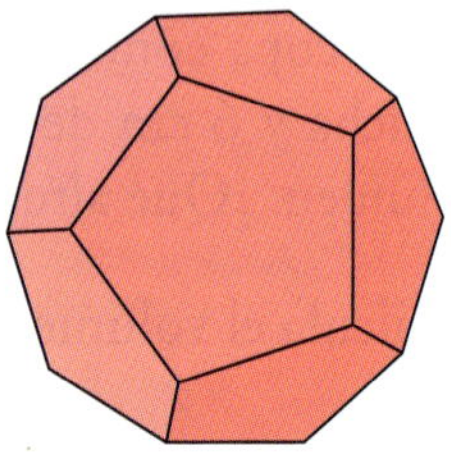

66,49 %

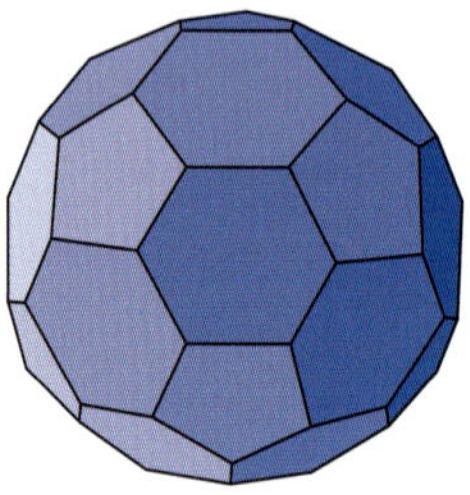

86,74 %

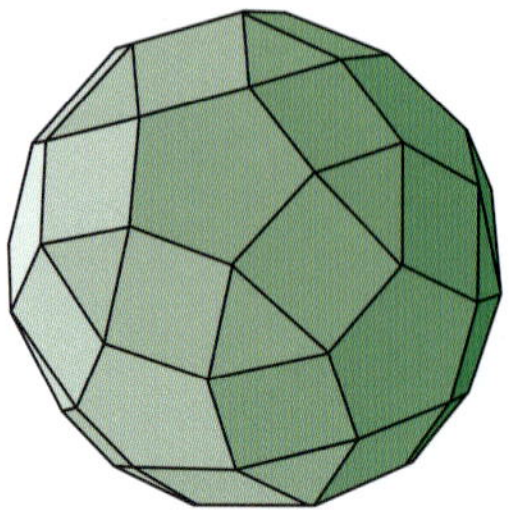

94,33 %

El último poliedro, que se llama nada menos que ROMBICOSIDODECAEDRO, es un magnífico candidato a que lo conviertan en balón. Pero aún espera su oportunidad.

INVESTIGA

¿Un poliedro regular?

Calca y amplía esta figura. Dóblala por las líneas de trazos, pega por las solapas y habrás construido un poliedro.

Construye otro igual y busca la forma de juntar ambas piezas para conseguir un poliedro regular. ¿Cuál de ellos será?

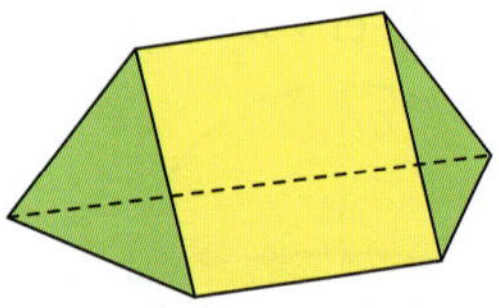

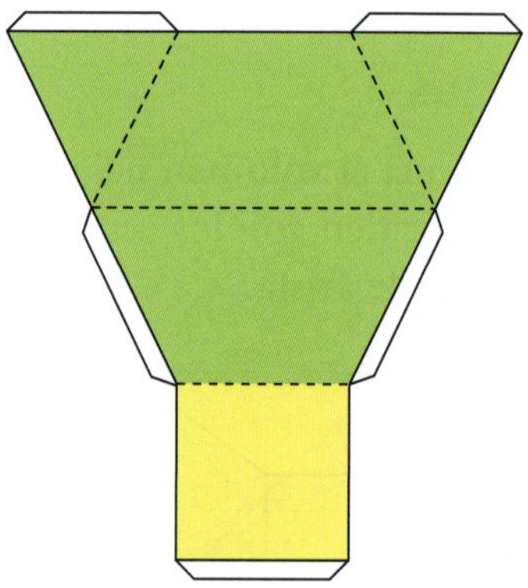

¿Sabías que?

Cortando las cuatro esquinas de un tetraedro regular, por planos que pasen por la mitad de las aristas, se obtiene otro poliedro regular.

¿Qué poliedro es?

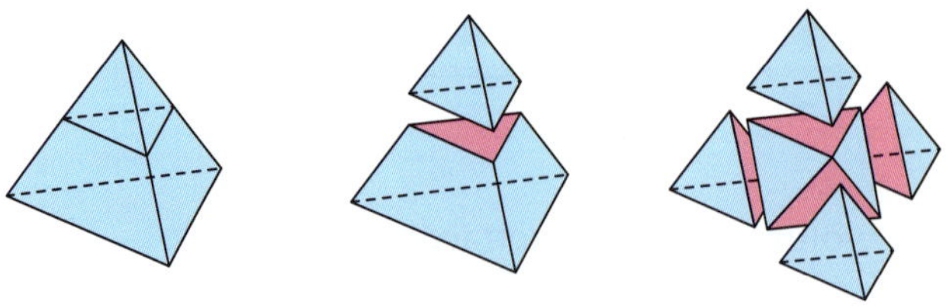

Recuerda que en anayaeducacion.es puedes encontrar orientación académica y profesional relacionada con los contenidos de esta unidad.

ENTRÉNATE RESOLVIENDO OTROS PROBLEMAS

Echa cuentas

Un rico mercader decidió repartir entre sus numerosas hijas una gran bolsa llena de monedas de oro.

- A la mayor le dio una moneda, más 1/11 del resto.
- A la segunda, dos monedas más 1/11 del resto.
- A la tercera, tres monedas más 1/11 del resto.
- Así sucesivamente hasta la más pequeña.

Y resultó que todas recibieron la misma cantidad de monedas. ¿Cuántas eran las hijas y cuántas fueron las monedas repartidas?

Imagina en el espacio y calcula

El volumen de un tetraedro regular es de 80 cm^3. ¿Cuál es el volumen del poliedro que queda tras cortarle las cuatro esquinas como se ha hecho al final de la página anterior? ¿Puedes resolverlo de cabeza?

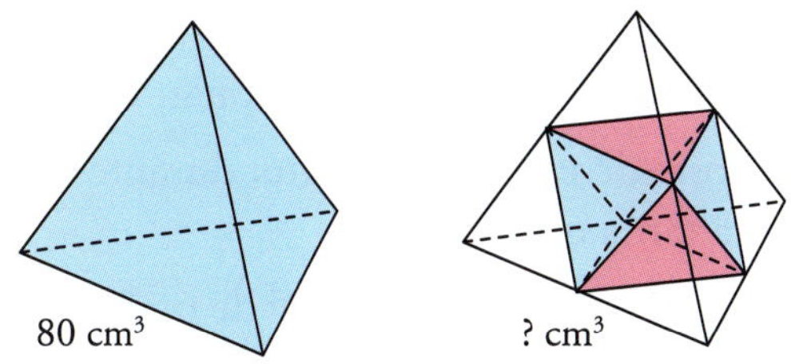

AUTOEVALUACIÓN

anayaeducacion.es Resolución de estos ejercicios y una autoevaluación interactiva.

1 Transforma en metros cúbicos estas cantidades:

a) 450 dam^3 b) 35 840 dm^3
c) 500 hL   d) 30 000 L

2 Expresa en forma compleja.

a) 75 427 038 m^3 b) 32,14962 dm^3
c) 0,0000084 km^3 d) 832 000 dam^3

3 Halla el volumen de estos cuerpos de revolución.

a) 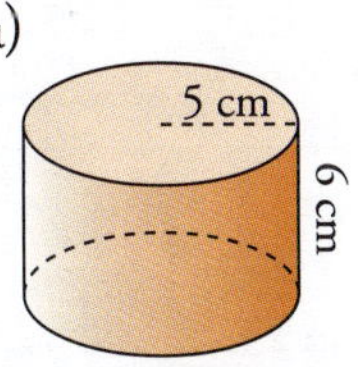

b) 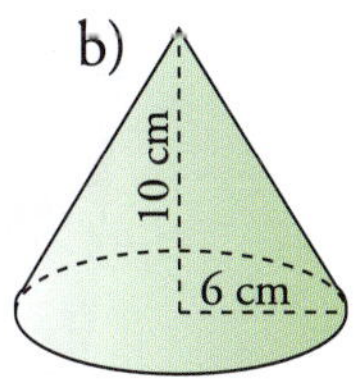

c) 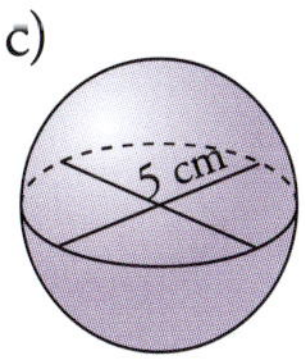

4 Calcula el volumen de estos poliedros.

a) 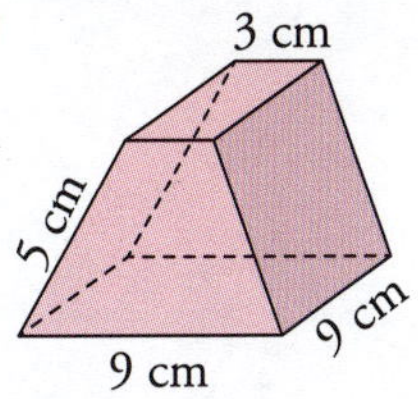

b) 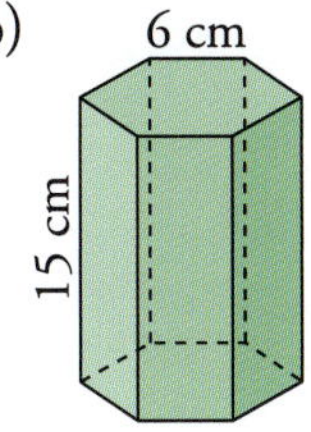

c) 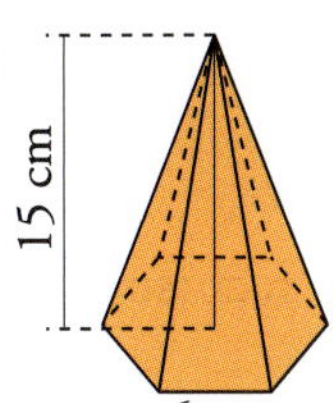

5 Halla el volumen del tronco de pirámide y del tronco de cono.

a) 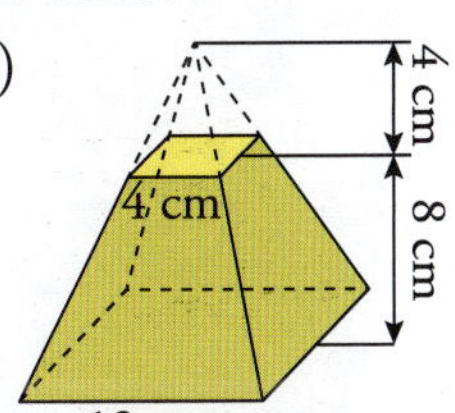

b) 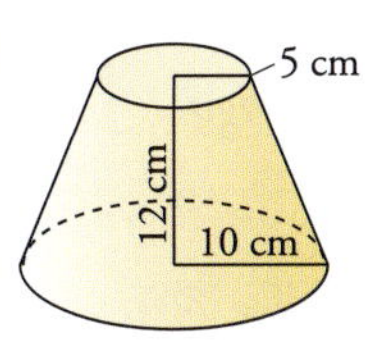

6 Aquí tienes tres de los quesos que ha hecho Martina con la leche de su granja. Los tres se apoyan en bases idénticas y tienen la misma altura. ¿Cuánto pesará el tercero?

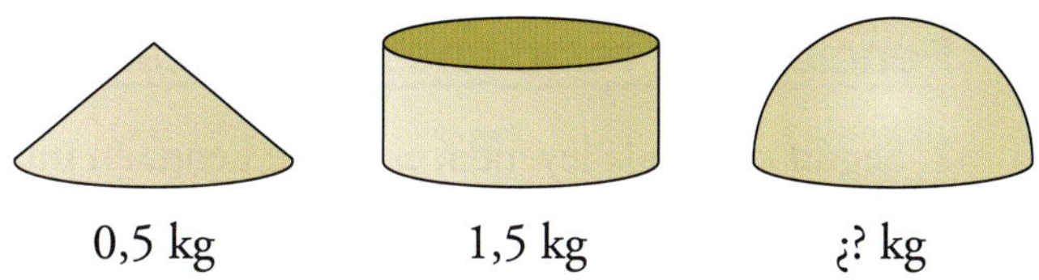

7 a) ¿Cuál es la capacidad de esta piscina?

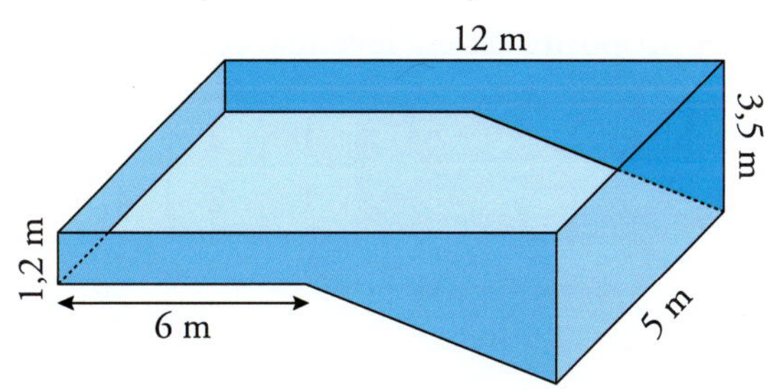

b) La piscina se empieza a llenar con un grifo que vierte 120 litros por minuto. Al cabo de 9 horas, se cierra. ¿A qué distancia del borde quedará el agua?

8 El interior de este vaso mide 8 cm de diámetro y 12 cm de altura.

Está medio lleno de agua.

Se echan dentro 20 canicas de 3 cm de diámetro.

a) ¿Se derramará el agua? Si no, ¿a qué altura llegará?

b) ¿Y si echamos 22 canicas?

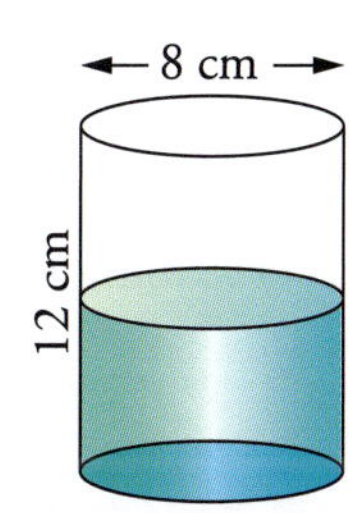

Compromiso ODS Visualiza el vídeo meta 13.2., piensa en una acción con la que podrías contribuir al logro de esa meta y comprométete a llevarla a cabo.

13 FUNCIONES

Las funciones nacen de la necesidad de describir cuantitativamente algunos fenómenos físicos con el fin de darles explicación.

Las leyes de la naturaleza relacionan variables. Por ejemplo:

- El coste de un aparcamiento, durante una cantidad de tiempo, depende de la tarifa que imponga.
- La cantidad de masa forestal de un bosque depende del tiempo que haya transcurrido desde que empezó a formarse.

Aunque esa relación había sido advertida desde mucho tiempo atrás, fue **Galileo,** a mediados del siglo XVII, el primero que, experimentando, intentó relacionar numéricamente las variables que intervienen en el fenómeno. Esas relaciones numéricas permitieron dar forma algebraica a las funciones.

Funciones y relaciones numéricas

1 Según cuenta la leyenda, el rey de León, en una partida de caza, compró al conde Fernán González un azor por el precio de un grano de trigo. La deuda se doblaría por cada día transcurrido sin ser satisfecha. El rey lo olvidó.

A propósito de esa leyenda, completa la tabla en tu cuaderno.

DÍAS TRANSCURRIDOS	1	2	3	4	5	10	20	*d*
GRANOS DE TRIGO	1	2	4	8				

Funciones y relaciones algebraicas

Efectivamente, el lenguaje algebraico supone un magnífico recurso para la generalización de dichas relaciones.

2 Siguiendo con la tabla anterior, llamando G al número de granos y d a los días transcurridos, traduce a una ecuación:

Número de granos = 2 elevado al número de días menos uno

NOTA: *Pasado un año, el conde reclamó el pago y resultó que no había trigo suficiente en el mundo. Así consiguió la independencia de Castilla.*

Descartes, filósofo y matemático francés del siglo XVII, concibió la manera de plasmar gráficamente las funciones sobre unos ejes cartesianos. (Recuerda: «cartesiano» viene de Cartesius, el nombre en latín de Descartes).

La palabra «función» para designar estas relaciones, así como su definición precisa, llegaron en siglos posteriores.

Funciones y gráficas

3 Unos buceadores han medido la presión y la temperatura del agua durante una inmersión a diferentes profundidades. Los resultados se dan gráficamente:

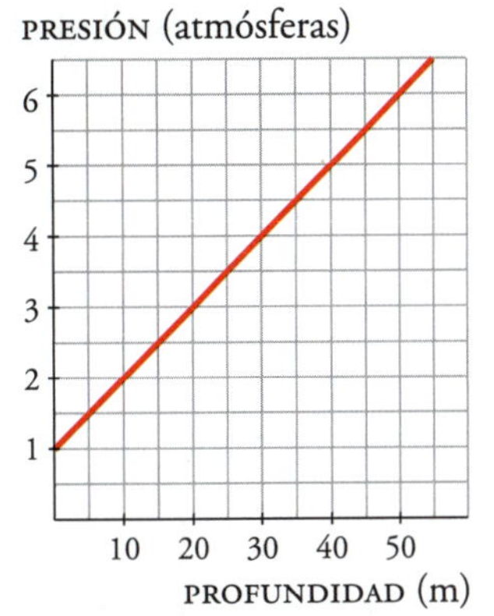

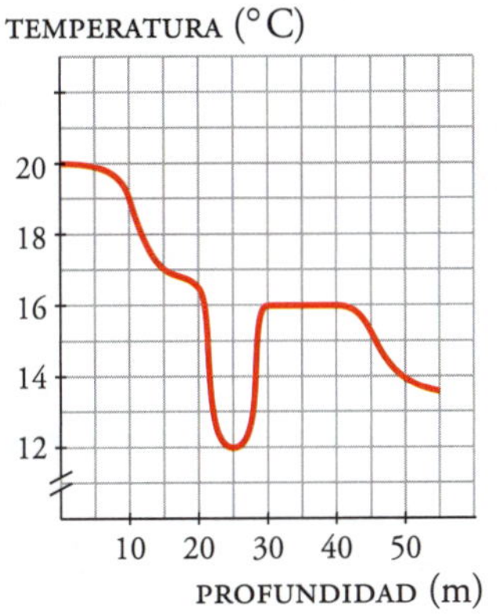

a) ¿Cuál es la presión a 25 m de profundidad? ¿Y la temperatura?

b) ¿Se puede decir que a más profundidad más presión? ¿Pasa lo mismo con la temperatura?

c) En cierto momento de la inmersión, los buceadores cruzaron una corriente fría. ¿A qué profundidad? ¿Cuáles eran allí la temperatura y la la presión?

4 Dadas las siguientes relaciones funcionales:

A. Distancia de un caballito del carrusel al eje de giro en función del tiempo.

B. La presión atmosférica en función de la altura a la que subamos.

C. Nivel de agua de un pantano en función del mes del año.

Asocia cada enunciado a una de las gráficas que se incluyen debajo:

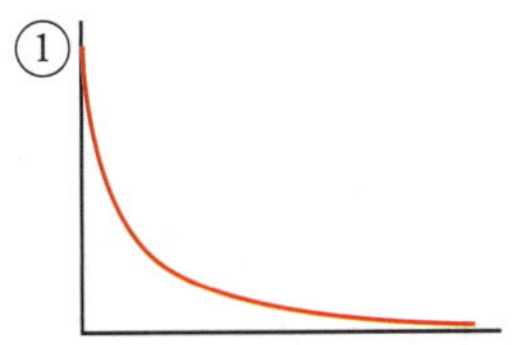

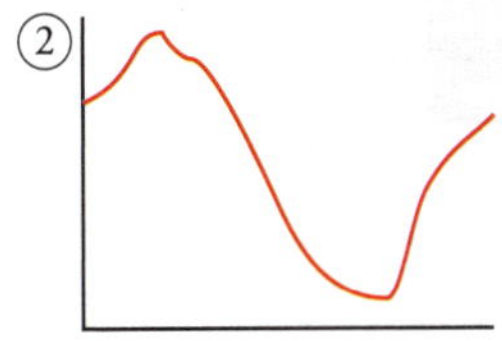

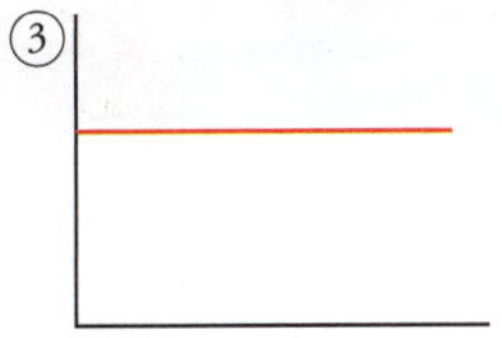

1 ▶ CONCEPTO DE FUNCIÓN

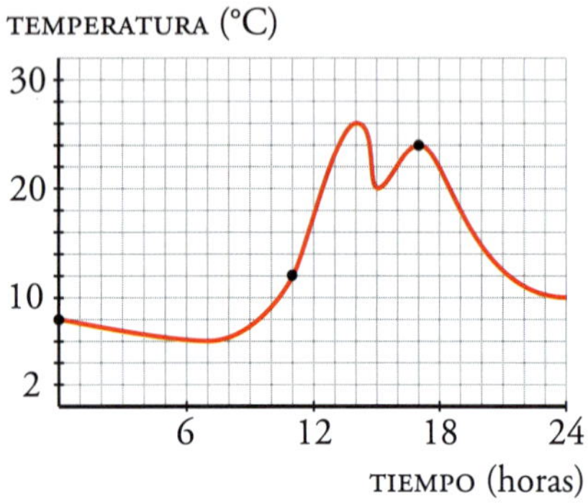

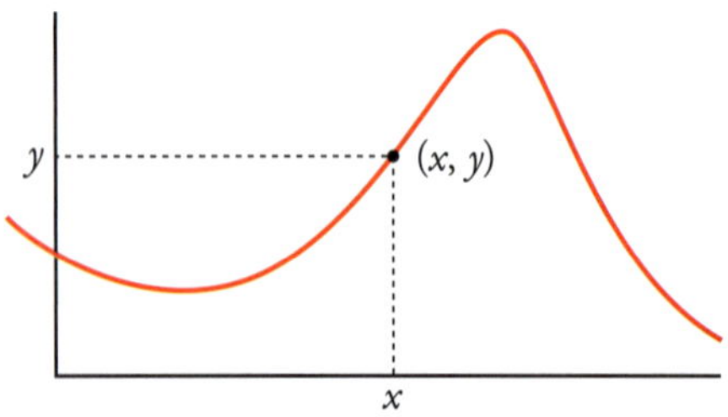

La gráfica del margen describe la temperatura ambiente, en un cierto lugar, en cada instante de un día.

Cada punto de la gráfica relaciona un valor del eje horizontal (tiempo: hora del día) con otro del eje vertical (temperatura: °C):

- A las 0 h (12 de la noche), la temperatura era de 8 °C.
- A las 11 h, la temperatura era de 12 °C.
- A las 17 h (5 de la tarde), la temperatura era de 24 °C.

Es una función que hace corresponder a cada instante una temperatura.

Una **función** relaciona **dos variables.** En general se designan por x e y:

- x es la **variable independiente.**
- y es la **variable dependiente** (su valor depende del valor de x).

La función asocia a cada valor de x **un único** valor de y.

Para apreciar con claridad el comportamiento de una función, esta se representa gráficamente sobre unos ejes cartesianos.

Para fijar ideas

Copia y completa en tu cuaderno.

1 ¿Cuáles de las siguientes gráficas son funciones y cuáles no?

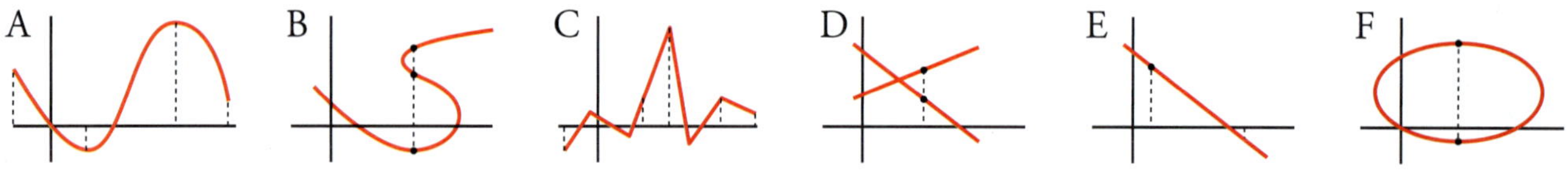

	A	B	C	D	E	F
A cada valor de x le corresponde un único de y.	✗					
A algunos valores de x les corresponden varios de y.		✗				
¿Es función?	Sí	No				

2 En la gráfica de arriba (temperatura a lo largo del día):

a) La temperatura mínima fue de … grados centígrados, a las … de la…

b) A las cinco de la tarde hacía … grados.

c) A las … de la mañana la temperatura era de 12 °C.

d) El sol estuvo oculto por las nubes durante una hora, entre las … y las … de la tarde.

Para practicar

1 ¿Cuáles de las siguientes gráficas son funciones y cuáles no?

Justifica tus respuestas.

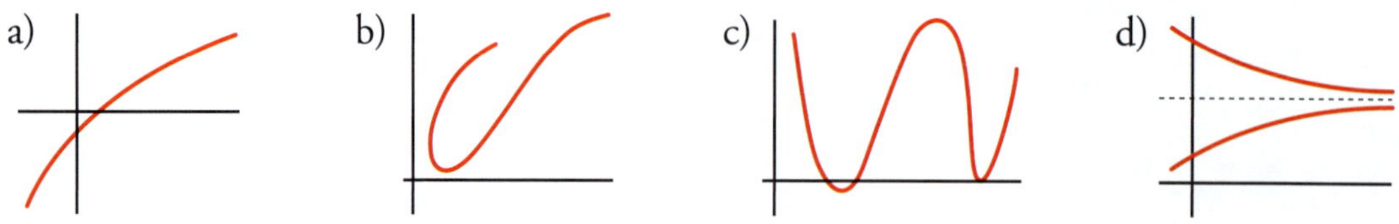

anayaeducacion.es Practica el concepto de función, así como su interpretación.

2 ▶ CRECIMIENTO, DECRECIMIENTO, MÁXIMOS Y MÍNIMOS

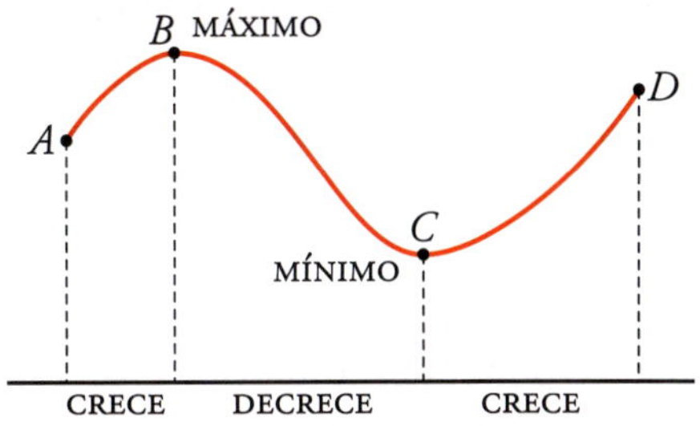

Las funciones se analizan y se describen de izquierda a derecha. La función del margen es *creciente* desde A hasta B, porque los valores de la ordenada son cada vez mayores. Es *decreciente* de B a C, porque, recorriendo ese tramo de izquierda a derecha, los valores de la y son cada vez menores. Finalmente, vuelve a ser creciente en el tramo de C a D.

El valor *máximo* lo toma en el punto B, y el *mínimo*, en el C.

> Una función es **creciente** en un tramo cuando al aumentar la x (es decir, al recorrerla de izquierda a derecha), aumenta la y.
>
> Es **decreciente** si, al aumentar la x, disminuye la y.
>
> Si mantiene el mismo valor en todo el tramo, se dice que es **constante** en ese tramo.
>
> El punto en el que la ordenada toma mayor valor se llama **máximo** de la función, y aquel en el que la ordenada toma el menor valor, **mínimo.**

Veamos esto con un ejemplo de la evolución del nivel de agua (en porcentaje) en un determinado embalse a lo largo de un año:

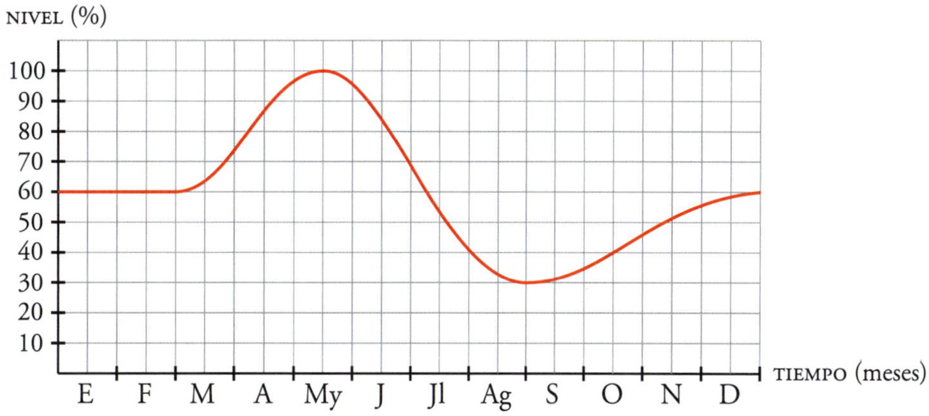

- En los dos primeros meses se mantiene estable (constante).
- Tiene un tramo creciente desde principios de marzo hasta mediados de mayo, que es cuando alcanza su máximo.
- Decrece hasta final de agosto, cuando llega a su mínimo.
- A partir de entonces, vuelve a crecer hasta final de año.

Evolución del nivel del embalse

- Enero y febrero: constante, 60 %.
- Principios de marzo hasta mediados de mayo: crece de 60 % a 100 %.
- Mediados de mayo hasta final de agosto: decrece de 100 % a 30 %.
- Principios de septiembre hasta final de año: crece desde 30 % hasta 60 %.

anayaeducacion.es Practica los conceptos de crecimiento, decrecimiento, máximos y mínimos de una función.

Para practicar

1 En la gráfica de la derecha puedes ver la altura de una avioneta durante sus tres horas de vuelo.

a) ¿Cuánto tiempo permanece estable? ¿A qué altura?

b) ¿Cuánto tarda en estabilizar la altura?

c) ¿Cuándo llega al máximo? ¿Qué altura alcanza?

d) Haz un breve resumen de la evolución de la altura de la avioneta desde que despega hasta su aterrizaje.

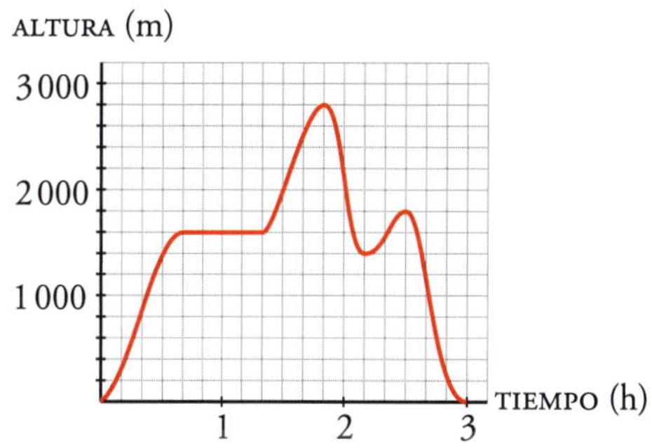

anayaeducacion.es GeoGebra. Crecimiento, decrecimiento, máximos y mínimos.

3 FUNCIONES DADAS POR TABLAS DE VALORES

Hay funciones de las que conocemos una serie de puntos que, normalmente, vienen dados en una tabla. Además, se suele conocer el argumento que liga a las dos variables. Con todo ello, podemos representar la gráfica de la función aproximadamente y razonar sobre ella.

Ejemplo 1

Un atleta realiza varios saltos de longitud en su entrenamiento diario. Observa los resultados:

SALTO	1	2	3	4	5	6	7	8	9	10
LONGITUD	6,75	6,83	6,92	7,35	7,42	7,59	7,28	7,13	7,04	6,87

Los primeros saltos, para no forzar mucho los músculos, son más cortos. Luego, llega a su nivel más alto y los últimos van descendiendo en longitud debido, probablemente, al cansancio.

La función está formada solo por los puntos. La línea que los une solo sirve para apreciar mejor la evolución.

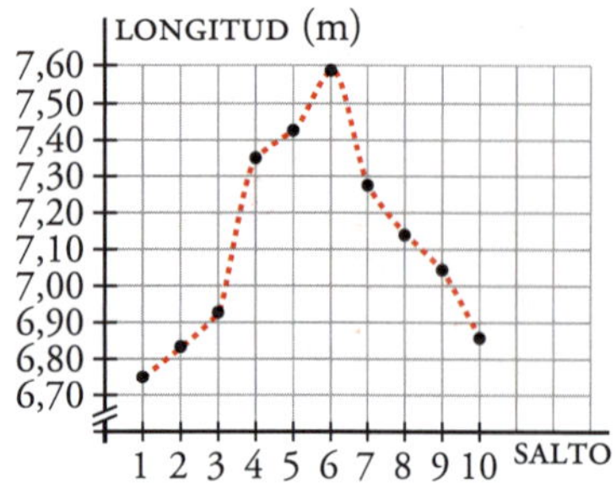

Ejemplo 2

Un corredor de fondo corre con un medidor de pulsaciones. Está programado para que registre las pulsaciones por minuto en cada kilómetro recorrido. Estos son los resultados:

KM	1	2	3	4	5	6	7	8	9	10	11	12
PULS./MIN	145	148	164	182	184	175	162	154	160	173	189	176

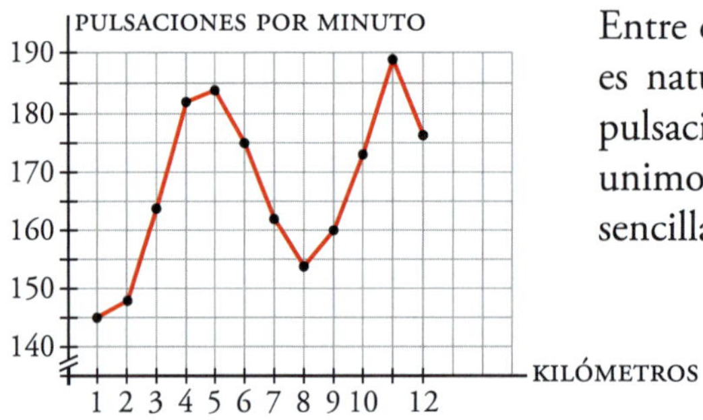

Entre cada dos medidas, el corredor, como es natural, sigue teniendo un número de pulsaciones que desconocemos. Por eso, unimos cada dos puntos de la forma más sencilla: mediante un segmento rectilíneo.

Funciones discontinuas

A las funciones que están formadas solo por puntos sueltos, como la del ejemplo 1, se las denomina **discontinuas.**

También son discontinuas funciones como la siguiente:

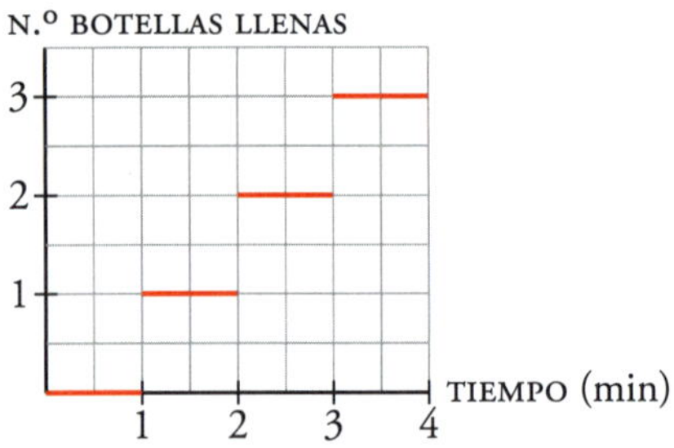

Queremos llenar de agua unas botellas vacías y se tarda 1 min en llenar cada una. La gráfica muestra el número de botellas llenas que tenemos al pasar el tiempo.

anayaeducacion.es Practica la representación de funciones dadas mediante una tabla.

Para practicar

1 Representa las marcas de otro saltador de longitud como el descrito en el ejemplo 1.

SALTO	1	2	3	4	5	6	7	8	9	10
LONGITUD	7,02	7,11	7,09	7,23	7,76	7,87	8,01	7,69	7,42	7,26

2 Otro corredor de fondo como el del ejemplo 2 se ha medido las pulsaciones. Represéntalas.

KM	1	2	3	4	5	6	7	8	9	10
PULS./MIN	125	120	122	127	135	140	143	148	142	138

anayaeducacion.es GeoGebra. Funciones dadas por tablas de valores.

4 FUNCIONES DADAS POR SU ECUACIÓN

Ten en cuenta

La tabla de valores también se utiliza como paso intermedio entre la ecuación de la función y su representación gráfica.

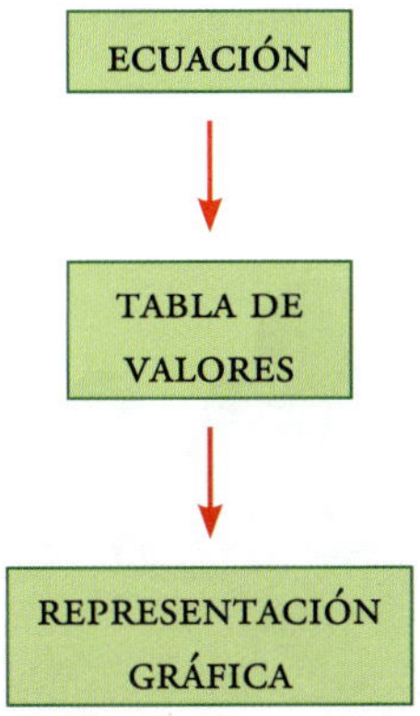

anayaeducacion.es Practica la representación de funciones dadas mediante una ecuación.

Las funciones también pueden darse mediante su ecuación, que es la relación algebraica entre su abscisa, x, y su ordenada, y. Esta forma de expresar una función es mucho más precisa, ya que con ella se puede hallar cualquier valor intermedio entre dos de sus puntos cualesquiera.

Para representar una función dada a partir de su ecuación, por ejemplo $y = 2x$, le damos valores a x y obtenemos los que le corresponden a y. Veamos:

$y = 2x$ si $x = 0 \rightarrow y = 2 \cdot 0 = 0$

si $x = 1 \rightarrow y = 2 \cdot 1 = 2$

si $x = 2 \rightarrow y = 2 \cdot 2 = 4$

…

Estos resultados, y otros, se resumen en una tabla:

x	0	1	2	3	4	5
y	0	2	4	6	8	10

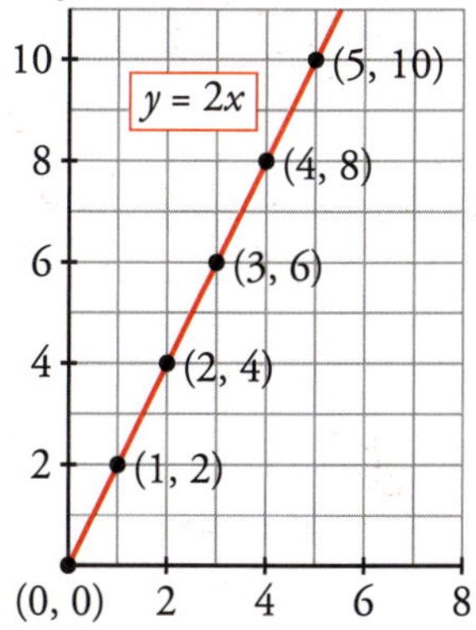

Las funciones pueden venir dadas por tablas de valores por las cuales se conocen algunos de sus puntos.

Cuando existe una relación algebraica entre la x y la y de los puntos, a dicha relación se la llama **ecuación de la función.**

Conociendo la ecuación de una función se pueden obtener, a partir de ella, tantos puntos como se necesiten para representarla.

Para fijar ideas

Copia y completa en tu cuaderno.

1 Para la función $y = x^2 - 4x + 4$:

a) Calcula los valores de y correspondientes a los valores 0, 1, 2, 3, 4, 5 y 6 de x.

$x = 0 \rightarrow y = 0 - 0 + 4 = 4$

$x = 1 \rightarrow y = \ldots - \ldots + \ldots = \ldots$

$x = 2 \rightarrow y = 4 - 8 + 4 = 0$

$x = 3 \rightarrow y = 9 - \ldots + \ldots = \ldots$

$x = 4 \rightarrow y = \ldots - \ldots + \ldots = \ldots$

$x = 5 \rightarrow y = 25 - 20 + 4 = 9$

$x = 6 \rightarrow y = \ldots - \ldots + \ldots = \ldots$

b) Completa con ellos la tabla.

x	0	1	2	3	4	5	6
y	4		0			9	

c) Represéntalos y comprueba que corresponden a la gráfica marcada a la derecha.

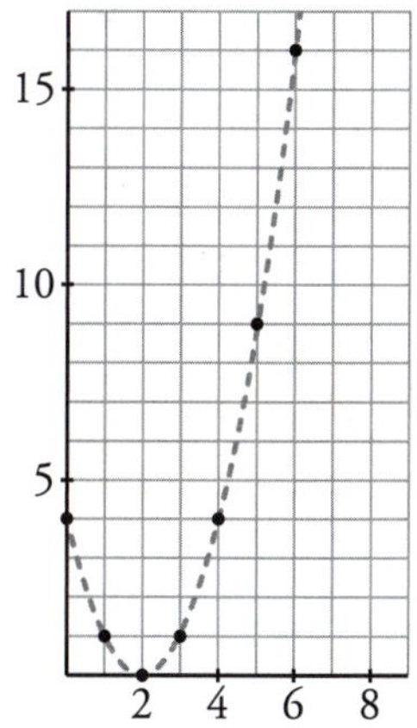

Para practicar

1 Copia, completa y representa la función:

$$y = x + 4$$

x	0	1	2	3	4	5	6
y	4			7			

2 Representa $y = \dfrac{x+2}{2}$ dando a x los valores 0, 1, 2, 3, 4, 5 y 6.

3 Representa $y = x \cdot (10 - x)$ dando a x los valores 0, 1, 2, 3, 4, 5, 6, 7, 8, 9 y 10.

anayaeducacion.es GeoGebra. Representa funciones dadas por su ecuación.

5 ▶ FUNCIONES DE PROPORCIONALIDAD: $y = mx$

Victoria es curiosa y observadora, y tiene vocación de científica. En el parque ha observado que un caracol puede avanzar medio metro por minuto, la tortuga, un metro por minuto, y cierto escarabajo, escapa recorriendo dos metros en ese mismo tiempo.

Con esos datos ha completado las siguientes tablas, calculando la distancia que puede recorrer cada uno, en función del tiempo transcurrido. Y, después, ha representado cada una en una gráfica.

- CARACOL: 0,5 m/min

TIEMPO (min)	0	1	2	3	4	…	x
DISTANCIA (m)	0	0,5	1	1,5	2	…	$0{,}5x$

La distancia que recorre el caracol se obtiene, en función del tiempo, mediante la ecuación:

$$y = 0{,}5x$$

- TORTUGA: 1 m/min

TIEMPO (min)	0	1	2	3	4	…	x
DISTANCIA (m)	0	1	2	3	4	…	x

La distancia que recorre la tortuga se obtiene, en función del tiempo, mediante la ecuación:

$$y = x$$

- ESCARABAJO: 2 m/min

TIEMPO (min)	0	1	2	3	4	…	x
DISTANCIA (m)	0	2	4	6	8	…	$2x$

La distancia que recorre el escarabajo se obtiene, en función del tiempo, mediante la ecuación:

$$y = 2x$$

Observa, a la izquierda, que cada una de esas ecuaciones se representa en una recta, y que esas rectas difieren solamente en su inclinación: cuanto mayor sea el número que multiplica a la x, mayor es la inclinación de la recta.

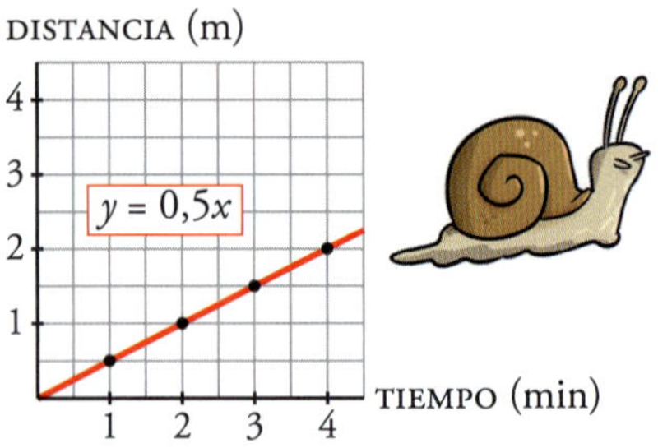

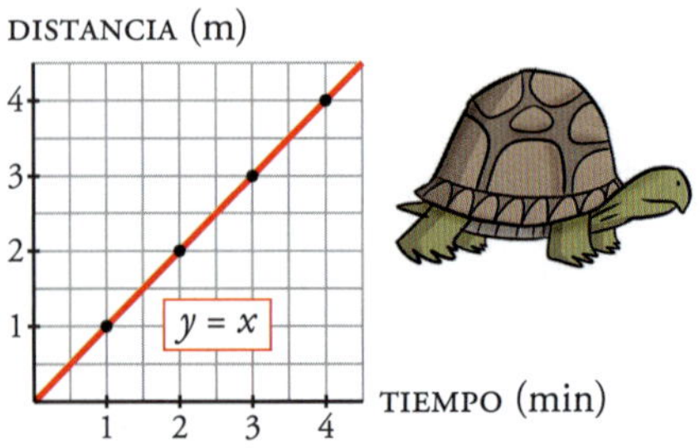

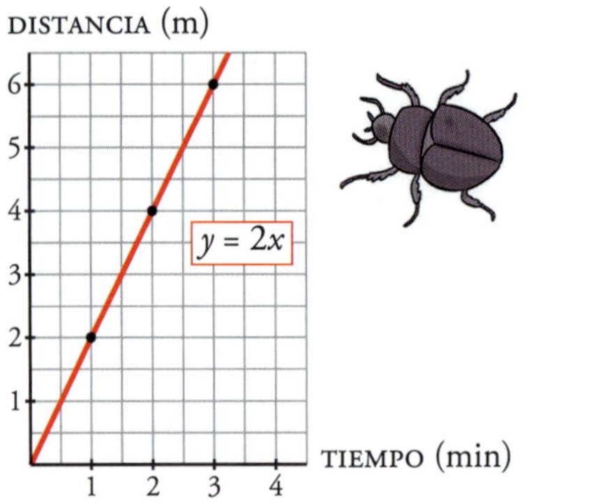

La distancia que avanza el caracol es **proporcional** al tiempo que dura su recorrido. Y lo mismo ocurre con la tortuga y con el escarabajo. Por eso, estas funciones que relacionan las distancias con el tiempo:

$$y = 0{,}5x \qquad y = x \qquad y = 2x$$

se llaman *funciones de proporcionalidad.*

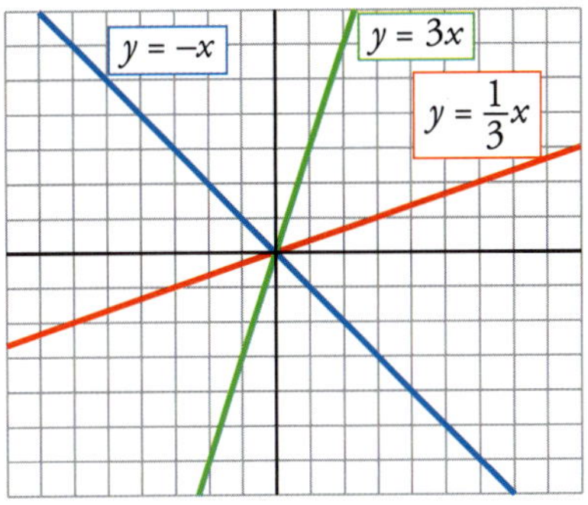

Se llama **función de proporcionalidad** a la que relaciona dos valores directamente proporcionales.

- Tiene la ecuación $\boldsymbol{y = mx}$.
- Se representa mediante **una recta** que pasa por el punto (0, 0).
- La constante de proporcionalidad, m, puede ser positiva o negativa. Se llama **pendiente** de la recta y tiene que ver con su inclinación.

anayaeducacion.es Practica el concepto de función de proporcionalidad.

Ejercicio resuelto

Representar las funciones de proporcionalidad cuyas ecuaciones son:

a) $\boldsymbol{y = -2x}$ ***b)*** $\boldsymbol{y = \frac{2}{3}x}$

a)

x	0	1	2	3	–1	–2
y	0	–2			2	

b) Para obtener ordenadas (y) enteras, daremos a las abscisas (x) valores múltiplos de 3:

x	0	3	6	9	–3	–6
y	0	2			–2	

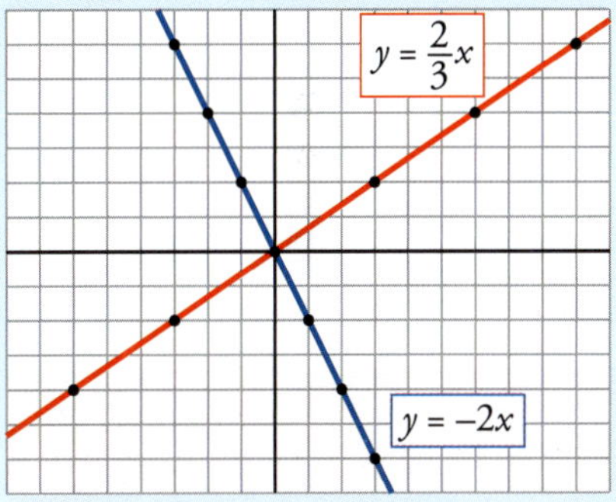

Para practicar

1 Asocia cada ecuación con la gráfica que le corresponde.

a) $y = 4x$ b) $y = \frac{4}{3}x$ c) $y = \frac{-1}{4}x$ d) $y = -3x$

Ⓐ
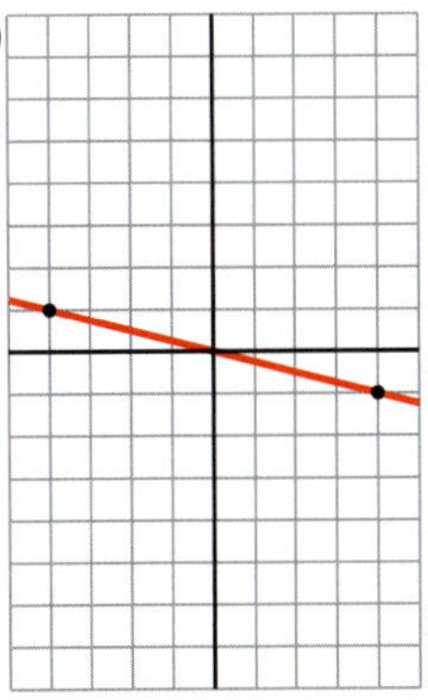

Ⓑ
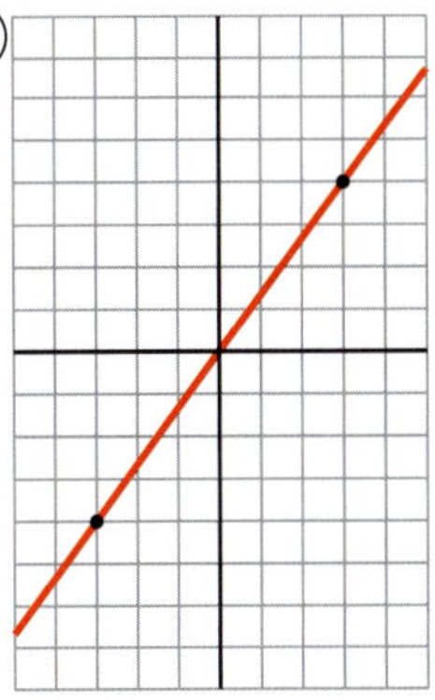

Ⓒ
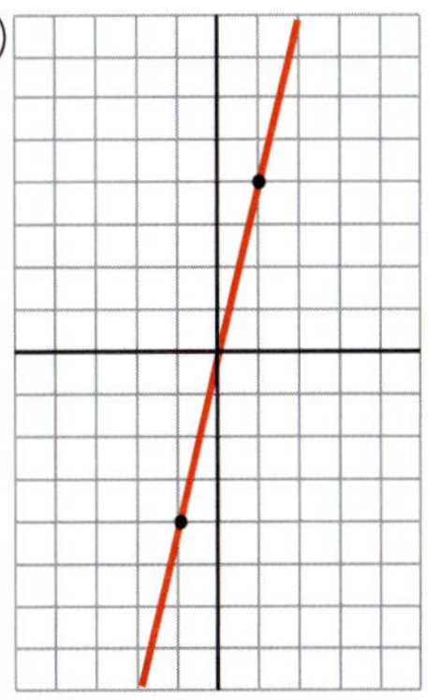

Ⓓ
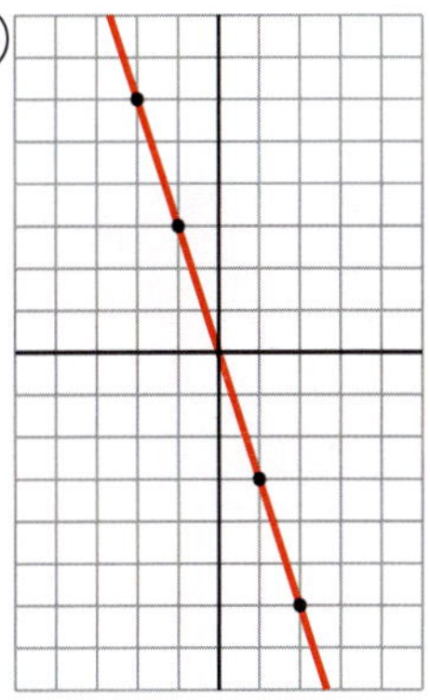

2 Completa en tu cuaderno la tabla correspondiente a cada una de las siguientes funciones de proporcionalidad y represéntalas gráficamente.

a) $y = -\frac{1}{2}x$

x	0	2	4	6	–2	–4
y				–3		

b) $y = \frac{2}{5}x$

x	0	5	10	15	–5	–10
y				6		

anayaeducacion.es GeoGebra. Representa funciones de proporcionalidad.

6 PENDIENTE DE UNA RECTA

- La ecuación de esta recta es $y = \frac{4}{3}x$:

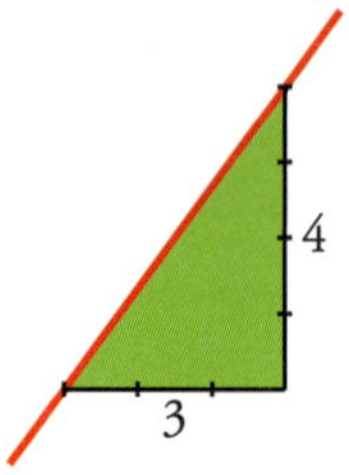

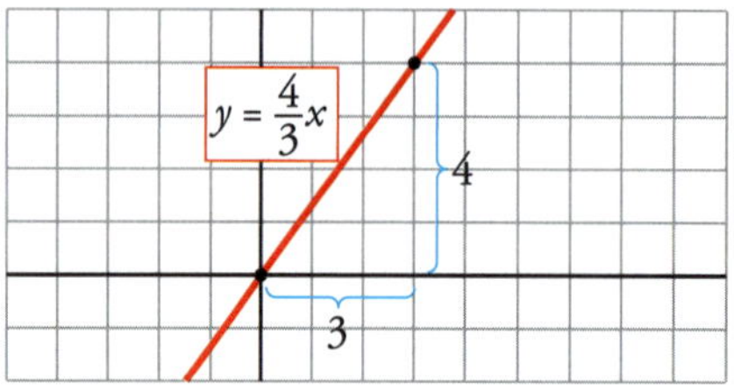

Su pendiente es $\frac{4}{3}$.

Cuando la x avanza 3 unidades, la y sube 4 unidades.

- La ecuación de esta recta es $y = \frac{1}{2}x$:

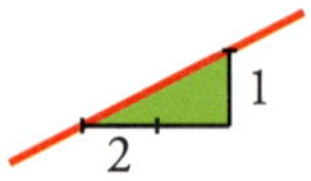

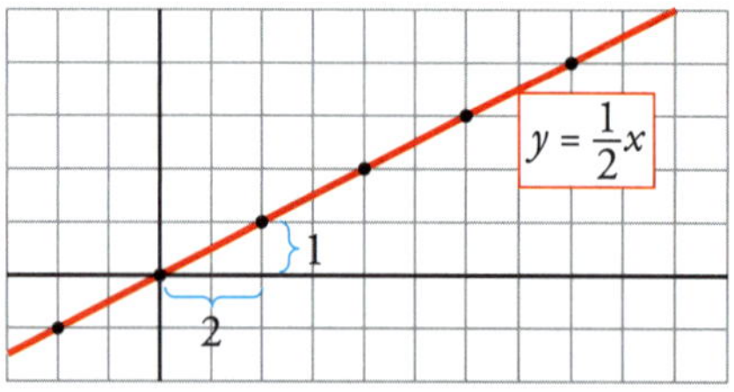

Su pendiente es $\frac{1}{2}$.

Cuando la x avanza 2 unidades, la y sube 1 unidad.

- La ecuación de esta recta es $y = 3x$:

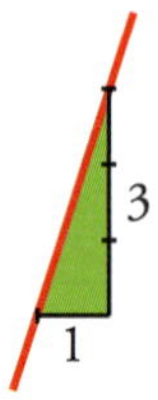

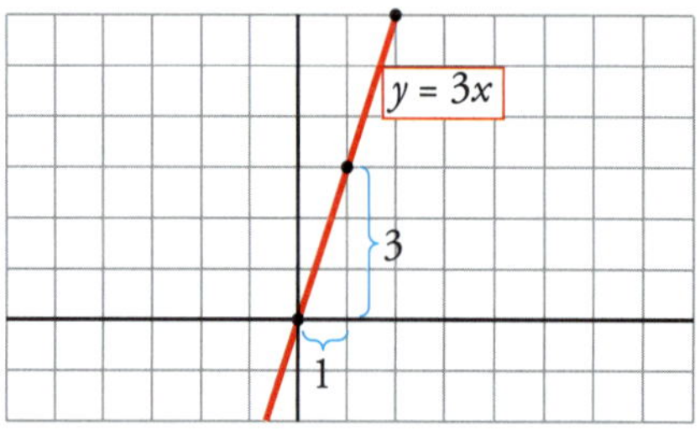

Su pendiente es $3 = \frac{3}{1}$.

Cuando la x avanza 1 unidad, la y sube 3 unidades.

- La ecuación de esta recta es $y = -\frac{5}{4}x$:

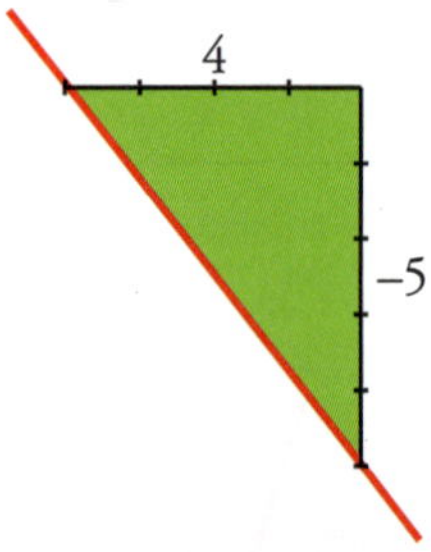

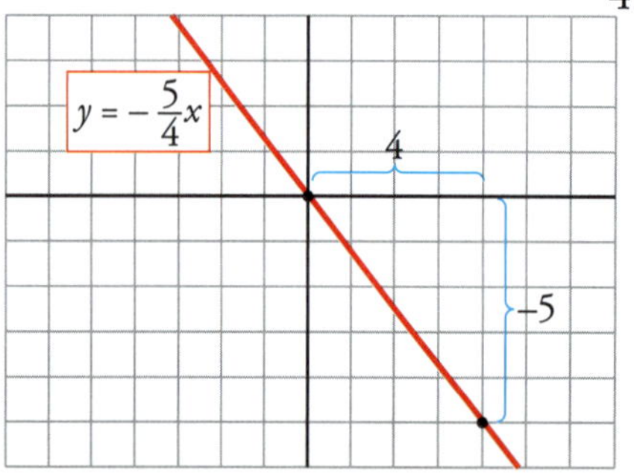

Su pendiente es $-\frac{5}{4} = \frac{-5}{4}$.

Cuando la x avanza 4 unidades, la y baja 5 unidades.

La **pendiente** m de una recta $y = mx$ es la medida de su crecimiento:

- Si m es positiva, la recta es creciente.
- Si m es negativa, la recta es decreciente.

La recta $y = \frac{a}{b}x$ y la recta $y = -\frac{a}{b}x$, siendo a y b números naturales, se representan del siguiente modo:

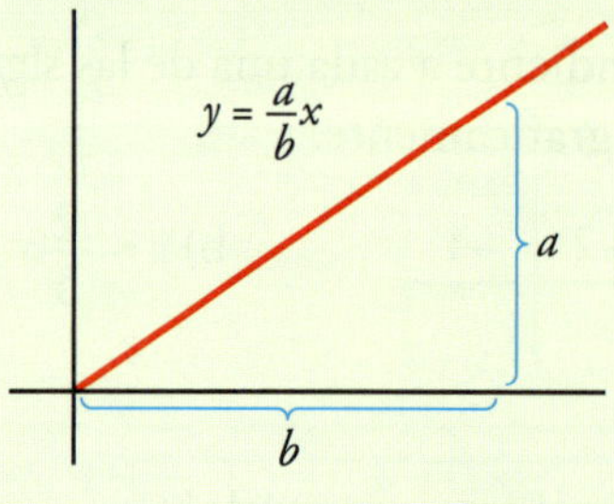

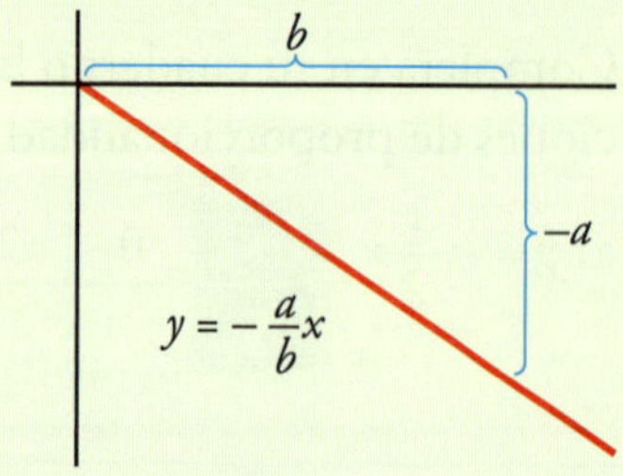

anayaeducacion.es Refuerza el cálculo de la pendiente de una recta.

Para fijar ideas

Copia y completa en tu cuaderno.

1 Obtén la pendiente y escribe la ecuación de cada una de las siguientes rectas:

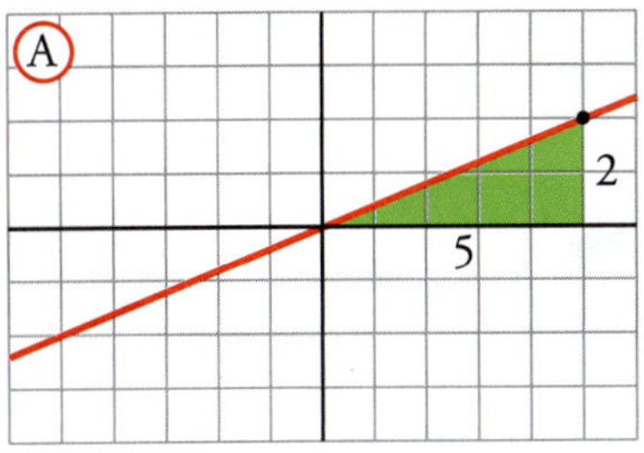

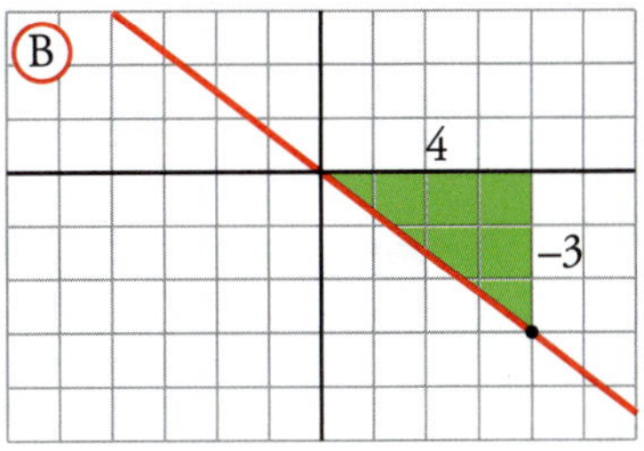

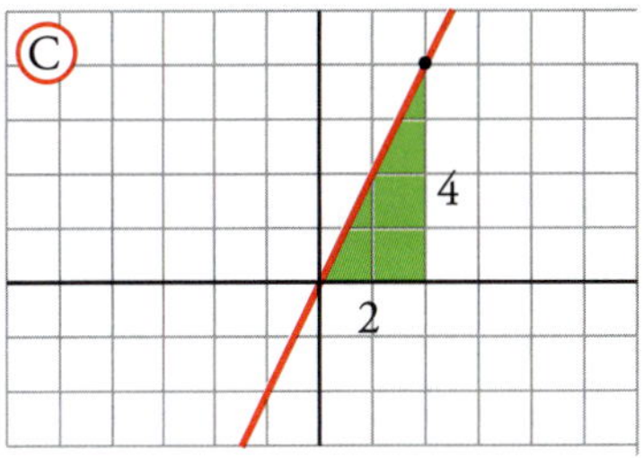

a) $m = \frac{2}{5} \rightarrow y = \frac{\square}{\square}x$

b) $m = \frac{-3}{\square} = -\frac{3}{\square} \rightarrow y = -\frac{\square}{\square}x$

c) $m = \frac{4}{2} = \square \rightarrow y = \square x$

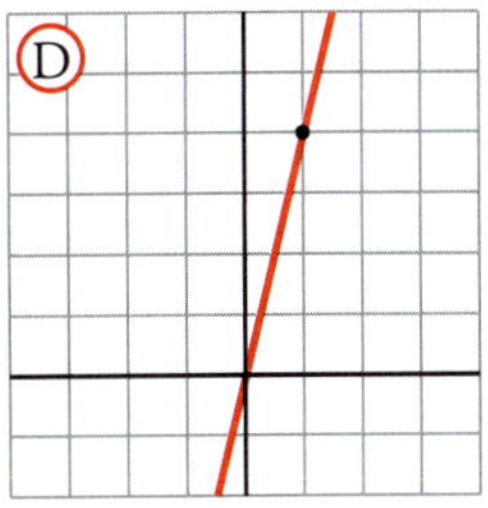

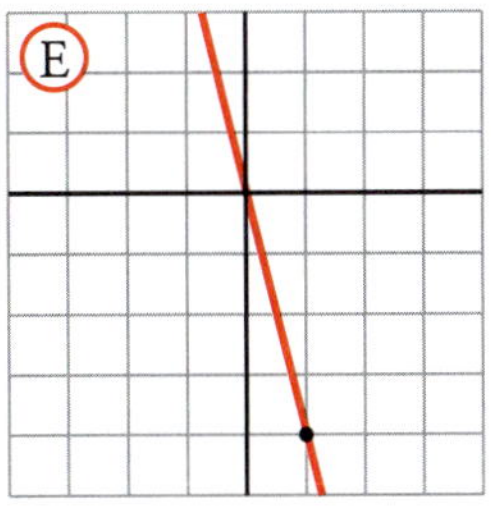

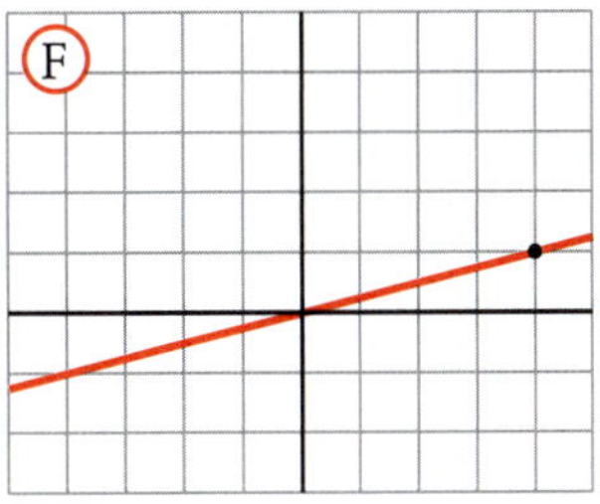

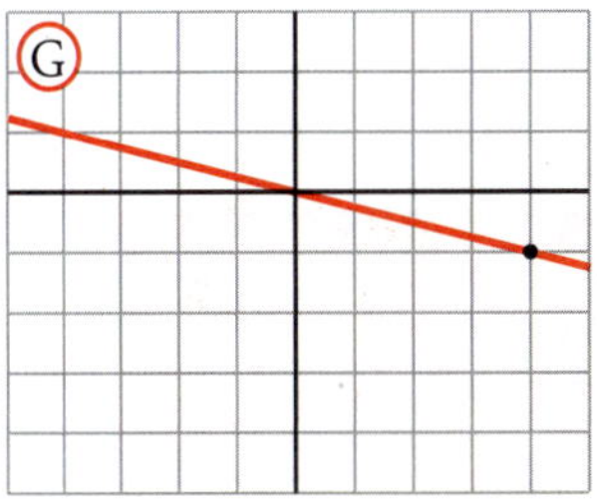

d) $m = \frac{\square}{1} = \square$

$y = \square x$

e) $m = \frac{-4}{\square} = -\square$

$y = -\square x$

f) $m = \frac{\square}{\square}$

$y = \frac{\square}{\square}x$

g) $m = \frac{-\square}{\square}$

$y = -\frac{\square}{\square}x$

2 Observa las gráficas, obtén la pendiente y escribe la ecuación de cada una de las rectas. Ten en cuenta que la inclinación de una recta es la misma en cualquiera de sus segmentos.

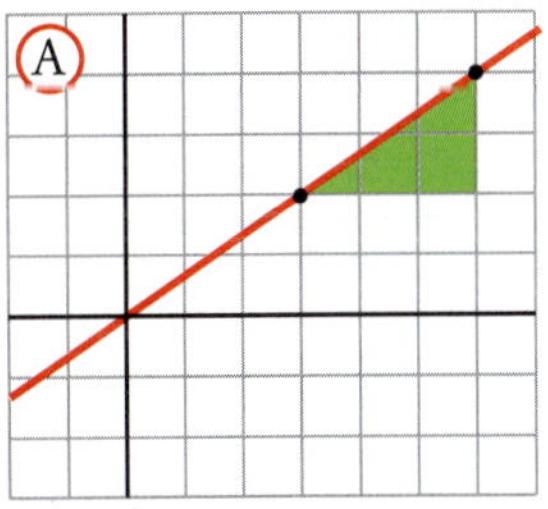

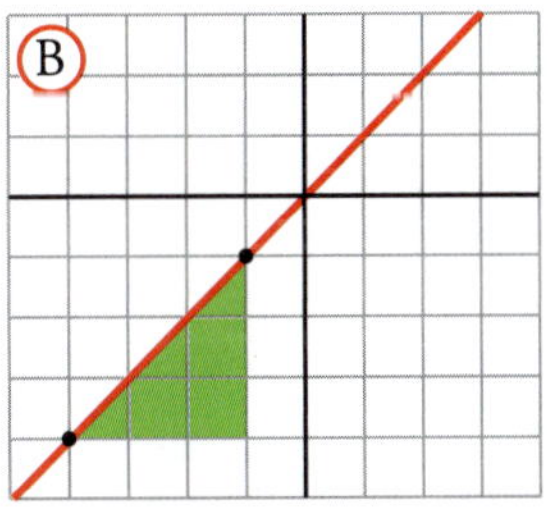

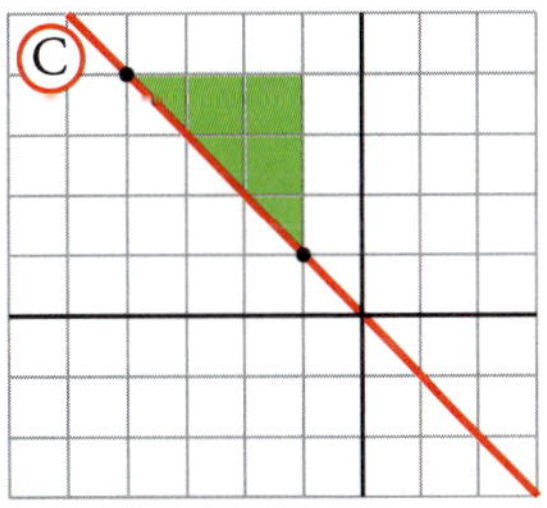

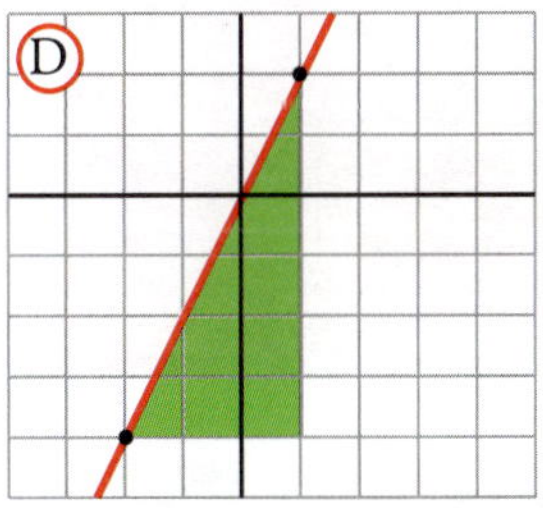

a) $y = \frac{2}{3}x$

b) $y = \square x$

c) $y = -\square x$

d) $y = \square x$

Para practicar

1 Indica cuál de estas puede ser la pendiente de cada una de las rectas representadas a la derecha.

a) $m = 3$

b) $m = \frac{1}{4}$

c) $m = -1$

d) $m = \frac{-7}{3}$

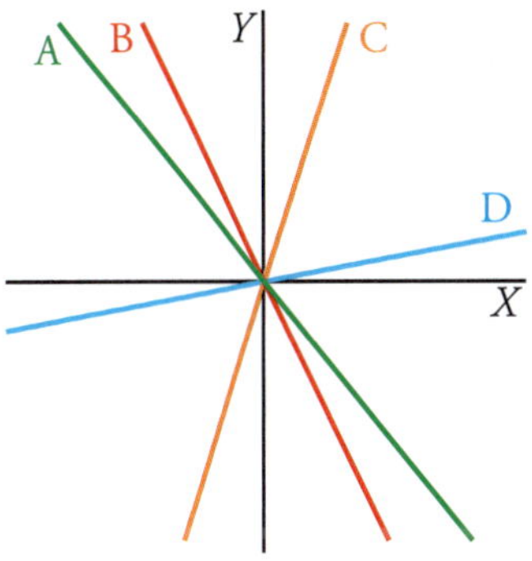

anayaeducacion.es GeoGebra. Practica el cálculo de la pendiente de una recta.

Nota

En matemáticas superiores se llaman **funciones lineales** a las del tipo $y = mx$.

A estas otras, $y = mx + n$, se las llama **funciones afines.**

Sin embargo, en matemáticas aplicadas como, por ejemplo, en economía, se llaman lineales a las funciones que se representan mediante rectas.

Así lo hacemos aquí:

lineales $\longrightarrow y = mx + n$

de proporcionalidad $\longrightarrow y = mx$

anayaeducacion.es Practica el concepto de función lineal.

Ten en cuenta

Rectas paralelas $\longrightarrow$ misma pendiente

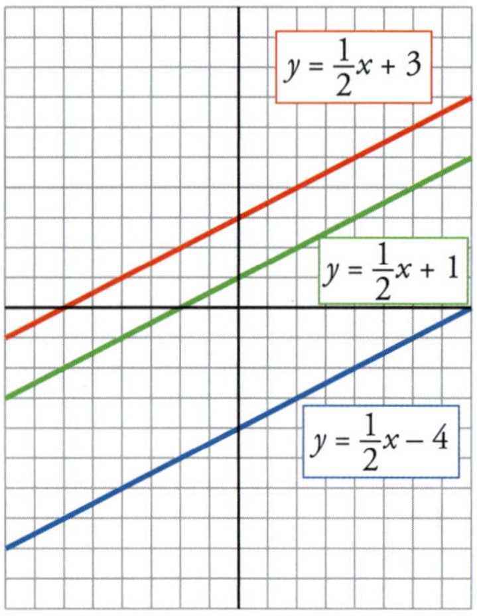

7 FUNCIONES LINEALES: $y = mx + n$

Samira está en el parque con Tobi, su mascota. Cuando el perro se encuentra a 3 metros, le lanza una pelota que Tobi persigue alejándose a razón de 2 metros por segundo.

La distancia entre Samira y Tobi, en función del tiempo que dura la persecución de la pelota, es:

0 segundos $\longrightarrow$ 3 m

1 segundo $\longrightarrow 3 + 1 \cdot 2 = 5$ m

2 segundos $\longrightarrow 3 + 2 \cdot 2 = 7$ m

3 segundos $\longrightarrow 3 + 3 \cdot 2 = 9$ m

4 segundos $\longrightarrow 3 + 4 \cdot 2 = 11$ m

5 segundos $\longrightarrow 3 + 5 \cdot 2 = 13$ m

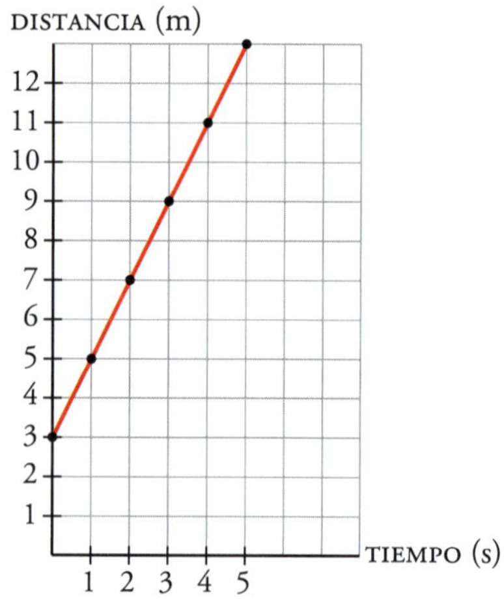

TIEMPO (s)	0	1	2	3	4	5	…	x
DISTANCIA (m)	3	5	7	9	11	13	…	$3 + 2x$

La distancia se obtiene en función del tiempo mediante la ecuación:

$$y = 3 + 2x$$

Las funciones $y = mx + n$ se llaman **funciones lineales.**

- La ecuación $\boldsymbol{y = mx + n}$ se representa mediante una recta de **pendiente** m que corta al eje Y en el punto $(0, n)$.
- Dos ecuaciones con la misma pendiente se representan mediante rectas paralelas.
- El valor n se llama **ordenada en el origen.**
- Cuando $n = 0$ se trata de una función de proporcionalidad, $y = mx$.

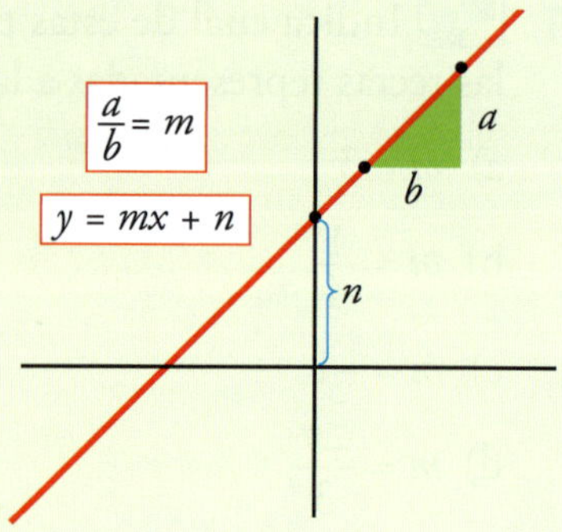

Ejercicio resuelto

Representar la función $y = 2x - 5$.

NOTA: Podríamos construir una tabla de valores y representar los puntos, pero aquí te proponemos un método más rápido.

Nos fijamos en la pendiente $(m = 2)$ y en la ordenada en el origen $(n = -5)$.

- La pendiente, $m = 2 = \frac{2}{1}$ nos dice:

  Por cada 1 que avanza, sube 2.
- La ordenada en el origen $n = -5$ nos dice:

  Pasa por el punto (0, –5).

Con esos datos podemos dibujar la gráfica.

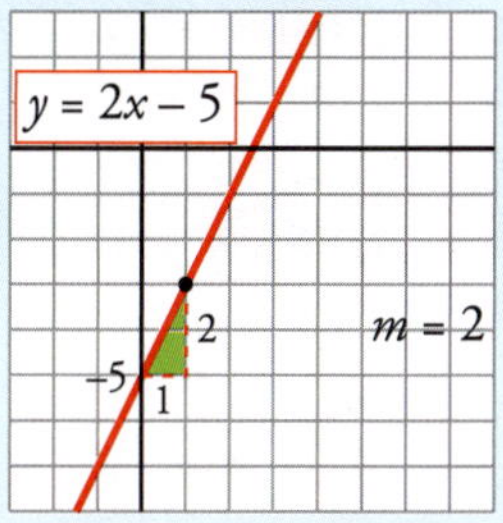

anayaeducacion.es Practica la asociación entre funciones lineales y sus correspondientes representaciones gráficas.

Para fijar ideas

Copia y completa los textos y las gráficas en tu cuaderno.

1 Representa la función $y = \frac{2}{3}x + 1$.

- La pendiente es $m = \frac{2}{3}$. Por cada … que avanza, sube…
- La ordenada en el origen es $n = 1$. Pasa por el punto (0, …).

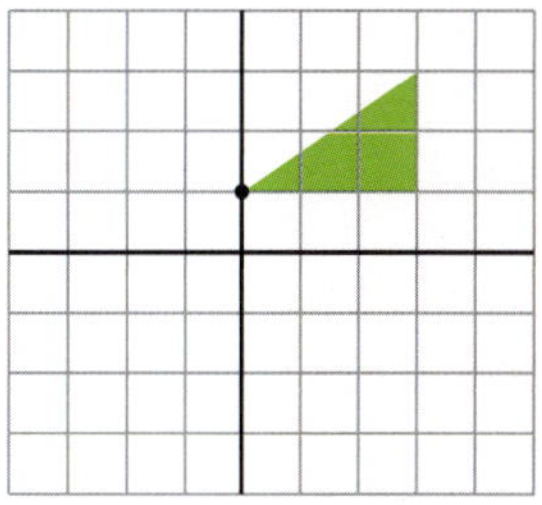

2 Representa la función $y = -3x + 4$.

- La pendiente es $m = -3 = \frac{-3}{1}$. Por cada … que avanza, baja…
- La ordenada en el origen $n = 4$. Pasa por el punto (0, …).

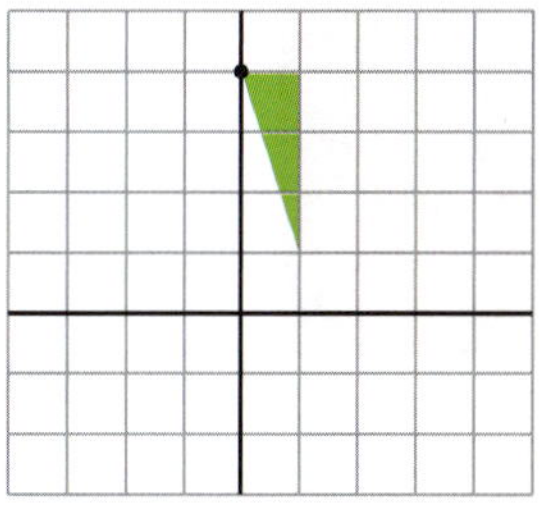

3 Para los gráficos de la derecha:

a) Escribe la ecuación de la recta r.

- Pasa por el punto $P(0, 2) \rightarrow n =$ …
- Cuando avanza 3, sube… $\rightarrow$ $m = \frac{\dots}{3}$
- Su ecuación es $\rightarrow$ $y = \frac{\dots}{3}x + \dots$

b) Dibuja una paralela a r que pase por el punto $M(0, 4)$ y escribe su ecuación.

- Pasa por el punto $M(0, 4) \rightarrow n = \dots$
- Tiene la misma pendiente que $r \rightarrow m = \frac{\dots}{3}$
- Su ecuación es $\rightarrow$ $y = \frac{\dots}{3}x + \dots$

c) Dibuja otra paralela a r que pase por $K(0, -4)$ y escribe su ecuación.

- Pasa por el punto $K(0, -4) \rightarrow n = -\dots$
- Tiene la misma pendiente que r $\rightarrow$ $m = \frac{\dots}{3}$
- Su ecuación es $\rightarrow$ $y = \frac{\dots}{3}x - \dots$

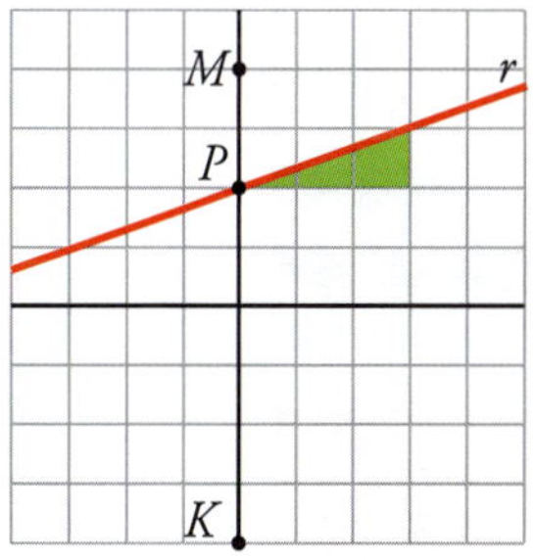

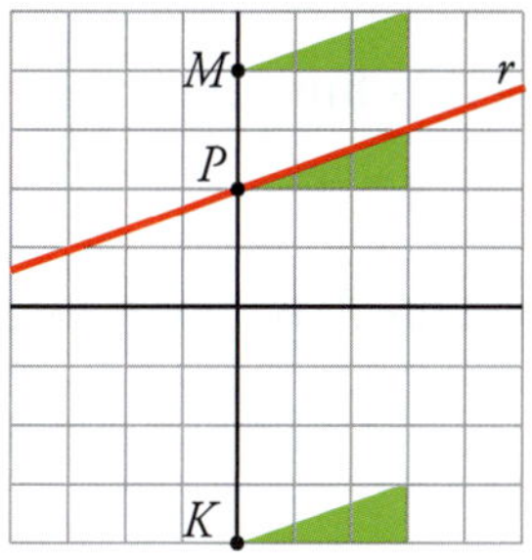

anayaeducacion.es GeoGebra. Representa funciones lineales.

8 FUNCIONES CONSTANTES: $y = k$

Una motora se desplaza sobre la superficie del mar.

Un helicóptero la sigue, observándola, manteniéndose a diez metros de altura.

Por debajo, un delfín curioso, persigue a la motora, manteniéndose a una profundidad de tres metros.

Podemos pensar en las funciones que relacionan, en cada caso, la altura con el tiempo transcurrido.

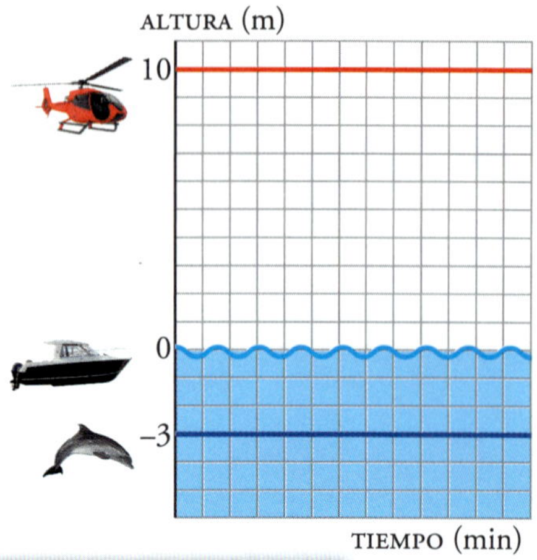

Helicóptero:

TIEMPO (min)	0	1	2	3	4	…
ALTURA (m)	10	10	10	10	10	…

La altura del helicóptero, en función del tiempo, es constante. → $y = 10$

La función $\boldsymbol{y = k}$, en la que el valor de y no depende de x, se llama **función constante.**

Se representa por una recta paralela al eje X, a una distancia k de este.

La pendiente de una función constante es 0.

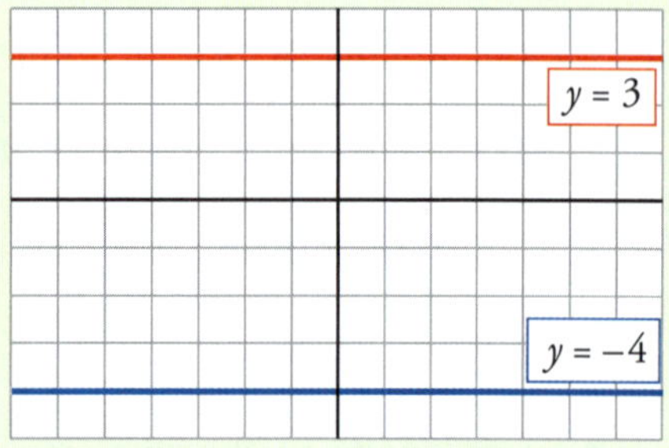

Ejercicio resuelto

El London Eye es una noria mirador de 136 m de altura que está en el centro de Londres. Escribir la ecuación de la función que relaciona el tiempo que gira la noria y la distancia a la que se encuentra del centro una determinada cabina.

Como la altura es de 136 m, la distancia de una cabina al centro es:

$$136 : 2 = 68 \text{ m}$$

Por tanto, la función que relaciona el tiempo transcurrido con la distancia de una cabina al centro de la noria es una función constante de ecuación:

$$y = 68$$

Para practicar

1 Representa las siguientes funciones:

a) $y = 7$ b) $y = -3$ c) $y = 0$

2 a) Representa la recta que pasa por estos puntos:

$A(-2, 3)$

$B(5, 3)$

b) Sin hacer ningún cálculo, ¿cuál es su ecuación?

3 ¿Cuál es la ecuación del eje X?

4 Escribe la ecuación de las siguientes funciones:

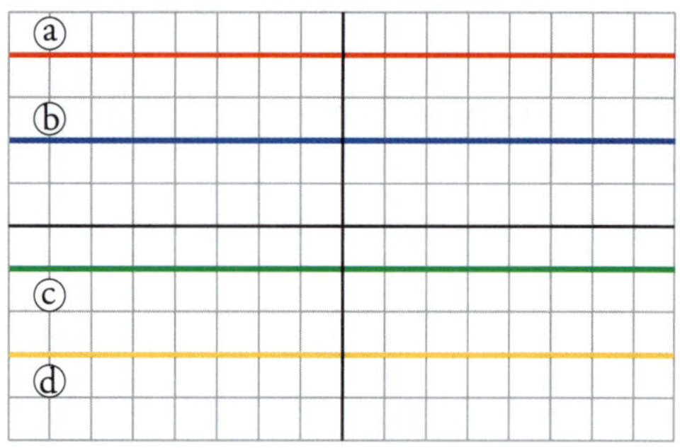

anayaeducacion.es GeoGebra. Representa funciones constantes.

EJERCICIOS Y PROBLEMAS

Representación e interpretación de puntos

1 Dibuja sobre un papel cuadriculado unos ejes coordenados y representa estos puntos:

$A(3, 2)$; $B(3, 7)$; $C(4, -1)$; $D(-4, 3)$; $E(-6, -2)$;
$F(0, 5)$; $G(3, 0)$; $H(-2, 0)$; $I(0, -5)$; $J(0, 0)$

2 Di las coordenadas de cada punto.

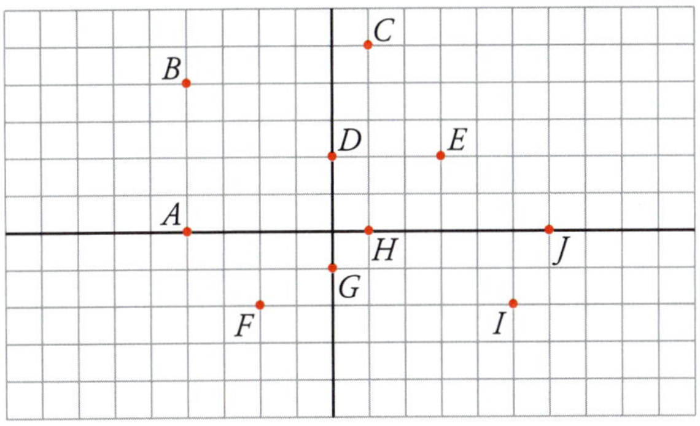

Concepto de función

3 ¿Cuáles de estas gráficas corresponden a una función y cuáles no? Explica por qué.

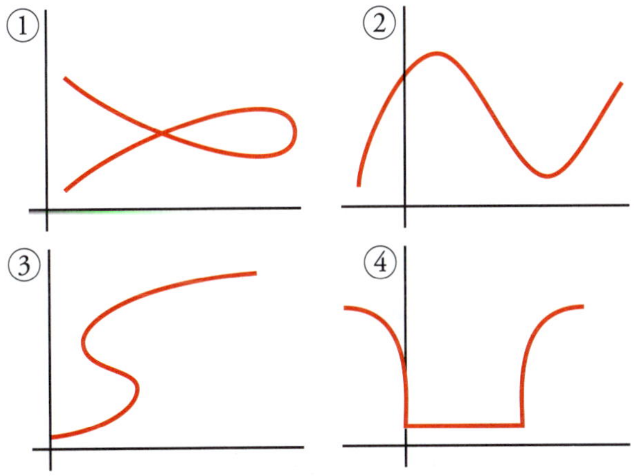

4 a) ¿Puede una recta vertical, paralela al eje *Y*, ser la representación gráfica de una función?

b) ¿Y una recta horizontal?

c) ¿Y una circunferencia?

5 Indica qué enunciados muestran una función.

a) Velocidad de una moto en función del tiempo de viaje.

b) Temperatura máxima en función del día.

c) El peso de una persona en función de su altura.

d) Distancia a casa en función de la hora del día.

e) La edad de Ana en función del año actual.

Interpretación de gráficas

6 Esta gráfica describe la velocidad de un coche de carreras en cada lugar de ese circuito:

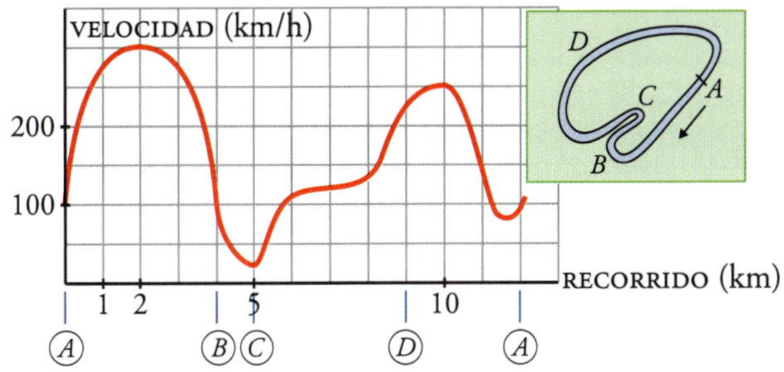

a) Di en qué tramos la velocidad es creciente y en cuáles es decreciente.

b) ¿A qué crees que se deben los aumentos y las disminuciones de velocidad?

c) Señala el máximo y el mínimo de esta función.

7 Indica cuál de estas gráficas representa la distancia recorrida por un vehículo a lo largo de 4 h de viaje, sabiendo que a las 2 h para a descansar durante media hora y a las 3 h sube un puerto:

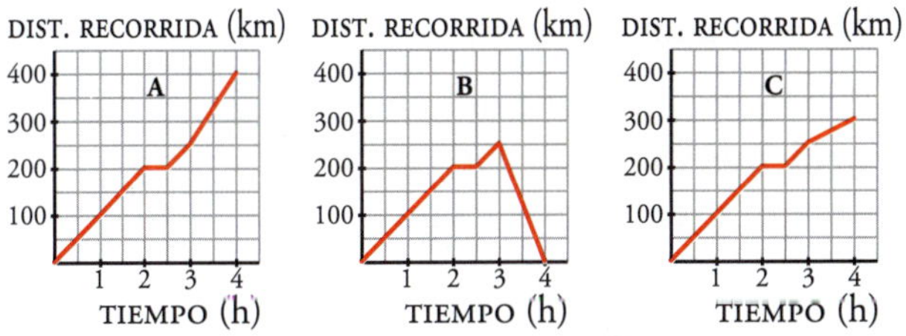

¿Cuánto ha durado el viaje? ¿Cuánto ha recorrido?

8 Sara y Daniel ponen a competir, en una carrera, a sus caracoles; uno de ellos lleva una pegatina roja, y otro, una pegatina verde.

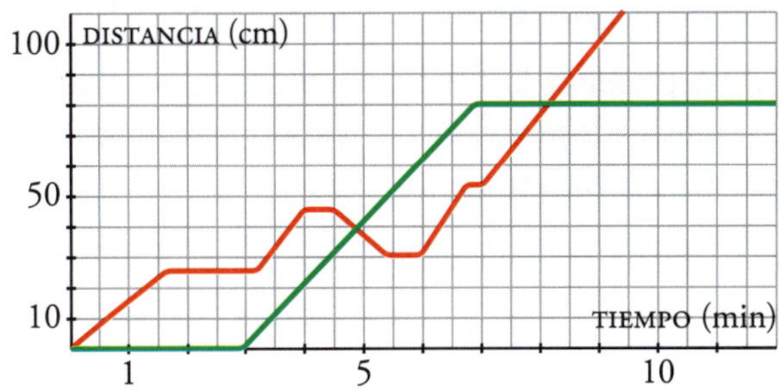

El verde tarda en salir y se para antes de llegar.

a) ¿Cuánto tiempo está parado en cada caso? ¿A qué distancia de la meta se detiene definitivamente?

b) ¿Cuántos centímetros y durante cuánto tiempo marcha el rojo en dirección contraria?

c) Describe la carrera.

Representación de funciones

9 Se ha medido, mes a mes, la estatura de un niño desde que nace hasta que tiene un año.

EDAD (meses)	0	1	2	3	4	5	6	7	8	9	10	11	12
ESTATURA (cm)	54	58	62	64	67	69	71	72	74	75	77	78	80

Representa los resultados en una gráfica como la de la derecha. Observa que la escala del eje Y empieza en 50 y llega a 80, ya que si comenzamos por 0, no se apreciarían bien las pequeñas diferencias de estatura de mes a mes.

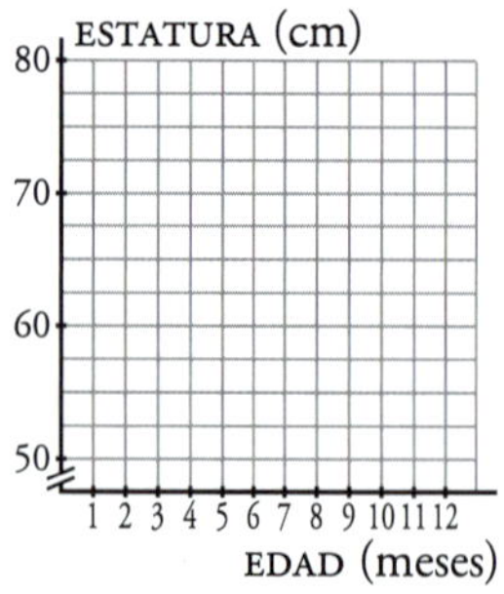

10 Durante diez semanas seguidas, un lanzador de peso ha anotado su mejor marca obtenida durante sus entrenamientos.

La tabla de la derecha recoge los resultados logrados.

Representa la función en tu cuaderno tomando los valores del eje Y de 15 m a 19 m.

SEMANA	LANZ. (m)
1	15,18
2	15,91
3	16,33
4	16,52
5	18,40
6	16,62
7	16,90
8	17,44
9	16,40
10	17,00

11 De una familia de rectángulos cuyo perímetro es 20 cm hemos medido su base y su área. Estos son los resultados:

BASE, en cm, x	1	2	3	4	5	6	7	8	9
ÁREA, en cm^2, y	9	16	21	24	25	24	21	16	9

a) Representa la función, empezando con los valores adecuados en el eje Y para que se aprecien bien las diferencias de áreas.

b) Comprueba que la ecuación de esta función es:

$$y = 10x - x^2$$

12 Representa las siguientes funciones dando a x los valores que se indican en cada caso:

a) $y = \sqrt{x-7}$ — 7, 8, 11, 16, 23, 32

b) $y = \sqrt{25-x^2}$ — –5, –3, 0, 3, 5

c) $y = \sqrt{(x-4)^2}$ — –4, –2, 0, 2, 4, 6, 8, 10

d) $y = 4 - \sqrt{(x-4)^2}$ — –4, –2, 0, 2, 4, 6, 8, 10

13 Representa en un papel cuadriculado las siguientes funciones dando a x, en cada caso, los valores que se indican:

① $y = x^2$ — –3, –2, –1, 0, 1, 2, 3

② $y = x^2 - 2$ — –3, –2, –1, 0, 1, 2, 3

③ $y = (x-3)^2$ — 0, 1, 2, 3, 4, 5, 6

a) ¿Qué observas en cuanto a la forma de todas ellas? ¿Y en cuanto a su posición?

b) Sin necesidad de dar valores, ¿sabrías dibujar las siguientes funciones?

④ $y = x^2 + 2$ ⑤ $y = (x+3)^2$

14 Representa, dando los mismos valores, las funciones que resultan de cambiar el signo a las funciones del ejercicio anterior:

① $y = -x^2$ ② $y = 2 - x^2$ ③ $y = -(x-3)^2$

¿Qué observas?

15 Ejercicio resuelto

Representar la función de segundo grado:

$$y = x^2 + 2x - 2$$

① Comenzamos dando algunos valores:

x	0	1	2	3	4	…
y	–2	1	6	13	22	…

② Al ver que los valores de y crecen rápidamente, seguimos con los del lado contrario (los negativos):

x	–1	–2	–3	–4	–5	…
y	–3	–2	1	6	13	…

Siguiendo ese orden, representamos:

①

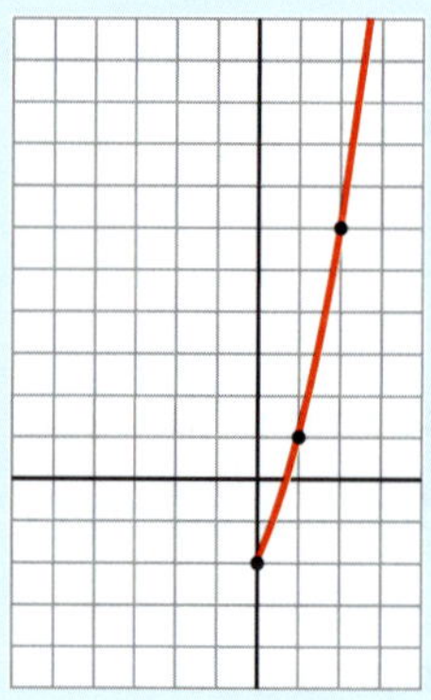

②

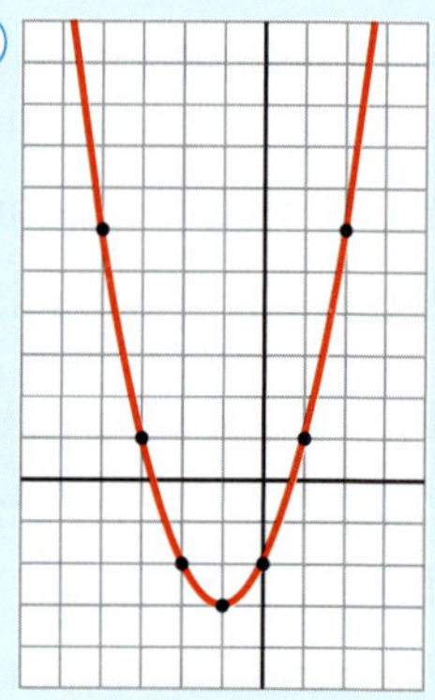

NOTA: Todas las funciones de segundo grado del tipo $y = ax^2 + bx + c$ tienen como representación gráfica parábolas con el eje paralelo al eje Y.

16 Representa en tu cuaderno estas parábolas obteniendo en cada caso la tabla de valores adecuados.

a) $y = (x-2)^2$ b) $y = -x^2 + 1$

c) $y = x^2 - 4x + 3$ d) $y = -x^2 + 4x$

17 De las parábolas de la actividad anterior, indica cuáles tienen un máximo, y cuáles, un mínimo. ¿Tiene algo que ver esa característica con el signo de la x^2?

18 Relaciona cada una de las siguientes parábolas con su correspondiente ecuación:

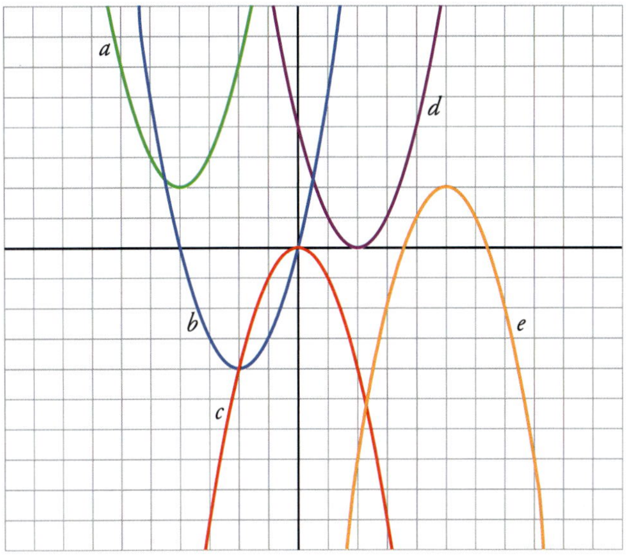

Ⓐ $y = x^2 + 8x + 18$ Ⓑ $y = x^2 + 4x$ Ⓒ $y = -x^2$

Ⓓ $y = (x-2)^2$ Ⓔ $y = -x^2 + 10x - 23$

Funciones lineales

19 Calcula la pendiente de la recta a la que pertenece cada uno de los siguientes segmentos:

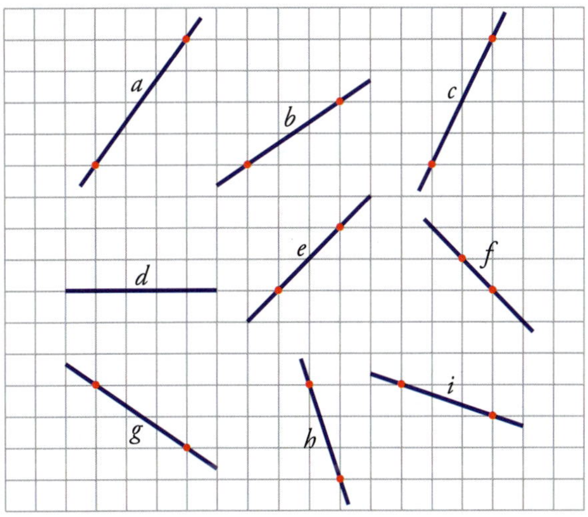

20 Representa las siguientes funciones sin la ayuda de una tabla de valores:

a) $y = 2x$ b) $y = \frac{1}{2}x$

c) $y = -3x$ d) $y = \frac{4}{3}x$

e) $y = -\frac{2}{5}x$ f) $y = \frac{3}{4}x$

g) $y = -\frac{1}{2}x - 2$ h) $y = -3x + 5$

i) $y = -\frac{4}{3}x + 1$ j) $y = -\frac{2}{5}x + 4$

k) $y = -1$ l) $y = 4$

m) $y = 3$ n) $y = x$

21 Escribe la ecuación de cada una de las siguientes funciones, fijándote en la pendiente y la ordenada en el origen de cada una:

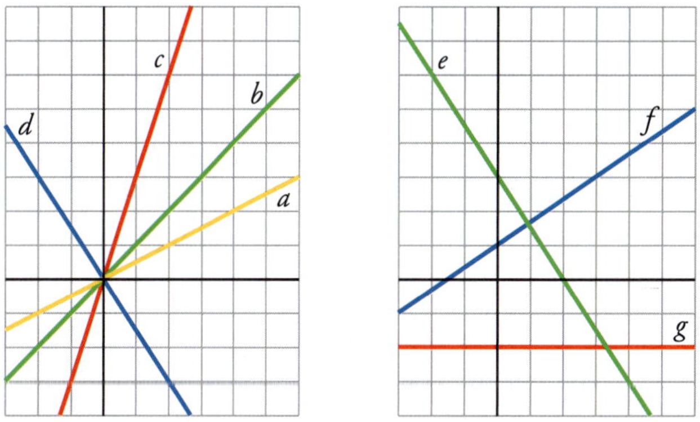

22 En un parque hay una tienda donde se alquilan patines, a 0,50 € la hora; monopatines, a 1 €/h, y bicicletas, a 2 €/h.

El coste del monopatín, y, en función del tiempo que se utilice, x, viene dado por la ecuación $y = x$.

a) Calcula la ecuación que relaciona el coste de los patines en función del tiempo que se utilice.

b) Halla la ecuación que relaciona el coste de la bicicleta en función del tiempo.

c) Representa en los mismos ejes coordenados las tres funciones de proporcionalidad.

d) ¿Cuáles son las pendientes de las tres rectas? ¿Qué representan en este contexto?

Funciones discontinuas

23 En el ejercicio anterior dimos por hecho que si, por ejemplo, alquilamos un monopatín durante hora y media, nos cobran 1,50 €.

En general, en estos sitios, y en otros establecimientos similares, cobran por horas; es decir, por una hora y media cobran dos horas y por 45 min cobran 1 h.

Según esta forma de cobrar, la gráfica para el monopatín del ejercicio anterior sería como la siguiente:

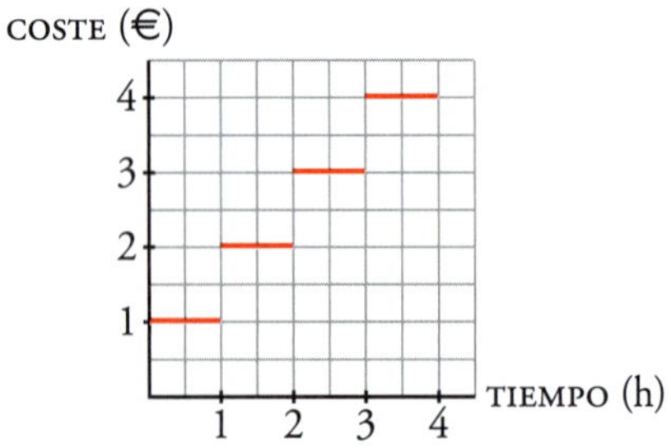

Representa en tu cuaderno cómo serían las gráficas de las funciones correspondientes a la bicicleta y a los patines del ejercicio anterior.

24 Indica cuáles de estas funciones deben representarse por una gráfica continua, y cuáles, por una discontinua:

a) Coste del aparcamiento en función del tiempo que se ha permanecido en él.

b) Espacio recorrido en función del tiempo.

c) Temperatura en función de la hora del día.

d) Estatura de una persona en función de su edad.

e) Tiempo que tardo en correr 10 km cada día de un mes en función del día del mes.

25 Relaciona estas gráficas con los enunciados del ejercicio anterior:

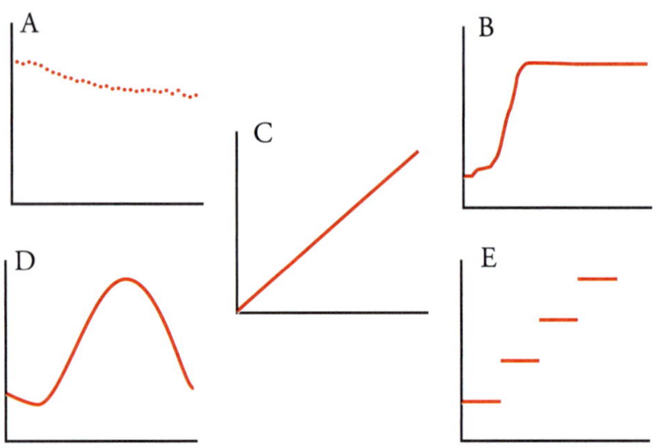

26 Se han tomado las temperaturas medias en Madrid y Buenos Aires a lo largo de un año. Los resultados están representados en estas gráficas.

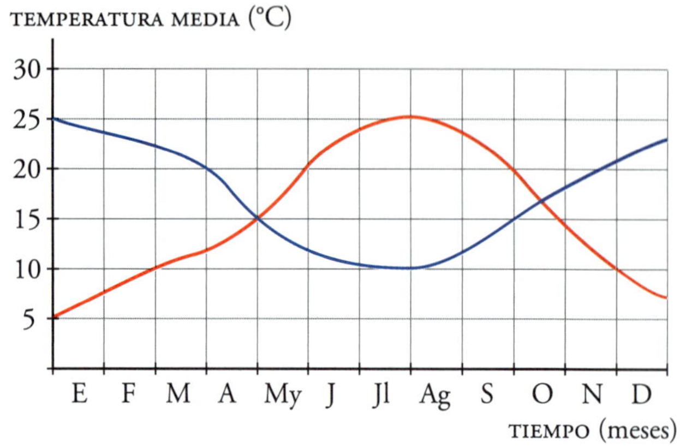

a) ¿A qué ciudad corresponde cada una de las funciones? Razona la respuesta.

b) ¿Cuál es el máximo y cuál el mínimo en cada una?

c) ¿En qué épocas coinciden sus temperaturas? ¿Tiene sentido?

d) Considera la función diferencia de temperatura entre Madrid y Buenos Aires. Represéntala en el tramo del 1 de enero al 30 de abril.

27 Estas gráficas corresponden a los porcentajes de personas que ven la televisión o escuchan la radio a ciertas horas del día.

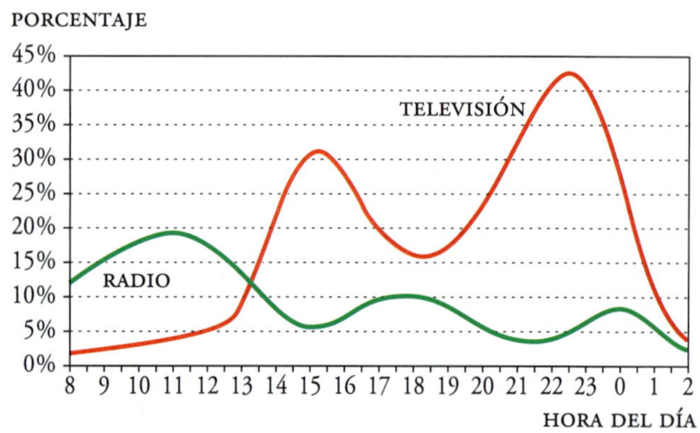

a) Describe la curva correspondiente a la televisión: dónde es creciente, dónde es decreciente, máximos, mínimos… Relaciónala con las actividades cotidianas: levantarse, acostarse, comida, cena…

b) Haz lo mismo con la curva de la radio.

c) Representa la función que refleja la diferencia de los porcentajes de audiencia entre radio y televisión a la una del mediodía y a la una de la madrugada.

d) Compara las dos curvas y relaciónalas.

28 Un grifo tiene un caudal constante. Estas son las gráficas de la función nivel de agua-tiempo al llenar algunos vasos.

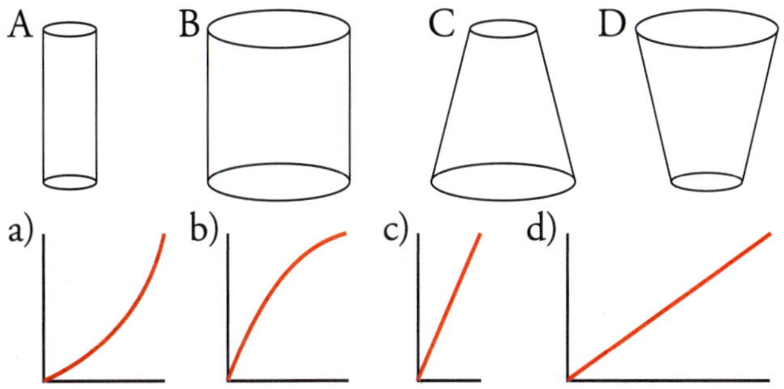

Asocia cada gráfica a su vaso.

29 Representa gráficamente esta carrera en pista de 200 m entre dos corredores:

- A sale más rápidamente que B, en 5 segundos le saca 10 m de ventaja.
- A se cae en el instante 5 segundos, y B le adelanta. Pero A se levanta en 2 segundos, y adelanta a B en la misma línea de meta.

Interpreta, describe, exprésate

30 A continuación, se incluyen dos resoluciones distintas. Explícalas y valora sus diferencias.

Calcula la ecuación de la recta que pasa por los puntos $A(2, 5)$ y $B(4, 2)$.

Resolución 1

- $A(2, 5)$; $B(4, 2)$
- Observando la gráfica:

$m = \frac{-3}{2}$ $\quad n = 8$

Solución: $y = \frac{-3}{2}x + 8$

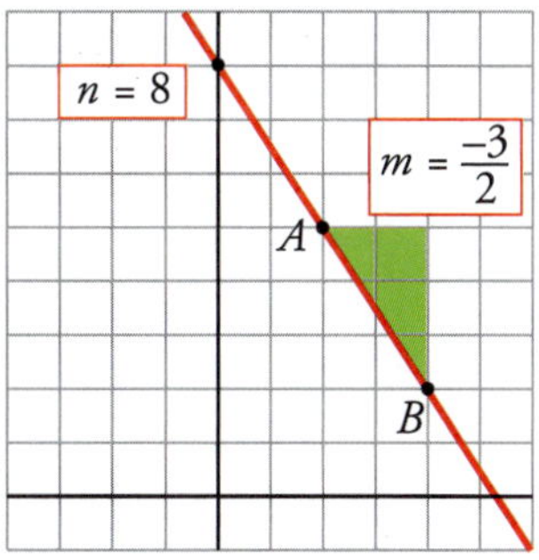

Resolución 2

- $A(2, 5)$; $B(4, 2)$
- La ecuación tiene la forma $y = mx + n$.
- Sistema de ecuaciones:

$$\begin{cases} 5 = m \cdot 2 + n \\ 2 = m \cdot 4 + n \end{cases} \to \begin{matrix} n = 8 \\ m = \frac{-3}{2} \end{matrix}$$

Solución: $y = \frac{-3}{2}x + 8$

Problemas «+»

31 En una compañía de teléfonos móviles, la tarifa de llamadas al extranjero es 1 € por establecimiento de llamada y 0,50 € por minuto de conversación.

a) Pon la ecuación de la función que relaciona el coste en euros (y) en función de la duración de la llamada en minutos (x).

b) Representa la gráfica de la función.

c) Supón que por cualquier fracción de minuto que se hable hay que pagar el minuto entero. Por ejemplo, por hablar medio minuto hay que pagar 1,50 €, como si se hubiera utilizado el minuto entero. Representa la gráfica de la función teniendo esto en cuenta. Ayúdate, para ello, del ejercicio 23.

32 Con un hilo de 16 cm cuyos extremos están atados entre sí formamos rectángulos:

a) Razona que la relación entre su base, x, y su altura, y, es $y = 8 - x$.

b) Representa la gráfica de la función.

c) Si multiplicamos la base, x, por la altura, $8 - x$, obtenemos el área: $A = x \cdot (8 - x)$. Completa en tu cuaderno una tabla de valores como la siguiente:

X	1	2	3	4	5	6	7
ÁREA	7	12					

33 Representa en tu cuaderno estas gráficas:

a) Altura de una pelota que está botando, hasta que se para.

b) La temperatura de un plato de sopa que se queda sobre la mesa, sin consumir.

c) La distancia a la Tierra de un satélite artificial que da vueltas y vueltas.

d) La altura a la que se encuentra el asiento de un columpio cuando balancea.

LEE E INFÓRMATE

Función de insolación

Con una bola de cristal y un papel negro, se puede realizar esta hermosa experiencia.

Colocando la bola de modo que recoja los rayos de sol, los concentrará en un punto. El papel se sitúa alrededor de la bola, a una distancia adecuada para que los rayos se concentren en él, de modo que con el paso de los minutos el papel se tuesta.

Al moverse el sol, el lugar donde se concentran los rayos va variando, formándose una gráfica de «papel tostado». A mayor insolación, más gruesa será la línea. Si durante unos minutos el sol se oculta tras una nube, la raya se interrumpirá. De este modo se obtiene una *función de insolación.*

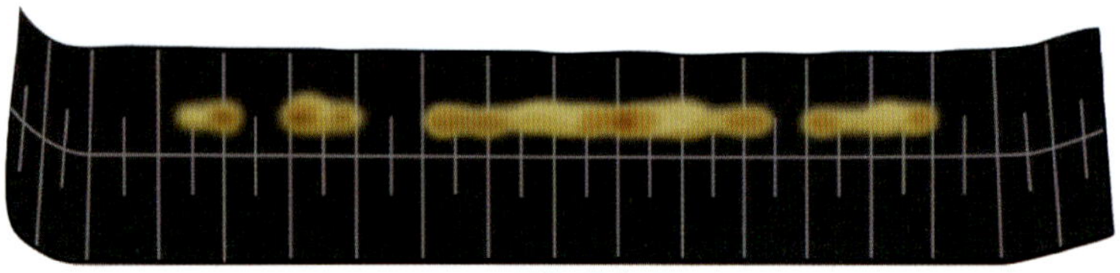

Función en la rueda de una bicicleta

Si adhieres una pegatina fluorescente al lateral de una rueda de bicicleta y la haces rodar en una habitación oscura, verás que la pegatina sube y baja siguiendo una curva muy peculiar, la cicloide.

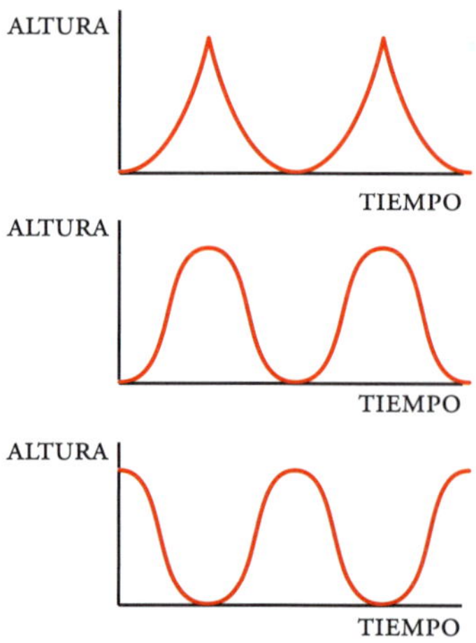

La cicloide refleja la trayectoria de la pegatina. ¿Podrías identificar, entre las de la derecha, su altura en función del tiempo?

Carrera de canicas

Varias amigas inventan la siguiente competición: se ha de dejar caer una canica desde un punto alto, A, hasta otro lugar bajo, B. Cada una debe construir la rampa de caída que crea preferible para que la canica tarde el mínimo tiempo en llegar a B. Gana la que consiga que la canica llegue antes.

Estas son algunas opciones:

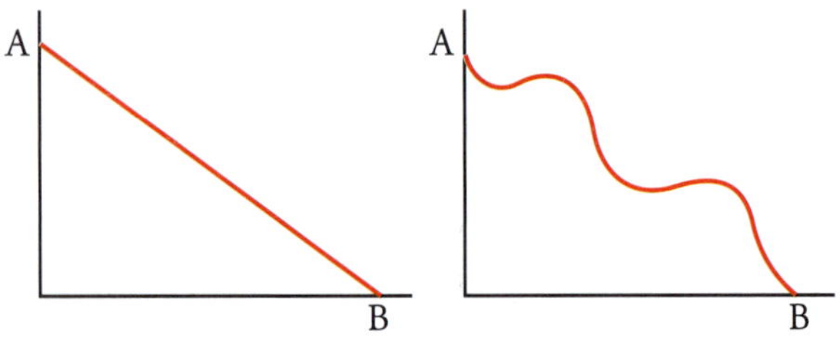

Esta es la opción ganadora. Es una **cicloide invertida.**

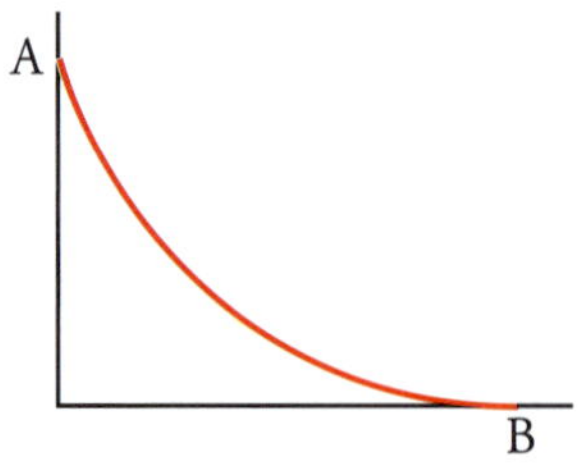

Recuerda que en anayaeducacion.es puedes encontrar orientación académica y profesional relacionada con los contenidos de esta unidad.

ENTRÉNATE RESOLVIENDO OTROS PROBLEMAS

Imagina

Un grifo arroja un caudal constante. ¿Cuál de las gráficas refleja la altura del agua en función del tiempo transcurrido?

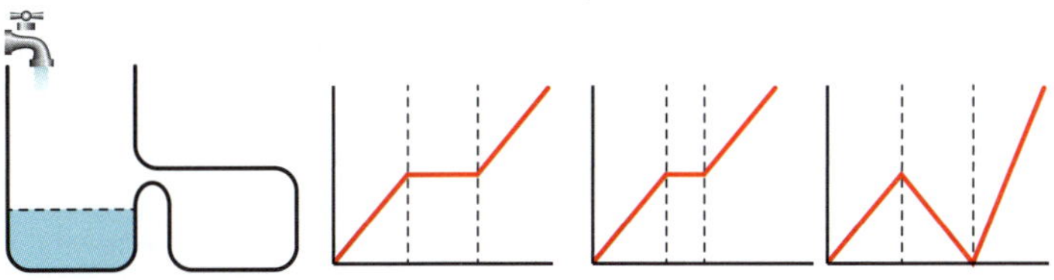

Crea

Diseña un depósito para el que la función de altura-tiempo tenga esta forma:

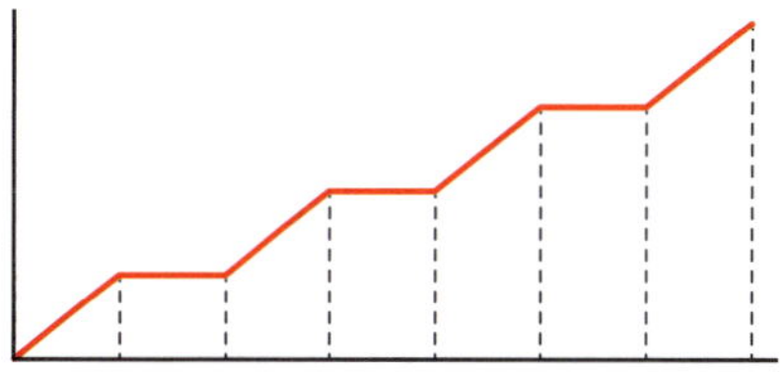

De lógica

Un matrimonio viaja en su coche acompañado de su hija de 12 años y su hijo de 2. Cada uno se entretiene en el viaje con una actividad diferente: conducir, dormir, leer y comer.

El padre ni duerme ni lee. La madre, si lee, se marea, y jamás come en los viajes. Si el niño está despierto, no deja leer a su hermana. ¿Qué actividad realiza cada uno?

AUTOEVALUACIÓN

anayaeducacion.es Resolución de estos ejercicios y una autoevaluación interactiva.

1 a) Describe la evolución del precio de la miel a lo largo de un año.

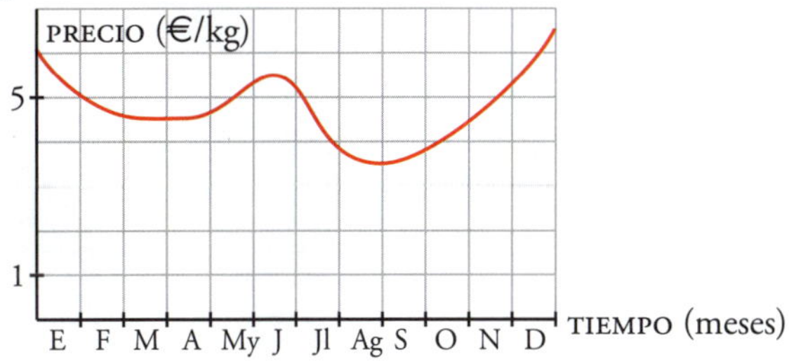

b) ¿En qué tramos la función es creciente y en cuáles es decreciente?

c) ¿Cuándo el precio es mínimo? ¿Cuál es?

2 Pedro baja de la montaña en el mismo momento en que Chavela empieza a subir por el mismo camino.

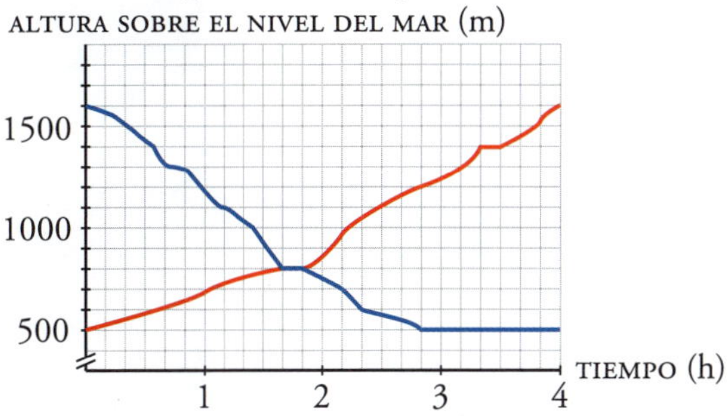

a) ¿Desde qué altura sale Chavela y a qué altura llega?

b) ¿Cuánto ha tardado cada uno en hacer su marcha?

c) ¿Cuándo se encuentran? ¿A qué altura están? ¿Cuánto tiempo están juntos?

d) Dibuja en tu cuaderno, en unos ejes iguales, la gráfica de Miguel, que sale con Chavela a ritmo constante, se encuentra con Pedro cuando han pasado una hora y 10 minutos, descansa 20 minutos a esa altura y sigue al mismo ritmo hasta la cima.

3 Dejamos caer una piedra desde una altura de 125 m. Representa la función que relaciona la altura de la piedra con el tiempo. Estos son los datos:

TIEMPO (s)	0	1	2	3	4	5
ALTURA (m)	125	120	105	80	45	0

4 Representa estas funciones:

a) $y = -\dfrac{5}{3}x$ b) $y = 2x - 5$ c) $y = 4$

5 Escribe la ecuación de cada una de estas funciones:

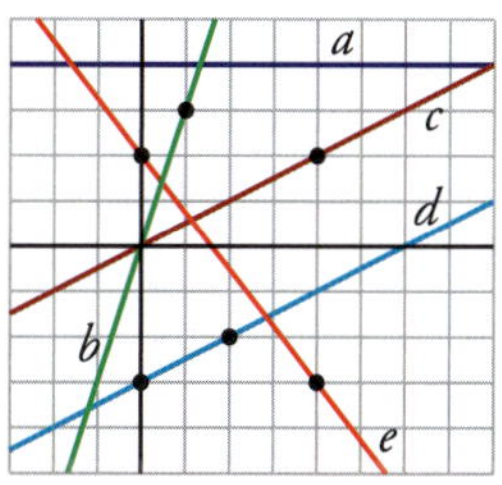

Compromiso ODS Visualiza el vídeo meta 10.7., piensa en una acción con la que podrías contribuir al logro de esa meta y comprométete a llevarla a cabo.

14

ESTADÍSTICA

Los censos y recuentos estadísticos se hallan presentes en todas las civilizaciones desde tiempos antiquísimos, pero se limitaban a la recogida de datos y, a lo sumo, a su exposición clara y ordenada.

Generalmente, los datos que se recogían eran relativos al Estado, de ahí el origen de la palabra «estadística».

Existen papiros egipcios desde hace más de 5 000 años donde hay constancia de censos de población y de bienes. Tenían tanta dedicación a estos asuntos que concibieron una divinidad llamada *Safnkit,* diosa de los libros y las cuentas, que se ocupaba de proteger los datos recopilados.

También los babilonios guardaban en tablillas de arcilla los recuentos estadísticos que realizaban, especialmente sobre datos de ganadería y agricultura. Recopilaron tanta información que en el siglo VIII a. C. construyeron una biblioteca donde se guardaron estos documentos.

Recopilación de datos e impuestos

1 En un papiro, encontrado en la excavación de un templo egipcio, se anotaron los siguientes datos relativos a la cosecha de cereales:

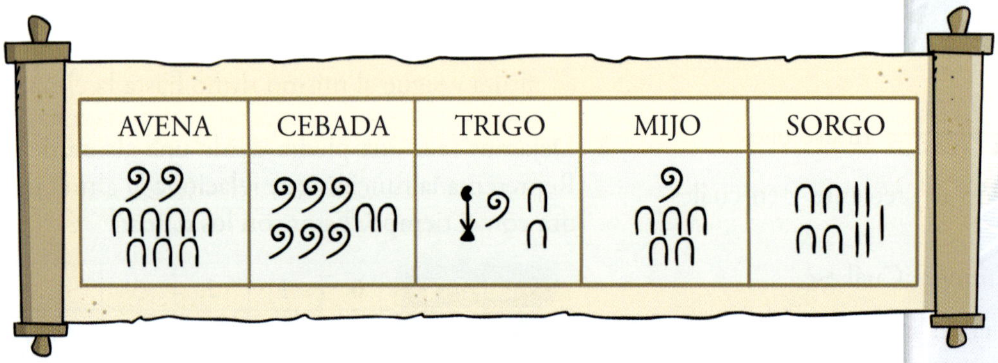

a) ¿Cuántos cestos de cada clase de cereal se reseñan?

b) Opina: ¿Qué interés crees que podían tener esos datos para el templo?

La estadística cobró especial importancia con el nacimiento del Imperio romano, que se destacó por su extraordinaria organización del Estado. Recogieron y ordenaron una ingente cantidad de datos en todo su territorio: nacimientos, defunciones, matrimonios, habitantes por kilómetro cuadrado, superficie, riquezas…

Los datos y la organización del Estado

2 La tabla recoge los datos relativos a la población masculina, reclamados al cónsul de cierta región, por la administración central de la antigua Roma.

AÑOS	Menos de 17	Entre 17 y 35	Entre 36 y 60	Más de 60
VARONES	MMCCL	MMMLXXII	MMD	CMXCVI

a) ¿Cuántos varones, entre 17 y 60 años, se contaban en la región?

b) Opina: ¿A qué parte de la administración del Estado crees que podían interesar estos datos? (Agricultura, ganadería, comercio, ejército…).

La estadística como ciencia comienza a despuntar en el siglo XVII con los estudios demográficos del inglés **John Graunt.** En ellos, los datos se analizaban para obtener conclusiones bien fundamentadas.

Los datos y su tratamiento científico

3 Las siguientes gráficas reflejan el reparto, por edades, de la población en dos localidades, una agrícola, de interior, y otra turística, de la costa. ¿Qué gráfica crees que corresponde a cada una? Justifica tu respuesta.

A

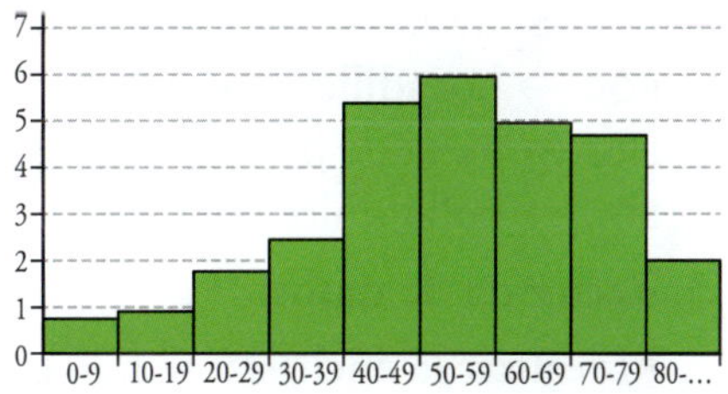

B

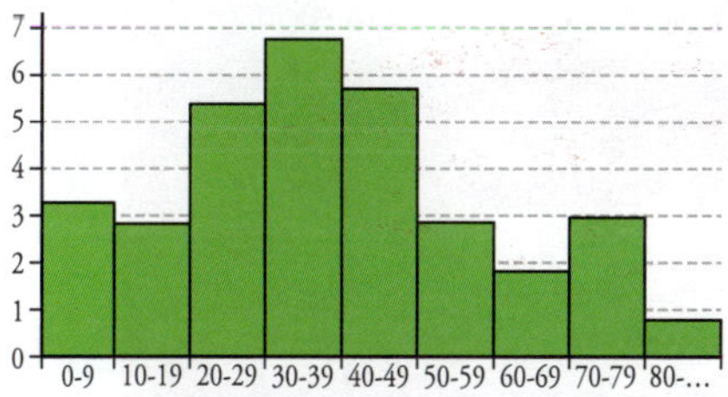

4 El director de una editorial ha pedido a los responsables comerciales los datos de ventas (por número de ejemplares). Observa la gráfica.

a) ¿Crees que el número de ejemplares vendidos ha aumentado mucho en estos 7 años?

b) ¿Te parece fiable esta gráfica? En caso negativo, ¿cómo la modificarías?

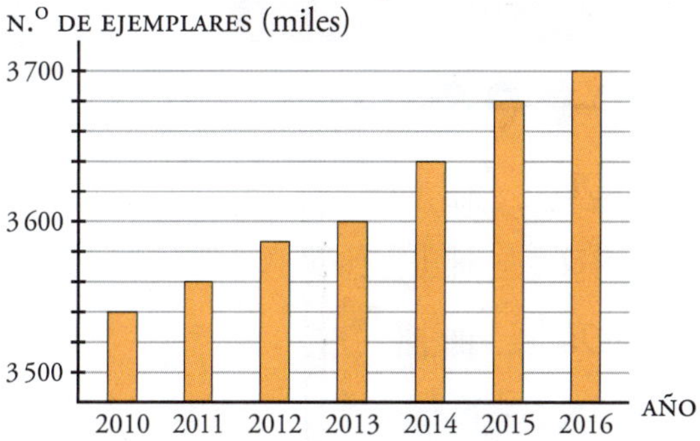

1 CONFECCIÓN DE UNA TABLA Y SU GRÁFICA

En tablas y gráficas estadísticas se recoge la información que se ha ido obteniendo durante un proceso estadístico. Recordemos los pasos que se siguen:

1. Toma de decisiones sobre lo que se quiere estudiar y para qué se necesita.

Los estudios estadísticos en general se realizan por algún motivo: aumentar las ventas de un producto, ganar en competitividad, aumentar la audiencia, mejorar los servicios públicos…

2. Enumeración adecuada de los valores que puede tomar la variable.

Esa enumeración debe englobar toda la gama posible de datos a recoger. Es decir, todo dato debe poder ser incluido en alguno de los valores de la variable.

3. Recogida de datos.

Los datos pueden venir a partir de una encuesta, mediante observación o experimentación, a través de anuarios o páginas oficiales…

4. Estructuración de los datos: recuento, tabulación y representación gráfica.

Confección de una tabla a partir de los datos recogidos. Habitualmente, puede ser ventajoso acompañarla de una gráfica adecuada.

5. Análisis de los resultados. Conclusiones.

La información recogida orientará la toma de decisiones de cara al objetivo planteado inicialmente.

anayaeducacion.es Recuentos y frecuencias.

Ejemplo

Los dueños de un local próximo a un centro de estudios pretenden montar un puesto de bocadillos y otros alimentos.

1. Toma de decisiones.

Preguntan a 30 estudiantes del centro qué suelen comer a mitad de mañana.

2. Enumeración de los valores de la variable.

Las respuestas se encuadrarán en los siguientes valores:

BOC → bocadillo o sándwich
FRU → pieza de fruta o frutos secos
BOL → bollo dulce o chuchería
OTRO → cualquier otra comida
NADA → no toma nada

3. Recogida de datos.

Al realizar la encuesta, se han obtenido los siguientes resultados:

OTRO, BOC, BOC, BOL, FRU
FRU, BOL, FRU, BOC, BOC
FRU, FRU, BOC, BOL, BOC
NADA, BOC, BOL, BOL, BOL
BOC, BOL, FRU, BOL, BOC
BOC, OTRO, FRU, BOC, BOL

4. Estructuración de los datos: recuento, tabulación y representación gráfica.

ALMUERZO	FRECUENCIA
BOC	11
FRU	7
BOL	9
OTRO	2
NADA	1

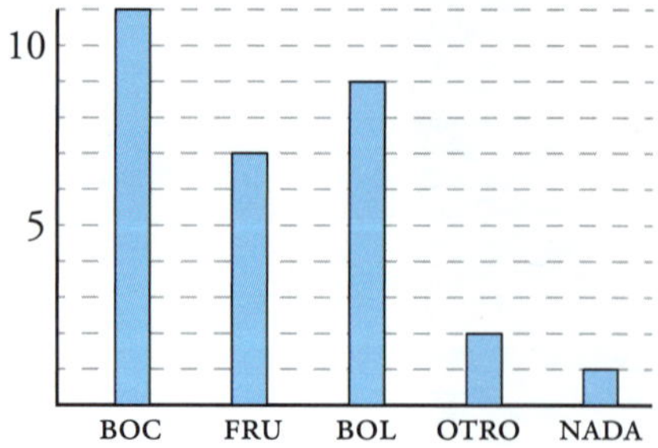

5. Análisis de los resultados.

Con estos resultados los dueños del local concluirán que el negocio es viable.

Para fijar ideas

Copia y completa en tu cuaderno las tablas y las gráficas.

1 En una clase de 30 estudiantes, la profesora de Lengua ha recomendado 5 libros para leer en verano. A la vuelta de vacaciones, se les ha preguntado cuántos de esos libros han leído. Estos son los resultados:

0 2 2 3 1   1 2 2 1 5   2 1 2 4 1   1 2 1 5 2   2 3 4 2 1   2 4 2 1 3

a) Realiza un recuento y confecciona una tabla de frecuencias.

N.º DE LIBROS LEÍDOS	RECUENTO	FRECUENCIA	FRECUENCIA RELATIVA	FRECUENCIA PORCENTUAL
0	I	1	1/30 = 0,03	3 %
1	~~IIII~~ IIII	9	9/30 = 0,30	30 %
2				
3				
4	III	3	3/30 = 0,10	10 %
5	II	2	2/30 = 0,07	7 %
TOTAL		**30**		**100 %**

Atendiendo a las frecuencias porcentuales podemos decir que el … % de los estudiantes ha leído 4 o más libros y que únicamente el … % no ha leído ninguno. También podemos decir que el … % ha leído 2 o 3 libros.

b) Realiza una representación adecuada de los resultados.

Diagrama de barras.

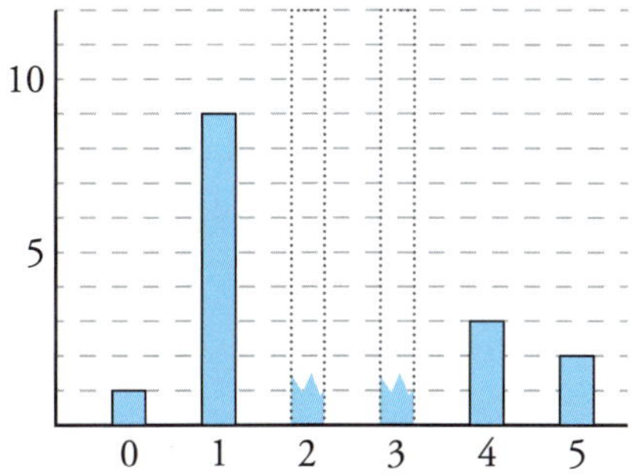

Diagrama de sectores.

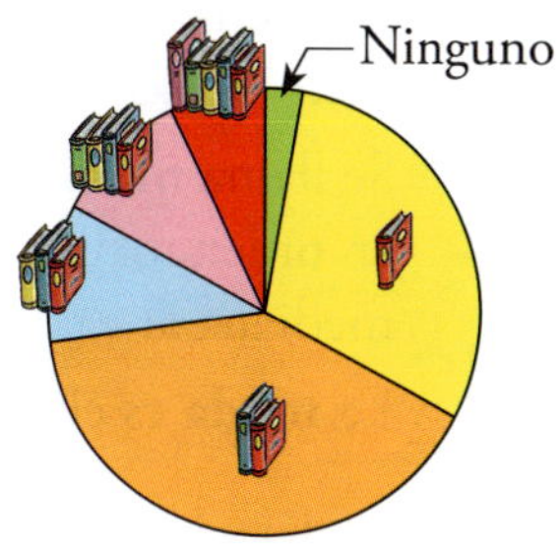

2 En el entrenamiento de atletismo se ha pedido a los participantes que lancen el balón medicinal lo más lejos que puedan. Estas son las distancias (en cm):

387 355 432 483 348 497 410 427 365 392 455 373 383 413 459 392

a) Confecciona una tabla de frecuencias agrupando los datos en estos intervalos:

340 - 380   380 - 420   420 - 460   460 - 500

Realizamos el recuento incluyendo cada valor en el intervalo en el que está incluido.

INTERVALO	VALOR DEL INTERVALO (MARCA DE CLASE)	RECUENTO	FRECUENCIA
340 - 380	360	IIII	4
380 - 420	400	~~IIII~~ I	6
420 - 460			

NOTA: En el primer intervalo hay cuatro valores, 355, 348, 365 y 373, pero a partir de la construcción de la tabla, a los cuatro se les asigna el valor central del intervalo, 360, que se llama marca de clase. Y lo mismo en los demás intervalos.

b) Dibuja los resultados en un histograma.

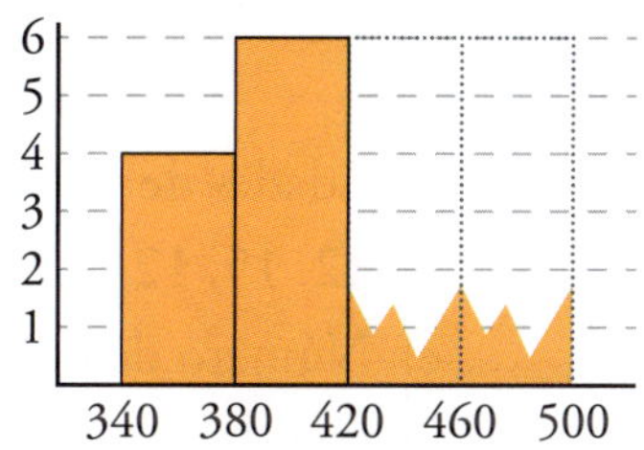

anayaeducacion.es GeoGebra. Tabla de frecuencias y su gráfica.

2 PARÁMETROS DE CENTRALIZACIÓN

Diferencias con la media

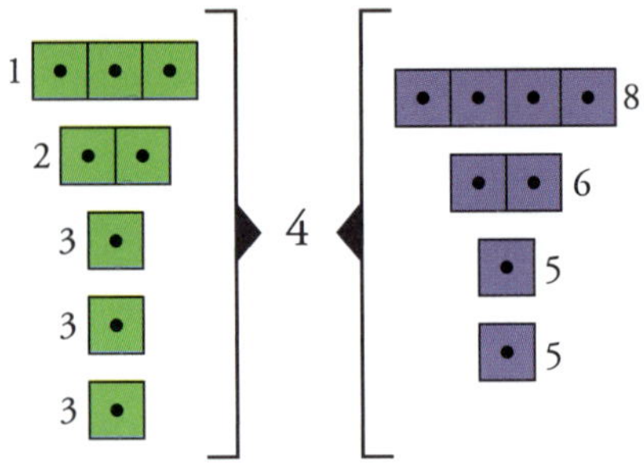

Las diferencias con la media de los valores que quedan por la izquierda se equilibran con las de los que quedan por la derecha.

Los parámetros estadísticos son valores que se obtienen a partir de la distribución y que resumen alguna de sus características globales.

La media, la mediana y la moda se llaman **parámetros de centralización** porque son valores alrededor de los cuales se distribuyen los datos.

Recordemos en qué consisten y cómo se calculan.

Ejemplo

A 10 estudiantes les han preguntado por el número de tíos y tías que tienen. Las respuestas han sido las siguientes: 3, 5, 4, 3, 5, 6, 8, 2, 1, 3.

Su **media** es $\bar{x} = \frac{3+5+4+3+5+6+8+2+1+3}{10} = \frac{40}{10} = 4$.

Para hallar la **mediana,** se ordenan los datos de menor a mayor. La mediana es el dato que está en el lugar central. En este caso, 1, 2, 3, 3, **3, 4,** 5, 5, 6, 8, como hay un número par de datos, dos de ellos (3 y 4) ocupan el lugar central. La mediana es el promedio de ellos, $Me = 3{,}5$.

Su **moda** es $Mo = 3$, porque es el dato más frecuente (está 3 veces).

- La **media** de varias cantidades es la suma de todas ellas dividida por el número de las que hay.
- Se llama **mediana** de un conjunto de datos numéricos al que, colocándolos en orden, ocupa el lugar central. Si hay un número par de datos, se asigna la mediana al valor intermedio entre los dos centrales.
- La **moda** es el dato con mayor frecuencia.

La media y la mediana solo pueden hallarse para variables cuantitativas. La moda puede asignarse a cualquier tipo de variable.

Recuerda

Las **variables cuantitativas** solo toman valores numéricos y las **cualitativas** no toman valores numéricos.

Ejercicio resuelto

Hallar $\bar{x}$, Me y Mo en estas distribuciones:

a) N.° de mascotas que tienen 13 estudiantes de una clase:
3, 2, 0, 0, 3, 2, 0, 2, 0, 1, 4, 6, 3

b) Estación del año en la que nacieron 10 personas:
P, V, V, O, P, I, I, V, O, V

a) Media: $\bar{x} = \frac{3+2+0+0+3+2+0+2+0+1+4+6+3}{13} = \frac{26}{13} = 2$

Mediana: se ordenan los datos: 0, 0, 0, 0, 1, 2, **2**, 2, 3, 3, 3, 4, 6 → $Me = 2$

Moda: $Mo = 0$ (el dato que está más veces).

b) Es una variable cualitativa y no se le puede asignar ni media ni mediana. Su moda es $Mo = V$ (pues el número de personas nacidas en verano, 4, es mayor que en las demás estaciones).

anayaeducacion.es Practica los parámetros de centralización.

Para practicar

1 Halla $\bar{x}$, Me y Mo de cada una de las siguientes distribuciones:

a) Grupo sanguíneo de 15 personas:
A, A, B, AB, AB, A, A, B, A, 0, AB, A, A, B, AB

b) Edades de varios estudiantes:
12, 15, 12, 16, 10, 11, 12, 10, 11, 12, 9, 9, 10, 8

c) Número de asignaturas suspensas en la evaluación:
0, 1, 0, 2, 4, 0, 1, 1, 2, 3, 3, 1, 0, 0, 0, 1

La media y la mediana para estudiar asimetrías

Vamos a ver con unos ejemplos cómo los valores de la media, $\bar{x}$, y de la mediana, *Me*, de una distribución de variable cuantitativa sirven para apreciar si esta es simétrica, o bien más o menos asimétrica.

DISTRIBUCIONES APROXIMADAMENTE SIMÉTRICAS

Ⓘ

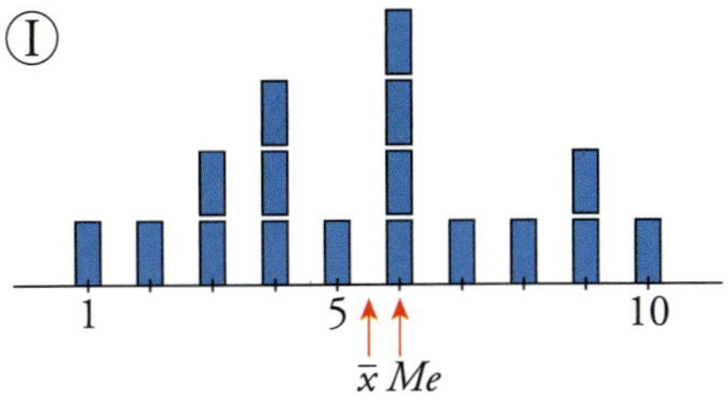

Esta distribución, Ⓘ, (edades de los niños y las niñas de una piscina infantil) es casi simétrica:

Ⓘ 1, 2, 3, 3, 4, 4, 4, 5, 6, 6, 6, 6, 7, 8, 9, 9, 10

Su media es $\bar{x}$ = 5,47. Su mediana es *Me* = 6.

La media y la mediana toman valores próximos.

> En una distribución completamente simétrica, $\bar{x}$ y *Me* coinciden.
> Una distribución aproximadamente simétrica tiene valores $\bar{x}$ y *Me* próximos.

DISTRIBUCIONES ASIMÉTRICAS

Ⓘ Ⓘ

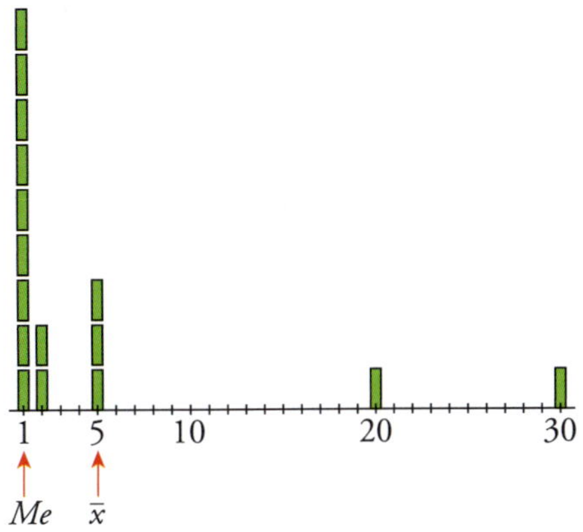

La siguiente distribución, ⓘⓘ, corresponde a los sueldos mensuales (en miles de euros) de los empleados en una pequeña empresa:

ⓘⓘ 1, 1, 1, 1, 1, 1, 1, 1, 1, 2, 2, 5, 5, 5, 20, 30

Su media es $\bar{x}$ = 4,875. Su mediana es *Me* = 1.

> En una distribución muy asimétrica, $\bar{x}$ y *Me* toman valores poco próximos.

¿QUÉ PASA CON LA MODA?

En variables cuantitativas, el valor de la moda es poco representativo. Supongamos que los sueldos de la distribución ⓘⓘ fueran ligeramente distintos:

0,96; 0,97; 0,98; 0,99; 1; 1,01; 1,02; 1,03; 1,04; 2; 2; 5; 5; 5; 20; 30

La media es la misma, $\bar{x}$ = 4,875; la mediana varía un poco, *Me* = 1,035. Sin embargo, la moda, que antes valía 1, ahora vale 5: ¡menudo salto!

> La moda es un parámetro poco útil para las distribuciones de variables cuantitativas.

anayaeducacion.es Actividades guiadas para practicar los parámetros de centralización.

Para practicar

2 Halla la media y la mediana de las siguientes distribuciones. Utiliza los resultados para dilucidar si son más o menos simétricas. Después, represéntalas y comprueba cómo de simétricas o asimétricas son.

A: 1, 2, 2, 4, 5, 6, 7, 9, 9, 9, 9, 9, 10, 10, 10

B: 1, 1, 1, 2, 2, 3, 4, 5, 6, 6, 7, 7, 8, 9, 9, 9

C: 0, 1, 1, 2, 2, 2, 2, 2, 2, 2, 2, 3, 3, 3, 4, 9

3 Di, a simple vista, si esta distribución es simétrica o asimétrica. Halla, después, la media y la mediana para comprobar tu estimación.

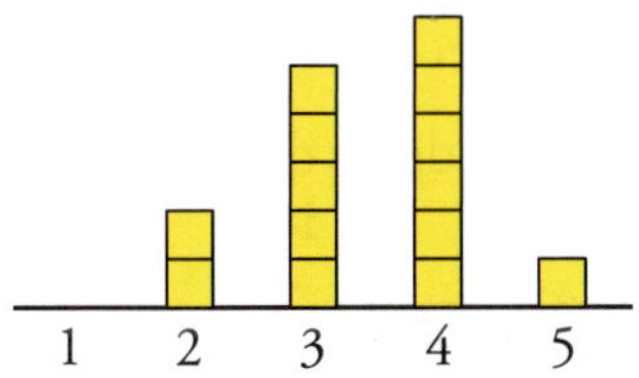

3 PARÁMETROS DE DISPERSIÓN

Los parámetros de centralización dan una visión muy parcial de la distribución. Deben ser complementados con otros parámetros que informan sobre el grado de dispersión de los datos. Veamos algunos de ellos:

Recorrido o rango

El **recorrido** o **rango** de una distribución es la diferencia entre los valores extremos.

RECORRIDO = valor mayor – valor menor

En las distribuciones de la página anterior, sus recorridos son:

RECORRIDO DE (I) = 10 – 1 = 9 RECORRIDO DE (II) = 30 – 1 = 29

Desviación media: un parámetro de dispersión ligado a la media

La **desviación media,** DM, de una distribución es el promedio de las distancias entre los datos y su media. (Las distancias, tanto a derecha como a izquierda, tomadas como positivas).

Ejemplo

Consideremos la distribución 5, 8, 10, 11, 15, 17 cuya media es $\bar{x} = 11$.

DATOS	5	8	10	11	15	17
DISTANCIA A LA MEDIA	6	3	1	0	4	6

De 5 a $\bar{x} = 11$ es $11 - 5 = 6$.

De 15 a $\bar{x} = 11$ es $15 - 11 = 4$.

El promedio de las distancias a la media se calcula así:

$$DM = \frac{6+3+1+0+4+6}{6} = \frac{20}{6} = 3{,}33$$

Varianza y desviación típica

Si en lugar del promedio de las distancias a la media hallamos el promedio de sus cuadrados, el parámetro así obtenido se llama **varianza.**

La raíz cuadrada de la varianza se llama **desviación típica.**

El próximo curso manejarás estos parámetros con soltura. Ahora nos conformamos con hallar sus valores para los datos del ejemplo:

Varianza:

$$\frac{6^2+3^2+1^2+4^2+6^2}{6} = 16{,}33$$

Desviación típica:

$$\sqrt{\text{Varianza}} = \sqrt{16{,}33} = 4{,}04$$

Para fijar ideas

Copia y completa en tu cuaderno.

1 Halla la desviación media de las siguientes distribuciones:

(III) 5, 7, 8, 9, 11, 13, 13, 15, 16, 18

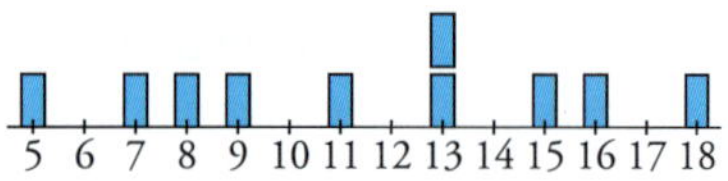

Comprueba que su media es $\bar{x} = 11{,}5$.

DATOS	5	7	8	9	11	13	13	15	16	18
DISTANCIA A 11,5	6,5	4,5			0,5	1,5	1,5			

Desviación media:

$$DM = \frac{\text{suma de las distancias a } \bar{x}}{10} = \frac{\dots}{10} = 3{,}5$$

(IV) 9, 10, 11, 11, 12, 12, 12, 13, 15, 15

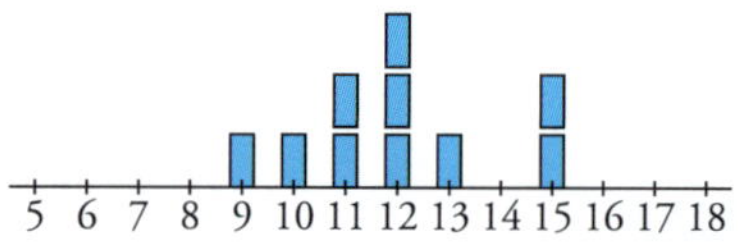

Comprueba que su media es $\bar{x} = 12$.

DATOS	9	10	11	11	12	12	12	13	15	15
DISTANCIA A 12	3				0			1		

Desviación media: $DM = \frac{\dots}{10} = 1{,}4$

Los datos de (III) (DM = 3,5) están más dispersos que los de (IV) (DM = 1,4).

anayaeducacion.es Actividades guiadas para practicar los parámetros de dispersión.

Cálculo de $\bar{x}$ y DM en tablas de frecuencias

N.° DE HIJOS	FRECUENCIA
1	5
2	15
3	11
4	4
5	0
6	1
	36

La distribución del *número de hijos* de un grupo de familias viene dada por la tabla del margen. Es decir, en esa muestra, hay 5 familias con un solo hijo, 15 con dos hijos, …, ninguna con cinco hijos y una sola familia con seis hijos. En total, 36 familias.

Queremos calcular su $\bar{x}$ y su DM.

→ CÁLCULO DE LA MEDIA

¿Cuántas familias hay? Sumamos las frecuencias: 5 + 15 + 11 + 4 + 1 = 36

¿Cuál es la suma total de hijos de las 36 familias? Esta suma es:

$$\underbrace{1+1+1+1+1}_{5 \text{ veces}}+\underbrace{2+2+\ldots+2}_{15 \text{ veces}}+\underbrace{3+\ldots+3}_{11 \text{ veces}}+\underbrace{4+4+4+4}_{4 \text{ veces}}+\underbrace{6}_{1}$$

Es más fácil hacerlo así: $5 \cdot 1 + 15 \cdot 2 + 11 \cdot 3 + 4 \cdot 4 + 1 \cdot 6 = 90$

La media es, pues, $\bar{x} = \dfrac{90}{36} = 2{,}5$.

N.° DE HIJOS → x; FRECUENCIA → f

x	DISTANCIA A $\bar{x}$	f
1	1,5	5
2	0,5	15
3	0,5	11
4	1,5	4
5	2,5	0
6	3,5	1
		36

→ CÁLCULO DE LA DM

En la tabla del margen hay tres columnas:

— La primera, con los valores de la variable. Los llamaremos x.

— La segunda, con las distancias de los valores a la media.

— La tercera, con las frecuencias, f.

Hay 5 individuos cuya distancia a $\bar{x}$ es 1,5. La suma de todas estas distancias es $5 \cdot 1{,}5 = 7{,}5$.

Procediendo de este modo, obtenemos:

$$\text{DM} = \frac{5 \cdot 1{,}5 + 15 \cdot 0{,}5 + 11 \cdot 0{,}5 + 4 \cdot 1{,}5 + 3{,}5}{36} = \frac{30}{36} = 0{,}83$$

→ CÁLCULOS DIRECTOS SOBRE LA TABLA

Los cálculos anteriores se realizan muy cómodamente extendiendo la tabla como puedes ver a continuación:

x	f	$f \cdot x$	DISTANCIA A $\bar{x}$	f · DISTANCIA
1	5	5	2,5 – 1 = 1,5	7,5
2	15	30	2,5 – 2 = 0,5	7,5
3	11	33	3 – 2,5 = 0,5	5,5
4	4	16	4 – 2,5 = 1,5	6
5	0	0	5 – 2,5 = 2,5	0
6	1	6	6 – 2,5 = 3,5	3,5
	36	90		30

EL 2 ESTÁ 15 VECES
$15 \cdot 2 = 30$

EL 4 ESTÁ 4 VECES
$4 \cdot 4 = 16$

HAY 15 INDIVIDUOS CUYA DISTANCIA A LA MEDIA ES 0,5 → $15 \cdot 0{,}5 = 7{,}5$

HAY 4 INDIVIDUOS CUYA DISTANCIA A LA MEDIA ES 1,5 → $4 \cdot 1{,}5 = 6$

36: NÚMERO DE INDIVIDUOS

90: SUMA DE LOS VALORES DE TODOS LOS INDIVIDUOS

30: SUMA DE LAS DISTANCIAS A LA MEDIA DE TODOS LOS INDIVIDUOS

MEDIA → $\bar{x} = \dfrac{90}{36} = 2{,}5$ DESVIACIÓN MEDIA → $\text{DM} = \dfrac{30}{36} = 0{,}83$

Para fijar ideas

Copia y completa en tu cuaderno.

2 Calcula en cada una de estas distribuciones $\bar{x}$ y DM, represéntalas y compáralas.

Ⓐ Calificaciones en un examen de Lengua de un grupo de 2.° ESO.

EXAMEN	0	1	2	3	4	5	6	7	8	9	10
f	0	0	1	2	3	7	5	6	3	0	1

x	*f*	*f* · *x*	DISTANCIA A $\bar{x}$	*f* · DISTANCIA
0	0	0	5,75 – 0 = 5,75	0 · 5,75 = 0
1	0	0	5,75 – 1 = 4,75	0 · 4,75 = 0
2	1	2	… = 3,75	1 · 3,75 = 3,75
3	2	6		
4	3	12		
5	7	35	… = 0,75	
6	5	30	6 – 5,75 = 0,25	5 · 0,25 = 1,25
7	6	42	7 – 5,75 = 1,25	
8	3	24	… = 2,25	
9	0	0		
10	1	10		
	28	161		39,50

MEDIA → $\bar{x} = \frac{161}{28} = 5,75$

DESVIACIÓN MEDIA → $\text{DM} = \frac{\dots}{28} = 1,41$

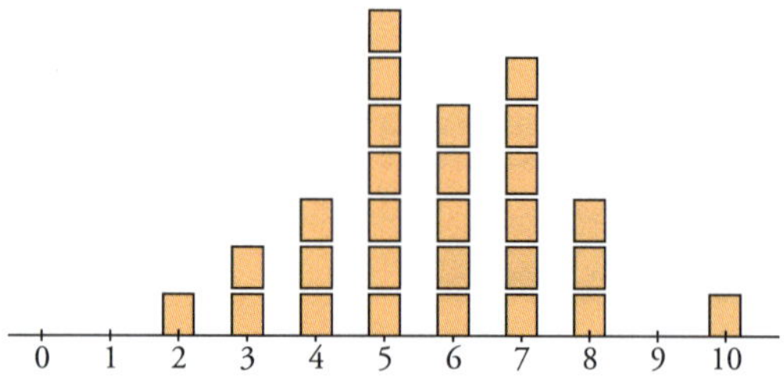

Ⓑ Notas en los trabajos quincenales, algunos de los cuales, como podrás comprobar, no han llegado a tiempo o se han hecho precipitadamente.

TRABAJOS	0	1	2	3	4	5	6	7	8	9	10
f	2	3	2	0	3	6	0	0	0	8	4

x	*f*	*f* · *x*	DISTANCIA A $\bar{x}$	*f* · DISTANCIA
0	2	0	5,75 – 0 = 5,75	2 · 5,75 = 11,5
1	3	3	5,75 – 1 = 4,75	3 · 4,75 = 14,25
2	2	4	… = 3,75	2 · 3,75 = 7,5
3	0	0		
4	3	12		
5	6	30	… = 0,75	
6	0	0	6 – 5,75 = 0,25	0 · 0,25 = 0
7	0	0	7 – 5,75 = 1,25	
8	0	0	… = 2,25	
9	8	72		
10	4	40		4 · 4,25 = 17
	28	161		

MEDIA → $\bar{x} = \frac{161}{28} = 5,75$

DESVIACIÓN MEDIA → $\text{DM} = \frac{\dots}{28} = 3,07$

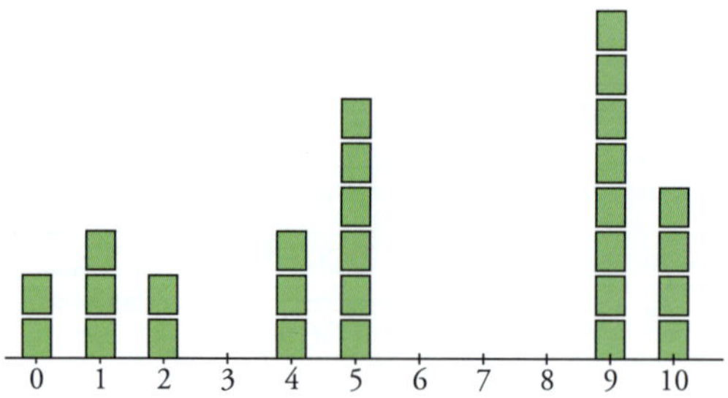

Ambas distribuciones tienen el mismo promedio, pero Ⓐ es menos dispersa (DM= 1,41) que Ⓑ (DM = 3,07).

anayaeducacion.es Practica los parámetros de dispersión.

4 PARÁMETROS DE POSICIÓN

anayaeducacion.es
Actividades guiadas para practicar los parámetros de posición.

Los 11 componentes de un grupo se han colocado en fila ordenados según sus estaturas. ¿Cuál es su mediana?

Como ya sabes, la mediana es la medida del que ocupa el lugar central. La mitad de 11 es 5,5 y, por tanto, la mediana correspondería a la medida de la persona que ocupa el lugar 5,5. Como las personas no se pueden partir, será la persona que va después de la quinta, es decir, la que ocupa el **sexto lugar.**

Si en lugar de dividir este grupo en 2 partes lo hacemos en 4 partes iguales, ¿dónde quedarían las particiones? Como hay 11 personas, la cuarta parte es 11 : 4 = 2,75.

Q_1 deja a su izquierda «2,75 personas», por tanto, lo situamos en el valor correspondiente a la tercera persona, es decir, en 163.

Q_3 deja a su izquierda «8,25 personas» (3 · 2,75 = 8,25), por tanto, lo situamos en el valor correspondiente a la novena persona, es decir, en 174.

Estos dos nuevos puntos se llaman **cuartiles:** Q_1 es el primer cuartil y Q_3 es el tercer cuartil. El segundo es la mediana: $Q_2 = Me$. Los cuartiles dividen la población en 4 partes iguales. La mediana y los cuartiles son **medidas de posición.**

Recorrido intercuartílico

El **recorrido intercuartílico** es la distancia entre los cuartiles primero y tercero:

Recorrido intercuartílico = $Q_3 - Q_1$

La mediana desempeña el papel de parámetro de centralización. El recorrido intercuartílico es un parámetro de dispersión asociado a ella.

Para fijar ideas

Copia y completa en tu cuaderno.

1 Calcula la mediana y los cuartiles de la siguiente distribución de notas de 13 estudiantes:

1, 1, 2, 3, 4, 4, 5, 6, 7, 7, 7, 8, 10

- MEDIANA → 13 : 2 = 6,5 → Tiene 6,5 estudiantes por debajo de él.
  Me es la nota que ocupa el séptimo lugar. → *Me* = …
- PRIMER CUARTIL → 13 : 4 = 3,25 → Tiene 3,25 estudiantes por debajo de él.
  Q_1 es la nota que ocupa el … lugar. → Q_1 = 3
- TERCER CUARTIL → 3,25 · 3 = 9,75 → Tiene 9,75 estudiantes por debajo de él.
  Q_3 es la nota que ocupa el … lugar. → Q_3 = …

anayaeducacion.es Practica los parámetros de posición.

Diagrama de caja

anayaeducacion.es GeoGebra.
Diagrama de barras.

Una forma de representar los parámetros de posición, mediana y cuartiles es lo que se denomina **diagrama de caja,** también conocido por diagrama de caja y bigotes.

Ejemplo

En el banquete de una boda han juntado a todos los primos en una mesa. Sus edades ordenadas son las siguientes: 9, 9, 10, 14, 14, 14, 15, 16, 17, 17, 19, 22.

Observamos que $Me = 14{,}5$, $Q_1 = 12$ y $Q_3 = 17$. Para representar estos datos en un diagrama de caja, damos estos pasos:

1. Trazamos una recta numérica que comprenda todos los valores que aparecen, del 9 al 22.

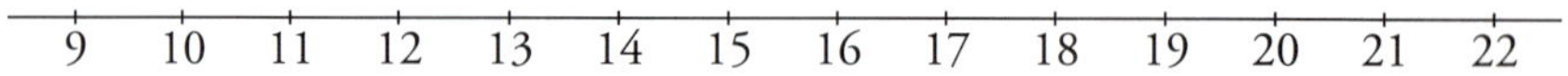

2. Dibujamos una caja que vaya de $Q_1 = 12$ a $Q_3 = 17$. Dividimos la caja en dos partes por el valor $Me = 14{,}5$.

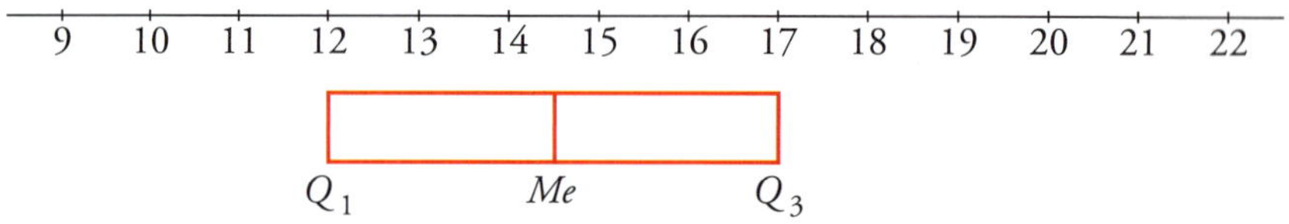

3. Desde el lateral izquierdo de la caja trazamos una recta horizontal hacia la izquierda que llegue hasta el menor valor, 9, y desde el derecho trazamos otra recta horizontal hacia la derecha que llegue hasta el mayor valor, 22.

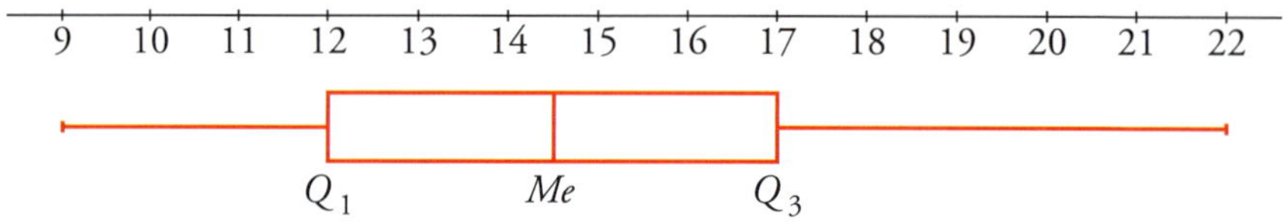

Para fijar ideas

Copia y completa en tu cuaderno.

2 Las estaturas de un grupo de jóvenes se representan mediante el diagrama de caja. Interprétalo e indica cuáles son los parámetros de posición.

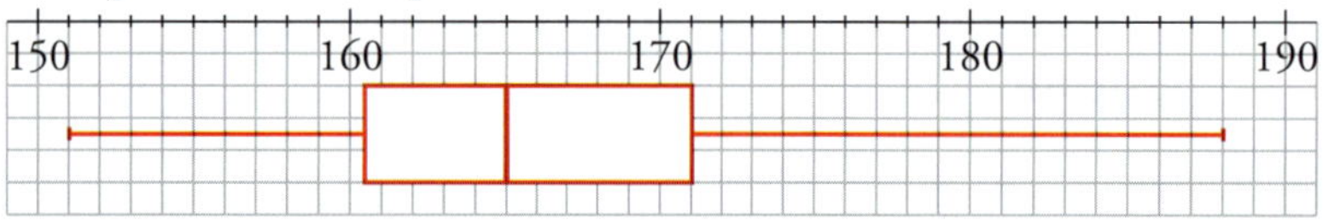

- Interpretando el diagrama vemos:

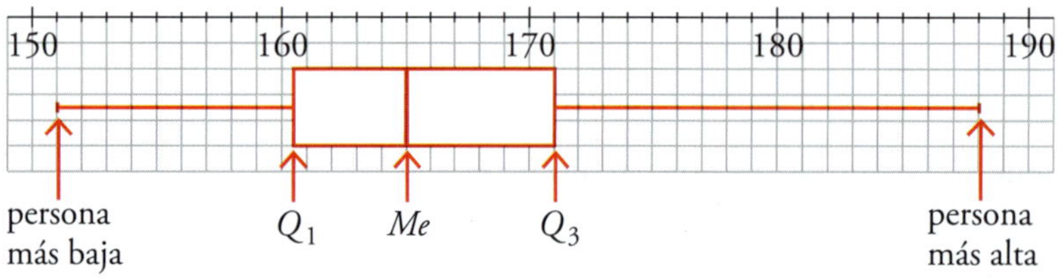

- La persona más baja mide 151 cm y la más alta … cm.
- Los cuartiles y la mediana son: $Q_1 = \ldots$; $Me = 165$; $Q_3 = \ldots$

  Por tanto, un 25 % de los jóvenes mide entre 151 cm y … cm; otro 25 %, entre … y 165 cm; otro 25 %, entre 165 cm y … cm, y el último 25 % (los más altos) mide entre … cm y … cm.

5 TABLAS DE DOBLE ENTRADA

En un centro escolar hay 180 alumnas y alumnos del primer ciclo de ESO. Se realiza entre ellos una encuesta en la que se les pregunta sobre sus aficiones deportivas:

¿Cuál de los siguientes deportes practicas más asiduamente?

Fútbol (F), baloncesto (BC), pádel (P), atletismo (AT), ajedrez (AJ), balonmano (BM), ninguno de ellos (N).

Los resultados se reflejan en la tabla de frecuencias de la derecha.

F	23
BC	37
P	6
AT	26
AJ	11
BM	13
N	64

La información anterior podría mejorarse si conociéramos, además, los resultados por cursos (1.° y 2.°). Se tiene así una **tabla de doble entrada:**

	1.°	2.°	TOTAL
F	12	11	23
BC	20	17	37
P	3	3	6
AT	14	12	26
AJ	5	6	11
BM	7	6	13
N	39	25	64
TOTALES	100	80	180

anayaeducacion.es Practica actividades con tablas de doble entrada.

Sobre ella, podemos ver datos del tipo:

- ¿Cuántos estudiantes de 2.° juegan al ajedrez? → 6 estudiantes.
- ¿Cuántos estudiantes de 1.° practican atletismo? → 14 estudiantes.
- ¿Cómo evoluciona la práctica de baloncesto al cambiar de curso? → 20 en 1.° y 17 en 2.°.

Para efectuar comparaciones, como la de la última pregunta, es preferible recurrir a las proporciones respecto a los totales correspondientes:

- Practican baloncesto en 1.°: 20 de 100; es decir, $\frac{20}{100}$, o bien el 20 %.
- Practican baloncesto en 2.°: 17 de 80; es decir, $\frac{17}{80}$, o bien el 21,25 %.
- Por tanto, la práctica de baloncesto aumenta al pasar de 1.° a 2.°.

Para practicar

1 Observando la tabla de doble entrada anterior, responde a las siguientes preguntas:

a) ¿Qué porcentaje de los estudiantes de 1.° juegan al fútbol? ¿Y de los de 2.°?

b) ¿Se puede decir que los alumnos de 2.° participan más en deportes que los de 1.°?

2 En la tabla de arriba, ahora nos dicen que en 1.° hay 55 chicas y 45 chicos, y en 2.°, 42 chicas y 38 chicos. Repártelos teniendo en cuenta el tipo de deporte que prefieren (inventa tú el reparto), en una nueva tabla con las siguientes columnas.

1.° CHICOS	1.° CHICAS	2.° CHICOS	2.° CHICAS	TOTAL

Recuerda seleccionar el material de trabajo de esta unidad para tu **portfolio.**

EJERCICIOS Y PROBLEMAS

Gráficas estadísticas

1 Esta gráfica corresponde a las aficiones que tienen las chicas y los chicos de un centro escolar:

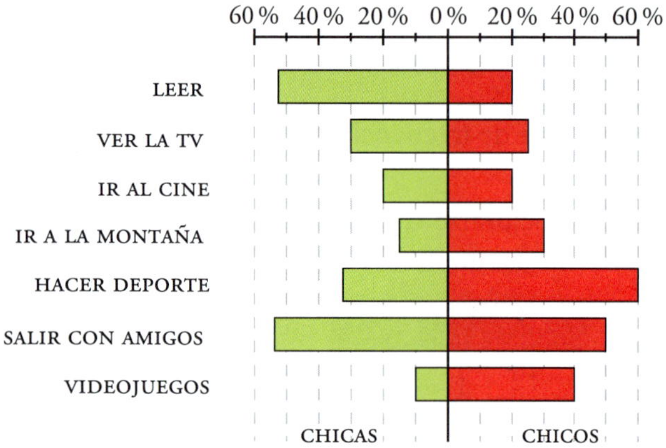

a) Aproximadamente, ¿qué porcentaje de chicos hacen deporte? ¿Y de chicas?

b) ¿Qué porcentaje de chicas, aproximadamente, van a la montaña? ¿Y de chicos?

c) ¿En qué afición la proporción de chicas es muy superior a la de chicos? ¿En cuál ocurre lo contrario?

d) Di una afición en la que la proporción de chicas y la de chicos es aproximadamente la misma. ¿Qué porcentaje es?

e) ¿Podemos asegurar que hay chicos y chicas que tienen más de una afición? Razona la respuesta.

2 Observa esta pirámide de población:

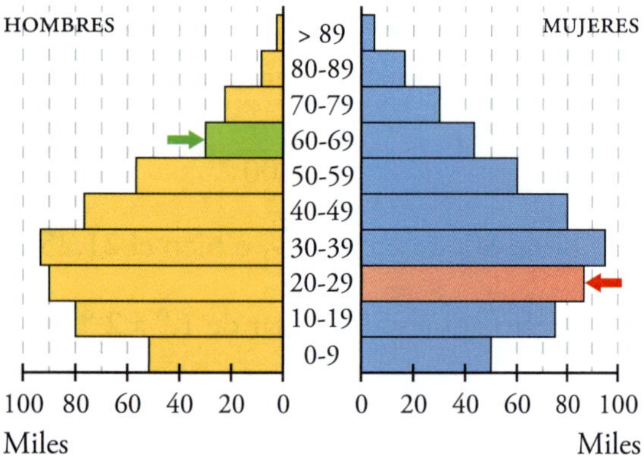

La barra que indica la flecha roja muestra que hay unas 88 000 mujeres con edades comprendidas entre 20 y 29 años.

a) ¿Qué muestra la barra señalada por la flecha verde?

b) ¿La natalidad está aumentando o disminuyendo?

c) ¿Qué hay más, ancianos o ancianas? ¿A partir de qué edades empieza a haber más mujeres que hombres?

3 En un festival de música han tocado cinco grupos. A la salida del recinto, se ha pasado una pequeña encuesta en la que se pregunta el número de conciertos a los que se ha asistido. Los resultados vienen dados en la siguiente tabla:

N.° DE CONCIERTOS	N.° DE PERSONAS
1	63
2	185
3	167
4	32
5	13

a) ¿A cuánta gente le han preguntado?

b) Copia la tabla en tu cuaderno y añade la columna de frecuencias porcentuales.

c) ¿Qué porcentaje de gente ha estado en menos de 4 conciertos? ¿Y en más de 3 conciertos?

d) ¿Qué porcentaje de gente ha asistido al menos a 2 conciertos?

4 Una pequeña pensión ha anotado cada día de un determinado mes el número de habitaciones que tienen ocupadas. Estos son los resultados:

3, 4, 2, 3, 5 5, 4, 3, 3, 4 2, 2, 3, 5, 4

4, 4, 3, 4, 5 4, 5, 3, 1, 3 2, 4, 2, 4, 5

a) Confecciona una tabla de frecuencias absolutas, relativas y porcentuales.

b) Representa los datos en un diagrama de barras.

c) Dibuja el correspondiente diagrama de sectores.

5 Los miembros de la sección de infantiles de un club de atletismo han anotado sus pesos en un cuaderno:

48, 52, 36, 53, 44 39, 40, 53, 55, 47

54, 49, 57, 44, 54 41, 54, 48, 48, 52

51, 47, 58, 53, 50 46, 45, 38, 39, 49

a) Confecciona una tabla de frecuencias en la que los datos se repartan en los siguientes intervalos:

35,5 - 42,5; 42,5 - 49,5; 49,5 - 56,5; 56,5 - 63,5

Recuerda que la marca de clase de cada intervalo es su valor central, es decir, la suma de sus extremos dividida entre dos.

b) Representa los resultados en un histograma.

Parámetros estadísticos

6 Halla la media, la mediana, la moda, el recorrido y la desviación media de las siguientes distribuciones:

a) 1, 1, 1, 3, 4, 5, 7, 8, 10, 10

b) 1, 1, 2, 3, 4, 5, 6, 6, 8, 9, 10

c) 4, 2, 2, 4, 3, 10, 3, 4, 4, 5, 2, 5

7 Rellena en tu cuaderno las celdas vacías de esta tabla para calcular la media y la desviación media de la siguiente distribución:

x	f	$f \cdot x$	DISTANCIA A $\bar{x}$	$f \cdot$ DISTANCIA
1	1			
2	3			
3	4			
4	8			
5	5			
6	4			
TOTAL				

8 Halla la media y la desviación media de cada una de las siguientes distribuciones. Después, represéntalas.

a)

x	0	1	2	3	4	5	6	7	8	9	10
f	0	0	1	1	6	15	9	4	3	0	1

b)

x	0	1	2	3	4	5	6	7	8	9	10
f	9	6	1	1	0	1	1	1	1	7	12

9 Observa el histograma que vimos en el ejercicio resuelto 2 de la página 285 correspondiente a la distancia alcanzada por cada uno de los estudiantes de una clase al lanzar un balón medicinal.

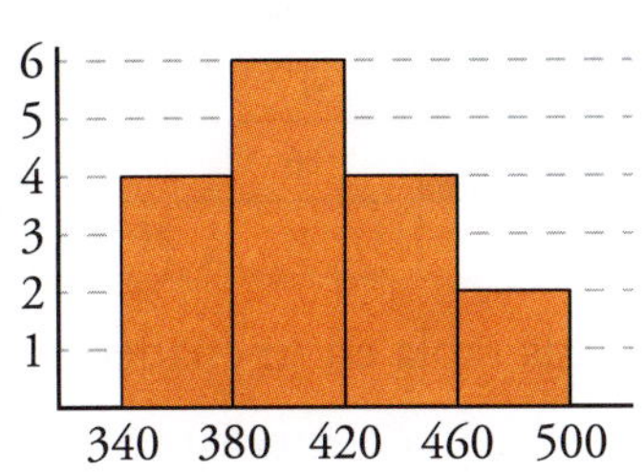

Halla la media y la desviación media de esta distribución. Para ello, construye una tabla teniendo en cuenta que a los cuatro estudiantes que hay en el primer intervalo les corresponde el valor de su marca de clase, 360; y así con los demás intervalos.

10 Halla la media y la desviación media de los datos del ejercicio 3 de la página anterior.

11 Compara la media y la mediana de cada una de las siguientes distribuciones y relaciona el resultado con su asimetría.

a) 2, 3, 3, 4, 5, 5, 5, 6, 7, 7, 8

b) 1, 2, 2, 3, 4, 5, 6, 6, 7, 8, 8, 9, 10

c) 1, 2, 3, 4, 6, 8, 8, 8, 8, 9, 9, 9

12 Calcula la media y la mediana de las siguientes distribuciones. Decide, a raíz de los resultados, cuál es más simétrica.

A: 1, 1, 1, 1, 1, 1, 1, 2, 2, 2, 2, 2, 3, 3, 3, 3, 3, 4, 4, 6

B: 1, 1, 1, 1, 1, 2, 2, 3, 3, 4, 6, 6, 7, 7, 7, 7, 8, 8, 8, 8

Representa cada distribución y comprueba que la elección de la más simétrica era correcta.

13 Asocia cada par de parámetros con su correspondiente gráfica.

a) $\bar{x} = 2{,}3$; $Me = 2$ b) $\bar{x} = 3$; $Me = 3$ c) $\bar{x} = 2$; $Me = 1$

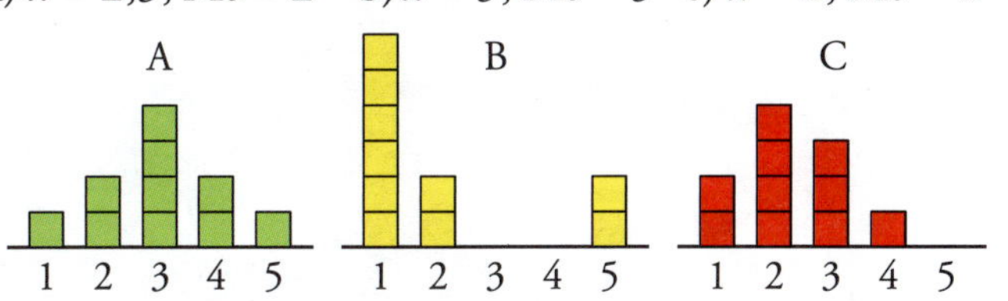

14 Indica la mediana y los cuartiles en cada uno de los siguientes diagramas de caja:

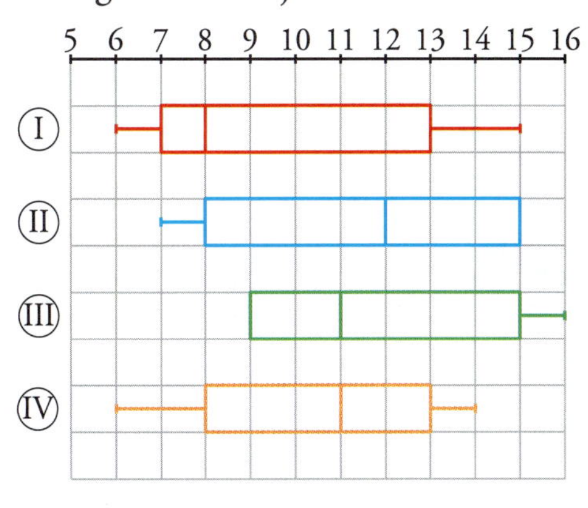

15 Calcula la mediana y los cuartiles de la siguiente distribución:

2, 1, 3, 5, 6, 5, 2, 10, 8, 3, 6, 3, 2, 10, 3, 10, 6

Representa los datos en un diagrama de caja.

16 Calcula los cuartiles de las distribuciones del ejercicio 6 y representa cada una de ellas mediante un diagrama de caja.

Tablas de doble entrada

17 En un club juvenil se ha hecho una encuesta a 36 de sus miembros con esta pregunta: *¿Qué prefieres, playa o montaña?* Los resultados son:

	CHICAS	CHICOS	TOTAL
PLAYA	12	3	15
MONTAÑA	8	13	
TOTAL			36

Completa en tu cuaderno la tabla y responde:

a) ¿Qué significa el 3 de la primera fila? ¿Y el 8?

b) ¿Qué significa el 15 que hay en el total?

c) De un total de 16 chicos, hay 13 que prefieren montaña. Esto significa 13/16 = 0,8125; es decir, 81,25 %. Averigua el porcentaje de chicas que prefieren montaña.

18 Esta tabla se refiere a los estudiantes de un curso durante el primer trimestre.

	ESTUDIA MENOS DE 2 H DIARIAS	ESTUDIA MÁS DE 2 H DIARIAS	TOTAL
SUSPENDE MÁS DE 2	16	4	
SUSPENDE 0, 1 o 2	2	10	
TOTAL			

Completa en tu cuaderno la tabla y responde:

a) ¿Cuántos estudiantes hay en total?

b) ¿Qué proporción de los estudiantes suspende más de dos asignaturas?

c) ¿Qué proporción de los que estudian más de dos horas diarias suspende más de dos asignaturas?

d) ¿Qué proporción de los que suspenden más de dos asignaturas estudia más de dos horas diarias?

e) Extrae alguna conclusión de los resultados.

19 En una clase de 30 estudiantes se han contado los chicos y las chicas que tienen gafas. Completa en tu cuaderno la siguiente tabla con los resultados:

	GAFAS	NO GAFAS	TOTAL
CHICAS	6		17
CHICOS			
TOTAL	14		

20 Se han seleccionado al azar 100 personas de entre 25 y 30 años. Se les ha preguntado:

- ¿Eres miope? (Sí/No)
- ¿Seguiste estudiando después de los 18 años? (Sí/No)

Estos son los resultados:

		ESTUDIOS	
		SÍ	NO
MIOPE	SÍ	21	19
	NO	14	

Completa la tabla en tu cuaderno y responde:

a) ¿Cuántos miopes hay en total? ¿Cuál es el porcentaje de miopes?

b) Entre las 35 personas que estudiaron más, ¿qué porcentaje de miopes hay?

c) Compara el porcentaje de miopes entre las personas que estudiaron más años y entre las que estudiaron menos años.

d) Extrae alguna conclusión de los resultados.

21 En un encuentro de estudiantes europeos se les ha preguntado por la zona de Europa donde nacieron y por su tono de ojos. Estos son los resultados:

	CLAROS	OSCUROS	TOTAL
EUROPA DEL NORTE	36	32	
EUROPA CENTRAL	17	47	
EUROPA DEL SUR	6	62	
TOTAL			

a) Completa la tabla en tu cuaderno.

b) ¿Qué proporción de estudiantes tiene los ojos claros?

c) ¿Qué proporción de estudiantes de Europa del norte tiene los ojos claros? ¿Y los de Europa del sur?

d) ¿Qué proporción de estudiantes hay de cada zona europea?

e) ¿Obtienes alguna conclusión?

22 Ejercicio resuelto

En una peña se han formado dos grupos: uno de JÓVENES y otro de MAYORES DE 40. Se ha pasado una encuesta entre ellos en la que se ha hecho la siguiente pregunta: ¿Cuántas veces a la semana sales a correr? Los resultados se dan en la tabla de la derecha teniendo en cuenta a qué grupo pertenece cada uno.

a) Completar la tabla.

b) Calcular la media y la mediana de cada grupo y del total.

c) Interpretar los datos obtenidos.

a)

x	f_J	f_M	TOTAL
0	6	23	29
1	15	20	35
2	13	6	
3		1	4
4	2		2
5			
TOTAL	40	50	90

b) Completamos y extendemos la tabla para calcular los promedios.

x	f_J	$x \cdot f_J$	f_M	$x \cdot f_M$	TOTAL	$x \cdot f_{TOTAL}$
0	6	0	23	0	29	0
1	15	15	20	20	35	35
2	13	26	6			
3			1		4	
4	2				2	
5						
TOTAL	40	63	50		90	

$\bar{x}_{\text{JÓVENES}} = \dfrac{63}{40} = 1{,}575$ $\quad \bar{x}_{\text{MAYORES}} = \dfrac{\dots}{50} = 0{,}7$ $\quad \bar{x}_{\text{TOTAL}} = \dfrac{\dots}{\dots} = 1{,}089$

Para hallar las medianas, sumamos las frecuencias hasta la mitad y vemos a qué dato corresponden:

$Me_{\text{JÓVENES}} \rightarrow$ La frecuencia total es 40. La mediana es el promedio de los datos que ocupan los lugares vigésimo y vigesimoprimero. La frecuencia del cero es 6. Si añadimos la del uno, 6 + 15 = 21.

$$\underbrace{0 - 0 - 0 - 0 - 0 - 0}_{6 \text{ DATOS}} - \underbrace{1 - 1 - 1 - 1 - 1 - 1 - 1 - 1 - 1 - 1 - 1 - 1 - 1 - \boxed{1} - \boxed{1}}_{15 \text{ DATOS}} - \dots$$

$$Me_{\text{JÓVENES}} = 1$$

$Me_{\text{MAYORES}} \rightarrow$ La frecuencia total es 50. La mediana es el promedio de los datos que ocupan los lugares vigesimoquinto y vigesimosexto. La frecuencia del cero es 23, que no llega a 26. Si añadimos la del uno, 23 + 20 = 43, sobrepasa a 26. Por tanto: $Me_{\text{MAYORES}} = \dots$

$Me_{\text{TOTAL}} \rightarrow$ Actuando de la misma forma, calculamos: $Me_{\text{TOTAL}} = \dots$

c) Interpretamos los datos.

$\bar{x}_{\text{JÓVENES}} = 1{,}575$ $\quad \bar{x}_{\text{MAYORES}} = 0{,}7$ $\quad \bar{x}_{\text{TOTAL}} = 1{,}089$

$Me_{\text{JÓVENES}} = 1$ $\quad Me_{\text{MAYORES}} = \dots$ $\quad Me_{\text{TOTAL}} = \dots$

Parece curioso que la mediana de los jóvenes coincida con la de los mayores y, sin embargo, las medias difieran tanto (una es más del doble que la otra).

Esto puede interpretarse como que los mayores no tienen tiempo de salir a correr, pero muchos de ellos se obligan a correr al menos un día. Los jóvenes con más fuerza y más tiempo corren más a menudo, pero tampoco tanto como para que la mediana suba de 2.

Resuelve problemas

23 A los estudiantes de una clase se les ha preguntado por los puntos obtenidos en un test de cuatro preguntas. Los resultados son los siguientes:

	CHICAS	CHICOS	TOTAL
0	1	4	5
1	4	7	11
2	6	3	9
3	5	0	5
4	4	2	6
TOTAL	20	16	36

a) Con estos datos, halla la $\bar{x}$ y la *Me* de las chicas, de los chicos y del total.

b) ¿Qué proporción de chicas ha obtenido más de dos puntos? ¿Y de chicos?

c) ¿Qué conclusión obtienes?

24 Este diagrama de caja representa la distribución de los pesos de un grupo de estudiantes de una clase.

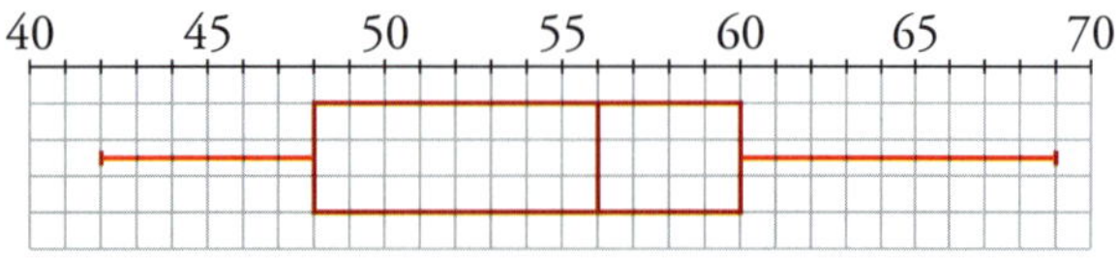

Completa estas frases observando el diagrama:

a) El 50 % de los estudiantes de esta clase pesa … o menos.

b) El 25 % de los estudiantes pesa … o menos.

c) El 25 % de los estudiantes pesa … o más.

d) El 50 % de los pesos centrales varía entre … y…

e) El 75 % de los estudiantes pesa … o más.

f) El … de los estudiantes pesa 60 kg o menos.

25 La edad media de un grupo de diez personas es 13 años.

a) ¿Es posible que al incorporarse una persona al grupo haga que la edad media sea 10 años? Explica por qué.

b) Juan, el profesor, se ha incorporado al grupo y la media ahora es de 15 años. ¿Qué edad tiene Juan?

c) ¿Qué edad debe tener una persona para aumentar en 1 año la media del grupo inicial?

Interpreta, describe, exprésate

26 Explica el procedimiento que se ha utilizado en cada una de las siguientes distribuciones para calcular la mediana.

a) 7 3 8 7 8 8 3 7 8 8 7 8

~~3~~ ~~3~~ ~~7~~ ~~7~~ ~~7~~ [7 8] ~~8~~ ~~8~~ ~~8~~ ~~8~~ ~~8~~

Me = 7,5

b)

x	0	1	2	3	4	5	TOTAL
f	4	2	2	0	3	2	13

13 : 2 = 6,5 → Séptimo dato

1 2 3 4 5 6 7

0 0 0 0 1 1 [2] 2 4 4 4 5 5

Me = 2

c)

x	0	1	2	3	4	5	TOTAL
f	3	0	7	11	15	9	45

45 : 2 = 22,5 → Dato en el puesto vigesimotercero

Sumando frecuencias:

3 + 7 + 11 = 21 → No llega.

3 + 7 + 11 + 15 = 36 → Añadiendo la frecuencia del 4, se pasa.

Entonces, *Me* = 4.

27 En un colegio las notas vienen acompañadas de una curiosa gráfica. Observa la de Bruno y contesta.

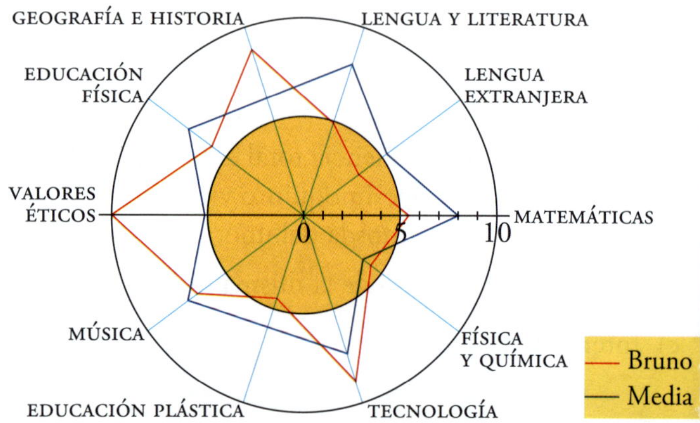

a) ¿Qué crees que significan los dos círculos que aparecen en la gráfica?

b) ¿Crees que a Bruno se le da bien la Física y Química?

c) ¿Qué asignaturas ha suspendido?

d) ¿En qué asignaturas está por debajo de la media?

e) Calcula su nota media.

8 Bea, compañera de Bruno, el chico del ejercicio anterior, ha tenido sobresaliente en casi todas las asignaturas. Únicamente ha sacado un notable en Música y un aprobado en Tecnología.

Dibuja en tu cuaderno la gráfica de sus notas, en el mismo sistema de representación que las de Bruno.

9 Lee, reflexiona y contesta.

Ya sabes que los cuartiles, Q_1, Q_2, Q_3, de una distribución, dividen los datos ordenados en cuatro tramos, cada uno con el 25 % de los mismos.

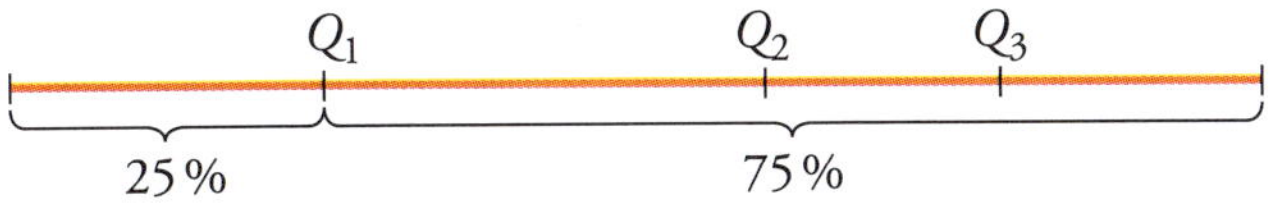

Piensa ahora en 99 valores, P_1, P_2, P_3, …, P_{99}, que dividan a la distribución en 100 tramos, cada tramo con el 1 % de los datos. Esos valores se llaman **centiles** o **percentiles.** Así, un dato en el centil 40 será igual o mayor que el 40 % de los datos del conjunto.

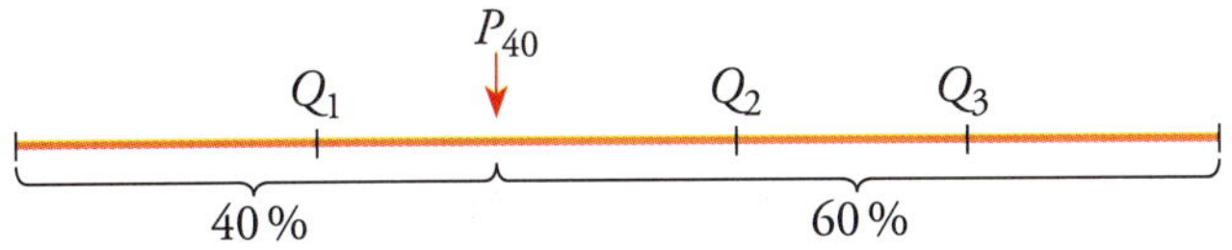

a) ¿A qué centil equivale la mediana? ¿Y los cuartiles Q_1 y Q_3?

b) Si ordenamos por altura los 580 alumnos y alumnas de un colegio, ¿qué lugar ocupa en la fila una alumna cuya altura está en el centil 40?

c) El peso del bebé de Marta y Mario está en el percentil 38 de los nacidos ese año. ¿Estará por encima o por debajo de la media? La respuesta, ¿es segura o solo probable?

d) Supón que escribimos, en fila, cuarenta ceros, cuarenta unos y cuarenta doses.

$$0, 0, 0, \dots, 1, 1, 1, \dots, 2, 2, 2\dots$$

¿Cuál es el percentil 45? ¿Y P_{80}?

e) Calcula P_{25}, P_{50}, P_{75} y P_{90} en la siguiente distribución:

x	0	1	2	3	4	5	TOTAL
f	9	12	22	54	37	26	160

Dibuja también el correspondiente diagrama de caja.

Problemas «+»

30 Halla la mediana y los cuartiles de la siguiente distribución de notas de los estudiantes de una clase:

x	1	2	3	4	5	6	7	8	9	10
f	1	1	0	5	6	11	6	2	1	0

Ten en cuenta que, aunque los datos estén en una tabla de frecuencias, los puedes tomar como si estuvieran ordenados.

Representa los resultados en un diagrama de caja y bigotes.

31 En un campamento con 100 chicos y chicas, se les da la opción de piragüismo o equitación: 29 chicos y la tercera parte de las chicas han elegido kayak, y 34 chicas prefieren montar a caballo. Representa los datos en una tabla y halla la proporción de chicas que hay entre los que eligieron kayak.

32 El siguiente mapa nos da la distancia, en kilómetros, de cada tramo de carretera.

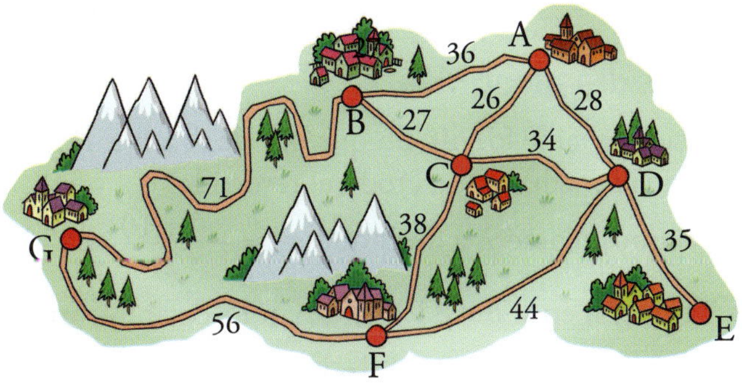

Esta tabla resume la distancia, en kilómetros, entre cada dos pueblos de la comarca.

	A	B	C	D	E	F
B	36					
C	26	27				
D	28	61	34			
E						
F						
G						
	A	B	C	D	E	F

a) Comprueba que los datos que hay en la tabla son correctos.

b) Complétala en tu cuaderno, de modo que en la tabla aparezca la menor de las distancias posibles entre cada dos localidades.

LEE E INFÓRMATE

La media proporcional y la media geométrica

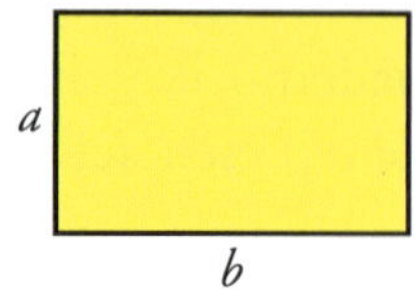

Supón que queremos construir un cuadrado cuya superficie sea igual a la de un rectángulo de lados a y b. ¿Cuál será la medida, m, del lado de ese cuadrado?

Buscamos la medida, m, tal que $m^2 = a \cdot b$.

Observa la siguiente construcción, para obtener m, a partir del segmento $a + b$.

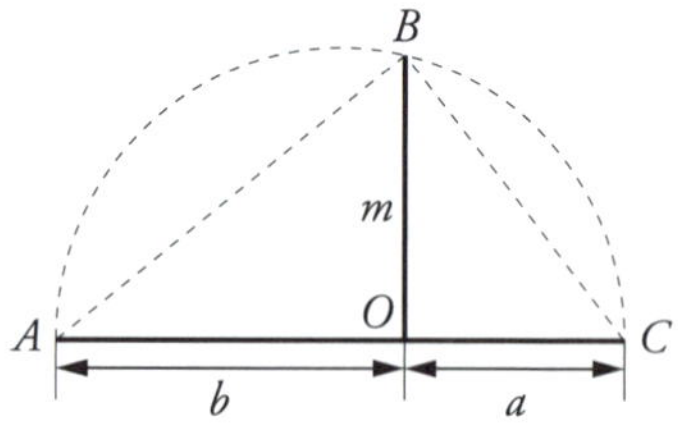

- El triángulo ABC es rectángulo.
- Y los triángulos ABO y BCO son semejantes.

  Entonces (recuerda el teorema de la altura): $\dfrac{m}{b} = \dfrac{a}{m} \rightarrow m^2 = a \cdot b$

- En esta relación numérica, el valor m, recibe el nombre de MEDIA PROPORCIONAL.
- Conociendo el valor de m, podemos obtener el cuadrado equivalente recolocando una partición del rectángulo, como la que ves a la derecha.

$$m^2 = a \cdot b \rightarrow m = \sqrt{a \cdot b}$$

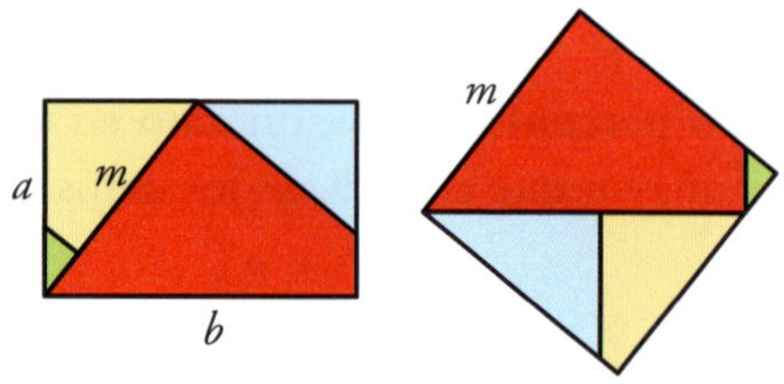

- Desde este punto de vista, diremos que el segmento m es la MEDIA GEOMÉTRICA de los segmentos a y b.

La media armónica

Un ciclista sube los 40 km que hay de A a B a 10 km/h y los baja a 40 km/h. ¿Cuál es su velocidad media, v_m, en todo el recorrido?

- Estamos tentados a decir que $v_m = \dfrac{40 + 10}{2} = 25$ km/h. Pero… ¡cuidado! No es cierto.

  Tarda 4 h en subir y 1 h en bajar. Es decir, recorre 80 km en 5 horas.

  Por tanto, $v_m = 80 : 5 = 16$ km/h.

- Pero también podríamos obtener la velocidad media de este otro modo:

  Subiendo, tarda $\dfrac{1}{10}$ de hora en recorrer cada kilómetro, y bajando, $\dfrac{1}{40}$ de hora en esa misma distancia.

  Así, por término medio, tarda $\dfrac{\frac{1}{10} + \frac{1}{40}}{2} = \dfrac{1}{16}$ de hora en recorrer cada kilómetro del trayecto, de donde $v_m = 16$ km/h.

- La velocidad media, v_m, se llama MEDIA ARMÓNICA de las velocidades de subida y bajada:

$$\frac{1}{v_m} = \frac{\frac{1}{v_1} + \frac{1}{v_2}}{2}$$

En resumen, dados los números x e y:

MEDIA ARITMÉTICA	MEDIA PROPORCIONAL ↔ MEDIA GEOMÉTRICA	MEDIA ARMÓNICA
$m = \dfrac{x + y}{2}$	$\dfrac{m}{x} = \dfrac{y}{m} \leftrightarrow m^2 = x \cdot y \leftrightarrow m = \sqrt{x \cdot y}$	$\dfrac{1}{m} = \dfrac{\frac{1}{x} + \frac{1}{y}}{2}$

Recuerda que en anayaeducacion.es puedes encontrar orientación académica y profesional relacionada con los contenidos de esta unidad.

Recuerda que dispones, en tu banco de recursos:

- de diversos talleres para gestionar tus emociones y de una diana para evaluarlas.
- de fichas para mejorar tu ciudadanía digital.

ENTRÉNATE RESOLVIENDO OTROS PROBLEMAS

Investiga

Comprueba que todas estas figuras se pueden dibujar sin levantar el lápiz y sin pasar dos veces sobre el mismo tramo:

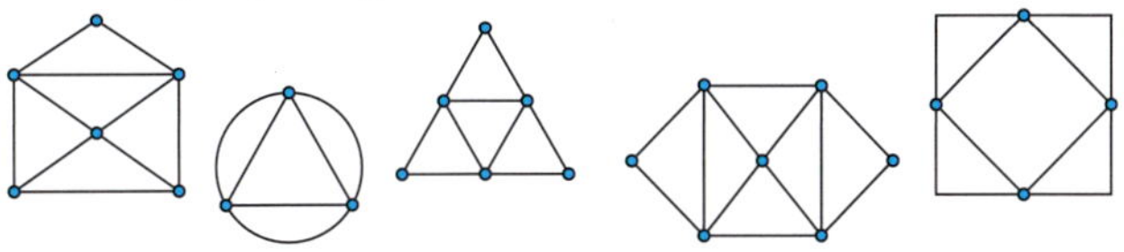

Sin embargo, no lo conseguirás con estas otras:

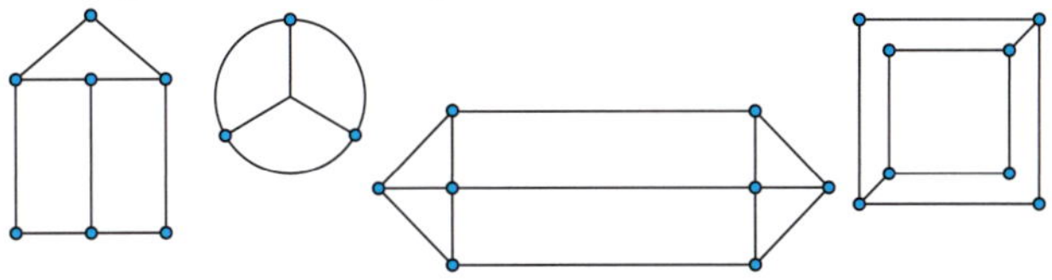

¿Podrías decir cuándo una figura se puede dibujar y cuándo no en las condiciones mencionadas?

Fíjate en el número de vértices o nudos con un número par o impar de ramas.

Dibuja, ensaya y resuelve

Inserta dos cuadrados en la trama A, de modo que los nueve puntos queden aislados.

Haz lo mismo en la trama B, con el mínimo número de cuadrados.

Inténtalo primero sin que los cuadrados se salgan de los bordes y, después, eliminando esa restricción.

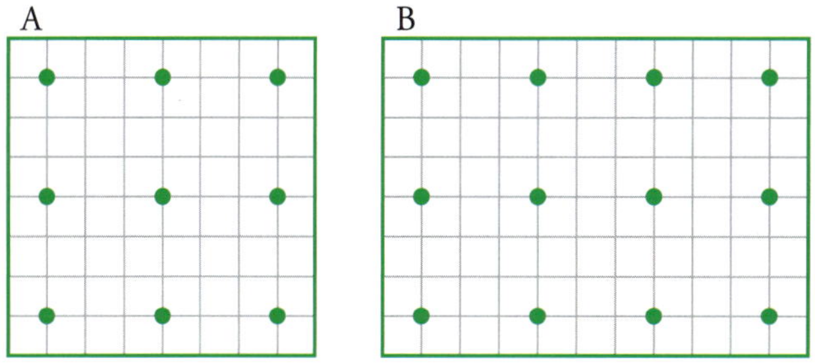

anayaeducacion.es Resolución de estos ejercicios y una autoevaluación interactiva.

AUTOEVALUACIÓN

1 En un club de jugadores de videojuegos se ha anotado el número de partidas ganadas por cada uno de sus miembros. Estos son los resultados:

4, 4, 5, 3, 3   2, 1, 4, 2, 3   4, 3, 5, 5, 1

2, 0, 1, 0, 3   4, 2, 5, 3, 2   3, 2, 4, 1, 0

a) Confecciona con estos datos una tabla de frecuencias absolutas, relativas y porcentuales.

b) Represéntalos en un diagrama de barras.

c) Dibuja el correspondiente diagrama de sectores.

2 Calcula la media, la mediana, la moda y la desviación media de las siguientes distribuciones:

a) 10, 12, 19, 15, 8, 10, 10

b) 0, 3, 3, 3, 3, 4, 5

c) 4, 2, 3, 4, 2, 3, 4, 5, 6, 3, 5, 7

3 Halla la media, la desviación media y el recorrido de la siguiente distribución:

x	2	3	4	5	6	7	8	9
f	4	8	6	3	1	2	0	1

4 Halla la mediana y los cuartiles de esta distribución:

23, 25, 26, 28, 31, 31, 34, 36, 36, 37, 38, 38, 39, 40

Representa los datos obtenidos en un diagrama de caja y bigotes.

5 En una pecera tenemos 20 peces: 10 rojos y 10 grises. En una esquina ponemos un foco de calor que eleva la temperatura de esta zona.

Los peces se distribuyen así:

	CALOR	FRÍO	TOTAL
ROJOS	9		10
GRISES	3		10
TOTAL			20

a) Completa la tabla en tu cuaderno.

b) ¿Cuántos peces rojos y cuántos grises permanecen en la parte fría?

c) ¿Qué porcentaje de peces prefiere agua caliente?

d) ¿Qué porcentaje de peces rojos prefiere el agua caliente?

e) De entre los peces que prefieren el agua caliente, ¿qué porcentaje son rojos?

Compromiso ODS Visualiza el vídeo meta 14.1., piensa en una acción con la que podrías contribuir al logro de esa meta y comprométete a llevarla a cabo.

Suma Piezas es un proyecto educativo de Anaya para Educación Secundaria.

En la realización de esta obra han intervenido:

EQUIPO DE EDICIÓN: Beatriz Fuentes

DISEÑO, GRÁFICOS Y CARTOGRAFÍA: Miguel Ángel Castillejos, Miguel Ángel Díaz-Rollo, Rosario Regaño, Patricia G. Serrano

ILUSTRACIÓN: José Labari

MAQUETACIÓN: Isabel Román

CORRECCIÓN: Miguel Ángel Alonso

EDICIÓN GRÁFICA: Olga Sayans

FOTOGRAFÍA: Age Fotostock (Dawna Moore, Science Photo Library, Stefano Baldini), Alamy/ Cordon Press (Miroslav Kral), Archivo Anaya (Balaguer, T.; Cosano, P.; Leiva, Á.; Lezama, D.; Martin, J.; Martín, J. A.; Moreno, C.; Osuna, J.; Peñuela Py, E.; Pozo, M.; Sánchez, J.; Valls, R.), Dreamstime (Alexandra Karamysheva, 06photo), Getty Images (Abstract Aerial Art, Andriy Onufriyenko, onurdongel, rolfo, SolStock), iStock/Getty Images (Acik, airdone, AlbertoChagas, Alexey Kabanov, artisteer, BackyardProduction, Benita Ríos González, dani3315, den-belitsky, DrPAS, FooTToo, gerisima, Group4 Studio, heinteh, Ivan Cholakov, JackF, Joaquin Corbalan, maksime, Marie-Eve Beaudry, Marton Hunyadi, mawielobob, mik38, neamov, Nerthuz, nyvltart, olrat, Ridofranz, RomoloTavani, ronstik, Svetlana Evgrafova, tarasov_vl, ungureanus, urfinguss, Viktoriia Hnatiuk, VladislavStarozhilov, zokru, 501room), NASA´s Goddard Space Flight Center, 123RF (antiqueimagesdotnet, Antonio Gravante, Iryna Denysova, Kate Smith, kenishirotie, kornienko, Luca Bertolli, Montian Noowong, Olga Yastremska, Peter Hermes Furian, robuart).

Fundación Bertelsmann
Por el empleo juvenil

ORIENTACIÓN ACADÉMICA Y PROFESIONAL: elaborada con el asesoramiento de la Fundación Bertelsmann. Coordinación: Juan José Juárez Calvo. Colaboración como expertas: Sara Lozano Santiago, Belén Pérez Castro y Pilar Vázquez Hernández.

COMPROMISO ODS

Nuestras publicaciones mantienen el rigor en el uso y en la selección de los contenidos, en las imágenes y en el lenguaje, para cumplir con la **no discriminación** por razón de género, cultura u opinión.

Grupo Anaya considera la **responsabilidad social** y **medioambiental** como uno de sus valores fundamentales. Por ello, se compromete a:

- mejorar nuestros resultados en materia de medio ambiente,
- reducir nuestras emisiones de carbono,
- hacer uso de los recursos naturales de manera responsable y
- eliminar cualquier impacto negativo de nuestra actividad en los bosques en peligro.

Dichos compromisos, entre otros, hacen que **el 100 % del papel utilizado** en nuestros libros tenga el sello **PEFC.**

Importante:

Las **actividades** propuestas en este libro deben ser realizadas en cuadernos u hojas sueltas; nunca en el propio libro.

Los **enlaces** a las páginas web que aparecen en este libro han sido revisados en la fecha de su impresión. La editorial no se hace responsable de las modificaciones o las anulaciones que se produzcan en ellos con posterioridad a dicha fecha.

ISBN: 978-84-698-7920-7 - Depósito Legal: M-3673-2021 - Printed in Spain.

ET039888/1E1I - 8430177